普通高等教育农业农村部"十四五"规划教材
科学出版社"十三五"普通高等教育研究生规划教材
创新型现代农林院校研究生系列教材

高级动物生物化学

张源淑　主编

科　学　出　版　社
北　京

内 容 简 介

本教材是在本科生生物化学基础知识和理论教学的基础上,结合动物类研究生教育教学要求和特点组织编写而成的。教材共 21 章,由 4 个模块组成。第一至六章为生物大分子的结构与功能模块,重点介绍蛋白质、糖蛋白和蛋白聚糖的结构与功能,以及酶蛋白与酶的催化机制、动力学及调控;蛋白质主要性质及研究的相关技术。第七至九章为核酸分子的结构与功能模块,主要介绍基因和基因组的现代概念、DNA 和 RNA 的分子结构、核酸性质及核酸研究的基本技术等。第十至十八章为遗传信息从 DNA 到蛋白质的传递模块,包括复制、转录、翻译和基因表达调控及细胞信号转导的基本理论、功能和调控机制。第十九至二十一章为现代生物化学与分子生物学专题模块,包括基因工程与蛋白质工程原理简介、核酸与蛋白质研究的现代技术、组学与系统生物学简介。本教材以全国高等农林院校动物类硕士、博士研究生教学和科研为主要目标,注重内容的系统、科学,点面结合,并兼顾数字化、信息化和智能化。

本教材可作为动物医学、动物科学、动物药学、水产养殖、动物营养及食品类专业硕士、博士研究生学习用书及教师教学和研究用书,也可作为其他生命科学工作者教学和科研的参考用书。

图书在版编目(CIP)数据

高级动物生物化学 / 张源淑主编. -- 北京:科学出版社,2024.11. --(普通高等教育农业农村部"十四五"规划教材)(科学出版社"十三五"普通高等教育研究生规划教材)(创新型现代农林院校研究生系列教材).

ISBN 978-7-03-079377-5

Ⅰ. Q5

中国国家版本馆 CIP 数据核字第 2024GQ5693 号

责任编辑:刘 丹 林梦阳/责任校对:严 娜
责任印制:赵 博/封面设计:无极书装

科 学 出 版 社 出版
北京东黄城根北街 16 号
邮政编码:100717
http://www.sciencep.com
三河市骏杰印刷有限公司印刷
科学出版社发行 各地新华书店经销
*
2024 年 11 月第 一 版 开本:787×1092 1/16
2025 年 8 月第三次印刷 印张:24 1/2
字数:642 000
定价:108.00 元
(如有印装质量问题,我社负责调换)

《高级动物生物化学》编写委员会

主　编　张源淑（南京农业大学）

参　编　（按姓氏汉语拼音排序）

陈书明（山西农业大学）

戴汉川（华中农业大学）

李士泽（黑龙江八一农垦大学）

刘　斐（南京农业大学）

马海田（南京农业大学）

苗晋锋（南京农业大学）

赵素梅（云南农业大学）

郑玉才（西南民族大学）

钟　凯（河南农业大学）

主　审　刘维全（中国农业大学）

序

四五年前就听张源淑教授与几位同仁在议论，为了贯彻落实教育部《学位与研究生教育发展"十三五"规划》等文件精神，计划编写一部适用于高等农林院校动物医学、动物科学和水产养殖等专业研究生教学的高级动物生物化学教材。后来由于众所周知的原因，似乎沉寂了下来没有了下文。正当我纳闷之际，突然接到张源淑教授的电话，说由她主编的《高级动物生物化学》已经完稿并即将由科学出版社出版，并邀请我为新书作序。好消息虽然姗姗来迟，我仍然欣喜万分。离开一线教学已经多年了，让我为新书作序确实有些勉强，然而坚辞而不允。想到那些参编教材的老师们大多我不仅熟悉，而且关系甚密，又都是我们学科的中坚力量，教学经验丰富，治学严谨，再则几年过去了，"慢工出细活"，相信教材质量是能保证的，有了这个底气，我就答应为新书出版写几句祝福语，表达我的喜悦心情和期许。

随着我国经济发展进入高质量增长阶段，产业结构不断升级调整，新兴产业蓬勃兴起，新经济、新业态不断涌现，职业分类越来越细，各行业对专业能力强、实践能力突出的高层次人才需求也随之增加，与之相适应，我国的教育事业也取得了长足进步，一个世界规模最大且有质量的教育体系已经形成，极大地助力高等院校通过扩大研究生招生规模以满足社会需求。据我所知，有些985、211高校的研究生招生规模已经接近甚至超过了本科生，尤其是硕士专业学位研究生招生规模已经占研究生招生总量的半数以上。在这种形势下，对于研究生教育和人才培养，国务院学位委员会和教育部出台了一系列举措，如优化招生环节、加强导师队伍建设、优化学科布局、提升科研创新能力，尤其是完善课程体系和教学方法，以确保研究生的培养质量只能提升不能降低。而当我们审视自己所从事的研究生教学工作时，深感差距很大，当下国内适合高等农林院校动物医学、动物科学和水产养殖等学科研究生教学用的高水平动物生物化学教材很少见。对于这门研究生层次的重要专业基础课，大多数学校的教学基本上还是在本科教学基础上的知识重复和适度强化，也有用专题报告作为替代的，如此学生很难全面、系统地学习和掌握与学科前沿紧密衔接的生物化学理论体系和实践知识，对于培养他们的创新思维和帮助他们将来从事科学研究与生产实践的作用有限。可见，为了深化专业知识、紧跟学科前沿、满足科研需求、适应不同的培养方向、进一步提高教学质量，尽早编写一部研究生用的高级动物生化教材具有十分的必要性和刻不容缓的紧迫性。张源淑教授及参编老师们终于完成了《高级动物生物化学》的编写，这是一项惠及广大动物学科各专业研究生的重要工程，他们为此所做的贡献值得高度评价。

进入21世纪以来，生物化学与分子生物学发展势头异常迅猛。即使是我这样离开本专业多年但依然关注学科发展的人也为目不暇接的新成果、新进展激动不已。例如，基因编辑技术CRISPR/Cas9系统出现重大突破，可以精准定位并切割DNA序列，实现基因敲除、敲入等操作，推动了基因技术的临床应用研究。得益于物理、化学解析技术的进步，蛋白质结构与功能研究中复杂蛋白质结构的分析变得更加高效准确；多肽的固相合成、化学或酶促的多肽连接技术在药物研究和疾病诊断中得到越来越广泛的应用。具有高通量、高灵敏性的各类组学技术如雨后春笋般在生命科学各个领域包括动物医学、动物科学中开花结果。例如，借助分析体液代谢物的变化和标志物筛选的代谢组学技术,辅助疾病诊断或对动物生长代谢进行定向人工干预,还能应用于小分子新药的研发。生物化学与多学科的交叉融合近年来不断加深。计算机模拟的生物大分子结构和基因调控网络的预测,单分子技术研究生物分子的动态行为和相互作用,人工智能和大数据的引入,为从宏观和微观不同的视角理解生命现象提供了无限可能。我大致地浏览了本书的整体结构和部分章节,上述种种,多多少少都有涉及,应该有抛砖引玉的作用,能引导学生拓宽眼界,然后根据各自的研究兴趣去深入探索相关的知识。

当我打开这新编教材电子稿的一刹那,闪进眼帘的是全书编排精良,彩图秀丽,赏心悦目,由此可见科学出版社的专业水准和用心。我虽然老眼昏花,还是忍不住快速浏览了全书章节编目,并选择一些段落读了起来。本书确实在"科学性、先进性、丰富性和适用性"方面达到了编写老师们的预期,作为研究生教材,其宽广度、纵深度、前沿性和前瞻性都颇具特色。编写老师们为此付出的辛劳可想而知,在此毋庸赘述,也无需褒奖,作为过来人我感同身受,这本来就是我们应尽的教书育人的天职。特别要提到的是,主编张源淑教授特邀中国农业大学刘维全教授担当本书的主审真是独具慧眼。刘教授是动物生化界的顶级学者,在动物生化教学和科研方面建树卓著,尤其治学严谨,由他为本书全面把关,从结构到内容,字斟句酌,使得大部分疏漏、错失都难逃其细致审阅。当然,话虽这样说,还是希望新书在实际使用过程中,多听取老师和同学们的反馈意见,今后再版时再进一步完善。

此外,注意到目前全日制专业学位研究生招生已成相当的规模,而并没有完全适合专业学位研究生使用的动物生化教材。如果有相关学校也使用本教材,建议根据其培养方案和相应的教学大纲有所取舍。

2024 年 11 月

前　言

党的二十大报告指出，教育是国之大计、党之大计。培养什么人、怎样培养人、为谁培养人是教育的根本问题。"加快建设教育强国"是党的二十大报告的新提法。教育强国是全面建设社会主义现代化国家的基础性、战略性支撑。高质量教育体系是教育强国的重要特征。新时代我国教育事业取得巨大成就，已建成世界上规模最大的教育体系，加快建设教育强国和加快建设高质量教育体系的条件已经越来越成熟。

生物化学在 20 世纪取得了巨大发展，到 21 世纪更是进入了突飞猛进的阶段，数理科学及信息学，特别是分子生物学广泛而又深刻地渗透到生物学的各个领域，与生命科学有关的研究成果层出不穷，极大地丰富了生物化学的内涵，也全面改变了这门学科的整体内容。把现代动物生物化学和分子生物学的新发现和新理论引入课堂已是一项十分迫切的任务。

研究生教育是培养高层次人才的主要途径，改革开放以来，我国研究生教育取得了重大成就。为了适应研究生教育改革的需要，自 21 世纪初，在本科生"动物生物化学"基础上，各高等农林院校陆续为研究生开设了"现代动物生物化学"或"高级动物生物化学"等课程。其教学内容在本科生动物生物化学的基础上更加重视生命科学领域新的研究进展和研究成果。课程内容具有前沿性和新颖性，对研究生理论知识水平及科学研究等均有很大益处，课程已被多数学校列为研究生核心课程或学位课程，在整个研究生培养体系中处于核心地位。

教材建设是事关未来的战略工程和基础工程，教材体现国家意志。研究生教材是研究生教育的重要知识载体，鉴于研究生本门课的教学需要和目前相应教材的缺乏，2019 年科学出版社为贯彻落实教育部《学位与研究生教育发展"十三五"规划》等文件精神，开始启动"十三五"全国高等院校研究生规划教材编写工作，决定由南京农业大学主持编写一本适合高等农林院校研究生使用的《高级动物生物化学》教材，并被列为科学出版社"十三五"高等院校研究生规划教材暨创新型现代农林院校研究生系列教材。2022 年本教材又被列为首批农业农村部"十四五"规划教材，拟由科学出版社出版。

新编的本研究生教材由南京农业大学为主编单位，由包括中国农业大学在内的 7 所高校具有丰富教学经验的老中青教师组成编写组。教材以继承和发展为指导思想，遵循"起点高、目标清、内容新、形式活"的原则；突出"科学性、先进性、丰富性、适用性"特点，并注重融入思政元素和教材的整体优化。总的编写框架结合研究生教育教学特点，以 4 个模块的形式系统介绍现代生物化学与分子生物学的前沿理论和技术原理及在动物学科中的应用，力求做到有足够的宽广度、纵深度，并具有一定的前沿性和前瞻性。需要说明的是，鉴于本教材篇幅所限，物质代谢的整合与调控等经典内容暂未列入，待再版时完整呈现。

本教材的编写得到了南京农业大学韩正康教授等前辈们的热情鼓励，邹思湘教授一直关注着本教材的编写进程，并给予了极大鼓励和热忱推荐。教材主审中国农业大学刘维全教授逐字逐段精心审改，为教材能达到高水平提出了非常重要的建议和宝贵意见。教材的全体编者继承和发扬了老一辈的优秀传统，将精品意识贯穿在教材编写的整个过程中，对本教材的完成都作出了同等重要的贡献。编者所在的南京农业大学、科学出版社分管领导和具体参与本教材出版工作的编辑均给予了极大支持和热忱帮助，本课题组王换换老师，杜欣雨、纪晓霞、陈雪清、徐佳靖等研究生参与了本教材所有插图的绘制及校对工作，在此一并表示诚挚的感谢！

凡是过往，皆为序章，写完此前言，意味着本教材已至完稿之时，也可以说是全体编者共同协助完成的一次"探索"。在教材编写过程中，虽然全体编者以严肃的科学作风和严谨的治学态度进行了各自章节的编写，付出了大量辛勤劳动，编写过程中也经历了几轮研究生课堂教学中的实践和反复修改，但由于生命科学高速发展、庞大的信息量和大量新内容的增加，书中仍未免有许多遗漏之处，期盼同行专家、使用本教材的师生和读者批评、指正。

最后，庚子年春，疫情肆虐神州大地，恰是本教材编写的几年，今天，凌冬已过，山河无恙，让我们共同感谢伟大的祖国成为我们每个人的坚强后盾，编写组全体成员衷心感谢所有关心、支持、帮助和参与本教材工作的前辈们、老师们、同学们！

编　者
2024 年 3 月

目 录

第三篇　遗传信息从 DNA 到蛋白质的传递

第四篇　现代生物化学与分子生物学专题

《高级动物生物化学》教学课件索取单

凡使用本书作为授课教材的高校主讲教师，可获赠教学课件一份。欢迎通过以下两种方式之一与我们联系。

1. 关注微信公众号"科学 EDU"索取教学课件

扫码关注　→"样书课件"→"科学教育平台"

2. 填写以下表格，扫描或拍照后发送至联系人邮箱

姓名：	职称：		职务：
手机：	邮箱：		学校及院系：
本门课程名称：		本门课程每年选课人数：	
您对本书的评价及修改建议：			

联系人：刘丹 编辑　　　　电话：010-64004576　　　　邮箱：liudan@mail.sciencep.com

第一篇
生物大分子的结构与功能

机体是由数以亿万计分子量大小不等的分子组成的。参与机体构成并发挥重要生理功能的生物大分子通常都具有一定的分子结构规律，即由一定的基本结构单位，按一定的排列顺序和连接方式而形成的多聚体。生命体内重要的生物大分子包括蛋白质、核酸、酶和聚糖等。蛋白质和核酸是体内主要的生物大分子，各自有其结构特征，并分别行使不同的生理功能。核酸具有传递遗传信息等功能，而蛋白质几乎涉及所有的生理过程。两者的存在与配合，是诸如遗传、繁殖、生长、运动、物质代谢等生命现象的基础。酶是由活细胞产生的具有催化活性和专一性的生物大分子（蛋白质、RNA、DNA），其中绝大部分酶是蛋白质。酶是生物体内的催化剂，体内几乎所有的化学反应都由特异性的酶来催化，这为生物体能进行如此复杂而周密的新陈代谢及其精细的时空调节提供了基本保证。大多数酶的本质是蛋白质，酶的催化作用有赖于酶分子的一级结构及空间结构的完整。能使蛋白质变性的因素也能使酶变性。若酶分子变性或亚基解聚均可能导致酶的活性丧失。聚糖是继蛋白质、核酸后被发现的结构复杂且有规律可循的重要生物大分子之一，与蛋白质、脂质等构成复合糖类，如糖蛋白、蛋白多糖、糖脂等，在各种生命活动中发挥重要作用。

本篇主要讨论蛋白质、酶和聚糖的结构与功能等内容，核酸的相关内容将在后面部分叙述。

第一章　蛋白质的结构层次及构象特点

蛋白质是生命活动最主要的载体，更是细胞结构与功能的执行者，是生物体内最重要的生物大分子之一。早在 1833 年，科学家就从麦芽中分离得到了淀粉酶，随后从胃液中分离到类似胃蛋白酶的物质，推动了以酶为主体的蛋白质的研究。1838 年，荷兰科学家 G. J. Mulder 引入 "protein"（源自希腊语 proteios，意为 primary）一词来表示这类分子。自此蛋白质的研究全面开展。1864 年，血红蛋白被分离并结晶。19 世纪末，蛋白质被证明由氨基酸组成，并利用氨基酸合成了多种短肽。20 世纪初，应用 X 射线衍射技术发现了蛋白质的二级结构——α 螺旋，以及完成了胰岛素一级结构的测定。20 世纪中叶，各种蛋白质分析技术相继建立，促进了蛋白质研究的迅速发展。1962 年确定了血红蛋白的四级结构，并通过对肌肉和血液中的含氧蛋白肌红蛋白和血红蛋白的研究表明蛋白质的功能来自三维结构，而三维结构又由氨基酸的序列决定，即功能源自结构，结构源自序列。20 世纪 90 年代以后，人类基因组计划（Human Genome Project，HGP）的实施，功能基因组与蛋白质组计划的展开，特别是对蛋白质复杂多样的结构功能、相互作用与动态变化的深入研究，使蛋白质结构与功能的研究达到新的高峰。

蛋白质是由许多氨基酸（amino acid）通过肽键（peptide bond）相连形成的具有特定空间结构和生物学活性的高分子含氮化合物，是生物体内含量最丰富、最重要的生物大分子，具有催化生化反应、作为细胞的构件分子、参与运输和运动等多种功能。可以说，几乎所有的生物过程都需要一种或多种蛋白质参与。但是蛋白质不是以伸展的肽链形式存在于细胞中，而是形成紧密的、折叠的空间结构。这种特定的空间结构是其功能的基础，又称为立体结构、高级结构、三维结构或构象。蛋白质的空间结构各不相同，分为不同的层次，反映了其功能的复杂性和多样性。本章将重点介绍蛋白质各层次的结构及其特点，以及这些肽链基础上的蛋白质的分子缔合、组装及构象的运动等。

第一节　蛋白质的结构层次

蛋白质是已知的结构和功能最复杂的分子。自从 19 世纪 30 年代荷兰科学家 Mulder 命名蛋白质以来，其结构和功能一直是生物化学及相关学科的研究热点，但直到 20 世纪 60 年代以后，人们才借助 X 射线衍射技术，对蛋白质立体结构有了初步认识。组成蛋白质的基本元素、基本组成单位及不同的结构层次被逐一阐明，使人们对其功能有了更多的认识。

一、蛋白质的分子组成

1. 组成蛋白质的元素　　元素分析表明，所有蛋白质都含有碳（C，50%～55%）、氢（H，6%～8%）、氧（O，20%～23%）和氮（N，15%～17%）。某些蛋白质含有硫（S，0.3%～2.5%）。少数蛋白质含有磷（P）、铁（Fe）、铜（Cu）、锌（Zn）和碘（I）等元素。其元素组成特点是均含有氮，平均含氮量为 16%。可通过测定氮的含量，计算生物样品中蛋白质的含量（换算系数为 6.25），称为凯氏定氮法（Kjeldahl method），这是蛋白质定量的经典方法之一。

2. 组成蛋白质的氨基酸　　生命体蛋白质是以氨基酸为原料合成的多聚体，因此氨基酸是组成蛋白质的基本单位，只是不同蛋白质的各种氨基酸的含量与排列顺序不同而已。

存在于自然界中的氨基酸有 300 余种，通过将酸、碱或蛋白酶作用于蛋白质，使其水解产生游离氨基酸，证实参与蛋白质合成的氨基酸一般有 20 种，也称为基本氨基酸（primary amino acid）、标准氨基酸（standard amino acid）或编码氨基酸（coded amino acid），通常是 L-氨基酸（除甘氨酸外）和 α-氨基酸（除脯氨酸外）。除甘氨酸外，氨基酸都有手性碳原子和旋光性，且多为左旋（−）-氨基酸。

除 20 种基本氨基酸外，近些年经研究发现了第 21 种硒代半胱氨酸（Sec，硒原子替代了半胱氨酸分子中的硫原子），Sec 由 UGA 终止密码子翻译并插入蛋白质中。还有第 22 种吡咯赖氨酸，由 UAG 编码，目前发现只在低等生物中出现。具体机制尚不清楚。

此外，体内还存在若干不参与蛋白质合成但具有重要生理作用的 L-α-氨基酸，如参与尿素合成的鸟氨酸（ornithine）、瓜氨酸（citrulline）和精氨酸代琥珀酸（argininosuccinate）等，以及嘧啶分解产生的 β-丙氨酸等。

3. 氨基酸连接形成肽　　1890～1910 年，德国化学家 E. Fischer 证明氨基酸通过肽键连接形成蛋白质或肽。例如，1 分子甘氨酸的 α-羧基和 1 分子甘氨酸的 α-氨基脱去 1 分子水缩合成为甘氨酰甘氨酸，这是最简单的肽，即二肽。在其分子中连接两个氨基酸的酰胺键称为肽键（peptide bond）。二肽通过肽键与另一分子氨基酸缩合生成三肽。此反应可继续进行，依次生成四肽、五肽……

一般由 2～20 个氨基酸相连而成的肽称为寡肽（oligopeptide），而更多的氨基酸相连而成的肽，则称为多肽（polypeptide）。通常定义的蛋白质实际上是一种具有三维结构的多肽（或多肽的复合物）。蛋白质和多肽都是细胞的天然产物。

多肽链的骨架称为主链（main chain），R 基团称为侧链（side chain）。肽链具有方向性，每个多肽链均有两个末端，其游离 α-氨基一端称为氨基端（amino terminal）或 N 端，游离 α-羧基一端称为羧基端（carboxyl terminal）或 C 端。肽链中的氨基酸分子因脱水缩合而基团不全，称为氨基酸残基（amino acid residue）。肽链根据由 N 端至 C 端参与其组成的氨基酸残基命名。如图 1-1 所示，肽链由 5 个氨基酸残基组成，命名为丝氨酰甘氨酰酪氨酰甘氨酰异亮氨酸，写为 Ser-Gly-Tyr-Gly-Ile。

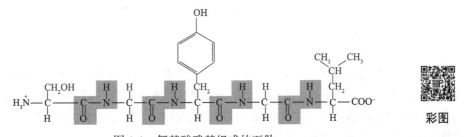

彩图

图 1-1　氨基酸残基组成的五肽

蛋白质或多肽的大小或质量用道尔顿（Dalton，Da；道尔顿是 1 个原子质量单位）或其分子量（MW）表示。例如，一个 10 000MW 的蛋白质的质量用 10 000Da 或 10 千道尔顿（kDa）来表示。考虑到氨基酸的平均相对丰度，蛋白质中氨基酸的平均分子量为 110（平均为 130，脱掉 1 分子水，接近 110）。这个值可以用来根据蛋白质的分子量估计其残基的数量，或者相反，从残基的数量来估计它的分子量。

二、蛋白质多肽链的不同层次

20 世纪 50 年代初，Linderstrøm-Lang 指出蛋白质具有不同的结构层次，把蛋白质的结构划分为 4 个层次，包括一级结构和空间结构，后者又包括二级、三级和四级结构。对有些蛋白质，其空间结构中介于二级和三级结构之间还有超二级结构和结构域。另外，蛋白质天然的空间结构由肽链折叠形成，但目前发现少数蛋白质的空间结构呈无折叠的松散状态，仍有生物活性，这是对传统蛋白质结构层次的补充。

（一）蛋白质的一级结构

蛋白质一级结构（primary structure of protein）是指在蛋白质分子中，多肽链上各种氨基酸残基的种类和排列顺序，也称为蛋白质的化学结构。组成蛋白质一级结构的氨基酸的排列顺序是由基因的核苷酸顺序决定的。一级结构中的主要化学键是肽键，蛋白质分子中所有二硫键的位置也属于一级结构范畴。

牛胰岛素（insulin）是第一个被测定一级结构的蛋白质分子，由英国化学家 F. Sanger 于 1953 年完成。1958 年，F. Sanger 因此项研究获得诺贝尔化学奖。其测序结果证实成熟的胰岛素分子由 A 和 B 两条多肽链组成，A 链有 21 个氨基酸残基，B 链有 30 个氨基酸残基。如果把氨基酸序列（amino acid sequence）标上数码，应以 N 端为 1 号，依次向 C 端排列。

牛胰岛素分子中有 3 个二硫键，一个位于 A 链内，称为链内二硫键，由 A 链的第 6 位和第 11 位半胱氨酸的巯基脱氢而形成，另两个二硫键位于 A、B 两链间，称为链间二硫键（图 1-2）。

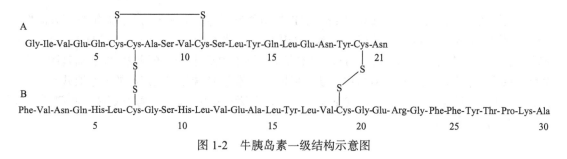

图 1-2　牛胰岛素一级结构示意图

（二）蛋白质的空间结构

蛋白质的空间结构是指一条或数条多肽链上所有原子和基团在三维空间上的排布，即构象（conformation）。蛋白质的空间结构有明显的结构层次，包括二级、三级和四级结构。一级结构是空间结构的基础，空间结构是理解其功能的关键。只有当一个蛋白质处于正确的三维结构或构象时，它才能有效地发挥作用。

1. 蛋白质多肽链空间结构稳定的化学作用力

（1）非共价键或非共价相互作用力　　蛋白质在体内生理条件下的天然构象只有一种或少数几种，是能量较低的稳定结构。稳定蛋白质构象的化学作用力主要为非共价键或非共价相互作用力（noncovalent interaction force），包括氢键、离子键、范德瓦耳斯和疏水作用力。这些非共价相互作用力存在于肽链骨架和氨基酸残基的侧链，数量大，但键能弱，为典型共价键的 1/300～1/30。

1）氢键（hydrogen bond）：蛋白质主链骨架上的原子倾向于形成氢键，主要依靠其羰基氧原子与亚氨基氢原子之间相互作用，键能比共价键弱得多，且键长和键能可因主链的扭曲（如β折叠）而发生变化。蛋白质中氢键数量大，有分子内（肽链内部）和分子间（肽链之间）氢键。另外，在蛋白质某些氨基酸侧链之间或侧链与主链骨架，以及侧链与水分子之间也可能形成氢键。例如，Tyr 的羟基与 Glu 或 Asp 的 γ 羧基之间，以及与主链骨架的羰基之间都可形成氢键，尽管数量不多，但对维持蛋白质的三、四级结构也有一定的作用。

2）离子键（ionic bond）：又称为盐键（salt linkage），是借助正、负离子之间的静电引力形成的。蛋白质中某些氨基酸的侧链在正常生理 pH 条件下带电荷，如 Lys、Arg 和 His 带正电荷，而 Asp、Glu 带负电荷，多肽链的末端也是离子化的。带电荷的残基常位于蛋白质分子表面并与水分子互作。高浓度的盐、过酸或过碱都可能通过影响这些氨基酸残基，破坏离子键而引起空间结构改变。

3）范德瓦耳斯力（van der Waals force）：包括引力和排斥力，其键能小，在大蛋白质分子中，数量巨大的范德瓦耳斯力也会对空间结构产生重要作用。

4）疏水作用力（hydrophobic interaction force）：主要存在于蛋白质分子内部，是蛋白质空间结构保持稳定最重要的非共价键。大部分的蛋白质含有 30%～50%具非极性侧链的氨基酸，如 Leu、Ile、Phe、Val、Trp、Ala、Pro。在球状蛋白质中，这些氨基酸残基几乎全部集中于分子内部而不与水接触，产生的疏水作用力对维持三级结构起主要作用。由于这种作用力的形成与水分子有关，因此，蛋白质的天然构象不仅主要是肽链内部和肽链之间相互作用的结果，在很大程度上也取决于肽链与水分子之间的互作。蛋白质的空间结构处于疏水、亲水间的平衡态。

（2）共价键（covalent bond）　　有些蛋白质中的共价键也参与稳定构象，主要有配位键

（coordination bond）、二硫键（disulfide bond）、肽键（peptide bond）和酯键（ester bond）。例如，在含有金属离子的胰岛素（含 Zn^{2+}）、细胞色素 c（含 Fe^{2+}）和血红蛋白（含 Fe^{2+}）等蛋白质中，配位键对稳定构象起重要作用。金属硫蛋白和 DNA 结合蛋白的锌指结构中，配位键对活性部位构象的稳定非常重要。二硫键是由两个半胱氨酸借助两个硫原子形成的一种稳定共价键，可存在于肽链内部或肽链之间。其一般多存在于胞外蛋白质中，且数目越多，蛋白质的稳定性越好。例如，毛、发、甲、角、爪中的角蛋白结构十分稳定，均含有大量的二硫键。

　　总之，蛋白质分子中的共价键与非共价相互作用力在其结构稳定和功能发挥中有重要作用。键能高的化学键可保证蛋白质空间构象的稳定性（stability），而键能小的非共价相互作用力则可使蛋白质空间构象具有一定的柔性（flexibility）。例如，感冒时，唾液酶活性降低，但共价键没有断裂，只是非共价相互作用力发生了改变，此时只是酶活性降低了，但并没有消失。

　　2. 蛋白质的二级结构　　二级结构（secondary structure）是指由多肽链中主链内部或相邻主链之间，在一级结构的基础上进一步盘旋或折叠形成的周期性构象。其是蛋白质空间结构的核心元件和基本单元，体现了主链骨架的空间走向而不涉及氨基酸侧链的构象。二级结构的稳定主要依靠肽链间或肽链内的氢键。

　　α 螺旋、β 折叠和 β 转角是蛋白质二级结构中最常见的元件，也是蛋白质空间结构中最重要的结构单元，它们的发现在蛋白质结构研究中具有里程碑意义。这些规则结构源于主链上原子排列的规律性，以及氨基酸特性、相同的连接方式等。另外，某些肽段中的无规卷曲等不规则结构也归于蛋白质二级结构中。还有，一条多肽中可能表现出多种类型的二级结构。

　　（1）α 螺旋（α-helix）　　α 螺旋是蛋白质肽链主链骨架围绕中心轴盘绕成的螺旋状结构，是一种紧密的结构。1950 年，Pauling 等根据从小肽晶体结构中测得的多肽的各种标准参数预测出了 α 螺旋结构，并很快被实验证实。

　　典型的 α 螺旋的结构是：外观似棒状，肽链的主链绕 C_α 相继旋转一定角度形成紧密的螺旋，侧链伸向外侧；每 3.6 个氨基酸残基上升一圈，每个氨基酸残基旋转 100°，每圈使轴上升 0.54nm（0.15nm/氨基酸残基）；每一个氨基酸残基上的亚氨基氢（N—H）与前面第四个氨基酸残基上的羰基氧（C=O）之间形成链内氢键（图 1-3），这样，在氢键封闭的环内有 13 个原子（1 个羰基、3 个 N—C_α—C 单位、1 个 N—H），简写为 3.6_{13}（图 1-4）。天然蛋白质中存在的绝大多数都是右手 α 螺旋。

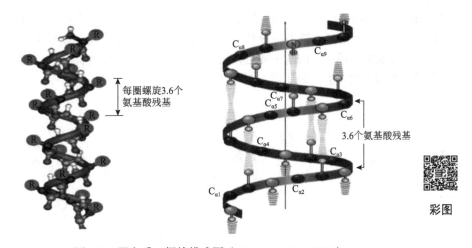

图 1-3　蛋白质 α 螺旋模式图（Alberts et al.，2014）

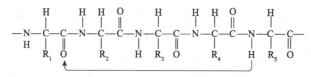

图 1-4　一个 α 螺旋中氢键封闭的环

除了典型的 α 螺旋，蛋白质中还存在少量非典型的螺旋结构（表 1-1），可用"n_s"表示，其中 n 是螺旋每上升一圈中的氨基酸残基数，s 是 1 个氢键环中 O 与 N 之间参与共价结构的原子数。典型的 α 螺旋 O 与 N 之间共有 13 个原子，属于 3.6_{13} 螺旋；非典型的 α 螺旋包括 3_{10} 螺旋和 4.1_{16} 螺旋（即 π 螺旋）等，氢键分别是由前一个氨基酸残基与后面第 3 和第 5 个氨基酸残基形成的。3_{10} 螺旋称为整数螺旋，可存在于蛋白质的 N 端和 C 端，通常只有一圈；而 3.6_{13} 螺旋和 π 螺旋为非整数螺旋，π 螺旋不稳定，仅在过氧化氢酶中有发现。

表 1-1　几种螺旋结构参数的比较

结构类型	残基数/圈	1 个氢键环的原子数	每个残基高度/nm	$\Phi/(°)$	$\Psi/(°)$
3.6_{13} 螺旋	3.6	13	0.15	−57	−47
3_{10} 螺旋	3.0	10	0.20	−49	−26
4.1_{16} 螺旋	4.1	16	0.12	−57	−70

对已知蛋白质结构的分析表明，不同氨基酸形成 α 螺旋的倾向性不同。强烈倾向于形成 α 螺旋的氨基酸有 Ala、Glu、Leu 和 Met，不利于形成的有 Pro、Gly、Tyr 和 Ser。

α 螺旋通常由十几个 L-型氨基酸残基构成，存在于皮肤及其衍生的毛发、指甲、角中的角蛋白（keratin）中，也存在于很多球状蛋白质中，如肌球蛋白（myosin）及血凝块中的血纤蛋白（fibrin）中。α 螺旋位于蛋白质分子的表面，也可全部或部分出现在分子内部，位于极性和非极性界面的 α 螺旋常具有两性的特点，即由 3～4 个疏水性氨基酸残基组成的肽段与由 3～4 个亲水性氨基酸残基组成的肽段交替出现，使 α 螺旋上的疏水和亲水基团交替出现。在两亲性的 α 螺旋中，螺旋的一侧主要含有亲水性氨基酸，而另一侧主要含疏水性氨基酸。

（2）β折叠（β-sheet）　　β折叠是蛋白质二级结构的另一种主要形式，又称β构象（β-conformation）。其是多肽链中一段较伸展的周期性折叠的锯齿形主链构象，由横向排列的肽链组成。与 α 螺旋不同，它由两个或更多的多肽链组成。每条肽链都是一个短的（5～8 个残基）、几乎完全延伸的多肽片段（图 1-5）。

彩图

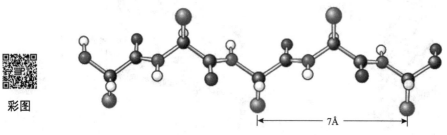

图 1-5　β折叠的结构

β折叠是一种比 α 螺旋更稳定的二级结构，结构伸展，在肽链之间或肽链内部的肽段之间，借助链间氢键形成折叠片层结构，氨基酸侧链则交替出现在片层侧的上下方。氢键是稳定β折叠的主要化学键。

与 α 螺旋一样，β折叠肽链具有方向性。在β折叠中，相邻的肽链可以彼此朝向相同（平行）或相反（反平行）方向，即分为平行（氢键不平行）和反平行（氢键几乎平行）两种形式（图1-6）。多数β折叠都不是一条链，可能是平行、反平行和混合式排列。

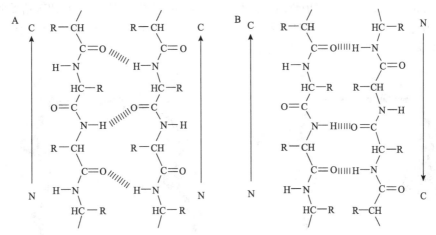

图 1-6　平行 β 折叠（A）和反平行 β 折叠（B）

β折叠也是蛋白质中最常见的一种主链构象，大量存在于丝心蛋白和鸟羽毛的β-角蛋白中（主要是平行形式），还广泛存在于溶菌酶、G 蛋白、黄素蛋白等球状蛋白质中（正、反平行形式都存在）。很多蛋白质的核心包含大量的β折叠。多数β折叠不是平直的，往往有向右扭曲的倾向，导致多股平行β折叠形成圆桶形、马鞍形等，是许多球状蛋白质的核心。

（3）β转角（β-turn）　β转角是出现在多肽链 180° 回折处的一种特殊结构，由 4 个氨基酸残基构成，第一个氨基酸残基的羰基氧（O）与第四个氨基酸残基的酰胺基氢（H）形成氢键，使之成为稳定的结构。其有Ⅰ型和Ⅱ型两种形式。前者第三个氨基酸残基的羰基氧原子与相邻两个氨基酸残基的 R 侧链呈反式，后者中与第二个氨基酸残基的 R 基团位于同一侧（图 1-7）。

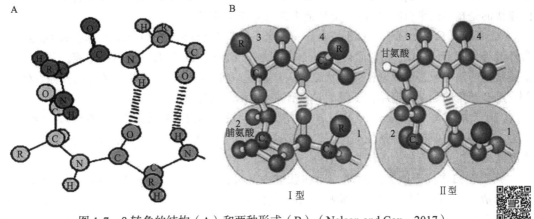

图 1-7　β 转角的结构（A）和两种形式（B）（Nelson and Cox, 2017）

彩图

β 转角改变了肽链的走向，使大的蛋白质折叠成高度紧凑的结构，在球状蛋白质中尤为重要，且常位于蛋白质分子表面，多数由亲水性氨基酸残基组成。甘氨酸（Gly）和脯氨酸（Pro）易出现在这种结构中。Gly 的侧链简单，只有一个氢原子，在构象上没有空间障碍，可以缓和肽链弯曲时造成的残基侧链的作用。Pro 则相反，其亚氨基与侧链形成环状结构，严格限制了构象角的自由度，在一定条件下，能导致 β 转角的形成。其他常见的氨基酸有天冬氨酸（Asp）、天冬酰胺（Asn）和色氨酸（Trp）。

（4）γ转角（γ-turn）　在嗜热菌蛋白酶（thermolysin）中发现了一种与β转角类似的结构，即γ转角，其也存在于肽链的 180°回折处，包括 3 个连续的氨基酸残基，在第一个与第三个氨基酸残基之间形成氢键，能连接两段反平行β折叠（图 1-8）。

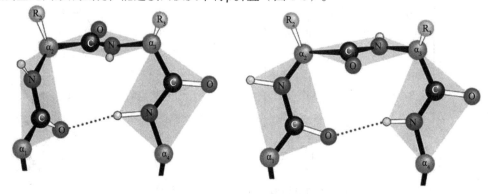

图 1-8　γ转角的结构（Nelson and Cox，2017）

另外，可导致肽链弯曲的另一种重要二级结构是 β 凸起（β-bulge），它存在于两条反平行的长短不同的β折叠链中，在其中一条长链上有两个氨基酸残基，在对应短链上只有一个残基，因而形成凸起并导致肽链弯曲，但弯曲程度没有β转角中的大。经研究发现，这种结构存在于100 多种蛋白质中。

（5）β发夹（β-hairpin）　β发夹是普遍存在于球状蛋白质中的一种结构，连接相邻反平行β折叠链。它是由一条伸展的多肽链经弯曲、彼此靠近并呈反向平行的发夹状结构，包含 10 或 11 个氨基酸残基，两条等长的肽段依靠 1~6 个氢键连接。该结构存在于神经生长因子（nerve growth factor）中。与β发夹类似的是交叉链（cross-over chain），其几乎都呈右手交叉结构，但连接的是相邻的平行β折叠链。交叉链中常有 α 螺旋片段。

（6）Ω环（Ω loop）　Ω环是由 6~16 个（通常为 6~8 个）氨基酸残基卷曲形成的，因为外形与希腊字母"Ω"相似而得名，改变了肽链的走向。Ω 环有一个内部空腔，并由环上氨基酸残基的侧链包裹形成紧密的球状结构。这也是球状蛋白质中一种相当普遍的构象。Ω 环可看成是 β 转角的延伸，但结构更灵活，多存在于 DNA 结合蛋白中。

（7）无规卷曲（random coil）　蛋白质主链上没有形成 α 螺旋或β折叠的肽段，传统上被称为无规卷曲。该概念容易使人误解，其实这一结构并非无规则的，而是与上述二级结构一样高度结构化，只是有较大的结构灵活性。

无规卷曲常位于肽链的两端，而在肽链内部可作为铰链（hinge）连接两个结构域，自身则形成环（loop）状，是蛋白质构象多样化的重要基础。另外，无规卷曲受到的侧链间相互作用很大，并常存在于蛋白质表面。无规卷曲、N 端和 C 端均可能从蛋白质分子表面伸展出来，成为易于接触的位点，作为抗体识别和结合的表位（epitope）。无规卷曲对构象和功能非常重要。

蛋白质中也存在一些真正无序的肽段，但仍可能有重要功能。另外，已经发现有一些蛋白质中仅包含无规卷曲。例如，金属硫蛋白（metallothionein）分子中不含 α 螺旋、β折叠和β转角，其二级结构为一种刚性的金属螯合形式，整个分子具有相当好的稳定性。这类蛋白质被称为固有非结构化蛋白质（intrinsically unstructured protein，IUP）。

3. 蛋白质的超二级结构　　借助 X 射线衍射及核磁共振（NMR）等技术，1973 年 Rossmann 提出，在球状蛋白质分子中的一级结构顺序上相邻的二级结构常常在三维折叠中相互靠近，彼此作用，在局部区域形成规则的二级结构的聚合体，称为超二级结构（super-secondary structure）。其主要包括 α 螺旋和β折叠的空间组合，也称为结构模体或基序（motif）。这些结构模体存在于多种蛋白质中，可作为更高结构层次的结构元件，并往往作为功能元件，与特定的功能相关。例如，亮氨酸拉链、螺旋-转角-螺旋等都属于超二级结构，其参与基因表达的调控（详见第十七章“基因表达调控”相关内容）。

超二级结构有多种类型，常见的有 α 螺旋、β 折叠或二者的组合形式，如 αα、βXβ、βαβ、βββ等往往是一个蛋白质肽链的一部分，由 2～3 个二级结构组合成相对简单的模体，简单的模体可以再进一步组合成更为复杂的模体。例如，由一系列βαβ环排列成的桶状结构，也称 α/β桶（α/β barrel）。由 3 段 β 折叠和 2 段 α 螺旋构成的超二级结构，称为罗斯曼折叠（Rossmann fold）。图 1-9 列出了两种常见的模体形式。

αα转角　　　　　　　　　　βαβ环

图 1-9　蛋白质的超二级结构

在具有相似功能的不同蛋白质中存在相同的基序，表明这些二级结构组合在进化过程中是保守的。因此，目前也会根据蛋白质的基序进行分类。

4. 蛋白质的结构域　　在较大的蛋白质分子（50aa 以上）中，多肽链的三维折叠常常形成两个或多个紧密的、相对独立的、近似球状的区域性结构，称为结构域（domain）。结构域是由 Wetlaufer 于 1973 年根据对蛋白质结构及折叠机制的研究提出的一种结构层次，它是在二级或超二级结构基础上形成的特定空间区域，也是功能单位和折叠单位，能完成结合底物或配基、锚定蛋白质与调控分子等作用。常见的结构域由 40～350 个氨基酸残基组成，存在各种形态。

在进化过程中，结构域作为单元加入到不同的蛋白质中，产生了蛋白质结构和功能的多样性。图 1-10A 所示为细胞色素 b_{562}，是一种参与线粒体电子传递的单结构域蛋白，几乎完全由 α 螺旋组成；图 1-10B 所示为乳酸脱氢酶的 NAD 结构域，它由 α 螺旋和平行 β 折叠混合组成；图 1-10C 图所示为免疫球蛋白（抗体）轻链的可变结构域，由两个反平行 β 折叠的三明治组成。

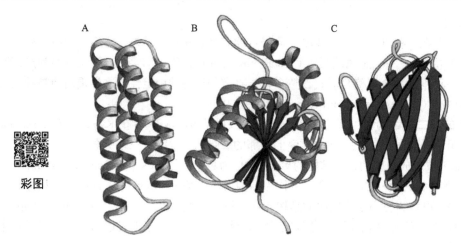

彩图

图 1-10 蛋白质中不同的结构域（Alberts et al., 2014）

另外, 结构域的数目可以是一个或多个, 有约 2/3 的蛋白质包含两个或以上结构域。多结构域蛋白质被认为是由编码结构域的基因片段连接形成的, 在进化上称为结构域重组（domain shuffling）。例如, 肌红蛋白仅有 1 个结构域。蛋白激酶和金属硫蛋白中有 2 个结构域。Src 蛋白激酶有 3 个结构域（SH2 和 SH3 参与调节, 而 C 端的结构域参与催化）（图 1-11）。

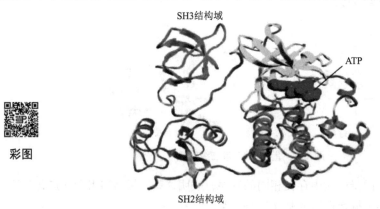

彩图

图 1-11 Src 蛋白激酶的 3 个结构域（Alberts et al., 2014）

结构域之间的连接方式不尽相同。彼此独立的球状结构域之间可借短的柔性肽链松散地连接; 而有些结构域之间接触紧密而又广泛, 每个结构域的表面就是肽链构象外表面的一部分, 如弹性蛋白酶的两个结构域。大多数蛋白质中结构域的连接介于上述两种类型之间。

结构域不仅是蛋白质独立的结构单位, 也是一个功能单位, 不同结构域往往有不同的功能。例如, 大肠杆菌 DNA 聚合酶 I 的多功能性与其分子中几个结构域有直接关系。另外, 结构域也可能作为重要的折叠单位, 在新生肽链正确折叠的过程中发挥作用。

5. 蛋白质的三级结构　蛋白质的三级结构（tertiary structure）是指一条多肽链在二级结构（超二级结构及结构域）的基础上, 进一步盘绕、折叠产生的具有特定肽链走向的空间结构或构象, 或者说三级结构是指多肽链中所有原子或基团的空间排布。蛋白质的三级结构是其发挥生物学功能所必需的, 是功能单位, 主要靠非共价相互作用力稳定, 其中非极性侧链之间的疏水相互作用力和极性侧链之间的氢键有重要作用, 还有离子键、二硫键等。

第一个明确三级结构的蛋白质是鲸的肌红蛋白（myoglobin, Mb）, 于 20 世纪 50 年代由英国的物理学家 J. Kendrew 等测定。目前，通过 X 射线衍射技术和核磁共振技术研究清楚了数千种蛋白质详细的三级结构。

（1）三级结构的基本特征　　球状蛋白质虽然没有纤维状蛋白质中完全规则的构象，但不同球状蛋白质的构象仍存在一些共性。首先，球状蛋白质的多肽链往往借助各种结构单元、超二级结构等折叠成紧密的球状构象。螺旋以典型的右手 α 螺旋为主，各种结构单元的比例与蛋白质种类有关。在肽链转折处一般有 β 转角，还有较多的无规卷曲用于连接规则的二级结构，但连接链不交叉或形成结。许多多肽以折叠方式使在一级结构中彼此远离的氨基酸残基靠近。其次，较大的蛋白质分子通常是由一些紧密的球状结构域组建的。球状蛋白质分子中有内部的疏水区和表面的亲水区。分子内部几乎都是疏水性氨基酸，但表面包含亲水性和疏水性氨基酸。大多数水分子被排除在蛋白质的内部之外，有利于极性和非极性基团间的相互作用。再次，球状蛋白质分子表面往往有内陷的、通常为疏水性的空穴（如裂隙、凹槽、袋等）。这类空穴可作为蛋白质与其他分子进行识别或结合的部位，参与蛋白质的多种功能。例如，Mb 分子的一个疏水空穴正好可容纳一个血红素分子，后者能与 O_2 可逆地结合，其中的疏水环境对保证 Fe^{2+} 与 O_2 的可逆结合至关重要。最后，同类球状蛋白质分子往往具有基本相同的三级结构特征，不同种类的球状蛋白质分子一般具有完全不同的三级结构特征，这是球状蛋白质分子结构的专一性，但不是一成不变的，可表现出高度的灵活性。这种专一性和灵活性的高度统一与协调配合，是球状蛋白质功能多样性和复杂性的基础。

下面以图 1-12 所示鲸的 Mb 为例阐述球状蛋白质三级结构的基本内容。Mb 是由一条多肽链（153 个氨基酸残基）和一个血红素组成的。多肽链主链骨架折叠、盘绕成 A、B、C、D、E、F、G、H 8 个均为 α 螺旋结构的肽段，两段之间的拐角处形成无规卷曲。亲水性氨基酸分布于分子的外表面，故 Mb 溶于水。疏水性氨基酸（如 Leu、Val、Met、Phe）包埋于分子内部，形成疏水空穴，血红素辅基位于其中。

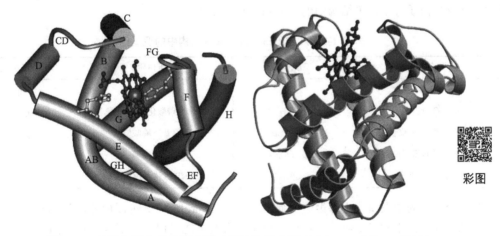

图 1-12　鲸肌红蛋白球状蛋白质三级结构模式图（Nelson and Cox, 2017）

红色代表血红素；橙黄色代表铁离子

（2）球状蛋白质的疏水核心　　球状蛋白质形成的驱动力是疏水性氨基酸侧链埋藏在分子内部，形成疏水的核心层和外侧的亲水层结构。大约有一半的已知蛋白质包含类似的两层骨架，还有 1/3 的蛋白质包含 3 层骨架和两个疏水核心。大多数球状蛋白质和膜蛋白内部的疏水核心由 α 螺旋、β 转角构成，但二者往往在不同的层，因为它们之间不易形成氢键。多肽链中的 R-

侧链一般难以形成类似于主链中的规则结构，但非极性氨基酸侧链有避开水的趋势，当许多这类侧链聚集在蛋白质分子内部时便形成疏水区，存在于许多球状蛋白质分子中。

两亲性的 α 螺旋就很适合存在于球状蛋白质中，其亲水侧面朝向蛋白质表面，疏水一侧朝向分子的疏水核心。另外，极性氨基酸的侧链趋向于分布在球状蛋白质分子表面，这有助于稳定球状蛋白质的构象并增加蛋白质的水溶性；有些极性氨基酸的侧链有时也分布于分子内部。例如，微生物分泌的果胶酸裂解酶的平行β折叠构成的圆柱体结构中，内部有 6 股β折叠在一侧的相应位置都是天冬酰胺，它们之间存在许多氢键，形成所谓的天冬酰胺样结构，对稳定构象有一定的作用。还有的球状蛋白质的亲水区与蛋白质的功能有密切关系。例如，酶的活性中心部位经常存在 Ser、Cys 等具有极性侧链的氨基酸残基，它们直接参与酶的催化作用。

6. 蛋白质的四级结构　　　分子量较大的球状蛋白质分子，往往是由两条或多条肽链通过非共价键连接形成的，其中每条肽链都有独立的三级结构，称为亚基（subunit）。亚基多用 α、β、γ 等希腊字母表示。亚基与亚基间呈特定的三维空间排布，并以非共价键相连接，这种蛋白质分子中各个亚基的空间排布及相互作用并组装成具有生物活性的特定结构，称为蛋白质的四级结构（quaternary structure），包括亚基的数量、类型、排布方式及亚基间的相互作用，但不涉及亚基本身。

蛋白质根据所含的亚基数目不同称为二聚体（dimer，2 个亚基）、三聚体（trimer，3 个亚基）、寡聚体（oligomer，3～10 个亚基）和多聚体（multimer，10 个以上亚基）。

在四级结构中，各亚基之间的结合力主要是氢键和离子键，不包括共价键。亚基是多肽链，但多肽链不一定都是亚基，亚基一般由一条肽链组成，也有的亚基由借助二硫键相连的几条肽链组成，而不是通过共价键相连，此类蛋白质仍然被认为是只具有三级结构的蛋白质。例如，胰岛素分子的 A 链与 B 链借助二硫键连接，这些多肽链就不是亚基，整个胰岛素分子的空间结构为三级结构，而不具有四级结构。一般情况下，单个亚基不具有生物活性，不是独立的功能单位。几种蛋白质分子四级结构中的亚基组成见表 1-2。

表 1-2　几种蛋白质分子四级结构中的亚基组成

蛋白质	亚基组成	蛋白质	亚基组成
血红蛋白	$\alpha_2\beta_2$	琥珀酸脱氢酶	$\alpha\beta$
G 蛋白	$\alpha\beta\gamma$	糖原磷酸化酶 b 激酶	$\alpha_2\beta_2\gamma_2$
大肠杆菌 RNA 聚合酶	$\alpha_2\beta\beta'\sigma\omega$	腺苷三磷酸酶	$\alpha_3\beta_3\gamma\delta\varepsilon$
天冬氨酸转氨甲酰酶	$\alpha_6\beta_6$（C_6R_6）	K^+、Na^+-ATP 酶	$\alpha_2\beta_2$
磷酸化酶激酶	$\alpha_4\beta_4\gamma_4\delta_4$	cAMP 依赖性蛋白激酶	$\alpha_2\beta_2$（C_2R_2）

含多个亚基的蛋白质称为寡聚蛋白质（oligomeric protein），可以由相同亚基构成，也可由不同亚基构成。由不同亚基组装的蛋白质分子，有时可能出现多种组合形式。例如，乳酸脱氢酶（LDH）是由心肌型（heart，H）和肌肉型（mucle，M）两种亚基组装成的四聚体，有 H_4、H_3M_1、H_2M_2、H_1M_3、M_4 五种组合形式。另外，有些亚基单独存在时，可能不具有什么特殊的功能或具有与寡聚蛋白质完全不同的功能。例如，乳糖合成酶是一个二聚体，其一个亚基是 α-乳清蛋白，为乳腺组织中特有，有其自身的功能。但当 α-乳清蛋白与β-半乳糖苷酶结合后则形成乳糖合成酶，从而参与乳糖的合成。总之，无论是哪种方式，其前提条件都是亚基须正确组装后，蛋白质才能显示生物活性。

三、蛋白质分子的缔合和装配

缔合（association）是指相同或不同分子间不引起化学性质的改变，而依靠较弱的键力（如配位共价键、氢键）结合的现象，不引起共价键的改变。细胞包含的许多大分子组装整合形成分子机器，参与复杂的细胞过程，如细胞中的 DNA 复制、蛋白质合成、囊泡出芽和跨膜信号转导等过程，都是由至少十多种蛋白质缔合而成的，蛋白质结构形式的最高水平是蛋白质与大分子的组装结合。

（一）蛋白质分子的缔合

蛋白质分子可以结合成为更复杂、功能更强大的分子结构形式。这种现象就是蛋白质分子的缔合（association of the protein molecule）。从进化角度来看，蛋白质分子的缔合既经济又灵活，并且通过与其他生物大分子缔合形成诸如核糖体等"超级结构"，可完成其他任何单一分子无法完成的功能。蛋白质缔合是分子间互作的结果，该过程往往是可逆的，这也是生化调节机制多样性的基础。蛋白质分子间的缔合是亚基或蛋白质分子间的相互作用，这一过程常是可逆的，且可发生在不同结构层次上。其可分为以下 3 种形式。

1. 亚基缔合　　亚基缔合（subunit association）是指蛋白质的两个或多个单一亚基在某种条件下以非共价键形式结合在一起的方式。亚基缔合的实质是其结合位点（binding site）间的互作，主要靠非共价键，特别是疏水作用力。例如，神经生长因子（nerve growth factor，NGF）由含 118 个氨基酸残基的两个相同的亚基组成，亚基之间靠 3 对扭曲的反平行β折叠形成的疏水表面相互接触。血红蛋白（Hb）是由两个 α 亚基和两个β亚基通过 8 对盐键连接成的四聚体。还有的蛋白质在生物合成时，需要核蛋白体大、小亚基的结合。

寡聚蛋白质中的亚基有特定的空间排布，整个分子有时可形成高度有序的规则形状，如环状、螺旋状、线状、球状等，其中包括一些对称的结构，但也经常出现不对称的缔合方式。一般不同亚基的缔合更容易产生不对称空间结构。

由相同或不同亚基缔合形成寡聚蛋白质，不仅是形成了稳定的空间构象，这在由单一亚基缔合成具有多面体结构的病毒外壳蛋白中尤其有意义，更重要的是，当改变寡聚蛋白质某一亚基的构象时，可能会影响其他亚基乃至整个蛋白质的构象。因此，亚基缔合是寡聚蛋白质，包括某些酶、受体结构的重要基础。此外，寡聚蛋白质在一定条件下还可解离成为单个亚基。例如，在大肠杆菌 RNA 聚合酶中，σ 亚基与核心酶（$\alpha_2\beta\beta'$）的组装与解离对完成 DNA 转录有重要作用。因此，亚基的缔合与解离也是调节蛋白质功能的一种方式。

2. 相同蛋白质分子间的缔合　　有些蛋白质，包括寡聚蛋白质，其分子间可借助疏水作用力、氢键等在体内组装成聚合体，形状往往不是线形，主要涉及非共价键。另外，分子间的缔合可能与其功能有关。例如，胰岛素在体内可形成二聚体、四聚体和六聚体等形式，其中六聚体可能有防止胰岛素被蛋白酶水解的作用。动物在受伤出血时，血液中的血纤蛋白原（fibrinogen）被水解成血纤蛋白（fibrin），后者可通过聚合、交联，形成不溶性纤维蛋白聚合物，在伤口处形成血凝块以防止大量失血。球状的肌动蛋白（actin）分子之间则可缔合成肌动蛋白丝，构成细胞骨架（cytoskeleton）的组分之一。

3. 不同蛋白质分子间的缔合　　不同蛋白质分子也可发生分子缔合。例如，乳中几种酪蛋白构成微团结构，这种微团是由许多亚微团组成的，亚微团包括由 α_{s1}-酪蛋白、κ-酪蛋白自身缔合形成的聚合体，以及二者间通过疏水作用力等非共价键缔合形成的复合物。该结构的形成及稳定性受 pH、离子强度、温度等因素的影响。

（二）蛋白质复合体的装配

1. 分子自组装　　早在 20 世纪 50 年代就有研究表明，把某些病毒（如烟草花叶病毒）或细胞器解离成蛋白质、核酸等组分后，这些组分在体外生理条件下能自动装配成具有功能的病毒或细胞器碎片，这种现象称为分子自组装（molecule self-assembly）。其实质就是各种生物大分子通过相互作用而进行的更为复杂的组装。不同蛋白质分子的聚集装配现象在生物体内相当普遍，如生化代谢途径中一些多酶复合体及膜结构、T4 噬菌体等自组装现象。目前已知蛋白质的自组装涉及其空间结构相互作用，有规律可循，包括镶嵌互补、核心装配、张力累积、表面接触化学基团的相互作用等。

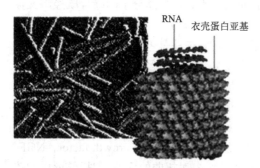

图 1-13　烟草花叶病毒示意图
（Alberts et al., 2014）

（1）烟草花叶病毒的自组装　　在体外发现的可自组装的第一个巨大超分子结构是烟草花叶病毒（tobacco mosaic virus，TMV）。TMV 颗粒核心是一条约占病毒总质量 5% 的长度近 6000 个核苷酸的 RNA 分子，外围呈螺旋状环绕的是衣壳蛋白，衣壳结构由 2130 个相同的亚基右手螺旋成夹膜圆柱结构。每个亚基含 158 个氨基酸残基。1955 年，Fraenkel 等先将 TMV 分离为单一 RNA 和衣壳蛋白，然后将这些组分混合，发现其能重新装配成具有活性、有感染力的 TMV 颗粒（图 1-13）。

（2）原核生物核糖体的自组装　　原核生物 70S 核糖体包括 50S 大亚基和 30S 小亚基，共有 3 种 rRNA（18S、28S 和 5S）和 53 种蛋白质（大亚基 32 种，小亚基 21 种）。

核糖体 30S 小亚基可以由 16S rRNA 和 21 种蛋白质在不需要加入其他组分的情况下形成，组装所需的全部信息都存在于亚基结构内，其蛋白质和 rRNA 都带有组装过程的信息。30S 小亚基和 50S 大亚基自组装过程如下：

$$
\begin{array}{c}
\text{23S rRNA} \\
+ \\
\text{5S rRNA} \\
+ \\
\text{34L蛋白质}
\end{array}
\xrightarrow[0℃]{4\text{mmol/L Mg}^{2+}}
\underset{\text{含有约20L蛋白质}}{\text{33S 颗粒}}
\xrightarrow{44℃}
\underset{\text{含有全部34L蛋白质}}{\text{41S 颗粒}}
\xrightarrow[0℃]{10\text{mmol/L Mg}^{2+}}
\text{48S 颗粒}
\xrightarrow{50℃}
\begin{array}{c}\text{50S核糖}\\\text{体亚基}\end{array}
$$

$$
\begin{array}{c}
\text{16S rRNA} \\
+ \\
\text{21S 蛋白质}
\end{array}
\xrightarrow{0℃}
\underset{\text{含有15S 蛋白质}}{\text{21S 颗粒}}
\xrightarrow{40℃}
\underset{\text{含有全部21S 蛋白质}}{\text{26S 颗粒}}
\xrightarrow{0℃}
\text{30S核糖体亚基}
$$

2. 蛋白质复合体非自组装

（1）RNA 合成转录复合体的组装　　启动 RNA 合成的转录复合体由 RNA 聚合酶等组成，它本身是一种多聚体蛋白，至少有 50 个辅助成分，包括通用转录因子、启动子结合蛋白、解旋酶和其他蛋白质复合物，通过将单个功能分子集成到一个复合体中，一起执行最复杂的细胞过程（见第十二章和第十三章）。

（2）肌纤维的组装　　　　肌纤维并非自组装，而是以特殊的酶和蛋白质等作为装配因子（assembly factor）装配的，而这些装配因子不存在于最终结构中。例如，肌肉收缩是通过肌原纤维粗丝（thick filament）与细丝（thin filament）之间的相对运动（活动）来实现的，其基础肌球蛋白（myosin）和肌动蛋白（actin）是肌肉中的主要蛋白质。粗丝直径约 16nm，主要由肌球蛋白组成，具有 ATP 酶活性。细丝直径约 7nm，由肌动蛋白、原肌球蛋白（tropomyosin）和肌钙蛋白（troponin）组成。在生理条件下，肌球蛋白（分子质量约 460 kDa）分子能自发地装配成粗丝。肌动蛋白构成细丝骨架，它的单体称为 G 肌动蛋白，分子质量为 43kDa，呈球形；而多聚体称为 F 肌动蛋白，呈纤维形，与原肌球蛋白、肌钙蛋白装配为细丝（图 1-14）。在生理离子强度并存在 Mg^{2+} 条件下，G 肌动蛋白通过非共价键聚合成 F 肌动蛋白。将肌动蛋白加到肌球蛋白溶液中便能形成二者的复合体，即肌动球蛋白。所形成的丝状的肌动球蛋白在有 ATP、K^+ 和 Mg^{2+} 的溶液中会出现收缩。

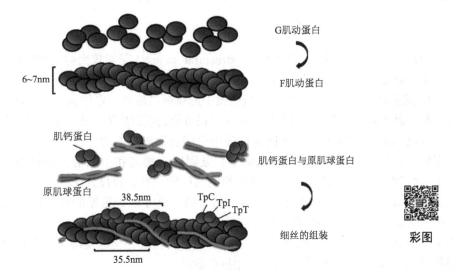

图 1-14　肌原纤维细丝装配示意图

肌钙蛋白的三个亚基：TpC. 钙结合亚基；TpI. 抑制亚基；TpT. 原肌球蛋白结合亚基

综上，由两个或几个重复的较小的亚单位构建成大的分子可以减少遗传信息的需要量。而相对弱的、非共价的化学键既有利于分子的装配，又便于拆解。装配方式及分子伴侣（molecular chaperone）的参与有助于排除和防止不合适的成员加入到组装的复合体中。

第二节　蛋白质的构象及特点

蛋白质的构象（conformation）是指分子中所有原子和基团在空间的排布，又称空间结构或三维结构（three-dimensional structure），是由单键的旋转造成的。因此，与构型不同，构象的改变无须破坏共价键。由于每个氨基酸中均有可旋转的单键，因此蛋白质的构象数量似乎是个天文数字。然而事实上，氨基酸残基在蛋白质构象中受到非常多的限制。细胞中的蛋白质通常只有一种或少数几种构象，该构象既具有一定的刚性，又有一定的柔性，在发挥功能时是可以变化的，这是其发挥功能的重要基础。例如，最新的研究显示，新型冠状病毒上的刺突蛋白（spike protein）具有柔性，且在病毒表面可以游走和旋转，更灵活地与靶细胞膜上的血管紧张素转化酶 2（ACE2）受体结合，增加了入侵细胞的概率。

一、蛋白质构象的柔性

（一）可变性或柔性

蛋白质构象的柔性（flexibility）是指蛋白质分子中的非共价相互作用力的改变而导致构象变化的特性，也叫可变性（variability）。即使在紧密的球状蛋白质中，裂缝等结构也约占整个分子体积的 25%，这些部位为蛋白质的柔性和构象变化提供了基础。同时，蛋白质中含有无规卷曲等较灵活的二级结构，也有很大的空间结构可塑性。蛋白质中的氨基酸侧链处于不断运动中，并受温度、pH、离子强度等影响，还与各种分子形成了复杂的相互作用网络，如酶与底物或抑制剂、受体与配基的结合等。各种配基或分子对蛋白质构象有不同程度的影响。当寡聚蛋白质的一个亚基与其他分子相互作用并出现构象变化时，可能会影响其他亚基的构象和功能，进而调节寡聚蛋白质的功能，如血红蛋白与氧的结合等。

（二）蛋白质结构转换（非正常的转换）

与构象变化有所不同，结构转换（structural switch）是指较大的空间结构变化，而通常的蛋白质构象变化仅涉及空间结构的扰动或柔性。其主要包括以下几种。

1. 同源肽段间的结构转换 蛋白质中的肽链虽然有一定的构象形成趋势，但不是绝对的，有时因环境因素变化而发生结构转换，很可能是蛋白质为了适应生物功能调节和进化而进行的转化。相同的肽段序列在不同蛋白质中可能会形成不同的二级结构。例如，肽段 VNTFV 在无脊椎动物血红蛋白和核糖核酸酶中就分别呈 α 螺旋和 β 折叠。在已知结构不相关蛋白质中，相同 5 肽序列仅有 20% 表现出相同的结构。有人曾设计了一个肽段，分别插入免疫球蛋白 IgG 结合结构域中的不同区域，结果插入原 α 螺旋区域的该肽段形成 α 螺旋结构，而插入原β折叠区域的同样肽段则形成β折叠。1997 年，Dalai 等通过分子设计置换一半以下的氨基酸残基，可将一个以β折叠为主的蛋白质转换成为全螺旋类型的蛋白质。例如，牛海绵状脑病（疯牛病）的病原 α 螺旋向β折叠的转变。

2. 二级结构间的转换 蛋白质的二级结构受环境因素如温度、pH 和离子强度等的影响。环境变化可能是蛋白质结构进化的一个重要驱动力。蛋白质中环/α、环/β或 α/β间的二级结构转换可构成某些蛋白质活性调节的开关。例如，纤溶酶原激活物抑制剂具有蛋白酶抑制剂活性，其活性部位是一段环区域，而当这一区域转换为β折叠时，则成为无活性的潜伏型抑制剂。在pH 低时，流感病毒表面的血凝素亚基中的结构由环向 α 螺旋转变，改变后的构象有助于病毒进入宿主细胞。另外，基因工程产物中包涵体的形成和蛋白质淀粉样变性（amyloidosis）所引起的疾病都与蛋白质聚集有关。一些蛋白质的自我聚集、β折叠的聚集物称为淀粉样纤维（amyloid fibril），存在于细胞外基质中，尤其存在于神经系统中时可产生明显的临床症状。而淀粉样纤维被认为与人类的阿尔茨海默病和帕金森病有密切关联。

二、蛋白质构象的运动性

1. 蛋白质构象运动及类型 蛋白质分子运动（motion of protein molecule）是以被动或主动方式跨越细胞质膜和内膜的转运、在膜上的旋转和扩散、在细胞内沿微丝和微管移动的总称。被动运动是由于蛋白质分子在细胞膜外和膜内浓度不同而引起的扩散。主动运动则是蛋白质分子通过水解 ATP 提供能量逆浓度梯度的运动。例如，蛋白质分子在信号转导通路上被蛋白激酶或磷酸酶磷酸化或去磷酸化引起的与其他蛋白质的结合或解离；肌球蛋白沿微丝和驱动蛋白沿微管的定向移动等。

蛋白质特定的空间结构是其发挥功能的重要基础。但越来越多的证据表明，由于动力学、热力学及与其他分子互作等因素，蛋白质整个分子是处于主动的不断运动之中的，这种运动时间尺度通常在 $10^{-12} \sim 10^{-3}$ s 很宽的范围，距离尺度可达 1nm。因此，仅用空间结构的柔性已不能完全说明这种主动的运动性。运动性也是蛋白质构象的重要特征。蛋白质的构象是动态的，存在瞬时的摆动，有时很快。除了分子中的小幅度原子热振动，其构象运动主要包括氨基酸残基侧链、肽链片段、结构域或亚基 3 种水平上的运动（表 1-3），分为 5 种类型：①表面局部区域的运动；②结构域或亚基的呼吸运动；③结构域绕着铰链的刚性运动；④相关肽段的协同运动；⑤无序和有序之间的转换运动。通常肽链和氨基酸残基的侧链都处于运动状态。

表 1-3　蛋白质分子构象运动的类型

类型	运动幅度/nm	时间间隔/s
原子的振动	0.001～0.1	$10^{-15} \sim 10^{-11}$
残基侧链快速运动和铰链的缓慢弯曲运动	0.001～0.5 或更大	$10^{-12} \sim 10^{-3}$
结构域运动和裂缝的开合等构象运动	0.05～1	$10^{-19} \sim 10^{3}$

蛋白质分子在发挥功能（如酶结合底物和催化反应）时，局部肽链或结构域可发生位移较为明显的运动。此外，蛋白质分子还可发生更大幅度的运动，甚至是分子的滑行和旋转。例如，DNA 复制过程中聚合酶的快速向前推进，是由多种蛋白质和亚基组装成的一个特异的、可滑行的钳子执行的；细胞中的一些动力型蛋白可结合某种配基，配基再进一步结合其他需要运输的分子，借助微管在细胞内进行运输。可以说，蛋白质的运动性是其空间结构的固有属性。

利用核磁共振技术已经观察到了氨基酸芳香环的翻转运动，但运动范围较小。当蛋白质分子与其他大分子或小分子相互作用时，氨基酸残基侧链的运动有可能引发广泛的构象变化，而蛋白质分子大范围的构象运动也往往包含着氨基酸残基侧链的构象变化。因此，侧链小范围运动也有其意义，各种运动形式密切相关。

蛋白质分子中另一种主要的大范围运动是结构域的运动。根据特点可将其分为两种类型：一种是类似免疫球蛋白分子中结构域的运动形式，其特点是蛋白质分子中各结构域之间由柔性单肽链连接，相互作用很少，可使结构域在较大范围内运动，形成多种构象以适应多变的配体。这也是免疫反应多样性和灵活性的基础。另一种结构域的运动类型与上述形式有相似之处，但结构域之间有广泛的相互作用，因此结构域只存在少数几种特定的构象变化。这一类型广泛存在于一些酶分子中，如酵母己糖激酶、肝乙醇脱氢酶、甘油醛-3-磷酸脱氢酶、柠檬酸合成酶及阿拉伯糖结合蛋白等，一般有开放型（apo-）和闭合型（holo-）两种构象，前者适于结合底物和释放底物，而闭合构象使底物与溶剂隔开，有利于催化反应。结构域的这种运动在每一次催化循环中重复出现，催化过程伴随着酶分子构象的迅速开合运动。血红蛋白分子与氧结合和解离过程中的构象变化与此十分相似。

2. 构象运动性的意义　　从前面的介绍可以看出，蛋白质发挥特定的生物学功能，是由于它具有一个独特的、精巧的空间结构，其特征是既有相对稳定的结构，又能随环境变化发生构象运动。空间结构的稳定性和可变性是蛋白质发挥功能必需的两个方面。肽链片段的运动较为普遍，有多种表现形式。例如，在某些蛋白质中，部分肽链构象灵活不定，称为结构中的无序区，表现为无活性或低活性。在一定条件下，这种无序结构可转化为固定的有序结构，并表现出活性。

通过对模拟蛋白表面位点的小肽产生的相应抗体（称为抗肽抗体）的研究显示，蛋白质的运动性可能与其免疫活性有关。例如，以对应于蚯蚓肌血红蛋白（myohemerythrin）的 12 个表面区域片段的合成小肽为抗原对动物进行免疫，发现除一个小肽外，其他的都有抗原活性，与肽段的运动性无关。但是，血清中产生的抗肽抗体与蚯蚓肌血红蛋白的反应，则与合成小肽对应的区域片段有很大关系。对应于该蛋白质表面高运动区域的小肽（热肽），产生的抗体与蚯蚓肌血红蛋白反应都很强，有专一性。而对应于低运动区域的小肽（冷肽），产生的抗体与蚯蚓肌血红蛋白反应很弱，并且可能是非专一性的。由此推测，天然抗原与抗体相互作用过程中，抗原表面某些区域肽段的运动性对免疫反应有重要作用。抗原决定簇不仅与其在抗原分子表面的暴露程度有关，而且与其运动性有密切联系。类似的研究结果在其他蛋白质上也存在，可能具有一定的普遍性。

近些年来，研究蛋白质构象运动的手段日益成熟，使人们可以了解蛋白质构象在大范围内的运动，如配体诱导的构象变化。另外，细胞中有很多分子马达，如 DNA 聚合酶、RNA 聚合酶、核糖体上的延伸因子 2、肌球蛋白、驱动蛋白、动力蛋白（dynein）和 ATP 合酶等。它们可做直线运动或旋转运动。一个典型的例子是 ATP 合酶的旋转催化（rotational catalysis）。ATP 合酶被称为自然界最小的分子发动机，包括突出于膜外的 F_1 和嵌入膜内的 F_0，其中 F_1 由 $\alpha_3\beta_3\gamma\delta\epsilon$ 亚基组成，F_0 由 ab_2c_{12} 亚基组成（图 1-15A）。亚基 $ab\delta\alpha_3\beta_3$ 组成外周定子，而 $c_{12}\gamma\epsilon$ 组成转子。当 H^+ 通过 F_0 的 a 亚基时，驱动 $c_{12}\gamma\epsilon$ 转子转动，导致 β 亚基在 3 种构象之间转换，完成 ATP 的合成、释放，这一过程被称为旋转催化，与亚基连续的旋转直接相关。1997 年，Noji 等利用倒置荧光显微镜直接观察，发现在有 Mg^{2+}-ATP 的条件下，γ 亚基在 $\alpha_3\beta_3$ 形成的圆筒中单向转动，持续时间达 25s 以上（图 1-15B）。这表明，游离 F_1 水解 ATP 是在 $\alpha_3\beta_3$ 的 3 个催化位点上按照 3 个步骤循环催化进行，并伴随着 γ 亚基的旋转。F_0F_1 全酶合成 ATP 很有可能是 γ 亚基反方向的旋转催化。作为生命活动中至关重要的一种酶类，ATP 合酶催化机制的初步阐明，揭示了构象运动在蛋白质功能中的重要性。从更深意义来说，构象运动的研究有助于阐明各种生物过程的详细机制。

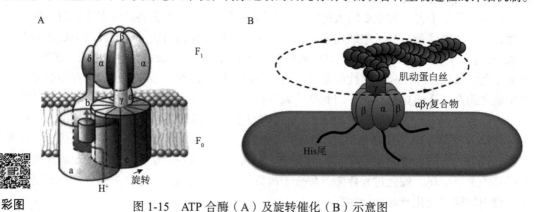

图 1-15　ATP 合酶（A）及旋转催化（B）示意图

3. 肽的构象　　肽是一种分子量较小的蛋白质，分子量一般小于 5000，与蛋白质之间并无严格界线。由于体内不少肽都有一些特殊的生理活性，所以近年来有关其空间结构的研究引起了人们的广泛关注。一些分子量较大的多肽的构象与蛋白质接近。例如，含有 31～40 个氨基酸残基的活性多肽，其分子中都有一个 α 螺旋和两个β折叠。含 6 个以下氨基酸残基的小肽，分子中一般没有 α 螺旋或β折叠，但可存在β转角。例如，脑啡肽（5 肽）分子中有一个β转角；催产素（9 肽）分子中存在两个β转角。而包含十几个氨基酸残基的多肽中可存在β折叠，但一般没有 α 螺旋。例如，生长抑素（somatostatin）为 14 肽，分子中有反平行β折叠。

　　肽链中由于主链及侧链相互作用和制约较少，其构象一般不如蛋白质稳定，具有很大的可变性，对环境因素变化敏感，这一特性有助于其调节功能。当然，也有些多肽的构象十分稳定。例如，卡律蝎毒素样毒素多肽具有一个非常稳定的核心结构，即使其余部位的氨基酸残基被替换或缺失，其分子仍可保持固有的构象，因此可作为构建肽类药物的"分子骨架"，用小肽模拟蛋白质的功能以设计药物或疫苗。另外，肽的构象与其功能之间也有密切联系。例如，1991年 Kumagai 等的研究显示，含 Arg-Gly-Asp 序列的环形 7 肽比类似组成的线性多肽具有更高的生理活性，提示在小肽中引入的构象限制可影响其构象乃至功能。由此可见，尽管肽的构象相对蛋白质来说要简单一些，但具有很大的灵活性，特定构象对肽发挥生理活性仍可能有重要意义。

第二章 蛋白质的分子识别与折叠

蛋白质的分子识别（molecular recognition）是指蛋白质与其他蛋白质、核酸和小分子物质之间的特异辨认，如抗原-抗体、酶-底物、调控因子-DNA的特异结合等。蛋白质折叠（protein folding）是蛋白质获得其功能性结构和构象的过程。多肽链可凭借相互作用在细胞环境（特定的酸碱度、温度等）中自己组装自己，这种自我组装的过程被称为蛋白质折叠。通过折叠，多肽链从高能量的不稳定状态变为低能量的稳定态。研究分子识别和蛋白质构象及折叠的详细机制对阐明蛋白质功能及生命过程有重要意义。

第一节 蛋白质的分子识别

众所周知，人体或动物体具有非常复杂的生物学功能，即使简单的功能也需要若干蛋白质共同参与完成。细胞进行生命活动的过程是蛋白质在一定时空下相互作用的结果，生物学中的许多现象如物质代谢、信号转导、蛋白质翻译、蛋白质分泌、蛋白质剪切、细胞周期调控等均受蛋白质间相互作用的调控。蛋白质发挥作用的首要前提是分子之间的识别，包括蛋白质与蛋白质间、蛋白质与核酸间及蛋白质与小分子间的相互识别。

一、蛋白质与蛋白质间的识别

蛋白质-蛋白质相互作用（protein-protein interaction，PPI）是指两个或两个以上的蛋白质分子通过非共价相互作用并发挥功能的过程，是蛋白质执行功能的主要方式。两个或多个蛋白质相互作用时，通过各自分子中特殊的局部空间结构，利用稳定的相互作用或瞬间的相互作用而相互识别并结合。例如，通过蛋白质间相互作用，可改变细胞内酶的动力学特征，也可产生新的结合位点，改变蛋白质对底物的亲和力。可以说蛋白质相互作用调控着生物体细胞的增殖、分化和凋亡等大量的细胞活动事件。例如，丙酮酸脱氢酶复合体就是把功能上相关的几个酶结合在一起，高速定向完成对丙酮酸的氧化反应；抗原-抗体的特异性结合反应等。

蛋白质与蛋白质间的识别和互作可通过多种方式实现。第一种蛋白质互作方式是蛋白质表面的结构与另一种蛋白质伸出的环[常称为绳（string）]接触，属于表面-绳互作（surface-string interaction），如SH2结构域识别磷酸化的多肽环、蛋白激酶识别蛋白底物等均属于这类机制。第二种蛋白质互作方式是两个α螺旋相互缠绕，存在于一些基因表达调控蛋白家族中。最常见的蛋白质互作是通过刚性表面的精细匹配，即所谓的表面-表面互作（surface-surface interaction），这种互作非常紧密并有高度特异性。

蛋白质分子间的识别和结合往往与它们在结构上存在互补有密切关系。例如，对鸡卵清溶菌酶-抗体复合物的研究显示，抗原-抗体复合物界面有高度的互补性，其形成也是一种诱导契合机制，可表现出不同程度的专一性。另外，激素与受体、酶与底物等的结合均有不同程度的特异性，一般都有生理意义。

如前所述，有关分子识别的机制长期以来一直被认为是两个分子整个互补表面的相互作用，涉及整体空间结构的识别和契合。但近年来也有人提出了一些新的观点，认为分子间仅借助少数几个关键基团间的次级键而相互作用，并且用含有这几个关键基团的线性短肽可以模拟相应完整蛋白质的作用。基于这一观点，从人工合成的肽库或基因工程肽库中筛选小肽片段与某些抗体作用，根据结合能力可确定相互作用的关键基团。目前已用该方法对 A10 型口蹄疫病毒、P-糖蛋白、β-内啡肽、腺病毒等的抗原表位［也称为抗原决定簇（antigenic determinant）］进行了精确定位。结果发现，抗原决定簇的氨基酸序列大部分是连续的，长度为 6~8 个氨基酸残基，并且即使在这几个氨基酸中也只有 2~3 个氨基酸残基对抗体的识别起关键作用，甚至在有些抗原决定簇中，仅一个氨基酸残基就决定了抗体结合的专一性。由此可见，像蛋白质这样的生物大分子之间的相互作用，可能主要局限于几个关键基团之间。通过研究小肽片段的特异性相互作用，可能会揭示蛋白质分子识别乃至复杂的超级分子的自组装等问题，还可为小肽分子药物、疫苗的设计提供依据。

但需注意，小肽片段与生物大分子之间可识别，并不意味着含这种小肽片段的蛋白质就可以与相应大分子结合。例如，细胞外基质中的黏附蛋白（adhesin）中有不少成员具有一个三肽序列 Arg-Gly-Asp，简称 RGD，它是黏附蛋白与细胞表面特异受体识别的位点。目前在已知蛋白质中可检索到 183 个 RGD 序列，但其中只有少数蛋白质具有细胞黏附活性，提示需要具有一定构象的 RGD 序列才可能与细胞黏附受体特异结合。另外，有人发现含 RGD 序列的合成小肽的活性比含同样序列的天然蛋白质低得多。还有实验表明，天然蛋白质中 RGD 的构象及其邻近序列的氨基酸组成对特异识别极为重要，要求 RGD 的构象既有一定的柔性（如该序列位于分子表面 β 转角的尖端），又受到一些限制以形成合适的构象。这些结果提示在蛋白质分子间识别和相互作用中，识别区域（活性部位）的构象起着关键作用。

二、蛋白质与核酸间的识别

蛋白质和核酸是组成生物体的两种重要的生物大分子。蛋白质是基因表达的产物，基因的表达又离不开蛋白质的作用。蛋白质与核酸的相互作用存在于生物体内基因表达的各个水平之中。例如，蛋白质锌指结构等模体专门结合 DNA 并发挥生物学效应（见第十七章"基因表达调控"相关内容）。另外，参与基因转录过程中多种转录因子（多是蛋白质）对模板 DNA 的特异识别和结合，也是蛋白质和 DNA 的相互作用。

（一）调控蛋白的 DNA 结合域

调控蛋白与核酸间的识别和互作是基因表达调控的关键环节。近年已获得了一些 DNA 结合蛋白的空间结构，如 TATA 盒结合蛋白等。对调控蛋白-DNA 复合物结构的研究显示，识别和结合的模式有多种类型，涉及调控蛋白中多种类型的 DNA 结合域（DNA-binding domain，DBD）。

1. 螺旋-转角-螺旋（helix-turn-helix，HTH）　　该模体两段螺旋被一个 β 转角分开，其中一段为识别螺旋（recognition helix），直接与 DNA 大沟中的碱基对辨认结合，作用力包括氢键、离子键、范德瓦耳斯力。细胞中很多 DNA 结合蛋白都有这种结构，如转录因子、原核生物的阻遏物等。HTH 主要以二聚体形式与 DNA 结合。真核细胞有些转录调控蛋白中还存在同源异形结构域（homeodomain），主要依靠单体通过 HTH 与 DNA 进行多位点结合，还需其他多种蛋白质参与，以保证识别的特异性。

2. 锌指（zinc finger）结构　　锌指是 DNA 结合蛋白中常见的重要模体。结构域中一个 Zn^{2+} 与肽链中 4 个 Cys 或 2 个 Cys、2 个 His 靠配位键结合形成四面体结构，具有疏水核心和极性表面，其余肽段就像手指一样伸出。锌指数目为 1 个或多个。

1993 年，Vallee 等又提出了锌蛋白与 DNA 结合的新模式：一种是锌簇（zinc cluster）结构，在真菌转录因子的 DNA 结合区有 60 个左右的氨基酸残基，由 6 个 Cys 与 2 个 Zn^{2+} 形成锌簇核心。另一种是锌纽（zinc twist）结构，存在于高等动物细胞内类固醇激素受体家族，受体蛋白的 DNA 结合区约含 150 个氨基酸残基，直接与结合有关的氨基酸残基有 40～60 个，其中有 8 个相间的保守 Cys，通过配位键与两个 Zn^{2+} 形成两个四面体结构，有约 15 个氨基酸残基将这两个 Zn^{2+} 隔开，形成了一个纽形的 DNA 识别位点。

3. 亮氨酸拉链（leucine zipper） 亮氨酸拉链是蛋白质 α 螺旋中一段富含有规律出现的亮氨酸残基的片段，能形成两亲性 α 螺旋，即螺旋的一侧是以带电荷的氨基酸残基（如 Arg、Gln、Asp 等）为主，具有亲水性；另一侧是排列成行的亮氨酸，呈疏水性，称为亮氨酸拉链区。含亮氨酸拉链结构的蛋白质因子在哺乳动物中有 C/EBP、AP-1（Fos/Jun）家族等。

4. 螺旋-环-螺旋（helix-loop-helix，HLH） 该模体由约 60 个氨基酸残基组成，两个 α 螺旋被一段非螺旋的环分隔，螺旋通过对应表面上的富含高度保守的疏水性氨基酸残基形成二聚体，中间环区多由 Gly、Pro、Asp 和 Ser 等残基组成。α 螺旋的 N 端附近也有碱性区。该模体与 DNA 的结合方式类似于亮氨酸拉链。HLH 易形成异源二聚体和同源二聚体。碱性区对结合 DNA 是必需的，螺旋区对二聚体形成是必需的。

此外，SPKK 组蛋白序列、CTF/NF1 的含正电荷的 α 螺旋、反向平行的两个 β 折叠结构等也是蛋白质中结合 DNA 的结构。

（二）蛋白质与 DNA 的识别

与 DNA 结合并调节基因转录的蛋白质因子主要分为两类：一类是结合在 TATA 盒附近的蛋白质因子，称转录因子，如 TFⅡA 等；另一类是结合在基因上游特异序列上的蛋白质因子，称转录调控因子，有 SP1、CTF、AP-1、AP-2、Oct-1、Oct-2、CREB 等。这些蛋白质因子与 DNA 识别和结合的详细机制尚未得到很好的阐明，但对其中的某些特点和规律已有初步认识。

1. 蛋白质因子以二聚体形式结合特异的 DNA 序列 例如，λ 噬菌体的阻遏物 Cro 和 cI、大肠杆菌中的 CRP 和 B-ZIP 蛋白等，二聚体可以是同种蛋白质形成的同源或同型二聚体，也可以是两种不同的蛋白质形成的异源或异型二聚体。B-ZIP 蛋白能形成同源或异源二聚体。Fos/Jun 异源二聚体与 DNA 结合的亲和力大于 Jun 同源二聚体，且两种二聚体识别 DNA 序列结合位点的精确性可能有差异。这提示异源二聚体竞争性地结合 DNA 是转录调节的一种方式。这些特点与真核基因表达调控的多样性相适应，能增强蛋白质因子单独或协同调节基因转录的精确性和灵活性，并表明蛋白质因子之间的作用会影响它们与 DNA 结合及转录的调节。当某些蛋白质因子，如 TFⅡA、TFⅡB 及 DNA 聚合酶Ⅱ与 TATA 盒附近的 DNA 序列作用时，各蛋白质因子之间表现出的时空顺序也证明了这一观点。

2. 蛋白质因子与 DNA 结合的结构域有多种类型 有前面介绍的多种类型，主要的二级结构包括 α 螺旋、反平行 β 折叠、伸展肽链等。其中研究较多的是 α 螺旋，可作为识别螺旋存在于 HTH、锌指等结构中。蛋白质因子在 DNA 上的结合位点是大沟或小沟。例如，HTH 二聚体与 DNA 结合通常位于 DNA 同侧两个相邻大沟，其中一个 α 螺旋的氨基酸侧链与核苷酸碱基对（一般不超过 5bp）发生专一性相互作用，另一个 α 螺旋则与磷酸根发生非特异性相互作用。

3. 识别螺旋圈数与识别螺旋中的特定残基 识别螺旋的圈数有 3 种情况：①第一种圈螺旋，螺旋与 DNA 大沟垂直，如 C6 分子中；②第二种圈螺旋，如 HTH、锌指蛋白，螺旋以广泛的角度与 DNA 大沟结合；③第三种圈螺旋，如 C4 分子中，螺旋与 DNA 大沟平行。

识别螺旋中的特定氨基酸残基大致可分为：①与 DNA 碱基接触的残基主要为极性氨基酸，也有酸性和碱性氨基酸；②与 DNA 主链磷酸基团接触的残基大多数是碱性氨基酸；③与 DNA 其他部分接触的残基多为疏水性氨基酸。识别螺旋中的特定残基决定螺旋在 DNA 大沟内的倾斜状态，因而对识别有重要作用。

4. DNA 上的结合位点与 DNA 的构象　　DNA 上的结合位点只有几个碱基对，在一般的识别螺旋与 DNA 的复合物中，5 个碱基对中有 8 个碱基可参与相互作用。另外，蛋白质与 DNA 相互作用时，蛋白质构象变化不大，α 螺旋基本上是挺直的，它能通过结合诱导 DNA 构象发生弯曲等变化。例如，HTH 蛋白结合识别位点时，DNA 大沟的中央变得最窄。这表明 DNA 构象的柔性有助于它与蛋白质之间的相互作用。还有研究证实，cI 蛋白与操纵基因结合时，cI 分子中的一些柔性部位也参与了结合作用，并增加了结合的稳定性和专一性。

5. 蛋白质与 DNA 的相互作用　　主要涉及功能基团与 DNA 中碱基对形成专一性的氢键、与胸腺嘧啶的甲基间形成疏水作用，即直接读出（direct readout）占主要部分，而 DNA 构象变化的间接读出（indirect readout）仅占很小的比例。核酸与蛋白质的相互作用是其发挥生物学功能的重要条件。例如，DNA 双螺旋的大沟是容纳蛋白质 α 螺旋的结构，螺旋外侧的磷酸骨架和碱基上的化学基团可以与蛋白质残基侧链基团形成氢键或产生离子相互作用。还有基因表达及调控都需要通过蛋白质和核酸的相互作用而实现。例如，RNA 聚合酶和一些转录因子特异性结合到基因的启动子上，启动转录过程。

蛋白质与 DNA 间的相互作用与蛋白质之间的不同，主要表现为极性作用，有氢键、离子键等参与，但也存在疏水作用。DNA 上的负电基团与蛋白质因子结合区碱性氨基酸侧链的正电基团之间的静电引力对复合物的形成可能起重要作用。识别的特异性主要来自氨基酸与碱基之间的化学接触作用，涉及数十个化学键，相互作用有一定的规律。由表 2-1 可以看出，DNA 结合位点上的碱基与蛋白质中氨基酸的相互作用具有相对的专一性，这提示蛋白质因子与 DNA 分子之间的特异性识别作用必然还涉及包括其特定空间构象在内的诸多因素。

表 2-1　氨基酸残基与 DNA 碱基相互作用的规律

碱基	小残基	中等残基	大残基	芳香族残基
A	（Cys Ser Thr）	Asn Asp（His）	Gln Glu（Arg Lys Met）	（Tyr Trp）
T	Ala（Cys Ser Thr）	Val Ile（Asn His）	Leu Met（Gln Arg Lys）	Tyr Phe Trp
G	（Cys Ser Thr）	His（Asn）	Arg Lys（Gln）	（Tyr）
C	Val（Cys Ser Thr）	Asp（Asn His Ile）	Glu（Gln Leu Met）	Tyr Phe Trp

注：括号外残基表示强的结合，括号内残基表示弱的结合

（三）蛋白质与 RNA 的识别

RNA 存在于细胞质和细胞核中，目前发现的 RNA 除了少部分能以"核酶"形式单独发挥功能，绝大部分 RNA 都是与蛋白质形成 RNA-蛋白质复合物发挥作用。例如，核糖体是细胞内蛋白质合成的场所，分大小两个亚基，而核糖体的两个亚基均是由精确折叠的蛋白质和 rRNA 组成的；端粒酶（telomerase）是一种由催化蛋白和 RNA 模板组成的酶，可合成染色体末端的 DNA；剪接体（spliceosome）是 RNA 剪接时形成的多组分复合物，主要是由小分子的 snRNA

和蛋白质组成的。总之，目前的结果证实蛋白质与 RNA 的相互作用在蛋白质合成、细胞发育调控等生理过程中起着决定性的作用。

RNA 与蛋白质的识别更为复杂，所有的 RNA 结构，包括发夹、突环、内环、假结、核糖-磷酸骨架和螺旋都可作为蛋白质专一识别的目标，以间接读出为主。蛋白质中的 RNA 结合结构域有多种，包括：①核糖核蛋白（RNP）模体，已在 200 多种 RNA 结合蛋白中发现，可结合 RNA 前体、mRNA、rRNA、snRNA，涉及 RNA 加工、转运和代谢等多个方面；②双链 RNA 结合结构域；③富含精氨酸模体（arginine-rich motif，ARM）。

由于近年已获得了 tRNA^{Gln}合成酶-tRNA^{Gln}-ATP 复合物晶体结构，因此，可能会逐渐了解有关一级结构和空间结构相差很大的各种 tRNA 合成酶与结构相似的各种 tRNA 分子间专一性识别和结合的机制。这一识别是遗传密码翻译中的关键一步，曾被称为第二遗传密码（second genetic code）。例如，三种氨酰 tRNA 合成酶（aaRS），即 Asp RS-tRNA^{Asp}、Ser RS-tRNA^{Ser}、Gln RS-tRNA^{Gln}的 X 射线衍射结果直观地显示了 aaRS 识别 tRNA 的部位。现已初步证实，aaRS 特定的催化结构域及 tRNA 分子特异的三级结构与识别的专一性有重要关系，涉及 aaRS 特定结构中的关键氨基酸残基与 tRNA 分子中的特异碱基的相互作用。aaRS 与 tRNA 相互作用可使 aaRS 构象改变。例如，在大肠杆菌中 tRNA^{Gln}反密码子环与 Gln-RS 的 C 端 β 桶形结构结合，使 Gln-RS 的构象改变，并通过一个长的β折叠双股传递到活性中心，产生有活性的构象。

总之，蛋白质与核酸分子间相互识别机制的研究尚在起步阶段，它的研究有助于阐明基因表达调控的分子基础，也有助于认识细胞中核糖体等这类超级分子的结构、组装等问题。

三、蛋白质与小分子间的识别

生物体内众多生命活动是与物质代谢及能量代谢密切相关的。细胞在特定时间或环境中含有多种低分子量代谢物，其中包括各种代谢路径的酶、催化底物、抑制剂、代谢中间物和产物、副产物等小分子代谢物。蛋白质通过与这些小分子代谢物的相互作用，参与众多的生命活动过程，如酶的催化作用、物质转运、信息传递等，从整体上维持新陈代谢活动的进行。例如，酶蛋白和辅因子相互作用完成酶的催化作用，血红素和铁离子结合成血红蛋白执行氧的运输功能等。由于药物研发的需要，寻找与受体蛋白结合的小分子化合物，也就是研究蛋白质与小分子之间的识别越来越重要。

分子对接（molecular docking）是在蛋白质活性部位，通过空间结构互补和能量最小化原则，寻找配体与蛋白质相互作用并结合的最佳模式的一种理论模拟方法。分子对接的想法起源于经典的"锁钥模型"，主要强调空间结构的匹配。当然，配体与受体蛋白之间的识别更加复杂。首先，配体与受体在对接中会产生构象变化。其次，分子对接还要求能量匹配。蛋白质与小分子对接是将数据库中已知空间结构的蛋白质逐一与小分子匹配，寻找靶标小分子化合物，并预测结合模式、亲和力等。这种对接的计算量往往很大，目前已经研发了很多软件，常采用半柔性对接，其假设是在对接过程中，小分子的构象可以在一定范围内变化，但大分子是刚性的。在药物设计和虚拟筛选过程中一般采用半柔性的分子对接方法。而柔性对接方法一般用于精确研究蛋白质分子之间的识别，由于允许蛋白质的构象变化，可以提高对接准确性，常用于前面提到的蛋白质之间的识别和互作研究。

第二节　蛋白质折叠

多肽链的折叠是一个复杂的过程，其研究经历了漫长的过程。早在 1961 年，美国科学家 Christian B. Anfinsen 就基于还原变性的牛胰 RNase 无须其他任何物质帮助，仅通过去除变性剂和还原剂就使其恢复天然结构的实验结果，提出了多肽链的氨基酸序列包含了形成其热力学上稳定的天然构象所必需的全部信息的"自组装学说"，Anfinsen 也因此研究成果获得了 1972 年的诺贝尔化学奖，并就此开辟了近代关于蛋白质折叠的研究。

蛋白质折叠（protein folding）是蛋白质一维信息向三维信息的转化过程，蛋白质折叠问题被列为"21 世纪生物物理学"的重要课题，它是分子生物学中心法则尚未解决的一个重大生物学问题。本节简要介绍，详细的折叠机制将在第十六章"蛋白质翻译后的加工与靶向输送"中介绍。

一、蛋白质折叠模式

由于进化原因，一些蛋白质在一级结构上有同源性。同样，一些蛋白质的空间结构也存在相似性。例如，在一些能与 NAD$^+$ 结合的蛋白质中，NAD$^+$ 结合区都有 βαβαβ 模体（即所谓的罗斯曼折叠模体）。一级结构相似的蛋白质具有类似的折叠模式是容易理解的，但越来越多的例子显示，很多一级结构不同的蛋白质也具有相同的折叠模式，呈现相似的高级结构。例如，半乳糖凝集素（galectin）、人血清淀粉样蛋白 P 组分（serum amyloid P component，SAP）和豌豆凝集素（pea-lectin，p-Lec），这三种蛋白质的序列没有明显的同源性，但其空间结构却非常相似，并都有完全相同的 β 折叠模体（图 2-1）。而且它们都表现出相同的功能，即糖结合活性。不同的一级结构信息何以折叠出如此相似的空间结构，值得深入研究。

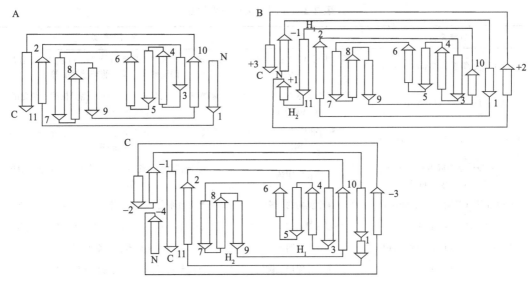

图 2-1　三种蛋白质中相同的折叠模式（汪玉松等，2005）

A. 半乳糖凝集素；B. SAP；C. p-Lec

又如，免疫球蛋白 G（immunoglobulin G，IgG）与超氧化物歧化酶（superoxide dismutase，SOD）在一级结构上没有同源性，但是它们的空间结构却十分相似，可二者的功能完全不同。然而从两种蛋白质都与生物体的防卫功能有关这一角度来看，推测两者在进化上可能有联系。另外，还有些空间结构相似的蛋白质，目前还没有发现它们在功能上有任何相似之处或联系。相反，有些蛋白质具有相同的功能和抗原性（如某些甜蛋白），但其空间结构却完全不同。以上这些现象的机制目前尚未得到较好的解释，推测与前面介绍的蛋白质分子识别和结合中，通常有一些关键的、具有特定空间排布的氨基酸残基发挥决定性作用有关，即在不同的构象中，这些关键氨基酸残基的种类和排列相似而具有相同的功能，而在某些相同的构象中，它们的种类和排布完全不同，因而没有相似的生物活性，这需要进一步研究。

二、蛋白质折叠家族

近年来的研究表明，一些不同来源和不同功能的蛋白质可以含有类似的模体和结构域，并与其特定的功能有关。依据这些特征，蛋白质被划分为家族和超家族，家族成员在功能方面的共性和特性与氨基酸残基序列有关，更与立体结构有密切联系。因此，现在研究蛋白质的结构和功能，往往是以蛋白质家族为单位，这极大地提高了研究效率。例如，（β/α）$_8$桶形是一个庞大的超家族，绝大多数都有酶的活性，其内部是 8 股平行的 β 折叠，外面是典型的 8 段 α 螺旋组成的轮状结构。此外，罗斯曼折叠模体、锌指结构等也构成了重要的结构单元。

由于蛋白质空间结构数据库的不断扩大，有必要深入地了解各种蛋白质之间的联系，包括序列、结构和功能。根据蛋白质序列和功能的相似性，可把某些蛋白质划分为家族或超家族，如丝氨酸蛋白酶家族、胶原蛋白家族等。它们的家族成员一般属于同源蛋白质，在进化上有一定的联系，在空间结构上往往具有相似的折叠方式。然而，越来越多的在序列和功能上没有相似性的非同源蛋白也表现出相似的折叠。1994 年，Orengo 等根据对蛋白质结构和序列库的统计分析，发现没有功能联系的非同源蛋白有 9 个折叠家族，占已知结构蛋白质的 30% 以上（表 2-2）。每个家族［超折叠（super-fold）］中有三个及以上的无序列或功能相似的成员。

表 2-2　非同源蛋白折叠家族

折叠类型	特点	蛋白质种类
（1）α/β 双向缠绕（α/β doubly wound）	多为平行 β 折叠，α 螺旋在两侧	Ras p21、羧肽酶、延伸因子 Tu、黄素蛋白、甘油醛磷酸变位酶、腺苷酸激酶等
（2）TIM 桶（TIM barrel）	8 个 β 折叠股构成圆筒，由 α 螺旋分隔	烯醇酶、羟乙酸氧化酶、D-木糖异构酶、色氨酸合成酶、醛缩酶等
（3）分离 αβ 三明治（split αβ sandwich）	反平行 β 折叠，一侧为 α 螺旋	铁氧还蛋白、核糖体蛋白、DNA 结合蛋白、羧肽酶原等
（4）免疫球蛋白或希腊钥匙模体（Greek key motif）	β 三明治	CD4、前清蛋白、超氧化物歧化酶、人 I 型组织相容性抗原
（5）上下 α 螺旋（α-up-down）	4 个反向的 α 螺旋	蚯蚓血红蛋白、细胞色素 b_{562}、载脂蛋白 E3 等
（6）珠蛋白（globin）	两层 α 螺旋呈一定角度	大肠杆菌素 A、藻青蛋白、无脊椎动物血红蛋白
（7）果冻卷模体（jelly roll motif）	β 三明治	豌豆凝集素、肿瘤坏死因子
（8）三叶形（trefoil）	3 个片层形成圆筒	蓖麻蛋白、刺桐胰蛋白酶抑制剂、白介素-1β
（9）UB αβ 卷（UB αβ roll）	小的折叠片层，一侧为螺旋	铁氧还蛋白-1、G 蛋白、泛素

以上仅是蛋白质折叠类型的一小部分。有不少蛋白质（如溶菌酶、核糖核酸酶等）的结构，在其他非同源蛋白中还没有被发现，属于独特的折叠结构。已知结构的蛋白质折叠类型目前尚难以确切统计。1994 年，Orengo 等将 2511 种多肽链分为 212 个序列家族，再通过结构比较归为 80 个单结构域折叠家族。

关于一条多肽链究竟有多少种可能的折叠方式，有人认为在 1000 种以上，也有人估计为几千种。但是，多肽链折叠的某些趋势却是十分明显的。例如，在含 4 个 α 螺旋束的结构中，螺旋呈"上-下-上-下"的排布方式占绝对优势，而"上-上-下-下"的方式仅存在于生长激素家族中。含 αβ 三明治的结构中，22 种可能的拓扑结构仅观察到 6 种，且 2 种占明显优势。另外，许多超折叠具有十分简单的拓扑结构，如 TIM 桶结构中连续的 α 螺旋和 β 折叠。把已知结构的蛋白质按折叠特点划分为一些折叠家族，对认识折叠的规律、方式和功能等都有一定的意义。

三、蛋白质折叠机制的理论模型

"热力学假说"和"动力学控制"只是在总体上描述了多肽链的折叠规律，但未说明一条伸展的多肽链具体通过何种方式快速折叠形成特定的三维空间构象。科学家根据各自研究对象的折叠规律，提出了一些蛋白质折叠的模型。

1. 框架模型　　框架模型（framework model）假设蛋白质的局部构象依赖于局部的氨基酸序列。在多肽链折叠过程的起始阶段，先迅速形成不稳定的二级结构单元，随后这些二级结构靠近接触，形成稳定的二级结构框架。最后，二级结构框架相互拼接，肽链逐渐紧缩，形成了蛋白质的三级结构。

2. 疏水塌缩模型　　在疏水塌缩模型（hydrophobic-collapse model）中，疏水作用力被认为是在蛋白质折叠过程中起决定性作用的力。在形成任何二级结构和三级结构之前首先发生很快的非特异性的疏水塌缩。

3. 成核-凝聚-生长模型　　根据成核-凝聚-生长模型（nuclear-condensation-growth model），肽链中的某一区域可以形成"折叠晶核"，以它们为核心，整个肽链继续折叠进而获得天然构象。所谓"晶核"，实际上是由一些特殊的氨基酸残基形成的类似于天然态相互作用的网络结构，这些残基间不是以非特异的疏水作用维系的，而是由特异的相互作用使这些残基形成了紧密堆积。"晶核"的形成是折叠起始阶段限速步骤。

4. 拼版模型　　拼版模型（jig-saw puzzle model）认为多肽链可以沿多条不同的途径进行折叠，在沿每条途径折叠的过程中都是天然结构越来越多，最终都能形成天然构象，而且沿每条途径的折叠速度都较快，与单一途径折叠方式相比，多肽链速度较快。另外，外界生理生化环境的微小变化或突变等因素可能会给单一折叠途径造成较大的影响，而对具有多条途径的折叠方式而言，这些变化可能给某条折叠途径带来影响，但不会影响另外的折叠途径，因而不会从总体上干扰多肽链的折叠，除非造成的变化太大以至于从根本上影响多肽链的折叠。

5. 扩散-碰撞-黏合模型　　扩散-碰撞-黏合模型（diffusion-collision-adhesion model）认为蛋白质的折叠起始于伸展肽链上的几个位点，在这些位点上生成不稳定的二级结构单元或者疏水簇，主要依靠局部序列的 3～4 个残基的相互作用来维系。它们以非特异性布朗运动的方式扩散、碰撞、相互黏附，导致大的结构生成并因此而增加了稳定性。进一步地碰撞形成具有疏水核心和二级结构的类熔球态中间体的球状结构。球形中间体调整为致密的、无活性的类似天然结构的高度有序熔球态结构。无活性的高度有序熔球态转变为完整有活力的天然态。

第三节　蛋白质空间结构的分类及进化

一、蛋白质立体结构分类

根据蛋白质空间结构的一些规律，可将其结构归纳为多种折叠类型或折叠模式。折叠类型指的是分子整体的结构排列类型，一般以结构域为单位，如螺旋束和 β 桶形结构等。部分折叠类型包括珠蛋白样、上下 α 螺旋、三叶草、TIM 桶、α/β 双盘绕、α/β 三明治 [α/β 褶（α/β plait）]等。此外，球状蛋白质还可分为反平行的 α 螺旋、平行或混合 β 折叠、反平行 β 折叠及富含金属或硫的小蛋白质 4 种类型，这种分类与上述大体相近。

二、蛋白质模体和结构域的进化

自然选择是蛋白质特定构象形成的驱动力。有研究指出，自然界选定了一种有效的肽链折叠方式，就会因相近或完全不同的目的重复这种方式。因此，虽然蛋白质序列千变万化，但肽链折叠方式却十分有限。自然界中的蛋白质折叠类型总数尚不清楚，目前已经获得的折叠类型有 1000 余种，超家族有 2000 多种，可在蛋白质数据库中查询。真核生物可以表达数万种不同的蛋白质，但对应的结构域、模体的数量却少得多。这可能源于蛋白质进化过程中，通过基因拷贝等方式导致一个结构域存在于多种蛋白质中。例如，丝氨酸蛋白酶家族包括胰蛋白酶、糜蛋白酶、弹性蛋白酶及参与凝血的几种蛋白酶，各成员的空间结构惊人相似，比氨基酸序列相似度更大。在很多蛋白质家族中，氨基酸序列相似度达到 25% 的成员，就能形成相同或相近的空间结构。不少蛋白质空间结构中存在着某些立体或拓扑结构颇为类似的局部区域，即模体，如常见的 βαβ 环、αα 转角和 β 桶形结构等。模体常常作为结构域的组成部分，因此二者很难界定。蛋白质中存在类似结构模体和结构域的现象，与蛋白质的分子进化有关，而不是简单地从结构上适合某种功能。

蛋白质在结构和功能的进化上既有趋异现象，也有趋同现象。例如，丝氨酸蛋白酶的许多家族成员整体结构类似，催化位点是相同的，但底物结合部位不同。这种趋异现象可能是由于这些蛋白质来自同一祖先基因，在进化过程中，改变了局部结构而导致功能的变化。另外，蛋白质功能进化也存在趋同现象，即不同物种往往会进化出具有类似活性的蛋白质，虽然这些蛋白质在一级结构上同源性差，但立体结构十分相似。仍以丝氨酸蛋白酶为例，微生物与哺乳动物相比，丝氨酸蛋白酶一级结构上同源性差，总体结构也不同，但催化部位的氨基酸残基在立体结构上非常相似，且都包含 Ser-Asp-His 序列模体。人血红蛋白的 α 亚基、β 亚基及肌红蛋白的一级结构有较大差别，但血红蛋白每个亚基的三级结构与肌红蛋白十分接近。另外，除了规则的模体，甚至无规卷曲也可形成一些同样的模体存在于某些蛋白质中。

一些较固定的结构域常存在于很多蛋白质中，称为蛋白质模块（protein module），如以 β 折叠为核心的几种模块（图 2-2）。最著名的蛋白质模块是免疫球蛋白模块（immunoglobulin module），其 β-三明治结构具有类似的拓扑学特征，不仅存在于免疫球蛋白中，还存在于很多细胞表面蛋白（如细胞吸附因子、生长因子受体）中，也存在于肌肉细胞内的颤搐蛋白（twitchin）中。其他的结构模块包括平行 β 桶形结构模块（如甘油醛磷酸异构酶的 β 桶形结构）、上下螺旋模块（如细胞色素 b_{562} 结构等）、三环域模块等。

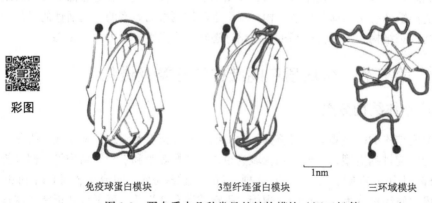

彩图

1nm

免疫球蛋白模块　　　　　3型纤连蛋白模块　　　　　三环域模块

图 2-2　蛋白质中几种常见的结构模块（汪玉松等，2005）

第三章　蛋白质结构与功能的关系

在大多数生物过程中，无论是在分子、组织细胞或整体水平上，蛋白质都扮演着主要角色。不同的蛋白质执行不同的生理功能。多肽和蛋白质的生理功能不仅与一级结构有关，而且依赖于特定的构象。构象是决定蛋白质生物活性的一个关键因素。蛋白质的空间结构与其生物学功能密切相关，生物体中各种蛋白质都有自己特定的空间构象，这种构象与它们的功能是相适应的，如果空间构象发生了改变，蛋白质的生理功能也就随之消失。近年来，对蛋白质诸多功能，如抗原与抗体的识别和结合、细胞中信号的跨膜传递、酶的催化等的深入研究，证实了构象对蛋白质发挥生物功能的重要性。特别是人们发现，引起牛海绵状脑病（疯牛病）及人类某些疾病的病原体是一种被称为朊病毒（prion）的蛋白质，并且它的增殖方式及致病机制可能与其构象有直接关系，这使人们对蛋白质构象的重要性有了新的认识。研究多肽、蛋白质的结构与功能的关系，对于阐明生命的起源、生命现象的本质，以及分子病的机制等具有十分重要的意义，是蛋白质化学的重大研究课题。本章将通过介绍蛋白质发挥功能的主要方式及变性和别构（变构）的机制等，阐述蛋白质结构与功能的关系。

第一节　蛋白质一级结构与功能的关系

蛋白质结构与其功能密切相关，具有不同生物学功能的蛋白质，通常具有不同的一级结构。蛋白质一级结构是空间结构的基础，一级结构的改变可导致其功能改变。

一、一级结构是空间结构和功能的基础

1）个别氨基酸变化，其功能存在差异。蛋白质一级结构是空间结构的基础，一级结构中个别氨基酸的改变，可能导致其功能改变。例如，加压素和催产素都是由 9 个氨基酸组成的 9 肽，都具有一个链内二硫键，只是其中 3 和 8 号位氨基酸不同，它们的功能就完全不同。绿色荧光蛋白（green fluorescent protein，GFP）是一个由 238 个氨基酸组成的蛋白质，从蓝光到紫外线都能使其激发而发出绿色荧光，故得名。绿色荧光蛋白的分子结构是圆桶状，由 11 个 β 折叠形成外周，内有一个 α 螺旋，圆桶的两端是一些无规卷曲。其 α 螺旋上的第 65（Ser）、66（Tyr）、67（Gly）位氨基酸，经过环化、脱氢等作用后形成发色团。发色团形成过程是由外周栅栏上的残基催化，底物只需要氧气就可以发出绿色荧光。后来，美籍华人钱永健教授系统地研究了绿色荧光蛋白的工作原理，并对它进行了化学改造，如把 66 位 Tyr 突变成 His 发出蓝色荧光，突变成 Trp 则发出青色荧光。该研究不但大大增强了它的发光效率，还发展出了红色、蓝色、黄色荧光蛋白。

2）一级结构相似的多肽或蛋白质，其空间构象及功能也相似。例如，垂体前叶分泌的由 39 个氨基酸残基（SYSMEHFRWGKPVGKKRRPVKVYPNGAEDELAEAFPLEF）组成的促肾上腺皮质激素（ACTH）与促黑素细胞激素（MSH）α 和 β 共有一段相同的氨基酸序列（第 4～10 位氨基酸，Met-Glu-His-Phe-Arg-Trp-Gly），ACTH 也有弱的促进皮下黑色素生成的作用。

3）不同物种同类蛋白质的氨基酸序列可能有差异，其功能通常是相似的或相同的。例如，不同哺乳动物的胰岛素分子虽然都由 A 和 B 两条链组成，但不同物种中其一级结构氨基酸组成

有差异，胰岛素的功能相似，其胰岛素分子中二硫键的配位和空间构象也相似。因此，动物的胰岛素可以用于糖尿病患者降血糖。其原理是胰岛素氨基酸组成相对保守，表 3-1 为哺乳动物胰岛素 A 链氨基酸序列的差异。

表 3-1　哺乳动物胰岛素 A 链氨基酸序列的差异

物种	氨基酸残基序号		
	A5	A6	A10
人	Thr	Ser	Ile
猪	Thr	Ser	Ile
马	Thr	Ser	Ile
牛	Ala	Gly	Val
羊	Ala	Ser	Val

值得注意的是，有些氨基酸的序列也不是固定不变的，即这些蛋白质存在着氨基酸序列的多样性，但几乎不影响蛋白质的功能。目前通常利用基因重组等技术通过改变其蛋白质的一级结构而改变其功能，如医学临床上不同时效胰岛素的药物剂型。

二、一级结构与生物进化

蛋白质一级结构的氨基酸序列的比对也常被用来预测蛋白质之间结构与功能的相似性。例如，将两个蛋白质的氨基酸序列进行比对，若氨基酸序列中相同的氨基酸所占比例很高，即这两个蛋白质序列具有同源性（homology），若这两个蛋白质来自同一个祖先或同一基因进化而来，则这两个蛋白质称为同源蛋白质（homologous protein）。反之，序列相似但非进化相关的两个蛋白质的序列，则称为相似序列（similar sequences）。

随着分子生物学研究的迅猛发展，科学家已经将比对蛋白质氨基酸序列的组成差异用于生物进化的研究。其思路是可以选用一些广泛存在于生物界的蛋白质，即从简单细菌到复杂哺乳动物的所有生物体都可能是从一个共同的、单一的祖先进化而来的蛋白质，通过比较它们的一级结构氨基酸的组成差异，可以帮助了解物种进化间的关系。

以细胞色素 c（cytochrome c，Cytc）为例。Cytc 由 104 个氨基酸组成，内含血红素，与电子传递有关。比较多种不同生物中其氨基酸序列和组成，发现有 26 个氨基酸是保守的，即有 26 个氨基酸残基保持不变，为所有动物所共有，叫作保守残基（conserved residue）。并发现物种越接近，其一级结构越相似。例如，人类与黑猩猩很接近，其 Cytc 一级结构完全相同；人类与面包酵母从物种进化上看相差较远，其 Cytc 一级结构相差 45 个氨基酸（表 3-2）。

表 3-2　细胞色素 c 的种属差异性（以人为标准）

物种	氨基酸残基差异数	物种	氨基酸残基差异数
黑猩猩	0	鲸	10
恒河猴	1	牛、羊、猪	10
兔	9	狗	11
袋鼠	10	骡	11

续表

物种	氨基酸残基差异数	物种	氨基酸残基差异数
鸡、火鸡	13	狗鱼	23
响尾蛇	14	蛾	31
乌龟	15	小麦	35
金枪鱼	20	面包酵母	45

三、一级结构变异与分子病

分子病（molecular disease）是指遗传上的原因而造成的蛋白质分子结构或合成量的异常所引起的疾病。基因突变可导致蛋白质一级结构的突变，可以是1个氨基酸改变（镰状细胞贫血），也可以是大片段肽链缺失（肌营养不良）。一般除酶蛋白（先天性代谢缺陷）以外的其他蛋白质异常引起的疾病统称为分子病，均为先天性遗传病。

最早从分子水平证明的先天性遗传病是镰状细胞贫血（sickle cell anaemia）。其临床表现为慢性溶血性贫血、易感染和再发性疼痛引起慢性局部缺血，从而导致器官组织损害，是一种遗传性血红蛋白病。2018年，国家卫生健康委员会等5部门联合制定了《第一批罕见病目录》，镰状细胞贫血被收录在其中。该病最初在非洲被发现。

镰状细胞易破损造成血液血红蛋白（Hb）低水平。更严重的后果是某些器官的毛细血管被这些长形异常细胞堵塞。1956年，Ingram等对健康成年人HbA β链和镰状细胞贫血患者HbS β链进行了分析鉴定，发现与HbA β链 N-Val-His-Leu-Thr-Pro-Glu-Glu-Lys-C（146）相比；HbS β链 N端第6位可溶性Glu突变成了不溶性的Val，而这段肽链恰好在血红蛋白分子的表面。在低氧分压下，空间结构发生变化的HbS聚合成难溶的纤维析出，改变了红细胞形态，甚至引起溶血。1957年，阐明了引起镰状细胞贫血的原因是血红蛋白的基因发生了突变，且只有一个基因突变导致其一级结构发生了变化，使其功能发生了改变。并将这种由基因突变使蛋白质分子结构及功能变异导致的疾病，称为分子病。

目前已证实的分子病有血红蛋白病（镰状细胞贫血、地中海贫血）、各种血浆白蛋白异常、球蛋白异常、脂蛋白异常、铜蓝蛋白异常、转铁蛋白异常、补体异常、受体蛋白异常等。

第二节　蛋白质立体或三维结构与功能的关系

蛋白质发挥功能需要特定的立体结构，又称构象。构象可划分为二级、三级和四级结构等主要层次。蛋白质的构象与其功能有密切关系。同工蛋白质通常具有类似的构象；构象大的变化能引起蛋白质功能的显著改变。

一、富含二级结构的蛋白质与功能的关系

1. 纤维状蛋白质的二级结构与其功能相适应　　蛋白质依据结构和溶解性可分为纤维状蛋白质、球状蛋白质。其中纤维状蛋白质往往具有高强度、不溶于水的特性，在细胞的形态结构中发挥重要作用。动物纤维主要包括角蛋白纤维、蚕丝、蜘蛛网、胶原蛋白纤维和弹性纤维等。

纤维状蛋白质的氨基酸组成和序列往往很特殊，导致其形成特殊的空间结构。例如，动物毛发等中的角蛋白纤维由结构稳定的α角蛋白（α-keratin）构成，分子中有大量的α螺旋，并

且一些角蛋白分子之间形成二硫键。这些结构特征使角蛋白纤维具有结实、不可伸展、不溶于水等特性，与其功能相适应。蚕丝的丝心蛋白（fibroin）和羽毛的β角蛋白（β-keratin）中有紧密堆积的反平行β折叠，反平行β片层以平行的方式堆积成多层结构，链间形成氢键、范德瓦耳斯力；Gly-Ala-Gly-Ala-Gly-Ala 小侧链氨基酸，使其具有高抗张强度，质地柔软，不能拉伸；Tyr、Pro、Val 无序区，使其有一定的伸展度，具有不易拉伸和柔软的特性（图 3-1A）。与之类似的还有蜘蛛网，其强度高、弹性大，其蛋白质中的 α 螺旋、β 折叠和无规卷曲形成微晶结构（microcrystal line structure），肽链中 α 螺旋赋予蜘蛛网弹性，β 折叠赋予强度，体现了刚性与柔性的完美结合（图 3-1B）。

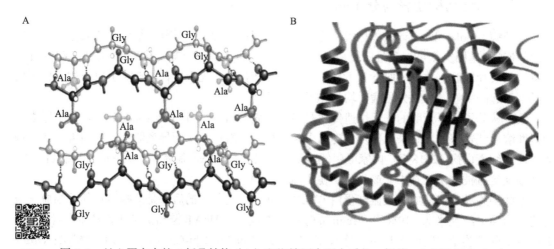

彩图　图 3-1　丝心蛋白中的 β 折叠结构（A）和蜘蛛网中蛋白质的 α 螺旋、β 折叠组合（B）
（Nelson and Cox，2017）

胶原蛋白在动物体中的含量最高，存在于细胞外基质中。其分子中存在一种三股螺旋（triple helix）结构，由三条分子质量约为 120kDa 的多肽链组成，每条多肽链扭成左手螺旋，但内部没有典型 α 螺旋中的氢键，三条肽链相互缠绕形成右手三股螺旋，肽链间借助 Gly 残基的氢键交联，实际上是一种超螺旋（superhelix）结构。

三股螺旋的形成与原胶原蛋白氨基酸的组成和序列有直接关系，原胶原蛋白含 12% 脯氨酸（Pro）和9%羟脯氨酸（Hyp），因而不能形成 α 螺旋和β折叠构象。但由于序列中每隔两个氨基酸就有一个甘氨酸（Gly），因此易形成一种伸展的左手螺旋肽链。甘氨酸是唯一 R 基团足够小的氨基酸。较大的 R 基团会破坏超螺旋结构的稳定。三股螺旋通过多肽（主要由大量羟脯氨酸残基引起）和赖氨酸（Lys）、亮氨酸（Leu）键之间的氢键进一步加强，这些氢键稳定了最终胶原蛋白中的三股螺旋有序阵列。许多胶原蛋白分子结合成长的、强度大的胶原蛋白纤维，存在于结缔组织中。

2. 蛋白质中的特征二级结构　一般认为，蛋白质分子中规则的二级结构是维持空间结构轮廓的"支架"，直接与蛋白质功能有关，有较大灵活性的结构多数是由 Ω 环、β 转角、无规卷曲等二级结构构成的。多数蛋白质中二级结构往往呈混合形式，如含 SH2 结构域的蛋白质有 2 个 α 螺旋和 3 个反平行 β 折叠。在球状蛋白质中则存在较多的 β 转角。α 螺旋、β 折叠和无规卷曲在可溶性球状蛋白质中的比例分别约为 30%、20%和 50%，但蛋白质间存在差异，如细胞外基质中的血小板应答蛋白（thrombospondin）中，α 螺旋占 11%，β 折叠占 43%。

α 螺旋的结构特征赋予其很多重要功能。例如，许多 α 螺旋在棒状的一侧主要为疏水性氨基酸侧链，另一侧为亲水性氨基酸侧链，形成两亲 α 螺旋。这类螺旋在细胞膜上可聚集成为通道（channel）或孔，允许极性分子通过细胞膜。一些跨膜蛋白的跨膜区往往由 α 螺旋构成，其中多含非极性的侧链，适合跨过疏水的细胞膜。而在铁氧化还原蛋白（ferredoxin）及一些功能相关的蛋白质中，无规卷曲肽段结合铁-硫中心形成功能位点。此外，连接相邻二级结构单元的多肽链也十分重要，一般存在无规卷曲，有一定空间结构的柔性，对某些蛋白质的空间结构还有一定的限制作用。特别常见的连接多肽链位于蛋白质分子表面，具有一定的柔性，且与空间结构的运动性有密切关系，并有可能形成一些功能位点。例如，丙糖磷酸异构酶（triose-phosphate isomerase）中，β 折叠与 α 螺旋间的连接多肽链与该酶的活性位点有关。

3. 模体（基序）或结构域与蛋白质的功能　　许多结构基序或结构域与蛋白质的功能相关。典型的例子是真核转录因子的 DNA 结合域，其 DNA 结合域就有多种结构基序。例如，螺旋-环-螺旋钙结合基序（EF 手形）存在于钙调素（calmodulin）、肌钙蛋白 C 等蛋白质中，该结构中有一个环连接两个短 α 螺旋，所形成的结构可结合 Ca^{2+}。这个基序也称为 EF 之手，已经在 100 多个钙结合蛋白中被发现。还有大多数酶蛋白属于平行 α/β 域和 α+β 域类型，含有全 α 或全 β 结构域的蛋白质多数没有酶的活性。当然，不同结构基序在蛋白质中的功能也有差异。例如，在酵母和绿脓杆菌中 TIM 桶出现的频率不算高，但却形成了多种活性类型。

4. 二级结构与"蛋白质构象病"　　蛋白质构象出现异常，导致错误折叠和连续聚集而引起的相关疾病称为错误折叠或蛋白质构象病（protein conformational disease），包括由朊蛋白（prion related protein，PrP）构象变化引起的疾病（如致死性家族性失眠、疯牛病、羊瘙痒病等）和淀粉样蛋白等相关的神经退行性疾病（如人纹状体脊髓变性、阿尔茨海默病）、水貂传染性脑病等。

蛋白质聚集往往是由细胞中衰老的蛋白质或蛋白质错误折叠引起的，而蛋白质构象元件的结构转换，特别是 α 螺旋与 β 折叠间的结构转换是导致错误折叠的主要原因。其特点是蛋白质分子的氨基酸序列没有改变，只是其构象有所改变。可能的机制是蛋白质构象改变后相互聚集，水溶性降低，对蛋白酶不敏感，但对热稳定，相互聚集形成淀粉样纤维沉淀，使脑组织发生空泡样病变。

以疯牛病为例。已知疯牛病的病原是蛋白质，而不是核酸。其与 PrP 分子中部分 α 螺旋向 β 折叠转换有直接关系。PrP 由细胞基因编码，在哺乳动物体内是保守的，并且在脑中正常表达。这种蛋白质有两种形式：①存在于脑中的产物是细胞型 PrP（PrP cell，PrP^c），是染色体基因编码的蛋白质，分子质量为 30～35kDa，水溶性强，二级结构为多个 α 螺旋，可被蛋白酶完全水解。②在发病牛的脑中是致病型 PrP（scrapie PrP，PrP^{sc}）。两者的氨基酸序列一样，只是二级结构有差异，且 PrP^{sc} 可以诱导 PrP^c 转变为 PrP^{sc}。PrP^{sc} 对蛋白酶不敏感，水溶性差，且对热稳定，互相聚集，最后形成淀粉样纤维沉淀而致病。

天然朊蛋白（PrP^c）含 42% 的 α 螺旋、3% 的 β 折叠，而致病型朊蛋白（PrP^{sc}）分子中含 30% 的 α 螺旋和 43% 的 β 折叠，β 折叠比例增加 10 倍以上，并有传染性。一般外源的和新生的 PrP^{sc} 可以作为模板，通过复杂的机制诱导 α 螺旋变成 β 折叠，并可形成聚合体。

二、蛋白质的别构作用与血红蛋白运输氧的功能

（一）蛋白质的别构作用

蛋白质的别构作用（allosteric effect）是指对于多亚基的蛋白质或酶，效应剂作用于某个亚

基，引发其构象改变，继而引起其他亚基构象的改变，导致蛋白质或酶的生物活性的变化的作用，其别构动力学为"S"形曲线，分为别构激活（allosteric activation）和别构抑制（allosteric inhibition）。这样的效应剂也称为别构剂（allosteric agent），包括别构激活剂（allosteric activator）和别构抑制剂（allosteric inhibitor）。

能够发生别构作用的蛋白质都属于寡聚蛋白质，除血红蛋白外，还包括别构酶、细胞膜上的某些蛋白质及基因调控蛋白等。例如，胰岛素受体、胰岛素样生长因子-1（IGF-1）的受体都由两个胞外 α 亚基和两个胞内β亚基组成，亚基之间由二硫键连接，含疏水跨膜区和酪氨酸蛋白激酶区。当激素与 α 亚基结合时，可引起胞内β亚基别构并表现出激酶活性，从而完成激素信号的跨膜传递。细胞膜上的某些离子通道的开通和关闭也与通道蛋白的别构作用有关，如 Na^+，K^+-ATP 酶等。

（二）血红蛋白的构象变化与功能

1. 血红蛋白和肌红蛋白通过血红素辅基与氧结合　　血红蛋白（hemoglobin，Hb）是蛋白质别构作用中研究最透彻的寡聚蛋白质之一。其由 4 个亚基组成（$\alpha_2\beta_2$），每个亚基都与肌红蛋白（Mb）非常相似，每条链都卷曲成球状，有一个空穴容纳血红素，通过其中的 Fe^{2+} 与氧结合，1 分子 Hb 可以结合 4 分子氧（图 3-2）。而 1 分子 Mb 只可以结合 1 分子氧。

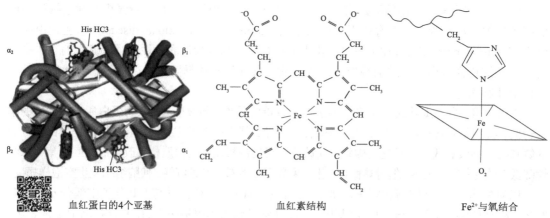

血红蛋白的4个亚基　　　　　　　血红素结构　　　　　　　Fe^{2+}与氧结合

图 3-2　血红蛋白和血红素的结构（Jeremy et al., 2015）

2. 血红蛋白通过别构作用结合和输送氧　　Hb 与 Mb 一样具有结合氧的能力，但结合特性有很大差别。由图 3-3 所示的氧合曲线看出，Hb 为"S"形曲线，而 Mb 为双曲线。这是因为 Hb 分子有4个亚基间相互作用，四聚体分子与氧刚开始结合时，亲和力远低于 Mb。经实验测定，Hb 的第四个亚基与氧的亲和力比第一个亚基大 200～300 倍。这是因为当 Hb 结合第一个氧分子后，导致整个分子构象的改变，于是与氧的结合能力由于别构作用会逐次增大，呈现"S"形曲线。而 Mb 中没有其他亚基的影响，与氧的亲和力较大，在很低的氧分压下即接近饱和。

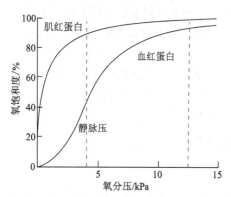

图 3-3　血红蛋白和肌红蛋白的氧合曲线

Hb 的这种别构作用与氧输送功能十分适应。在肺部氧分压较高时（10.7～13.3kPa），它与氧迅速结合，而在组织中氧分压较低时（2.7~5.3kPa），可释放出近一半的结合氧，而同样条件下 Mb 仅能释放约 10% 的结合氧。因此，Hb 比 Mb 能更有效地运输氧气进入组织。同时，由于 Mb 与氧的亲和力比 Hb 高，因此它可从 Hb 中获取氧，供肌肉细胞利用。

3. 血红蛋白结合氧的作用与构象有关　　研究证实，结合氧引起 Hb 的别构作用与构象有关。已知 Hb 分子中 4 个亚基之间通过 8 对离子键形成盐桥相连（图 3-4A），在 2 个 β 亚基之间还夹有一分子 2,3-二磷酸甘油酸（2,3-diphosphoglyceric acid，2,3-DPG）。2,3-DPG 带高密度负电荷，以 1:1 的比例结合在 Hb 的袋穴内，并与 2 个 β 亚基朝向袋穴的正电荷基团结合，包括 N 端 Val1 的氨基、Lys82 的 ε 氨基和 His143 的咪唑基等（图 3-4B）。

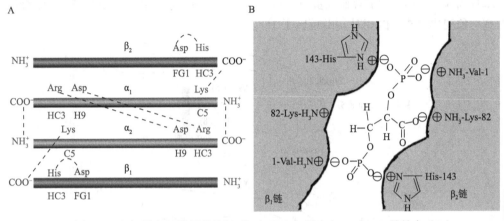

图 3-4　血红蛋白亚基间的盐键（A）和血红蛋白与 2,3-DPG 的结合（B）

彩图

X 射线衍射技术分析表明，氧合时 Hb 构象的变化与电子效应和空间效应有关，涉及血红素 Fe^{2+} 位置及 Hb 亚基和整体构象的变化。

（1）血红素 Fe^{2+} 的变化　　血红素中的铁原子有高自旋（原子半径较大）和低自旋（原子半径较小）两种状态。在脱氧 Hb 中，铁原子处于高自旋状态，与 α 亚基 F8 螺旋 His87 结合的 Fe^{2+} 不能进入卟啉环中央小孔中，而是位于卟啉环大约 0.07nm 处。当氧进入 α 亚基的袋穴与 Fe^{2+} 结合时，铁原子由高自旋状态变成低自旋状态，半径缩小 13%，并向卟啉环方向移动，进入中央小孔（图 3-5）。

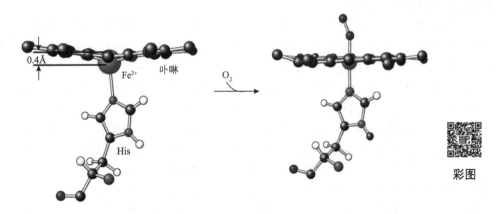

图 3-5　血红蛋白中 Fe^{2+} 与氧结合时的位置变化（Alberts et al.，2014）

（2）亚基和整体构象的变化　　血红蛋白 Tyr（HC2）位于 H 和 F 螺旋之间的袋穴中并与 Val（FG5）相连，加之各亚基之间的盐键作用及 2,3-DPG 分子插入在两个β亚基之间，使 Hb 构象紧凑、稳定，这种构象称为 T 态（紧密态），与氧亲和力小。Fe^{2+} 与氧结合导致其发生移动，牵动了 F8 段 His 及相应的肽段，使亚基构象发生变化。由于 F 段螺旋的移动，H 和 F 段螺旋间的空间变小，因此 Tyr（HC2）被挤出袋穴，阻断了它的连接固定作用，使 Tyr（HC2）、His（HC3）所在的β亚基游离，从而进一步破坏了该亚基 C 端与另一个 α 亚基 Lys（αC5）之间的盐键及 146 位 His 与本身 94 位 Asp 之间的盐键（图 3-6），β亚基之间空隙变小，挤出 2,3-DPG 分子。盐键的断裂也引起β亚基构象变化，从而消除了 Val（E11）对氧结合部位的空间阻碍，使 β 亚基顺利地与氧结合为氧合血红蛋白（HbO_2），此时的构象为 R 态（松弛态）。结合氧过程中亚基构象变化，使 $\alpha_1\beta_1$ 相对 $\alpha_2\beta_2$ 旋转了 15°。

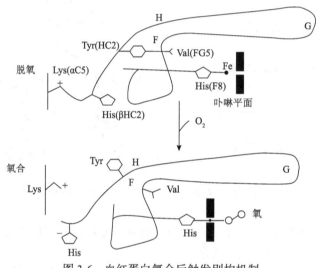

图 3-6　血红蛋白氧合后触发别构机制

4. 影响血红蛋白与氧结合的因素

（1）波尔效应　　Hb 与氧的结合受许多因素的影响，尤其是组织和红细胞中 H^+、CO_2 和 2,3-DPG 等。早年 Bohr 的研究表明，增加 CO_2 或 H^+浓度都能降低血红蛋白与氧的亲和力，使 Hb 的氧合曲线右移，促进氧的释放；而高浓度的氧可促使 Hb 分子释放 H^+和 CO_2，这种现象总称为波尔效应（Bohr effect）。

波尔效应的生理意义在于：当血液流经组织时，组织中较高的 H^+和 CO_2 浓度有利于血红蛋白释放更多的氧，并结合 H^+和 CO_2 起到缓冲血液 pH 和运输 CO_2 的双重作用；当血液流经肺部时，氧分压增高，促进 CO_2 和 H^+释放，并有利于血红蛋白与氧结合。

（2）2,3-DPG 有利于氧的释放　　2,3-DPG 是红细胞中大量存在的糖代谢的中间产物，能与 Hb 形成复合物。2,3-DPG 在 Hb 分子中形成盐键，存在于 Hb 分子中央的裂隙中，稳定了 Hb 的 T 构象，从而削弱了 Hb 对氧的亲和力，氧合曲线向右偏移。当氧与 Hb 结合时，2,3-DPG 被排出。在肺部由于氧分压较高，2,3-DPG 的存在不会对 Hb 结合氧的饱和度产生显著影响；但在组织中氧分压低的情况下，红细胞中的 2,3-DPG 则有助于氧从 Hb 中释放出来。这种调节在某些情况下有重要意义。例如，在高海拔的低氧地区，红细胞中的 2,3-DPG 浓度可在几天内迅速增加，这虽然使动脉血中 Hb 的氧饱和度有所下降，但在组织中可促进更多的氧从 Hb 中释放出来，即氧的实际摄取量反而明显增加。

总之，通过 H^+、CO_2 及 2,3-DPG 的调节作用，保证 Hb 更有效地完成肺部与组织间的气体交换。Hb 的别构作用及调节机制使其比单亚基的 Mb 更适合完成氧的运输。

三、蛋白质的变性与复性

（一）蛋白质变性

蛋白质变性（protein denaturation）的概念是中国科学家吴宪于 20 世纪 30 年代首先提出的，是指蛋白质分子受到某些理化因素作用后，其天然构象发生变化，生物学活性丧失，某些理化性质发生改变的过程。蛋白质变性只是三维构象的改变，不涉及一级结构的改变，包括可逆和不可逆变性。能引起蛋白质变性的因素可分为化学因素和物理因素，前者包括酸、碱、有机溶剂、尿素、盐酸胍、表面活性剂等，后者包括高温、紫外线、超声波、高压及剧烈振荡等。

变性蛋白质在性质上最突出的改变是丧失生物活性，如酶丧失催化活性，抗体失去与抗原专一性结合的能力。变性蛋白质由于疏水基团的暴露，溶解度下降，易于凝集、沉淀，但在碱性溶液中或有尿素存在时，则可保持溶解状态。球状蛋白质变性后变成松散的结构，导致溶液黏度增加。另外，变性蛋白质溶液的紫外和荧光光谱发生变化，这可用于变性的检测。在化学性质方面，变性蛋白质由于分子内部大量疏水基团的暴露，可能会与更多种试剂反应。而酶切位点的暴露则使之更容易被蛋白酶水解，这也就是吃熟食易于消化的道理。

1. 蛋白质变性的机制　　不同因素引起变性的机制是不同的。蛋白质热变性是温度升高使分子内的振动增强，从而破坏了维持构象的非共价键甚至二硫键。其他一些物理因素，如超声波、高压等，则可能是直接破坏某些非共价键而导致蛋白质变性。酸、碱引起的变性与蛋白质中氨基酸侧链的解离有关，因为过酸或过碱可使蛋白质分子中带异性电荷的侧链，尤其是埋藏在分子内部的未电离的侧链（如 Tyr、His 侧链）解离成为带有相同电荷的侧链，导致离子键断裂及同性电荷相斥，使蛋白质构象松散。但由于不同蛋白质的等电点、离子键的作用不同，不同蛋白质对酸、碱的敏感性有差异。

尿素和盐酸胍是常用的蛋白质变性剂。在 8mol/L 尿素或 6mol/L 盐酸胍溶液中，大多数蛋白质分子都由折叠状态转变为伸展的构象，寡聚蛋白质解离为亚基，有些蛋白质还由于二硫键交换反应等原因发生凝集和沉淀（图 3-7）。对表面活性剂[如十二烷基硫酸钠（sodium dodecyl sulfate，SDS）、Triton X-100]使蛋白质变性的机制研究得比较清楚。SDS 中的疏水长链可与蛋

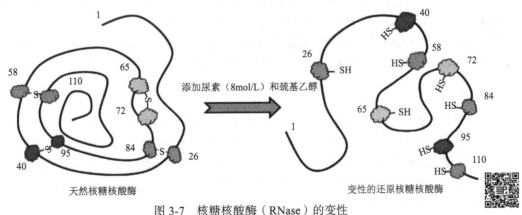

图 3-7　核糖核酸酶（RNase）的变性

彩图

白质分子内部的非极性基团相互作用，而带负电荷的硫酸根可与水作用，使蛋白质分子构象发生很大变化，特别是寡聚蛋白质的亚基解离并分别与 SDS 定量结合，成为易溶于水的复合物。丙酮、甲醇、乙醇等有机溶剂也可使蛋白质变性。其机制可能与它们影响蛋白质分子中的静电引力、氢键和疏水作用力有关。维持构象稳定的疏水作用力由于溶剂极性的减小而削弱，并导致蛋白质变性。因为生物膜中存在疏水环境，这种非极性环境引起的蛋白质构象改变，在膜蛋白构象研究中有重要的参考价值。

2. 变性过程及变性蛋白质的构象变化　　蛋白质的变性过程一般包括寡聚蛋白质分子解离成亚基，肽链从紧密的三级结构转变为松散状态，以及肽链从有序的二级结构（如 α 螺旋、β 折叠）变成无规则线团。

利用不同方法可以多角度揭示蛋白质变性时肽链构象的变化。例如，紫外光谱和荧光光谱可以显示色氨酸（Trp）和酪氨酸（Tyr）残基微环境的变化；圆二色谱可以反映蛋白质分子有序二级结构的改变。但蛋白质变性过程并非完全按上述顺序进行。例如，在胍和尿素引起的肌酸激酶变性过程中，在还没有测得明显的构象变化时，酶就已经失去了活性，这提示酶的活性部位处于分子的柔性部位，遇变性剂时首先在这种敏感区域发生构象变化并导致酶失去活性，而这样微小的构象变化有时难以用常规理化方法检测出来。另外，现在一般认为变性过程是一个渐变过程，蛋白质分子在天然状态与变性状态之间，通常要经历若干个中间构象状态，如 β-乳球蛋白在盐酸胍溶液中的变性就有一个中间构象状态。在牛和人 α-乳清蛋白的酸变性、热变性和盐酸胍变性中，也检测到了一种不同于天然 α-乳清蛋白构象的新状态，称为熔球态，这种中间态的空间结构仍是紧密的，二级结构含量很高。

变性蛋白质的构象与导致变性的因素有关。现在一般认为，蛋白质在体外即使采用强变性剂，变性后的构象也不是完全无序的，而仍然具有少量的残余空间结构，并可作为体外重折叠的基础。尿素、盐酸胍引起的变性，可呈现肽链完全伸展的状态，由原来有序的构象转变成松散无序的构象。酸、碱及热变性的蛋白质，其肽链不完全伸展，还保留一部分紧密的构象。而高浓度有机溶剂变性的蛋白质，其螺旋含量反而增加，疏水区消失。SDS 变性的蛋白质，其螺旋含量也增加，球状蛋白质分子变成杆状，分子中可能存在由 SDS 的疏水基团与蛋白质的疏水侧链形成的疏水区。此外，有些变性的蛋白质分子或亚基可因肽链间非共价键作用或共价交联而发生异常缔合，从而使构象更加复杂。

已经知道，变性有其有利的一面，也有不利的一面。例如，在临床上用高温、高压、紫外线、乙醇消毒等，都是利用了这些变性因素使细菌、病毒蛋白质变性，从而使其失去致病作用。在蛋白质分离纯化中，如果目的蛋白对热稳定，可用热变性的方法很方便地除去杂蛋白。对于不利的变性则应该尽量避免。例如，在提纯蛋白质过程中，应防止加热、剧烈搅拌、局部过酸或过碱等因素引起的变性。实际工作中可采用低温、缓冲液、加巯基保护剂等措施。

（二）蛋白质复性

1. 复性的概念　　变性蛋白质在除去变性因素后，有些蛋白质在适当条件下可以由变性状态恢复至天然构象并表现出生物活性，这种变性称为可逆变性，反之则称为不可逆变性。把变性蛋白质恢复天然构象的过程称为复性（renaturation），其实质就是多肽链在体外的重折叠。例如，由 SDS 引起的蛋白质变性，在用透析等方法除去 SDS 后，蛋白质又可表现出生物活性。但大多数热变性都属于不可逆变性。

可逆变性说明了一级结构对蛋白质构象的重要作用，这也是传统的一级结构决定蛋白质高级结构的重要依据。然而，更多蛋白质的变性至少在目前来看是不可逆的，有些即使可逆，也是在远离生理条件下实现的。这表明变性蛋白质的体外重折叠与细胞内蛋白质的折叠有差别。事实上，细胞内新生肽链的折叠在蛋白质合成过程中就已开始，通常需要分子伴侣等辅助成分，并需要 ATP 提供能量。因此，大多数肽链伸展的变性蛋白质在体外无法自动折叠成天然构象也就不难理解了。当然，变性蛋白质能否恢复其天然构象还与该蛋白质的分子大小、构象的复杂程度等因素有关。有些变性蛋白质可在几秒钟内在体外重新折叠而恢复天然构象和生物活性，有些蛋白质的复性则需要较长时间，而大多数变性蛋白质根本无法复性。

2. 复性的过程　　蛋白质复性过程也包含一些中间状态，各状态的转变速度有快慢之分。近年来对变性溶菌酶在体外复性过程的研究显示，伸展的肽链先形成结构域中的两个 α 螺旋，再形成另外两个 α 螺旋，然后形成 β 结构域，最后形成天然构象，整个过程仅需 2s。根据这些实验，有人指出，对于大多数变性的小分子蛋白质来说，能比较容易地恢复天然构象。

20 世纪 60 年代，Christian B. Anfinsen 在胰核糖核酸酶（ribonuclease，RNase）溶液中仅加入巯基乙醇，并不容易还原其分子中的 Cys26-Cys84、Cys40-Cys95、Cys58-Cys110、Cys65-Cys72 四个二硫键，因为它们多在分子内部。但若先用尿素破坏酶分子中的氢键，再用巯基乙醇处理，则可使二硫键还原断裂，导致酶变性失活。用透析法除去尿素和巯基乙醇，将酶氧化，可重新生成配对正确的二硫键，可以恢复酶的绝大部分生物活性。该实验说明，变性核糖核酸酶复性时，一定是原来的四个二硫键和氢键的正确形成，恢复了天然构象。然而，变性核糖核酸酶中二硫键随机配对的可能性有 10^5 种之多，完全成功的机会只有 1%（非共价键不能 100%恢复，核酸是 100%复性）。因此该酶的复性不仅说明了蛋白质一级结构的重要性，还提示变性酶有时不能完全复性。

由于蛋白质的特定空间结构是大量非共价键之间通过极为复杂的相互作用而形成的，有人认为蛋白质的折叠是一个比转录和翻译更为复杂的过程，也更容易发生错误。任何含有 n 个氨基酸残基的多肽链，原则上都可以折叠成 8^n 种构象。这个值是基于多肽骨架中只允许 8 个键角推算出来的。但一般来说，任何蛋白质物种的所有分子都采用单一的构象，称为天然状态；对于绝大多数蛋白质来说，天然状态是分子最稳定折叠的形式。

当然，在变性蛋白质重折叠中，相互作用错误可能导致错误的折叠，蛋白质就无法恢复其天然构象。特别是一些分子量大的蛋白质在体外尤其容易出现重折叠错误，因而难以复性。而这些蛋白质在体内的折叠一般是需要帮助的。1978 年，Laskag 发现需要分子伴侣帮助，目前关于分子伴侣辅助蛋白质折叠的机制取得了许多进展（详见第十六章）。

总之，蛋白质变性是研究蛋白质构象与功能关系的重要方法。变性蛋白质在体外恢复其天然构象这一复性过程，过去被广泛用来作为研究新生肽链折叠机制的模型，尽管目前看来有许多不妥之处，但仍然获得了大量有参考价值的成果。特别是近些年来，由于基因工程中产生的一些不溶的、没有活性的蛋白质，可不同程度地在体外借助复性来实现其功能。因此，蛋白质的变性、复性的研究具有重要的实际意义。

第三节　蛋白质的降解或清除

蛋白质降解是指蛋白质降解为较小的多肽或氨基酸的过程。老化无用的、错误折叠的或者受损伤的蛋白质被降解处理，即蛋白质降解。细胞内蛋白质降解也是通过一系列蛋白酶和肽酶完成的。蛋白质被蛋白酶降解为肽，然后肽被肽酶降解成游离氨基酸，降解成的氨基酸可再次被用于蛋白质合成。细胞内蛋白质降解对维持细胞内氨基酸代谢库的动态平衡、清除反常蛋白以免积累到对细胞有害的水平及控制细胞内关键蛋白的浓度和细胞防御机制都具有重要的生物学意义。

一、蛋白质寿命

蛋白质也有其寿命，用半衰期（half-life period）表示。细胞中不同的蛋白质，其寿命各异。例如，有丝分裂中的蛋白质寿命仅几分钟，而晶状体中的蛋白质则与生物体相同。蛋白质寿命的长短与其 N 端氨基酸（N 端规则）或肽链中特定的序列有关。不同的 N 端氨基酸残基与半衰期的关系见表 3-3。

表 3-3　蛋白质的半衰期与其 N 端氨基酸残基的关系

N 端氨基酸残基	半衰期
Met、Gly、Ala、Ser、Thr、Val	>20h
Ile、Gln	约 30min
Tyr、Glu	约 10min
Pro	约 7min
Leu、Phe、Asp、Leu	约 3min
Arg	约 2min

二、蛋白质降解

细胞中蛋白质的含量受合成和降解控制，其中蛋白质降解具有重要的作用，通过降解细胞中错误折叠蛋白质、变性蛋白质和含量需要降低的蛋白质，有助于维持细胞的正常功能。细胞中的蛋白质降解主要有两条途径。

（一）自噬-溶酶体途径

20 世纪 60 年代前期，溶酶体为蛋白质降解的主要途径，是一种不需要能量，无选择性的降解过程。溶酶体（lysosome）是动物细胞中一种球状的、单层膜包裹的细胞器，来源于高尔基体，内部呈酸性（pH 为 4.6~4.8），含有 50 多种酸性水解酶，包括酸性磷酸酶、蛋白酶、酯酶、核酸酶、糖苷酶等，在细胞内起消化和保护作用。

在溶酶体降解途径中，底物来自细胞自噬（autophagy）产生的自噬体，或者细胞通过吞噬、胞饮摄取的外源蛋白质，老化或有缺陷的细胞器，以及在分子伴侣的介导下由胞液进入溶酶体的一些蛋白质。这些底物蛋白质在溶酶体的酸性环境中被各种蛋白酶降解。

1. 自噬概述　　　自噬是存在于所有真核生物中的一种高度保守的细胞降解和回收过程。其也叫细胞自我消化，是细胞在自噬相关基因（autophagy-related gene，Atg）的调控下，利用溶酶体降解衰老的蛋白质、自身受损的细胞器和大分子物质，以及入侵的病原体，以维持细胞的稳态和正常生命活动的一个重要过程。这是一种进化上保守的细胞过程，对实现细胞代谢需要、更新细胞器并维持细胞内稳态有重要的作用。

自噬的概念最早是 1963 年由比利时生物化学家 Christian de Duve 等提出的。autophagy，来自希腊语，auto 意为"自我"，phagein 意为"吃"，表示细胞通过溶酶体机制降解回收自己零部件的过程，而细胞自噬过程中的细胞组分运输装置，则被称为自噬体（autophagosome）。Christian de Duve 等也因为发现溶酶体于 1974 年获得诺贝尔生理学或医学奖。1992 年，日本大隅良典等在酵母中发现自噬效应并在酵母模型中鉴定和克隆了 30 余个自噬相关基因。大隅良典以"细胞自我吞噬"获得了 2016 年诺贝尔生理学或医学奖。

2. 自噬的方式

（1）根据降解方式分类　　根据真核细胞中向溶酶体传递细胞质物质进行降解的方式不同，细胞自噬可分为小自噬、分子伴侣介导的自噬和大自噬 3 种主要方式（图 3-8）。

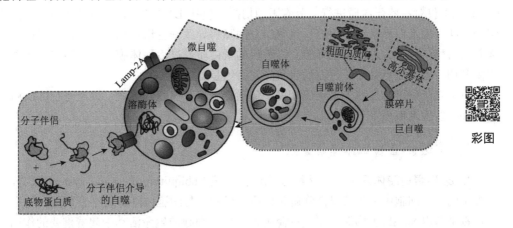

图 3-8　几种类型的自噬模式图

1）小自噬或微自噬（microautophagy）：通过非选择性内陷溶酶体膜吞噬细胞质中较大的蛋白质结构，或选择性地将可溶性细胞质蛋白递送到多泡体（multivesicular body，MVB）中进行降解，即溶酶体内吞内容物，包裹内容物的膜被降解，内容物降解。微自噬于 20 世纪 80 年代被发现，并于 90 年代开始进行研究。

2）分子伴侣介导的自噬（chaperonemediated autophagy，CMA）：通过溶酶体 Lamp-2A 受体以选择性方式降解可溶性蛋白质。先是分子伴侣与底物蛋白质特异性结合成分子伴侣-底物复合物，该复合物与溶酶体膜上 Lamp-2A 受体结合，底物进入溶酶体，内容物被降解。

3）大自噬或巨自噬（macroautophagy）：将目的蛋白包裹到一个专门的双层膜结构中来选择性或非选择性地吞噬大量细胞质中的成分。这种具有双层膜结构的物质称为自噬体。巨自噬于 20 世纪 60 年代在哺乳动物细胞中被首次发现，对其进行深入研究则是在 20 世纪 90 年代于酵母中观察到巨自噬现象之后。科学家在酵母中鉴定出了一系列重要的自噬相关基因，开始了该领域的快速发展。

通常情况下，自噬即指巨自噬，包括自噬体的诱导激活、自噬体的形成、自噬体与溶酶体或液泡的对接或融合，自噬体溶酶体降解、破裂。具体过程：①自噬的启动，将目标物包裹进一个杯形具有双层膜（即隔离膜）的结构中，这种隔离膜来源于多个细胞腔隙。②目标物的包裹，可以是非特异性的（如吞噬大量细胞质）或选择性的（如特异性吞噬细胞器或入侵的病原体）。③自噬溶酶体的形成，包裹目标物的隔离膜逐渐扩大形成自噬体，随后自噬体与溶酶体融合，形成自噬溶酶体。④溶酶体向自噬溶酶体提供水解酶，自噬溶酶体中的自噬体内膜被水解酶溶解，目标物被分解，分解后所产生的氨基酸、脂肪酸等小分子物质通过膜渗透释放回细胞质中重复利用。

（2）根据对降解底物的选择性分类　　根据自噬对降解底物的选择性，细胞自噬可分为以下两种。

1）非选择性自噬：细胞质内的细胞器或其他细胞质随机运输到溶酶体降解。

2）选择性自噬：对降解的底物蛋白质具有专一性，根据对底物选择性的不同，又可以分为线粒体自噬、过氧化物酶体自噬、内质网自噬、脂肪/脂滴自噬、异体吞噬等。

细胞自噬和细胞凋亡（apoptosis）一样，也是细胞中十分重要的生物现象，具有多种生理功能，包括清除细胞内异常折叠的蛋白质或蛋白质聚合体。而细胞凋亡过程中的胱天蛋白酶（caspase）仅对一些蛋白质进行十分有限的切割，包括 DNA 损伤修复酶、U1-核小核糖核蛋白组分、核纤层蛋白和肌动蛋白等，这些组分的降解导致细胞形成凋亡小体，最终被吞噬细胞吞噬并与溶酶体融合，进行消化降解。降解后的蛋白质通过溶酶体膜的载体蛋白，运送至细胞液中供利用。需要注意的是，过度的自我降解必然是有害的。

自噬功能障碍与多种人类疾病相关，包括肺病、肝病和心脏病、神经退行性疾病、肌病、癌症和一些代谢疾病。

（二）泛素-蛋白酶体降解途径

1. 泛素-蛋白酶体系统　　泛素-蛋白酶体系统（ubiquitinproteasome system，UPS）是 1977 年提出的，是细胞中一种特异性降解蛋白质的机制，是细胞内降解短半衰期蛋白的主要途径。其负责细胞内 80% 以上内源性蛋白的降解，在调节细胞的生命活动中起着重要的作用。

UPS 主要降解两大类蛋白质，一是细胞周期中需要精准调控的蛋白质，如周期蛋白（cyclin）等；二是在内质网合成蛋白质过程中错误折叠的蛋白质。另外，某些被感染的细胞中的病毒蛋白（如口蹄疫病毒）也通过该途径进行特异降解。该通路依赖 ATP，包括蛋白质的多聚泛素化和蛋白酶体快速水解两步过程，由泛素（ubiquitin，Ub）、泛素活化酶（ubiquitin-activating enzyme，E1）、泛素结合酶（ubiquitin-conjugating enzyme，E2）、泛素-蛋白质连接酶（ubiquitin-protein ligase，E3）、蛋白酶体（proteasome）及其底物蛋白质等组成。

2. 靶蛋白的多聚泛素化

（1）泛素　　1975 年从小牛胰脏中分离得到泛素（ubiquitin），并确定了其空间结构，除细菌外的许多组织和有机体中均有发现。其是一种由 76 个氨基酸组成的小肽，序列极其保守，广泛存在于真核生物中，故名泛素（源于拉丁文 ubique，意思为"处处""到处"）。泛素分子能与蛋白质形成牢固的共价键，蛋白质一旦被它标记上就会被送到细胞内的"垃圾处理厂"进行降解。

泛素分子折叠成紧密球形，5 股混合的 R 片层形成一个腔样结构，内部对角线位置有一个 α 螺旋，这个结构成为泛素折叠的基础。N 端为较紧密的球状结构域，C 端是松散的伸展结构，含有一个泛素化必需的 Gly。泛素具有 7 个赖氨酸残基（K6、K11、K27、K29、K33、K48、K63）和一个甲硫氨酸残基（M1）。泛素之间主要通过 Lys 和 Met 残基进行各种连接。由此产生的泛素链形成一定的拓扑结构，进而对蛋白底物进行修饰并决定底物的功能。

（2）泛素化　　泛素化（ubiquitination）指泛素分子在酶的作用下，对靶蛋白进行特异性修饰的过程，即靶蛋白带上泛素标记。在该过程中，泛素 C 端 Gly 残基通过酰胺键与底物蛋白质 Lys 残基的 ε-NH$_2$ 结合。在蛋白质分子的一个位点上可结合单个或多个泛素分子。

泛素的活化过程是一个依赖 ATP 的酶促反应，包括三个过程：首先由泛素活化酶（E1）利用 ATP 水解释放的能量，在泛素的 C 端 Gly 残基与其自身的 Cys 的—SH 间形成高能硫酯键。然后该活化的泛素再被转移到泛素结合酶（E2）上。最后泛素-蛋白质连接酶（E3）结合靶蛋白中的特异降解信号，称为降解决定子(degron)，在 E2 作用下把泛素分子与靶蛋白 Lys 的 ε-NH$_2$ 通过类似肽键的方式连接，接着再把一个泛素分子 C 端连接到前一个泛素 Lys48 上，重复该过程，连接的泛素一般在 4 个以上（图 3-9），靶蛋白一旦与 E3 结合就迅速启动相关的降解反应。哺乳动物中约有 30 种 E2，并与数百种 E3 形成复合物。不同的 E3 识别蛋白质中的不同降解信号，是个多样的蛋白质家族。

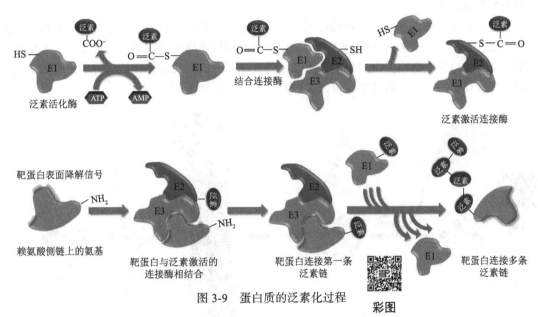

图 3-9 蛋白质的泛素化过程
彩图

蛋白质泛素化类型包括：①单泛素化（monoubiquitination），单个泛素分子结合至底物蛋白质。②多单泛素化（multi-monoubiquitination），底物蛋白质的多个 Lys 残基同时被多个单泛素分子标记。③多聚泛素化（polyubiquitination），由数个泛素分子形成的泛素链 C 端 Gly 与单泛素化底物特异性结合。④同型多聚泛素化（homotypic polyubiquitination），有 8 种不同形式。⑤异型多聚泛素化（heterotypic polyubiquitination），泛素链上结合泛素本身不同的 Lys 残基，形成混合（mixed）或分支（branched）泛素链。

（3）去泛素化 泛素化过程的逆转称为去泛素化（deubiquitination）。在真核细胞内已发现多种去泛素化酶，它们能够水解泛素和底物蛋白质之间的硫酯键，还能把错误识别的底物从泛素化复合体中释放出来。目前已经明确的去泛素化酶分为两类：①泛素 C 端水解酶（ubiquitin C-terminal hydrolase，UCH），分子质量为 20~30kDa，水解去除和泛素 C 端连接的小肽，也参与泛素多聚体产生泛素单体的过程，促进泛素再循环，对泛素系统的正常运行很有必要。②泛素特异性加工酶（ubiquitin-specific protease，UBP/USP），分子质量大约为 100kDa，参与去除和解聚底物蛋白质上的多聚泛素，从而防止多聚泛素在底物蛋白质的聚集。

3. 泛素化蛋白在蛋白酶体中的降解

（1）蛋白酶体 蛋白酶体（proteasome）于 1979 年由 Goldberg 等分离得到，是一种识别、降解泛素化蛋白质的复合物，是存在于细胞中的一种分子机器。其外形呈桶状，由 50 多种蛋白质亚基组成，亚基具有多种蛋白酶活性。蛋白酶体也被称为"垃圾处理厂"，一个人体细胞内大约含有 30 000 个蛋白酶体。蛋白酶体的沉降系数为 26S，又称 26S 蛋白酶体，由 20S 的圆柱状催化颗粒和 19S 的盖状调节颗粒组成。它具有胰凝乳蛋白酶、胰蛋白酶、胱天蛋白酶等多种酶的活性，具有泛素依赖性。

（2）蛋白酶体的作用机制　　蛋白酶体的活性中心含有 Thr 残基。经泛素化的底物蛋白质可以被 19S 的盖状调节颗粒识别，并被运送到 20S 的圆柱状核心内，泛素分子在去泛素化酶的作用下离去，能量（ATP）被释放出来用于蛋白质的降解。进入蛋白酶体的蛋白质在其中多种酶的作用下水解为 7~8 个氨基酸残基的短肽从蛋白酶体桶状结构另一端被释放出来。泛素则回到胞质重新被利用。

事实上，蛋白酶体本身不具备选择蛋白质的能力，只有被泛素分子标记且被 E3 识别的蛋白质才能在蛋白酶体中进行降解。E3 根据与靶蛋白的相对比例可以对靶蛋白进行单泛素化修饰和多聚泛素化修饰。蛋白质泛素化的结果是使得被标记的蛋白质最终在细胞的蛋白酶体中被蛋白酶分解为较小的多肽、氨基酸，以及可以重复使用的泛素（图 3-10）。

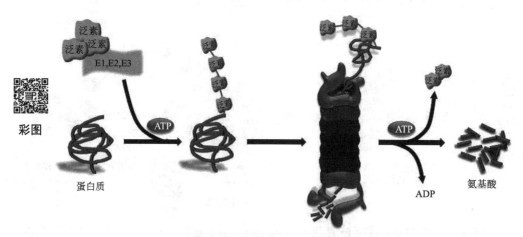

图 3-10　泛素-蛋白酶体降解过程示意图

除上途径外，在有些细胞器中还有特定的蛋白水解酶，以确保细胞内各项代谢活动的正常进行，如线粒体蛋白酶等。近年的研究表明，并非所有的泛素化修饰都会导致降解。有些泛素化会改变蛋白质的活性，导致其他的生物效应。泛素化在蛋白质的定位、代谢、功能、调节和降解中都起着十分重要的作用，能参与细胞周期、增殖、凋亡、分化、转移、基因表达、转录调节、信号传递、损伤修复、炎症免疫等几乎一切生命活动的调控，在肿瘤、心血管等疾病发病中起着十分重要的作用。

在原核生物（E. coli）中，蛋白质降解主要依赖于 Lon 酶。其为依赖 ATP 的蛋白酶。细胞内出现错误的蛋白质或半衰期很短的蛋白质时，Lon 酶被激活，水解蛋白质肽键（一个肽键需要 2 个 ATP）。

第四章　蛋白质分离纯化与结构分析技术

蛋白质是一切生物细胞中含量最丰富的有机大分子，其结构复杂、种类繁多，不仅是生命有机体的结构物质，也是生命现象的体现者。为了揭开生命的奥秘，长期以来科学工作者一直致力于研究蛋白质的结构与功能。但是，生物体所含的多种多样的蛋白质往往与自然界存在的成百上千种不同化合物混于一体，或者自身之间相互结合在一起。因此，要研究某种蛋白质的结构和功能，生产高活性的蛋白质产品，第一步工作就是从复杂的混合体系中分离出蛋白质并且进行纯化。然后可以利用基于蛋白质的两性解离特性、胶体性质、紫外吸收、颗粒沉降行为、电泳和层析行为等差异建立的离心、电泳、层析等技术进行蛋白质的分离纯化与鉴定。

蛋白质及其复合物空间结构的测定是研究其功能的基础和关键，也是当前结构生物学（structural biology）研究的主要内容之一，目前的主要方法是 X 射线衍射、核磁共振（NMR）等。截止到 2021 年 8 月，有 181 163 种蛋白质及其复合物的空间结构已被解析。尽管这一数目仅占自然界中蛋白质总数的很小一部分，但通过分析其结构特点，不仅有助于更全面地认识蛋白质构象形成的规律、分子间的识别和相互作用等，而且可以基于这些结构知识来预测其他蛋白质的空间结构，并最终设计新的、具有特定空间结构和功能的蛋白质。

目前基于蛋白质组学、生物信息学等高通量技术和方法，对蛋白质一级结构的测序和空间结构也研发了一些新的方法和技术，本章即将对蛋白质分离鉴定及结构测定技术进行简要介绍。

第一节　蛋白质的主要理化性质

蛋白质是由各种氨基酸组成的生物大分子。其理化性质有些与氨基酸相似，如两性解离、等电点、侧链基团反应等；但有些则不相同，如蛋白质分子量较大，有胶体性质，还能发生变性、沉淀等现象。

1. 蛋白质的两性解离与等电点　　蛋白质分子除了两端的羧基和氨基可以解离，氨基酸残基侧链上的某些基团，如 Gln 和 Asp 残基上的 γ-羧基和 β-羧基、Lys 残基上的 ε-氨基、Arg 残基上的胍基及 His 残基上的咪唑基等，在溶液 pH 一定的条件下都可解离成带正电荷或负电荷的基团。当蛋白质溶液处于某一 pH 时，蛋白质解离成正、负离子数相等，使净电荷为零，此时溶液的 pH 为该蛋白质的等电点（isoelectric point，pI）。蛋白质在等电点时，净电荷为零，此时该蛋白质的溶解性最低，易聚集形成沉淀，此为等电沉淀的原理。

体内各种蛋白质的等电点不同，大多接近 pH 5.0。少数蛋白质含碱性氨基酸较多，其等电点偏于碱性，如组蛋白、鱼精蛋白等，称为碱性蛋白质。同样，有些蛋白质含酸性氨基酸较多，如胃蛋白酶、丝蛋白等，其等电点偏酸性，称为酸性蛋白质。

2. 蛋白质的呈色反应

（1）茚三酮反应（ninhydrin reaction）　　α-氨基酸与水化茚三酮（苯丙环三酮戊烃）作用时，产生蓝色反应。蛋白质是由许多 α-氨基酸组成的，故也呈此颜色反应。

（2）双缩脲反应（biuret reaction）　　蛋白质在碱性溶液中与硫酸铜作用呈现紫红色，称双缩脲反应。凡分子中含有两个以上—CO—NH—键的化合物，都呈此反应。

（3）米伦反应（Millon reaction）　　蛋白质溶液中加入米伦试剂（亚硝酸汞、硝酸汞及硝酸的混合液），蛋白质首先沉淀，加热则变为红色沉淀。

此外，蛋白质溶液还可与酚试剂、乙醛酸试剂、浓硝酸等发生颜色反应。

3. 蛋白质的紫外吸收特性　　各种氨基酸在可见区都没有光吸收，但在紫外区（280nm）处有吸收峰。蛋白质分子中的芳香族氨基酸色氨酸、酪氨酸、苯丙氨酸的最大吸收波长分别为279nm、278nm、259nm。由于蛋白质分子中芳香族氨基酸分子中含有共轭双键，因此在280nm紫外光波长处有特征性吸收峰，在此波长范围内，蛋白质溶液的光吸收值（OD_{280}）与蛋白质含量呈正比关系，实验室可用作蛋白质的定量测定。

4. 蛋白质的胶体性质　　蛋白质是生物大分子，分子量为1～100 000Da，分子直径为1～100nm，属于胶体颗粒，不能透过半透膜，此为透析（dialysis）的原理。利用透析可以把大分子蛋白质与小分子化合物分开。

另外，蛋白质是生物大分子物质，具有胶体性质。稳定蛋白质胶体性质的因素有两个：一是蛋白质颗粒表面的水化膜，可以阻断蛋白质颗粒的相互聚集，阻止溶液中蛋白质的沉淀析出；二是蛋白质颗粒表面的电荷。除去这两个稳定因素，蛋白质很容易从溶液中沉淀析出。

第二节　基于理化性质的蛋白质分离纯化与鉴定分析技术

蛋白质分离纯化是指将蛋白质从生物体、培养基、包涵体等中提取出来，再与杂质分开，获得与预定目的要求相适应的、有一定纯度的蛋白质产品的过程。

一、蛋白质分离纯化的一般步骤

分离纯化蛋白质的一般步骤可以分为材料的选择、前处理、细胞破碎及蛋白质的提取、粗分级分离和细分级分离，有时还加上结晶步骤。

1. 材料的选择　　要分离纯化某种蛋白质，首先要确定从什么材料中进行提取纯化。通常要选择目的蛋白含量高、易获得、成本低的材料。可以是细胞、组织、器官或整个生物体，也可以是培养液（分泌型蛋白）、血液、乳、蛋等。

2. 前处理　　选择到合适的材料后，应及时使用，否则应采用冰冻或干燥等方法处理。例如，血清、体液等应立即置于-20℃冰箱中保存。动物的脏器应迅速剥去脂肪和筋皮等结缔组织，冲洗干净，置于-20℃冰箱短期保存，或-70℃冰箱可保存数月。选用的微生物菌种在接入适当的培养液培养一段时间后，离心收集胞外酶和分泌物等上清液，置于低温冰箱中保存。收集到的菌体可制成冻干粉，在4℃保存数月。

3. 细胞破碎及蛋白质的提取　　对于分泌型蛋白，如淀粉酶和蛋白酶等，用适当的溶剂可直接提取。对于细胞内蛋白质需要细胞破碎操作。常用的细胞破碎方法有研磨法、超声波法、反复冻融法、化学处理法和酶处理法等，可根据细胞类型选择合适的细胞破碎方法。

为了使蛋白质从材料中释放并分离出来，除了难溶蛋白（如角蛋白、细菌包涵体蛋白等），通常都采用特定的缓冲液将蛋白质溶解，然后通过离心或过滤的方法除去不溶物，得到蛋白质粗提液。缓冲液对于蛋白质的溶解、蛋白质活性的保持及部分杂质的去除都具有重要的意义，不仅要控制溶液的 pH 和离子强度，还要根据不同蛋白质的性质，加入氧化还原物质、蛋白酶底物或抑制剂、保护性蛋白、非离子型去污剂、防腐剂等，因此缓冲液的成分是非常复杂的，它往往决定了目的蛋白分离纯化的成败。

4. 粗分级分离　　当获得蛋白质粗提液后，一般用盐析、等电沉淀和有机溶剂沉淀等方法进行粗分级分离，将目的蛋白与其他杂蛋白分离开。这些方法的共同特点是简便、处理量大，既能去除大量杂质，又能浓缩蛋白质溶液。

5. 细分级分离　　蛋白质粗提液经粗分级分离后，体积已大幅减少，大部分杂蛋白已被除去。接下来可以采用凝胶过滤、离子交换、亲和层析等手段进行细分级分离。必要时还可选择凝胶电泳、等电聚焦电泳等作进一步的纯化，但电泳法主要用于分析分离和纯度鉴定。

6. 结晶　　结晶是蛋白质制品分离纯化的最后一步。结晶可进一步除去少量杂蛋白，故结晶过程本身伴随着一定程度的纯化。由于晶体中从未发现过变性蛋白质，因此蛋白质晶体不仅是纯度的一个标志，也是判断制品处于天然状态的有力指标。蛋白质的结晶也是进行 X 射线衍射分析所要求的。蛋白质纯度越高、溶液越浓，就越容易结晶。结晶的最佳条件是使溶液略处于过饱和状态，此时较易得到结晶。

二、利用蛋白质沉淀进行的分离

1. 盐析　　盐析是利用被分离物质成分与其他物质成分之间对盐浓度的敏感程度不同，而达到沉淀分离目的的方法。蛋白质溶液是大分子化合物溶液，并且具有胶体的稳定性，其稳定性由两个因素决定：一是由于在同一溶液中，蛋白质分子表面带有相同电荷产生相互排斥现象；二是蛋白质分子外表的一层水化膜致使其分子体积增大，减小了互相碰撞的机会。如果在蛋白质溶液中加入中性盐溶液，当盐浓度低时，盐类离子与水分子对蛋白质分子上的极性基团产生影响，使蛋白质在水中溶解度增大，这种现象称为盐溶（salting-in）。但当盐浓度增高到一定程度时，盐类离子则可中和蛋白质分子表面的大量电荷，同时盐离子也与水分子这种偶极分子作用，使水分子的活度降低，破坏蛋白质分子的水化膜，使蛋白质分子相互聚集而发生沉淀，这种现象称为盐析（salting-out）。

由于不同的蛋白质分子对盐浓度的敏感程度不同，因此选用不同浓度的中性盐溶液，使不同的蛋白质分别沉淀析出，以达到蛋白质初步分级分离的目的。常选用的中性盐有硫酸铵、氯化钠等。利用此法沉淀的蛋白质需要脱盐处理。

2. 等电沉淀　　在低的离子强度下，调 pH 至等电点使蛋白质所带净电荷为零，降低了静电斥力，而疏水作用力能使分子间相互吸引而形成沉淀。等电沉淀适用于疏水性较强的蛋白质，如酪蛋白在等电点时能形成粗大的凝聚物。但对一些亲水性强的蛋白质，如明胶，则在低离子强度的溶液中，调 pH 至等电点并不能产生沉淀。

等电沉淀的一个主要优点是很多蛋白质的等电点都在偏酸性范围内，而无机酸通常较廉价，并且某些酸（如磷酸、盐酸和硫酸）的应用在蛋白质类食品中是允许的。同时，常可直接进行其他纯化操作，而无须将残余的酸去除。但该法应用也有一定的限制，如一些对低 pH 比较敏感的蛋白质，酸化时易使蛋白质失活。

3. 免疫沉淀　　蛋白质具有抗原性，将某一蛋白质免疫动物可获得该蛋白质的特异抗体。利用特异抗体可识别相应的抗原蛋白，并形成抗原-抗体复合物，可从蛋白质混合溶液中分离获得抗原蛋白，这就是免疫沉淀。在具体实验中，常常将抗体交联至固化的琼脂糖珠上，易于获得抗原-抗体复合物。进一步将抗原-抗体复合物溶于含十二烷基硫酸钠和二巯基丙醇的缓冲液后加热，使抗原从抗原-抗体复合物中分离而获得纯化。

4. 有机溶剂沉淀　　有机溶剂的介电常数比水小，可以降低溶液的介电常数，导致溶剂的极性减小，使带有异性电荷的蛋白质分子之间距离接近，吸引力增强，发生凝聚。另外，有机溶剂与水的作用能破坏蛋白质的水化膜，与盐离子一样，有脱水作用，使蛋白质在一定浓度的有机溶剂中沉淀析出。有机溶剂沉淀可以使某些生物大分子（如酶）变性失活，同时此法须在低温下进行。常选用乙醇、甲醇和丙酮等与水互溶的有机溶剂，甲醇和丙酮对人体有一定的毒性。该法分辨能力强，并且蛋白质沉淀后不用脱盐处理。

三、利用蛋白质颗粒沉降行为差异进行的分离

其是利用离心机旋转时产生的强大离心力及物质的大小、形状和密度的差异而进行分离的一种方法。这种技术是分离细胞器和大分子物质及固、液分离等方面必备的手段之一，也是测定某些纯品物质部分性质的一种方法。按照实验目的和分离的对象可分为以下 3 种。

1. 差速离心　　指低速和高速离心交替进行，以不同的离心力使具有不同质量的物质分离的方法。试验中的沉淀即差速离心的一种，即只用一种离心力使具有不同质量的物质分离的方法。其适合 S 差别较大的混合样品的分离[S 为沉降系数，单位为 Svedberg（S），1S=10～13s，与大分子的密度与形状有关]。

2. 密度梯度离心　　用密度梯度离心分离纯化悬浮液中的颗粒时，通常先在离心管或区带转子里制备随离心半径的增加介质浓度不断增加的液柱。随着浓度的增加，该液柱的密度也增加，即得到密度梯度柱。再把样品悬浮液铺放到该密度梯度上，在离心力场作用下，样品颗粒依其沉降速度或浮力密度的不同分布于梯度中不同位置形成不连续区带，达到分离和提纯的目的。这种方法一次离心就可获得较纯的组分，并能保持组分活性，是目前制备高纯物质常用的方法。其又分为差速区带离心法和等密度离心法，分别根据悬浮液中的颗粒大小和密度差进行分离。常用的梯度介质有蔗糖、氯化铯（CsCl）、甘油和聚蔗糖等。

3. 等密度梯度法　　因为 CsCl 具有能在离心力作用下自动形成密度梯度，并能在一定时间内保持梯度稳定的特性，所以将其作为密度溶剂，被分离物质经过足够时间分离后，能分别达到相应于自身浮力密度的平衡位置而得到分离。此方法的优点是分辨力高；缺点是时间长，需十几到几十小时，CsCl 价格昂贵。

四、利用层析技术对混合物中蛋白质进行的分离

层析（chromatography）是利用混合物中各组分理化性质的差别（吸附力、分子形状和大小、分子极性、分子亲和力及分配系数等），使各组分分布在互不相容的两个相中（一个为固定相，另一个为流动相），从而使各组分以不同的速度移动而使其分离的方法。其包括凝胶层析、离子交换层析、亲和层析、高效液相色谱、分配层析、吸附层析等。几乎每一种层析方法都已发展成为一门独立的生化技术，在生化领域内得到了广泛的应用。

1. 凝胶层析　　凝胶层析（gel chromatography）又称分子筛层析、排阻层析，是指当生物大分子随流动相通过装有作为固定相的凝胶颗粒的层析柱时，根据它们分子大小不同而进行分离的技术。

凝胶层析所用的基质是具有立体网状结构、筛孔直径一致、呈珠状颗粒的物质。含各种组分的样品溶液缓慢流经凝胶层析柱时，各种物质在柱内同时进行着两种不同的运动，即垂直向下运动和无定形的扩散运动。较大的分子由于直径较大，不易进入凝胶颗粒的网眼，只能分布于颗粒间隙中，将毫无阻抗或阻力甚小地随洗脱液洗脱下来。小分子物质除了可在凝胶颗粒间隙中扩散，还可进入凝胶颗粒的网眼中。当它们从一层凝胶颗粒网眼中扩散出来时，又会进入下一层凝胶颗粒内部。如此不断地进入和扩散的结果，必然使小分子物质的下降速度落后于大

分子物质，从而使样品中分子大小不同的物质顺序流出柱外而得到分离。

常用于蛋白质分离的基质有葡聚糖凝胶（商品名称为 Sephadex）和聚丙烯酰胺凝胶（商品名称为 Bio-gel）等。

2. 离子交换层析 离子交换层析（ion exchange chromatography，IEC）是利用离子交换剂对混合物中各个组分离子结合力（静电引力）的差异而进行分离的一种层析方法。这种层析方法以离子交换剂为固定相，以具有一定 pH 和离子强度的电解质溶液为流动相。

离子交换剂是由载体、电荷基团、平衡离子（反离子）构成的。载体都是化学惰性、不溶性的物质。电荷基团是离子交换剂的功能基团，它以共价键与载体相结合。电荷基团以静电引力结合着与其电荷相反的离子，称为平衡离子。如平衡离子带负电荷，则称这种交换剂为阴离子交换剂；如平衡离子带正电荷，则称这种交换剂为阳离子交换剂。离子交换剂对各种离子和离子化合物的亲和力不同，所以可以把不同离子物质分开。

3. 亲和层析 亲和层析（affinity chromatography）是利用生物分子与其配体间专一、可逆的结合作用进行分离的一种层析技术。该技术操作过程简单，所需时间短，分离的物质纯度高，不仅可以分离大分子化合物，还可用于纯化细胞器和细胞。

不同的分子由于其结构的原因，具有互相特异性可逆结合的能力，即亲和力。例如，酶和底物、酶和竞争性抑制剂、抗原和抗体、激素和受体蛋白之间都具有亲和力。不同条件下，亲和力会发生变化，从而可使配对物质分子之间发生互相结合或解离的不同情况。亲和层析就是利用物质分子间的亲和力在不同条件下会发生变化的原理而建立起来的。

亲和层析由于配体与亲和物的特异性结合，使分离提纯效果大大提高，同时由于是在温和条件下进行的操作，因此对分离含量极微又不稳定的活性物质最为理想。

4. 高效液相色谱 高效液相色谱（high performance liquid chromatography，HPLC）又称高速或高压液相色谱，是利用样品中的溶质在固定相和流动相之间分配系数的不同，进行连续的无数次的交换和分配而达到分离的过程。HPLC 将常规层析介质制备成特殊的高效液相色谱柱，它所使用的基质珠更小，孔径更均一，基质填充比常规层析柱更致密，因此可以耐受更大的压力，采用更快的洗脱速度，具有更高的分辨率和重复性，因此而得名。

HPLC 按其固定相的性质可分为高效凝胶色谱、疏水性高效液相色谱、反相高效液相色谱、高效离子交换液相色谱、高效亲和液相色谱及高效聚焦液相色谱等类型。用不同类型的 HPLC 分离或分析各种化合物的原理基本上与相对应的普通液相层析的原理相似。其不同之处是 HPLC 灵敏、快速、分辨率高、重复性好。

近年来出现了一种与 HPLC 相近的快速蛋白质液相层析（fast protein liquid chromatography，FPLC），其能在惰性环境下以极快的速度把复杂的混合物通过成百上千次层析分开。它将传统的柱层析系统置于计算机控制之下，所有的上样、洗脱、检测和收集都由计算机程序控制，大大减少了手工操作。该系统的蠕动泵由不锈钢内衬高强度有机玻璃所制成，类似于打气筒，与传统的硅胶管蠕动泵相比，能产生和耐受更高的压力，因此可以实现快速洗脱。该系统建议使用预装柱，预装柱的良好性能加上计算机的精密控制，可以产生很好的重复性。

二维液相色谱（two-dimensional liquid chromatography，TDLC）是近年来发展起来的可以应用于蛋白质组学研究的新技术之一。二维液相色谱分离的第一相称为色谱聚焦，也是根据蛋白质等电点的不同进行分离的，第二相是根据蛋白质的疏水性差异进行分离的反相高效液相色谱（reversed phase high performance liquid chromatography）。与双向电泳相比，它的上样量大，可以分离检测含量更低的蛋白质，它操作的自动性更高、实验重复性更好；缺点是实验成本高，对实验操作技术要求较为严格等。

五、利用电泳技术对颗粒蛋白质进行的分离

电泳（electrophoresis）是利用在电场的作用下，待分离样品中各种分子带电性质及分子本身大小、形状等性质的差异，使带电分子产生不同的迁移速度，从而对样品进行分离、鉴定或提纯的技术。其也可用来测定蛋白质的某些性质，如等电点、近似相对分子质量等。

1. 聚丙烯酰胺凝胶电泳　　1959 年，Raymond 和 Weintraub 利用人工合成的凝胶作为支持介质，创建了聚丙烯酰胺凝胶电泳（polyacrylamide gel electrophoresis，PAGE），其是以聚丙烯酰胺凝胶作为支持介质的一种电泳。

聚丙烯酰胺凝胶是由丙烯酰胺（acrylamide，Acr）单体和少量交联剂甲叉双丙烯酰胺（N,N′-methylene bisacrylamide，Bis），在不同引发剂和催化剂作用下，发生化学聚合或光聚合作用而形成的。制备的凝胶有网状结构，通过改变制胶原料的浓度和交联度，可控制凝胶孔径在一个比较广泛的范围内变动。聚丙烯酰胺凝胶具有机械性能好、有弹性、透明、化学性质相对稳定、对 pH 和温度变化较稳定、在很多溶剂中不溶、非离子型，且没有吸附和电渗作用及分离效果好等优点。

PAGE 有两种系统，包括只有分离胶的连续分离系统和有浓缩胶与分离胶的不连续分离系统。目前，国内外实验室大多采用的是不连续分离系统。不连续分离系统的不连续性表现在以下几个方面：①凝胶板由上、下两层胶组成。两层凝胶的孔径不同，其中上层为大孔径的浓缩胶，下层为小孔径的分离胶。②缓冲液离子组成及各层凝胶缓冲液的 pH 不同。③在电场中形成不连续的电位梯度。在这样一个不连续的系统中进行电泳时，存在三种物理效应，即浓缩效应、电荷效应和分子筛效应。这三种效应的共同作用使电泳具有较高的分辨率。

2. SDS-聚丙烯酰胺凝胶电泳　　十二烷基硫酸钠（SDS）是阴离子去污剂，它能断裂蛋白质分子内和分子间的氢键，破坏其二、三级结构，使蛋白质分子去折叠。而强还原剂（如巯基乙醇、二硫苏糖醇等）能使半胱氨酸残基间的二硫键断裂。在样品和凝胶中加入 SDS 和强还原剂后，蛋白质分子被解聚成多肽链，解聚后的氨基酸侧链和 SDS 结合形成 SDS-蛋白质复合物，其所带的负电荷大大超过了蛋白质原有的带电量，这样就消除了不同蛋白质分子间的电荷差异和形状差异。解聚后的蛋白质分子进行聚丙烯酰胺凝胶电泳时，其迁移率主要取决于它的分子量，而与其所带电荷和形状无关。当蛋白质亚基的分子量为 15～200 时，电泳迁移率与分子量的对数呈线性关系。若用一组已知分子量的蛋白质进行电泳，绘制标准曲线，在同样条件下检测未知蛋白质样品的迁移率，就可从标准曲线推算出未知蛋白样品的分子量。

$$\lg MW = -bx + k$$

式中，MW（molecular weight）为蛋白质分子量；x 为电泳迁移率；k 和 b 为常数。

采用 SDS-聚丙烯酰胺凝胶电泳（SDS-PAGE）测定蛋白质的分子量，具有简便、快速、重复性好、用样量少（微克级）的优点，且不需要昂贵的仪器设备。

3. 等电聚焦电泳　　等电聚焦电泳（isoelectric focusing electrophoresis，IEF 电泳）是利用某些两性电解质支持物在电场中形成 pH 梯度，使蛋白质样品在与它们的等电点相应的 pH 区域集中，等电点不同的蛋白质泳动后形成位置不同的区带而得到分离。

蛋白质是典型的两性电解质，它所带的电荷是随着溶液的 pH 变化而变化的，在酸性溶液中带正电荷，在碱性溶液中带负电荷。当蛋白质被置于具有从正极向负极逐渐递增的、

稳定平滑 pH 梯度的支持物的阴极端时，因其处于碱性环境中，带负电荷，故在电场作用下向正极泳动，当泳动到 pH 等于其 pI 的区域时，泳动将停止。如果把此蛋白质放在阳极端，则其带正电荷，向负极泳动，最后也会泳动到与其等电点相等的 pH 区域。因此，无论把蛋白质放在支持物的哪个位置上，在电场作用下都会聚焦在 pH 等于其 pI 的位置，这种行为叫作聚焦作用。

同理，将等电点不同的一组蛋白质混合物放在 pH 梯度支持物中，在电场作用下经过适当时间的电泳，其组分将分别聚焦在 pH 等于其各自等电点的区域，形成一个个蛋白质区带。电泳时间越长，蛋白质聚焦的区带就越集中、越狭窄。等电聚焦电泳的分辨力高，可分离等电点相差 0.01~0.02 pH 单位的蛋白质，而且能抵消扩散作用，使区带越走越窄。其可用于测定蛋白质等电点、分离制备蛋白质或用于双向电泳分离蛋白质。但此法要求用无盐溶液，而在无盐溶液中有的蛋白质可能会沉淀。另外，在等电点发生沉淀和变性的蛋白质也不宜用此法分离。

4. 双向电泳　　双向电泳（two-dimensional electrophoresis，2DE）是将 IEF 电泳与 SDS-PAGE 相结合的电泳技术。在双向电泳中，首先在薄胶条上进行 IEF 电泳；然后把胶条水平向铺设在片状凝胶上，进行 SDS-PAGE。双向电泳后的凝胶经染色，蛋白质呈现二维分布的蛋白质图谱，水平方向反映出蛋白质在 pI 上的差异，垂直方向反映出在分子量上的差异。所以双向电泳可以将分子量相同而等电点不同的蛋白质及等电点相同而分子量不同的蛋白质分开。

IEF/SDS-PAGE 双向电泳对蛋白质（包括核糖体蛋白、组蛋白等）的分离是极为精细的，特别适合于分离细菌或细胞中复杂蛋白质组分，也是目前唯一能将数千种蛋白质同时分离与展示的分离技术。单个蛋白质斑点可从凝胶上切下，进行质谱鉴定。双向电泳技术、计算机图像分析与大规模数据处理技术及质谱技术是蛋白质组学研究的三大基本支撑技术。

5. 蛋白质印迹法　　蛋白质印迹法是由瑞士 Friedrich Miescher 研究所的 Harry Towbin 在 1979 年提出的，在 Neal Burnette 于 1981 年所著的 *Analytical Biochemistry* 中首次被称为 Western blot，是将电泳分离后的细胞或组织总蛋白质从凝胶转移到固相支持物膜（如硝酸纤维素薄膜）或聚偏二氟乙烯（PVDF）膜上，然后用特异性抗体检测某特定抗原的一种蛋白质检测技术。其基本原理是以固相载体上的蛋白质或多肽作为抗原，与对应的抗体起免疫反应，再与酶或同位素标记的第二抗体起反应，经过底物显色或放射自显影以检测电泳分离的特定蛋白质。它现已被广泛应用于基因在蛋白质水平的表达研究、抗体活性检测和疾病早期诊断等多个方面。

蛋白质印迹（Western blot）与 DNA 印迹（Southern blot）或 RNA 印迹（Northern blot）杂交方法类似，但前者采用的是 PAGE，被检测物质是蛋白质，"探针"是抗体，"显色"用标记的二抗。经过 PAGE 分离的蛋白质样品被转移到固相载体上，固相载体以非共价键形式吸附蛋白质，且能保持电泳分离的多肽类型及其生物学活性不变。

第三节　蛋白质结构分析技术

1955 年，Sanger 首次阐明胰岛素的氨基酸排列顺序，为研究蛋白质的一级结构开辟了道路。通过 X 射线晶体学、冷冻电子显微镜和核磁共振可以获得蛋白质的三维结构。另外，一些新的技术如中子衍射技术、电子晶体学及电镜三维重建等也开始用于研究蛋白质的构象。借助多种结构分析技术，尤其是通过进一步完善 X 射线衍射技术和核磁共振技术，除了可以对一些重要的生物大分子，如膜蛋白、病毒、核酸-蛋白质复合物的构象进行更深入的研究，也有可能会逐步解析一些超级分子，如核糖体的三维结构，其意义不言而喻。

一、蛋白质一级结构氨基酸序列的测定

蛋白质多肽链中氨基酸的排列顺序，包括二硫键的位置，称为蛋白质的一级结构，也叫初级结构或基本结构。蛋白质一级结构是理解蛋白质结构、作用机制及其同源蛋白质生理功能的必要基础。

蛋白质分子一级结构的测定方法很多，基本思路都是先将蛋白质用化学法或酶法水解成肽段，再对肽段进行氨基酸序列测定，其中化学法裂解的肽段一般较大，适于采用自动序列分析仪测定，常用的试剂有溴化氢、亚碘酰基苯甲酸、羟胺等。酶法的优点是专一性强，降解后的肽段易纯化，产率较高，副反应少。酶法中常用的酶有胰蛋白酶、胰凝乳蛋白酶、胃蛋白酶和嗜热菌蛋白酶等。

1. 化学法测定——埃德曼（Edman）降解测序　　目前对蛋白质一级结构测定的方法主要是化学法，化学法在以 Sanger 建立的方法原理基础上，由 Edman 发展而来。埃德曼降解（Edman degradation）的原理是从 N 端开始，逐步降解。其基本原理：首先以异硫氰酸苯酯（PITC）在碱性条件下与肽链 N 端的氨基酸残基反应，形成苯氨基硫甲酰（PTC）衍生物，即 PTC-肽；然后，生成的 PTC-肽用三氟乙酸处理，N 端氨基酸残基肽键被切断，形成苯氨基噻唑啉酮衍生物（AZT）和失去了一个末端氨基酸的肽链。苯氨基噻唑啉酮衍生物很容易由有机溶剂抽提出来进行鉴定。但此衍生物很不稳定，在水中可转化为稳定的苯乙内酰硫脲氨基酸（PTH-氨基酸）。留在溶液中的少了一个氨基酸残基的肽再重复进行上述反应过程，每一循环都获得一个 PTH-氨基酸。PTH-氨基酸可以用各种层析方法和质谱法等鉴定（图 4-1）。

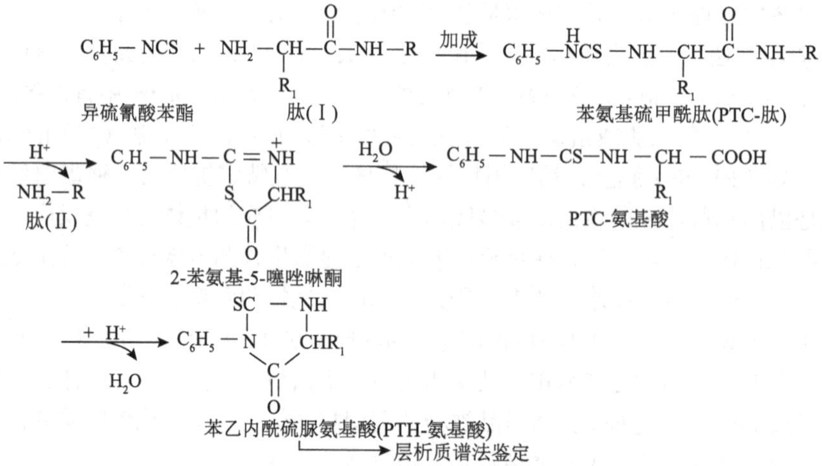

图 4-1　埃德曼（Edman）降解法示意图

2. 二硫键的定位　　二硫键是肽链上两个半胱氨酸残基的巯基基团发生氧化反应形成的共价键，是可以动态变化的化学键。含二硫键肽的检出方法有凝胶过滤或离子交换层析和对角线电泳。凝胶过滤或离子交换层析用以分离各肽段，然后用特殊的二硫键显色反应找出含二硫键的肽。对角线电泳是 1966 年 Brown 及 Hartlay 提出的，用于含—S—S—肽的定位，是目前多用的方法。

3. cDNA 序列分析　　其是用核酸序列推测蛋白质中氨基酸序列，通过提取总 RNA，反转录获得 cDNA，测序得到核苷酸序列，从而推测氨基酸序列（见第九章"核酸的分离鉴定

技术"相关内容）。

二、蛋白质空间结构分析技术

（一）蛋白质二级结构的测定技术

其主要方法包括圆二色谱、激光拉曼光谱、氢同位素交换法、红外光谱、荧光光谱和紫外光谱等。这些方法可以分析主链上 α 螺旋、β 折叠和无规卷曲等主要构象。

圆二色谱（circular dichroism spectrum）是应用较为广泛的测定蛋白质二级结构的方法，是研究稀溶液中蛋白质构象的一种快速、简单、较准确的方法，其通过检测两束旋转方向相反的圆偏振光透过样品所产生的椭圆偏振光的不同来判断样品的结构信息，测定溶液状态下的蛋白质二级结构的含量。

此方法研究的化合物需要同时具备下列 3 个条件：①分子中具有生色基团，不对称中心在生色基团附近，具有稳定的构象。②肽键、芳香氨基酸残基及二硫键是蛋白质中主要的光学活性基团，蛋白质的肽键在紫外区 185～240nm 处有光吸收。③蛋白质分子中存在不对称的二级构象，如 α 螺旋、β 折叠、β 转角等立体结构，使得蛋白质分子对左、右圆偏振光的吸收也不同，当平面圆偏振光通过蛋白质样品时，转变为椭圆偏振光，因此蛋白质具有圆二色性，用这一波长范围的圆二色谱可研究蛋白质中各种立体结构。

另外，还有拉曼光谱（Raman spectrum）和傅里叶变换红外光谱（Fourier transform infrared spectrum）。前者是利用蛋白质分子振动水平的指纹图谱来确定特定蛋白质的主链构象和二级结构。后者是将傅里叶变换和红外光谱相结合的方法。

（二）蛋白质三维结构分析技术

蛋白质的三级结构是蛋白质分子处于天然折叠状态的三维构象。确定蛋白质三维结构的方法是由 Max Perutz 和 John Kendrew 在 20 世纪 50 年代开创的。常用的蛋白质三级结构测定方法包括 X 射线衍射、核磁共振、冷冻电子显微术、荧光光谱等。

1. X 射线衍射 X 射线衍射（X-ray diffraction）是指 X 射线束通过蛋白质晶体，数以百万计的蛋白质分子在蛋白质的刚性阵列中精确地对齐。X 射线的波长为 0.1～0.2nm，短到足以分解蛋白质晶体中的原子。晶体中的原子散射 X 射线，当它们被照相胶片拦截时，会产生离散点的衍射模式（图 4-2）。此法主要用于蛋白质晶体三维空间结构的分析。

X 射线晶体学是尝试破译折叠蛋白质的三维构型最有效和重要的方法之一。自 1895 年 Rontgen 发现 X 射线后，物理学家就开始探索 X 射线的特性及其应用方向。最先用 X 射线衍射

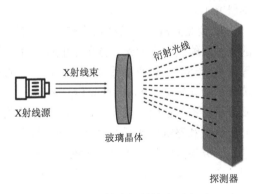

图 4-2 X 射线衍射技术示意图

技术的是 Blake 和 Phillips，他们分别在 1965 年和 1966 年测定溶菌酶的晶体结构并解释其作用机制。最早被测定构象的抹香鲸肌红蛋白就是采用这种方法。近年来利用 X 射线衍射技术陆续获得了一些重要蛋白质或复合物的晶体结构，如人白细胞抗原 HLA-A$_2$、tRNA^{Gln}合成酶-tRNA^{Gln}-ATP

复合物等，这对研究免疫反应的分子基础、蛋白质生物合成的详细机制有重要意义。

目前蛋白质空间结构中，获得最多的是采用 X 射线衍射技术得到的晶体结构信息，在蛋白质数据库（PDB）的大分子结构中，有 80%以上是用这种方法获得的。该技术可提供蛋白质多肽链上除氢原子外的所有原子的空间排布。

2. 核磁共振　　核磁共振（nuclear magnetic resonance，NMR）于 1948 年由物理学家 Bloch 及 Purcell 建立，是一种鉴定有机化合物结构和研究化学动力学的现代仪器分析方法。

核磁共振技术包括固相和液相技术，其最大特点是液相核磁共振技术。固相核磁共振技术在不溶于水的蛋白质结构、非结晶样品的三维结构解析中具有独特的优势。又由于溶液体系更接近生理状态，而且无须通过蛋白质结晶这一困难环节，因此测定溶液中蛋白质构象更有意义。近十多年，随着高分辨率、多维核磁共振仪的广泛应用，利用 NMR 技术可以测定分子量小于 20 000 的较小蛋白质和多肽的完整三维结构及蛋白质结构域的结构分析。

3. 冷冻电子显微术　　冷冻电子显微术（cryoelectron microscopy）即冷冻电镜技术，通过将样品迅速冷冻固定于玻璃态不定型溶液里，用透射电镜在低温条件下显像，再通过图形处理及后期计算解析样品空间结构。此法具有样品无须结晶、可研究的生物分子跨度达到 12 个量级、所需样品量少、样品分辨率已至（近）原子水平等优点，突破了研究生物大分子的各类难题。

冷冻电镜的理论基础是电镜三维重构原理，三维重构技术通过对不同角度的二维图像进行处理，得到蛋白质的三维结构图像，它的原理是中心截面定理，对样品数量和纯度的要求更为宽松。冷冻电镜样品的制备无须脱水和包埋，直接将冷冻后的样品置于电子显微镜下观察即可，冷冻电镜用极短的时间将样品快速冷冻形成玻璃态的冰，形成玻璃态的冰没有水结冰所导致的膨胀效应，既避免了蛋白质结构因结冰而受到破坏，又保留了蛋白质在自然环境下的原始状态，有利于针对蛋白质的生物学功能进行动态研究，同时也可以提高蛋白质的抗电子辐射程度，防止蛋白质因电子辐射而变性。

冷冻电镜技术与 X 射线衍射技术和核磁共振技术互相补充，让绝大多数蛋白质的结构都可以被解析，同时获得的蛋白质图像也越来越清晰。冷冻电镜技术具有用时少、成像清晰、分辨率高、可研究材料跨度大、便于研究自然状态下的蛋白质等特点，目前被当作生物学领域的基本研究工具。

4. 荧光光谱　　某些物质被一定波长的光照射时，会在较短时间内发射出波长比入射光长的光，这种光称为荧光，当光停止照射时，荧光也很快消失。蛋白质分子中存在 Trp、Tyr、Phe 等具有苯环或共轭双键的氨基酸，在一定的激发波长下，能够产生荧光，所以蛋白质具有内源荧光。荧光光谱（fluorescence spectrum，FS）是通过测定蛋白质分子的自身荧光，或者向蛋白质分子特殊部位引入荧光探针然后测定其荧光强度，以研究蛋白质分子的构象变化，或者是研究色氨酸和酪氨酸残基的微环境，或者是研究蛋白质在变性或复性过程中整体空间构象的变化。它是研究溶液中蛋白质分子构象的一种有效方法。此法具有灵敏度高、选择性好的特点，常与圆二色谱、NMR 等技术相互结合使用，在蛋白质变性或复性时整体空间构象的研究应用中越来越广泛。

第四节　　蛋白质空间结构的生物信息学预测

用 X 射线衍射和核磁共振等技术分析蛋白质的空间结构十分复杂，并有很大局限性，尤其是遇到一些无法结晶或者分子量大的蛋白质时。但值得庆幸的是，自然界存在的蛋白质数量是有限的，并且包含大量的同源序列，可能的空间结构类型也不多，序列与空间结构的关系有一定的规律可循，因此蛋白质构象预测是可能的。这不仅可以在一定程度上弥补构象测定技术的不足，而且可能为设计具有特定构象的蛋白质提供一些理论依据。

蛋白质结构预测是生物信息学的重要应用。蛋白质的一级结构可以容易地由它的基因编码序列获得。目前主要利用生物信息学和计算算法预测蛋白质结构的二级结构和三级结构。常用的方法大致可分为两类：一类是采用分子力学、分子动力学的方法，该类方法主要假设折叠后的蛋白质采取能量最低的构象。另一类是通过对已知空间结构的蛋白质进行分析和统计，找出蛋白质一级结构与空间结构之间的联系，总结出一定的规律并建立一些经验规则。这类方法被称为基于知识的预测方法，属于经验性方法或结构规律提取方法，是目前预测蛋白质空间结构的主要手段。

一、蛋白质二级结构的预测

Chou 和 Fasman 于 1974 年提出概率统计学方法。其原理是对已知氨基酸序列和二级结构的蛋白质进行统计，根据各种氨基酸在 α 螺旋、β 折叠和 β 转角中的实际分布，获得 20 种氨基酸在三种结构单元中出现的构象参数 P_α、P_β 和 P_t（表 4-1），并分别按其形成该结构单元能力的大小分为 6 级。当 5 肽或 6 肽片段中有 3 个或 4 个为形成某种结构单元能力较强的氨基酸时，则可形成该结构单元，并向两端延伸直至遇到破坏该结构的氨基酸残基为止。如由表 4-1 看出，Leu、Met、Glu 都易于形成 α 螺旋；Gly、Pro 则破坏 α 螺旋；Ile、Val、Phe 易形成 β 折叠，Pro 则不适合；Gly 常存在于 β 转角中，Val 则较少。根据这些构象规律，确定了形成二级结构的一些规则：①6 肽或以上的片段，其 $P_\alpha \geq 1.03$，$P_\alpha > P_\beta$，并不含 Pro，则形成 α 螺旋；②5 肽或以上的片段，其 $P_\beta > 1.05$，$P_\beta > P_\alpha$，则形成 β 折叠；③4 肽中 $P_\alpha < 0.9$，$P_t > P_\beta$ 时，则可能形成 β 转角。但这种方法预测螺旋和折叠的准确率仅一般。

表 4-1 氨基酸在球状蛋白质二级结构中的构象参数

二级结构形成倾向	氨基酸	α 螺旋（P_α）	β 折叠（P_β）	β 转角（P_t）
α 螺旋	Ala	1.29	0.90	0.78
	Cys	1.11	0.74	0.80
	Leu	1.30	1.02	0.59
	Met	1.47	0.97	0.39
	Glu	1.44	0.75	1.00
	Gln	1.27	0.80	0.97
	His	1.22	1.08	0.69
	Lys	1.23	0.77	0.96
β 折叠	Val	0.91	1.49	0.47
	Ile	0.97	1.45	0.51
	Phe	1.07	1.32	0.58
	Tyr	0.72	1.25	1.05
	Trp	0.99	1.14	0.75
	Thr	0.82	1.21	1.03
β 转角	Gly	0.56	0.92	1.64
	Ser	0.82	0.95	1.33

续表

二级结构形成倾向	氨基酸	α螺旋（P_α）	β折叠（P_β）	β转角（P_t）
β转角	Asp	1.04	0.72	1.41
	Asn	0.90	0.76	1.23
	Pro	0.52	0.64	1.91
	Arg	0.96	0.99	0.88

在蛋白质二级结构预测中有很多新的算法。例如，人工神经网络方法是模拟生物神经网络的结构进行运算的，可以利用网络模型，通过学习识别多种简单的模式，预测给出的多肽序列的二级结构。模型比较法则是利用数据库中同源肽的结构预测未知肽的结构，与此类似的是利用具有固定二级结构的短肽模型预测二级结构。这些方法的准确率一般都在60%以上，相关算法还在不断完善，并且随着蛋白质数据库的日益健全，准确率有望不断提高。

需要指出的是，蛋白质二级结构的预测不能完全代替实验测定。例如，脑内的谷氨酸受体曾被预测是4次跨膜，但事实上是3次跨膜。Rose和Srinivasan则建立了不同的方法预测蛋白质构象。在他们的方法中主要假定蛋白的折叠始于小的局部结构单元，并在此基础上分层折叠成复杂的整体构象。基于此设计的专门软件LINUS（Local Independently Nucleated Units of Structure），成功预测了肠脂肪酸结合蛋白、细胞色素 b_{562} 的共4个结构域构象。

二、同源建模

同源建模（homology modeling）是蛋白质构象预测的重要方法。虽然蛋白质种类很多，但可划分为数目有限的不同折叠类型。每一类中蛋白质的空间结构相似，但其序列则可能不相似。若某种蛋白质序列与某种已知空间结构蛋白质序列的同源性在40%以上，则它们的立体结构就可能为同一折叠类型，这就是蛋白质同源建模的方法。若蛋白质序列的同源性低于30%，可用蛋白质逆折叠（inverse protein folding）等技术给出建模序列的拓扑结构。

蛋白质同源建模与前面提到的模型比较法有相似之处，但可在更高层次上预测蛋白质的三维结构。其原因一方面是由于已知一级结构和空间结构的蛋白质数量日益增加，而且在主链构象的建模中考虑了更多的影响因素并建立了多种主链建模方法。另一方面，在侧链建模上也取得了许多进展。例如，利用侧链的旋转构象库（rotamer library）或者基于神经网络的侧链结构的预测方法，已经可以对蛋白质的侧链构象进行更准确的预测。

空间结构预测是蛋白质工程的主要程序。改变蛋白质中氨基酸的组成和引入二硫键以稳定其构象，在技术上已没有太大的障碍。但要达到定向改造蛋白质，如提高酶的稳定性、催化效率，或赋予蛋白质新的功能（如新的底物专一性、新的辅酶专一性、新的抗体专一性），则要以精确的结构与功能关系为基础。因此，蛋白质构象的预测十分重要，因为如果能预测具有某种新功能的构象应具有的氨基酸序列，就可以减少蛋白质工程的盲目性。目前在蛋白质中引入工程二硫键时，根据蛋白质的构象规律，利用计算机模拟来确定合理的突变位点，已取得了令人满意的结果。

蛋白质工程最引人注目的是从头设计和构建新的蛋白质分子，创造自然界中不存在的优良蛋白质。一些结构类型简单的蛋白质，包括α螺旋蛋白、β折叠蛋白、纤维蛋白等的从头设计和合成，都已取得了不同程度的成功。Betaballin就是一种完全人工设计的上下β折叠片结构。杜邦公司曾设计构建了一种比天然结构还稳定的四螺旋束结构。研究人员根据锌指结构，设计了一个不含二硫键、金属离子的 ββα 结构，是一个 23 肽，具有三级结构。随着对蛋白质折叠机制的深入研究，从头设计和构建具有特定功能的蛋白质有望取得突破。另外，模拟某些蛋白质全部或部分功能的多肽已经设计成功，包括模拟甜蛋白、弹性蛋白、通道蛋白、钙调蛋白、降钙素等的活性多肽。这些设计均以蛋白质的结构与功能关系为基础，因此，研究蛋白质折叠的详细机制，测定和预测蛋白质构象，对蛋白质工程的意义重大。

三、蛋白质空间结构数据库

自 1958 年获得肌红蛋白的立体结构信息以来，蛋白质的空间结构数据库得到不断发展，其中 PDB 是重要的蛋白质数据库（http://www.rcsb.org）。通过该数据库可得到相应分子的各种注释、坐标、三维图形等，并链接到与 PDB 相关数据库，包括 SCOP、CATH、Medline、ENZYME、SWISS-3DIMAGE 等（表 4-2）。其他蛋白质数据库包括 UniProt 数据库（https://www.uniprot.org）、分子建模数据库 MMDB（http://www.ncbi.nlm.nih.gov/structure）、模体数据库等。其中模体数据库 PROSITE（http://prosite.expasy.org）是蛋白质家族、结构域和功能位点数据库。属于同一个家族的蛋白质或结构域往往具有相似的功能，并来自于一个共同的祖先蛋白。

表 4-2　重要的蛋白质结构数据库

名称	网址	内容
PDBSum	https://ngdc.cncb.ac.cn/databasecommons/database/id/1155	PDB 数据库综合信息
SCOP	https://www.ebi.ac.uk/pdbe/scop	蛋白质结构分类
CATH	http://cathdb.info	蛋白质结构分类
TOPSPRO	https://topospro.com/databases	蛋白质拓扑结构
HomSTRAD	https://homstrad.mizuguchilab.org/homstrad	蛋白质结构相似性比较
SWISS-3DIMAGE	https://swissmodel.expasy.org	三维结构图示
FSSP	http://www.ebi.ac.uk/dali/fssp/fssp	已知空间结构的蛋白质家族

随着实验数据的积累，基于进化分析的新思路，特别是人工智能（AI）方法的发展，预测精度近几年得到突破性提升。2021 年，DeepMind 等人工智能公司依靠其推出的 AI 系统 AlphaFold 预测并公布了约 35 万种蛋白质的结构，AlphaFold 贡献的 35 万个结构囊括了 98% 的人类蛋白质。该蛋白质结构数据库并非第一个公开的人类蛋白质数据集，但却是最全面和准确的。2022 年 7 月，DeepMind 公布了从细菌到人类的几乎所有已知（2 亿多个）蛋白质的可能结构，并将其纳入相关数据库，供研究人员免费搜索蛋白质结构。研究人员认为，AlphaFold 功能强大，它解决了根据蛋白质氨基酸序列准确推导蛋白质三维结构的长期挑战，这是人工智能领域的一个惊人成就，也是生物学领域研究蛋白质结构与功能的潜在宝库。

第五章　糖蛋白和蛋白聚糖的结构与功能

　　细胞中存在着种类各异的由糖基分子与蛋白质或脂以共价键连接而形成的复合生物大分子，如糖蛋白、蛋白聚糖和糖脂等，统称为复合糖类（complex carbohydrate），又称为糖复合体（glycoconjugate）。组成复合糖类中的糖组分是由单糖通过糖苷键聚合而成的寡糖或多糖，称为聚糖（glycan）。就结构而言，糖蛋白和蛋白聚糖均由共价连接的蛋白质和聚糖两部分组成，而糖脂由聚糖与脂质组成。大多数真核细胞都能合成一定数量和类型的糖蛋白与蛋白聚糖，分布于细胞表面、细胞内分泌颗粒和细胞核内；也可被分泌出细胞，构成细胞外基质成分。糖蛋白分子中蛋白质质量百分比大于聚糖，而蛋白聚糖中聚糖所占质量在一半以上，甚至高达95%，以致大多数蛋白聚糖中聚糖分子量高达 10 万以上。由于组成糖蛋白和蛋白聚糖的聚糖结构迥然不同，因此两者在合成途径和功能上存在显著差异。

　　聚糖是继蛋白质、核酸后被重视的结构复杂且有规律可循的又一类重要的生物大分子，可与蛋白质、脂质等构成复合糖类，在各种生命活动中发挥作用。例如，在细胞内，聚糖参与了糖蛋白从合成到最后亚细胞定位的各个阶段及其功能。其功能涉及蛋白质折叠、稳定性和细胞内运输，以及细胞识别、黏附和迁移等，作为蛋白质组分也参与细胞信号转导、微生物致病过程和肿瘤转移等过程。除上，糖生物学的研究表明，特异的聚糖结构被细胞用来编码若干重要信息。显然，聚糖使蛋白质的结构更丰富、功能更复杂。在生物体内，糖类物质主要以同多糖、杂多糖、糖蛋白和蛋白聚糖等形式存在。本章主要介绍糖蛋白和蛋白聚糖的结构及基本生物学功能。

第一节　糖蛋白的结构与功能

一、糖蛋白概述

　　糖蛋白（glycoprotein）是由糖链与蛋白质多肽链共价结合而成的球状高分子复合物。其具有糖和蛋白质两种特性，含糖量 1%～80%，不多于 15 个单糖残基。人体中 1/3 的蛋白质是糖蛋白，在细胞膜表面尤其丰富。按存在方式分为以下三类。

　　1. 可溶性糖蛋白　　包括酶（如核酸酶类、蛋白酶类、糖苷酶类）、肽类激素（如绒毛膜促性腺激素、促黄体素、促甲状腺素、促红细胞生成素）、抗体、补体，以及某些生长因子、干扰素、生长抑素、凝集素及毒素等。

　　2. 膜结合糖蛋白　　其肽链由疏水肽段及亲水肽段组成。糖链连接在亲水肽段上并有严格的方向性。在质膜表面糖链一律朝向膜外，在细胞内膜一般朝向腔面。膜结合糖蛋白包括酶、受体、凝集素及运载蛋白等。

　　3. 结构糖蛋白　　细胞外基质中的不溶性大分子糖蛋白，如胶原及各种非胶原糖蛋白（纤连蛋白、层粘连蛋白等）。

　　糖蛋白在自然界中来源广泛，动物、植物及微生物中都能提取到天然糖蛋白成分。由于糖蛋白有着抗氧化、抗肿瘤、抗疲劳等特殊生物化学作用，近年来对于糖蛋白的研究成为食品科学、免疫学、医药学、生物化学和细胞生物学的研究热点。

二、糖蛋白的分子结构

糖蛋白是一种由多肽链与寡糖链通过共价键相连而成的一类结合蛋白质，包含糖链、蛋白质和糖肽键三部分。

（一）糖链

组成糖蛋白的糖链是由几个或十几个单糖及其衍生物通过糖苷键连接而成的寡糖链［聚糖（glycan）］，多有分支。构成糖蛋白的单糖主要有 D-葡萄糖（glucose，Glc）、D-半乳糖（galactose，Gal）、D-甘露糖（mannase，Man）、岩藻糖（fucose，Fuc）、N-乙酰葡萄糖胺（N-acetylgluco-samine，GlcNAc）、N-乙酰半乳糖胺（N-acetylgalacto-samine，GalNAc）和 N-乙酰神经氨酸（N-acetylneuraminic acid，NeuAc）等。环状构象半缩醛的单糖与另一单糖的羟基进行缩合反应，在失去一个水分子的同时形成缩醛，产生的结构就是糖苷键。

糖链的存在提高了糖蛋白的亲水性，一般亲水性较强的糖蛋白含有较高的硫酸化或唾液酸化的糖链，能够提高糖蛋白的总电荷，增加糖蛋白的溶解度。通过糖链，糖蛋白能与其他蛋白质形成共价键和氢键相连起到结构支架的作用。

组成糖蛋白的糖链结构多样，功能各异，但有以下特点：①很难仅从糖链的一级结构上推测出其功能。一个糖蛋白上可有多个不同类型的糖链，存在于不同的糖基化位点；同一蛋白质上的糖链有微不均一性（microheterogeneity），即特定位点有不同的糖基。②有组织特异性。例如，同一哺乳动物 γ-GTP 酶在肝和肾中有不同的糖链修饰。③有种间特异性。例如，在牛和大鼠的糖蛋白中，复杂型 N-连接糖链存在如下外部糖链：Galβ1→3GlcNAc 和 Galβ1→3Galβ1→4GlcNAc，而在人的糖蛋白中不存在这样的结构。④有发育特异性（developmental specificity），糖链在不同发育时期表现不同。例如，在人出生一年后，成人血红蛋白取代胎儿血红蛋白。胎儿抗原（i）变为成人抗原（I），细胞表面复合糖类的寡糖结构，从直链的聚乳糖胺变成有分支的聚乳糖胺。⑤某些糖蛋白上的糖基是部分存在的，即相同的蛋白质，在特定位点上，有些有糖基，有些则无糖基。⑥细胞表面存在垃圾（junk）寡糖，与垃圾 DNA 相似，可能是细胞对外来病原体的长期进化适应，而在其原有的框架上改变外层寡糖的结果。

（二）蛋白质

在机体中可以与糖类结合的蛋白质，大致可以分为 4 类：①凝集素，从病毒到人广泛存在；②以糖类为底物的酶（糖基转移酶和糖苷水解酶）；③针对糖类抗原的抗体，即抗糖类的抗体，如 ABO 血型系统；④参与糖类在机体中转运的体系。

糖蛋白所含氨基酸种类较为全面，其中苏氨酸（Thr）、丝氨酸（Ser）、赖氨酸（Lys）、羟脯氨酸（Hyp）、天冬酰胺（Asn）这 5 种氨基酸的含量较高。

（三）糖肽键

糖蛋白中糖链的还原端残基与多肽链中的氨基酸残基通过多种方式共价连接，形成的连接键称为糖肽键（glycopeptide bond）。主要有 N-糖肽键和 O-糖肽键两种类型（图 5-1）。

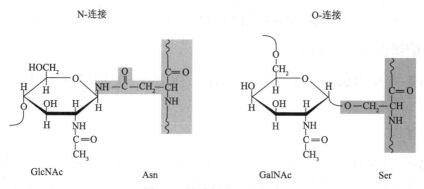

图 5-1　糖肽键的连接方式

1. N-糖肽键　　　N-糖肽键是 N-乙酰葡萄糖胺（GlcNAc）与蛋白质分子中天冬酰胺（Asn）的酰胺基共价连接形成的糖苷键。或由 β 构型的 N-乙酰葡萄糖胺异头碳与 Asn 的 γ-酰胺氮原子共价连接形成的糖苷键（GlcNAc-Asn）。此键分布广泛，特别是在 α1 酸性糖蛋白、免疫球蛋白、凝血酶及膜糖蛋白等血浆蛋白和膜蛋白中。被连接的 Asn 经常处于 Asn-X-Thr/Ser 的序列中（X 为除 Pro 外的任何氨基酸）。只有位于序列段中的 Asn 才会发生糖基化，这可能是因为 Ser 或 Thr 的羟基与 Asn 侧链的羰基形成氢键，降低了酰胺基的解离常数，利于糖基化。

GlcNAc-Asn 的糖肽键对弱碱稳定，但在煮沸的 1mol/L NaOH 条件下易分解。近年发现在嗜盐细菌(halobacteria)细胞膜的糖蛋白中除 GlcNAc-Asn 连接键外，还有 GalNAc-Asn 和 Glc-Asn 两种新的 N-连接方式。

2. O-糖肽键　　　主要是由 β 构型的 N-乙酰半乳糖胺（GalNAc）的异头碳与蛋白质分子中 Ser 或 Thr 中的羟基氧原子共价连接形成的糖苷键，称为 O-糖肽键（GalNAc-Ser 或 Thr）。与 N-糖肽键不同，O-糖肽键存在多种连接形式。

除 GalNAc 外，还有 GlclNAc、半乳糖（Gal）、Man、羟赖氨酸（Hyl）和阿拉伯糖（Ara）也可以与 Ser 或 Thr 相连，这类 O-糖肽键最初是从颌下腺、消化道、呼吸道等黏液糖蛋白中发现的，因此又称黏蛋白型糖肽键。此后在人免疫球蛋白、人绒毛膜促性腺激素、胎球蛋白等非黏液型糖蛋白中也相继找到。O-糖肽键对碱不稳定，在碱性溶液中易发生 β 消除反应，糖链作为一种碱氧化物而释放。根据这个特性可以初步判断 O-糖肽键的几种类型。

1）与 Hyl 连接 β-半乳糖（β-Gal）的异头碳和 Hyl 上羟基氧原子共价连接形成的 O-糖肽键（Galβ1→Hyl）。此键几乎只存在于胶原蛋白中，对碱稳定。糖基化的 Hyl 通常处于 Gly-X-Hyl-Gly 的序列段中（X 可代表多种氨基酸），该四肽可能是糖基化受体的特征结构。

2）与 Hyp 连接 L-呋喃阿拉伯糖（L-Ara）的异头碳和 Hyp 上羟基氧原子共价连接形成的 O-糖肽键（L-Araβ1→Hyp）。此键存在于所有含 Hyp 的植物细胞壁和藻类蛋白中，包括细胞壁的伸展蛋白和马铃薯凝集素等，在动物中尚未发现。在绿藻类和高等植物中还发现由 Gal 与 Hyp 形成的 O-糖肽键。与 Hyp 相连的 O-糖肽键对碱稳定，糖链都比较短，通常由 1~4 个阿拉伯糖残基组成。例如，在烟叶细胞壁中分离到的阿拉伯糖与羟脯氨酸的糖肽结构为 L-Araβ1→2L-Araβ1→2L-Araβ1→4Hyp 和 L-Araβ1→2L-Araβ1→2L-Araβ1→2L-Araβ1→4Hyp。

3. 其他连接方式　　　与末端氨基连接是一种罕见的糖肽连接方式，在糖尿病患者血红蛋白 A1C 等糖化蛋白中发现，它既不是 N-连接，也不是 O-连接，它是肽链末端氨基酸的氨基或 Lys 的末端氨基与糖的醛基先形成席夫碱，然后重排而成。此外，还有几种不常见的连接类型，如与半胱氨酸（Cys）连接的糖肽键，以及与天冬氨酸（Asp）的侧链羧基形成的连接键等。

第二节　蛋白聚糖的结构与功能

一、蛋白聚糖概述

蛋白聚糖（proteoglycan）是一类存在于细胞间质、结缔细胞或软骨中的聚糖和蛋白质的复合物，其聚糖称为糖胺聚糖（glycosaminoglycan，GAG），分子量在大多数情况下可达 10 万以上，为高度 O-糖基化的重要蛋白质。蛋白聚糖是生命起源之后较早出现的化合物，在生物进化上是一种古老而复杂的生物大分子，它广泛存在于所有贴壁生长的细胞膜、胞外基质和某些细胞器中。

与糖蛋白不同，蛋白聚糖的糖组分在含量上可以大大多于蛋白质组分，而且糖苷只成直链。现在已知有 100 多个成员属于蛋白聚糖家族。在人和动物组织中，蛋白聚糖分布广泛，既存在于胞外基质中，也存在于细胞表面和细胞内。糖胺聚糖是糖类化合物中备受关注的一类，它不仅本身独立承载着多种生物功能，还是蛋白聚糖中糖链部分的主要存在形式。

蛋白聚糖与细胞识别和分化、生长因子的调节有关，也与脂蛋白代谢、病毒感染和维持胞外基质的形态有关。蛋白聚糖通过其糖胺聚糖链或核心蛋白可与其他生物大分子结合或互相作用，进而参与生理过程的调节等重要的生物功能。

二、蛋白聚糖的结构

蛋白聚糖由蛋白质和聚糖两部分组成。前者一般称为核心蛋白，后者则为一条到上百条 GAG 链。两者以共价键连接，构成完整的蛋白聚糖。GAG 链是蛋白聚糖的分子标志，凡是连有此种糖链的蛋白质或糖蛋白都可称为蛋白聚糖。这些糖链可长可短，短的只有 20 多个糖基，长的可达 200 多个糖基。由于这样一个六碳糖多聚体上的氨基和羟基不同程度地被硫酸基取代，因而使糖链的结构进一步复杂化。

不同蛋白聚糖的核心蛋白部分和糖链部分都有其特征，但它们的生物合成都遵循同一规律，即先合成核心蛋白，继之第一个糖基与核心蛋白的一个丝氨酸残基或天冬氨酸残基形成 O-糖苷键或 N-糖苷键，然后单糖分子以 UDP-糖的形式在糖基转移酶的催化下，一个一个地按顺序通过共价键连接起来。糖链的合成起始和聚合及修饰反应都由不同的酶催化。

三、蛋白聚糖的类型

许多蛋白聚糖含有两种不同的 GAG 链，如聚集蛋白聚糖既含有硫酸软骨素，又含有硫酸角质素。根据组成和结构的差异，蛋白聚糖可分为透明质酸、硫酸软骨素、硫酸皮肤素、硫酸类肝素、肝素（heparin，Hep）及硫酸角质素（keratan sulfate，KS）等不同种类。肝素和硫酸类肝素由己糖醛酸（hexuronic acid）和乙酰葡萄糖胺（acetylgluco-samine）组成，硫酸软骨素和硫酸皮肤素由己糖醛酸和乙酰半乳糖胺（acetylgalacto-samine）组成，而硫酸角质素由半乳糖和乙酰葡萄糖胺组成。它们都具有非常重要的功能。

四、蛋白质糖基化修饰

蛋白质等非糖生物分子与糖形成共价结合的反应过程称为糖基化。蛋白质糖基化修饰是在糖基转移酶的催化作用下，糖链分子与蛋白质氨基酸侧链活性基团反应生成糖苷键，从而使糖链连接到蛋白质分子上。蛋白质糖基化是一种丰度高、结构类型特别复杂的蛋白质翻译后修饰类型，具有很强的宏观不均一性和微观不均一性。

根据糖基化发生的化学键类型，蛋白质糖基化包括 N-糖基化、O-糖基化、糖基磷脂酰肌醇锚定连接及色氨酸残基的 C-甘露糖化。其中，N-糖基化和 O-糖基化最为常见。

（一）N-糖基化修饰

1. N-糖基化修饰的特点　　N-糖基化修饰发生在肽链的天冬酰胺（Asn）上，N-糖基化通常含有五糖核心结构，在核心结构基础上衍生得到结构各异的外周糖链，是最常见的糖基化修饰类型，具有两个重要特点。

（1）位点特异性　　N-糖基转移酶能识别特定的氨基酸基序 Asn-X-Thr/Ser，进行修饰。但是并非糖蛋白分子中所有天冬酰胺残基都可连接聚糖，只有糖蛋白分子中与糖形成共价结合的特定氨基酸序列，即 Asn-X-Ser/Thr（其中 X 为脯氨酸以外的任何氨基酸）3 个氨基酸残基组成的序列段（sequon）才有可能，这一序列段称为糖基化位点。一个糖蛋白分子可存在若干个 Asn-X-Ser/Thr 序列段，这些序列段只能视为潜在糖基化位点，能否连接上聚糖还取决于周围的立体结构等。

（2）五糖核心　　N-糖基化糖链都包含一个五糖核心（GlcNAc2Man3），该核心由 2 个 N-乙酰葡萄糖胺（GlcNAc）和 3 个甘露糖（Man）组成，五糖核心可进一步被修饰上其他糖，形成复杂的 N-糖链结构。这两个特点为 N-糖蛋白/糖肽的解析提供了重要依据。

2. N-连接型聚糖的分型　　N-连接型聚糖五糖核心以外的糖基称为外链（天线），有单、双、三、四天线。根据聚糖结构分为高甘露糖型、复杂型和复合型 3 型。高甘露糖型结构较简单，在核心五糖以外均由 α-甘露糖残基组成，连接了 2~9 个甘露糖；复杂型由核心五糖上甘露糖以外的 β 糖残基与五糖核心的 2 个甘露糖残基相连，可连接 2~5 个分支聚糖，宛如天线状，天线末端常连有 N-乙酰神经氨酸；复合型则兼有两者的结构。

另外，与多肽相连的寡聚糖有两类低聚糖与蛋白质相连：N 链和 O 链（图 5-2）。高甘露糖低聚糖是 N 链低聚糖的一个例子，它通过一个天冬酰胺残基与多肽相连。而 O 链低聚糖除了含有甘露糖、半乳糖和 N-乙酰葡萄糖胺残基外，还含有 N-乙酰神经氨酸（NANA）。

3. N-连接型聚糖的合成与加工　　N-连接型聚糖的合成场所在粗面内质网和高尔基体，可与蛋白质肽链合成同时进行。在内质网内合成，以长萜醇（dolichol，Dol）作为聚糖载体，在糖基转移酶（一种催化糖基从糖基供体转移到受体化合物的酶）的作用下先将 UDP-GlcNAc 分子中的 GlcNAc 转移至长萜醇，然后再逐个加上糖基。注意：糖基必须活化成 UDP 或 UDP 的衍生物，才能作为糖基供体底物参与反应，直至形成含有 14 个糖基的长萜醇焦磷酸聚糖结构，后者作为一个整体被转移至肽链的糖基化位点中 Asn 的酰胺氮上。然后聚糖链依次在内质网和高尔基体加工，先由糖苷水解酶除去葡萄糖和部分甘露糖，再加上不同的单糖，变为成熟的各种 N-连接型聚糖（详见第十六章"蛋白质翻译后的加工与靶向输送"相关内容）。

在生物体内，有些糖蛋白的加工简单，仅形成较为单一的高甘露糖型聚糖，有些形成复合型聚糖，而有些糖蛋白则通过多种加工方式形成复杂型聚糖。

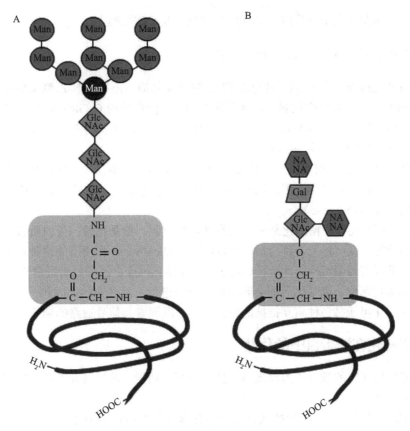

图 5-2 与多肽相连的寡聚糖有两类低聚糖与蛋白质相连

A. N 链；B. O 链

（二）O-糖基化修饰

1. O-糖基化修饰的糖基化位点 O-糖基化的结构比 N-糖基化更为复杂，一般糖链较短，但是其种类存在多种形式，其结构共同点是由一个或少数几种单糖与某些含羟氨基酸连接，不存在共有的核心结构。肽链中可以糖基化的主要是 Ser 和 Thr，还有 Tyr、Hyl 和 Hyp，连接的位点是这些残基侧链上的羟基氧原子。

与 N-糖链不同，O-糖链常以 N-乙酰半乳糖为起始单糖，并在此基础上构建出 8 种核心结构，O-糖链多为短链双天线结构。连接到蛋白质上的第一个单糖除了 N-乙酰半乳糖，还可以是 N-乙酰葡萄糖、岩藻糖、甘露糖、葡萄糖等其他单糖，糖链末端还可以进一步进行岩藻糖基化修饰和唾液酸修饰。聚糖中的 N-乙酰半乳糖胺与蛋白质多肽链的 Ser 或 Thr 残基的羟基以共价键相连而成。最常见的一种 O-糖基化修饰起始于 GalNAc，形成 O-GlacNAc 键，被称为黏蛋白类 O-糖基化。除此之外，O-糖基化修饰还能起始于甘露糖等糖型。

2. O-连接型聚糖的合成 O-连接型聚糖常由 N-乙酰半乳糖胺（GalNAc）和半乳糖（Gal）构成核心二糖。核心二糖可重复延长及分支，再连接上岩藻糖、N-乙酰葡萄糖胺等单糖。与 N-连接型聚糖合成不同，O-连接型聚糖合成在肽链合成后进行，且不需要聚糖载体。在 GalNAc 转移酶作用下，将 UDP-GalNAc 中的 GalNAc 基转移至多肽链的丝/苏氨酸羟基上，形成 O-连接，然后逐个加上糖基，每一个糖基都有其专门的糖基转移酶，整个过程在内质网开始，高尔基体内完成。其主要存在于黏蛋白、免疫球蛋白及一些肿瘤细胞上。

（三）β-N-乙酰葡萄糖胺的单糖基修饰

蛋白质糖基化修饰除了 N-糖基化修饰和 O-糖基化修饰，还有 β-N-乙酰葡萄糖胺的单糖基修饰（O-GlcNAc），主要发生在膜蛋白和分泌蛋白中。蛋白质的 O-GlcNAc 的糖基化修饰是在 O-GlcNAc 糖基转移酶（O-GlcNAc transferase，OGT）的作用下，将 β-N-乙酰葡萄糖胺以共价键形式结合在蛋白质的丝/苏氨酸残基上。

这种糖基化修饰与 N-糖基化修饰和 O-糖基化修饰不同，不在内质网和高尔基体中进行，主要存在于细胞质或细胞核中。蛋白质在 O-GlcNAc 的糖基化后，其解离需要特异性的 β-N-乙酰葡萄糖胺酶（O-GlcNAcase）。

O-GlcNAc 糖基化与去糖基化是一个动态平衡的过程。糖基化后，蛋白质肽链构象会发生变化，蛋白质功能改变。可见，蛋白质在 OGT 与 O-GlcNAcase 作用下的这种糖基化过程与蛋白质磷酸化调节具有相似特性。此外，O-GlcNAc 糖基化位点也经常位于蛋白质丝/苏氨酸磷酸化位点处或其邻近部位，糖基化后即会影响磷酸化的进行，反之亦然。因此，O-GlcNAc 糖基化与蛋白质磷酸化可能是一种相互拮抗的修饰行为，共同参与信号通路的调节过程。

五、糖基化在糖蛋白中的作用

人体细胞中约 1/3 的蛋白质为糖蛋白，执行不同的功能，糖蛋白分子中聚糖的作用主要表现在以下几个方面。

1）糖基化参与新生肽链的折叠或聚合，去糖基化的蛋白质不能正确折叠。一些糖蛋白的 N-连接型聚糖参与新生肽链的折叠，维持蛋白质正确的空间结构。例如，转铁蛋白受体有三个 N-连接型受体聚糖，分别位于 Asn251、Asn317 和 Asn727 上。Asn251 连接有三天线复杂型聚糖，此聚糖与肽链二聚体形成有关。Asn317 和 Asn727 与肽链的折叠和运输有关。哺乳动物新生蛋白质折叠过程中，其中的钙联蛋白（calnexin）和钙网蛋白等，通过识别并结合折叠中的蛋白质的聚糖部分，帮助蛋白质准确折叠，也能使错误折叠蛋白质进入降解系统。

2）影响糖蛋白在细胞内的靶向运输。溶酶体是细胞降解大分子的主要场所，它含有 50 多种水解酶，但这些酶都是在细胞质中合成后再输入到溶酶体中。糖蛋白的聚糖可控制溶酶体酶合成后向溶酶体的定向运输。

3）稳固多肽链的结构及延长半衰期。糖蛋白中的聚糖常存在于蛋白质表面环或转角的序列处，并突出于蛋白质表面，可限制连接蛋白质多肽链的构象自由度。O-连接型聚糖常成簇分布在蛋白质高度糖基化的区段上，有助于稳固多肽链的结构，去除糖蛋白的肽链，易被酶水解，聚糖可保护肽链，延长半衰期。

4）聚糖参与糖蛋白的功能。真核细胞表达的糖蛋白（原核细胞内聚集成包涵体），有些酶的活性依赖其聚糖。例如，羟甲基戊二酸单酰辅酶 A（HMG-CoA）还原酶去聚糖后，其活性降低 90%以上；脂蛋白脂肪酶（LPL）N-连接型聚糖的核心五糖为酶活性所必需。有些糖蛋白的聚糖也可起屏障作用，抑制其作用。另有一些糖蛋白的聚糖对于糖蛋白自身或机体起着保护或润滑作用。例如，牛 RNase B（糖蛋白）对热的抗性大于 RNase A，大量的唾液酸能增强唾液黏蛋白的黏性从而增强唾液的润滑性。南极鱼抗冻蛋白的糖组分能与水形成氢键，阻止冰晶的形成从而提高了抗冻性。

5）聚糖介导蛋白质分子间的相互识别。糖蛋白与其他蛋白质分子相互作用时，其中的聚糖部分是介导蛋白质相互识别的关键分子。聚糖分子中单糖间的连接方式有 1,2 连接、1,3 连接、1,4 连接和 1,6 连接。这些连接又有 α 和 β 之分，这种结构的多样性是聚糖分子识别的基础。聚糖可介导蛋白质之间的识别与结合。例如，猪卵细胞透明带中的 ZP-3 蛋白，含有 O-连接型聚糖，有识别精子并与之结合的作用。聚糖也介导受体与配体的识别与结合。例如，整合素（integrin）与其配体纤连蛋白的结合，依赖于完整的整合素 N-连接型聚糖的结合。细菌表面存在各种凝集素样蛋白，可识别人体细胞表面的聚糖结构，进而侵袭细胞。

6）介导细胞-细胞之间的结合。血液中的白细胞需通过沿血管壁排列的内皮细胞，才能出血管到炎症组织。白细胞表面存在一类黏附分子，称为选凝素（selectin），能识别并结合内皮细胞表面糖蛋白分子中的特异聚糖结构，白细胞以此与内皮细胞黏附，进而通过其他黏附分子的作用，游出细胞并完成出血管的过程（图 5-3）。

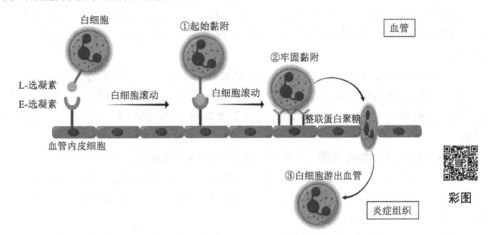

图 5-3　白细胞与内皮细胞黏附并游出血管过程

除上，糖链还参与了机体的炎症发生与自身免疫疾病、肿瘤细胞的恶性转化与转移、病原体的感染等病理过程。已发现多种癌细胞（人白血病、淋巴瘤等）膜糖复合物的糖链与正常细胞的不同。人类免疫缺陷病毒 1 型（HIV-1）通过外壳糖蛋白 gp120 中的糖链与 T 淋巴细胞表面膜糖蛋白的 CD-4 首先相互作用，再感染破坏 T 细胞（抗病原体黏附药物）。

第三节　糖蛋白糖基化的主要研究技术

目前研究者对蛋白质糖基化修饰的探索，主要集中在糖蛋白的鉴定、分离纯化；糖基化氨基酸位点的鉴定；糖组成和糖含量的测定等方面。本节就相关研究技术作一简单介绍。

一、糖蛋白糖基化的鉴定技术

（一）直接方法

直接方法不需要进行糖蛋白样品的纯化，也不需要糖苷的解离或分离，包括以下几种。

1. 高碘酸盐氧化　　糖蛋白在 SDS-PAGE 凝胶中或被固定在膜上时，糖分子那部分可以被高碘酸钠氧化。高碘酸盐和邻近羟基反应，导致了 C—C 键的断裂和二醇氧化成羰（醛）基：

一种是利用席夫碱试剂染色 SDS-PAGE 凝胶，使醛基基团呈现粉色或红色条带，凝胶可以继续用于考马斯亮蓝染或银染；另一种是如果氧化的糖蛋白被固定在膜上，可以使用商品化的试剂盒检测（如罗氏地高辛标记检测试剂盒）。在后一种方法中，地高辛或生物素被附着在新生成的醛基基团上，然后分别用偶联了抗体或链霉亲和素的碱性磷酸酶检测。

2. 凝集素亲和检测　凝集素来源于动物和植物，可特异性吸附糖蛋白，常用于检测糖蛋白上的糖及分离糖蛋白和寡糖。现在商品化的凝集素，有的是天然状态，有的是与荧光素、罗丹明、铁蛋白、辣根过氧化物酶（HRP）、生物素和碱性磷酸酶结合的可溶性结合物，用于糖结合物检测。将凝集素固定在不溶性支持物上，用于凝集素亲和色谱。包括以下两种。

（1）凝集素-生物素/辣根过氧化物酶方法　　通过 SDS-PAGE 将糖蛋白样品分离，并转移到硝酸纤维素膜上。随后浸泡印迹膜，室温下将印迹膜在含有凝集素-生物复合素缓冲液中浸泡，再将印迹膜放入含有链霉亲和素-辣根过氧化物酶标识物的缓冲液中，室温孵育，缓冲液漂洗。将溶解在冷甲醇（–20℃）中的 4-氯-1-萘酚和含 H_2O_2 缓冲液混合，配制成过氧化物酶显影混合液，与印迹膜显影反应。倒掉显影混合液，并用蒸馏水漂洗终止显影反应，观察实验结果。

（2）伴刀豆球蛋白 A（ConA）-辣根过氧化物酶方法　　首先通过 SDS-PAGE 将糖蛋白样品分离，并转移到硝酸纤维素膜上，将印迹膜在含有 ConA 的 Tris 缓冲盐溶液吐温 20（TTBS）缓冲液中室温孵育。缓冲液漂洗后的膜放置在含 HRP 的缓冲液中，室温孵育。显影过程与上法相同。

3. 特异性抗体的免疫检测　　N-复合糖苷的 β-1,2-木糖和 α-1,3-岩藻糖抗原表位在兔血清中具有高免疫性，因此，含复合糖苷的糖蛋白抗血清通常含有 β-1,2-木糖和 α-1,3-岩藻糖残基的复合 N-糖苷的特异性探针。从蜂毒蛋白中获得的免疫血清具有更强的特异性，可用作含 α-1,3-岩藻糖的复合糖苷的特异性探针。

首先将糖蛋白样品通过 SDS-PAGE 分离，并转移到硝酸纤维素膜上。用含 3%明胶的 Tris 缓冲盐溶液（TBS）缓冲液在室温下浸泡印迹膜，再用含明胶和适宜稀释的免疫血清的 TBS 缓冲液在室温下浸泡印迹膜，漂洗。然后用含 1%明胶和适当的标记抗体的 TBS 缓冲液在室温下浸泡印迹膜。标记抗体为适当稀释的 HRP 标记的二抗。将印迹膜漂洗后显影。HRP 的显影作用与凝集素-生物素/辣根过氧化物酶方法中相同。

4. 代谢放射性标记　　代谢放射性标记是一种简单灵敏的技术，被广泛应用于组织培养的细胞上。将用 ^3H 或 ^{14}C 标记的糖加入细胞或组织中，通过放射性自显影检测糖蛋白。该项技术非常适用于糖结合物的量很少，或难以得到高纯度糖蛋白的鉴定。

首先平衡标记，让细胞利用放射性前体培养较长一段时间（如对哺乳动物细胞培养 10h 到几天），然后使用 SDS-PAGE/放射自显影或流体闪烁计数仪检测标记的糖蛋白。

（二）间接方法

1. 化学脱糖基法　　纯化的糖蛋白可以进行化学脱糖基，并用 SDS-PAGE 与非修饰的糖蛋白同时进行分析。脱糖基后迁移率的增加说明未经修饰的蛋白质很可能是糖基化的。但迁移率的增大有时并不能准确反映糖相对于蛋白质的比例，这是由于糖蛋白在 SDS-PAGE 中因为糖基对蛋白结合 SDS 的影响，蛋白质倾向于以异常低的速率移动。

脱糖基通常用两种化学方法：一种是利用无水氟化氢脱糖基，该方法简便迅速，但需要专业装置处理极毒的气体；另一种是利用三氟甲烷磺酸脱糖基，该方法慢且费力，但在任何实验室都可以进行。正常条件下，这些试剂不会断裂 GlcNAc-Asn，但会有效地断裂所有其他糖-氨基酸连接和所有的糖-糖连接。还原性氨化反应可选择性地解离糖蛋白上的 O-糖苷。

2. N-糖苷酶或 O-糖苷酶的酶促处理法　　N-糖苷酶可用于特异性地去除 N-聚糖。将天然 N-糖苷酶处理的和化学脱糖基处理的蛋白质同时进行 SDS-PAGE 比较，可以在一定程度上说明这个蛋白质是 N-聚糖、O-聚糖还是同时都有。内切糖苷酶 H（Endo H）只能通过水解 N-糖苷中心的两个 GlcNAc 残基之间的糖苷键，以解离糖蛋白中的高甘露糖型的 N-糖苷。多肽 N-糖苷酶（PNGase）通过水解位于肽链骨架 Asn 和寡聚糖近端 GlcNAc 之间的键，解离高甘露糖型 N-糖苷和复合型 N-糖苷。

PNGase F 是一种被广泛用于哺乳动物糖蛋白分析的 N-糖苷酶，可解离高甘露糖型 N-糖苷和复合型 N-糖苷，但不能水解与邻近 GlcNAc 连接的 α-1,3-岩藻糖残基。PNGase A 可解离所有类型的植物 N-糖苷，但几乎只对糖蛋白起作用，所以需要在去糖基化之前酶解糖蛋白。

（三）其他方法

1. 分子荧光标记法　　该方法是检测糖基化最经典的方法，主要借助某些糖基化蛋白自发荧光的特性，用荧光分光光度计测定荧光值来反映蛋白质的糖基化水平，目前广为采用的是激发光波长 370nm/发射波长 40nm。该方法灵敏度和重复性好，但只能检测部分糖基化蛋白质且特异性欠佳，易受环境因素影响。

2. 半乳糖转移酶标记法　　该方法是一种比较新的标记糖基化蛋白的技术，样品加半乳糖转移酶标签前充分变性，然后用 N-糖苷酶处理，以去除 N-连接糖基的影响。加入标签后，蛋白质经 SDS-PAGE 和放射自显影检测鉴定。

（四）糖蛋白糖肽键特征的判断

判断糖肽键的连接类型是 N-糖苷键还是 O-糖苷键可以用 β 消除反应来进行，前者对碱稳定，后者则极易被碱打开。O-糖苷键被碱打开后，在糖肽连接处若为丝氨酸即转变成 α-氨基丙烯酸，若为苏氨酸，则转变成为 α-氨基丁烯酸。这两种不饱和氨基酸均在 240nm 处有特征紫外吸收。糖蛋白经碱处理前后如果在 240nm 处的吸收基本没有变化，则说明糖蛋白中的糖肽键为 N-糖苷键，反之则为 O-糖苷键。

除上，还有肼解法等，主要用于 O-糖苷键测定。

二、糖蛋白组分的分析技术

通过用甲醇-HCl 溶液水解糖蛋白，然后用气相色谱鉴定和分析单糖产物及其衍生物。单糖组分分析结果提供了连接到糖蛋白（O-或 N-连接型寡聚糖）上的糖苷类型的初步数据。

（一）糖蛋白氨基酸组分分析

糖蛋白中的氨基酸可以通过在氨基酸分子上引入异硫氰酸苯酯（PITC）基团，使用氨基酸分析专用反相色谱柱，根据各种氨基酸的等电点、极性或分子大小的差异进行分析。

液相色谱条件：C18 柱 4.60mm×250mm；流动相为乙腈：缓冲溶液（0.03mol/L 乙酸）＝30：70（体积比）；流速为 0.7mL/min；利用紫外检测器检测，检测波长为 254nm；柱温为室温（25～30℃）。根据所得的结果进行糖蛋白氨基酸组分分析。

（二）糖蛋白的结构分析

1. 红外光谱分析　　糖蛋白的红外光谱分析需要将待检测样品用溴化钾进行压片，在 $4000\sim400\text{cm}^{-1}$ 用红外光谱仪进行扫描，获得红外分析光谱。寡糖和蛋白质的一般特征吸收：$3600\sim3200\text{cm}^{-1}$ 这一大宽峰是因为糖蛋白存在分子间或分子内的氢键；$3200\sim2800\text{cm}^{-1}$ 的一组峰是因为糖类 C—H 伸缩振动；1648cm^{-1} 处为肽链上酰胺键特征吸收；$1600\sim1450\text{cm}^{-1}$ 的一组峰是蛋白质中芳香族氨基酸的苯环的特征吸收；$1075\sim1000\text{cm}^{-1}$ 是 O—H 的变角振动；833cm^{-1} 峰表明糖蛋白中聚糖是以 α-糖苷键相连的，并且表明此聚糖是甘露糖或其衍生物的 α 异头物中的 2α 型。

2. 核磁共振分析　　该方法是在组成糖蛋白的元素，即氢、碳和氮原子水平上检测糖蛋白的结构信息。这些原子的结构信息犹如核磁共振的探针，提供了各类原子在蛋白质分子中所处的二级结构信息、局域构象信息及微环境信息。处理并分析这些实验数据，由核磁共振的波谱参数提取相应的糖蛋白的结构信息，建立用于糖蛋白溶液三级结构计算的数据文件，最后运用相应的结构计算软件导出被测糖蛋白的溶液空间结构。

NMR 是常用的替代 X 射线衍射的技术，它可以提供聚糖及糖基化位点的精确结构细节。但 NMR 需要相对纯度高且纯化量多的糖蛋白。

3. 质谱（MS）　　基于 MS 结合其他技术在糖蛋白、糖肽、糖链分析中起到越来越重要的作用，其可以测定糖基化位点、单糖组成和糖链序列等。

经典质谱分析技术通常采用酶法或者化学方法把糖链与肽链分开，再分别在氨基酸序列水平或者糖链水平进行进一步的分析。常用的糖蛋白结构研究方法主要有基质辅助激光解吸电离飞行时间质谱（MALDI-TOF-MS）、电喷雾电离质谱（ESI-MS）、傅里叶变换离子回旋共振质谱（FTICR-MS）等。MALDI-TOF-MS 和 ESI-MS 两种方法主要是对糖链和肽段分别研究，以得到糖基化位点和糖链结构信息，或是在完整糖蛋白水平上对糖蛋白结构进行解析。

第六章 酶蛋白与酶的催化作用

　　酶是生物催化剂，是由活细胞产生的在胞内或胞外都具有催化功能的蛋白质或核酸（核酶）。与一般的化学催化剂相比，酶具有催化效率高、专一性强、反应条件温和及活性可调节等特点。生物大分子的结构是其生物功能的基础，酶蛋白分子的一级结构和空间结构对于酶发挥催化活性十分重要。酶催化作用的机制在于阐明酶是怎样与底物结合，怎样进行催化，以及哪些因素使酶具有很高的催化效率的问题，其中主要阐明化学键的断裂和新键形成的机制。

　　生命有机体的物质代谢由许多错综复杂、彼此联系的代谢途径所组成，各途径之间需要保持高度的协调，才能保证整个机体代谢的有序进行。因此，生命有机体的代谢活动需要受到调节。物质代谢调节过程可以在不同的层次（细胞、激素和整体）水平上进行，但最终归于对细胞中的酶促反应速度进行的调节，而对酶促反应速度的调节是通过对酶活性的调节来实现的。

　　本章在从酶蛋白的分子结构、酶催化机制的角度阐明酶作用特征的基础上，深入阐述其结构与催化之间的关系，并对影响酶催化反应的动力学及活性调控一并进行阐述。同时，对酶活性的测定方法及应用进行简要介绍。

第一节 酶蛋白的分子结构与催化活性

　　对于简单酶，只有蛋白质部分，对于结合酶而言，则包括蛋白质部分（酶蛋白）和非蛋白质（辅因子）部分，但不论是简单酶还是结合酶，酶蛋白分子的一级结构和空间结构对于酶发挥催化活性都是十分重要的。

一、酶蛋白分子的一级结构与酶的催化活性

　　酶蛋白的一级结构是指构成酶蛋白的氨基酸的种类、数目和排列顺序。组成酶蛋白的氨基酸的数目和种类与其催化的反应性质及酶的来源有关。例如，猪胃蛋白酶在酸性很强的胃液中起催化作用，其分子中酸性氨基酸的数目远大于碱性氨基酸（43：4），这是与其催化的环境相适应的。另外，来源不同的同工酶或功能相似的酶，其氨基酸组成相近，但并不相同，存在生物种间的差异，甚至存在个体、器官、组织间的差异。例如，植物溶菌酶与动物溶菌酶相比，其分子中 Pro、Tyr 和 Phe 含量非常高。狒狒乳汁溶菌酶与人溶菌酶仅有几个氨基酸残基不同，狒狒溶菌酶含 Arg 少，且不含 Met。又如，同是鸭卵溶菌酶，Ⅱ型和Ⅲ型酶之间 Lys、Tyr、Gly 的数目也分别相差 1～2 个。

　　在一级结构中，有些酶的 Cys 残基的巯基参与酶的活性中心，是活性中心最重要的基团之一。有些酶的二硫键对维持酶的活性很重要，或通过—S—S—与—SH 互变表现酶的活性。

　　酶蛋白的一级结构决定了酶的空间构象，而酶所具有的特定空间构象又是酶发挥其功能的基础，决定了酶的高效、专一催化反应的能力。

二、酶蛋白分子的空间结构与酶的催化活性

　　1. 酶蛋白二级结构以 β 折叠为主　　酶分子的空间结构即维持酶活性中心所必需的构象。酶蛋白和其他蛋白质一样，二级结构单元主要是 α 螺旋、β 折叠、β 转角和无规卷曲。酶分子多肽链

以β折叠为主。β折叠为酶分子提供了坚固的结构基础,以保持酶分子呈球状或椭圆状。在酶的二级结构中,结构单元在结合底物过程中常发生位移或转变。从酶活性中心的柔性特征来看,有人提出β折叠结构可能对肽链的构象相对位移有利,这种结构可以把一些空间位置上邻近的肽段固定在一起,以维持稳定的活性构象。

2. 酶蛋白分子三级结构的特点　　酶分子(或亚基)的三级结构是球状外观。在三级结构构建过程中,β折叠总是沿主肽链方向于右手扭曲,构成圆筒形或马鞍形的结构骨架。α螺旋围绕着β折叠骨架结构的周围或两侧,形成紧密折叠的球状三级结构。由于非极性氨基酸,如Phe、Leu、Ala等在β折叠中出现的概率很大,因此在分子内部形成疏水核心,而表面则多为α螺旋酸性氨基酸残基的亲水侧链所占据。

3. 酶蛋白分子四级结构的特点　　除少数单体酶外,大多数酶是由多个亚基组成的寡聚体。各亚基的空间排布即酶的四级结构。亚基间主要依靠疏水作用联结,范德瓦耳斯力、盐键、氢键等也具有一定的作用。亚基数目以双亚基和四亚基居多。亚基的排布以对称型较多,主要有循环对称(Cn)和三面体对称(Dn)两种类型,但也有不对称排列。

在多数情况下,每个亚基有一个活性部位;但也有的由多个亚基共同组成一个完整的活性部位。对于多功能酶,全酶由多个亚基组成,不同亚基有不同的功能,其中有的亚基含催化活性部位,但各自催化不同的化学反应。例如,大肠杆菌DNA聚合酶Ⅲ全酶有α、β、γ、δ、δ′、ε、θ、χ、ψ和τ10个亚基,其中α、ε和θ构成核心聚合酶,α亚基有合成作用活性部位,ε亚基的活性部位则具有3′→5′核酸外切酶活性,τ亚基的功能是使核心酶形成二聚体。

三、酶的活性中心和必需基团的结构与酶活性

(一)酶活性中心和必需基团

1. 酶活性中心或活性部位　　酶活性中心(active center)或活性部位(active site)是指由酶分子中与酶的催化活性有关的一些基团所构成的微区。活性中心只是由酶分子上少数几个氨基酸残基或是这些残基上的某些侧链基团构成的,一般不集中在肽链的某一区域,在一级结构中的位置可能相距甚远,甚至分散在不同的肽链上,肽链的盘曲和折叠才使这些互相远离的基团在空间构象上彼此靠近,聚集在一起形成酶的活性中心。

就体积而言,活性中心仅占酶分子的1%~2%,活性中心面积也不到酶分子的5%。例如,溶菌酶共有129个氨基酸残基,活性部位仅由Asp52和Glu35组成。牛胰核糖核酸酶活性中心主要由肽链上第12位和第119位两个His残基组成,一级结构中两个氨基酸残基相距甚远,但在空间结构中两个咪唑基之间仅相距约5nm。因此,从某种意义上讲,对于酶活性中心而言,空间结构远比一级结构更重要,因为只有一定的空间结构才能形成酶的活性中心。

2. 必需基团　　与酶活性密切相关的基团称为酶的必需基团(essential group)。酶活性中心内的一些化学基团,是酶发挥催化作用及与底物直接接触的基团,称为活性中心内的必需基团。还有一些酶活性中心以外的基团,虽然不直接参与酶的催化作用,但对维持酶分子的空间构象及酶活性是必需的,称为活性中心以外的必需基团。

(二)酶活性中心的必需基团

就功能而言,活性中心内的必需基团又可分为催化基团和底物结合基团。

1. 催化基团　　催化基团是指酶在催化过程中直接参与电子授受的基团,一般由几个极性

氨基酸组成。例如，牛胰凝乳蛋白酶 A 有 245 个氨基酸残基，但只有 Ser195、His57 和 Asp102 三个残基为催化基团，这三个残基形成一个催化系统，共同完成电子授受过程。实际上，某些人工模拟酶就是根据催化部位氨基酸残基特征而设计的。例如，根据胰凝乳蛋白酶活性中心由 Ser195、His57 和 Asp102 组成的特征，设计并合成出有咪唑基、苯甲酰基和羟基的 β-环糊精即表现出该酶的某些催化特征。几种酶的催化基团见表 6-1。

表 6-1　几种酶的催化基团

酶	氨基酸残基总数	催化基团及其鉴定方法
牛胰核糖核酸酶	124	His12（碘乙酸）
		His119（碘乙酸）
溶菌酶（鸡卵清）	129	Glu35（X 射线衍射）
		Asp52（X 射线衍射）
牛胰凝乳蛋白酶 A	245	His57（L-苯甲磺酰苯丙氨酰氯甲酮）
		Ser195（二异丙基氟磷酸）
牛胰蛋白酶	238	His46（L-苯甲磺酰赖氨酰氯甲酮）
		Ser193（二异丙基氟磷酸）
		Asp96（X 射线衍射）
羧肽酶	307	Glu270（X 射线衍射）
		Tyr248（X 射线衍射）

2. 底物结合基团　　底物结合基团是指酶活性中心直接与其底物结合的氨基酸残基侧链基团，大多是非极性基团。底物结合基团的存在是酶分子正确识别专一性底物的根本所在，因为只有与酶活性中心结构（包括大小、形状、电荷等）相适应的底物才能与酶结合。底物结合基团可以不止一个。例如，羧肽酶 A 在催化多肽 C 端肽链水解时，酶活性中心中的 Tyr248、Arg145、Glu270 及 Zn^{2+} 等基团能识别底物并与之结合。

须注意的是，必需基团还包括结构基团，它们对维持酶分子的完整和特定的构象起重要作用。酶分子中，绝大多数 Cys 残基能够形成稳定的链内二硫键，从成键序位可以看出，一些一级结构相邻的 Cys 之间并不成键，而序位很远，但空间位置邻近的 Cys 之间两两成键，说明它们与稳定的活性构象的形成有密切关系。存在于寡聚酶分子中别构部位的氨基酸残基，对形成或改变酶的活性构象起重要作用。广义上讲，别构部位也由结构残基构成。

（三）酶活性中心的一级结构与酶活性

酶分子中活性中心附近的一段肽链称为酶蛋白的活性部位肽。用蛋白质结构序列分析可了解活性中心附近一级结构的组成。经研究发现，同工酶或功能相近的酶，其活性中心附近的氨基酸序列极其相似，而序列的差异常发生在远离活性中心的地方。例如，鸡、火鸡、鹌鹑、珍珠鸡和鸭卵的溶菌酶都是由 129 个氨基酸残基组成，活性中心关键氨基酸是 Glu35、Asp52、Trp62 和 Asp101，这几个氨基酸附近的序列十分保守，序列差异主要在 64～93 位、N 端 1～15 位和 C 端 115～123 位各段之中。另外，对一些不同的酶，它们的活性中心在空间结构上虽有某些共同的氨基酸残基（如 His、Ser、Cys、Asp 等），但它们的邻近氨基酸顺序却很少相同。这些现象说明了酶蛋白活性中心的结构在系统发育中的极端保守性，也说明了这一活性部位肽的构象和电子学性质是酶催化功能所不可缺少的。

研究表明，一般有 7 种氨基酸残基出现在活性中心的频率最高，它们是 Ser、His、Cys、Tyr、Asp、Glu 和 Lys，其次是 Arg、Asn、Gln。这些氨基酸残基一般都具有极性基团，一些酶活性中心的残基或基团如表 6-2 所示。

表 6-2　组成酶活性中心的氨基酸残基或基团

酶名称	活性中心的氨基酸残基或基团
α-胰凝乳蛋白酶	Ser195、His57、Ile16、Asp194、Asp102
胰蛋白酶	Ser183、His46、Asp90
组织蛋白酶 B	Cys29、His197
乳酸脱氢酶	Asp30、Asp53、Lys58、Tyr85、Arg101、Glu140、Arg171、His195、Lys250
鸡卵清溶菌酶	Asp101、Trp62、Glu35、Asp52
核糖核酸酶	His12、His119、Lys41、Asp121

活性中心内出现频率最高的氨基酸残基与酶的活性密切相关，因此也常作为酶分类的依据。例如，某些活性中心含有 Ser、His 的蛋白酶，都可被有机磷试剂抑制，因此常称为丝氨酸蛋白酶，如胰蛋白酶、胰凝乳蛋白酶、凝血酶类等。另一些酶的催化作用主要由 Cys、His 实现，易被巯基试剂抑制，称为巯基酶类，如组织蛋白酶和木瓜蛋白酶等。

（四）酶活性中心的空间构象与酶活性

尽管酶的一级结构与酶催化活性有密切关系，但根据现有知识，还不能由酶的一级结构推测它的催化活性。实际上，空间结构比一级结构在进化上更为保守，只有通过酶的空间结构才有可能使那些与催化功能有关，但一级结构不相邻的氨基酸残基集中在活性中心区域。同时，不同的酶尽管一级结构差异很大，但活性中心催化基团相似也说明了酶空间结构进化的保守性。

一般酶分子活性中心大都为一个疏水的空间，这主要是由于活性中心多为疏水性氨基酸残基所组成。再者酶活性中心具有一定的柔性。在底物诱导下，活性中心常发生构象改变，以形成适合结合底物的状态，此为诱导契合学说的基础。例如，羧肽酶 A 与底物 C 端结合时，Tyr248、Arg145、Glu270 三个氨基酸残基侧链就要发生位移。但含有辅因子的酶，如多聚酶类，辅因子无论对酶活性中心的构象还是对酶的催化性质，都具有重要的影响，因此也应包括在活性中心概念之内。

第二节　酶的催化机制

酶与一般催化剂一样，在化学反应前后都没有质和量的改变，只能催化热力学允许的反应，用量少而催化效率高，降低反应的活化能；只改变化学反应速度，不改变化学平衡常数；只催化本身能够发生的反应等。但由于酶的化学本质大多是蛋白质，酶所催化的反应又有不同于一般催化剂催化反应的特点和作用机制。

（一）活化能与过渡态

化学反应中只有其自由能的改变为负值（$\Delta G_0' < 0$）的反应才能自发进行，但并不是具有很大的负自由能变化的自发反应就可以快速进行。例如，葡萄糖氧化反应的 $\Delta G_0'$ 为 $-287MJ/mol$，

即在热力学意义上葡萄糖在空气中很不稳定，易发生反应，然而其实很难测得结晶态或溶液中的葡萄糖会自发分解成 CO_2 和 H_2O。因此，在动力学意义上，葡萄糖又是十分稳定的。相反，在生物体内有许多非自发反应，通过酶的催化变为自发反应，如与 ATP 的水解反应相偶联而得以进行，这并不违背热力学规则。由此可见，一个反应的热力学状态与动力学行为是不相同的。

对任何化学反应，反应物分子或底物分子在转变成产物之前，都必须获得一定的能量，成为活化态（activated state）或过渡态（transition state）分子。反应物转变为产物的关键步骤是原化学键的断裂和新化学键的形成，过渡态正是这种转变的中途点，只有通过过渡态，反应物才能转变成产物。反应物过渡态分子与基态（ground state）分子的能阶之差称为活化能（activation energy）。反应活化能的高低与反应速度密切相关，活化能越高，反应速度越慢。因此，要加快化学反应速度，可通过两种途径来实现：一是采用加热、辐射等物理方法，提高基态反应物分子进入过渡态分子的数目，从而增加反应物转化成产物的概率；二是通过降低反应活化能水平，相对增加反应物基态分子达到过渡态分子的比例。酶催化作用属于后者，大量实验证明酶能降低反应的活化能是通过改变反应途径来实现的。

（二）酶-底物复合物的生成

酶作为一种生物催化剂，之所以能发挥其高效催化性，在于酶（enzyme，E）和底物（substrate，S）在反应过程中形成了特殊的酶-底物复合物（ES）。就单底物反应而言，酶促反应过程的能量变化如图 6-1 所示。

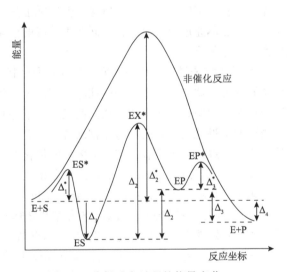

图 6-1　酶促反应过程的能量变化

图中 ES*、EX* 和 EP* 表示过渡态中间复合物。此过渡态复合物处于化学键正在形成和正在断裂的过程中，状态很不稳定，一旦形成即刻转变为相应的产物；ES 和 EP 表示中间产物，是一些化学键完全形成的状态，较为稳定。

由图 6-1 可以看出，酶的催化过程，由于 ES*、EX* 和 EP* 过渡态中间复合物的存在，反应途径与非催化反应不同，在能量上，不像非催化反应具有很高的能垒，因此反应效率增高。Δ_1^*、Δ_2^*、Δ_3^* 是各相应反应阶段的活化能，即过渡态与相应基态的能级差。Δ_1、Δ_2、Δ_3 是各阶段反应物与产物的能级差，即自由能变化，它们的代数和显然是 Δ_4，即该反应的 $\Delta G_0'$，此即恒压条件下该底物反应的焓变，即酶促反应和非催化反应一样，并不改变反应的平衡。酶-底物复合物的存在，可通过动力学实验、酶促反应体系中出现的光吸收比及某些物理变化等得以证实。酶-底物复合物晶体的分离是对酶-底物复合物存在的最直接验证。

（三）降低活化能的因素

酶促化学反应中，过渡态中间复合物（transition-state intermediate complex）形成导致的活化能降低是反应加速进行的关键因素。酶在催化反应时会利用各种化学机制来实现过渡态的稳定并由此加快反应。这些机制归纳起来主要有以下 6 种。

1. 邻近与定向效应

（1）邻近效应　　邻近效应（proximity effect）是指酶具有与底物较高的亲和力，从而使游离的底物集中于酶分子表面的活性中心区域，使活性中心的底物有效浓度得以极大地提高，并同时使反应基团之间互相靠近，增加亲核攻击的机会，从而自由碰撞概率增加，提高了反应速度。有序性增加，熵值降低，底物和酶构成的体系的内能升高。在生理条件下，底物浓度一般约为 0.001mol/L，而酶活性中心的底物浓度达 100mol/L，因此在活性中心区域反应速度必然大为提高。

（2）定向效应　　定向效应（orientation effect）是指底物的反应基团和催化基团之间，或底物的反应基团之间正确地取向所产生的效应。因为邻近的反应分子基团如能正确地取向或定位，这些基团的分子轨道会交盖重叠，电子云相互穿透，分子间反应趋向于分子内反应，便于分子转移，增加底物的激活，从而加快反应。

对酶催化来说，"邻近"和"定向"虽是两个概念，但实际上是共同产生催化效应的，只有既"邻近"又"定向"，才能迅速形成过渡态，共同产生较高的催化效率，而且酶的此种效应对双分子反应的效果大于单分子反应。

2. 底物分子形变　　酶受底物诱导发生构象改变，特别是活性中心的功能基团发生位移或改向，呈现一种高活性功能状态。酶的活性中心关键性电荷基团也可使底物分子电子云密度改变，产生张力作用使底物扭曲，削弱有关化学键，从而使底物从基态转变成过渡态，有利于反应的进行。例如，X 射线衍射结果证明，溶菌酶与底物结合后，底物中的乙酰氨基葡萄糖的吡喃环可从椅式扭曲成沙发式，导致糖苷键断裂，实现溶菌酶的催化作用。

3. 酸碱催化　　广义的酸碱催化（acid-base catalysis）是指质子供体和质子受体的催化。酶之所以可以作为酸碱催化剂，是由于酶活性中心存在 Asp、Glu、Lys、Arg、His、Cys、Ser、Tyr 等很多氨基酸残基，它们具有的氨基、羧基、巯基、酚羟基和咪唑基等在近中性 pH 范围内，可作为质子受体或质子供体，有效地进行酸碱催化。例如，His 咪唑基的 pK_a 为 6.0，生理条件下以酸碱各半形式存在，随时可以授受 H^+，速度极快，半衰期仅 10^{-10}s，是个活泼而有效的酸碱催化功能基团。由此，一些酯酶、肽酶、蛋白水解酶活性中心的 His 在酶的酸碱催化中起了极其重要的作用。代谢过程中的水解、水合、分子重排和许多取代反应都是因为酶的酸碱催化而加速完成的。

4. 共价催化　　共价催化（covalent catalysis）是指酶对底物进行的亲核、亲电子反应。酶催化时，亲核或亲电子的酶分别释出电子或吸取电子作用于底物的缺电子中心或负电中心，迅速形成不稳定的共价中间复合物，降低反应活化能，以加速反应的进行。其中亲核催化最重要。通常酶分子活性中心内都含有亲核基团，如 Ser 的羟基、Cys 的巯基、His 的咪唑基、Lys 的 ε-氨基，这些基团都有非共用电子对，可以对底物缺电子基团发动亲核攻击。例如，3-磷酸甘油醛脱氢酶催化 3-磷酸甘油醛生成 1,3-二磷酸甘油酸的反应：反应的第一步是酶分子中 Cys149

的巯基对底物的醛基进行亲核攻击，形成硫代半缩醛（硫酯共价键），然后转变为酰基酶，酰基酶进行磷酸解作用而转变为产物，放出自由的酶。

5. 金属催化　　有 30%以上的酶需要金属元素作为辅因子。有些酶的金属离子与酶蛋白结合紧密，不易分离，称为金属酶（metalloenzyme），如过氧化物酶的活性中心含有 Fe^{3+}（Fe^{2+}），是催化反应必需的，而并非连接酶与底物的"桥梁"；有些酶的金属离子结合松散，称为金属激活酶（metal-activated enzyme），如己糖激酶需要 Mg^{2+}，细胞色素氧化酶需要 Cu^{2+}，其中的金属离子可以作为连接酶与底物的"桥梁"。金属酶的辅因子一般是过渡金属，如 Fe^{2+}、Fe^{3+}、Cu^{2+}、Zn^{2+}、Mn^{2+} 或 Co^{3+}等；金属激活酶的辅因子一般是碱金属或碱土金属，如 Na^+、K^+、Mg^{2+}、Ca^{2+}等。

金属离子参与的催化称为金属催化。金属离子通常以 5 种方式参与催化：①作为路易斯酸起作用；②与底物结合，促进底物在反应中正确定向，如 Mg^{2+} 与 ATP 结合后，可以屏蔽磷酸基团的负电荷，并对 ATP 有定向作用；③作为亲电催化剂，稳定过渡态中间复合物上的电荷；④多价金属离子通过价态的可逆变化，作为电子受体或电子供体参与氧化还原反应；⑤作为辅因子与酶形成复合物，成为酶活性中心的组成成分。

6. 活性中心的低介电性　　酶活性中心内是一个疏水的非极性环境，其催化基团被低介电环境所包围，某些反应的反应速度在低介电常数的介质中比在高介电常数的水中要快得多。这可能是由于在低介电环境中有利于电荷相互作用，而极性的水对电荷往往有屏蔽作用。

酶的活性基团可能由于所处的微环境的差异而改变其作用性质。例如，溶菌酶主要活性基团是 Glu35 的 α-COOH 和 Asp52 的 β-COOH。在游离状态下，Glu 和 Asp 中两个羧基的解离常数差异不显著，但在酶分子内，Glu35 残基处在非极性环境中，因此其羧基不解离。反应时，羧基对底物糖苷中的氧提供一个质子，以利于 C—O 键裂解；而 Asp52 残基则处于极性微环境中，其 β-COOH 可解离，有助于稳定反应过渡态的碳正离子。微环境差异导致羧基的解离状态不同，从而使此酶可以利用相应基团进行酸碱催化反应。

总之，上述降低酶活化能的因素，在同一酶中并非各种因素同时都发挥作用，然而也并非单一机制，而是由多种因素配合完成的。

第三节　酶促反应动力学

酶促反应动力学（kinetics of enzyme-catalyzed reaction）研究的是酶促反应速度规律及其影响因素。通过探讨各种因素对反应速度的影响，推出酶促反应的模式、历程、催化机制及调控规律。酶促反应动力学遵循化学反应动力学的一般规律，但又有其自身特点，通过建立模式和动力学方程，可以较为准确地反映酶促反应的规律。

影响酶促反应速度的因素是多方面的，如底物浓度、pH、温度、抑制剂和激活剂等。其中，抑制反应动力学不仅可以提供酶水平上代谢调节的有关信息，而且可以作为某些药物设计、代谢疾病防治的理论依据。

一、化学反应动力学

1. 化学反应的级数　　在化学反应动力学研究中，根据反应速度与参与反应的物质（反应物和产物）浓度之间的关系，可推导出化学反应动力学方程，即速度方程。化学反应级数就是动力学方程各个反应物浓度项上的指数总和。

假设反应物 A 能在瞬间可逆地转变成产物 P：A→P，则速度方程为

$$v = -d[A]/dt = k[A]$$

式中，反应速度 v 与反应物浓度[A]的一次方成正比，这个反应称为反应物 A 的一级反应，k 为一级反应速度常数，其单位为 s^{-1}，其反应速度与反应物浓度是线性关系。

假设在一个双分子反应中，反应物 A 与 B 相互作用形成产物：$A + B \xrightarrow{K} P + Q + \cdots$，则速度方程为

$$v = -d[A]/dt = -d[B]/dt = k[A][B]$$

反应速度与两个反应物浓度成正比，这个反应称为二级反应，速度常数 k 的常用单位是 mol/（L·s）。对二级反应需说明以下两点：

1）对 $2A \xrightarrow{K} P$ 的双分子反应来说，$v = -d[A]/dt = k[A]^2$，也是一个二级反应。

2）某些反应虽有两个反应物参加，但若只有一个反应物浓度起决定作用（另一种可能大大过量），则此反应可看作一级反应（确切地称假一级反应）。水解反应就属此类：

$$A + H_2O \longrightarrow P + Q$$

右向反应只能看作一级反应，因为水分子不起限速作用，但左向反应是二级反应，因为 P 和 Q 都是限速物。其他反应级数可依次类推。零级反应即反应速度几乎不受反应物浓度影响的反应，反应速度呈现一恒定值。

2. 酶促反应的级数　在酶促反应中，尽管酶必须参加反应，但就反应始末来看，酶在反应中并不被消耗，而只起循环作用，[E]可作为一恒定值。因此，反应速度只依赖于反应物。在其他条件不变，[E]恒定条件下，酶促反应速度与底物浓度的关系不是简单的一种反应级数，而是呈双曲线关系（图6-2），反应速度 v 随[S]变化表现出三个性质不同的动力学区域。

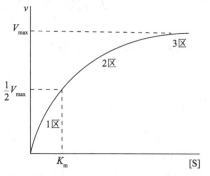

图 6-2　酶促反应速度与底物浓度的关系

当底物浓度很低时，v 随[S]增加而迅速增加，v 对[S]的曲线基本上呈直线关系，它说明反应速度与底物浓度成正比，表现为一级反应（1 区）。当底物浓度很高时，v 随[S]升高而加速，但 v 的增加不如底物浓度低时那样显著，v 不再与[S]成正比例关系，表现为混合级反应（2 区）。当底物浓度增加到一定值后，再增加底物，反应速度不再增加，达到一恒定值，此时对底物来说是零级反应（3 区）。

3. 酶促反应速度和酶促反应进程曲线　酶促反应速度（v）是衡量酶活性大小的指标，用单位时间（t）内产物浓度[P]的增加或底物浓度[S]的减少表示：

$$v = d[P]/dt \text{ 或 } v = -d[S]/dt$$

酶动力学的反应速度是指反应的初速度，即时间趋向于零的速度极限值，时间越短越好。因为时间延长，速度变小，原因是[S]下降[P]增加，逆反应加快，产物抑制及酶变性失活。通常酶促反应的初速度是指底物浓度消耗不超过 5%时的速度。

在研究某一因素对酶促反应速度的影响时，一般应该维持反应中其他因素不变，而只是改变所要研究的因素。还必须指出，酶促反应动力学中所指的速度是反应的初速度，即反应刚开

始不久，此时反应速度没有变化，反应产物的生成随时间成正比例，因而避免了逆反应、副反应和反应产物积累等造成的影响。

二、底物反应动力学

（一）单底物反应动力学

1. 中间产物学说与米氏方程 如前所述，酶促反应与非催化反应不同，在酶促反应中，反应速度 v 与底物浓度[S]之间的变化关系，不是呈直线而是呈双曲线。这种现象可由"中间产物学说"加以解释。此学说认为，在底物转变成产物之前，必须先与酶形成中间复合物，后者再转变成产物并重新释出游离的酶，此学说是由 Wurtz 和 Henri 于 1903 年提出的。1913 年，Michaelis 和 Menten 在前人工作的基础上，根据酶促反应的中间产物学说，提出了酶促反应的快速平衡法，设立如下反应模式：

$$E+S \underset{k_{-1}}{\overset{k_{+1}}{\rightleftharpoons}} ES \overset{k_{+2}}{\longrightarrow} E+P$$

式中，E 表示平衡时游离酶；S 表示底物；ES 表示酶-底物复合物；k_{+1}、k_{-1} 分别表示 E+S $\longrightarrow$ ES 正逆方向反应速度常数；k_{+2} 表示 ES 分解为 P 的速度常数。

反应速度 v 和底物浓度[S]之间的关系服从双曲线方程：

$$v = \frac{V_{\max}[S]}{K_m + [S]}$$

此即米氏方程，式中 $V_{\max}$ 表示最大反应速度；K_m 表示米氏常数；v 表示酶促反应的速度。

2. K_m 的意义和应用 K_m 是酶极为重要的动力学参数，其物理含义是指 ES 复合物分解的速度（$k_{-1}+k_{+2}$）与生成速度（k_{+1}）之比，其数值为酶促反应达到最大反应速度一半时的底物浓度，当 $v=V_{\max}/2$ 时，[S]=K_m。大多数酶 K_m 值为 $10^{-2}\sim10^{-5}$mol/L。在酶学、药学代谢研究和临床工作中都有重要意义和应用价值。

1）鉴别酶的最适底物。K_m 值的大小可以近似地表示酶和底物的亲和力，K_m 值大，意味着酶和底物的亲和力小，反之则大。因此，对于一个专一性较低的酶，作用于多种底物时，各底物与该酶的 K_m 值有差异，具有最小的 K_m 或最高的 $V_{\max}/K_m$ 值的底物就是该酶的最适底物或称天然底物。

2）判断在细胞内酶的活性是否受底物抑制。如果测得离体酶的 K_m 值远低于细胞内的底物浓度，而反应速度没有明显变化，则表明该酶在细胞内常处于被底物所饱和的状态，底物浓度的稍许变化不会引起反应速度有意义的改变。反之，如果酶的 K_m 大于底物浓度，则反应速度对底物浓度的变化就十分敏感。

3）K_m 值可帮助判断某一代谢的方向及生理功能。催化可逆反应的酶，当正反应和逆反应的 K_m 值不同时，K_m 值小的底物所示的反应方向应是该酶催化的优势方向。

4）多酶催化的连锁反应，如能确定各种酶 K_m 及相应底物浓度，有助于寻找代谢过程的限速步骤。在各底物浓度相似时，K_m 值大的酶则为限速酶。

5）发现同工酶。通过寻找 K_m 值不同而功能相同的酶发现同工酶。例如，葡萄糖激酶的发现就是因为它的 K_m 值与己糖激酶的 K_m 值相差极大，从而发现了它。

6）评价或选用药用酶。例如，为了鉴定不同菌株来源的天冬酰胺酶对治疗白血病的疗效，可以测定不同菌株的天冬酰胺酶对天冬酰胺的 K_m 值，从中选用 K_m 值较小的酶。K_m 值不仅是评价药用酶的理论基础之一，也是选用药用酶来源的依据。

V_{max} 虽不是酶的特征常数，但当酶浓度一定，而且当[S]>[E_0]的假定条件下，对酶的特定底物而言，V_{max} 是一定的。与 K_m 相似，同一种酶对不同底物的 V_{max} 也不同。

但当[S]无限大时，$V_{max}=k_{+2}[E_0]$，可得 $k_{+2}=V_{max}/[E_0]$。k_{+2} 为一级速度常数，它表示当酶被底物饱和时，单位时间内一个酶分子转化的底物分子数，因此又称为酶的转换率（turnover rate）或转换数（turnover number）。在单底物反应中，且假设反应过程中只产生一个活性中间复合物时，k_{+2} 也即催化常数（catalytic constant），用 k_{cat} 表示，其值越大，说明酶的催化效率越高，k_{cat} 数值一般为 $5\sim10^5 min^{-1}$。

3. K_m 和 V_{max} 的求法　　酶促反应的底物浓度曲线呈矩形双曲线特征，很难从米氏方程直接求出。为此常将米氏方程转变成直线作图，求得 K_m 和 V_{max}。最常用的是双倒数作图（double-reciprocal plot，Lineweaver-Burk plot）。将米氏方程两边取倒数，可转化为下列形式：

$$\frac{1}{v}=\frac{K_m}{V_{max}}\cdot\frac{1}{[S]}+\frac{1}{V_{max}}$$

从图 6-3 可知，$1/v$ 对 $1/[S]$ 的作图得一直线，其斜率是 K_m/V_{max}，在纵轴上的截距为 $1/V_{max}$，横轴上的截距为 $-1/K_m$。此作图除用来求 K_m 和 V_{max} 值外，在研究酶的抑制作用方面还具有重要价值。

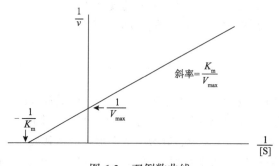

图 6-3　双倒数曲线

必须指出，米氏方程只适用于较为简单的酶促反应过程，而对于比较复杂的酶促反应过程，如多酶体系、多底物、多产物、多中间物等，还不能全面地以此加以概括和说明，必须借助于复杂的计算过程。

（二）双底物反应动力学

1. 双底物反应分类　　双底物反应是一类广泛存在的反应。反应模式如下：A+B→P+Q。依据底物与酶结合及发生反应的程序不同，可分为序列反应（sequential reaction）和乒乓反应（ping-pong reaction）。

（1）序列反应　　序列反应是指酶结合底物和释放产物是按顺序先后进行的，又分为顺序序列反应（ordered sequential reaction）和随机序列反应（random sequential reaction）两种。

1）顺序序列反应。A、B 底物与酶结合按特定的顺序进行，先后不能倒换，产物 P、Q 释放也有特定顺序，反应如下：

$$\begin{array}{ccccccc} & A & B & & P & Q & \\ & \downarrow & \downarrow & & \uparrow & \uparrow & \\ E & & & & & & E \\ \hline & EA & EAB & \rightleftharpoons & EPQ & EQ & \end{array}$$

例如，乳酸脱氢酶（LDH）催化乳酸（Lac）脱氢，生成丙酮酸（Pyr）的反应为顺序序列反应。在此反应中，LDH 先与 NAD$^+$结合生成 LDH·NAD$^+$，再与底物结合，完成催化反应，生成 LDH·NADH·Pyr，然后按顺序释出产物 Pyr 和 NADH：

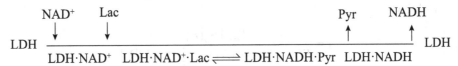

　　2）随机序列反应。此反应是指酶与底物结合的先后是随机的，可以先 A 后 B，也可以先 B 后 A，无规定顺序，产物的释出也是随机的，先 P 或先 Q 均可，反应机制如下：

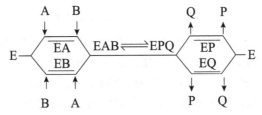

　　例如，肌酸激酶（CK）催化的反应：

$$ATP+肌酸（C）\xrightarrow{CK} ADP+磷酸肌酸（CP）$$

　　该酶在催化过程中，可以先和肌酸（C）也可先和 ATP 结合，在形成产物后，可先释出磷酸肌酸（CP），也可以先释放 ADP。可写成：

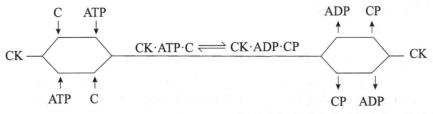

　　（2）乒乓反应　　乒乓反应是指各种底物不可能同时与酶形成多元复合体，酶结合底物 A，并释放产物后，才能结合另一底物，再释放另一产物。由于底物和产物是交替地与酶结合或从酶释放，好像打乒乓球一样，一来一去，故称乒乓反应，实际上这是一种双取代反应，酶分两次结合底物，释出两次产物。反应机制如下：

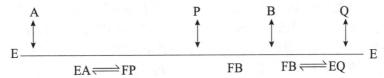

　　例如，己糖激酶（HK）催化的反应：

$$葡萄糖（G）+MgATP\xrightarrow{HK}MgATP+葡萄糖-6-磷酸（G-6-P）$$

可写成：

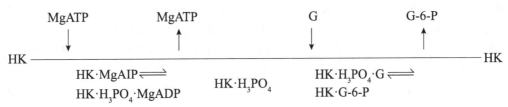

2. 双底物反应速度方程　　用稳态法和快速平衡法都可推导出双底物反应速度方程，但较复杂。这里仅列举常见的两种动力学方程。

（1）序列反应

$$v = \frac{V_{max}[A][B]}{K_s^A \times K_m^B + K_m^B[A] + K_m^A[B] + [A][B]}$$

（2）乒乓反应

$$v = \frac{V_{max}[A][B]}{K_m^A[B] + K_m^B[A] + [A][B]}$$

上两式中，[A]、[B]分别为底物 A 和 B 的浓度；K_m^A、K_m^B 分别为底物 A、B 的米氏常数；K_s^A 为底物 A 与酶 E 结合的解离常数。必须指出，在多底物反应中，一个底物的米氏常数可随另一底物浓度变化而变化，故 K_m^A 实际上是在 B 浓度饱和时，A 的米氏常数。同理，K_m^B 是指[A]达到饱和时，B 的米氏常数。如果不是固定一个底物为饱和浓度时测定的米氏常数称表观米氏常数，它是一个变数而不是一个恒值，V_{max} 也是指 A、B 都达到饱和时的最大反应速度。

三、抑制反应动力学

酶分子与配体结合后，常引起酶活性改变，使酶活性降低或完全丧失的配体，称酶的抑制剂（inhibitor），这种效应称抑制作用（inhibition）。根据抑制剂与酶结合的特点，可将抑制作用分为不可逆抑制和可逆抑制。

（一）不可逆抑制

抑制剂与酶分子上的必需基团共价结合，导致酶的活性下降或丧失，且不能用透析或超滤等物理方法解除抑制，必须通过化学等方法除去抑制剂，这种抑制作用称为不可逆抑制（irreversible inhibition）。其实际效应是降低系统中的有效酶浓度。抑制强度取决于抑制剂浓度及酶与抑制剂间的接触时间。不可逆抑制剂按照其选择性，可分为以下两类。

1. 专一性（选择性）抑制剂　　专一性抑制剂只与活性部位的基团反应，与其他基团不反应，所以抑制剂与酶以固定的比例反应，即有化学计量关系。酶与抑制剂作用后会完全失活，抑制剂与失活的酶不再发生反应。因为抑制剂需要进入酶的活性中心才能起作用，所以当有大量底物存在时，底物先与酶的活性中心结合，抑制剂的抑制作用就会减弱，这称为底物保护作用。这类专一性抑制剂在研究酶结构和功能上有重要意义，常用以确定酶活性中心和必需基团。例如，L-苯甲磺酰苯丙氨酰氯甲酮（TPCK）为胰凝乳蛋白酶的专一性抑制剂。

2. 非专一性不可逆抑制剂　　非专一性不可逆抑制剂可对酶分子上的多种基团进行共价修饰而导致酶失活。这类抑制剂主要是一些修饰氨基酸残基的化学试剂，可与氨基、羟基、胍基、酚羟基等反应，如有机磷化合物，烷化巯基的碘代乙酸，重金属离子 Hg^{2+}、Pb^{2+}、Cu^{2+}、As^{3+} 等。

（1）有机磷化合物　　有机磷化合物是典型的非专一性不可逆抑制剂，它可与酶活性中心丝氨酸上的羟基紧密结合，从而抑制某些蛋白酶及酯酶，引起一系列的神经中毒症状，如肌肉痉挛等，又被称为神经毒剂，如二异丙基氟磷酸（DIPF）、甲基氟磷酸异丙酯（沙林），以及作为有机磷农药和杀虫剂的1605、敌百虫、敌敌畏等，它们都能强烈地抑制乙酰胆碱酯酶活性，通过与酶蛋白的丝氨酸羟基结合，破坏酶的活性中心，使酶丧失活性。

有机磷化合物虽属于酶的不可逆抑制剂，与酶结合后不易解离，但有时可用含—CHNOH

基的肟化物，或羟肟酸 R-CHNOH 化合物将其从酶分子上取代下来，使酶恢复活性。故将此类化合物称为杀虫剂解毒剂，如常用的解磷定（PAM）就是其中的一种。

（2）有机汞、砷化合物　　这些化合物能与许多巯基酶的活性巯基结合使酶活性丧失，如路易士气、砒霜类、对氯汞苯甲酸等。这类抑制剂对巯基酶引起的抑制作用，可通过加入过量的巯基化合物，如半胱氨酸、还原型谷胱甘肽、二巯基丙醇、二巯基丙磺酸钠等而使酶恢复活性，解除抑制。它们常被称为巯基酶保护剂，可被用作砷、汞、重金属等中毒的解毒剂。

（3）重金属离子　　重金属盐类的 Ag^+、Hg^{2+}、Pb^{2+}、Cu^{2+}、Fe^{2+}、Fe^{3+} 等对大多数酶活性都有强烈的抑制作用，在高浓度时可使酶蛋白变性失活，低浓度时可与酶蛋白的巯基、羧基和咪唑基作用而抑制酶活性。应用金属离子螯合剂［如乙二胺四乙酸（EDTA）、半胱氨酸或焦磷酸盐等］将金属离子螯合，可解除其抑制，恢复酶活性。

（4）烷化剂　　其中最主要的是含卤素的化合物，如碘乙酸、碘乙酰胺、卤乙酰苯等。它们可使酶中巯基烷化，从而使酶失活。其常被用作体外鉴定酶中巯基的特殊试剂。

（5）生物自由基　　自由基（free radical，FR）是指能独立存在的含有一个或一个以上未配对电子（即外层轨道上具有奇数电子）的原子、原子团、分子或离子。未配对电子的存在赋予自由基以顺磁性和高度化学反应活性的特点，且总有变为成对电子的倾向，因而性质极不稳定，常易发生丧失或得到电子的氧化还原反应。

生物自由基对酶分子的不可逆抑制是广泛的。例如，$O_2^-·$可修饰 GSH-PX 活性部位的一个巯基与其相邻的 Se，$O_2^-·$攻击活性部位的—SH 使之失活。在酶蛋白分子中，Met、His、Lys、Trp、Pro、Cys 和 Phe 等最易受到自由基的攻击而被氧化，这是由于它们具有不饱和性质，如 His 的咪唑基、Lys 的酚羟基、Trp 的吲哚基等。活性氧自由基引发的生物膜磷脂中的多不饱和脂肪酸的链式反应中，产生的多种脂质过氧化产物，对生物大分子和酶类也有极强的破坏作用。丙二醛（MDA）可与肽链中某些氨基酸残基反应形成席夫碱，使核糖核酸酶和其他酶类尤其是含巯基酶失活，脂质过氧化物 4-羟基-α,β-不饱和醛，不仅可降低细胞内—SH 含量，还显著抑制 DNA 修复酶（O^8-甲基多嘌呤-DNA 甲基化酶）的活性，从而表现出高细胞毒作用。

（二）可逆抑制及其动力学

可逆性抑制剂与酶的结合以解离平衡为基础，属于非共价结合，可通过透析等物理方法除去抑制剂，减轻或清除抑制之后，酶活性可以恢复，此种抑制作用称为可逆抑制（reversible inhibition）。

在酶促反应中，当有抑制剂存在时，其反应体系可用以下反应方程表示：下式中 I 为抑制剂，EI 为酶-抑制剂复合物，ESI 为酶-抑制剂-底物三元复合物，K_s、K_i、K_i'分别为相应的中间复合物的解离常数。

$$\begin{array}{ccccc}
\text{E+S} & \underset{}{\overset{K_s}{\rightleftharpoons}} & \text{ES} & \overset{k_2}{\longrightarrow} & \text{E+P} \\
+ & & + & & \\
\text{I} & & \text{I} & & \\
\Big\Updownarrow K_i & & \Big\Updownarrow K_i' & & \\
\text{EI+S} & \underset{}{\overset{K_s'}{\rightleftharpoons}} & \text{EIS} & &
\end{array}$$

根据米氏方程的推导方法，令 $K_s=K_m$，并有 $v_1=k_2[E_0]$，可推导出可逆抑制速度方程的一般表达式：

$$v = \frac{V_{max}[S]}{K_m + \left(1 + \dfrac{[I]}{K_i}\right) + [S]\left(1 + \dfrac{[I]}{K_i'}\right)}$$

并可由此推导出竞争性、非竞争性、反竞争性抑制的速度方程。

1. 竞争性抑制　　竞争性抑制（competitive inhibition）是最简单的模型，由于抑制剂 I 与底物 S 的结构相似，因此可竞争性结合于酶活性中心同一结合部位，而且是非此即彼完全排斥。此类抑制中，酶不能同时和 S、I 结合，即不能形成 ESI 三元复合物。由于不能形成 ESI 三元复合物，即有 $K_i' = \infty$，上述一般方程式可改写为

$$v = \frac{V_{max}[S]}{K_m + \left(1 + \dfrac{[I]}{K_i}\right) + [S]}$$

速度方程的双倒数方程为

$$\frac{1}{v} = \frac{K_m}{V_{max}}\left(1 + \frac{[I]}{K_i}\right)\frac{1}{[S]} + \frac{1}{V_{max}}$$

由图 6-4 可见，当固定不同抑制剂浓度时，以 1/v 对 1/[S] 作图，各直线交纵轴于一点，即 V_{max} 不变，直线与横轴交点右移，说明竞争性抑制时，随 I 浓度增加，K_m 数值增大了（1+[I]/K_i）倍。

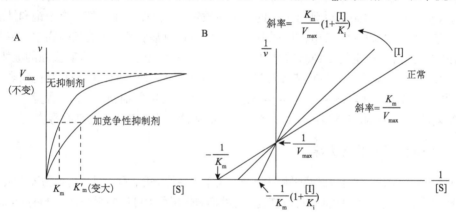

图 6-4　竞争性抑制动力学图

A. [S]对 v 作图；B. 双倒数作图

2. 非竞争性抑制　　非竞争性抑制（noncompetitive inhibition）中，S 和 I 与酶结合互不相关，既无竞争性，也无先后次序，两者都可以与酶及相应中间复合物（EI 或 ES）结合，但形成三元复合物（ESI 或 EIS 相同）不能再分解。当 $K_i = K_i'$ 时，速度方程则有

$$v = \frac{V_{max}[S]}{K_m + \left(1 + \dfrac{[I]}{K_i}\right) + [S]\left(1 + \dfrac{[I]}{K_i}\right)} = \frac{V_{max}[S]}{\left(1 + \dfrac{[I]}{K_i}\right)(K_m + [S])}$$

双导数方程为

$$\frac{1}{v} = \frac{K_m}{V_{max}}\left(1 + \frac{[I]}{K_i}\right)\frac{1}{[S]} + \frac{1}{V_{max}}\left(1 + \frac{[I]}{K_i}\right)$$

由图 6-5 可见，各直线在横轴交于一点，说明非竞争性抑制对反应速度 V_{max} 影响最大，而不改变 K_m，[I]越大或 K_i 越小，则抑制因子（$1+[I]/K_i$）越大，对反应抑制能力越大。非竞争性抑制在生物体内大多表现为代谢中间产物反馈调控酶的活性。

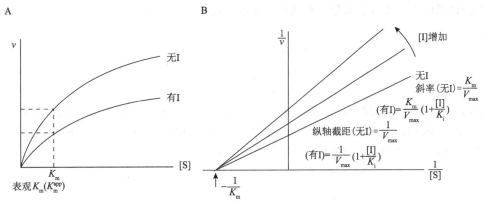

图 6-5　非竞争性抑制动力学图

A.［S］对 v 作图；B. 双倒数作图

3. 反竞争性抑制　　反竞争性抑制（uncompetitive inhibition）中，I 只能与 ES 结合形成无活性三元复合物 ESI，而不能与游离酶 E 结合。由于底物同酶的结合反而促进了抑制剂同酶的结合，故称为反竞争性抑制。

速度方程：由于 I 不能与游离酶 E 结合，因此 $K_i=\infty$，一般反应方程式可改写为

$$v = \frac{V_{max}[S]}{K_m + [S]\left(1+\dfrac{[I]}{K_i'}\right)}$$

双倒数方程为

$$\frac{1}{v} = \frac{K_m}{V_{max}[S]} + \frac{1}{V_{max}}\left(1+\frac{[I]}{K_i'}\right)$$

从图 6-6 可看出，随[I]变化，纵轴上或横轴上的截距均发生变化，而斜率 V_{max}/K_m 不变。随[I]增加，V_{max} 和 K_m 均降低了（$1+[I]/K_i'$）倍，反竞争性抑制在简单系统中少见，但在多元反应系统中是常见的动力学模型。

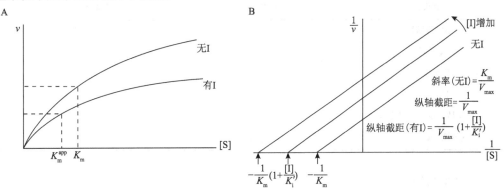

图 6-6　反竞争性抑制动力学图

A.［S］对 v 作图；B. 双倒数作图

4. 混合性抑制　　在一般动力学方程中，$K_i \neq K_i'$ 时，即 E 或 ES 结合 I 的亲和力，以及 E 或 EI 结合 S 的亲和力都不相当时，就是混合性抑制，当 $K_i > K_i'$ 时表现为非竞争与竞争性抑制的混合，而 $K_i < K_i'$ 时，表现为非竞争性与反竞争性抑制的混合。

混合性抑制方程实际上就是一般速度方程表达式：

$$v = \frac{V_{max}[\mathrm{S}]}{K_m\left(1 + \dfrac{[\mathrm{I}]}{K_i}\right) + [\mathrm{S}]\left(1 + \dfrac{[\mathrm{I}]}{K_i'}\right)}$$

由图 6-7 可见，当有抑制剂 I 存在时，V_{max} 均减小，K_m 则可大可小，在 V_{max} 和 K_m 均减小情况下，V_{max} 减小甚于 K_m 减小，故 K_m / V_{max} 增大，抑制强度与[I]成正比，与[S]成正比（$K_i > K_i'$）或反比（$K_i < K_i'$），但无论[S]怎样增加，v 均小于 V_{max}。

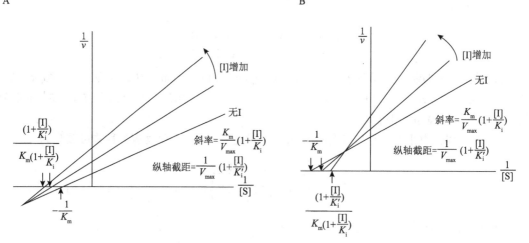

图 6-7　混合性抑制动力学图

A. $K_i < K_i'$；B. $K_i > K_i'$

四种抑制类型的动力学比较如表 6-3 所示。

表 6-3　四种抑制类型的动力学比较

抑制类型	表观 K_m（K_m^{app}）	表观 V_{max}（V_{max}^{app}）
无抑制剂	K_m	V_{max}
竞争性	K_m 增大	V_{max} 不变
反竞争性	K_m 减小	V_{max} 减小
非竞争性	K_m 不变	V_{max} 减小
非竞争性与反竞争性混合	K_m 减小	V_{max} 减小
非竞争性与竞争性混合	K_m 增大	V_{max} 减小

5. 可逆抑制的应用

（1）磺胺类药物与抗菌增效剂　　多数病原菌在生长时不能利用现成的叶酸，而只能利用对氨基苯甲酸合成二氢叶酸（DHF），后者再转化成四氢叶酸（THF），参与核酸合成。

磺胺类药物设计的结构由于和对氨基苯甲酸（PABA）相似（图 6-8），因此可竞争性结合细菌的二氢叶酸合成酶，从而抑制了细菌生长所必需的二氢叶酸合成，使细菌核酸合成受阻，从而抑制了细菌的生长和繁殖。而动物和人能从食物中直接利用叶酸，故其代谢不受磺胺影响。

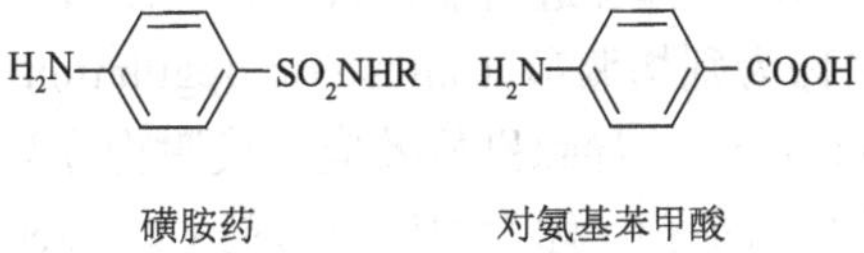

图 6-8　磺胺药和对氨基苯甲酸结构式

抗菌增效剂三甲氧苄二氨嘧啶（TMP）可增强磺胺药的药效。其结构与二氢叶酸有类似之处，是二氢叶酸还原酶的竞争性抑制剂，但很少抑制人和动物的二氢叶酸还原酶。它与磺胺药配合使用，可使细菌的四氢叶酸合成受到双重阻断作用，因而严重影响细菌的核酸及蛋白质的生物合成，达到抑菌目的。

（2）叶酸类似物　　叶酸类似物主要是蝶呤环上 C4 羟基被氨基取代或 N10 上的氢原子被甲基取代，如氨基蝶呤、氨甲蝶呤等。它们可竞争性抑制二氢叶酸还原酶，阻止叶酸还原成二氢叶酸和四氢叶酸，从而阻断嘌呤核苷酸合成而抑制癌细胞生长。

（3）嘌呤类似物　　　腺嘌呤、鸟嘌呤是 DNA、RNA 主要成分，次黄嘌呤是嘌呤碱合成的重要中间体。嘌呤类似物主要是次黄嘌呤和鸟嘌呤的衍生物。例如，6-巯基嘌呤（6-MP）和磺巯嘌呤钠，它们在体内首先转化成有活性的 6-巯基嘌呤核苷酸，抑制腺嘌呤琥珀酸合成酶，阻止次黄嘌呤核苷酸（IMP）转化成 AMP，从而达到干扰癌细胞核苷酸及蛋白质合成的目的。

（4）嘧啶类似物　　　与嘌呤类似物的作用相似，嘧啶类似物也主要是通过竞争性抑制作用妨碍癌细胞 DNA 生成。已设计的抗癌药物如 5-氟尿嘧啶（5-FU），由于氟原子的半径与氢原子半径相似，氟化物体积与原化合物几乎相等，加之 C—F 键的稳定性，特别是在代谢中不易分解，能在分子水平代替正常代谢物，欺骗性地进入生物大分子中而导致"致死合成"。5-FU 在体内转变为 5-氟尿嘧啶核苷（5-FUR）再进一步形成 5-氟尿嘧啶核苷酸（5-FURP）和 5-氟尿嘧啶脱氧核苷酸（d-5FUDRP）挤入 DNA。但 5-FU 抗癌的主要作用，是由于 d-5FUDRP 是尿嘧啶脱氧核苷酸类似物，可竞争性抑制胸腺嘧啶核苷酸合成酶。该酶的正常作用是将尿嘧啶脱氧核苷酸转变成胸腺嘧啶脱氧核苷酸。由于该酶受到抑制，尿嘧啶脱氧核苷酸不能进行甲基化形成胸腺嘧啶脱氧核苷酸，从而影响癌细胞 DNA 合成。

（5）氨基酸类似物　　　氨基酸类似物，如重氮丝氨酸和 6-重氮-5-氧正亮氨酸，它们的化学结构与谷氨酸相似，与天然谷氨酸可竞争结合氨基转移酶类，从而抑制嘌呤核苷酸合成。

第四节　酶活性的调节

酶活性的调节可以通过两种方式来实现：第一种是对已有酶活性的调节，如前文提到的抑制剂对酶活性的抑制作用。对已有酶活性调节的最重要方式是别构调节和共价修饰调节，除此之外，还有水解激活、受调节蛋白调节等。第二种是通过改变酶的浓度或含量进行的调节。

一、反馈调节

反应产物反过来抑制酶的活性，影响反应速度，称为反馈调节（feedback regulation）。其可分为正反馈和负反馈两种，凡反应物能使代谢过程加快或酶作用的激活，则称正反馈（positive feedback）或反馈激活（feedback stimulation），反之称负反馈（negative feedback）或反馈抑制（feedback inhibition）。

二、别构调节

生物体内的一些代谢物，包括酶催化的底物、代谢中间物、代谢终产物等，都可以与酶分子的调节部位进行非共价可逆性结合，改变酶分子构象，进而改变酶的活性。酶的这种调节作用称为别构调节（allosteric regulation）或变构调节。受别构调节的酶称为别构酶（allosteric enzyme），导致别构效应的代谢物称为别构效应剂（allosteric effector）或别构剂。使酶活性增强的效应剂，称为别构激活剂（allosteric activator）；而使酶活性减弱或抑制的效应剂，称为别构抑制剂（allosteric inhibitor）。

1. 别构酶　别构酶一般都是寡聚酶，含有两个或两个以上亚基。其中与底物分子相结合的部位称为催化部位（catalytic site），而与效应剂结合的部位称为调节部位（regulatory site）。这两个部位可以在不同的亚基上，也可以位于同一亚基的不同部位。

（1）别构酶的活性中心与别构中心　多数别构酶不止一个活性中心，活性中心间有同种效应，底物就是调节物。这种酶的别构效应剂就是底物本身的别构效应剂，称为同促效应（homotropic effect），反之则称为异促效应（heterotropic effect）。

有的别构酶不止一个别构中心，可以接受不同代谢物的调节。别构效应剂与调节亚基结合后，通过改变酶分子的构象促进了催化与底物的结合，称为别构激活或正协同效应（positive cooperative effect）；反之，效应剂与调节亚基结合削弱了催化亚基与底物的结合，则称为别构抑制或负协同效应（negative cooperative effect）。

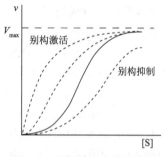

图 6-9　别构酶的动力学曲线

（2）别构酶的动力学特点　别构酶不遵循米氏方程，动力学曲线也不是典型的双曲线型。将别构酶的反应速度对底物浓度作图，即 v 对 [S] 作图所得曲线一般不是双曲线。许多别构酶的动力学曲线呈"S"形（图 6-9）。这种"S"形曲线表明结合 1 分子底物（或效应物）后，酶的构象发生了变化，这种新的构象非常有利于后续分子与酶的结合，大大促进酶对后续底物分子（或效应物）的亲和性，即产生了正协同效应。因此当底物浓度发生较小的变化时，别构酶就可大幅度地控制反应速度，这也是别构酶可以灵敏地调节反应速度的原因。

2. 别构调节的生理意义　别构调节包括同促和异促两种类型、正协同和负协同两种性质的调节。同促效应是对底物浓度改变做出的调节效应。在同促正协同效应中，酶具有"S"形曲线动力学性质，对较小底物浓度的变化，酶反应速度能做出灵敏的应答。这具有重要的生理意义。

在别构酶的"S"形曲线中段，底物浓度稍有降低，酶的活性明显下降，由其催化的代谢途径可因此而被关闭；反之，底物浓度稍有升高，则酶活性迅速上升，代谢途径又被打开，因此它们在细胞内浓度的改变可以快速调节细胞内酶的活性，从而实现对代谢速度和方向的调节。这对于维持细胞内代谢恒定起着重要的作用。

别构效应剂常是代谢途径的终产物或中间代谢物，而别构酶常处于代谢途径的开端或者是分支点上，因此有利于通过反馈抑制的方式及早地调节整个代谢途径的速度，减少不必要的底物消耗。例如，葡萄糖氧化分解可为动物机体提供生理活动所需的 ATP，但是当 ATP 生成过多时，ATP 可以作为别构抑制剂，通过降低葡萄糖分解代谢中的调节酶（己糖激酶、果糖-6-磷酸激酶等）的活性，限制葡萄糖的分解；而当细胞中的 ADP、AMP 较多时，ADP、AMP 可通过别构激活这些酶，促进葡萄糖的分解。因此，可随时调节 ATP、ADP 的水平，维持细胞内能量的正常供应。

三、共价修饰调节

共价修饰是体内调节酶活性的又一重要方式。酶分子上的某些氨基酸残基，在另一组酶的催化下发生可逆的共价修饰，从而引起酶活性的改变，这种调节称为共价修饰调节（covalent modification regulation），又称为酶的化学修饰（chemical modification）。

酶的共价修饰包括磷酸化/脱磷酸、乙酰化/脱乙酰、甲基化/脱甲基、腺苷化/脱腺苷化，以及—SH 与—S—S—互变等。其中磷酸化/脱磷酸在代谢调节中最为重要和常见。

共价修饰调节的特点：①这类酶一般具有无活性（或低活性）与有活性（或高活性）的两种形式，它们之间互变的正、逆两个方向由不同的酶所催化，催化互变反应的酶又常受到激素等因素的调节。这种共价修饰是需要其他酶来催化的。这类酶称为共价修饰酶，一般也是多亚基的。②酶的共价修饰常表现出级联效应（cascade effect）。如果某一激素或其他调节因子使第一个酶发生酶促共价修饰后，被修饰的酶又可催化另一种酶分子发生共价修饰，每修饰一次，就可将调节因子的信号放大一次，从而呈现级联效应。因此，这种调节方式具有极高的效率。例如，肾上腺素对肌肉糖原分解的调节就是典型的例子。

四、酶原激活的调控

1. 酶原和酶原的激活 生物体内有些酶以无活性的前体形式合成和分泌，然后输送到特定部位，当需要时，经专一性蛋白酶作用后转变成有活性的酶而发挥作用。这些不具催化活性的酶的前体称为酶原（zymogen），如胰凝乳蛋白酶原（chymotrypsinogen）、胰蛋白酶原（trypsinogen）和胃蛋白酶原（pepsinogen）等。酶原存在的意义在于：一是避免细胞产生的蛋白酶对细胞进行自身消化；二是使酶在特定的部位和环境中发挥作用，保证体内代谢的正常进行。

从无活性的酶原转变成有活性的酶的过程称为酶原的激活。各种酶原的激活机制虽有所差异，但其共同特点都是分子内部肽键的断裂。被激活的酶在完成其特定功能后，能及时地从靶部位通过自身催化或组织蛋白酶作用而降解。在大多数情况下，酶分子失去一个或几个肽段，再通过空间构象改变而形成活性中心，故酶原激活的问题实际上也是酶分子空间结构变化与催化活力的关系问题。

2. 酶原激活与酶的分子结构 酶原激活时有两种情况，一种是通过水解肽键，使酶蛋白构象变化，活性中心暴露。在消化系统中发挥作用的多种蛋白水解酶多以酶原的形式分泌，在合适的生理条件下，在细胞外有选择地水解一个或几个肽键后被激活。例如，胃蛋白酶原转变成胃蛋白酶时失去 6 个肽段，分子量从 42 500 降至 34 500。

另一种是改变空间结构。一般酶原激活的过程中都有空间结构的明显改变。例如，胰脏分泌的胰蛋白酶原进入小肠后，可被肠液中的肠激酶激活或自身激活，自 N 端切下一个 6 肽后，肽链重新折叠而形成有活性的胰蛋白酶。胰蛋白酶原被激活后，又可作用于胰凝乳蛋白酶原使之转变为相应的有活性的酶。而胰凝乳蛋白酶原由胰腺分泌出来时含有 245 个氨基酸残基，一级结构中有 5 对二硫键，当其在肠腔中受到胰蛋白酶的作用，水解 Arg15 和 Ile16 之间的肽键，但 N 端的 15 肽不会脱离酶分子，因为有二硫键与 Ile16 以后的肽段相连。产物为具有全部酶活力的 π-胰凝乳蛋白酶，后者又可使其他 π-胰凝乳蛋白酶分子继续水解 Leu13-Ser14、Tyr146-Thr147 和 Asn148-Ala149 组成的 3 个肽键，分离出 Ser14-Arg15 和 Thr147-Asn148 两个二肽，生成 π-胰凝乳蛋白酶。再经过两次空间构象的变化，由 π-胰凝乳蛋白酶转变为最终稳定的 α-胰凝乳蛋白酶。在别构过程中，Ile16 游离的 α-氨基旋转 180°和 Asp194 的侧链羧基形成盐键，使 Ile16 质子化。Met192 从分子内部转向表面，Gly193 变得更加伸长。这样就形成一个能与底物非极性侧链结合的疏水"口袋"，而酶分子的第 189~192 位的氨基酸残基组成口袋的一边。与此同时，Ser195 和 His57 移位，与 Asp102 形成接近线性的排列且相互以氢键相连（Asp102-His57-Ser195），产生有电荷接力作用的活性中心。此电荷接力系统使 His57 从 Ser195 的羟基获得质子而使其咪唑基带正电荷，同时使 Ser195 的亲核性增加而利于与底物敏感肽键的羰基碳形成氢键连接，而 Asp102 侧链羧基的负电荷则对 His57 带正电荷的咪唑基起稳定作用，这些都是酶催化作用的必需条件（图 6-10）。

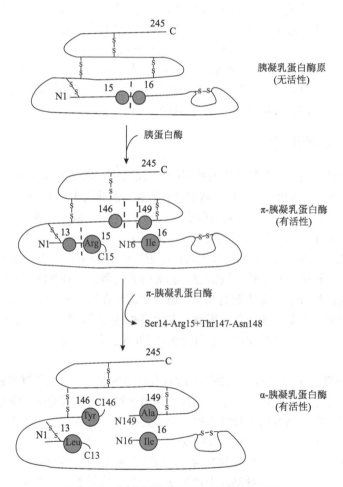

图 6-10　胰凝乳蛋白酶原激活过程示意图

　　酶原激活的生理意义，在于避免细胞内产生的酶对细胞进行自身消化，并可使酶在特定的部位和环境中发挥作用，保证体内代谢的正常进行。例如，胰腺分泌的胰蛋白酶原和胰凝乳蛋白酶原，必须在肠道内经激活后才能水解蛋白质，这样就保护了胰腺细胞免受酶的破坏。血液中虽有凝血酶原，却不会在血管中引起大量凝血，这是凝血酶原没有被激活成凝血酶之故。

五、同工酶

同工酶（isoenzyme）是指催化相同的化学反应，但酶蛋白的分子结构、理化性质和免疫学性质不同的一组酶，是由于一级结构不同而形成的一种酶的多种分子形式，它们可以存在于同一物种、同一生物体的不同组织或同一细胞的不同亚细胞结构中。现已发现有数百种同工酶，如乳酸脱氢酶、碱性磷酸酶、过氧化物酶等。其中，乳酸脱氢酶（lactate dehydrogenase，LDH）最有代表性，其分子量为 130 000～150 000，由 M 型（肌型）和 H 型（心型）两种亚基组装成5 种四聚体，分别为 LDH1（H4）、LDH2（MH3）、LDH3（M2H2）、LDH4（M3H）和 LDH5（M4）。LDH 的 5 种同工酶都能催化乳酸和丙酮酸之间的互变：

$$H_3C-\underset{\underset{OH}{|}}{C}H-COO^- + NAD^+ \overset{LDH}{\rightleftharpoons} H_3C-\underset{\overset{O}{\|}}{C}-COO^- + NADH + H^+$$

同工酶的分子结构有所差异，但却能催化同一化学反应，这是由于同工酶的活性中心结构相似。但它们对同一底物表现出不同的 K_m 值，即亲和力不同。例如，心肌中以 LDH1 较为丰富，LDH1 对乳酸亲和力高，易使乳酸脱氢生成丙酮酸，后者进一步氧化可释放出能量，满足心肌活动的需要；而骨骼肌中含 LDH5 较多，LDH5 对丙酮酸的亲和力高，使它接受氢还原成乳酸，以保证肌肉在短暂缺氧时仍可获得能量。因此，不同类型的 LDH 同工酶在不同组织中的含量和分布比例不同，是与不同组织具有不同类型的代谢特点相适应的。

在临床检验中，观测血清中 LDH 同工酶的电泳图谱，可以作为疾病辅助诊断的手段。例如，心肌梗死时，由于心肌细胞坏死，血清中的 LDH1 含量会随即上升。此外，同工酶可能与畜禽的某些生产性能有关联，而且存在种别差异，因此分析比较血液或组织的同工酶图谱，对于优良畜禽品种的选育有一定的指导意义。

六、酶含量的调控

机体的各种酶都处于不断合成与降解的动态平衡过程中。因此，除改变酶的活性外，细胞也可通过改变酶蛋白的合成与降解来调节酶的含量，进而影响酶促反应速度。调节酶的含量主要有两种方式：①改变酶蛋白的表达水平；②调节酶蛋白的降解速度。

1. 酶蛋白合成的诱导或抑制　　某些底物、产物、激素及药物等可以在基因转录水平上影响酶蛋白的生物合成。这些通过诱导基因转录促进酶合成的物质统称为诱导物（inducer），诱导物诱导酶蛋白合成的作用称为诱导（induction）。反之，通过抑制基因转录减少酶蛋白合成的物质称为辅阻遏物（corepressor）。辅阻遏物通过激活阻遏抑制基因的转录作用，称为阻遏（repression）。例如，大肠杆菌乳糖操纵子中的半乳糖是阻遏物的诱导物，可通过诱导阻遏物别构，调控下游酶基因的表达（详见第十七章"基因表达调控"相关内容）。

酶基因被诱导表达后，需要经过翻译及翻译后加工等步骤，所以通过诱导调控酶蛋白的含量需要较长时间。但是，一旦酶被诱导合成后，即使去掉诱导因素，酶的活性仍然持续存在，直到该酶被降解或抑制。因此，与酶活性调控相比，酶蛋白的诱导与阻遏是一种缓慢而长效的调节。

2. 酶蛋白的降解　　细胞内各种酶的半衰期相差很大，如鸟氨酸脱羧酶的半衰期很短，仅30min，而乳酸脱氢酶的半衰期可长达 130h，酶的降解途径与一般的蛋白质降解途径相同，详见第三章"蛋白质结构与功能的关系"相关内容。

第五节　酶活力的测定与分离纯化

一、酶活力和酶的比活力测定

（一）酶活力和酶的比活力

1. 酶活力　　　酶活力又称酶活性，是指酶催化化学反应的能力。其大小可以用在一定条件下酶催化某一化学反应的速度来衡量，用酶活力单位（enzyme active unit）来表示。

酶活力单位是指在特定的条件下，酶促反应在单位时间内生成一定量的产物或消耗一定量的底物所需的酶量。在实际工作中，酶活力单位往往与所用的测定方法、反应条件等因素有关。为了便于比较，酶活力单位已标准化，1961 年国际酶学委员会规定：1 个酶活力国际单位（IU）是指在最适条件下，每分钟催化减少 $1\mu mol/L$ 底物或生成 $1\mu mol/L$ 产物所需的酶量。如果酶的底物中有一个以上的可被作用的键或基团，则一个国际单位指的是：每分钟催化 $1\mu mol/L$ 的有关基团或键的变化所需的酶量。温度一般规定为 25℃。在实际应用时，要注意尽可能地采用对所测定酶的最适条件。

2. 酶的比活力　　　酶的比活力也称为比活性（specific activity），是指每毫克酶蛋白所具有的酶活力单位数。有时也用每克酶制剂或每毫升酶制剂所含有的酶活力单位数来表示。比活力是表示酶制剂纯度的一个重要指标，常用于监控酶的分离纯化过程和酶制剂的质量。对一种酶来说，比活力越高，则纯度越高。但是较长的存放时间及不适当的存放条件会导致酶的比活力降低。

（二）酶活力的测定

酶活力的测定，实际上就是测定酶所催化化学反应的速度，可用单位时间内底物的减少量或产物的生成量来表示。在一般的酶促反应体系中，底物往往是过量的。在测定的初速度范围内，底物减少量仅为底物总量的很小一部分，测定不易准确；而产物则是从无到有，较易测定。因此，常用单位时间内产物生成的量来表示酶催化的反应速度。

1. 酶活力测定基本要求

1）酶活力的测定要在最适条件下进行，即最适温度、最适 pH、最适底物浓度和最适缓冲液离子强度等，只有在最适条件下测定才能真实反映酶活力大小。

2）测定酶活力大小时，通常要求底物浓度足够大，测定底物浓度的变化在起始浓度的 5%以内的反应速度，这样可以保证所测定的速度是初速度。此结果能较可靠地反映酶的含量。

2. 酶活力测定方法　　　酶活力测定方法包括两个阶段：首先要在一定的条件下，酶与其底物反应一段时间，然后再测定反应液中底物或产物变化的量。

测定酶活力的方法很多，常因反应的底物和产物的性质不同选用不同的方法，应用最广泛的是比色法或分光光度法。凡反应系统中的化合物在紫外区或可见光区有吸收峰的都可以用这种方法进行测定。如果酶催化的是一个需氧反应，如氧化酶，则可用测压法或氧电极法。如果催化的反应系统中需要 ATP 或产生 ATP，如一些激酶；或是有 NAD 存在，如一些脱氢酶和氧化还原酶；或者反应产生 H_2O_2，如一些氧化酶，这些酶的酶活力可以用生物发光或化学发光方法进行测定。总之，测定酶活力的方法很多，应根据具体情况选择合适的方法。

二、酶的分离纯化

酶的分离纯化是酶学研究的基础。一个特定的酶的提纯需要通过许多小实验进行摸索，很少有通用的方法可遵循。酶的纯化过程与一般蛋白质的纯化过程相比，有其自身的特点：一是酶在细胞中的含量很少；二是酶可以通过测定活力的方法加以跟踪。

1. 酶的提取 为了研究酶，首先要将酶从组织中提取出来，加以分离、纯化，不同的研究目的对酶制剂的纯度要求不相同，有些只需要粗的酶制剂即可，而有些则要求较纯的酶制剂。在酶的提取和纯化过程中，始终需要测定酶的活性，通过酶活性的测定以监测酶的去向。

酶提取过程中常遇到一些实际问题。首先，细胞中含有许多种酶，每种酶的浓度又很低，只占细胞总蛋白质的极小部分。此外，各种酶的存在状态不同，有在细胞外（体液）的胞外酶，在细胞内的胞内酶，胞内酶中又有与细胞器一定结构相结合的结合酶，也有的存在于细胞质中，提取时都应区别对待，作不同处理。如果酶是存在于细胞质中，只要将细胞破碎，酶就会转移到提取液中；但如果酶是与细胞器（如细胞核、线粒体等）紧密结合，这时如仅仅破碎细胞还不够，还需要用适当的方法将酶从这些结构上溶解下来。具体方法同蛋白质。

2. 酶的提纯 通过酶的提取过程只能得到酶的粗提液，其中除含有所需要的酶外，还含有其他蛋白质和无机化合物杂质。因此，酶的粗提液还要经过提纯的步骤。

评价分离提纯方法好坏的指标有两个：一是总活力的回收率；二是比活力提高的倍数。总活力的回收率反映了提纯过程中酶活力的损失情况，而比活力的提高倍数则反映了纯化方法的效率。纯化后比活力提高越多，总活力损失越少，则纯化效果越好。

3. 酶的纯度评价 习惯上，当把酶提纯到一恒定的比活力时，即可认为酶已纯化。但仍需用电泳、层析、离心等方法，对纯化的酶进行纯度检验。如果用相应的方法得到了单一的条带、斑点或只有一个峰，则认为该酶达到了相应方法的纯度，简称为电泳纯、层析纯、HPLC纯等。除此之外，还需进行酶活性的检测和活性部位的确定。

第六节 核酶及其功能

核酶（ribozyme）是具有催化功能的小分子 RNA，属于生物催化剂，其化学本质是核糖核酸（RNA）。核酶的作用底物可以是不同的分子，而有些作用底物就是同一 RNA 分子中的某些部位。核酶的功能很多，有的能切割 RNA，有的能切割 DNA，有些还具有 RNA 连接酶、磷酸酶等活性。与酶相比，核酶的催化效率较低，是一种较为原始的催化酶。

一、核酶的发现

1981 年，美国科学家 T. Cech 和他的同事研究原生动物四膜虫 26S rRNA 的形成时，发现其是由一个 6.4kb 的前体经切除 414 个核苷酸的内含子后形成的。经过进一步实验证实，此 RNA 发生了自剪接（self-splicing），也就是说前体加工切除基因内含子时 rRNA 的剪接不是由蛋白质，而是由 RNA 催化的，是由 L19RNA 在一定条件下专一地催化寡聚核苷酸底物的切割与连接（具有核糖核酸酶和 RNA 聚合酶的活性），即在核苷酸存在的条件下，将 414nt 的内含子剪切掉了。这一实验的发现不仅表明一个 RNA 分子能够具有高度特异的催化活性，并能自剪接，而且直接导致了核酶的发现。这是人类第一个发现的具有催化活性的 RNA。1983 年，S. Altman 经研究发现大肠杆菌 RNase P 的蛋白质部分除去后，在体外高浓度 Mg^{2+} 存在下，与留下的 RNA 部分［微 RNA（miRNA）］具有与全酶相同的催化活性，进一步证实 RNA 具有催化活性。为了与酶（enzyme）区分，Cech 将它命名为 ribozyme，其中文译名为"核酶"。因为其本质是 RNA，而且不参与翻译，所以它又属于组成性非编码 RNA 中的一员，在非编码 RNA 的分类中也被称为"催化性小 RNA"。

T. Cech 和 S. Altman 因在对"四膜虫编码 rRNA 前体的 DNA 序列含有间隔内含子序列"研究中发现自剪接这些内含子的 RNA 具有催化功能，而获得了 1989 年诺贝尔化学奖。

二、核酶的分类及功能

目前发现的核酶已有几十种。按其反应类别可分为催化分子内反应和催化分子间反应两大类。前者又可分为自剪接（self-splicing）和自切割（self-cleavage）型核酶。

根据其分子大小，可以将核酶分为大分子核酶和小分子核酶两类。大分子核酶都是由几百个核苷酸组成的结构复杂的大分子，包括 I 型内含子、II 型内含子和 RNase P 的 RNA 亚基。小分子核酶常见的有锤头状（hammerhead）核酶、发夹状（hairpin）核酶、丁型肝炎病毒（HDV）核酶和 Varkud 卫星（VS）核酶 4 种类型。小分子核酶活性 RNA 片段一般小于 100 个核苷酸，其主要生物学功能是通过剪切和环化从滚环复制的中间物上产生单位长度的基因组，都能剪切 RNA 磷酸二酯键，产物具有 5'-OH 和 2',3'-环状磷酸二酯键，有些还可以催化连接反应（表 6-4）。

表 6-4　部分天然存在的核酶

核酶	大小/nt	来源	催化反应	功能
锤头状核酶	40	植物类病毒，Newt 卫星 RNA	酯基转移	RNA 复制
发夹状核酶	70	植物病毒卫星 RNA	酯基转移	RNA 复制
HDV 核酶	90	人丁型肝炎病毒	酯基转移	RNA 复制
VS 核酶	160	粗糙链孢菌线粒体质粒的转录物	酯基转移	RNA 复制
I 型内含子	210	真核生物细胞器、原核生物、噬菌体	核苷酸转移	剪接
II 型内含子	500	真核生物细胞器、原核生物	核苷酸转移	剪接
RNase P	300	几乎所有生物	水解	tRNA 前体的剪切
剪接体（U2、U6）	180/100	真核生物细胞核	核苷酸转移	核 mRNA 前体的剪接
核糖体	>2600	所有生物	肽基转移	翻译过程中肽键的形成

目前，已发现核酶所能催化的反应类型相对有限，主要是磷酰基团转移，特别是转酯反应和水解反应。近年来，人们发现蛋白质生物合成过程中的肽酰转移酶是由核糖体大亚基的 rRNA 成分所担任的，这一发现显著地扩展了核酶所能催化的反应类型。通过生化方法和基因组测序数据的生物信息学分析，新的核酶仍在被发现。

核酶的功能主要表现在：①核苷酸转移作用；②水解反应，即磷酸二酯酶作用；③磷酸转移反应，类似磷酸转移酶作用；④脱磷酸作用，即酸性磷酸酶作用；⑤RNA 内切反应，即 RNA 限制性内切酶作用。

核酶的发现意义重大，它不仅从根本上改变了以往只有蛋白质才具有催化功能的概念，而且对探索生命的起源很有启发意义。在漫长的生命演化过程中，地球上可能曾出现过一个"RNA 世界"。在那个世界里，第一批自我复制的生物以 RNA 作为遗传物质和催化剂。虽然现代蛋白质可能已经取代了大部分这些古老的催化 RNA，但对于那些至今仍然保留催化活性的 RNA 来说，它们似乎是这种进化过程中留下的"活化石"。其有力地支持了生物起源前 RNA 世界的假设。

核酸分子的结构与功能

核酸是生命有机体的基本组成物质之一，是重要的生物大分子，从高等的动植物到简单的病毒都含有核酸。核酸最早是在 1868~1869 年由 Miescher 发现的，他从附着在外科绷带上的脓细胞核中分离出一种含磷量很高的酸性物质，由于它来源于细胞核，当时称之为"核素"（nuclein）。1889 年，Altmann 在纯化"核素"的过程中得到一种不含蛋白质的酸性物质，他把这种物质称为核酸（nucleic acid）。后来证明，所有的生物都含有核酸，核酸是遗传信息的载体。

双链 DNA 是遗传的物质基础，DNA 携带遗传信息，并通过复制的方式将遗传信息进行传代。细胞及个体的基因型（genotype）是由这种遗传信息所决定的。在绝大多数生物中，细胞将 DNA 的遗传信息转化为单链 RNA 分子的核苷酸序列。

RNA 作为遗传信息的载体指导合成蛋白质。近些年，包括多肽合成、基因表达调控及保护其免受病毒感染引入的外来核酸等 RNA 的多种功能被发现，并且发现除了三种参与蛋白质合成的基本 RNA 外，还有许多其他的非编码 RNA，大大扩展了传统 RNA 的研究，取得了许多研究成果。

本篇主要对基因和基因组及 DNA 和 RNA 的分子结构及性质，核酸的基本研究技术进行描述，非编码 RNA 的相关内容将在其他章节介绍。

第七章　基因、基因组与染色体

基因是能够编码蛋白质或 RNA 等具有特定功能产物的、负载遗传信息的基本单位。基因组是指一个细胞或生物体内所有遗传信息的总和。人类基因组包含了细胞核染色体 DNA 及线粒体 DNA 所携带的所有遗传物质。不同生物的基因和基因组大小及组成结构等各有特点，其贮存的遗传信息量有巨大差异。本章主要讨论原核生物和真核生物基因或基因组及染色体的结构和功能。

第一节　基因与基因组概述

DNA 是基因的物质基础，基因的功能实际上是 DNA 的功能，包括：①利用 4 种碱基的不同排列荷载遗传信息；②通过复制将所有的遗传信息稳定、忠实地遗传给子代细胞，在这一过程中，体内、外环境均可导致随机发生的基因突变，这些突变是生物进化的基础；③作为基因表达的模板，使其所携带的遗传信息通过各种 RNA 和蛋白质在细胞内有序合成而表现出来。

一、基因

基因最简单的定义是"DNA 单位，它包含特定单个多肽链或功能 RNA（如 tRNA）合成的信息"。大多数基因携带信息来构建蛋白质分子，而构成细胞 mRNA 分子的正是这些蛋白质编码基因的 RNA 拷贝。小病毒的 DNA 分子只含有几个基因，而高等动植物每条染色体中的单个 DNA 分子可能含有几千个基因。

基因的基本结构包含编码蛋白质或 RNA 的编码序列（coding sequence）和与之相关的非编码序列（non-coding sequence），包括编码区（coding region）序列、将编码区序列分割成数个片段的间隔序列、编码区两侧调控基因表达的调控序列。基因的功能通过两个相关部分信息而完成：一是可以在细胞内表达为蛋白质或功能 RNA 的编码区序列；二是为表达这些基因（即合成 RNA）所需要的启动子（promoter）、增强子（enhancer）等调节区（regulatory region）序列。

二、基因组

基因组（genome）是指一个细胞或生物体内所有遗传信息的总和，由"基因"（gene）和"染色体"（chromosome）两个词组合而成。1920 年，德国科学家 H. Winkles 首先使用基因组一词来描述生物的全部基因和染色体。人类基因组包含了细胞核染色体 DNA（常染色体和性染色体）及线粒体 DNA 所携带的所有遗传物质。

基因组学（genomics）是指研究并解析生物体整个基因组的所有遗传信息的学科，是美国人 T. H. Rodehck 在 1986 年提出来的。

三、基因组 DNA 分子的大小与 C 值矛盾

第一个被测序的基因组是于 1995 年完成测序的小的细菌基因组，它小于 2Mb。2002 年完成了大于 3000Mb 的人类基因组的测序。到 21 世纪初已完成了"模式生物"细菌、古细菌、酵母和其他单细胞真核生物、植物、线虫、果蝇和哺乳动物等物种基因组的测序。现已知酵母基因组中有 6000 个基因，果蝇有 13 600 个基因，植物拟南芥有 25 000 个基因，小鼠和人类可能有 20 000～25 000 个基因。在一些最常见的生物体中，可以看到基因组大小随着复杂性的增加而稳步增加。基因数目和基因大小的数据显示，二者之间的相关性模糊，单细胞真核生物的基因组与最大细菌基因组的大小差不多。高等生物含有更多的基因，但它们的基因数和基因组大小不相称。

一个物种单倍体基因组的 DNA 含量称为 C 值（C value）。不同生物的 C 值变化很大，从小于 10^6bp 的支原体到大于 10^{11}bp 的植物和两栖动物。基因组的大小在一定程度上与有机体的复杂程度有关，复杂程度大的生物 C 值一般也大。单倍体基因组的 DNA 含量与低等真核生物的形态复杂性有关，但在高等真核生物中差异很大。从原核生物到哺乳动物，每个门的最小基因组大小都在增加。到 21 世纪初，分子生物学家已经完成了数百种病毒、数十种细菌和单细胞真核生物芽殖酵母、酿酒酵母的整个基因组测序。酵母、果蝇、鸡和人类的单倍体染色体 DNA 分别为 12Mb、180Mb、1300Mb 和 3300Mb，这与我们认为这些生物体日益复杂的情况是一致的。但每个细胞 DNA 含量最高的脊椎动物是两栖动物，它们在结构和行为上肯定不像人类那么复杂。但单细胞原生动物放射变形虫（*Amoeba dubia*）的每个细胞 DNA 含量比人类多 200 倍。许多植物物种每个细胞的 DNA 含量也比人类多得多。沿着进化树上行看出，复杂度与 DNA 的关系变得模糊了，即越高等的生物并非就需要更多的基因，称为 C 值矛盾。C 值矛盾是指基因组大小和遗传复杂性之间缺乏相关性，从哺乳动物后的高等生物看，基因组大小与生物形态上的复杂性没有必然的联系。

不同生物的基因及基因组的大小和复杂程度各不相同，所贮存的遗传信息量却有着巨大的差别，其结构与组织形式上也各有特点，包括基因组中基因的组织排列方式及基因的种类、数

目和分布等。在较高等真核生物中，基因组大小并不一定是衡量生物体复杂性的一个标准。例如，人类的单倍体基因组是3000Mb。豌豆和火蜥蜴的基因组分别为4800Mb和40 000Mb。可见，简单生物基因组的空间一定更紧凑，而真核基因组中一定有大量不编码基因的DNA序列存在。表7-1概括了一些生物基因组的大小。

表7-1　不同生物基因组大小

生物名称	基因组大小/Mb	生物名称	基因组大小/Mb
原核生物		脊椎动物	
尿道支原体	0.58	河豚（globefish）	400
大肠杆菌	4.64	人类（human）	3 000
芽孢杆菌	30	小鼠（mouse）	3 300
真核生物		植物	
真菌		拟南芥（*Arabidopsis thaliana*）	100
酵母（yeast）	12.1	水稻（rice）	565
原生动物		豌豆（pea）	4 800
四膜虫	190	玉米（maize）	5 000
无脊椎动物		小麦（wheat）	17 000
秀丽隐杆线虫（*Caenorhabditis elegans*）	100	贝母（fritillary）	120 000
果蝇（fruit fly）	140		
蚕（silkworm）	490		
海胆（sea urchin）	845		

第二节　原核生物基因与基因组

一、原核生物基因与基因组的基本结构

原核生物基因结构简单，其编码区序列是连续的，缺乏内含子，转录后不需剪接。大多数原核生物的基因组相对较小，与真核生物相比有如下特点。

1）有较小的基因组，常仅由一条环状双链DNA分子组成，且裸露在类核结构中。每条原核染色体都有一个超卷曲的环状DNA分子与蛋白质核心组成的复合物。例如，K12大肠杆菌染色体包含约4.2×10^6bp碱基，编码4377个蛋白质编码基因和至少10^9个非编码RNA（ncRNA）。

2）编码区在基因组中所占比例远远大于真核基因组，小于病毒基因组，比真核生物更加紧凑。具有操纵子（operon）结构，转录的mRNA是多顺反子。

3）原核生物的基因组致密且连续，包含约15%的非编码DNA序列。基因组中重复序列少，除了编码rRNA的基因是多拷贝，一般为单拷贝。

4）基因组中存在可移动的DNA序列，包括插入序列和转座子等。例如，IS1、IS186为可以在基因组DNA内部或者在基因组之间转移的片段。它们在不同的菌株位置是不同的。

另外，原核生物也拥有额外的小DNA，称为质粒（plasmid），绝大多数质粒是DNA型的，

天然 DNA 质粒具有共价、封闭、环状的分子结构，即 cccDNA。细菌质粒常是圆形的，但不总是圆形的。质粒基因不存在于主染色体上，很少是细菌生长和生存所必需的。但它们具有为细胞提供生长或生存的生物分子、抗生素耐药及其他独特的代谢能力（如固氮性）、独特能源的降解（如芳香族化合物）或毒性（如毒素或其他破坏宿主防御机制的因素）等的编码基因。

二、原核生物基因组 DNA 的组装

绝大多数原核生物基因组的 DNA 是环状的双螺旋分子。在细胞内经过进一步盘绕后，形成一个具有许多超卷曲环的类核（nucleoid）结构。细菌基因组由大量的双链 DNA 与数量不等的蛋白质结合形成环状结构，每个环固定在碱基上形成一个独立的特征性结构（图 7-1）。

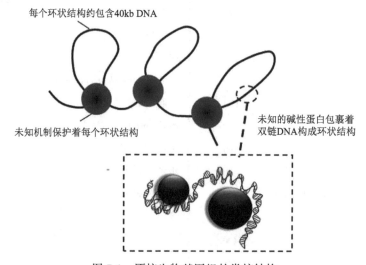

图 7-1　原核生物基因组的类核结构

在细菌 DNA 中，不同的 DNA 区域可以有不同程度的超螺旋结构，并可以相互独立存在。负超螺旋的 DNA 双链只能以闭环的形式或者在与蛋白质结合的条件下存在。这种负超螺旋形式产生了 DNA 双链的局部解链效应，有助于复制、转录等生物过程的进行。

第三节　真核生物基因与基因组

一、真核生物基因的基本结构

1. 真核生物基因是断裂基因　　与原核生物相比，真核生物基因结构的最突出特点是其编码区序列是不连续的，称为断裂基因（split gene）。在基因序列中，出现在成熟 mRNA 分子上的序列称为外显子（exon）。位于外显子之间、mRNA 剪接过程中被删除部分相对应的间隔序列则称为内含子（intron）。内含子和外显子同时出现在最初合成的 mRNA 前体中，在合成后被剪接加工为成熟 mRNA。

高等真核生物绝大部分编码蛋白质的基因都有内含子，除了编码 mRNA 的基因，编码 rRNA 和 tRNA 的基因也都有内含子，但组蛋白和干扰素编码基因例外。内含子的数量和大小在一定程度上决定了高等真核基因的大小。低等真核生物的内含子分布差异较大，如有的酵母的编码基因有较少的内含子，有的则常见。另外，在不同种属中，外显子序列通常比较保守，而内含

子序列通常变异较大，但不同基因中外显子的数量可能不同，少则数个，多则数十个，外显子的数量是描述基因结构的重要特征之一。因此，真核生物的基因结构表现出广泛的多样性。一些基因未被分隔开，因此基因组序列与 mRNA 呈共线性关系。而大多数真核生物的基因是断裂的，且内含子的数目和大小存在差异。

需要注意的是：所有基因都有可能断裂，如编码蛋白质的核基因、编码 rRNA 的核仁基因和编码 tRNA 的基因。也就是说，断裂现象并不局限于编码基因，在单细胞/寡细胞真核生物的线粒体和叶绿体基因中，也发现了断裂基因。另外，断裂基因并不只存在于真核生物中，也存在于细菌和噬菌体中，只是在其基因组中发现的概率较低。

2. 基因编码区决定编码产物的结构与功能 基因编码区中的 DNA 碱基序列决定一个特定的成熟 RNA 的序列。有的基因仅编码一些有特定功能的 RNA，如 rRNA、tRNA 及其他小分子 RNA 等，而大多数基因则是通过 mRNA 进一步翻译为蛋白质多肽链。无论是编码 RNA 还是蛋白质，其基本原则都是 DNA 的一级结构决定其转录产物 RNA 分子的一级结构，DNA 基因编码序列决定其编码产物的序列和功能。编码序列中一个碱基发生突变，其基因的功能就可能发生变化。

3. 真核生物基因中的调控序列 除编码序列外，真核生物基因的组成结构中还包括对基因表达起调控作用的区域，位于基因转录区的前后。这些调控序列又被称为顺式作用元件（*cis*-acting element），包括启动子、上游调控元件、增强子、绝缘子、沉默子、加尾信号和一些信号反应元件等。

二、真核生物基因组的结构

1）真核生物基因组庞大，含两份同源的基因组（除配子细胞外），体细胞的基因组为二倍体（diploid）。基因组 DNA 与蛋白质形成染色体。每条真核生物染色体都是由一个单一的线性 DNA 分子与组蛋白和其他蛋白质复合物形成染色质。根据物种的不同，真核生物的染色体的长度和数量都有所不同。例如，人类拥有 23 对染色体，并拥有约 30 亿 bp 的单倍体基因组；果蝇有 4 对染色体，共 1.8 亿 bp 的基因组；玉米有 10 对染色体，24 亿 bp 的基因组。

2）真核生物基因组中基因的编码序列所占比例远小于非编码序列。后者包括单个编码序列间的间隔序列及转录起始位点后的基因 5 端非翻译区、3 端非翻译区。真核基因组无操纵子结构，是单顺反子，单拷贝基因。例如，人的基因组为 3100Mb，蛋白质编码基因的编码序列约占 1.5%，内含子占 25.9%；在一个蛋白质编码基因的全部序列中，编码成熟 mRNA 的序列平均占 5%。

3）高等真核生物基因组有大量的重复序列。例如，人的基因组中几乎一半由重复序列组成，主要是微卫星 DNA（约占全基因组的 3%）和基因组上广泛分布的重复序列。包括：①高度重复序列（highly repetitive sequence）：较短，且以串联形式重复。②中度重复序列（moderately repetitive sequence）：分散分布、重复数次，且一些拷贝是不一样的。例如，*Alu* 家族是哺乳动物基因组中含量最丰富的一种短分散中度重复序列，平均每 3kb DNA 就有一个 *Alu* 序列[*Alu* 家族每个成员的长度约 300bp，由于每个单位长度序列中有一个限制性内切酶 *Alu* 的切点（AGCT），将其切成长 130bp 和 170bp 的两段，因而命名为 *Alu* 序列或 *Alu* 家族]。③单一序列（unique sequence），其基因是独特的，都是编码基因。

4）高等真核生物基因组存在多基因家族。真核基因组的另一结构特点是存在多基因家族（multigene family），是指由某一祖先基因经过重复和变异所产生的一组在结构上相似、功能相关的基因。分为两类：一类是基因家族成簇地分布在某一条染色体上，可同时发挥作用，合成某些蛋白质。例如，组蛋白基因家族成簇集中在第 7 号染色体。另一类是基因家族的不同成员分布于不同的染色体上，这些不同成员编码一组功能上相关的蛋白质。例如，人的 α-珠蛋白和 β-珠蛋白基因家族分别位于第 11 号和第 16 号染色体上。

一个多基因家族中可有多个基因，根据结构和功能不同，又可划分亚家族（subfamily）。例如，人的低分子量 G 蛋白基因家族至少有 50 多个成员，其中又分为 RAS、RAC 等亚家族。还有一些 DNA 序列相似，但功能不一定相关的若干个单拷贝基因或若干组基因家族可以被归结为基因超家族（gene superfamily），如免疫球蛋白基因超家族。

5）真核生物基因组中存在假基因。假基因（pseudogene）是基因组中存在的一段与正常基因相似却不能正常表达的 DNA 序列，用 ψ 表示。第一个假基因是 1977 年在研究非洲爪蟾核糖体 5S rRNA 的基因时发现的。据估计，至目前人类至少有 17 000 个假基因，其中许多与其他灵长类动物共享。有证据表明，假基因的转录产物虽不能翻译为正常的多肽链，但可以影响其同源功能基因的表达。已知的假基因可以分为两种类型：①已加工假基因（processed pseudogene）：可能是基因经过转录后生成的 RNA 前体通过剪接失去内含子形成 mRNA，mRNA 通过逆转录产生 cDNA，再整合到染色体中成为假基因。②非加工假基因（non-processed pseudogene）：可能是在基因组复制时发生了基因突变，使复制出的基因出现异常，从而成为假基因。这种类型的假基因的结构与正常基因的功能基因组相似，仍可保留内含子。

目前已知假基因的数目是巨大的，在小鼠和人类基因组中，假基因的数目约是活性基因数目的 10%，一些假基因可能具有某些功能，如产生调节性 miRNA（见第十七章"基因表达调控"相关内容）。

6）真核生物基因组编码区除了控制蛋白质编码基因的调控 DNA 序列，大量的 DNA 序列编码不同类型的 ncRNA，调节基因组功能的各个方面。非编码序列包括非编码 RNA 序列、内含子、调节区和重复 DNA。人类基因组的非编码序列占 98%。基因组中有串联重复序列和散在重复序列两类重复 DNA。

三、真核生物基因组的结构组成与染色质装配

（一）染色体 DNA 的组成及核小体组装

人类基因组包含了细胞染色体 DNA（常染色体和性染色体）和线粒体 DNA 所携带的所有遗传物质。真核 DNA 与核小体组蛋白结合组装成染色体，即细胞染色体 DNA。在真核细胞内，因为 DNA 总长度是细胞长度的 10 万倍，所以 DNA 的包装对细胞结构至关重要。在细胞周期的大部分时间里，细胞核内的 DNA 作为一种核蛋白复合物以松散的染色质（chromatin）形式存在，大部分分散在细胞核中。只有在细胞分裂期间，细胞核内的 DNA 才形成高度致密的染色体（chromosome）。染色质和染色体两者在化学组成上没有差异，均由 DNA、组蛋白、非组蛋白及少量 RNA 组成，但包装程度即构型不同，是遗传物质在细胞周期不同阶段的不同表现形式。

真核生物的染色体中，单一线性 DNA 分子与蛋白质完全融合在一起，其蛋白质与相应的 DNA 的质量比约为 2∶1。蛋白质部分在染色体的结构中起重要作用，包括组蛋白和非组蛋白。非组蛋白也与染色质相关，如 DNA 复制和修复的酶、染色质重塑蛋白及大量的转录因子等。这样，DNA、组蛋白、非组蛋白及部分 RNA（主要是尚未完成转录而仍与 DNA 模板相连接的一些 RNA，其含量不到 DNA 的 10%）组成染色体。

1. 染色质中的蛋白质

（1）组蛋白　　与真核 DNA 相关的最丰富的蛋白质是组蛋白（histone，H），是一个存在于所有真核细胞核中的小的蛋白质家族。组蛋白作为核小体的基本组分，是染色质的结构和功能必需的。根据其凝胶电泳性质，可以将其分为 H1、H2A、H2B、H3 和 H4 五大类。它们具有以下特点。

1）进化上极端保守。特别是 H3、H4 组蛋白，可能与稳定染色体结构有关。例如，牛、猪、大鼠的 H4 组蛋白的氨基酸序列完全相同。H2A、H2B、H3 和 H4 四种组蛋白的氨基酸序列在亲缘相关物种中明显相似。例如，来自海胆组织和小牛胸腺的 H3 组蛋白序列仅单一氨基酸不同，来自花园豌豆和小牛胸腺的 H3 组蛋白仅 4 个氨基酸不同。所有真核生物的组蛋白之间的相似序列表明它们折叠成非常相似的三维构象。

2）无组织特异性。H1 组蛋白的氨基酸序列因生物而异，变化较大。在某些组织中，H1 组蛋白被特殊的组蛋白所取代。例如，在鸟类有核红细胞中，一种 H5 的组蛋白存在于 H1 中。精细胞染色体的组蛋白是鱼精蛋白等。

3）肽链上氨基酸分布不对称。碱性氨基酸集中在 N 端，疏水性氨基酸集中在 C 端；富含带正电荷的碱性氨基酸，特别是赖氨酸（Lys）和精氨酸（Arg）等碱性（即带正电荷）氨基酸，与 DNA 中带负电荷的磷酸盐基团相互作用。

4）组蛋白的修饰作用。例如，在组蛋白的 Lys 和 Arg 残基上发生甲基化，与基因沉默和基因激活有关。核心蛋白 H3、H4 N 端 Lys 上的乙酰化，与基因活化、DNA 修饰、拼接、复制及染色体组装和细胞信号转导等有关；组蛋白泛素化在 Lys 残基上，不降解蛋白质，但可招募核小体到染色体，参与 X 染色体失活，影响组蛋白的甲基化和基因的转录等。

（2）非组蛋白　　真核细胞染色体上除了含有约与 DNA 等量的组蛋白，还含有大量的非组蛋白。非组蛋白（nonhistone protein）是细胞核中组蛋白以外的酸性蛋白质，占蛋白质总量的 60%～70%，且种类多，达 20～100 种，常见的有 15～20 种。不同组织细胞中其种类和数目都不相同，质量所占比例小于组蛋白。

非组蛋白包括酶类（如 RNA 聚合酶），与细胞分裂有关的收缩蛋白、骨架蛋白、核孔复合体蛋白、肌动蛋白、肌球蛋白、微管蛋白等，以 DNA 为底物的酶，以及作用于组蛋白的一些酶如组蛋白甲基化酶，此外还有 DNA 结合蛋白、组蛋白结合蛋白和调控蛋白。非组蛋白能够识别特定的 DNA 序列，识别位点存在于 DNA 双螺旋的大沟部分，其识别与结合依靠的是氢键和离子键，而非共价键。

非组蛋白发挥重要的生物学功能，包括：①参与染色体的构建，帮助染色质折叠、盘曲，进而形成在复制和转录功能上相对独立的结构域；②启动 DNA 的复制，启动蛋白、DNA 聚合酶、引发酶等启动和推进 DNA 分子的复制；③调控基因的表达，基因调控蛋白以竞争性或协同性结合的方式，作用于一段特异 DNA 序列上，调节有关基因的表达。重要的非组蛋白如下。

1）高速泳动族蛋白（high mobility group protein，HMG 蛋白）：特点是分子量较小，其中 HMG1 和 HMG2 富含赖氨酸、精氨酸、谷氨酸和天冬氨酸。能与 DNA 结合，也能与 H1 作用。但与 DNA 结合不牢固，易用低盐溶液抽提，可能与 DNA 的超螺旋结构有关。

2）DNA 结合蛋白：分子量较小，约占非组蛋白的 20%，染色质的 8%。但与 DNA 结合比较紧密，可能是与复制和转录有关的一些酶或调控物质。

2. 染色质中的核小体及其组装

（1）核小体的组成　　在所有真核生物中，染色质的基本亚单元都含有相同的组织结构，这些亚单元称为核小体（nucleosome）。核小体是由 DNA 缠绕组蛋白八聚体形成的，是构成染色质的基本单位。核小体组蛋白包括 H1、H2A、H2B、H3、H4 五种类型。组蛋白的 N 端和 C 端尾部可以进行多种翻译后修饰，可进一步影响染色质的结构。在电子显微镜中，染色质呈串珠状外观（图 7-2）。每一个"珠"都是一个核小体，两分子的小分子碱性蛋白 H2A、H2B、H3 和 H4 形成一个组蛋白八聚体内核，约 200bp 的 DNA 分子以负超螺旋形式盘绕在组蛋白八聚体构成的内核颗粒的表面，形成了一个核小体，单个组蛋白 H1 与每一个核小体相连。组蛋白的其他部分称为组蛋白尾部（histone tail），从表面向外延伸出来。

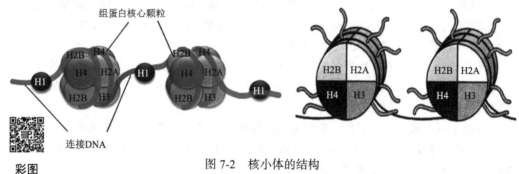

彩图

图 7-2　核小体的结构

核小体的核心颗粒再由 DNA（约 60bp）和组蛋白 H1 共同构成的连接区连接起来形成串珠状的染色质细丝。这时染色质的压缩包装比（packing ratio）为 6 左右，即 DNA 由伸展状态压缩为近 1/6。200bp DNA 为平均长度；不同组织、不同类型的细胞，以及同一细胞里染色体的不同区段中，盘绕在组蛋白八聚体核心外面的 DNA 长度是不同的。例如，真菌的可以短到只有 154bp，海胆精子的可以长达 260bp，但一般变动在 180～200bp。在这 200bp 中，146bp 是直接盘绕在组蛋白八聚体核心外面，这些 DNA 不易被核酸酶消化，其余的 DNA 用于连接下一个核小体。连接相邻两个核小体的 DNA 分子上结合了另一种组蛋白 H1。

（2）核心组蛋白的结构及组装　　每个高度保守的核心组蛋白都包含一个共同的结构特征。3 个 α 螺旋由两个短的非结构化片段分开，这种高度保守的结构称为组蛋白折叠（histone fold）。当两组 H2A 和 H2B 形成两组头对尾时，就会形成组蛋白核心异源二聚体，H3 和 H4 组蛋白形成两组头尾异源二聚体。然后 H3H4 异源二聚体结合形成一个 $H3_2H4_2$ 四聚体。核小体组装先是 $H3_2H4_2$ 与 DNA 结合，然后与 H2AH2B 二聚体结合，核小体组装完成。每个组蛋白八聚体与约 146bp（1.75 螺旋旋转）DNA 接触（图 7-3）。

核心组蛋白游离的 N 端尾部由 25～40 个从核小体延伸出来的氨基酸残基组成。尾部残基的共价修饰（如乙酰化和甲基化）可以改变它们与附近核小体的相互作用，以促进附近染色质的压缩或展开，或改变 DNA 对转录因子等蛋白质的结合。这些修饰被称为表观遗传修饰（见第十七章"基因表达调控"相关内容）。

组蛋白 H1 包含了一组密切相关的蛋白质，其数量相当于核心组蛋白的一半，所以很容易从染色质中抽提出来。经实验发现，所有的 H1 被除去后不会影响到核小体的结构，这表明 H1 是位于蛋白质核心之外的。组蛋白 H1 分子（不包含组蛋白折叠的蛋白质）结合在盘绕于核心组蛋白上的 DNA 双链的进、出口处，形成一个夹，阻止核小体分解，发挥稳定核小体结构的功能。在细胞中，新复制的 DNA 在复制叉后不久即被组装成核小体，但当分离的组蛋白在体外生理盐浓度中添加 DNA 时，核小体不自发形成。

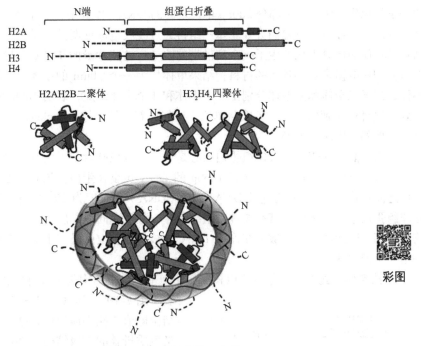

图 7-3 核心组蛋白的结构与组装

（二）真核生物染色质的组装

从 DNA 到染色体不论是形态还是长度都相差很大。人类最长的一个染色体全长仅 10μm，但其 DNA 却长达 7.2cm；一个细胞核直径仅 5μm，在这样一个小小的空间中却要容纳下全长近 200cm 的 DNA，DNA 如何形成染色体纳入小小的核中？为了解决这个问题，很多科学家经过近 20 年的努力，最终提出了为大多数人接受的"串珠"模型。

1. "串珠"模型提出的实验研究历程　　1956 年，Wilkins 和 Luzzati 对染色质进行了 X 射线衍射研究，发现染色质具有间隔为 10nm 的重复性结构。考虑到蛋白质和 DNA 本身的结构从来不会表现出这种重复性，推测可能是组蛋白和 DNA 的结合方式使 DNA 折叠或缠绕成具有 10nm 周期的重复结构。

1971 年，Clark 和 Felsenfeld 用金葡菌核酸酶（staphylococcal nuclease）作用于染色质，发现一些区域对该核酸酶敏感，有一些则不敏感，且不敏感的区域比较均一，提示染色体中存在着某些亚单位。两年后，Hewish 和 Burgoyun 用内源核酸酶消化细胞核，再从核中分离出 DNA，结果发现了一系列 DNA 片段，它们是相当于长约 200bp 的一种基本单位的多聚体，表明组蛋白结合在 DNA 上，且以一种有规律的方式分布，使对核酸酶敏感的只是某些限定区域。1974 年，Noll 用外源核酸酶处理染色质，然后进行电泳，证实了以上结果。他测得前 3 个片段的长度分别为 205bp、405bp、605bp，每个片段相差 200bp，即染色质可能以 200bp 为一个单位。同年，Olins 夫妇和 Chambon 等先后在电镜下观察到大鼠胸腺和鸡肝染色质的"串珠"状结构，小球的直径为 10nm。这正好和以上酶的实验结果相符。

由于 X 射线衍射图的结果表明组蛋白的多聚体都是紧密相连，并无可容纳像 DNA 分子那样大小的孔洞，因此不可能由 DNA 之"绳"穿过组蛋白之"珠"，而只可能是 DNA 缠绕在"珠"的表面。1974 年，Kornberg 和 Thomas 用实验回答了这一问题。他们先用微球菌核酸酶稍稍消化一下染色质，切断了一部分 200bp 单位之间的 DNA，使其中含有单体、二聚体、三聚体和四聚体等。然后经离心将它们分开。每一组再通过凝胶电泳证明其分子大小及纯度，微球菌核酸酶对染色质的部分消化产生了一个离散带的阶梯，这些片段的 DNA 含量是基本片段的倍数。然后分别用电镜来观察各组的材料，结果单体均为一个 10nm 的小体，二聚体则是两个相连的小体，同样三聚体和四聚体分别由 3 个小体和 4 个小体组成，表明 200bp 的电泳片段长度级差正好是电镜观察到的一个"串珠"单位，他们称其为核小体（nucleosome）或核粒，提出了染色质结构的"串珠"模型。

　　X 射线晶体学表明八聚体组蛋白核心是一个大致呈圆盘状，由八联体组蛋白亚基组成的分子。所有真核生物的核小体都含有 146bp 的 DNA 包裹在蛋白质核心周围略小于两圈。相邻核小体之间连接的 DNA 称为连接 DNA（linker DNA），长度为 20～70bp，物种之间变化较大，是非组蛋白结合的区域。其有物种、组织差异，甚至在同一细胞内也有不同。连接 DNA 易受酶的作用，因此微球菌核酸酶在连接 DNA 处被切断，也就是"串珠"结构的绳被切断，剩下一个一个的"珠"。

　　2. 染色体的组装　　染色质以核小体作为基本单位结构逐步进行包装压缩，共经过 4 级包装（图 7-4）。其具体过程是：DNA 长链经过一级结构即形成核小体串珠纤维，其长度被压缩为 1/7；染色质折叠的二级结构是 30nm 纤丝，是由核小体连接起来的纤维状结构经螺旋化形成中空的螺线管，螺线管的每一圈包括 6 个核小体，外径约为 30nm，DNA 的长度在一级结构的基础上又被压缩为 1/6；染色体构型变化的三级结构是 30nm 的螺线管螺旋化形成的筒状结构，称为纤维环，DNA 的长度在二级结构的基础上被压缩为 1/40；纤维环再进一步螺旋折叠则形成染色单体，形成染色体构型变化的四级结构，由三级到四级结构，即形成染色单体后，DNA 的长度在三级结构的基础上被压缩为 1/5。因此经过多级螺旋化，可以使几厘米长的 DNA 与组蛋白共同形成几微米长的染色体，其长度总共被压缩为 1/10 000～1/8000。

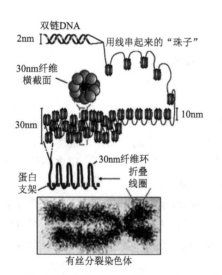

图 7-4　染色质的组装（邹思湘，2005）

　　每条染色体都有一个叫作着丝粒（点）的收缩点，它将染色体分成两个部分，即"臂"。短臂称为"p 臂"，长臂称为"q 臂"。着丝粒（点）在每条染色体上的位置为染色体提供了特有的形状，可用于帮助描述特定基因的位置。染色体有种属特异性，随生物种类、细胞类型及发育阶段不同，其数量、大小和形态存在差异。

　　（三）真核生物染色体的凝聚

　　在细胞分裂中期，所有染色体以其浓缩形式在细胞中心排列。巨大的真核 DNA 如何被凝聚在染色体的有限空间内？染色体结构维持（structural maintenance of chromosome，SMC）家族的相互作用会影响整条染色体的结构，通过介导分子内部交联使 DNA 形成卷曲螺旋。

　　SMC 是在染色体凝集过程中发挥作用的一种蛋白质复合物，是 ATP 酶，分为凝缩蛋白（condensin）和黏连蛋白（cohesin）两个功能组。其共性结构和功能：①有相对对称的结构，末端有 ATP 酶的活性和 DNA 结合位点；②具有两段超螺旋结构，通过铰链结构相连，可以形成异质二聚体；③两种蛋白质的分子都能弯曲，黏连蛋白的弯曲度比凝缩蛋白大；④两类 SMC 蛋白功能接近，凝缩蛋白负责控制整个染色体结构在有丝分裂时使染色体压缩；黏连蛋白负责有丝分裂时释放的姐妹染色体单体的连接（图 7-5）。

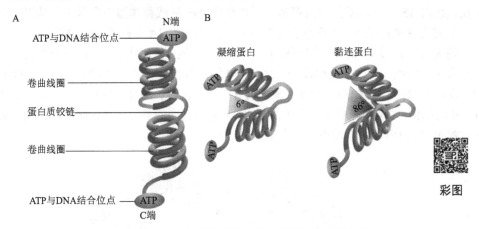

图 7-5 SMC 蛋白（A）与凝缩蛋白和黏连蛋白（B）的结构

SMC 蛋白有卷曲线圈结构；凝缩蛋白和黏连蛋白构象相似，凝缩蛋白的两部分构象形成 6°夹角；黏连蛋白具有更开放的构象，构象形成的夹角为 86°

黏连蛋白形成舒展的二聚体结构，类似 "V" 形结构，每个臂之间形成一个大的夹角，使两个不同的 DNA 分子可以连接起来。凝缩蛋白的弯曲形成一个小的夹角，使 DNA 成为紧密的结构。此外，两个单体的 "头部/颈部" 之间也能相互作用，如黏连蛋白通过 "头部/颈部" 的作用二聚化和多聚化，以此方式将两个 DNA 分子 "抱" 在一起。另一种模型是二聚体的头部和铰链区都能相互作用，形成一种环状结构，它们不是直接与 DNA 作用，而是使 DNA 分子成环使它们聚集在一起（图 7-6）。

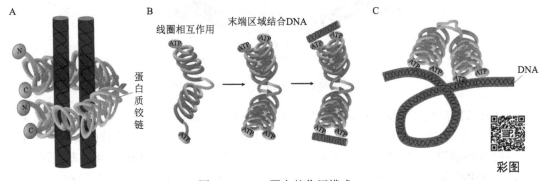

图 7-6 SMC 蛋白的作用模式

A. 黏连蛋白可以在 DNA 周围形成环状结构；黏连蛋白可以通过分子间作用力进行二聚化，并在铰链处形成多聚体，这种多聚体可以将 DNA 分子聚集在一起。B. 黏连蛋白形成可以交联的 DNA 链；SMC 蛋白通过中央卷曲线圈之间的反平行相互作用形成二聚体。每个交联蛋白两个终端区域都连接有 ATP。两端 ATP 和 DNA 序列相结合。黏连蛋白形成的延伸结构可连接两个不同分子。C. 凝缩蛋白可以压缩 DNA；凝缩蛋白可以通过在铰链处弯曲形成紧凑的结构来压缩 DNA，使 DNA 变得紧凑

四、线粒体基因组

线粒体是细胞内的一种重要细胞器，线粒体作为细胞的 "能量工厂"，除了为细胞的生命

活动提供能量，线粒体在细胞中还执行多种功能，如参与氨基酸和脂肪酸的代谢，血红素、激素和铁硫簇的生物合成，以及调节细胞凋亡、钙稳态和活性氧信号转导。

一个细胞可拥有数百至上千个线粒体。线粒体有自己的遗传物质，即线粒体 DNA。线粒体 DNA（mitochondrial DNA，mtDNA）可以独立编码线粒体中的一些蛋白质，只负责编码氧化磷酸化系统的 13 个必需的蛋白质亚基，而其余约 99% 的线粒体蛋白质是由核基因编码的。线粒体在细胞质中独立复制，不受细胞分裂影响，因此 mtDNA 是核外遗传物质。

绝大多数 mtDNA 的结构与原核生物的 DNA 类似，是环状分子。两条链中的每一条编码蛋白质和 RNA 时，外（H）股的转录发生在顺时针方向，内（L）股的转录发生在逆时针方向。哺乳动物 mtDNA 与核 DNA 相比，缺乏内含子，不包含长的非编码序列，有重叠基因。有一些 mtDNA 例外，如单细胞真核生物中的 mtDNA 通常是线性的。另外，除了极少数哺乳动物，大多数物种的 mtDNA 中都发现了内含子（图 7-7）。

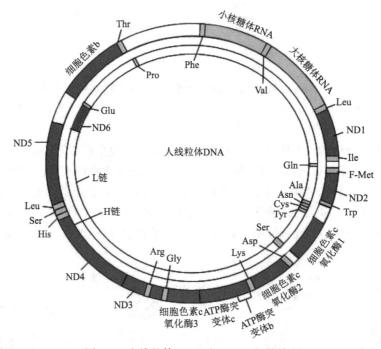

图 7-7　人线粒体 DNA（mtDNA）的编码

线粒体基因组的结构特点也与原核生物基因组的结构特点相似。人的线粒体基因组全长 16 569bp，共编码 37 个基因，包括 13 个编码构成呼吸链多酶体系的一些多肽的基因、22 个编码 mt-tRNA 的基因、2 个编码 mt-rRNA（16S 和 12S）的基因。动物细胞 mtDNA 基因组较小，在哺乳动物中约为 16.5kb。每个细胞中有数百个线粒体，每个线粒体有多份拷贝的 DNA。mtDNA 相对于细胞核内 DNA 是相对小的，不到细胞核内 DNA 的 1%。酵母中线粒体基因组较动物细胞大。在酿酒酵母中，mtDNA 的大小随品系不同有差异，平均约为 80kb，每个细胞中约有 22 个线粒体，平均每个细胞器中有 4 个基因组。在生长细胞中，mtDNA 可占到 DNA 总数的 18%。

mtDNA 的所有 RNA 转录物及其翻译产物都保留在线粒体中，所有 mtDNA 编码的蛋白质都是在线粒体核糖体上合成的。在大多数生物中，mtDNA 在整个间期都在复制。细胞中 mtDNA 的总量取决于线粒体的数量、mtDNA 的大小和每个 mtDNA 分子的数量。

从表 7-2 显示的已测序的不同生物 mtDNA 序列中，可以看出 mtDNA 发挥其功能的通用模式，即编码蛋白质的基因总数并不与基因组大小成比例。例如，动物细胞 mtDNA 用 16kb 的基因组去编码 13 种蛋白质；植物用了更多的基因组，也编码了较多的蛋白质。两种主要的 rRNA 一般由线粒体基因组编码，而 tRNA 由线粒体基因组编码的数目随物种不同有差异，可能一个也没有，可能全部由线粒体基因组编码。

表 7-2　不同生物 mtDNA 的比较

物种	大小/kb	编码蛋白质的基因数	编码 RNA 的基因数
真菌	19～100	8～14	10～28
原生生物	6～100	3～62	2～29
植物	186～366	27～34	21～30
动物	16～17	13	4～24

哺乳动物线粒体基因组的排列非常紧凑，没有内含子，部分基因实际上是重叠的，几乎每个碱基对都是基因的一部分。不同动物的线粒体基因组全序列表明，在结构上显示出广泛的同源性。

线粒体和叶绿体是半自主的细胞器，也就是说，它们拥有 DNA 和它们自己的蛋白质合成机制。这些细胞器是通过二元裂变繁殖的自由生活的原核生物的后代，这些原核生物需要由核基因组编码的蛋白质和其他分子的大量参与。例如，mtDNA 编码 2 个 rRNA、22 个 tRNA 和几种蛋白质，其中大多数用于电子传递。其余的线粒体蛋白在细胞质中合成并被运输到线粒体。核基因组和细胞器基因组的活性高度协调。

需要注意的是：胚胎中几乎所有的线粒体都来自卵子中的线粒体，而不是精子。在高等植物中，mtDNA 是通过母本（卵）而不是雄性（花粉）以单亲性方式遗传的。

第八章 核酸的结构与功能

核酸（nucleic acid）是线性的大分子多聚物，具有复杂的结构和重要的生物学功能。C、H、O、N、P 是组成核酸的 5 种基本元素，单核苷酸（mononucleotide）是组成核酸的基本单位。每一种核苷酸都是由核糖、磷酸和 4 种碱基中的一种所组成的。核酸即大量的单核苷酸连接在一起形成的多核苷酸生物大分子。脱氧核糖核酸（deoxyribonucleic acid, DNA）和核糖核酸（ribonucleic acid, RNA）是两类基本的核酸。所有的原核细胞和真核细胞都同时含有这两类核酸，并且一般都和蛋白质结合在一起，以核蛋白的形式存在。

DNA 是由 4 种脱氧核苷酸通过磷酸二酯键连接而成的生物大分子。在真核细胞中，DNA 主要存在于细胞核内的染色体上，与组蛋白结合，是染色体的主要成分，只有少量的 DNA 存在于核外的线粒体中。生命有机体的每个体细胞（除生殖细胞外）都含有相同质和量的 DNA，包含了它的全部遗传信息 DNA，是生物体遗传信息的"仓库"或细胞库，它包含了构建一个生物体的细胞和组织所需的所有信息。在 RNA 病毒中，RNA 也可作为遗传信息的载体。也就是说，遗传物质一般总是核酸。但事实上，除了 RNA 病毒外，遗传信息的载体都是 DNA。

RNA 主要存在于细胞质内。除了少数 RNA 病毒，所有 RNA 分子都来自 DNA，贮存在 DNA 双链中的遗传信息首先被转录成 RNA，才能得到表达。RNA 具有更复杂的分子结构和生物学功能。其既是信息分子，作为 DNA 与蛋白质的中间传递体，储藏和转移遗传信息，也是功能分子，如作为细胞内蛋白质合成的模板，作为核酶参与催化反应（初始产物的转录加工），参与基因表达的调控，与生长发育密切相关等。在某些病毒中，RNA 还是遗传物质。

同蛋白质一样，DNA 和 RNA 分子也有复杂的分子结构，包括一级结构和空间结构。本章主要介绍 DNA 和 RNA 的分子结构及特点。

第一节 DNA 是遗传物质的实验依据

已经证明 DNA 是遗传的物质基础，遗传信息贮存在其核酸链的碱基顺序中。碱基通过 A 与 T 和 G 与 C 之间的氢键配对结合。DNA 分子的两股核酸链可以形成双螺旋结构，遗传信息可以由一条链通过拷贝出另一条新的链进行传递。DNA 发挥此种作用，与其分子结构密切相关。DNA 作为遗传物质的确定经历了漫长的过程，主要的实验依据体现在以下几个实验中。

一、"核素"的发现

1869 年，Friedrich Miescher 从新鲜手术绷带上的脓液中获得了用于实验的白细胞，起初，Miescher 专注于构成白细胞的各种类型的蛋白质，在一系列的测试中，Miescher 注意到当加入酸时，一种物质从溶液中沉淀出来，当加入碱时沉淀再次溶解。他获得了 DNA 的粗沉淀物。通过对细胞核化学成分分析发现，尽管新物质具有与蛋白质相似的性质，但不是蛋白质。因其存在于细胞核中，Miescher 称其为"核素"（nuclein）。随后 Miescher 进行了一系列试验。他先是用温乙醇清洗脓液细胞（白细胞）以去除脂质。再用胃蛋白酶消化，得到了没有任何细胞质附着的细胞核沉淀，并用乙醚处理沉积物以除去残留的脂质。最后过滤细胞核，得到了完全纯化的细胞核。Miescher 通过实验证明了以上的"核素"不能被蛋白酶消化，但可以通过添加碱来溶解沉淀，并通过添加过量的酸使其再沉淀。他提出这个物质可能不是蛋白质。

Miescher 对其化学组成进行了进一步分析，发现此物质与蛋白质不同，除了含有的碳、氢、氧和氮外，缺硫，但含有大量的磷。除了白细胞，Miescher 还发现在其他组织的细胞中也存在这种物质。1871 年，Miescher 选用鲑鱼精子获得了大量的纯"核素"。进一步证实了其酸性特性，且是一种多碱酸，最终确认至少有 4 种碱性酸。Miescher 还发现该"核素"不能很好地扩散，推测是一种高分子量的分子。1872～1873 年，Miescher 将他的研究扩展到鲤鱼、青蛙、鸡和公牛的精子，在所有被检查的精子中，均发现了"核素"。

二、肺炎链球菌实验和肺炎链球菌离体转化实验

Frederick Griffith 以肺炎链球菌 R 型和 S 型菌株作为实验材料进行遗传物质的研究，首先他将活的、无毒的 R 型活细菌注入第一组小白鼠体内，小白鼠安然无恙；将有毒 S 型活细菌注入第二组小鼠体内后，小鼠死亡。随后，他又将加热杀死的 S 型细菌注入第三组小鼠体内，小鼠没有死亡；将加热杀死的 S 型细菌与活的 R 型细菌混合注入小鼠体内，小鼠死亡并从小鼠体内分离出活的 S 型细菌。外源 DNA 分子一旦找到它的内源同源体，这两个分子就可进行遗传交换了。交换的结果是外源 DNA 被整合，而同源的内源 DNA 分子从 R 型细菌的 DNA 中排斥出去，从而产生由 R 型细菌到 S 型细菌的遗传转化。

1944 年，Oswald Theodore Avery 发表了这个经典的实验。他们将 S 型细菌用去氧胆酸盐溶液漂洗数次，用乙醇沉淀，得到黏性的乳白色沉淀。将沉淀溶于盐溶液，然后用氯仿抽提除去蛋白质，再用乙醇沉淀。将沉淀溶于盐溶液，再加入能够水解多糖的酶，以除去溶液中的多糖。再用氯仿抽提除去水解糖的酶和残留蛋白质，再用乙醇沉淀。这样从 75L 培养物中得到 10～25mg 沉淀，然后将沉淀溶于盐溶液制成细胞提取物。

他们首先用 I 型 S 型细菌的细胞提取物分别与活的 II 型 R 型细菌混合进行转化实验，并获得成功。接着，他们将细胞提取物用不同的酶进行处理，再与活的 II 型 R 型细菌混合进行转化。具体分为：第一组，细胞提取物用蛋白酶处理，结果能够转化；第二组，细胞提取物用 RNA 酶处理，结果能够转化；第三组，细胞提取物用 DNA 酶处理，不能转化；第四组，细胞提取物用脂酶处理，能够转化。结果发现只有 DNA 酶能够阻止转化实验，这表明被 DNA 酶消化分解的 DNA 极可能就是细胞提取物中有活性的"转化因子"。

随后，他们分析了"转化因子"的理化特征，发现该"转化因子"的分子量很大，分子氮磷比约为 1.67，在 260nm 的紫外线照射时具有最大的吸收峰值，检测 DNA 的二苯胺反应结果是强阳性，检测 RNA 的苔黑酚结果是弱阳性，两种检测蛋白质的方法结果都是阴性。这些理化特征或测试反应的结果都与 DNA 极为相似，因此提出：脱氧核糖类型的核酸是肺炎链球菌 III 型"转化因子"的基本单位。

Avery 根据这些实验证据得出上述结论。但是，当时科学界普遍认为蛋白质才是遗传物质，因此 Avery 在论文中也曾十分谨慎地说："当然也有可能，这种物质的生物学活性并不是核酸的一种遗传特性，而是由于某些微量的其他物质所造成的，这些微量物质或者是吸附在它上面，或者与它密切结合在一起，因此检测不出来。"

三、Hershey-Chase 实验

Hershey-Chase 实验又称为噬菌体标记实验，由 Alfred Hershey 和 Martha Chase 在 1952 年完成，

他们选择大肠杆菌作为实验对象，采用噬菌体 T2 病毒作为研究对象，目的为验证 DNA 是遗传物质。实验基本过程包括：①标记噬菌体：Hershey 和 Chase 首先大量培养噬菌体 T2 病毒，然后将其分为两组，一组用放射性 ^{35}S 标记病毒的蛋白质，另一组用放射性 ^{32}P 标记病毒的 DNA。②感染大肠杆菌：他们将标记好的噬菌体分别与大肠杆菌混合，让噬菌体感染这些细菌。③搅拌和分离：感染发生后，他们使用搅拌器将混合物搅拌，以打碎细菌细胞外的噬菌体外壳，以分离出未进入细菌内部的噬菌体外壳和已经进入细菌内部的噬菌体 DNA 或蛋白质。④检测放射性：通过检测放射性，他们发现大多数 ^{35}S（标记蛋白质）留在了细菌细胞外，而大多数 ^{32}P（标记 DNA）进入了细菌细胞内。通过分析实验结果，他们发现噬菌体的 DNA 进入了细菌细胞，并在其中进行了复制，而噬菌体的蛋白质外壳则留在了细胞外。也就是说 DNA 能够进入细胞并指导新的噬菌体的合成。最终证明 DNA 是遗传物质。

Hershey-Chase 实验是遗传学史上的一个重要实验，它为 DNA 是遗传物质提供了直接的实验证据，为后来的分子遗传学的发展奠定了基础。

第二节　DNA 的化学组成与一级结构

核酸（DNA 或 RNA）是由几十至几千个单核苷酸聚合而成的长链，即分子大小不等的多聚核苷酸。若将核酸逐步水解，则可生成多种中间产物。首先生成的是低聚（或称寡聚）核苷酸。低聚核苷酸可进一步水解生成单核苷酸；单核苷酸进一步水解生成核苷（nucleoside）及磷酸。核苷水解后则生成核糖和碱基。单核苷酸由碱基、核糖和磷酸组成。

DNA 是一种高分子化合物，是由许多的脱氧核糖核酸通过 3′,5′-磷酸二酯键聚合而成的多聚脱氧核糖核苷酸链。其一级结构是脱氧核糖核苷酸的排列顺序。

一、DNA 的化学组成

组成 DNA 分子的基本元素是碳（C）、氢（H）、氧（O）、氮（N）和磷（P），基本组成单位是单脱氧核苷酸（mono-deoxynucleotide）。每个单脱氧核苷酸又由含氮碱基（nitrogen base）、脱氧核糖（deoxyribose，dR）和磷酸（phosphoric acid）三部分组成。在所有 DNA 分子中，磷酸和脱氧核糖是不变的，只有碱基是可变的，组成 DNA 的碱基有腺嘌呤（adenine，A）、鸟嘌呤（guanine，G）、胞嘧啶（cytosine，C）和胸腺嘧啶（thymine，T）4 种。因此，组成 DNA 的 4 种核苷酸分别称为腺嘌呤脱氧核苷酸（脱氧腺苷酸，dAMP）、鸟嘌呤脱氧核苷酸（脱氧鸟苷酸，dGMP）、胞嘧啶脱氧核苷酸（脱氧胞苷酸，dCMP）和胸腺嘧啶脱氧核苷酸（脱氧胸苷酸，dTMP）。

与 RNA 相比，DNA 分子较大，一般为 $10^6 \sim 10^{10}$，多是双链分子。通常以线状或环状形式存在，绝大多数 DNA 分子都由两条碱基互补的单链组成，只有少数生物（如某些病毒或噬菌体）以单链形式存在。单链 DNA 分子和 RNA 分子的大小常用核苷酸（nucleotide，nt）数目表示，双链 DNA 分子则用碱基对（base pair，bp）或千碱基对（kilobase pair，kb）来表示。

二、DNA 的一级结构

DNA 的一级结构（primary structure）是指在其多核苷酸链中各个核苷酸之间的连接方式，核苷酸的种类、数量及核苷酸的排列顺序（图 8-1）。DNA 的遗传信息是由核苷酸的精确排列顺序决定的。其分子结构是由 dCMP、dGMP、dAMP、dTMP 四种脱氧核苷酸线性连接而成的。核酸的一级结构也称核苷酸序列（nucleotide sequence）。由于四种核苷酸之间的差异只在于碱基的不同，核酸的一级结构也称为碱基序列（base sequence）。

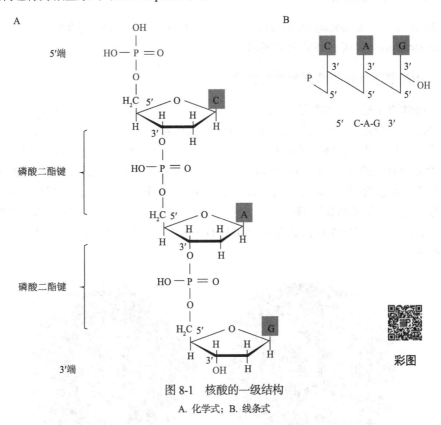

图 8-1　核酸的一级结构
A. 化学式；B. 线条式

　　DNA 一级结构的特点是无分支、线性大分子，脱氧核苷酸间的连接键是 3′,5′-磷酸二酯键，既与前一个核苷的脱氧核糖的 3′-OH 以酯键相连，又与后一个核苷的脱氧核糖的 5′-OH 以酯键相连，形成 2 个酯键。多核苷酸链的骨架由戊糖和磷酸残基交替排列形成，碱基伸出在骨架的外面。由于多核苷酸链的一个末端核苷酸含有游离的 5′磷酰基，另一端的末端核苷酸含有游离的 3′羟基基团，而且只能由 3′端进行延长，从而使 DNA 链具有了 5′→3′的方向性，阅读或书写只能从 5′→3′方向，即从左侧的 5′端到右侧的 3′端。

　　应当指出，DNA 的一级结构虽然指的是每个核苷酸的排列顺序，但在书面和口头表述时，为方便起见，常常以碱基的排列顺序替代核苷酸的排列顺序，而且有时候直接用 A、T、C、G 等替代脱氧腺苷酸、脱氧胸苷酸、脱氧胞苷酸、脱氧鸟苷酸（对于 RNA 来说，往往也用 A、U、C、G 等来表示其一级结构的核苷酸顺序）。

　　每个 DNA 分子所具有的特定的碱基排列顺序构成了 DNA 分子的特异性。不同的 DNA 链可以编码出完全不同的多肽。DNA 分子中 4 种碱基千变万化的序列排列反映了生物界物种的多样性和复杂性及巨大的遗传信息编码能力。

第三节　DNA 的空间结构与功能

　　构成 DNA 的所有原子在三维空间的相对位置关系为 DNA 的空间结构，包括二级结构和高级结构。

一、DNA 的二级结构

DNA 的二级结构（secondary structure）是指两条多肽核苷酸链反向平行盘绕生成的双螺旋结构（double helix structure）。其于 1953 年被提出。

（一）DNA 双螺旋结构提出的实验依据

1. DNA 晶体的 X 射线衍射实验　　20 世纪 30～40 年代，爱尔兰科学家 M. Wilkins 及英国女科学家 R. Franklin 分别用成功获得的 DNA 晶体得到 DNA 的 X 射线衍射图谱（图 8-2）。通过分析衍射图谱数据发现，DNA 是双链分子，且两股链像梯子一样肩并肩，形成有规律性的螺旋式分子。螺旋的直径约为 2nm，每 3.4nm 形成一个完整的螺旋，相邻两个核苷酸的间距是 0.34nm，每个螺旋包含 10 个核苷酸。进一步从 DNA 的密度分析发现，螺旋必须包含两条多核苷酸链，如果每个链的碱基面向内侧，这样嘌呤碱就总是和嘧啶碱相对，以保证螺旋的直径约保持在 2nm。任何 DNA 的组成都可以用其 G + C 占总碱基数的比例来描述，不同物种的比例为 26%～74%。

A

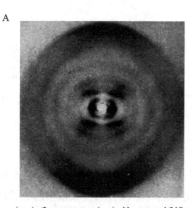

B

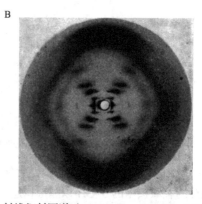

图 8-2　Wilkins（A）和 Franklin（B）的 DNA 纤维 X 射线衍射图谱（McKee T. and McKee J. R.，2015）

2. Chargaff 的碱基当量实验　　20 世纪 50 年代初，美国生物化学家 E. Chargaff 利用层析和紫外吸收光谱等技术研究测定了不同生物、不同组织 DNA 的碱基组成，通过分析测定的数据，提出了有关 DNA 四种碱基组成的夏格夫法则（Chargaff rule）（表 8-1）。其主要内容包括：①DNA 的组成有种的特异性，没有器官和组织的特异性。②对于一个特定组织的 DNA，年龄、营养、环境的改变不影响其 DNA 的碱基组成。③对于一个特定的生物体，不管每个碱基的实际数量如何，DNA 分子中的 A 与 T 的比例、C 与 G 的比例总是相同（A=T、G = C+m^{5}C），嘌呤碱基的总摩尔数与嘧啶碱基的总摩尔数相等，即 A+G = T+C+mC。这个碱基摩尔比例规律称为 DNA 的碱基当量定律，又称夏格夫法则。夏格夫法则的提出为 DNA 双螺旋模型的提出提供了关键的实验证据。

表 8-1　不同来源 DNA 的碱基含量与摩尔比

DNA 来源	A/%	G/%	C/%	T/%	mC/%	（A+T）/（G+C+mC）不对称比	A/T	G/（C+mC）	A+G+C+T+mC
人胸腺	30.9	19.9	19.8	29.4	—	60.3/39.7	1.05	1.01	1.03
人肝	30.3	19.5	19.9	30.3	—	60.6/43.5	1.00	0.98	0.99

续表

DNA 来源	A/%	G/%	C/%	T/%	mC/%	（A+T）/（G+C+mC）不对称比	A/T	G/（C+mC）	A+G+C+T+mC
牛胸腺	28.2	21.5	21.2	29.4	1.3	55.0/44.0	1.01	0.96	0.99
牛精子	28.7	22.2	27.2	30.3	1.3	56.9/44.2	1.06	1.01	1.03
麦胚	27.3	22.7	16.8	27.1	6.0	54.4/45.5	1.01	1.00	1.00
酵母	31.3	18.7	17.1	32.9	—	64.2/35.8	0.95	1.00	1.00
大肠杆菌	26.0	24.9	25.2	23.9		49.9/49.2	1.09	0.99	1.04
结核杆菌	15.1	34.9	35.4	14.6		29.7/70.3	1.03	0.99	1.00
ΦX174	24.3	24.5	18.2	32.3		56.6/42.7	0.75	1.35	0.97

3. DNA 分子双螺旋模型的提出　　　　1953 年，J. Watson 和 F. Crick 综合了以上科学家的研究成果，提出了 DNA 分子的双螺旋模型（double helix model）。他们将该模型的论文发表在 1953 年 4 月 25 日的 *Nature* 杂志上。这一发现揭示了生物界遗传性状得以世代相传的分子机制，它不仅解释了当时已知的 DNA 的理化性质，还将 DNA 的结构与功能联系起来，从而开辟了生命科学研究的新纪元，被认为是人类科学发展历史上的伟大里程碑。

DNA 双螺旋结构的提出揭示了 DNA 作为遗传信息载体的物质本质，也为 DNA 作为复制模板和基因转录模板提供了结构基础。F. Crick、J. Watson 和 M. Wilkins 因提出 DNA 双螺旋模型而共享了 1962 年诺贝尔生理学或医学奖。

（二）DNA 双螺旋模型的基本内容

Watson 和 Crick 提出的 DNA 双螺旋模型（图 8-3）的主要内容如下。

1）DNA 分子由两条多聚脱氧核糖核苷酸链（简称 DNA 单链）组成。两条链沿着同一个螺旋轴平行盘绕，形成右手双螺旋结构。两条链的走向相反。沿螺旋方向看去，一条链是 5′→3′方向，另一条链是 3′→5′方向，呈现出反平行的特征。

2）脱氧核糖基和磷酸基团位于螺旋的外侧，形成螺旋的亲水性骨架。疏水的碱基位于螺旋的内侧。从外观上，DNA 两条链相互缠绕形成一个带有大沟（major groove，约 22Å，2.2nm）和小沟（minor groove，约 12Å，1.2nm）的双螺旋。DNA 双螺旋之间形成的沟称为大沟，而两条 DNA 链之间形成的沟称为小沟。

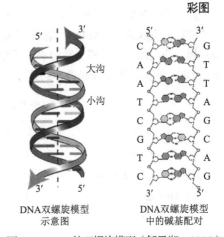

DNA双螺旋模型示意图　　DNA双螺旋模型中的碱基配对

图 8-3　DNA 的双螺旋模型（邹思湘，2005）

3）碱基位于螺旋的内侧，呈扁平样结构，成对存在且与螺旋轴垂直。每一个碱基对相对于下一个碱基对，沿着螺旋旋转 36°，每圈包含 10 个碱基对，所以旋转一圈为 36°。碱基平面之间的垂直距离为 0.34nm，旋转一圈的高度为 3.4nm。螺旋的直径约为 2nm。

4）DNA 双链之间形成互补碱基对。根据夏格夫法则，碱基之间具有严格的互补配对规律，一条链上的 A 和另一条链上的 T 之间形成两个氢键，与主链之间形成51°夹角；一条链上的 G 与另一条链上的 C 之间形成三个氢键，与主链之间形成 52°～54°夹角。这种碱基对应关系称为互补碱基对（complementarity base pair），也称为 Watson-Crick 配对。DNA 的两条链则称为互补链（complementary strand）。

5）碱基对的疏水作用力和氢键共同维持着 DNA 双螺旋结构的稳定，且前者的作用更重要。氢键主要维持双链横向稳定性，碱基堆积力主要维持双链纵向稳定性。

碱基互补原则是 DNA 双螺旋结构最重要的特性，其重要的生物学意义在于它是 DNA 的复制、转录及反转录的分子基础。

（三）DNA 双螺旋结构的多态性

DNA 的结构可受环境条件的影响而改变，DNA 能以多种不同的构象存在。目前发现主要有 A 型、B 型和 Z 型 DNA。

1. B 型 DNA　　1951 年，R. Franklin 获得了两个 DNA 分子晶体，其中一个是在 Na 盐、92% 相对湿度下得到的。Franklin 将其称为 B 型 DNA。Watson 和 Crick 提出的 DNA 双螺旋模型依据的是 B 型 DNA 晶体的 X 射线衍射图像。这是 DNA 在水性环境和生理条件下最稳定的结构，是大多数 DNA 在细胞中的构象，既规则又稳定。

2. A 型 DNA　　Franklin 得到的另一个 DNA 晶体是在 Na 盐、约 70% 相对湿度下得到的，称为 A 型 DNA。利用 X 射线衍射分析 A 型 DNA 也是右手双螺旋，但碱基对与中心轴的角度发生改变，每圈螺旋含 11 个碱基对，大沟深窄，小沟宽浅。实际中，当 DNA 双链中一条链被相应的 RNA 链所替换，则变成 A 型 DNA。另外，在 DNA 处于转录状态时，DNA 模板链与由它转录所得的 RNA 链之间形成的双链也是 A 型 DNA；此外，B 型 DNA 双链都被 RNA 链所取代而得到的由两条 RNA 链组成的双螺旋结构也是 A 型 DNA。由此可见，A 型 DNA 的构象对基因表达有重要意义。

3. Z 型 DNA　　Z 型 DNA 是 1979 年由美国科学家 A. Rich 等在研究人工合成的 CGCGCG 的晶体结构时发现的。Z 型 DNA 螺旋细长，粗细不均匀，具有左手螺旋，每圈螺旋含 12 对碱基，大沟平坦，小沟深而窄，核苷酸构象顺反相间，螺旋骨架呈"Z"形，来自单词"zigzag"。3 种不同类型 DNA 相关数据比较如表 8-2 所示。

表 8-2　A 型、B 型和 Z 型 DNA 的比较

特征	A 型 DNA	B 型 DNA	Z 型 DNA
螺旋方向	右手螺旋	右手螺旋	左手螺旋
每圈螺旋的碱基对数目	11	10	12
相邻碱基对之间的上升距离/nm	0.23	0.34	0.38
糖苷键构象	反式	反式	嘧啶为反式，嘌呤为顺式。反式和顺式交替
螺距/nm	2.8	3.4	4.5
大沟特征	窄深	宽深	平坦
小沟特征	宽浅	窄深	窄深
碱基对的倾斜度/（°）	20	6	7

B 型、A 型和 Z 型 DNA 的出现，说明 DNA 的结构是可变的、动态的。这些 DNA 不同的双螺旋构象被称为 DNA 二级结构的多态性。这些结构变化并不改变 DNA 的关键性质。B 型 DNA 双螺

旋结构成功地说明了遗传信息是如何储存和如何复制的，由此而展开的深入研究，深刻地影响了生物学的发展进程。Watson 和 Crick 提出的 DNA 双螺旋模型是 20 世纪生物学最辉煌的成就之一。

（四）DNA 的多链结构

1. DNA 的三链结构　　1957 年，研究者发现在基因的调节区或染色质的重组部位有 DNA 的三螺旋结构，即在 DNA 的双链结构中，除了互补的 A-T、C-G 碱基对的氢键，核苷酸还能形成额外的氢键。例如，在酸性的溶液中，胞嘧啶 N3 原子被质子化，可与鸟嘌呤的 N7 原子形成氢键。同时，胞嘧啶 N4 原子也可以与鸟嘌呤 O6 形成氢键，这种氢键被称为胡斯坦（Hoogsteen）氢键。且发现这种 Hoogsteen 氢键的形成并不影响 Watson-Crick 氢键。这样就形成了 C+GC 的三链结构（triplex），其中 GC 链之间是 Watson-Crick 氢键，CG 之间是 Hoogsteen 氢键。图 8-4 所示为分子内嘧啶-嘌呤-嘧啶型三螺旋。形成三链结构的碱基特征是中间的一条是富含嘌呤的序列。

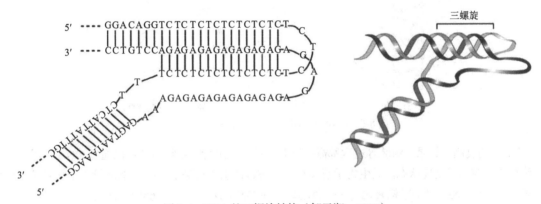

图 8-4　DNA 的三螺旋结构（邹思湘，2005）

2. G-四链结构　　真核生物染色体末端的端粒，是一段富含鸟嘌呤（G）的重复序列。例如，人端粒区的碱基序列是 TTAGGG，这个序列的重复度可以高达上万次。端粒 DNA 的 3′端是单链结构，因此可以自身回折形成一种特殊的 G-四链结构（G-quadruplex）。这种 G-四链结构的基本单元是由 4 个鸟嘌呤通过 8 个 Hoogsteen 氢键形成的 G-四联体平面（图 8-5）。若干个 G-四联体平面的堆积使富含鸟嘌呤的重复序列形成了特殊的 G-四链结构。推测这种四链结构是用来保护端粒的完整性。近些年的研究还表明，大部分启动子及 mRNA 5′端非翻译区都是富含鸟嘌呤的序列，提示这些序列可能通过形成 G-四链结构对基因转录和蛋白质合成进行适度的调控。另外，由于鸟嘌呤的糖苷键构象、四条链的走向及连接方式的不同，G-四链结构表现出了结构的多样性。

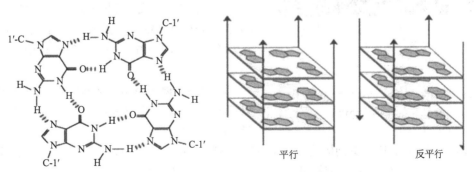

图 8-5　DNA 的 G-四链结构（Nelson and Cox，2017）

二、DNA 的高级结构

DNA 的高级结构即三级结构，是指 DNA 分子双螺旋通过弯曲和扭转所形成的特定构象，其主要形式是超螺旋（superhelix 或 super coiled DNA）及线性双螺旋中的多重螺旋、扭折（kink）等，主要是在原核生物和病毒中发现的。有些病毒，如 λ 噬菌体的 DNA 分子可在线形与环形间互变，在病毒内是线形，侵入宿主细胞后呈环形。环状 DNA 是 DNA 链首尾相连或称共价闭合。后来发现超螺旋是环状或线状 DNA 共有的特征，也是 DNA 三级结构的一种普遍形式。

当 DNA 双螺旋在空间中盘绕（就像缠绕橡皮带一样）时，就会产生超螺旋。超螺旋在双螺旋中产生张力，改变其结构。主要形式是超螺旋，分为正超螺旋（positive supercoil）和负超螺旋（negative supercoil）。两种螺旋在拓扑异构酶作用下或在特殊情况下可以互相转变（图 8-6）。负超螺旋状态有利于 DNA 双链的解开，是细胞内常见的 DNA 高级形式。

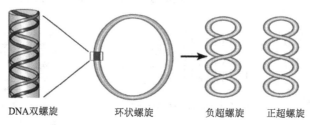

DNA双螺旋　　　　环状螺旋　　　　负超螺旋　　正超螺旋

图 8-6　DNA 的超螺旋结构（邹思湘，2005）

DNA 的复制、转录、组装等过程都需要解开双链才能进行，生物体内可以通过 DNA 的不同超螺旋结构来控制其功能状态。其生物学意义在于超螺旋的引入提高了 DNA 的能量水平，可实现松弛态 DNA 所不能实现的结构转化。一个负超螺旋使 DNA 分子具有 37.68kJ/mol 的能量，这些能量用于碱基间氢键的断裂。DNA 中，10bp 的分离需要 50.24～209.34kJ/mol 的能量，一个超螺旋只能分离几个碱基对，形成局部的双链分离，这种结构的变化对复制、转录等过程的启动非常重要。在 DNA 的复制、转录及重组等过程中，对 DNA 上某些特殊的序列的识别都需要两条链的分离，DNA 的负超螺旋产生的结构张力促进了双螺旋链的解旋。如果缺乏适当的超螺旋张力，上述过程就可能进行得十分缓慢。另外，超螺旋还可使 DNA 形成高度致密的状态而折叠于有限的空间。

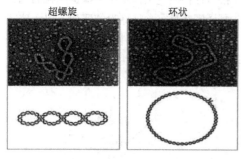

图 8-7　大肠杆菌 DNA 的环状超螺旋结构
（Nelson and Cox, 2017）

1. 原核生物 DNA 的环状螺旋结构　　原核生物 DNA 常形成共价封闭的环状双螺旋分子或再次螺旋化形成超螺旋结构。绝大多数原核生物基因组的 DNA 是环状的双螺旋分子（图 8-7）。在细胞内经过进一步盘绕后，形成了类核（nucleoid）结构。类核结构中的 80% 是 DNA，其余是蛋白质。有分析表明，在大肠杆菌的 DNA 中，平均每 200bp 就有一个负超螺旋形成。

2. 真核生物 DNA 以负超螺旋的形式与组蛋白形成核小体　　真核生物多是以负超螺旋的形式与组蛋白形成核小体。核小体（nucleosome）由 DNA 和 5 种组蛋白（histone，H）共同构成。H2B、H2A、H3、H4 组蛋白形成核心。DNA 以负超螺旋缠绕在组蛋白上，约 200bp。H1 在核小体之间。核小体的形成是染色体 DNA 压缩的第一个阶段。许多核小体之间由高度折叠的 DNA 链相连在一起，构成串珠状结构，这种结构再进一步盘绕成更复杂、更高层次的结构（详见第七章"基因、基因组与染色体"相关内容）。

第四节　RNA 的结构与功能

同 DNA 一样，RNA 也是一种高分子化合物，其基本单位是核糖核苷酸。组成 RNA 的 4 种核苷酸分别称为腺嘌呤核苷酸（腺苷酸，AMP）、鸟嘌呤核苷酸（鸟苷酸，GMP）、胞嘧啶核苷酸（胞苷酸，CMP）和尿嘧啶核苷酸（尿苷酸，UMP）。同 DNA 一样，RNA 也是由许多的核糖核苷酸通过 3′,5′-磷酸二酯键聚合而成的多聚核苷酸分子，在生命活动过程中同样发挥重要作用。RNA 比 DNA 小得多，但是它的种类、大小和结构都远比 DNA 复杂得多，这与它的功能多样化密切相关。

一、RNA 的结构特点

1）RNA 的一级结构通常以线状形式存在，绝大多数 RNA 分子都是一条单链线性分子，以单链形式存在于生物体内。与 DNA 不同，RNA 骨架含有核糖，碱基组成中尿嘧啶（U）取代了胸腺嘧啶（T）。常含有稀有碱基，如假尿嘧啶、二氢尿嘧啶等。

2）RNA 链自身折叠形成局部双螺旋而形成其二级结构，由于 RNA 单链可以频繁发生自身折叠，在互补序列间可以形成碱基配对区，所以尽管 RNA 是单链分子，仍然具有大量双螺旋结构特征。包括多种茎-环结构（stem-loop structure），如发卡结构（hairpin structure）、凸起（bulge）或环（loop）。与 DNA 不同的是，RNA 的碱基配对区可以是规则的双螺旋，也可以是不连续的双螺旋。

双螺旋 RNA 的小沟宽而浅，几乎没有序列特异性信息。大沟狭而深，使得与其相互作用的蛋白质氨基酸侧链难以接近，因此，RNA 不同于 DNA，其不适合与蛋白质进行序列特异性的相互作用，虽然有一些蛋白质可以序列特异性方式结合在 RNA 上。

3）RNA 进一步折叠可形成复杂的三级结构。由于 RNA 没有形成长而规则的双螺旋限制，可形成大量的三级结构。又由于 RNA 骨架上未配对的区域可以不受限制地自由旋转，碱基和核糖-磷酸骨架之间的非常规相互作用使 RNA 常折叠成不规则的碱基配对的复杂三级结构。

二、RNA 的分类及在细胞中的分布

（一）RNA 的分类

1. 编码 RNA　　编码特定蛋白质序列的 RNA，即信使 RNA（mRNA），负责把 DNA 信息转化为蛋白质，也被称为编码 RNA（coding RNA，cRNA）。

2. 非编码 RNA　　非编码 RNA（non-coding RNA，ncRNA）广义上是指除编码 RNA 外的所有其他 RNA，如 rRNA、tRNA、snRNA、microRNA。它们在蛋白质合成、RNA 剪切、mRNA 降解等重要生物学过程中起重要作用。狭义上的非编码 RNA 是指不包括 mRNA、tRNA 和 rRNA 的其他RNA 分子。其共同特点：①都能从基因组上转录而来，但是不翻译成蛋白质；②在 RNA 水平上就能行使各自的生物学功能。

细胞中产生的主要 RNA 的名称及功能见表 8-3。

表 8-3　细胞中产生的主要 RNA 的名称及功能

名称	功能
mRNA	信使 RNA，编码蛋白质

名称	功能
rRNA	核糖体 RNA，构成核糖体的基本结构，并催化蛋白质的合成
tRNA	转运 RNA，作为 mRNA 和氨基酸之间的接头，对蛋白质的合成至关重要
snRNA	核内小 RNA，在多种核酸加工过程中起作用，包括前体 mRNA 的剪接
snoRNA	核仁小 RNA，有助于加工和化学修饰 RNA
miRNA	微 RNA（micro RNA），通过阻断特定 mRNA 的翻译并导致其降解来调节基因表达
siRNA	小干扰 RNA，通过指导选择性 mRNA 的降解和紧密染色质结构的建立来关闭基因表达
piRNA	Piwi-interacting RNA，与 Piwi 蛋白结合，保护生殖系免受转座因子的侵害
lncRNA	长链非编码 RNA，其中许多作为支架，它们可调节多种细胞过程，包括 X 染色体失活

（二）RNA 在细胞中的分布

RNA 主要存在于细胞质内。真核细胞的核仁和线粒体也有少量 RNA。存在于核内的 RNA 又包括：①前体 RNA（precursor RNA），如 hnRNA（核不均一 RNA，mRNA 合成的前体）、45S RNA（一些 rRNA 合成的前体）。②核内小分子 RNA，如 snRNA、microRNA，含量极少，少于细胞总 RNA 的 1%，在核内行使各种功能。

三、RNA 的化学组成

RNA 是一种高分子化合物，其组成基本单位是单核糖核苷酸。同 DNA 一样，在所有 RNA 分子中，磷酸和核糖是不变的，只有碱基是可变的，组成 RNA 的碱基主要有腺嘌呤（A）、鸟嘌呤（G）、胞嘧啶（C）和尿嘧啶（uracil，U）4 种，还有一些稀有碱基。例如，tRNA 分子中有假尿嘧啶（pseudouracil，Ψ），rRNA 分子中有次黄嘌呤（hypoxanthine，I）、黄嘌呤（xanthine，X）等。RNA 主要由 A、C、G 和 U 四种碱基组成，A 与 U 通过 2 对氢键配对，C 与 G 通过 3 对氢键配对，但与 DNA 不同，不同来源 RNA 分子碱基组成中无严格的配对规律。

四、RNA 分子的基本结构

1. RNA 的一级结构　　与 DNA 相似，RNA 的一级结构也是由许多核糖核苷酸通过 3',5'-磷酸二酯键聚合而成的多聚核糖核苷酸链，以线状形式存在，并且也具有 5'→3'的方向性。尽管 RNA 的核糖 2'位碳原子上有一个游离羟基，但并不形成 2',5'-磷酸二酯键。RNA 的缩写式与 DNA 相同，通常从 5'端向 3'端方向书写。

组成 RNA 的 4 种核苷酸分别为腺嘌呤核苷酸（腺苷酸，AMP）、鸟嘌呤核苷酸（鸟苷酸，GMP）、胞嘧啶核苷酸（胞苷酸，CMP）和尿嘧啶核苷酸（尿苷酸，UMP）。

2. RNA 的二级结构　　生物体内绝大多数天然 RNA 分子不像 DNA 那样都是双螺旋，而是呈线状的多核苷酸单链。然而某些 RNA 分子，它能自身回折，使一些碱基彼此靠近，于是在折叠区域中按碱基配对原则，A 与 U、G 与 C 之间通过氢键连接形成互补碱基对，从而使回折部位构成所谓"发卡"结构，进而再扭曲形成局部性的双螺旋区，当然这些双螺旋区可能并非完全互补，未能配对的碱基区可形成突环（loop），被排斥在双螺旋区之外。根据 X 射线衍射分析，现已证实，RNA 分子内一般存在一些较短的不完全的双螺旋区，它们所含的碱基对约占 RNA 链中全部碱基的 40%～70%，其二级结构呈发夹结构（图 8-8）。

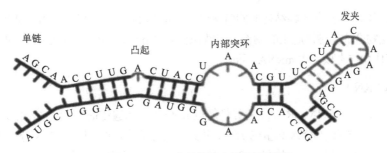

图 8-8　RNA 分子的发夹结构示意图

由于有些 RNA 分子内存在一些较短的双螺旋区，因而也具有一些与 DNA 类似的特性，如变性作用、黏度的改变、增色效应等。此外，有少数病毒（如呼肠孤病毒等）的 RNA 分子，可全部形成完整的双螺旋结构，其二级结构类似于 DNA 的双螺旋结构。

五、主要 RNA 的结构与功能

（一）信使 RNA

信使 RNA（messenger RNA，mRNA）编码特定蛋白质序列的 RNA，20 世纪 60 年代发现并证实其功能。在生物体内，mRNA 的丰度最小，占细胞中 RNA 总量的 3%～5%，但种类最多，约有 10^5 种，且分子量极不均一。在所有 RNA 中，mRNA 寿命最短，但在细胞中执行着相同的功能，即通过密码三联体作为合成蛋白质的模板指导蛋白质的合成。因其半衰期较短，不稳定，代谢活跃，更新迅速，直到 20 世纪 70 年代才首次从细胞中分离出来。完整的 mRNA 由 5'非编码区、编码区（起始密码子、编码氨基酸的密码子和终止密码子）和 3'非编码区三部分组成。且真核生物和原核生物不同。

1. 原核生物 mRNA 的结构　　原核生物（prokaryote）成熟 mRNA 包括 5'非编码区、编码区和 3'非编码区三部分。5'非编码区无帽子结构，编码区有几个连续的结构基因，3'非编码区没有多（A）尾结构（图 8-9）。

图 8-9　原核生物 mRNA 的结构

2. 真核生物 mRNA 的结构　　真核生物（eukaryote）成熟 mRNA 也包括 5'非编码区、编码区和 3'非编码区三部分。与原核生物不同的是其 5'非编码区有帽子结构[7-甲基鸟嘌呤-三磷酸核苷（m^7Gppp）]，3'非编码区有一个 80～250nt 的多（A）[poly(A)]结构，称为多腺苷酸尾或多（A）尾[poly(A)-tail]。在细胞内与 poly(A)结合蛋白（PABP）结合存在，每 10～20 个核苷酸结合一个 PABP 单体（图 8-10）。

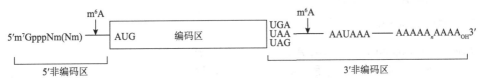

图 8-10　真核生物 mRNA 的结构

目前认为，多（A）尾与 5′帽结构共同负责维持 mRNA 的稳定，协同 mRNA 从细胞核向细胞质转运及蛋白质生物合成中翻译起始的调控。多数原核生物 mRNA 也有多（A）尾，但长度一般不超过 15 个 A，其作用与真核生物 mRNA 不同。

（二）转运 RNA

转运 RNA（transfer RNA，tRNA）特异性解读 mRNA 中的遗传信息，将其转化为相应氨基酸后加入多肽链中，约占细胞中 RNA 总量的 15%，并具有较好的稳定性。其是 RNA 分子中最小的一类，只由 75～90 个核苷酸组成，分子质量为 20～30kDa。它的组成特点如下。

1）有较多稀有碱基。tRNA 分子有多种稀有碱基（rare base），除了具有 A、G、C、U，还有二氢尿嘧啶（dihydrouracil，D）、假尿嘧啶（pseudouracil，Ψ）和甲基化的嘌呤（m⁷G、m⁷A）等，这些稀有碱基均是转录后被修饰的，占所有碱基的 10%～20%。其分子功能取决于其精确的三维结构。

2）tRNA 的二级结构均具有"四环一臂"或"三叶草"形的典型结构（图 8-11）。分别为氨基酸臂、二氢尿嘧啶环、反密码子环、可变环及 TΨC 环等。其中 3′端都是以 CCA 三个核苷酸结束的，是氨基酸的连接位点，称为氨基酸臂或接受臂。反密码子环由 7～9 个核苷酸组成，其中居中的 3个核苷酸构成一个反密码子，在蛋白质合成过程中可通过碱基互补配对识别 mRNA 上的密码。

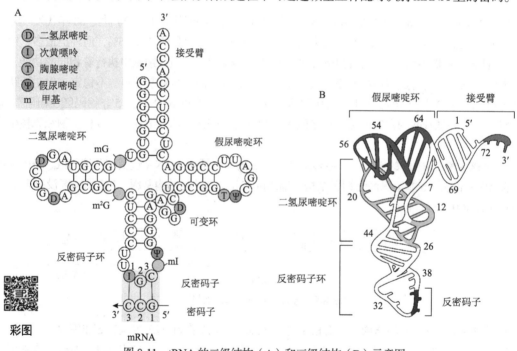

图 8-11　tRNA 的二级结构（A）和三级结构（B）示意图

tRNA 的三级结构主要由在二级结构中未配对碱基间形成氢键而引发的。目前已知酵母 tRNAᵖʰᵉ、tRNAᶠᴹᵉᵗ 和大肠杆菌 tRNAᶠᴹᵉᵗ、tRNAᴬʳᵍ 等的三级结构，它的三级结构呈倒"L"形。tRNA 的生物学功能与其空间结构有密切的关系。

（三）核糖体 RNA

核糖体 RNA（ribosomal RNA，rRNA）是细胞中含量最多的 RNA，占细胞总 RNA 的 70%～80%，为核糖体的重要组成成分，为蛋白质合成提供场所。原核生物有 3 种 rRNA，依照分子量大小分别为 5S、16S 和 23S rRNA；真核生物分别有 5S、5.8S、18S 和 28S rRNA 4 种。它们与不同的核糖体蛋白结合分别形成了核糖体的大亚基和小亚基。

目前已经推测并测定多种 rRNA 的空间结构，如原核生物 16S rRNA 的二级结构为花状结构（图 8-12）。真核生物的 18S rRNA 具有类似结构。

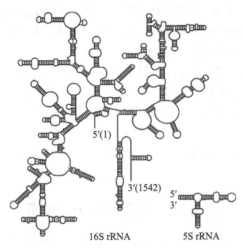

图 8-12　原核生物 16S rRNA 的花状结构

（四）其他 RNA

在上述 RNA 中，除了 mRNA 是编码 RNA，rRNA 和 tRNA 都是非编码 RNA。另外，在真核生物还有其他的非编码 RNA。主要包括管家非编码 RNA（housekeeping non-coding RNA）和调控性非编码 RNA（regulatory non-coding RNA）。本部分主要介绍管家非编码 RNA，调控性非编码 RNA 部分将在后面章节中介绍。管家非编码 RNA 属于组成型表达，也称为组成性非编码 RNA，对细胞的生存及基本功能是必需的，直接或间接参与蛋白质的合成，包括以下类型。

1. 催化小 RNA　　催化小 RNA 也称核酶（ribozyme），是细胞内具有催化功能的一类小分子 RNA 的统称，具有催化特定 RNA 降解的活性，在 RNA 合成后的剪接修饰中具有重要作用。

2. 细胞核小分子 RNA　　细胞核小分子 RNA 也称核小 RNA（small nuclear RNA，snRNA），参与真核生物 mRNA 的成熟过程，是 mRNA 前体剪接体的必要组分，由于富含尿嘧啶（U），也命名为 U-snRNA。现发现的 snRNA 共分为 7 类，编号为 U1～U7。snRNA 只存在于细胞核中，其中 U3 存在于核仁中。snRNA 作为剪接体的组成成分参与真核 mRNA 的加工过程。

3. 核仁小分子 RNA　　核仁小分子 RNA 也称核仁小 RNA（small nucleolar RNA，snoRNA），是一类广泛分布于真核生物细胞核仁的小分子非编码 RNA，具有保守的结构元件。其主要参与 rRNA 的加工，并指导 rRNA 上特异位点的甲基化或假尿嘧啶化。大多数核仁小 RNA 主要分为两类。

（1）box C/D snoRNA　　这一类 snoRNA 是对 RNA 的碱基进行甲基化修饰的，rRNA 上约 5% 的核糖 C2′被甲基化。其特点是含有 4 个 box：box C、box D、box C′和 box D′。以碱基配对的方式指导核糖体 RNA 的甲基化。参与甲基化修饰的酶中有 C/D snoRNA。

（2）H/ACA box　　这一类 snoRNA 对 RNA 的碱基在假尿嘧啶合酶作用下进行假尿嘧啶化修饰。这个过程中需要 H/ACA box，此种 snoRNA 的 3′端有 ACA 保守序列。

目前，还有相当数量的 snoRNA 功能不明，称为孤儿 snoRNA。例如，哺乳动物大脑组织特异性表达的 HBⅡ-52，参与 mRNA 前体可变剪接的调控，并与一种遗传疾病普拉德-威利综合征（Prader-Willi syndrome）的发生密切相关。如此，snoRNA 是一类兼有组成性和调控性特点的小分子非编码 RNA，是"RNA 调控"网络的重要组成部分。

4. 胞质小 RNA　　胞质小 RNA（small cytoplasmic RNA，scRNA）存在于胞质中，与蛋白质结合形成复合体后发挥生物学功能。例如，SRP-RNA 与 6 种蛋白质共同形成信号识别颗粒（signal recognition particle，SRP），引导含有信号肽的蛋白质进入内质网进行合成。

5. 端粒酶 RNA　　端粒酶 RNA（telomerase RNA）是真核生物端粒酶的组成成分，充当真核染色体线性 DNA 末端端粒复制的模板，参与端粒的生成。

6. 类 mRNA　　一类在 3′端有 poly(A)，但无典型的可读框（open reading frame，ORA），不编码蛋白质的 RNA 分子。其是与细胞生长和分化、胚胎的发育、肿瘤的形成和抑制密切相关的调节因子。

7. tmRNA　　功能上既是 tRNA，又是 mRNA，翻译时既可以运输氨基酸，又可以作为模板翻译产生蛋白质。

其他微 RNA（microRNA，miRNA）、小干扰 RNA （small interfering RNA，siRNA）等将在第十四章详细描述。

第五节　核酸的理化性质

同蛋白质等生物大分子一样，核酸的功能也是由其结构所决定，并受到结构变化的影响。对核酸的理化性质和结构变化的了解，可以加深对核酸结构与功能的认识，也衍生出一些有价值的概念、技术和研究策略。

一、核酸的一般理化特性

核酸为多元酸，具有较强的酸性。DNA 和 RNA 都是线性高分子，其溶液都有一定的黏性。天然存在的 DNA 分子最显著的特点是很长，分子量很大，一般为 $10^6 \sim 10^{10}$。溶液中有黏性。在提取高分子量 DNA 时，DNA 在机械力的作用下易发生断裂。一般而言，RNA 分子远小于 DNA，其溶液的黏度也较小。

溶液中的核酸分子在引力场中可以下沉。在超速离心形成的引力场中，环状、超螺旋和线性等不同构象的核酸分子的沉降系数（S）有很大差异，这是超速离心法提取和纯化核酸的理论基础。

二、核酸分子的紫外吸收特性

组成核酸分子中的嘌呤碱基和嘧啶碱基均具有共轭双键。因此，碱基、核苷、核苷酸和核酸在紫外波段均具有较强的光吸收。在中性条件下，最大吸收值在 260nm 附近。实验室里根据 260nm 处的吸光度（absorbance，A_{260}）或光密度（optical density，OD_{260}）可以确定出溶液中的 DNA 或 RNA 的含量。也可以利用 260nm 与 280nm 的吸光度比值（A_{260}/A_{280}）判定所提取核酸样品的纯度。DNA 纯品的 A_{260}/A_{280} 应为 1.8；RNA 纯品的 A_{260}/A_{280} 应为 2.0。

三、核酸的变性与复性

（一）核酸的变性

某些理化因素，如加热、酸碱、变性剂、有机溶剂及稀释的作用等均会导致 DNA 或 RNA 互补的双链间的氢键发生断裂，使 DNA 或 RNA 的双链被打开转变为无规则的线团结构，称为核酸的变性（denaturation）。DNA 或 RNA 的变性破坏了它们的空间结构，但其一级结构没变，即其核苷酸序列没有改变。DNA 或 RNA 的变性就是指它从双链状态到单链状态的转变。有完全变性和不完变性。变性的核酸具有增色效应、黏度和比旋下降、沉降系数增加、生物学活性丧失等特征（图8-13）。

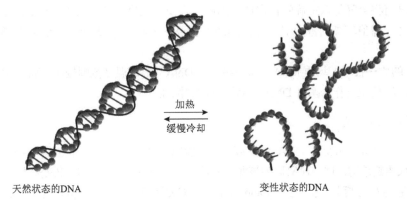

天然状态的DNA　　　　加热　　　　变性状态的DNA
　　　　　　　　　　　缓慢冷却

图 8-13　核酸的解链或变性

20 世纪 50 年代 DNA 变性的经典实验表明，DNA 在 260nm 处有最大吸收峰，且发现双螺旋 DNA 的吸光度比单链 DNA 低 40%。当 DNA 溶液温度增高时吸光度增加，这种现象称为增色效应（hyperchromic effect）（图 8-14）。反之，称为减色效应（hypochromic effect）。这是因为 DNA 在变性解链过程中，由于有更多的共轭双键暴露出来，DNA 溶液在 260nm 处的吸光度随之增加。通过检测 DNA 溶液的吸光度变化来监控 DNA 的变性过程，是实验室常用的方法。

实验室常用的使 DNA 变性的方法是加热。以在 260nm 的吸光度相对于温度作图，得到的曲线称为 DNA 的解链曲线（melting curve）（图 8-15）。从曲线中可以看出，DNA 双链从开始解链到全部解链，是在一个比较窄的温度范围内完成的。把在解链过程中 260nm 处吸光度增加到最大值一半时的温度称为 DNA 的解链温度（melting temperature），用 T_m 表示。在此温度时，50%的 DNA 双链解离成为单链。

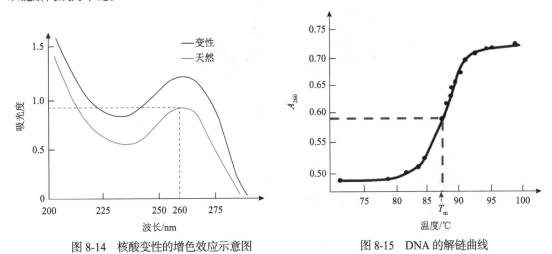

图 8-14　核酸变性的增色效应示意图　　　　图 8-15　DNA 的解链曲线

T_m 值是 DNA 的一个特征性常数，是实验室常用的参数之一，受以下因素影响。

1. DNA 中 G+C 的含量　　G+C 的含量越高，T_m 值越高。常用如下公式 $T_m=69.3+0.41(G+C)\%$ 计算 DNA 的 T_m 值。小于 25mer 的寡核苷酸的 T_m 值的计算公式为：$T_m=4(G+C)+2(A+T)$。

2. 溶液的离子强度　　离子强度的效应反映出双螺旋的另一基本特征。两条 DNA 链的骨架包含的磷酸基团带负电荷，当这些负电荷没有被中和时，DNA 两条双链间的静电排斥力将驱使两条链分开。在高离子强度时，负电荷可被阳离子中和，双螺旋结构稳定。相反，低离子强度时，未被中和的负电荷将会降低双螺旋的稳定性。因此，在离子强度低的溶液中，DNA 的 T_m 值较低而范围宽。反之，T_m 值较高而范围窄。所以，DNA 样品一般在含盐缓冲液中较稳定，稀电解质溶液中较难保存。

3. DNA 的均一性　　均质 DNA，如一些病毒 DNA，解链温度范围较小，而异质 DNA 解链温度范围较宽。T_m 值也可作为衡量 DNA 样品均一性的标准。

（二）核酸的复性

当去掉变性因素，如变性 DNA 的溶液缓慢降温时，两条解离的互补链可重新互补配对，重新形成规则的双螺旋结构，这一现象称为核酸的复性（renaturation）。例如，热变性的 DNA 经缓慢冷却后可以复性，这一过程也称为退火（annealing）。需要注意的是：如果将热变性的 DNA 迅速冷却至 4℃以下，两条解离的互补链则不能形成双链，DNA 不能发生复性。这一特性被用来保持 DNA 的变性状态。DNA 浓度在一定范围内，DNA 浓度高，易复性，但太高也影响复性。DNA 双链的这种变性和复性的特性被用于 DNA 印迹和 DNA 芯片分析等。

（三）核酸杂交

DNA 的变性和复性是以碱基互补为基础的，由此可以进行核酸的分子杂交（molecular hybridization），即如果将不同种类的单链 DNA 或 RNA 放在同一溶液中，如两种核酸单链之间存在一定程度的碱基配对关系，在一定条件下通过互相配对就可能形成杂化双链，该过程称为核酸或分子杂交。形成的新的杂化双链，称为杂交分子（hybrid molecule）（图 8-16）。这种杂化双链可以在不同的 DNA 单链之间，也可以在 RNA 单链之间，或者在 DNA 单链和 RNA 单链之间形成。

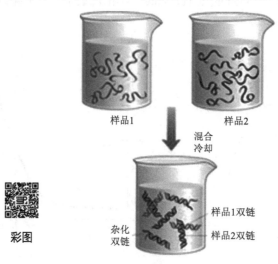

图 8-16　核酸分子杂交模式图

将一段已知核苷酸序列的 DNA 或 RNA 用放射性同位素或其他方法进行标记，就获得了分子生物学技术中常用的核酸探针（probe）。依据分子杂交的原理使探针与变性分离的单股核苷酸链一起退火，如果它们之间有互补的或部分互补的碱基序列，就会形成杂交分子，于是就可以找到或鉴定出特定的基因及人们感兴趣的核苷酸片段，在重组 DNA 中广泛应用的 DNA 印迹、RNA 印迹及基因芯片技术就是利用核酸分子杂交的性质建立起来的（见第九章）。

第九章　核酸的分离鉴定技术

核酸技术是在发现 DNA 和 RNA 具有遗传功能后，以 DNA 和 RNA 的体外操作为核心逐步建立起来的一系列对核酸进行鉴定和分析的实验技术，包括 DNA 和 RNA 的分离制备、基因分离、核苷酸序列分析、分子杂交等。通过对 DNA 或 RNA 的提取，基因的分离，核苷酸序列的测定，人们将了解基因及其所编码的蛋白质的结构，进而对其功能也有所认识。随着分子生物学的发展，人们已经研发了一整套的核酸研究技术。这些技术已经成了研究许多基本生物学问题的重要手段。本章简要介绍基于核酸理化性质的分离鉴定技术及其基本原理。其他技术将在第二十章详细介绍。

第一节　核酸分离纯化的一般步骤

真核生物的 DNA 主要分布于细胞核内，而 RNA 在细胞质中含量丰富，并且在生物体中都以核蛋白的形式存在，无论是对核酸的结构与功能进行研究，还是大量制备核酸药物，都需要从生物材料中提取核酸。

大多数核酸分离与纯化的过程一般都包括材料的选择、核酸的释放（细胞裂解）、核酸与其他生物大分子物质分离、核酸纯化等几个主要步骤。每一步骤又可由多种不同的方法单独或联合实现。核酸分离主要是指将核酸与蛋白质、多糖及脂肪等生物大分子分开。在分离核酸时应遵循两大原则：一是保证核酸一级结构的完整性；二是尽可能排除其他分子的污染，保证核酸的纯度。

（一）材料的选择

主要从生物组织、细胞、病毒、唾液、植物等样品进行核酸分离与纯化。一般是选用新鲜的组织并将其分解成较小的组织块，再加入缓冲液或裂解液在低温条件下进行组织破碎或置于液氮中速冻后破碎组织。如果选择单层培养细胞进行核酸分离，应选用长满的单层细胞，吸去培养液并用预冷的磷酸缓冲液（PBS）洗涤，然后用橡胶刮棒或者使用胰酶进行消化，将细胞从培养皿底部分离从而制成细胞悬液，再转移到离心管中进行离心收集细胞和裂解。若选用悬浮培养细胞分离核酸，应先进行离心收集悬浮细胞，再用合适的裂解液充分裂解细胞，若不需立即进行核酸的分离，可以经液氮速冻后于−70℃条件下冻存备用。

（二）细胞裂解

细胞裂解是核酸分离纯化过程中最关键的步骤。实验室常用的细胞裂解方法包括机械法、化学试剂法、反复冻融法和酶解法等，有时这几种方法需要联合使用。

1. 机械法　最常用的有研磨法、匀浆法、超声波破碎法。实验室从生物组织样品中分离核酸首选研磨法和匀浆法，其需要先将组织分解成小块，以便于充分裂解，并且需要加入合适体积的裂解液和在低温下进行操作。采用超声波破碎法时要设定好超声时间和间隙时间，一般超声时间不超过 5s，间隙时间最好大于超声时间，避免对核酸结构造成破坏。

2. 化学试剂法　实验室中常用含十二烷基硫酸钠（SDS）或十六烷基三甲基溴化铵（CTAB）的溶液处理细胞，在一定的 pH 环境和变性条件下，细胞破裂，蛋白质变性沉淀，核酸被释放到水相，pH 环境则由加入的强碱（NaOH）或缓冲液（TE、STE 等）提供，表面活性剂或强离子剂可使细胞裂解、蛋白质和多糖沉淀，缓冲液中的一些金属离子螯合剂（EDTA 等）可螯合对核酸酶活性所必需的金属离子（如 Mg^{2+}、Ca^{2+}），从而抑制核酸酶的活性，保护核酸不被降解。

3. 反复冻融法 将细胞在-20℃以下冰冻，室温融解，反复几次，细胞内冰粒的形成和剩余细胞液的盐浓度增高引起溶胀，使细胞结构破碎。

4. 酶解法 酶解法主要通过加入溶菌酶、蛋白酶 K 等使细胞壁破碎，核酸释放。蛋白酶能降解与核酸结合的蛋白质，促进核酸的分离。其中溶菌酶能催化细菌细胞壁的蛋白多糖 N-乙酰葡萄糖胺和 N-乙酰胞壁酸残基间的 β-1,4-键水解，蛋白酶 K 能催化水解多种多肽键，用于水解除去绝大部分蛋白质，对变性蛋白质的活性更高，可以通过加入 SDS 或加热灭活。

（三）核酸的分离纯化

1. 基因组 DNA 的分离纯化

（1）高盐沉淀法 高盐沉淀法是实验室中最常用的一种 DNA 分离制备方法。主要是利用不同浓度的盐溶液中脱氧核糖核蛋白和核糖核蛋白的溶解度不同。例如，核糖核蛋白在 0.15mol/L NaCl 的稀盐溶液中的溶解度最大，脱氧核糖核蛋白的溶解度最小；脱氧核糖核蛋白在 1mol/L NaCl 溶液的溶解度增大，是在纯水中的 2 倍，核糖核蛋白的溶解度则明显降低，通过调整盐浓度可使两者分离。同时，利用阴离子表面活性剂 SDS，溶解膜蛋白而破坏细胞膜，使蛋白质变性后沉淀下来，从而使 DNA 得以游离出来。另外，需要使用 EDTA 抑制 DNA 酶的活性，再加入氯仿等有机溶剂使蛋白质变性并使抽提液分相，因核酸水溶性很强，经离心后即可从抽提液中除去细胞碎片和大部分蛋白质。最后根据核酸只溶于水而不溶于有机溶剂中，在水相中加入高浓度的乙醇即可使 DNA 沉淀出来，获得产品。

该方法有效地免除了试剂的污染，所提取的 DNA 有较大的产量和较高的纯度，但缺点是消解蛋白酶的过程费时较多。

（2）酚-氯仿抽提法 酚-氯仿抽提法是将酚类试剂作为蛋白质的变性剂，先对样本进行裂解，然后用苯酚和氯仿进行抽提，再用无水乙醇等有机试剂沉淀核酸。氯仿的作用是去除多余的酚，疏水性的蛋白质被分配至有机相，核酸则被留于上层水相。该提取方法需要多次离心，步骤烦琐，易造成交叉污染。另外，由于苯酚、氯仿等有机溶剂的加入，终产物中会有残留，对后续基因组 DNA 的下游应用产生影响。

（3）磁固相萃取（magnetic-solid phase extraction，MSPE） 作为传统提取方案的替代方法，MSPE 由于其快速的处理时间、减少的有机溶剂需求及易于实施而已越来越多地被应用于从细菌或细胞裂解液中提取基因组 DNA，并适用于各种生物样本 DNA 的提取（如细菌、病毒、精液、唾液、尿液、植物等）。

其基本原理是：首先，磁性材料通过一定操作的萃取后，与目标物相结合；其次，向磁性材料施加一定磁场，使之与样品溶液相得到有效分离，去除杂质；最后，选取适当的试剂将目标物于材料表面洗脱。MSPE 方法的优点：步骤较为简单；可避免蛋白质、核酸等物质受到破坏；能够直接对已有生物样品进行操作，无需增加其他操作工艺；一定情况下能够反复使用。

2. 质粒 DNA 的分离纯化 质粒是分子克隆中使用最广泛的载体，质粒 DNA 的提取与纯化是分子克隆工作的基础技术之一。质粒 DNA 分离纯化方法有多种，但其原理和步骤大同小异，都包括三个基本步骤：培养细菌使质粒扩增；收集和裂解细胞；分离和纯化质粒 DNA。

碱裂解法是最常用的制备质粒 DNA 的方法。此法是基于染色体 DNA 与质粒 DNA 在拓扑学上的差异来分离它们而达到分离目的。碱变性（pH 为 12.0～12.5）DNA 时，线状基因组 DNA 的双螺旋结构打开而被充分变性，而质粒 DNA 的两条链仍处于拓扑缠绕的自然状态而不能彼此分开。当加入 pH 4.8 的乙酸钾高盐缓冲液恢复 pH 至中性时，质粒 DNA 又可以迅速复性重新形成完全天然超螺旋状分子，而染色体 DNA 两条互补链彼此已经完全分开不能复性，它们与破裂的细胞壁、细菌蛋白相互缠绕成大型复合物，被 SDS 包裹，通过离心沉淀下来而被除去。而质粒 DNA 则留在上清中，其中还含有可溶性蛋白质、核糖核蛋白与少量染色体 DNA，提取时要加入蛋白质水解酶和核酸酶使它们分解，通过碱性酚（pH 8.0）和氯仿-异戊醇混合液抽提去，上清液用乙醇或异丙醇沉淀，得到质粒 DNA。

3. RNA 的分离纯化　　TRIZOL 是一种新型的快速提取生物体中总 RNA 的试剂。TRIZOL 的主要成分是苯酚，苯酚主要的作用是裂解细胞，使细胞中的蛋白质、核酸物质解聚得到释放。并且利用 DNA、RNA 和蛋白质在不同溶液中的溶解性质，通过加入氯仿后，溶液分为水相和有机相，RNA 在水相中，DNA 和蛋白质留在有机相从而被分离纯化出来。

苯酚虽可以有效地变性蛋白质，但不能完全抑制 RNA 酶活性，因此 TRIZOL 试剂中还加入了 8-羟基喹啉、异硫氰酸胍、β-巯基乙醇等来抑制内源和外源 RNA 酶。其中，0.1% 的 8-羟基喹啉可以抑制 RNase，与氯仿联合使用可增强抑制作用；异硫氰酸胍属于解偶剂，是一类强力的蛋白质变性剂，可溶解蛋白质并使蛋白质二级结构消失，导致细胞结构降解，核蛋白迅速与核酸分离；β-巯基乙醇的主要作用是破坏 RNase 中的二硫键。这几种试剂的联合使用可以高效地去除蛋白质，获得高质量的总 RNA。在琼脂糖凝胶上，将高质量的总 RNA 电泳后可以看到 3 条清晰的带，由大到小依次为：28S、18S 和 5.8S 及 5S rRNA（通常 5.8S 及 5S rRNA 为一条带）。

该方法对少量的组织（50～100mg）和细胞（5×10^6）以及大量的组织（质量≥1g）和细胞数量（>10^7）均有较好的分离效果。TRIZOL 试剂操作上的简单性允许同时处理多个样品，并且所有的操作可以在一小时内完成。TRIZOL 抽提的总 RNA 能够避免 DNA 和蛋白质的污染，故而能够作 RNA 印迹分析、斑点杂交、poly(A)、体外翻译、RNA 酶保护分析和分子克隆。

第二节　核酸定量分析及鉴定技术

从生物材料中提取核酸后，还需要进行核酸的浓度和纯度鉴定，以便于判断核酸的质量，看能否用于进行下游的实验操作。实验室中常采用紫外吸收法、定磷法和定糖法等。紫外吸收法具有操作简便、快捷、样品用量少、灵敏度高等优点。定磷法可以测定磷从而计算核酸的含量。定糖法通过测定核糖或脱氧核糖可测出 DNA 或 RNA 的含量。核酸的鉴定技术包括分子杂交、PCR 等技术。

一、核酸的紫外分光光度技术

DNA 或 RNA 链上碱基的苯环结构在紫外区 260nm 处具有较强的光吸收性质。而蛋白质的吸收高峰在 280nm 波长处，在 260nm 处的吸收值仅为核酸的 1/10 或更低，因此对于含有微量蛋白质的核酸样品，测定误差较小。

利用紫外分光光度计分别测定在波长 260nm 和 280nm 处 DNA 的吸光率，然后计算其浓度与纯度。当 DNA 样品中含有蛋白质、酚或其他小分子污染物时，会影响 DNA 吸光度的准确测定。一般情况下，同时检测同一样品的 OD_{260}、OD_{280} 和 OD_{230}，计算其比值来衡量样品的纯度。DNA 纯度可以 OD_{260}/OD_{280} 表示：纯 DNA 样品 OD_{260}/OD_{280} 约为 1.8；纯的 RNA 样品 OD_{260}/OD_{280} 为 2.0，核酸样品中若含有蛋白质或苯酚等杂质，此比值则显著降低。若待测的核酸产品中混有大量的具有紫外吸收的杂质，则测定误差较大，应设法除去。不纯的样品不能用紫外吸收值作定量测定。

二、核酸的电泳技术

常用琼脂糖凝胶电泳方法。琼脂糖是从琼脂中提取出来的一种由半乳糖和3,6-脱水-L-半乳糖相结合的链状多糖，以琼脂糖凝胶作为支持介质的电泳技术称为琼脂糖凝胶电泳。其原理是根据 DNA 在电泳泳动时的电荷效应和分子筛效应，达到分离混合物的目的。DNA 在高于其等电点的溶液中带负电荷，在电场中向阳极移动。在一定的电场强度下，DNA 的迁移速度取决于分子筛效应，即分子本身的大小和构型是主要的影响因素。DNA 的迁移速度与其分子质量成反比，DNA 分子质量越大，其电泳的迁移率就越小。超螺旋的 DNA 与同一分子质量的开环或线状 DNA 的电泳迁移率也明显不同。例如，用琼脂糖鉴定质粒 DNA 时，同一质粒 DNA 的3种形式泳动速度快慢排序是：超螺旋结构 > 开环结构 > 线性结构。

电泳过程中或电泳完毕，直接利用低浓度的荧光染料溴化乙锭（EB）进行染色，EB 可以嵌入核酸双链的配对碱基之间，在紫外线激发下，发出荧光，既可以确定 DNA 条带在凝胶中的位置，而且灵敏度很高，少至1～10ng 的 DNA 条带即可直接在紫外灯下检出。

对于分子质量较大的样品，如大分子核酸、病毒等，一般可采用孔径较大的琼脂糖凝胶进行电泳。琼脂糖凝胶可以区分相差 100bp 的 DNA 片段，其分辨率虽然比聚丙烯酰胺凝胶低，但它制备容易，分离范围广，尤其适合分离大片段DNA。

三、分子杂交技术

核酸分子杂交技术是 1986 年由 Roy Britten 发明的。该技术所依据的原理是，带有互补的特定核苷酸序列的单链 DNA 或 RNA，当它们混合在一起时，其相应的同源区段将会退火形成双链结构。如果彼此退火的核苷酸来自不同的生物有机体，那么如此形成的双链分子就称为杂交核酸分子。此过程可以在DNA-DNA之间，也可以在 DNA-RNA 和 RNA-RNA 之间进行，形成杂交分子。DNA-DNA 的杂交作用，可以用来检测特定生物有机体之间是否存在着亲缘关系，而形成 DNA-DNA 或 DNA-RNA 杂交分子的这种能力，可以用来揭示核酸片段中某一特定基因的位置。基于核酸分子杂交原理建立的分子生物学中常用的一些实验技术主要有以下几种。

（一）核酸分子印迹技术

在大多数核酸杂交反应中，经过凝胶电泳分离的 DNA 或 RNA 分子，在杂交之前通过毛细管作用或电导作用被转移到滤膜上，而且是按其在凝胶中的位置原封不动地"转印"上去。其过程是首先将核酸样品转移到固体支持物滤膜上，这个过程称为核酸印迹（nucleic acid blotting）转移，主要有电泳凝胶核酸印迹法、斑点和狭线印迹法（dot and slot blotting）、菌落和噬菌斑印迹法（colony and plaque blotting）；然后将具有核酸印迹的滤膜同带有放射性标记或其他标记的 DNA 或 RNA 探针进行杂交。常用的滤膜有尼龙滤膜、硝酸纤维素滤膜等。由于转移后各个 DNA 片段在膜上的相对位置与在凝胶上的相对位置一致，故称为印迹（blotting）。根据检测的靶分子不同，该方法分为以下几种类型。

1. DNA 印迹　　DNA 印迹（Southern blot）是 1975 年由 Southern 首先设计的，是凝胶电泳与核酸杂交相结合的 DNA 片段检测技术，因发明者 Southern 而得名。其主要用于基因组 DNA 的分析和鉴定。

其基本过程是将基因组或质粒 DNA 经限制性内切酶酶切后电泳，将分离的 DNA 片段转印到一定的支持物上（如硝酸纤维素滤膜上），然后用标记（放射性或非放射性）的探针杂交，检测待测的 DNA。由于要分析的总的 DNA 量是已知的，只要比较结合探针的放射强度量就能估计基因组中目的基因的拷贝数。

2. RNA 印迹　　RNA 印迹（Northern blot）是凝胶电泳与核酸杂交相结合以检测 RNA 的技术，因类似于 DNA 印迹（Southern blot）而得名。组织表达的 mRNA 可以经电泳分离后再转印到支持物上，然后与标记的探针杂交。其可用于对组织或细胞中的 mRNA 进行定性或定量分析，也是研究基因表达时序的主要技术。

RNA 印迹的 RNA 可以是总 RNA，也可以是 mRNA。RNA 分子较小，在电泳前无需进行限制性内切酶水解。RNA 的琼脂糖电泳需要在变性剂（甲醛或乙二醛）存在的情况下进行，以防止 RNA 形成二级结构，维持其单链线状结构。另外，RNA 分子极易被环境中 RNA 酶降解，提取过程中需特别注意防止 RNA 酶的降解。

3. 原位杂交　　原位杂交（in situ hybridization）是直接用组织切片或细胞涂片进行杂交分析的方法。其特点是不需要从组织细胞中提取 DNA 或 RNA，能在成分复杂的组织中对某些细胞的 DNA 或 RNA 进行分析，并可保持细胞或组织形态的完整性，并且灵敏度高，特别适用于组织细胞中低丰度核酸的检测，也用于定位基因及确定其拷贝数。例如，基因在染色体上的定位对于基因的遗传分析至关重要，包括遗传病的诊断。基本方法是标记的探针与染色体 DNA 一起"退火"，鉴定出目的基因在染色体上的位置。其包括菌落或噬菌斑原位杂交和细胞原位杂交。

（二）生物芯片技术

生物芯片（biochip）是 20 世纪末发展起来的一种规模化生物分子分析技术。其是融微电子学、生物学、物理学、化学、计算机科学为一体的高度交叉的新技术，具有快速和高通量的特点。根据检测的分子不同，可将生物芯片分为基因芯片、蛋白质芯片、组织芯片、糖芯片和细胞芯片等。

1. 基因芯片　　基因芯片（gene chip）也称 DNA 芯片、DNA 微阵列（DNA microarray）等。1995 年，P. Brown 发明了第一块基因芯片。其是在计算机控制的点样及强大的扫描分析硬件和软件的支持下，将许多特定的 DNA 片段或 cDNA 片段作为探针有规律地紧密固定在很小的硅片上，然后与待测的荧光标记样品杂交，对杂交信号进行检测分析，用于检测细胞或组织样品中核酸种类的技术。DNA 微阵列可以大规模检测基因表达，同时测定成千上万个基因的转录活性及一次评价多种基因的表达，也可以同时分析检测不同类型细胞或相同细胞在不同条件下数千个基因的相对表达水平。

该技术的特点：①用原位合成和微阵列的方法将寡核苷酸片段或 cDNA 探针按顺序固定排列在某种固相载体上，形成致密、有序的 DNA 分子点阵；②将样品提取、扩增，并荧光标记（主要用荧光素 Cy3、Cy5 等）；③标记的样品与芯片上的探针进行杂交反应；④信息处理，通过由激光共聚焦显微镜和电脑组成的检测器及处理器检测杂交的荧光信号和强度，从而获取样品分子的数量和序列信息等。例如，利用 cDNA 芯片检测肿瘤细胞的发生、发展过程中基因的表达状态，可以获取肿瘤细胞生长各个时期与肿瘤生长相关基因的表达模式。

基因芯片可分为寡核苷酸芯片和 cDNA 芯片两种，目前以 cDNA 的研究为主。据用途分为表达谱、诊断、指纹图谱、测序、毒理芯片等。

2. 蛋白质芯片　　蛋白质芯片（protein chip）又称为蛋白质阵列（protein array）或蛋白质微阵列，是将高度密集排列的蛋白质分子作为探针点阵固定在固相支持物上，与待测蛋白样品进行反应，捕获待测样品中的靶蛋白，再经检测系统对靶蛋白进行定性和定量分析的一种技术。其是一种高通量、高灵敏度、自动化的蛋白质分析技术。

其基本原理是蛋白质分子间在空间结构上能特异性相互识别和相互结合，如抗原-抗体、受体-配体之间的特异性结合。常用的蛋白质探针是抗体。蛋白质芯片的检测方法有多种，目前常用的是标记检测法和直接检测法两种。前者是将样品中的蛋白质标记上荧光分子、化学发光分子或放射性核素，与蛋白质芯片反应后，再通过特异的检测仪对反应信号进行分析，获得蛋白质表达的信息。直接检测法包括表面增强激光解吸电离飞行时间质谱（SELDI-TOF-MS）和表面等离子体共振检测技术等检测方法。

蛋白质芯片有蛋白质检测芯片和蛋白质功能芯片。主要应用：①在一次实验中全面、准确地提供蛋白质表达谱；②检测样品中微量蛋白质的存在。目前其在蛋白质间的相互作用、蛋白质功能、疾病诊断、药物筛选、肿瘤相关抗原的筛查与检测等方面均有广泛应用。

3. 组织芯片　　　组织芯片（tissue chip）以形态学为基础进行高通量检测基因表达信息。利用成百上千的处于自然或病理状态下的组织标本，同时研究一个或多个特定基因及其表达产物。将多个组织标本集成在一张固相载体上（载玻片），形成微缩组织切片。组织芯片分为多组织片、组织阵列和组织微阵列。其主要用于肿瘤病的研究中。

四、体外基因扩增技术——PCR 技术

聚合酶链反应（polymerase chain reaction，PCR）是体外特异性地扩增已知 DNA 片段的方法。其是 20 世纪 80 年代中期由美国 PE-Cetus 公司人类遗传研究室的 Mullis 等发明的 DNA 体外扩增技术。Mullis 也因此获得 1993 年诺贝尔化学奖。

其基本原理类似于细胞内 DNA 的复制过程。其反应体系包括拟扩增的 DNA 模板、特异性引物、dNTP 及合适的缓冲液。其反应过程是以拟扩增的 DNA 分子为模板，以一对分别与目的 DNA 互补的寡核苷酸为引物，在 DNA 聚合酶的催化下，按照半保留复制的机制合成新的 DNA 链，重复此过程使目的基因得到大量扩增。PCR 有以下几种方式。

1. 反转录 PCR　　　反转录 PCR（reverse transcription PCR，RT-PCR）是以反转录的 cDNA 为模板进行的 PCR 技术，用于测定基因表达的强度和鉴定已转录基因是否发生突变。其基本过程包括总 RNA 的提取、反转录获得 cDNA 和 cDNA 的 PCR 扩增。

2. 原位 PCR　　　原位 PCR（in situ PCR）是以细胞内的 DNA 或 RNA 为靶序列，在细胞内进行的 PCR 反应。其原理是将 PCR 与原位杂交相结合，先在细胞内进行 PCR 反应，然后用特定的探针与细胞内的 PCR 产物进行原位杂交，检测细胞或组织内是否存在待测的 DNA 或 RNA。原位 PCR 待测的样品可以是新鲜组织、石蜡包埋组织、脱落细胞和血细胞等。

原位 PCR 结合高灵敏的 PCR 技术和具有细胞定位能力的原位杂交技术的优点，既能分辨鉴定带有靶序列的细胞，又能标出靶序列在细胞内的位置，已成为靶基因序列的细胞定位、组织分布和靶基因表达检测的重要手段。

3. 实时定量 PCR　　　实时定量 PCR（real-time quantitative PCR，RT-qPCR）技术是在 PCR 反应体系中加入荧光基团，利用荧光信号积累实时监测整个 PCR 进程，使每一个循环变得"可见"。最后通过 C_t 值和标准曲线对样品中 DNA（cDNA）的起始浓度进行定量的方法。此技术可以获得全部双链 DNA，但不能区分不同的双链 DNA。

4. 不对称 PCR　　　不对称 PCR（asymmetric PCR）是用不等量的一对引物，经 PCR 扩增后产生大量的单链 DNA（ssDNA），从而提高杂交效率与检测灵敏度的技术。其基本原理是采用不等量的一对引物产生大量的单链 DNA，这对引物分别称为非限制性引物与限制性引物，其比例一般为

（50～100）：1。在 PCR 反应的最初 10～15 个循环中，其扩增产物主要是双链 DNA，但当限制性引物（低浓度引物）消耗完后，非限制性引物（高浓度引物）引导的 PCR 就会产生大量的单链 DNA。其主要被应用于核酸序列测定、制备杂交探针、DNA 结构研究等中。

5. 锚定 PCR　　锚定 PCR（anchored PCR）又称固定 PCR，是以基因组总 DNA 为模板，用一条基因特异性引物进行线性 PCR 扩增，产生单链扩增产物。在末端转移酶的作用下，在单链 DNA 分子的 3′端加上多聚 dC，用巢式基因特异性引物及与多聚 dC 配对的锚定引物对加尾的产物进行 PCR 扩增，PCR 产物连入载体后进行测序鉴定。

锚定 PCR 的目的在于分离与一段已知序列相邻的未知序列，潜在的应用前景有鉴定复杂基因组的内含子和外显子结合部位、重组过程中的整合位点、引起人类疾病的 DNA 断点等。还可以分离与固定序列相邻的 DNA 片段，简化克隆和染色体步移步骤等。人们已经设计和成功地使用了一些方法，其中包括从已知序列到人工加上去的寡聚核苷酸的 PCR 和 Alu 序列的 PCR 等。还可以通过一些辅助措施进行这些工作，如在寡聚核苷酸的 5′端用生物素进行标记，再用亲和素包被的磁珠捕捉扩增的 DNA 片段；或在 5′端加入一段双链 DNA 应用于分析未知序列基因表达；在已知某蛋白质氨基端或羧基端氨基酸序列时从基因组 DNA 中克隆该蛋白质基因。

6. 随机引物 PCR　　随机引物 PCR（arbitrarily primed PCR，AP-PCR）又称随机扩增多态性 DNA（random amplified polymorphic DNA，RAPD），1990 年由 Williams 首先建立。其是以 PCR 为基础，在不需要预先了解基因序列的情况下运用随机的寡聚核苷酸链为引物进行 PCR 反应，从而快速、有效地对目的基因进行扫测。

AP-PCR 过程中使用的引物是 10 个左右的非特异性寡聚核苷酸链（随机引物），在反应过程中引物和模板并不需要完全匹配，在较低的退火温度下，只要引物的一部分特别是 3′端有 3～4 个以上碱基与模板互补复性且方向正确，距离在一定长度范围内，在 *Taq* DNA 聚合酶的作用下就可扩增出一定长度的 DNA 片段，利用多个随机引物可使检测区域扩大至整个基因组。扩增后的产物经一定方法进行分析比较其多态性或进一步克隆分析。

AP-PCR 技术可以快速地从两个或更多的个体组织细胞中分离出差异基因或基因差异表达产物，具有简单、灵敏、有效和重复性好等特点。目前其被用于物种鉴定、植物分类、基因多态性调查等中。

7. 多重 PCR　　多重 PCR（multiplex PCR，MPCR）是指在一个反应体系中加入多对引物，通过一次 PCR 反应同时对多个靶标进行扩增，并结合一定的检测手段对扩增产物进行检测从而实现对多个靶标进行诊断的技术。1988 年多重 PCR 技术首次被用于检测肌营养不良蛋白基因缺失，2008 年该技术被用于微卫星和单核苷酸多态性（SNP）的分析，2020 年多重 RT-PCR 技术被设计出来。其基本原理与常规 PCR 相同，区别在于多重 PCR 反应体系加入两对及以上的引物，各对引物分别结合在模板相对应部位，同时扩增出多个核酸片段的 PCR 反应。多重 PCR 与常规 PCR 步骤相同，但需根据实验结果对反应体系组成和反应条件等进行反复优化，具有高效率、高通量、低成本的特性。目前该技术已被广泛应用于遗传病诊断、肿瘤基因诊断、病原微生物鉴定、法医鉴定等多个领域中。

8. 巢式 PCR　　巢式 PCR（nested PCR）是指使用两对引物进行两轮扩增，以提高扩增特异性和灵敏性的技术。其主要用于检测病毒、肿瘤基因；增加 cDNA 末端快速克隆技术扩增特异性；高通量测序等。巢式 PCR 的原理是使用两对 PCR 引物扩增完整的片段。第一对引物扩增片段和普通 PCR 相似。第二对引物称为巢式引物，与第一次扩增产物中包含目的片段的扩增产物相同，使得第二次 PCR 特异性扩增目的片段。

其过程包括：①DNA 模板与外引物在较高退火温度下结合，进行常规 PCR 扩增，得到包含目的片段的扩增产物及其他扩增产物。②以扩增产物作为模板，与内引物在较低退火温度下结合，进行第二轮 PCR 扩增，得到目的片段的扩增产物。

第三节　基因克隆技术

基因克隆是利用多种限制性内切酶和 DNA 连接酶等工具酶，以 DNA 为操作对象，在细胞外将一种外源 DNA（来自原核或真核生物）和载体 DNA 重新组合连接（重组），形成重组 DNA。然后将重组 DNA 转入宿主细胞（如大肠杆菌等）中，使外源基因 DNA 在宿主细胞中随宿主细胞的繁殖而增殖，并在宿主细胞中得到表达，最终获得基因表达产物或改变生物原有的遗传性状，也称"基因工程"（gene engineering）或"分子克隆"（molecular cloning）。

随着基因表达研究的发展，人们深知要想准确了解动物的生长发育、形态结构特征及生物学功能，就必须深入了解基因表达调控的三个主要方面：转录水平上的调控，mRNA 加工、成熟水平上的调控，以及翻译水平上的调控。其中通过质粒或者病毒构建目的基因的编码区（CDS）DNA 序列，然后将其导入细胞中是最重要的基因表达调控方式之一，目前广泛用在基因工程技术中。按照宿主细胞来划分，蛋白质表达系统可以分为原核表达系统和真核表达系统两大类。本节主要对原核表达系统和真核表达系统进行介绍，其他详见第十九章基因工程相关章节。

1. 原核表达系统　在各种表达系统中，最早采用的是原核表达系统，一般是通过基因克隆技术在体外构建好原核表达载体，将已克隆目的基因片段的载体转化到原核生物（常见大肠杆菌）的细胞中，通过诱导表达、纯化获得所需目的蛋白。转化到大肠杆菌感受态细胞，添加诱导剂进行蛋白诱导表达，这是目前分子生物学实验中常见的方法。

原核表达系统有大肠杆菌表达系统、芽孢杆菌表达系统、链霉菌表达系统等。其中原核细胞表达系统以大肠杆菌最为常用。在大肠杆菌中表达重组蛋白一般包括以下步骤：原核表达载体的构建→转化到高效表达的宿主菌→目的蛋白的诱导表达→细菌的扩大培养→制备细菌蛋白粗提物→目的蛋白的纯化。常用的原核表达载体有 pGEX 载体、pET 载体、pMAL 载体等。

原核表达载体一般至少包含 4 个主要元件：一是包括启动子（通过活化 RNA 聚合酶开启 DNA 的转录）和终止子在内的目的基因序列；二是复制的起始位点；三是特定宿主的抗生素筛选基因；四是大肠杆菌的抗性基因，如氨苄青霉素、卡那霉素抗性基因。其中合适的启动子尤为关键，不同的表达系统具有不同的启动子，在大肠杆菌原核表达系统中使用的是乳糖操纵子来诱导启动目的基因的表达，其诱导表达的原理便是乳糖操纵子模型。异丙基硫代半乳糖苷（IPTG）是常用的诱导剂，作用与别乳糖相同，可诱导目的 DNA 的表达，且不被细菌代谢而十分稳定，被实验室广泛应用。

原核表达系统的优点：①宿主菌生长快，能够在较短时间内获得基因表达产物；②所需试剂耗材成本低廉；③培养简单，操作方便；④遗传背景清楚，基因安全；⑤蛋白质表达量高。使用原核表达技术进行基因的表达，在动物、植物、微生物基因功能的研究和蛋白质利用中都得到了广泛的应用：在动物多用于研究疾病或生长相关基因的表达，以大量获得蛋白质制备抗体，用于后续机制研究；在植物多用于生长调控有关的基因和一些有巨大价值的蛋白质基因的表达；在微生物主要围绕毒力基因或致病基因进行表达，用于致病机制研究或亚单位疫苗制备。原核表达系统的缺点：①通常使用的表达系统无法对表达时间及表达水平进行调控；②有些基因的持续表达可能会对宿主细胞产生毒害作用；③过量表达可能导致非生理反应，目的蛋白常以包涵体形式表达，导致产物活性丧失；④原核表达系统翻译后加工修饰体系不完善，表达产物的生物活性较低。

2. 真核表达系统　　原核表达系统并没有真核转录和翻译后加工的功能，表达的蛋白质经常是不溶的。此后真核表达系统便逐渐发展起来。真核表达系统易于表达来自高等生物的外源基因，常用的真核表达系统主要包括真菌、酵母、昆虫、动物和植物细胞表达系统等。哺乳类细胞等真核表达是近年来常用的一种表达重组蛋白的手段，它补充了一些原核表达系统中所缺乏的功能，如真核表达时能够形成稳定的二硫键，在蛋白质经过翻译后可对蛋白质进行正确修饰，使表达出来的蛋白质更具天然活性而不是被降解或者是形成包涵体。利用真核表达系统可以诱导高效表达，加快了人们对基因研究及药物研究的进程。

哺乳动物细胞表达外源重组蛋白可利用质粒转染和病毒载体的感染。哺乳动物细胞表达系统主要是通过改造宿主细胞来提高外源蛋白的表达效率，常用的宿主细胞有中国仓鼠卵巢（CHO）细胞、COS（非洲绿猴肾成纤维细胞并经 SV40 病毒基因转化的细胞系）、小仓鼠肾（BHK）细胞、小鼠胸腺瘤细胞和小鼠骨髓瘤细胞等。真核表达系统的优点是能诱导高效表达，对表达的蛋白质进行正确折叠，并进行复杂糖基化修饰，蛋白质活性接近于天然蛋白质，不需去除内毒素；缺点是周期较长，操作复杂，成本投入高等。

第四节　DNA 序列测序技术

在核酸生物学的研究中，DNA 的序列分析是进一步研究和改造目的基因的基础，包括 DNA 聚合酶法（酶法）和化学裂解法（化学法）。前者又包括双脱氧法和荧光标记及自动测序。目前用于 DNA 测序的技术主要有 Frederick Sanger 发明的 Sanger 链终止法（chain termination method）。在测序技术起步发展过程中，除了链终止法之外还出现了一些其他的测序技术，如焦磷酸测序法、连接酶法等。其中，焦磷酸测序法是后来 Roche 公司 454 技术所使用的测序方法，而连接酶法是后来 ABI 公司 SOLID 技术使用的测序方法，但他们的共同核心手段都是利用了 Sanger 测序中的可中断 DNA 合成反应的 ddNTP，都需依赖限制性内切酶、核苷酸电泳分离和克隆 DNA 三种工作。Gilbert 和 Sanger 因分别发明化学降解法和链终止法，共获得了 1980 年的诺贝尔化学奖。

一、化学裂解法（化学法）

化学裂解法由 Maxam 和 Walter Gilbert 于 1970 年发明。其基本原理是利用特异的化学试剂对 4 种核苷酸残基之间 3′,5′-磷酸二酯键进行水解。G 反应用硫酸二甲酯，G+A 反应用甲酸，T+G 反应用肼和哌啶，C 反应用 NaCl+肼和哌啶。G+A 反应除去 G 反应即得 A 反应。G+C 反应除去 G 反应即得 A 反应。T+C 反应除去 C 反应即得 T 反应。用 4 组不同的特异反应就可以使末端标记的 DNA 分子切成不同长度的片段，其末端都是该特异的碱基，经变性胶电泳和放射自显影得到测序图谱。也就是用化学反应将 DNA 裁剪成一系列不同长度的核苷酸片段，它们的一端相同，并标有放射性同位素，测定各片段的长度和另一端最后一个核苷酸，就能决定 DNA 相应位置上的排列顺序。若将测定过的所有片段再拼接起来，就能知道整个 DNA 大分子的结构。

二、DNA 聚合酶法

1. 链终止法　　链终止法也称为双脱氧法（dideoxy termination method）或桑格法（Sanger 法），最早于 1975 年由 Sanger 设计了 DNA 快速测序法，称为"加减法"。1977 年建立了链终止法。并利用此技术成功测定出 ΦX174 噬菌体（phage ΦX174）的基因组序列，这也是世界上首次完整的基因组测序工作。Sanger 法测序属于第一代 DNA 测序技术。

链终止法的基本原理是反应体系除了包含 DNA 单链模板、引物、4 种 dNTP 和 DNA 聚合酶，还有双脱氧核糖核苷酸。共分为 4 组，每种按一定比例加入一种 2′,3′-双脱氧核苷三磷酸（ddNTP），它能随机掺入到新合成的 DNA 链中，由于 ddNTP 不存在 3′-羟基端，故不能与下一个核苷酸底物的 5′-磷酸基团形成 3′,5′-磷酸二酯键，导致 DNA 新链的延伸终止。而掺入的 ddNTP 则位于 DNA 延伸链的最末端，最终形成以 4 种碱基为末端的、各种大小不等的 DNA 片段。经变性胶电泳分离，从而获得模板 DNA 互补的核苷酸序列，可从自显影图谱上直接读出 DNA 序列（图 9-1）。Sanger 法后来成为主流，并用于人类基因组计划（HGP）的测序。

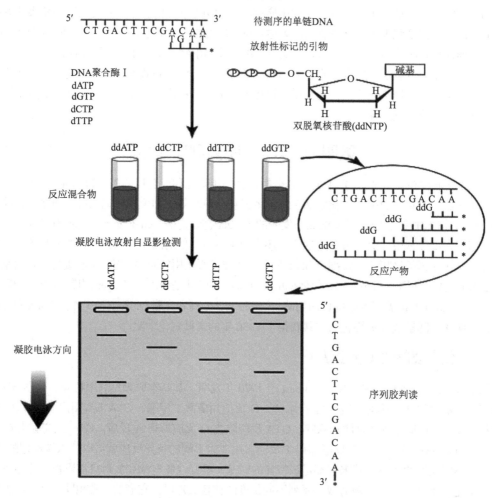

图 9-1 Sanger 法测序原理示意图（邹思湘，2005）

2. DNA 自动测序 DNA 自动测序是一种改进的 Sanger 法。它把每次的聚合反应的底物用不同颜色的荧光标记物标记，反应在毛细管中进行，通过激光检测。目前 DNA 序列测序已实现自动化，利用全自动 DNA 测序仪极大提高了测序速度。该方法能在几小时内分析几千个核苷酸序列。待测样品既可以直接用于序列测定，也可以克隆后再进行序列测定。从 20 世纪 90 年代初开始，用了 10 年时间，人类完成了对自身染色体的 30 亿对碱基的序列测定，这就是所谓的人类基因组计划。

第三篇
遗传信息从 DNA 到蛋白质的传递

自 1953 年 J. Watson 和 F. Crick 发现了 DNA 结构之后的几十年里，一种新的科学体系出现了——分子生物学。分子生物学致力于研究基因结构和遗传信息处理，利用分子生物学家和生物化学家开发的技术，生命科学家全面研究了生物体组织和处理遗传信息的过程。这些工作揭示了以下原则。

1）DNA 指导活细胞的功能，并被传递给后代。DNA 由两条形成双螺旋的多脱氧核苷酸链组成。DNA 中的信息以嘌呤和嘧啶碱基序列的形式编码 DNA 合成，被称为复制，涉及旧的亲本链与新合成的链之间的嘌呤和嘧啶碱基的互补配对。DNA 发挥生理和遗传功能需要合成无错误的拷贝。因此，大多数生物体采用了几种 DNA 修复机制。

2）遗传信息被解码并用于指导细胞过程的机制始于 RNA 的合成。RAN 的合成称为转录，涉及核糖核苷酸碱基与 DNA 分子中碱基的互补配对。每个新合成的 RNA 分子都被称为转录物。转录组一词是指从细胞基因组中转录出来的一整套 RNA 分子。

3）有几种类型的 RNA 直接参与酶的合成，调节生物体功能性蛋白质和生物分子的合成。每个信使 RNA（mRNA）的碱基序列决定一个特定的多肽的一级序列。核糖体 RNA（rRNA）分子是核糖体的组成部分。每个转移 RNA（tRNA）分子共价结合到一个特定的氨基酸上，并将其传递到核糖体，参与多肽链的合成。蛋白质合成称为翻译，发生在核糖体中，核糖体是核糖核蛋白分子机器，将 mRNA 的碱基序列翻译为多肽的氨基酸序列。由细胞合成的一整套蛋白质被称为蛋白质组。

4）基因表达是细胞根据环境或发育阶段控制基因产物合成时间的一组机制，包括大量的蛋白质（称为转录因子）和 RNA 分子[称为非编码 RNA（ncRNA）]。当它们与特定的 DNA 序列结合时，调节基因表达。

DNA 是生物界遗传的主要物质基础。生物有机体的遗传特征以密码（code）的形式编码在 DNA 分子上，表现为特定的核苷酸排列顺序，即遗传信息，在细胞分裂前通过 DNA 的复制（replication），将遗传信息由亲代传递给子代，在后代的个体发育过程中，遗传信息自 DNA 转录（transcription）给 RNA，并指导蛋白质合成，以执行各种生物学功能，使后代表现出与亲代相似的遗传性状，这种从 DNA-RNA-蛋白质遗传信息的传递方向，1958 年被 Crick 归结为遗传信息生物学的"遗传学中心法则"（genetic central dogma）。1970 年，H. Temin 等在某些致癌 RNA 病毒中发现遗传信息存在于 RNA 分子中，通过逆转录（reverse transcription）的方式将遗传信息由 RNA 传递给 DNA，这为中心法则加入了新的内容。

从 DNA 到蛋白质，遗传信息的流动遵循着中心法则。归结起来，生物信息的传递可分为两个部分：第一部分是存储于 DNA 序列中的遗传信息通过转录和翻译传入蛋白质的一级序列中，这是一维信息之间的传递，密码子介导了这一传递过程。第二部分是肽链经过疏水塌缩、空间盘曲、侧链聚集等折叠过程形成蛋白质的天然构象，同时获得生物活性，从而将生命信息表达出来。

本篇内容将对遗传信息从 DNA 到蛋白质的传递及其调控进行详细介绍。

第十章　原核生物与真核生物 DNA 的复制

DNA 的生物合成是指以亲代 DNA 分子为模板合成两个完全相同的子代 DNA 分子的过程，也称为 DNA 复制（DNA replication）。无论细胞只有一条染色体（如在大部分原核生物中），还是拥有多条染色体（如在真核生物中），在每次细胞分裂过程中，全基因组必须精确地复制一次。复制的过程是一个由酶催化进行的复杂的过程。其化学本质是酶促聚合反应；碱基配对原则是复制忠实性的分子基础；酶促修复系统可以修复复制过程中出现的错误。

从原核生物到真核生物，DNA 复制过程基本保守，分为复制的起始、延伸和终止。遗传信息的传递依据中心法则进行。遗传信息经亲本 DNA 的复制后，完整准确地传给子代。复制具有半保留性。有多种酶和蛋白质因子参与 DNA 的复制，包括解链酶、引发酶、DNA 聚合酶、拓扑异构酶和连接酶等。原核生物主要的复制酶是 DNA 聚合酶Ⅲ。真核生物有 5 种 DNA 聚合酶，分别负责核 DNA 和线粒体 DNA 的复制。DNA 聚合酶以 dNTP 为原料，通过形成 3′,5′-磷酸二酯键延长多核苷酸链，并有校对和纠错的功能。此外，真核细胞的端粒酶可防止复制后子代线性化基因组 DNA 缩短。

生物体或细胞内进行的 DNA 生物合成主要包括 DNA 复制、DNA 修复合成和逆转录合成 DNA。本章主要介绍原核和真核 DNA 的复制及逆转录合成 DNA。DNA 的损伤修复将在下一章叙述。

第一节　DNA 复制的基本特征

DNA 复制的基本特征包括：半保留复制（semiconservative replication）、双向复制和半不连续复制（semidiscontinuous replication）及复制的高保真性等。

一、DNA 生物合成的半保留复制

DNA 生物合成的半保留复制规律是遗传信息传递机制的重要发现之一，即复制合成的两条新链中，一条链来自母链，另一条链是新合成的。利用半保留复制方式将自身 DNA 中蕴涵的全部遗传信息传给后代。半保留复制是双链 DNA 分子普遍的复制方式。

1953 年，Watson 和 Crick 在提出 DNA 双螺旋模型时即推测 DNA 在复制时，首先两条链之间的氢键断裂使两条链分开，然后以每一条链分别作模板各自合成一条新的 DNA 链，这样新合成的子代 DNA 分子中一条链来自亲代，另一条链是新合成的，推测复制是半保留的。基于标记和密度梯度离心两个技术，1958 年，Matthen Meselson 和 Franklin Stahl 利用氮标记技术在大肠杆菌中首次证实了 DNA 的半保留复制。

半保留规律的阐明，对于理解 DNA 的功能和物种的延续性有重要意义。通过半保留复制，子代 DNA 保留了亲代的全部遗传信息。

二、DNA 复制的方向

细胞的增殖有赖于基因组复制而使子代得到完整的遗传信息。原核生物的基因组是环状 DNA，只有一个复制起点。复制从起始位点开始向两个方向解链，属于单点起始的双向复制（bidirectional replication）（图 10-1），复制中的模板 DNA 形成两个延伸方向相反的开链区，称为复制叉（replication fork）。它由两股亲代链及在其上新合成的子链构成。DNA 中正在复制的部分在电镜下观察犹如一只眼睛，称为复制眼（replication eye）。对环形 DNA 而言，复制眼的存在就使其成为 θ 结构（θ structure）。

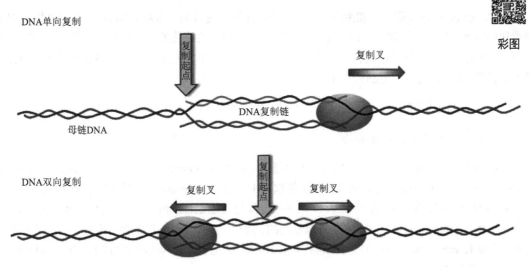

图 10-1　复制叉示意图

　　真核生物基因组庞大而复杂，由多条染色体 DNA 组成，全部染色体 DNA 都需复制，每个染色体 DNA 有多个起点，呈多起点双向复制。每个起点产生两个移动方向相反的复制叉，复制完成时，复制叉相遇并汇合连接。由于真核生物的 DNA 含有多个复制起点，DNA 整个分子可分为多个可同时复制的单位，从而使 DNA 可以在细胞周期的 S 期中完成。DNA 的这种能独立复制的单位称为复制子（replicon）。复制子是含有一个复制起点的独立完成复制的功能单位。真核生物有许多复制子，复制子间的长度差别很大，为 13～900 kb。

三、DNA 复制的半不连续性

　　DNA 双螺旋的结构特征之一是两条链的反向平行，即一条链是 5′→3′方向，另一条链是 3′→5′方向。而 DNA 聚合酶催化合成的方向只能是 5′→3′，这样一条链的合成方向和复制叉的前进方向相同，而另一条链的合成方向和复制叉的前进方向正好相反，两条新链合成的方向具有不同的特点。1968 年，日本的冈崎用电子显微镜结合放射自显影技术观察到，复制过程中出现一些较短的 DNA 片段，后来证实这些片段只出现于同一复制叉的一股链上。基于此提出了半不连续复制假说，即子代 DNA 的合成是以半不连续的方式进行的。

　　复制中的不连续片段又叫冈崎片段（Okazaki fragment）。真核生物冈崎片段长度是 100～200 核苷酸残基，原核生物是 1000～2000 个核苷酸残基。复制合成完成后，这些冈崎片段经过切除引物、填补空隙，再连接起来形成完整的 DNA 长链。

四、DNA 复制的高保真性

　　DNA 复制的高保真性（high fidelity）取决于以下几个因素：①碱基互补配对原则是 DNA 复制忠实性的分子基础；②DNA 聚合酶 I 的 3′→5′外切酶活性可对核苷酸进行校对；③切除引物，由于刚开始聚合时较易发生错配，因此生命体选择先合成一段 RNA 引物，然后由 DNA 聚合酶 I 的 5′→3′外切酶活性将引物切除，再由 DNA 聚合酶的 5′→3′聚合酶活性在切除引物处补平；④聚合时的方向都是 5′→3′, 利于 DNA 聚合酶 I 发挥校读作用; ⑤修复作用, 细胞具有各种修复机制可以进行修复。

第二节 原核生物 DNA 的复制

DNA 复制是在许多相关酶和蛋白质因子的协同作用下进行的, 包括影响 DNA 分子高级结构的酶类和特异蛋白质, 复制起始、链的延长及复制终止过程相关的酶类, 合成和修补多核苷酸链的酶类等。复制是一个非常复杂的过程, 它包括双螺旋与超螺旋的解旋和重新形成, 复制的起始和调控, 模板上新 DNA 链的合成, 复制的终止等。

一、原核生物 DNA 复制的主要酶及蛋白质因子

(一) 原核生物 DNA 聚合酶

DNA 聚合酶的全称是依赖于 DNA 的 DNA 聚合酶 (DNA-dependent DNA polymerase, DNA-Pol), 为 1958 年由 A. Kornberg 等首先从大肠杆菌提取液中发现的。Kornberg 等从 100kg 细菌沉渣中仅提取了 0.5g 纯酶, 通过体外在试管中加入 DNA 模板, 催化底物 dNTP 和引物, 该酶可以催化新链 DNA 的合成。这一结果直接证实了 DNA 是可以复制的, 可以说是继 DNA 双螺旋结构确定后的又一重大发现。当时 Kornberg 将此酶命名为复制酶 (replicase)。此后, 随着其他种类的 DNA 聚合酶的发现, 此 DNA 聚合酶被称为 DNA 聚合酶 I。

目前已经证实所有 DNA 聚合酶的作用方式都基本相似, 它们均是催化脱氧核苷三磷酸加到新生链 DNA 链的 3′端, 即聚合反应是沿着 5′→3′方向进行。添加的脱氧核苷酸的种类由模板决定, 因此 DNA 聚合酶需要的条件包括 4 种脱氧核苷三磷酸 (dATP、dGTP、dCTP 和 dTTP, 总称 dNTP)、Mg^{2+}、DNA 模板和引物。其催化的反应特点如下。

1) 只能以 dNTP 为底物, 沿模板的 3′→5′方向, 连接到新生 DNA 链的 3′端, 使新生链沿 5′→3′方向延长, 不能 "重新" 合成 DNA, 而只能将 dNTP 加到已有的 RNA 或 DNA 的 3′端羟基上 (图 10-2)。

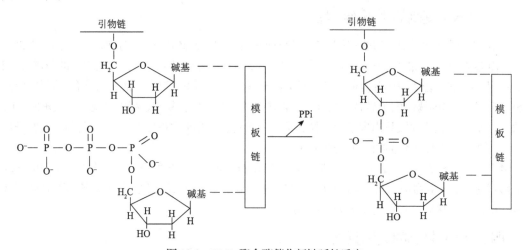

图 10-2 DNA 聚合酶催化新链延长反应

2) 除温和的理化环境外, DNA 聚合酶必须以模板作为序列指导, 且必须以 RNA 引物来起始合成。核苷酸和核苷酸之间生成 3′,5′-磷酸二酯键而逐一聚合是复制的基本化学反应。

目前已证实大肠杆菌中有三种不同的 DNA 聚合酶, 分别称为 DNA 聚合酶 I、II、III (Pol I、

Pol Ⅱ、Pol Ⅲ）。它们是大肠杆菌 *polA*（*polB*）和 *dnaE* 等基因的产物。这三种聚合酶的性质不同，在复制过程中所起的作用也不同。1999 年发现了 DNA 聚合酶Ⅳ（PolⅣ）和 DNA 聚合酶Ⅴ（Pol Ⅴ），主要在 DNA 出现严重损伤时参与 DNA 的修复。

1. DNA 聚合酶Ⅰ（DNA polyase Ⅰ, Pol Ⅰ）　　此为 1958 年由 A. Kornberg 在大肠杆菌中发现的第一个 DNA 聚合酶，分子质量为 109kDa，含 928 个氨基酸残基，多肽链中含有一个锌原子。每个大肠杆菌细胞约有 400 个 DNA 聚合酶Ⅰ分子。该酶是一个多功能酶，在 DNA 复制和修复中均有作用。其主要功能表现在以下三方面。

（1）5′→3′DNA 聚合酶活性　　通过核苷酸聚合反应使 DNA 链沿 5′→3′方向延长。在 37℃条件下，每分子 DNA 聚合酶Ⅰ每分钟可以催化大约 1000 个脱氧核苷酸的聚合。

（2）3′→5′核酸外切酶活性　　由 3′端水解 DNA 链，能够切除单链 DNA 的 3′端，对双链 DNA 不起作用。在 DNA 聚合反应中，不能形成正确碱基对的错配核苷酸可被该酶水解下来。在正常聚合条件下，3′→5′核酸外切酶活性被抑制，主要发生聚合作用。一旦出现错配，聚合酶活力就被抑制，而 3′→5′核酸外切酶活性被激活，迅速去除错误进入的核苷酸，聚合反应重新继续进行。此活性对 DNA 复制的忠实性极为重要。Pol Ⅰ 3′→5′核酸外切酶活性，是由具游离—OH 的未配对 3′端核苷酸所激活。

（3）5′→3′核酸外切酶活性　　即由 5′端水解 DNA 链，可以及时切除复制起始合成的 RNA 引物。DNA 半不连续合成中冈崎片段 5′端 RNA 引物的切除也依赖于此外切酶的活性。

Pol Ⅰ的聚合酶、3′→5′及 5′→3′核酸外切酶三种活性存在于同一多肽链中。例如，当以枯草杆菌蛋白酶或胰蛋白酶处理时，Pol Ⅰ可以被切成大小两个片段：①较大的 C 端片段（68 000），含 605 个氨基酸残基，称为 Klenow 片段，具有 5′→3′聚合酶和 3′→5′核酸外切酶活性，Klenow 片段是实验室进行 DNA 合成和分子生物学研究中常用的工具酶。②较小的 N 端片段（35 000），共有 323 个氨基酸残基，具有 5′→3′核酸外切酶活性，可以切除少量的核苷酸。

2. DNA 聚合酶Ⅱ（DNA polyase Ⅱ, Pol Ⅱ）　　为多亚基酶，分子量约为 88 000，其活力比 DNA 聚合酶Ⅰ高，每分钟可催化约 2400 个核苷酸的聚合。每个大肠杆菌细胞约含有 100 个 DNA 聚合酶Ⅱ分子，催化由 5′→3′方向合成 DNA 链的反应，具有 3′→5′核酸外切酶活性，但无 5′→3′核酸外切酶活性。

有实验证实 DNA 聚合酶Ⅱ发生突变，细菌依然能够存活，推测 DNA 聚合酶Ⅱ是在 DNA 聚合酶Ⅰ和 DNA 聚合酶Ⅲ缺失情况下暂时起作用的酶。另外，DNA 聚合酶Ⅱ对模板的特异性不高，即使在已发生损伤的 DNA 模板上也能催化核苷酸聚合，因此认为 DNA 聚合酶Ⅱ存在于细胞中主要参与应急状态下的 DNA 损伤修复，可以修复低水平的 DNA 损伤。

3. DNA 聚合酶Ⅲ（DNA polyase Ⅲ, Pol Ⅲ）　　原核生物中主要的 DNA 合成酶，其聚合速率为 1000nt/s。DNA 聚合酶Ⅲ全酶（DNA polymerase Ⅲ holoenzyme）由 α、β、γ、ε、θ、τ、ψ、χ、δ、δ′等 10 种亚基组成，也含有锌原子，形成不对称二聚体（图 10-3A）。结构如下。

（1）核心酶（core enzyme）　　有两个核心酶，均由 α、ε 和 θ 三个亚基组成。分别负责前导链和后随链的合成。其中 α 亚基为基因 *polC* 的产物，具有聚合酶活性；ε 亚基为基因 *danQ* 的产物，具有 3′→5′核酸外切酶活性，即校对活性。α 和 ε 亚基混合后会产生 1∶1 复合物，聚合酶活力增加两倍，3′→5′核酸外切酶活力增加 50～100 倍，接近核心酶的水平。θ 亚基的功能还不清楚，可能与亚基间的结合有关。

（2）β 亚基　　也称为滑动钳夹蛋白或 β2 钳夹，由两种亚基组成（图 10-3A）。每个 β 滑动夹子由 β 亚基二聚体组成"油炸圈饼"形状的结构，可将正在复制的 DNA 链固定在夹子中心。中央的孔洞容纳 DNA 双螺旋、参与复制的蛋白质及必需的水分子。

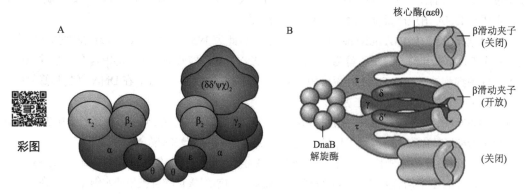

图 10-3　DNA 聚合酶Ⅲ的结构

（3）γ复合物　　由 τ、γ、δ、δ′、χ 和 ψ 组成。其中，τ、γ、δ 和 δ′包含一个 ATP 酶结构域，可利用 ATP 水解释放能量催化 DNA 钳夹的加载功能。两个 τ 亚基各与一个核心酶连接为一个复合物。每个核心酶连接一个 β 滑动夹子结构。τγδδ′ψχ 六个亚基形成夹子装配复合物，γ 亚基负责将沿着 DNA 链滑动的一对 β 亚基，即 DNA 夹子加载到后随链 DNA 上，使聚合酶具有持续合成的能力。

γ 复合物为引物合成识别单个 DNA 链，并作为钳夹加载器，将 β2 钳夹二聚体转移到核心聚合酶，它在那里于 DNA 链周围形成一个封闭的环。β2 钳夹的内径约为 3.5Å，比 dsDNA 大，大到足以使水合的 DNA 链很容易滑过。β2 钳夹促进合成，它可以防止聚合酶从 DNA 模板中频繁解离。γ 复合物在 ATP 水解驱动的过程中被喷射出来，聚合酶Ⅲ全酶可以继续复制 DNA。值得注意的是，τ 亚基允许两个核心酶复合物形成二聚体，可提高加工能力。

（二）拓扑异构酶

拓扑异构酶（topoisomerase），简称拓扑酶，是一类通过催化 DNA 链的断裂、旋转和重新连接而直接改变 DNA 拓扑学性质的酶。此类酶不但可以解决在 DNA 复制、转录、重组和染色质重塑过程中遇到的拓扑学障碍，而且能够调节细胞周期内 DNA 的超螺旋程度，以促进 DNA 与蛋白质的相互作用，同时还可防止 DNA 形成有害的过度超螺旋。拓扑酶广泛存在于原核及真核生物中，按照 DNA 链的断裂方式，分为Ⅰ型和Ⅱ型两种。现还发现了拓扑酶Ⅲ。

1. 拓扑酶Ⅰ（topoisomerase Ⅰ）　　在作用过程中，首先将双链 DNA 中的一条链切断，使一条链通过切口，保障 DNA 解链旋转中不打结，适当时将切断的两端连接起来，使 DNA 变为松弛状态。这种催化反应无需 ATP 的参与。拓扑酶Ⅰ在 DNA 中产生短暂的单链断裂。

2. 拓扑酶Ⅱ（topoisomerase Ⅱ）　　拓扑酶Ⅱ产生短暂的双链断裂，使 DNA 的正超螺旋结构状态转变为负超螺旋结构状态，使超螺旋松弛（图 10-4 中 1），在 ATP 存在下，此酶使 DNA 两条链同时切开（图 10-4 中 2），切开 DNA 链的同时，可利用水解 ATP 提供的能量使双链解开（图 10-4 中 3），让一条双链 DNA 穿过断口（图 10-4 中 4），将切断的末端重新封接起来（图 10-4 中 5）。重新关闭时，分子内就形成了负的超螺旋应力，即负超螺旋结构。负超螺旋的存在能使解开碱基对间的氢键所需的能量降低，因而有利于 DNA 双链的解链。母链 DNA 与新合成链也会互相缠绕，形成打结或连环，也需要拓扑酶Ⅱ的作用。在缺乏 ATP 时，可以将螺旋结构松弛开来，同拓扑酶Ⅰ一样的作用。大肠杆菌中主要是拓扑酶Ⅱ，又叫促旋酶（gyrase），由 A_2B_2 组成四聚体。

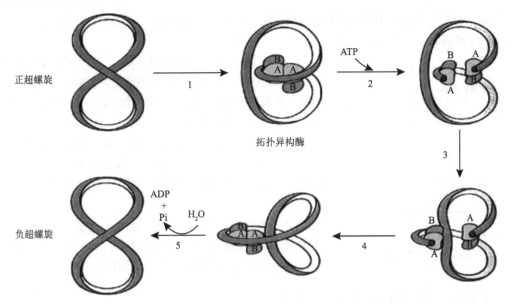

图 10-4 拓扑酶 II 的作用机制（杨荣武，2018）

DNA 拓扑异构酶的抑制剂如香豆霉素（coumermycin）、新生霉素（novobiocin）及萘啶酸（nalidixic acid）等均能抑制细菌 DNA 的合成，是 DNA 复制所必不可少的。

真核生物拓扑酶 II 呈 αβ 二聚体，还有几种不同亚型。DNA 拓扑异构酶对真核细胞有丝分裂也非常重要，如果不解开缠绕，在任何细胞周期中姐妹染色体都将无法分离。DNA 分子一边解链，一边复制，所以复制的整个过程都需要拓扑酶。此外，DNA 促旋酶在转录、同源重组及可移动元件的转座中都发挥重要作用。

（三）DNA 解旋酶

DNA 解旋酶（DNA helicase）又称解链酶，利用 ATP 水解的能量使 DNA 双股链分离，并在 DNA 上沿一定的方向移动。生物机体含有多种解旋酶，有些解旋酶参与 DNA 复制，有些参与 DNA 修复、重组等非复制过程。E. coli 复制的解旋酶有 DnaB 蛋白、Rep 蛋白、PriA 蛋白和 UvrD 蛋白等，沿 3′→5′方向移动。主要的是 DnaB，一般为由 6 个亚基组成的环状六聚体。

DNA 双链的解开发生于复制的起始位点，是在一类解旋酶的催化下进行的。解旋酶分解 ATP 的活性依赖于单链 DNA 的存在。如果双链 DNA 中有链末端或缺口，则 DNA 解旋酶可以首先结合在这一部分，然后逐步向双链方向移动。在复制时，大部分 DNA 解旋酶，如解旋酶 II、I 等，可以沿着后随链模板的 5′→3′方向随着复制叉的前进而移动，只有 Rep 蛋白（解旋酶的一种）是沿前导链模板的 3′→5′方向移动。因此在复制时，很可能 Rep 蛋白和某种 DNA 解旋酶分别在 DNA 的两条母链上协同作用，以解开双链 DNA。

（四）DNA 连接酶

DNA 连接酶（DNA ligase）是指能够催化 DNA 切口处的 5′-磷酰基和 3′-羟基生成磷酸二酯键，从而将两段相邻的 DNA 链连接成完整的链的酶。连接反应需要供给能量，能量来源于 NAD⁺和 ATP。真核生物和 T₄噬菌体利用 ATP 作为腺苷酰基的供体，而原核生物则以 NAD⁺为辅因子。

DNA 连接酶的催化反应分三步进行：先是 NAD⁺或 ATP 的腺苷酰基转移给酶活性中心的赖氨酸

使之活化，继而生成的中间体又以腺苷酰基转移给切口 5'端的磷酰基。切口 3'端羟基对磷酰基的亲核攻击就生成磷酸二酯键（图 10-5）。

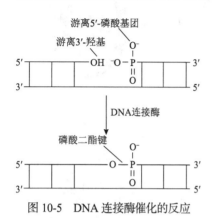

游离5'-磷酸基团

游离3'-羟基

DNA连接酶

磷酸二酯键

图 10-5　DNA 连接酶催化的反应

大肠杆菌的 DNA 连接酶是一条分子量约为 74 000 的多肽，每个大肠杆菌细胞中含有约 300 个连接酶分子。需要注意的是：大肠杆菌 DNA 连接酶和 T4 DNA 连接酶之间作用的区别不仅在于两者所需要的辅因子不同，而且两者所能作用的底物也略有不同。前者只能连接 DNA 双链中的单链缺口，也就是只能实现黏接，不能实现 DNA 双链间的平接。T4 DNA 连接酶则不仅能实现 DNA 双链的黏接，也能实现 DNA 双链的平接。

DNA 连接酶在 DNA 的复制、修复和重组等过程中均起重要作用。T4 噬菌体感染大肠杆菌产生的 DNA 连接酶（通称 T4 DNA 连接酶）是分子生物学实验中常用的 DNA 连接酶。

（五）参与原核 DNA 复制的蛋白质因子

1. 单链结合蛋白　　单链结合蛋白（single-strand-binding protein，SSB）也叫单链 DNA 结合蛋白，是最初在噬菌体 T4 中发现的编码蛋白，可以在低于 T_m 的温度下使双链 DNA 分子打开，并牢牢地结合在单链 DNA 上。后来发现多种生物都有这种蛋白质。这种蛋白质对双链 DNA 和 RNA 的亲和力很弱。在文献中这类蛋白质使用过解链蛋白质（unwinding protein）、螺旋去稳定蛋白（helix-destabilizing protein）和熔化蛋白（melting protein）等多种名称。

SSB 在细胞内行使很多涉及单链区域稳定性的功能（如同源重组）。在复制中，SSB 能使天然的 DNA 熔点降低，维持解旋酶活性，从 DNA 模板上去除二级结构及抵抗核酸水解酶的攻击。SSB 与 DNA 单链结合，既防止核酸水解酶的作用，又避免解开的单链 DNA 重新缔合形成双链，从而保持一种伸展状态，以保证复制顺利进行。

在大肠杆菌中 SSB 为四聚体，对单链 DNA 有很高的亲和性，但对双链 DNA 或 RNA 均没有亲和性。它们与 DNA 结合时有协同作用，即有一个 SSB 与 DNA 结合时，就会有更多的 SSB 迅速结合上去并扩展分布于整个 DNA 单链，将 DNA 链包被上蛋白聚合体。另外，SSB 可以周而复始地循环使用，在 DNA 的修复和重组中也都有参与。

2. DnaG 蛋白　　其表达产物是一个酶，也称为 DNA 引发酶（primase），是一种特殊的 RNA 聚合酶，比一般的 RNA 聚合酶分子小，主要催化 RNA 引物的合成。一般在启动引物合成时与复制叉结合，在引物合成好后又立刻与复制叉解离。E. coli 的引发酶由一条分子量为 60 000 的肽链组成，每个细胞中有 50～100 个引发酶分子，由大肠杆菌 dnaG 基因所编码。

由于 DNA 复制的半不连续性，引发酶在前导链上只需引发一次，而在后随链上则需引发多次。不同生物中 RNA 引物的长度及结构也有所不同。例如，在动物细胞中 RNA 引物大约由 10 个核苷酸组成，第一个核苷酸常为 ATP。另外，该酶单独存在时很不活泼，只有在与有关蛋白质相互结合成为一个复合体时才有活性，这种复合体称为引发体（primosome）。

需要注意的是：引物与典型的 RNA（如 mRNA）不同，它们在合成以后并不与模板分离，而是以氢键与模板结合。引发酶识别 DNA 单链模板特异顺序，从 5'→3'方向催化 NTP（注意不是 dNTP）的聚合，生成短链 RNA 引物。合成的引物以核糖核苷三磷酸为底物合成寡聚核苷酸产生 3'-OH，为 DNA 聚合酶起始和 DNA 新链延长生成磷酸二酯键提供条件。目前，绝大多数与复制有关的酶和蛋白质已得到阐明（表 10-1）。

表 10-1　参与大肠杆菌 DNA 复制的主要蛋白质或酶的名称及其功能

蛋白质名称	功能
DNA 解旋酶	解开亲代 DNA 双链，双螺旋解旋
拓扑酶 I	切开一股 DNA 链，松弛负超螺旋
拓扑酶 II	切开两股 DNA 链，依赖 ATP，松弛正超螺旋，引入负超螺旋
单链结合蛋白	与 DNA 单链结合，阻止 DNA 双链的重新结合
Pol III	将核苷酸加到一条方向为 $5'{\to}3'$ 的生长链上，DNA 链的延伸
Pol I	切除引物，填补空隙
DnaA 蛋白	复制起始蛋白，识别复制起始区 *oriC*
DnaB 蛋白	DNA 解旋酶
DnaC 蛋白	招募 DnaB 蛋白到复制叉
HU 蛋白	类似于真核细胞的组蛋白，结合 DNA 并使弯曲，有助于 DnaA 蛋白的作用
引发酶	DnaG 蛋白，合成 RNA 引物
Tus 蛋白	复制终止

二、原核生物 DNA 的复制过程

原核生物染色体 DNA 和质粒等都是共价环状闭合的 DNA 分子，DNA 复制是以复制子为单位进行的。原核生物大多数基因组 DNA 只有一个复制子，如大肠杆菌基因组是由一个共价闭合的环状 DNA 组成的，其复制的机制已较清楚，下面以大肠杆菌基因组复制进行描述。

（一）复制的起始

大肠杆菌的基因组是一双股环形 DNA。它的复制是由单一原点出发按双向的 θ 方式进行的。先是原点处双股 DNA 解链，然后是先导链上 DNA 的连续合成和后随链上 DNA 的不连续合成，最后复制完成。

起始是复制中较为复杂的环节，在此过程中，各种酶和蛋白质因子在复制起点处装配成引发体，形成复制叉并合成 RNA 引物。

原核生物的复制都是在 DNA 分子的特定位置起始的，这一位置叫复制起点（replication origin），常用 ori 表示。复制从 ori 位置开始，大多是双向进行的，即形成两个复制叉或生长点，分别向两侧进行复制；也有一些是只形成一个复制叉或生长点的单向复制。参与复制的 DNA 分子上含有两个区域，未复制的区域由亲代 DNA 组成，已复制的区域由两个子代链组成，复制正在发生的位点叫作复制叉（replication fork）或生长点（growing point）。

在复制起始时需要 6 个蛋白质参与形成起始复合物，包括 DnaA 蛋白、DnaB 蛋白、DnaC 蛋白、HU 蛋白、促旋酶（gyrase）和 SSB。具体过程如下。

1. 识别起点　　复制不是在基因组上的任何部位随机起始。原核生物只有一个复制起点，只有一个复制子（replicon）。细菌、酵母及叶绿体、线粒体的 DNA 复制起始位点已被克隆并测定了核苷酸顺序，它们共同的特点是都富含 AT 序列，这可能与复制起始时在起始位点处 DNA 双螺旋的解旋有关，它们是与引发复制的蛋白质因子结合的部位。

大肠杆菌基因组复制起点位于天冬酰胺合酶和 ATP 合酶操纵子之间，大约为 245bp（+22～+267）的片段是复制起始区域，称为 oriC。经碱基序列分析发现，这段 DNA 上有 3 个 13bp 的串联正向重复序列（GATCTNTTNTTTT，富含腺嘌呤及胸腺嘧啶）及 2 对 9bp 的反向重复序列（TTATCCACA），也称回文序列（palindrome）。前者为识别区，后者是结合 DnaA 的部位，碱基组成以 A、T 为主，称为富含 AT（AT rich）区（图 10-6）。起始位点的两条链上的 DNA 必须被完全甲基化后，起始才能进行。

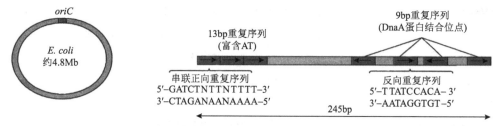

图 10-6　大肠杆菌 DNA 复制起始区域 oriC 的结构

2. 解链解旋　　解链过程主要依赖于 DNA 解旋酶（DNA helicase，也称为解链酶），还需要参与起始反应的 DnaA 和 DnaC 等三种蛋白质共同参与完成。

在 HU 蛋白等因子帮助下，首先由 DnaA 四聚体蛋白在 ATP 参与下，辨认起始位点并结合于 oriC 区域被完全甲基化、富含 AT 碱基对的 9bp 的重复序列区，这种结合具有协同性，能使 20～40 个 DnaA 蛋白在较短的时间内结合到 oriC 附近的 DNA 上。DnaA 组装蛋白核心，DNA 则环绕其上。随后，DnaA 所具有的 ATP 酶的活性水解 ATP 以驱动 13bp 重复序列内富含 AT 碱基对的序列解链，形成约 45bp 的开放起始复合物，促使 AT 区的 DNA 解链。然后，再招募两个 DnaB 蛋白到解链区，DnaB（解旋酶）在 DnaC 蛋白（作为分子伴侣）的协同下，结合和沿解链方向移动，使解开的双链足够用于复制的长度，且逐步置换出 DnaA 蛋白，利用其解旋酶作用进一步解开 DNA 双链。同时每一个 DnaB 可以激活 DnaG（引发酶）起始复制链的合成。DnaB 解旋需要 ATP 水解供能，每解开一对碱基，需要水解两分子 ATP，形成复制泡和两个复制叉。解链过程中，随着单链区的扩大，多个 SSB 结合到 DNA 的单链上，稳定解开的单股 DNA 链。解链造成的超螺旋，由拓扑酶Ⅱ（促旋酶）实现超螺旋的转型，即把正超螺旋转变为负超螺旋，以消除复制叉前进时带来的扭曲张力，从而促进双链的解开（图 10-7）。

3. 引物合成和引发体形成　　在大多数生物的 DNA 复制过程中，每段冈崎片段复制时，都需要先合成一小段 RNA 引物（primer）才能开始复制，否则 DNA 的复制是不能进行的。引物的作用是引发 DNA 的合成。引物也可以是 DNA，但是引物的 3′端核苷酸或脱氧核苷酸核糖的第三位碳上必须是羟基（3′-OH 端）。在 DNA 复制过程中引物合成必须要有模板，模板是 DNA，它的作用是指导 RNA 的合成。

在大肠杆菌中合成 RNA 引物的酶是引发酶（DnaG）。它在合成 RNA 引物之前，还需要与 DnaB 蛋白结合。引发酶被招募到两个复制叉上，与 DnaB 蛋白结合在一起，DnaA 蛋白逐渐脱离复合物。DnaG 沿着 DNA 模板链合成前导链和后随链的 RNA 引物。合成的引物是长 5～10 个核苷酸的 RNA。一旦 RNA 引物合成，就可以由 DNA 聚合酶Ⅲ在它的 3′-OH 上继续催化 DNA 新链的合成。RNA 引物的长度不是恒定不变的。引物 RNA 的起始和终止的位置受解旋酶（helicase）、引发酶（primase）、模板顺序及其二级结构的影响。在适当位置上，引发酶依据模板的碱基顺序，从 5′→3′方向催化 NTP

（不是 dNTP）的聚合，生成短链的 RNA 引物。在 DNA 双链解链的基础上，形成的由解旋酶、DnaC 蛋白、引发酶和 DNA 复制起始区域共同构成的复合结构，称为引发体（primosome）。引发体的蛋白质组分在 DNA 链上的移动需要 ATP 供能。

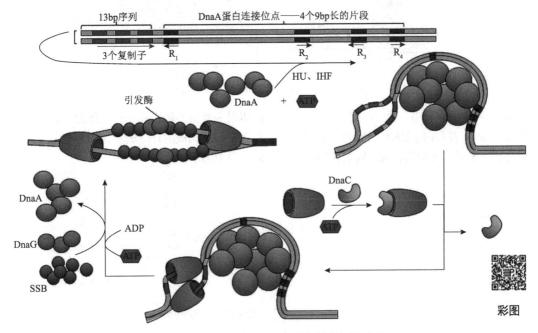

图 10-7　大肠杆菌 DNA 复制起始的解链过程

大肠杆菌中，DNA 是受细胞分裂所控制的，每一细胞分裂周期仅复制一次，37℃时，大肠杆菌的复制时间随生长条件在低于 20min 和不超过 10h 之间变化。不过，复制叉的移动速率是固定的，每秒约 850 个核苷酸，这就使复制时间固定在 40min，加上分裂过程中细胞组分的分离和隔膜的形成约需 20min，两者相加约需 60min。因此，复制时间少于 60min 的细胞，在前一轮细胞周期结束前必已开始新一轮的复制，这已为实验所证实，从而表明，细胞中可能存在一种触发每一轮 DNA 复制的信号。这种调控机制目前还不清楚。

（二）DNA 链的延伸

复制中链的延伸是在 DNA 聚合酶催化下进行的，它可以在引物的 3'-OH 上一个一个地按模板要求延伸新生链。整个 DNA 分子的复制是半不连续的。由 DNA 聚合酶分别合成前导链（leading strand）和后随链（lagging strand）。前导链为连续合成，合成方向与解链方向一致，它的模板 DNA 链是 5'→3'链。后随链为不连续合成，在 RNA 引物基础上分段合成 DNA 小片段（冈崎片段），方向与解链方向相反，它的模板 DNA 链是 3'→5'链。这种前导链连续复制和后随链不连续复制的 DNA 的复制方式，称为半不连续复制（semidiscontinuous replication）。在引物生成和子链延长上，后随链都比前导链迟一点，故两条互补链的合成是不对称的。

在大肠杆菌中有 Ⅰ、Ⅱ、Ⅲ 三种 DNA 聚合酶。在体内，聚合酶 Ⅲ 是延伸 DNA 的主要酶。体外实验中，一旦 DNA 单链上引物合成之后，聚合酶 Ⅲ 就可以催化 DNA 的合成，但是它还需要一些蛋白质因子的帮助，包括 DnaZ 蛋白及 DNA 延伸因子 Ⅰ 和 Ⅲ。DNA 模板在引物作用下合成新链的过程如图 10-8 所示。

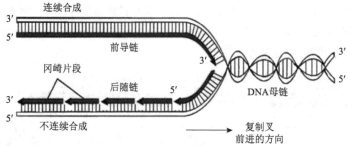

图 10-8　DNA 的双向半不连续复制示意图（杨荣武，2018）

　　DNA 聚合酶Ⅲ利用一套核心酶连续合成前导链，以另一套核心酶合成经过环化的后随链上的冈崎片段。DNA 复制时，DNA 链穿过复合体移动，后随链模板构成的环逐渐增大，直至冈崎片段的合成完成。滑动夹连同新合成的冈崎片段脱离核心酶（图 10-9）。

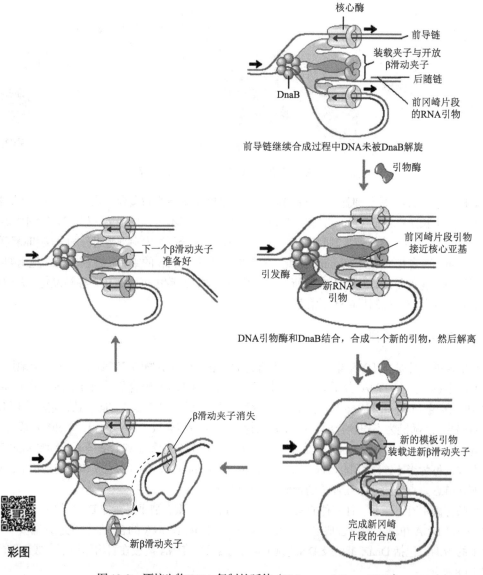

图 10-9　原核生物 DNA 复制的延伸（Nelson and Cox，2017）

（三）复制的终止

复制终止需要切除引物、填补空隙和连接缺口，由 DNA 聚合酶 I 和 DNA 连接酶完成。

1. 复制的终点　　在单向复制的环状分子中，复制终点就是它的复制起点，在双向复制的环状分子中，有的有固定的终点，而大多数没有固定的终点，只是两个生长点的简单碰撞。但两个复制叉合成的速度一旦不一致，就可能影响复制终止。原核生物基因是环状 DNA，复制是双向复制，从起始位点开始各进行 180°，同时在终止点上汇合。

研究表明，大肠杆菌的顺时针复制叉有 3 个连续排列和逆时针方向有 3 个连续排列的终止序列，称为终止子（terminator，Ter 位点），每个序列长度只有 23bp。终止序列的作用是单向的，即只在一个方向起作用。但 Ter 位点可被一种蛋白质［一种停止 DNA 聚合酶移动的单向抗解旋酶（contrahelicase）］识别。这种蛋白质在大肠杆菌中称为 Tus 蛋白（terminus utilization substance），在枯草芽孢杆菌中被称为 RTP 蛋白，可识别其相同序列并且阻止复制叉继续前行。

大肠杆菌中一旦复制叉移动到终止位点处，Ter 与 Tus 抗解旋酶结合到终止序列处，阻止复制叉的移动。具体机制是 Tus 蛋白结合在 Ter 位点上，复制叉可以通过结合在一个方向上的 Tus 蛋白，但会被结合在另一个方向上的 Tus 蛋白阻挡。于是两个复制叉将在某个 Ter 位点处或者两个 Ter 位点之间相遇，从而终止复制（图 10-10）。不对称 Ter-Tus 复合物通过方向依赖性抑制 DnaB 解旋酶，抑制复制叉向一个方向移动，而不是向另一个方向移动。

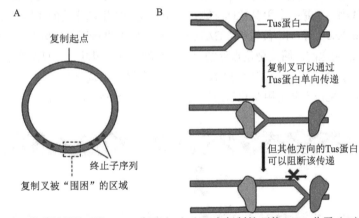

图 10-10　单向复制的环状 DNA 分子（A）和双向复制的环状 DNA 分子（B）的终止

线性 DNA 分子的终止有几种不同的方法，有的线性 DNA 分子从一开始就采取环化或形成连环分子的方法，也可以通过引入一个蛋白质直接从末端起始 DNA 的合成。

2. 复制的终止过程

（1）RNA 引物的切除和填补空隙　　DNA 聚合酶必须要有引物才能开始复制，所以先合成了 RNA 引物，而后引导 DNA 复制。DNA 链延伸阶段结束后，就会迅速地受到酶的作用切除掉引物 RNA，保证错误不会引入 DNA 链中。前导链合成结束或冈崎片段合成以后，均是由 DNA 聚合酶 I 的 5'→3'外切酶活性（或 RNase）切除 RNA 引物，留下的空隙再由聚合酶 I 催化合成一段 DNA 填补上。这个作用是一个高耗能的过程。

（2）后随链的连接　　DNA 后随链上的复制是不连续的。当冈崎片段形成后，即当聚合酶 III 将一段 DNA 链延伸到前一个前体片段的引物 RNA 时，它既不能继续合成 DNA，也不能水解 RNA 引物，而只是留下切口。由于 RNA 引物的 5'端有三磷酸基团，没有一种连接酶能将 DNA 片段与 RNA

引物连接起来。这时，必须由聚合酶 I 的 $5'→3'$ 核酸外切酶活性来切除 $5'$ 端的 RNA 引物（RNase H 也参与这一切除过程），同时聚合酶 I 以其 $5'→3'$ 聚合活性将适当的脱氧核苷酸聚合上来，即进行了连续的切口平移。新形成的切口即由 DNA 连接酶予以封闭。

DNA 连接酶催化双股 DNA 链内相邻单链切口的 $3'$-OH 端与 $5'$-P 端形成磷酸二酯键。在 DNA 后随链的复制中，RNA 引物切除并补齐空缺后，靠 DNA 连接酶连接相邻的两个冈崎片段，使后随链最终成为一条完整的 DNA 链。连接酶催化的连接反应需要利用 NAD^+ 或 ATP 中磷酸酐键基团的转移势能来形成磷酸二酯键。复制终止时，两个复制叉相遇缠结，由 IV 型 DNA 拓扑异构酶（仍属 II 型）发挥解连环作用（decatenation）。

总之，DNA 复制是一个复杂过程，需要多种酶及蛋白质因子参与才能完成。在复制叉进行的基本活动主要包括超螺旋的松旋、双链解开、RNA 引物形成、DNA 链的延伸、前导链合成、冈崎片段合成、RNA 引物切除、DNA 连接酶连接切口。

三、原核生物复制的调控

1. DNA 全甲基化激活复制起始　　复制的唯一调节部位可能就在起始阶段，复制起点的特征是甲基化，以区别非起始位点，活性的起始位点全甲基化，复制后的子代 DNA 是半甲基化的，并且是非活性的。激活复制起始的一个机制就是 DNA 甲基化的调控。

细菌 DnaA 蛋白是一种起始因子，能特异结合在复制的起始位点上。大肠杆菌 *oriC* 位置中有 11 份拷贝的 $5'$GATC$3'$ 序列，是一个甲基化回文靶位。甲基化是在甲基化酶的作用下完成的。DNA 甲基化酶（DNA methylase）对 *oriC* 位置中 $5'$GATC$3'$ 序列中 N^6A 进行甲基化修饰。这些位点也存在于基因组结构中。在复制之前，回文靶位点处的每一个腺嘌呤都被甲基化，复制在子链插入一个正常的（未修饰的）碱基，这产生半甲基化的 DNA，其中一条链是甲基化的，另一条链是未甲基化的，所以复制事件将 Dam 靶位点从全甲基化状态转变为半甲基化状态（图 10-11）。

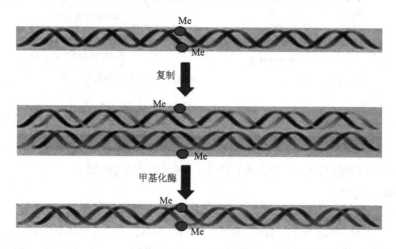

图 10-11　DNA 的全甲基化

复制起点 DNA 甲基化的调控表现在：Dam 靶位点全甲基化激活复制起始，Dam 靶位点半甲基化抑制复制起始，直到 Dam 甲基化酶将半甲基化转变为全甲基化复制起点时，半甲基化复制起点才能再次起始。

2. 复制后起始位点与膜接触的控制　　如何延迟 *oriC* 基因的重新甲基化？目前较好的解释是

阻断这些区域，阻断其与甲基化酶接触。这种膜结合抑制物称为 SeqA 蛋白，半甲基化的子代 DNA 暂时性地与膜结合抑制物结合可以阻止与 DnaA 结合，从而阻止启动新一轮的不适当的 DNA 复制（图 10-12）。

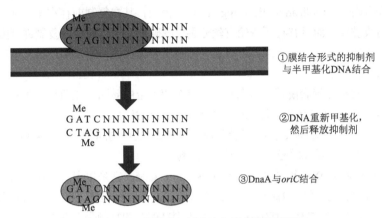

①膜结合形式的抑制剂
与半甲基化DNA结合

②DNA重新甲基化，
然后释放抑制剂

③DnaA与*oriC*结合

图 10-12　复制后起始位点与膜接触示意图

第三节　真核生物 DNA 的复制

真核细胞在细胞周期的 4 个阶段不断分裂增殖，产生新的子细胞。在大多数增殖细胞中，按时间顺序将细胞周期确定为 DNA 合成前期[G_1 期，细胞从有丝分裂中释放到 G_1 期，在此期间 RNA 和蛋白质被合成，但没有 DNA 复制。决定细胞进入 DNA 复制或是停留在静止期（G_0），如细胞一旦通过限制点（restriction point），它就进入 S 期]；DNA 合成期（S 期，它是细胞周期中唯一发生 DNA 合成的时期）；DNA 合成后期（G_2 期，从 S 期结束到有丝分裂的时间称为 G_2 期；在这期间，细胞有两组完整的二倍体染色体）和分裂期（M 期，是细胞核分裂的时期，导致子细胞含有与母细胞相同数量的遗传物质）4 个时期。细胞周期进程在体内受到微环境中增殖信号、营养条件等诸多因素影响，多种酶和蛋白质因子控制细胞进入 S 期的时机和 DNA 合成的速度。真核生物 DNA 合成的基本机制和调控与原核相似，但更复杂。本节简要介绍真核生物基因组 DNA 的复制和调控。

一、真核生物基因组 DNA 复制的特点

1. 真核与原核DNA复制的相同点　　真核生物DNA的复制与原核生物DNA的复制相同的是：都为半保留复制和半不连续复制；复制过程都存在起始、延伸和终止三个阶段，都需要相应的功能蛋白及酶的参与，需要拓扑异构酶解开超螺旋形成的扭曲张力，均需要 RNA 引物，对新链合成有校读机制等。

2. 真核生物 DNA 复制的特点　　真核生物 DNA 复制的基本过程与原核生物相似，但参与复制的酶和蛋白质与原核不同，复制起始的调控更加复杂。

1）真核生物基因组比原核生物大得多，其 DNA 通常都是与组蛋白构成核小体，以染色质的形式存在于细胞核中。因此，在细胞分裂期，核内染色质会发生形态和结构的重大变化，密度明显提高。

2）真核生物的 DNA 复制有多个复制起点，复制子小而多，染色体所含大量 DNA 复制是通过将其分成一个个复制子完成的。单一复制子长度较小，如在酵母或果蝇中约 40kb，在动物细胞中约 100kb。但在同一基因组中，长度相差可达 10 倍以上。另外，原核生物复制叉的移动速率比真核生物快（分别约为 50 000bp/min 和 2000bp/min）。冈崎片段在原核中为 1000～2000nt，在真核

中为 100～200nt。

　　3）真核生物的 DNA 复制只在细胞周期的 S 期发生，第一批复制子的激活标志着 S 期的开始。随后的几小时内，其余的复制子相继启动。并且复制一旦启动，在完成本次复制前不能再启动新的复制，由复制许可因子（replication licensing factor）控制，其在复制前存在于细胞核，当复制开始后被删除、失活或破坏，而只有在下一轮有丝分裂核膜破裂时，胞质中的复制许可因子才能进入胞核，启动复制，这样保证了复制周期不可重叠。而原核生物在第一轮复制还没有结束时，即可在复制起始区启动第二轮复制。

　　4）真核生物的 DNA 聚合酶保持分离状态，聚合酶和蛋白质因子比原核生物多，引发酶活性由DNA 聚合酶 α 的两个小亚基承担。原核生物有专门的引发酶。

　　5）原核生物的 DNA 为环状分子，复制时不存在末端缩短的问题。真核生物的 DNA 为线性分子，复制时末端会缩短，需要端粒酶的作用形成端粒。

　　6）真核生物线粒体 DNA 复制属于 D 环（D-loop）复制。它是单向、不对称的半保留复制。现已阐明，小鼠、大鼠、鸟、蛙、海胆等均以此方式复制。人的线粒体 DNA 也以此方式复制。有少数线粒体 DNA 为线性双链结构，其中有一部分线粒体 DNA 的复制是双向进行的，如四膜虫线粒体DNA 的复制。

二、真核生物复制的酶与蛋白质因子

　　真核生物中发现的 DNA 聚合酶已超过 15 种，最早发现的也是最重要的真核生物 DNA 的复制至少涉及 5 种复制酶——α、β、γ、δ、ε，而新发现的 10 多种 DNA 聚合酶 η、θ、ι、κ、λ、μ、ξ 和 ψ 等，除 θ 外，均没有 3′外切酶活性，主要参与 DNA 损伤的修复。

　　1. DNA 聚合酶 α　　DNA 聚合酶 α 是一个四聚体蛋白。每个蛋白有 3 个结构域：①N 端结构域，包含第 1～329 氨基酸残基，是催化活性和四聚体复合物组装所必需的；②中间结构域，第 330～1234 氨基酸残基区域，参与 DNA 和 dNTP 的结合及磷酸转移反应；③C 端结构域，第 1235～1465 氨基酸残基区域，非催化活性必需，参与和其他亚基的相互作用。三个结构域中有两个具有引发酶的活性，负责合成 RNA 引物。

　　真核生物 DNA 复制过程中，DNA 聚合酶 α 负责与复制起始区结合，先合成短的 RNA 引物（约 10nt 核苷酸，引发酶活性），再利用其 DNA 聚合酶活性将引物延伸合成 20～30nt 的 DNA 短链（催化新链延伸的长度有限），生成 RNA-DNA 引物，随后被 DNA 聚合酶 δ 或 ε 取代。

　　DNA 聚合酶 α 缺乏 3′外切酶活性，无校对功能。但在复制的过程中，复制蛋白 A（replication protein A，RPA）单链结合蛋白，以异源三聚体形式存在，一方面促进 DNA 进一步解旋，另一方面在一定条件下与 DNA 聚合酶 α 相互作用，稳定其与外来引物末端的结合，同时降低掺入错误核苷酸的机会，抵消了 DNA 聚合酶 α 无校对能力的不利影响。

　　2. DNA 聚合酶 δ 和 ε　　DNA 聚合酶 δ 由 3～5 个亚基所组成（如哺乳动物有 p125、p66、p50 和 p12 四个亚基），相当于原核生物 DNA 聚合酶Ⅲ。在 DNA 合成时，参与后随链的合成；在 DNA 损伤修复中参与核苷酸和碱基的切除修复。

　　DNA 聚合酶 ε 由 4 个亚基组成（人包括 p261、p59、p17 和 p12），与原核生物 DNA 聚合酶Ⅰ类似。两个酶均有 3′→5′外切酶活性。增殖细胞核抗原（PCNA）为聚合酶 δ 和 ε 的辅助蛋白。其作用相当于原核生物的 β 亚基。在复制时，PCNA 三个亚基组成滑动钳，可以提高冈崎片段合成的持续性。

　　3. DNA 聚合酶 β 和 γ　　DNA 聚合酶 β 由一条多肽链所组成。其 N 端结构域可与单链 DNA 结合，且具有 5′外切酶活性；C 端结构域具有聚合酶的活性。在 DNA 的损伤修复中填补 DNA 链上的短缺口。

DNA 聚合酶 γ 为异源二聚体蛋白，位于线粒体基质，具有 3′外切酶和 5′外切酶的活性，负责线粒体 DNA 的复制和损伤修复。

4. 复制因子 C　　真核生物复制因子 C（replication factor C，RFC）含有 5 个亚基（p140、p40、p38、p37 和 p36）。RFC 大亚基 p140 负责结合 PCNA，它的 N 端具有 DNA 结合活性。3 个小亚基组成稳定的核心复合物，具有依赖 DNA 的 ATPase 活性，但必须要有 p140 存在，此活性才能被 PCNA 激活。p38 可能在 p140 和核心复合物之间起连接作用。

RFC 的主要作用是促进同源三聚体 PCNA 环形分子结合引物-模板链或 DNA 双螺旋的切口。这一功能也是 DNA 聚合酶 δ 在模板 DNA 链上组装、形成有持续合成能力全酶所必需的。RFC 还具有将环形 DNA 夹子 PCNA 装到 DNA 模板链上的功能。

5. 增殖细胞核抗原　　增殖细胞核抗原（proliferating cell nuclear antigen，PCNA）分子为同源三聚体，其内表面某些氨基酸残基是激活 DNA 聚合酶 δ 所必需的，在 DNA 复制中使 DNA 聚合酶 δ 获得持续合成能力。而其外表面（包括 N 端、C 端和结构域连接环）一些区域可与 DNA 聚合酶 δ、RFC 相互作用。其三聚体三维结构形成闭合环形 DNA 夹子，是真核 DNA 聚合酶的可滑动 DNA 夹子。通过 RFC 介导，三聚体 PCNA 装载于 DNA，并可沿 DNA 滑动。当 DNA 合成完成时，RFC 将三聚体 PCNA 从 DNA 上卸载。PCNA 也能激活 DNA 聚合酶 ε，后者负责 DNA 前导链的复制和 DNA 修复。

除上，近些年的研究还表明，PCNA 是协调 DNA 复制、修复、表观遗传和细胞周期调控的核心因子。可以通过与核酸酶 FEN1、DNA 连接酶 I、CDK 抑制蛋白 p21、p53 诱导蛋白 GADD45、核苷酸切除修复蛋白 XPG、DNA 甲基化酶、错配修复蛋白 MLH1 和 MSH2 及周期蛋白 D 等众多蛋白质结合，发挥广泛的生物学作用。

6. 标志核酸内切酶 1　　标志核酸内切酶 1（flag endonuclease 1，FEN1）是一种核酸外/内切酶。在哺乳动物细胞中（DNA 聚合酶没有核酸 5′→3′外切酶活性），冈崎片段的合成将前面的 RNA 引物片段以"副翼"的形式置换出来，FEN1 可以识别冈崎片段前面的副翼，复制时，切割副翼的碱基，以去除 RNA 引物。在 DNA 修复反应中，FEN1 可切割置换核苷酸的下一个碱基（内切酶活性），然后再去除邻近物质（外切酶活性）。

7. RnaseH I 引物清除酶　　水解 RNA-DNA 杂交链中的 RNA，与 FEN1 协同作用切除引物。

三、真核生物 DNA 复制的基本过程

真核生物的复制大多与原核生物类似，为半保留的、不连续的、双向复制。真核细胞的分裂周期分为 G_1、S、G_2 和 M 期。细胞周期有严格的顺序，真核生物复制期准备在 G_1 期末期，复制起点的激活在 S 期。通过细胞周期细胞实现 DNA 的复制和姐妹染色单体的平均分配。同原核生物一样，真核生物 DNA 复制的过程也包括复制的起始、延伸和终止。

（一）复制的起始

1. 参与复制起始的主要蛋白质或因子

（1）DNA 复制起始点识别复合体　　DNA 复制起始点识别复合体（origin recognition complex，ORC）是由 6 个蛋白质（或亚基）构成的复合体，分别为 ORC1、ORC2、ORC3、ORC4、ORC5 和 ORC6。ORC 蛋白在结构和功能上均相当保守。它能特异识别复制起点，并能结合到染色体，标记出潜在的复制起点。已经发现的 ORC 有酿酒酵母 scORC、裂殖酵母 spORC、果蝇 DmORC 和爪蟾

X1ORC。其中 scORC 研究得较为清楚。

有实验证明与启动子相关的转录调节因子可能影响 ORC 与 DNA 复制起点结合，进而影响 DNA 复制的起始。ATP 的结合与水解也显著影响 ORC 的功能。在整个细胞周期中，ORC 蛋白成员并不是一直以一个复合体的形式存在。ORC 对 DNA 复制起点的选择缺乏特异性，任何 DNA 系列都可以作为 DNA 复制起点。一般真核生物染色体大约每 40kb 就有一个复制起始组装的点，如此人类大约有 3 万个复制的起点。

（2）微小染色体维持蛋白质（minichromosome maintenance protein，MCM）　　　在真核细胞中，微小染色体维持蛋白质复合物作为一种解旋酶发挥重要作用。MCM4-6-7 复合体本身就具有 DNA 解旋酶活性，能够从单链 DNA 的 3′端向 5′端移动。在真核细胞中，MCM 作为一种解旋酶发挥重要作用。MCM 也是细胞分裂周期基因 7（Cdc7）激酶的首要靶标，对复制起点活化至关重要。

（3）周期蛋白　　　周期蛋白（cyclin）是一类与细胞周期功能状态密切相关的蛋白质家族，其表达水平随着细胞周期发生变化，可通过与特定蛋白激酶［周期蛋白依赖性激酶（cyclin-dependent kinase，CDK）］结合并激活其活性，从而在细胞周期的不同阶段发挥调控作用，帮助推动和协调细胞周期的进行。周期蛋白是细胞生长分裂过程中必需的蛋白质，其含量随生长分裂的循环周期，在不同阶段有所不同，并影响 CDK 的作用。

周期蛋白最先是从海胆胚胎中分离鉴定的。目前在哺乳动物中存在的周期蛋白有周期蛋白 A～H、周期蛋白 L 和周期蛋白 T 等 10 大类，主要有 A、B（1、2）、C、D（1、2、3）和 E 等。这些周期蛋白分子在结构上存在一定差异，但都有一个高度保守的周期蛋白框（cyclin box）序列（100～150 个氨基酸残基）和降解盒（destruction box）结构，前者结合 CDK，后者参与自身降解。

周期蛋白根据作用时相不同，分为 G_1 期和 M 期的周期蛋白。不同的周期蛋白与不同形式的 CDK 结合形成不同的复合物，在不同时期发挥不同的作用。例如，在 G_1/S 期的周期蛋白只在细胞 G_1 期或 S 期表达，它们的功能是启动细胞周期的起始及促进 DNA 的合成，主要包括周期蛋白 E 和周期蛋白 D。S/G_2 期周期蛋白为周期蛋白 A。G_2/M 期周期蛋白主要是周期蛋白 B，其功能是在 G_2/M 交界期诱导细胞的分裂。

（4）周期蛋白依赖性激酶　　　周期蛋白依赖性激酶（cyclin-dependent kinase，CDK）是与细胞周期进程相对应的一套丝氨酸/苏氨酸激酶系统。各种 CDK 沿细胞周期时相交替活化，磷酸化相应底物，使细胞周期事件有条不紊地进行，CDK 在细胞周期调控网络中处于中心地位。

CDK 可以和周期蛋白结合形成异二聚体，其中 CDK 为催化亚基，周期蛋白为调节亚基，不同的周期蛋白-CDK 复合物，通过 CDK 活性，催化不同底物磷酸化，从而实现对细胞周期不同时相的推进和转化作用。但 CDK 的活性依赖于其正调节亚基周期蛋白的顺序性表达和其负调节亚基 CKI ［CDK 抑制因子（cyclin-dependent kinase inhibitor）］的浓度。同时，CDK 的活性还受到磷酸化和去磷酸化，以及癌基因和抑癌基因的调节。

CDK 家族有 CDK 1～8 等 8 种，彼此在 DNA 序列上的同源性超过 40%，其蛋白产物的分子质量为 30～40kDa，有一个催化核心，均属丝氨酸/苏氨酸激酶。每种 CDK 结合不同类型的周期蛋白形成复合物，调节细胞从 G_1 期过渡到 S 期或 G_2 期过渡到 M 期，以及退出 M 期的进程。不同的 CDK 在细胞周期的不同阶段发生作用。例如，周期蛋白 D 激活 CDK4 或 CDK6 掌控 G_1 期的细胞生长；周期蛋白 A 及周期蛋白 E 激活 CDK2 调控染色体复制；周期蛋白 A 及周期蛋白 B 激活 CDK1 调控有丝分裂和减数分裂。由于 Cdc2 第一个被发现，而其他几个 CDK 则是通过与其相比较而得来的，因而 Cdc2 激酶被命名为 CDK1。

目前，已有 3 类细胞周期调控因子被发现：周期蛋白（cyclin）、周期蛋白依赖性激酶（CDK）

和周期蛋白依赖性激酶抑制剂（CKI），编码这些蛋白质的基因被称为细胞分裂周期基因（cell division cycle gene，Cdc），其中 CDK 是调控网络的核心，周期蛋白对 CDK 具有正性调控作用，CKI 有负性调控作用，共同构成了细胞周期调控的分子基础。

2. 真核 DNA 复制的起始　　真核生物 DNA 分布在许多染色体上，各自进行复制。每个染色体上有上千个复制子，复制的起始位点很多。复制有时序性，就是说复制子以分组方式激活而不是同步启动。DNA 复制的起始标志着从 G_1 期向 S 期的过渡。S 期被定义为持续到所有的 DNA 都被复制为止。在 S 期，DNA 总含量从二倍体值 $2n$ 增加到完全复制值 $4n$。转录活性高的 DNA 在 S 期早期就进行复制。高度重复的序列，如卫星 DNA、中心体和线性染色体两端（如端粒）都是 S 期的最后才复制的。真核生物复制起始也包括打开双链形成复制叉、合成 RNA 引物和形成引发体。

（1）真核生物细胞 DNA 复制的起始位点　　生物复制起点周围序列特征有二：一是 AT 富集，二是每条链上 AT 的分布不对称。复制起点比大肠杆菌的 *oriC* 短。例如，酵母 DNA 复制起点区域长 100bp 左右（图 10-13）。A 区为含 11bp 的富含 AT 的核心序列 A（ACS）：5′（A/T）TTTA（T/C）（A/G）TTT（A/T）3′，称为自主复制序列（autonomous replicating sequence，ARS），为复制起始所必需。B 区由 2～3 个部分重复的亚区（B1、B2 等）组成，位于 A 区 3′端，不具遗传保守性。由起始点识别复合体（ORC）以 ATP 依赖的方式特异识别 ACS 区和 B1 区并与之结合。

对不同物种复制起点的结构功能分析表明，真核

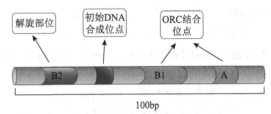

图 10-13　DNA 复制起点区域

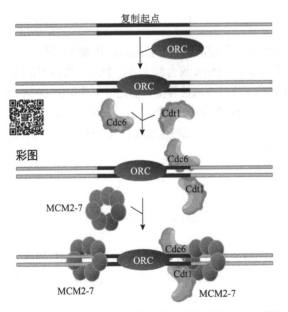

图 10-14　真核生物 DNA 前复制复合体的形成（G_1 期）

（2）DNA 前复制复合体的组装　　在真核生物 DNA 复制起始过程中，由 ORC 首先识别复制基因并结合到复制起点上。随后，一系列参与 DNA 复制起始的蛋白质（如 Cdc6、Cdt1、MCM 复合体等）被依次招募到复制起点上，在 Cdc6 和 Cdt1（解旋酶装载器）的辅助下，募集解旋酶（MCM2-7 复合体），将 MCM 结合到染色体上，生成 pre-RC。pre-RC 在 G_1 到 S 期的过渡时期被活化，并起始 DNA 的复制（图 10-14）。

需要注意：首先，虽然还存在于功能复制叉处，但 MCM 与起始位点的结合严格发生于 G_1 期，而在 G_2 和 S 期则离开起点。其次，MCM 与复制起点能产生稳定结合，形成 pre-RC。最后，缺少 MCM2-7 的结合，DNA 复制不能进行。这些特点说明在 DNA 复制过程中，MCM 能确保 DNA 复制只发生一次。

（3）DNA 复制起始的激活（S 期）　　DNA 复制起始的激活也称为"复制起点触发"，需要更多的因子组装到复制起点上。这个过程可以分为两个步骤：①MCM 解旋酶的激活引起复制起点 DNA 双链解螺旋而形成一对复制叉。②DNA 聚合酶募集到复制叉上。

CDK 和 Dbf4 磷酸化 pre-RC，促使 DNA 解旋形成一对复制叉，DNA 聚合酶和辅因子与复制起点结合，DNA 聚合酶 α 进入，并合成 RNA 引物。

复制起点的激活与细胞周期进程一致。周期蛋白 D 的水平在后期升高，激活 S 期的 CDK。复制许可因子（replication licensing factor）是 CDK 的底物，为发动 DNA 复制所必需。复制许可因子一般不能通过核膜进入核内，但是在有丝分裂的末期、核膜重组之前可以进入细胞核，与 DNA 的复制起点结合，等待被刺激进入 S 期的 CDK 激活，以启动复制。一旦复制启动，复制许可因子即失去活性或被降解。在细胞周期的其他时间内，新的复制许可因子不能进入细胞核内，以此保证在一个细胞周期内只能进行一次基因组的复制。

MCM 在复制起始之前结合到染色体上，起始之后从染色体上脱离。MCM 的磷酸化能够阻止它再次与染色体结合。周期蛋白 E-CDK2 能够通过促进 Cdc7 激酶对 MCM2 的磷酸化，从而促进 MCM2 和染色质结合。CDK 在抑制再复制过程中发挥了重要作用，不但能抑制 MCM，也能抑制 ORC、Cdc6 和 Cdt1 及 CDK 在 DNA 复制起始的激活。

DDK 和 CDK-周期蛋白 E 通过磷酸化几种蛋白质来触发复制起始。结果包括 ORC 释放了 Cdc6 和 Cdt1。招募 DNA 聚合酶 δ 和 ε 后起始复合物完成，然后招募 DNA 聚合酶 α（引发酶）。一旦 RNA 引物在前导链上合成，引物序列被 DNA 聚合酶 α 短暂延伸。引物序列通过 DNA 聚合酶 α 短暂延伸，钳夹 RFC 与滑动夹 PCNA 结合。

滑动夹/钳夹加载器复合物然后将 DNA 聚合酶 δ 转化为一种加工酶。DNA 充分展开后，后随链合成开始。在图 10-15 中，DNA 聚合酶 ε 与后随链结合。滑动夹/钳夹加载器复合物然后结合到模板和新合成的链上，这将 DNA 聚合酶 δ 转化为一种加工酶。真核生物使用单链 DNA 结合蛋白 RPA 来防止 DNA 链重新退火或被核酸酶降解。

（二）链的延伸

DNA 聚合酶 δ 和 DNA 聚合酶 α 分别具有解旋酶和引发酶活性，前者延长核苷酸链长度的能力更强，对模板链的亲和力也较高。在复制叉及引物生成后，DNA 聚合酶 δ 通过 PCNA 的协同作用，逐步取代 DNA 聚合酶 α，在 RNA 引物的 3′-OH 基础上连续合成前导链。后随链引物也由 DNA 聚合酶 α 催化合成，然后与 PCNA 协同，DNA 聚合酶 δ 切换替代 DNA 聚合酶 α，继续合成 DNA 子链。后随链模板足够长时启动下一个后随链的合成（图 10-16）。真核生物是以复制子为单位各自进行复制，所以，引物和后随链的冈崎片段都比原核生物短。

（三）复制的终止

同原核生物一样，终止的过程包括切除引物、填补空隙、连接两个 DNA 片段等。目前已知切除引物有两种机制。

1. 第一种机制 在后随链成熟过程中，切除冈崎片段 5′端的 RNA 引物依赖核糖核酸酶 H（RNaseH）Ⅰ 和 FEN1 两种核酸酶。首先 RNaseH Ⅰ 切割连接在冈崎片段 5′端的 RNA 片段，在 RNA-DNA 引物连接点旁留下一个核苷酸，再由 FEN1 切除掉这个核苷酸。

2. 第二种机制 解旋酶 Dna2 具有依赖 DNA 的 ATPase、3′→5′解旋酶活性，其解旋作用可以使前一个冈崎片段 5′端引物形成盖子结构，再由 FEN1 的内切酶活性切除。形成的空隙由 DNA 聚合酶 δ 或 ε 填补，由 DNA 连接酶连接。RNaseH Ⅰ 和 FEN1 的 3′→5′外切酶的活性可增强复制的准确性，维持细胞基因的完整。

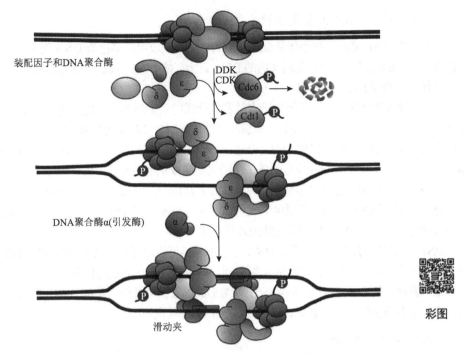

图 10-15 真核生物 DNA 复制起点的激活（S 期）

彩图

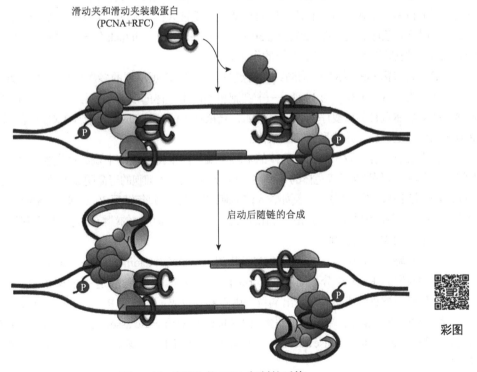

图 10-16 真核生物 DNA 复制的延伸

彩图

（四）真核生物 DNA 复制后核小体的组装

真核生物 DNA 复制与核小体装配同步进行。复制完成后的染色质 DNA 需要重新组装。原有组蛋白及新合成的组蛋白结合到复制叉后的 DNA 链上，使 DNA 合成后立即组装成核小体。随即组合成染色体并从 G_2 期过渡到 M 期。

在真核生物细胞的 S 期，用等量已有的和新合成的组蛋白混合装配染色质的途径称作复制-偶联途径（replication-coupled pathway）。其基本过程是复制时复制叉向前移动，前方核小体组蛋白八聚体解聚形成 $H3_2H4_2$ 四聚体和两个 H2A-H2B 二聚体，这些四聚体和二聚体与新合成的同样的四聚体和二聚体在复制叉后约 600bp 处与两条子链随机组装成新的核小体。核小体形成需要 CAF-1 辅因子参与。该辅因子是由 5 个亚基组成的 238kDa 的复合蛋白，可被 PCNA 招募到复制叉上。其作用是作为分子伴侣与组蛋白结合，控制单个组蛋白或组蛋白复合体释放给 DNA。CAF-1 把复制和核小体组装连接起来，保证 DNA 复制后立即组装核小体。

DNA 复制需要引物，但在线性 DNA 分子末端不可能通过正常的机制在引物被降解后合成相应的 DNA 片段。如无特殊的机制合成末端序列，染色体就会在细胞传代中变得越来越短。20 世纪发现并证明真核细胞染色体线性 DNA 分子末端形成端粒，可补偿后随链 5′端切除引物之后造成的空缺。这一难题通过端粒酶（telomerase）的发现得到了解决。

（五）端粒和端粒酶

1. 端粒　　端粒（telomere）是真核生物细胞染色体线性 DNA 分子末端形成的特殊结构。在形态学上，染色体 DNA 与它的结合蛋白质紧密结合，使末端膨大成粒状，像两顶帽子盖在染色体的两端，因而得名。端粒本身没有任何密码功能，在正常人体细胞中，帮助细胞抵抗衰老，防止染色体受损，保持染色体的完整性。20 世纪 30 年代 Muller 和 McClintock 发现了端粒，1978 年 Elizabeth Blackburn 首先从四膜虫中发现了端粒的作用。

经 DNA 测序发现，端粒结构的共同特点是富含 T、G 短序列的多次重复，其一股链如为 T_xG_y，其互补链就为 C_yA_x，x 和 y 为 1～4。一个细胞里不同染色体的端粒都由相同的重复序列组成，但不同物种的染色体端粒的重复序列各异。例如，仓鼠和人的端粒 DNA 都有（T_nG_n）$_x$ 的重复序列，重复多达数十至上百次，并能形成二级结构。

端粒由端粒酶合成后添加到染色体的末端。端粒能维持染色体末端的稳定性，使正常染色体端部间不发生融合，保证每条染色体的完整性。不同年龄人的体细胞的寿命明显不同，其端粒的长度也不相同，它随着年龄的增长而缩短。例如，人体细胞的端粒长度每年缩短 30～50bp。端粒的缩短最终导致染色体的不稳定及细胞衰老乃至死亡。目前认为，大多数真核生物的端粒长度由端粒酶维持。

2. 端粒酶及其催化机制

（1）端粒酶　　1984 年，Carol Greider 找到了端粒酶（telomerase）；1989 年，Greider 等克隆了四膜虫端粒酶的 RNA 组分；同年，Morin 首次发现并鉴定端粒酶是一种核糖核蛋白。1997 年，人类端粒酶基因被克隆成功并鉴定出端粒酶由三部分组成：端粒酶 RNA（human telomerase RNA，hTR；约 150nt 核苷酸）、端粒酶协同蛋白 1（human telomerase associated protein 1，hTP1）和端粒酶逆转录酶（human telomerase reverse transcriptase，hTRT）。该酶兼有提供 RNA 模板和催化逆转录的功能。

凭借"发现端粒和端粒酶是如何保护染色体的"这一成果，揭开了人类衰老和罹患癌症等严重疾病的奥秘的三位科学家 Elizabeth Blackburn、Carol Greider 和 Jack Szostak 获得了 2009 年的诺贝尔生理学或医学奖。

（2）端粒酶的爬行模型机制　　首先，通过 hTR（T_nG_n）$_x$ 辨认并结合母链 DNA（T_nG_n）$_x$ 的重复序列并移至其 3′端，以逆转录方式复制；复制一段后，结合母链 DNA（T_nG_n）$_x$ 爬行移位至新合成的母链 3′端再以逆转录的方式复制延伸母链，延伸至足够长后，端粒酶脱离母链，代之以 DNA 聚合酶；此时母链形成非标准的 G-G 发卡结构允许其 3′-OH 反折，作为引物和模板，在 DNA 聚合酶的作用下完成末端双链的复制。端粒酶催化反应的过程是不连续的。模板 RNA 被定位于 DNA 引物上，在核苷酸被加到引物上后酶进行移位，此后开始了新一轮反应（图 10-17）。

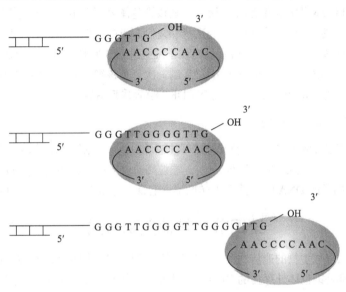

图 10-17　四膜虫的端粒酶指导的端粒形成模型

端粒酶所合成的各个重复序列被加到染色体的末端，但其本身不控制重复的数量，由其他蛋白质参与决定端粒的长度。目前已经鉴定出的这些蛋白质与端粒酶结合，通过控制端粒酶进入到其底物通路来影响端粒的长度。其机制尚不清楚。但每一物种端粒的长度不一，都有其特征性长度范围。例如，在哺乳动物中比较长（如人类典型的端粒长度为 5～15kb），在酵母中比较短（酿酒酵母约 300bp）。

端粒酶在分裂细胞中活跃表达，在静息细胞中不表达。如果端粒酶在分裂细胞中发生突变了，则随着细胞分裂的不断进行，端粒的长度将变得越来越短，失去端粒最终导致染色体重组或断裂，产生衰老现象。当端粒长度变为 0 时，细胞就很难成功分裂了。正常人体细胞中检测不到端粒酶。一些良性病变细胞中也检测不到端粒酶活性。但在生殖细胞、睾丸、卵巢、胎盘及胎儿细胞中此酶为阳性。恶性肿瘤细胞具有高活性的端粒酶。

四、真核生物 DNA 复制的调控

真核细胞 DNA 的复制和其他导致细胞增殖的事件受到严格的调控，与大多数基因的转录一样，起始步骤的控制是调节细胞 DNA 复制的主要机制。真核生物 DNA 的调控主要发生在复制的起始和末端，而且与细胞周期密切相关。

（一）复制起始的调控

1. 周期蛋白和 CDK 调控 DNA 复制所需的酶与相关蛋白质　　细胞复制起始主要通过调节核 DNA 复制和有丝分裂的时间来控制。细胞周期中在 G_1 期和 G_2 期存在检查位点，可防止细胞周期的上一个时期还没有完成时过早进入到下一个周期，在真核生物中控制细胞周期主要有两种因子：CDK 和周期蛋白。这些事件的主控制器是少量含有调节亚基（周期蛋白）和催化亚基（CDK）的异二聚体蛋白激酶。在一些因子的作用下，周期蛋白的基因被激活，合成周期蛋白，合成的周期蛋白与 CDK 结合，这些 CDK 通过在特定的调控位点磷酸化或去磷酸化。激活的 CDK 可以进一步在细胞核中激活相关因子，如 MCM 解旋酶活性的激活受特定蛋白激酶 CDK 的调节，称为 S 期 CDK，MCM 解旋酶活性是启动细胞 DNA 复制所必需的。其他 CDK 调节细胞增殖的其他方面。

2. 周期蛋白和 CDK 调控复制起点激活　　真核染色体复制只出现在细胞周期的 S 期，且只能复制一次。真核复制的起始分为复制基因的选择和复制起点的激活两步进行。两步过程出现于细胞周期的特定阶段。前者存在于 G_1 期，后者仅出现于细胞进入 S 期时。在真核细胞中，这两个阶段相分离可以确保每个染色体在每个细胞周期中仅复制一次。真核细胞通过 CDK 严格控制 pre-RC（在 G_1 期形成）的激活，使 pre-RC 只能在 S 期被 CDK2 激活并起始复制。

（二）复制末端端粒合成的调控

端粒酶参与染色体 DNA 复制末端的调控。真核生物 DNA 复制与核小体装配同步进行，复制完成后即装配成染色体，并从 G_2 期过渡到 M 期，端粒酶通过形成端粒保证线性 DNA 末端不被 DNA 酶水解，保证合成的子链 DNA 的完整性（详见第十七章"基因表达调控"相关内容）。

第四节　其他复制方式

双链 DNA 是大多数生物的遗传物质，某些病毒的遗传物质是 RNA，原核生物的质粒和真核生物的线粒体 DNA 都是染色体外存在的 DNA。这些非染色体基因组，采用特殊的方式进行复制。在反转录酶的作用下，可以 RNA 为模板合成 DNA。其他类型的复制方式还有噬菌体 DNA 的滚环复制和线粒体 DNA 的取代环复制等。

一、逆转录合成 DNA

1. 逆转录和逆转录酶　　以 RNA 为模板，即按照 RNA 中的核苷酸顺序合成 DNA，这与通常转录过程中遗传信息流从 DNA 到 RNA 的方向相反，故称为逆转录（reverse transcription）。催化逆转录反应的酶称为 RNA 指导的 DNA 聚合酶（RNA-directed DNA polymerase），最初是在致癌的 RNA 病毒中发现的。

1970 年，H. Temin 和 D. Baltimore 几乎同时各自从一些致癌 RNA 病毒中发现逆转录酶（reverse transcriptase）。它由一个 α 亚基和一个 β 亚基所组成。α 亚基的分子量为 65 000。此酶催化以单链 RNA 为模板生成双链 DNA 的反应。因该反应中遗传信息的流动方向恰与以 DNA 为模板转录生成 RNA 的方向相反，故该反应被称为逆转录，该酶称为逆转录酶（或反转录酶）。

逆转录酶催化的 DNA 合成反应要求有模板和引物，以 4 种脱氧核苷三磷酸作为底物，此外还需要适当浓度的二价阳离子（如 Mg^{2+} 和 Mn^{2+}）和还原剂（以保护酶蛋白中的巯基），DNA 链的延长方向为 $5' \rightarrow 3'$。这些性质都与 DNA 聚合酶相类似。在该酶的作用下，带有合适引物的任何种类 RNA 都能作为合成 DNA 的模板。引物可以是寡聚脱氧核糖核苷酸，也可以是寡聚核糖核苷酸，但须与模板互补，且具有游离 3'-OH 端，其长度至少有 4 个核苷酸。

逆转录酶是一种多功能酶，它兼有三种酶的活性：①它可以利用 RNA 作模板，在其上合成出一条互补的 DNA 链，形成 RNA-DNA 杂交分子（RNA 指导的 DNA 聚合酶活性）；②它还可以在新合成的 DNA 链上合成另一条互补 DNA 链，形成双链 DNA 分子（DNA 指导的 DNA 聚合酶活性）；

③除了聚合酶活性，它尚有 RNaseH 的活性，专门水解 RNA-DNA 杂交分子中的 RNA，可沿 3′→5′ 和 5′→3′两个方向发挥核酸外切酶的作用。

2. 逆转录过程　　逆转录酶的作用是以 dNTP 为底物，以 RNA 为模板，按 5′→3′方向合成一条与 RNA 模板互补的 DNA 单链，叫作互补 DNA（complementary DNA，cDNA），它与 RNA 模板形成 RNA-DNA 杂交双链。随后又在逆转录酶的作用下，水解掉 RNA 链，再以 cDNA 为模板合成第二条 DNA 链。至此，完成由 RNA 指导的 DNA 合成过程（图 10-18）。

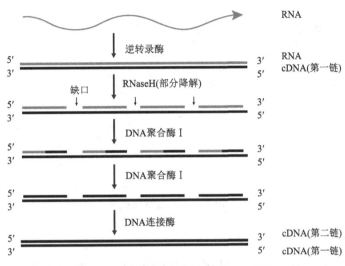

图 10-18　逆转录过程（邹思湘，2005）

3. 逆转录的发现在理论和实际应用上的重要意义

1）对分子生物学的中心法则进行了修正和补充。经典的中心法则认为：DNA 的功能兼有遗传信息的传代和表达，DNA 处于生命活动的中心位置。逆转录现象表明：在某些生物中，RNA 兼有遗传信息的传代和表达的功能。例如，某些病毒中的 RNA 自我复制（如烟草花叶病毒等）和在某些病毒中能以 RNA 为模板逆转录成 DNA 的过程（某些致癌病毒）。有些病毒（如朊病毒，即疯牛病病毒）以蛋白质直接形成蛋白质。逆转录现象补充和发展了经典的中心法则的内容，是分子生物学研究中的重大发现。

2）对逆转录病毒的研究，拓展了病毒致癌理论的研究思路。20 世纪 70 年代初，在致癌病毒的研究中发现了癌基因，在人类一些癌细胞，如膀胱癌、小细胞肺癌等细胞中，也分离出与病毒癌基因相同的碱基序列，称为细胞癌基因或原癌基因。癌基因的发现为肿瘤发病机制的研究提供了很有前途的线索。

3）在实际工作中有助于基因工程的实施。由于目的基因的转录产物易于制备，可将 mRNA 逆转录获得 cDNA 用以获得目的基因。现已有利用 cDNA 方法建立的多种不同种属和细胞来源的含所有表达基因的 cDNA 文库，利于获取基因工程目的基因。

二、真核生物线粒体的 D 环复制

真核生物存在线粒体 DNA（mitochondrial DNA，mtDNA）。人类的 mtDNA 已知有 37 个基因，其中 13 个编码 ATP 合成有关的蛋白质和酶，为线粒体执行生物氧化和氧化磷酸化所必需。其余 24 个中 22 个转录为线粒体 tRNA（mt-tRNA），2 个转录为线粒体 rRNA（mt-rRNA），参与线粒体蛋白质合成。

D 环复制（D-loop replication）是线粒体 DNA 的复制形式，以复制中呈字母"D"形状而得名。其复制时也需要合成引物，DNA 聚合酶 γ 是催化线粒体 DNA 复制的主要酶。D 环复制的特点是复制起点不在双链 DNA 同一位点，内、外环复制有时序差别。其复制机制是：mtDNA 为闭环状双链结构，第一个引物以内环为模板先进行复制延伸。外环链保持单链而被取代，在电镜下可看到呈 D 环形状（图 10-19）。待内环链复制到一定程度，露出外环链的复制起点时，再合成另一反向引物，以外环链为模板进行反向延伸，最后完成两个双链环状 DNA 的复制。

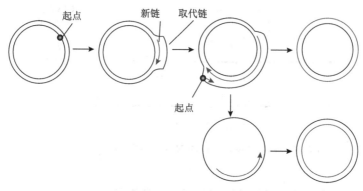

图 10-19　D 环复制模式图

三、滚环复制

W. Gilbert 和 D. Dressler 于 1968 年提出滚环复制的模型，来解释噬菌体 ΦX174 DNA 的复制过程。ΦX174 的 DNA 是环状单链分子，复制时先以其自身单链 DNA 为模板，合成互补的环状双链复制型（replication form，RF）DNA 分子，自身母链为正链（＋），新合成链为负链（－）。复制开始，双链中的正链由核酸内切酶切开 $3',5'$-磷酸二酯键，打开双链，露出 $3'$-羟基端和 $5'$-磷酸基端，正链的 $5'$ 端固定在细胞膜上，后以环状闭合的负链 DNA 为模板，以正链的 $3'$-羟基端为引物，在 DNA 聚合酶作用下，在正链切口 $3'$-羟基端逐个连接上脱氧核糖核苷酸，使正链延长。未开环的负链即边滚动边连续复制，正链的 $5'$ 端逐渐从负链分离，待长度达到一个基因组时即被核酸内切酶切断，被切断的尾链经环化成为一个新的 DNA 分子。正负两条链均可作为模板，产生新的两个双链环状子代（图 10-20）。

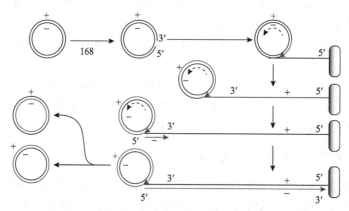

图 10-20　滚环复制过程示意图

第十一章　DNA 的损伤与修复

DNA 与其他生物大分子一样，在各种内外因素的作用下，其结构可能会受到损伤。但和其他生物大分子不一样的是，DNA 是唯一一种在发生损伤后可以被完全修复的分子，而其他生物大分子在受到损伤后要么被降解，要么被取代。当然，并不是所有发生在 DNA 分子上的损伤都可以修复。如果 DNA 受到的损伤不能及时修复，就可能影响体细胞的功能甚至生存，对于生殖细胞则可能影响到后代。所以在进化过程中生物细胞所获得的修复 DNA 损伤的能力就显得十分重要，也是生物能保持遗传稳定性之所在。

1949 年，Albert Kelner 偶然发现灰色链丝菌等微生物经紫外线（UV）照射后，如果立即将 DNA 损伤暴露在可见光下修复则可减少死亡。这就是最初的光复活。1958 年，Richard L. Hill 证明不仅有光复活，暗修复或暗复活普遍地存在于原核生物、低等真核生物、高等真核生物的两栖类乃至哺乳动物中，并证实暗修复包括切除修复和复制后修复两种。1968 年，美国学者 James Cleaver 首先发现人类中的常染色体隐性遗传的光化癌变疾病——着色性干皮病（XP）是由基因突变造成 DNA 损伤切除修复功能的缺陷引起的。自此，DNA 损伤修复的研究进入了医学领域。2015 年，Tomas Lindahl、Paul Modrich 及 Aziz Sancar 因其在 DNA 修复机制方面的研究获得了 2015 年诺贝尔化学奖。三位获奖者的研究成果在分子水平上描绘细胞如何修复基因并维护遗传信息，为科学界提供了关于活细胞功能的基本知识，其中的一些发现可被运用到抗癌新疗法研发方面。

DNA 损伤的形式虽然很多，但细胞内的修复系统也不少。在生物进化中，突变又是与遗传相对立统一且普遍存在的现象，DNA 分子的变化并不是全部都能被修复成原样的，正因为如此，生物才会有变异、有进化。因此，突变造就了生物多样性，突变与修复之间的良好平衡是维持生物物种稳定性和多样性的关键。

一些物理、化学和生物因素，可以导致 DNA 受到损伤。光复活、切除修复、重组修复和 SOS 修复是几种主要的修复方式。其中光复活是唯一利用光能的修复系统，其余的修复系统均以 ATP 作为能源。光复活和切除修复都是修复模板链，重组修复可以将损伤的影响降低到最小，而 SOS 修复虽可产生连续的子代链，但也是导致突变的修复。

第一节　DNA 的损伤

DNA 损伤（DNA damage）是指正常 DNA 分子的化学或物理结构在某些物理、化学因素（如射线和化学试剂）及细胞自发产生的基因、毒素等干扰作用下发生改变的现象。其后果有二：一是 DNA 组成和结构发生永久性改变；二是导致 DNA 失去作为复制或转录模板的功能，严重时可以致突变和（或）致死。其包括自发性损伤和继发性损伤两类。

一、DNA 的自发性损伤

DNA 的突变（损伤）大多数是自发的，是生物进化与细胞分化的基础。DNA 的化学不稳定性也可产生自发性损伤，如脱氨基、脱嘌呤和脱嘧啶等。

1. 碱基的脱氨基作用　　碱基中的胞嘧啶（C）、腺嘌呤（A）和鸟嘌呤（G）都含有环外氨基，氨基有时会自发脱落，从而使 C 变为尿嘧啶（U）（图 11-1），A 变为次黄嘌呤（I），G 变为黄嘌呤（X）。这些脱氨基产物的配对性质与原来的碱基不同，即 U 与 A 配对，I 和 X 均与 C 配对。而且 DNA 复制时，它们将会在子代链中产生错误而导致 DNA 损伤。例如，C 自发水解脱氨变成 U 后，如果未被修复，产生的 U 会在接下来的复制中与 A 配对，从而产生点突变。DNA 分子以这种方式产生 U 很可能就是 DNA 含有胸腺嘧啶而不是 U 的原因。因为这样可使 DNA 分子中产生的任何 U，均可被尿嘧啶-DNA 糖苷酶（uracil-DNA glycosidase）所切除，并由 C 所替代。

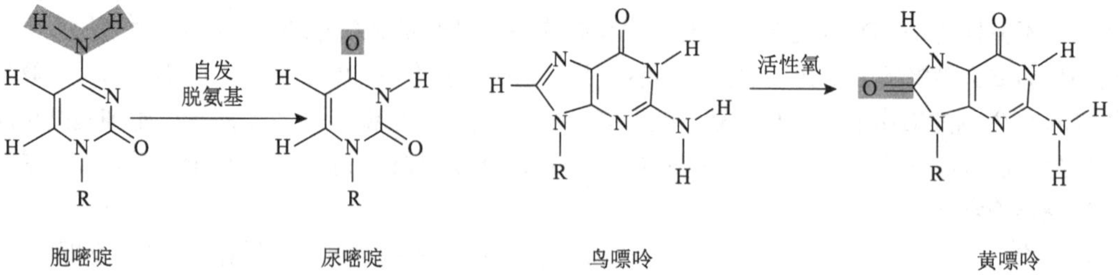

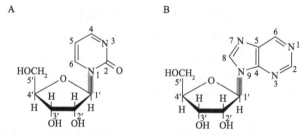

胞嘧啶　　　　　　　尿嘧啶　　　　　　　　鸟嘌呤　　　　　　　　　黄嘌呤

图 11-1　自发脱氨基作用及活性氧作用造成的 DNA 损伤

2. 脱嘌呤和脱嘧啶　　　在生理条件下，DNA 分子通过自发水解经常发生脱嘌呤和脱嘧啶反应，使嘌呤碱和嘧啶碱从 DNA 分子的脱氧核糖-磷酸骨架上脱落下来。例如，在腺嘌呤（A）和鸟嘌呤（G）的 N9 及脱氧核糖 C1 之间的 N-糖苷键常发生自发水解反应而断裂，从而失去嘌呤碱基，并且产生的脱嘌呤位点呈现"非编码损伤"，即该嘌呤碱基所编码的遗传信息丢失（图 11-2）。

图 11-2　β-N1-胞嘧啶与核糖核苷之间的糖苷键（A）和 β-N9-腺嘌呤与核糖核苷之间的糖苷键（B）

3. 碱基的互变异构　　　DNA 中的 4 个碱基都可能自发地使氢原子改变位置而产生互变异构体，从而使碱基的配对形式发生改变。例如，腺嘌呤（A）的稀有互变异构体与胞嘧啶（C）配对，胸腺嘧啶（T）的稀有互变异构体与鸟嘌呤（G）配对。当 DNA 复制时，如果模板链上存在着这种形式的互变异构体，在子代链上就可以产生错误，造成 DNA 损伤。例如，腺嘌呤和胞嘧啶，或胸腺嘧啶与鸟嘌呤形成氢键，便可导致下一代中 G-C 配对取代 A-T 配对。

4. 细胞正常代谢产物对 DNA 的损伤　　　在需氧细胞中，细胞呼吸作用产生的副产物超氧阴离子（O_2^-）和 H_2O_2 非常活跃，由于这些超氧化物、氢过氧化物及羟基自由基（·OH）等活性氧（reactive oxygen species，ROS）的存在发生氧化损伤，可能引起 DNA 单链断裂等损伤。这些自由基可在许多位点上攻击 DNA，产生一系列特性化的氧化产物，如 8-氧鸟嘌呤、2-氧腺嘌呤和 5-羟甲基尿嘧啶等。而且电离辐射引起水分解所产生的羟基自由基，会提高这些氧化产物的水平。

氧自由基对 DNA 的损伤是由金属离子，尤其是铁离子所介导的，因此，螯合剂、自由基清除剂、超氧化物歧化酶（SOD）、二氧化物酶和过氧化物酶活力的增强，都能降低氧自由基的毒性。此外，葡萄糖和葡萄糖-6-磷酸，可能还有其他的糖分子也能和 DNA 反应，产生明显的结构和生物学改变，这些改变的累积可导致细胞老化。

二、物理因素导致的 DNA 损伤

1. 紫外线照射引起的 DNA 损伤　紫外线（ultraviolet ray，UV）照射引起的 DNA 损伤是研究得最早，也是最清楚的。非离子化辐射（如紫外线）会引起 DNA 分子内的分子振动或促进电子进入较高能级，导致形成新的化学键。紫外线照射所造成的 DNA 损伤主要是形成嘧啶二聚体。二聚体的存在使得正常的碱基配对难以发生，进而导致 DNA 局部变性，产生破坏复制与转录的大块损伤。

形成二聚体的反应是可逆的，长波长的光（280nm）有利于二聚体的形成，而较短波长的光（240nm）有利于二聚体的分解。二聚体的生成位置和频率也不是完全随机的，而是与其两侧的碱基顺序有关。例如，人皮肤因受紫外线照射而形成二聚体的频率可达每小时 5×10^4/细胞，但只局限在皮肤中（紫外线不能穿透皮肤）。但微生物受紫外线照射后，会影响其生存。

2. 电离辐射造成的 DNA 损伤　电离辐射对 DNA 的损伤有直接效应和间接效应两种途径。直接效应是指电离辐射直接在 DNA 上沉积能量，并引起其物理和化学变化。间接效应则是指电离辐射在 DNA 周围环境的其他成分（主要是水）上沉积能量，从而引起 DNA 分子的变化。

DNA 受到电离辐射后，DNA 分子中的碱基和戊糖都可能发生一系列的化学变化，从而引起碱基的破坏和脱落及脱氧戊糖的分解。水是活细胞的主要成分，水受辐射分解后可产生许多不稳定的具有很高活性的自由基，进而生成各种过氧化物并发生咪唑环的破坏，引起 DNA 的损伤。碱基的变化则主要是由·OH 引起的，嘧啶碱基比嘌呤碱基敏感，游离碱基比核苷酸中的碱基敏感。由于细胞中 DNA 呈双螺旋结构，电离辐射对碱基的损伤程度被减轻。

电离辐射除了能引起 DNA 的碱基损伤和链的断裂，还能引起 DNA 的交联，包括 DNA 链间交联和 DNA-蛋白质的交联。DNA 分子中一条链上的碱基与另一条链上的碱基以共价键结合，称为 DNA 链间交联（DDC）。DNA 与蛋白质以共价键结合，称为 DNA-蛋白质交联（DPC），目前对 DNA-蛋白质交联研究得比较清楚，其形成主要是由于·OH 的作用，氧含量、温度及染色质的状态对 DPC 的形成都有影响。体内 DPC 形成时对 DNA 和蛋白质具有选择性，富含转录活性的 DNA 经电离辐射后易形成 DPC。真核细胞中与 DNA 交联的蛋白质主要有组蛋白、非组蛋白、调节蛋白、拓扑异构酶及与复制转录有关的核基质蛋白等。

三、化学因素导致的 DNA 损伤

近年来，人们越来越认识到环境中突变剂和致癌剂对生物的生存造成了严重的威胁，从而特别重视对化学因素导致 DNA 损伤的研究。许多天然的、合成的有机和无机的化学试剂均可与 DNA 发生反应并改变其特性。引起 DNA 损伤的化学因素主要有两大类，一类是烷化剂，另一类是碱基类似物。

1. 烷化剂导致的 DNA 损伤　烷化剂是一类可将烷基（如甲基）加入到生物大分子（如核酸和蛋白质）的亲核位点上的亲电化学试剂。硫酸二甲酯、甲烷磺酸甲酯和乙基亚硝基脲等都是常见的烷化剂，它们能生成相应的正碳离子，与碱基中的亲核基团作用生成烷基化碱基。当烷化剂和 DNA 作用时，可将烷基加到核酸的碱基上，但其加入位点有别于正常甲基化酶的甲基化位点。DNA 中的亲核位点主要有：腺嘌呤中的 N1、N3、N6 和 N7；鸟嘌呤中的 N1、N2、N3、N7 和 O6；胞嘧啶中的 N3、N4 和 O2；胸腺嘧啶中的 N3、O2 和 O4。其中鸟嘌呤的 N7 位和腺嘌呤的 N3 位最容易被烷化，DNA 链上磷酸二酯键中的氧也容易被烷化。

烷化剂主要有两类：一类为单功能烷化剂，如甲烷碘酸，只能与一个碱基起作用，形成单加合

物。另一类为双功能烷化剂，如氮芥，能同时与 DNA 中两个不同的亲核位点反应，如果这两个位点在 DNA 双螺旋结构中的同一条链上，可产生一个 DNA 链内交联（DNA intrastrand cross-linking）。若两个受作用的碱基分别位于两条核苷酸链上，则形成 DNA 链间交联（DNA interstrand cross-linking）。由于这些损伤部分会在 DNA 复制和转录时干扰 DNA 解旋，因而可能是致死的。烷基化 G 形成的糖苷键很不稳定，易裂解造成碱基脱落，使 DNA 上形成无碱基位点。在复制过程中，无碱基位点处可插入任何碱基，从而导致碱基对发生转换或颠换。DNA 链上的磷酸二酯键被烷化则形成不稳定的磷酸三酯键，它可使糖与磷酸间发生水解作用，导致 DNA 链的断裂。

2. 碱基类似物导致的 DNA 损伤　　碱基类似物是一类结构与碱基相似，可改变碱基配对特性的正常碱基衍生物或人工合成的化合物，常用作促突变剂或抗癌药物，由于它们的结构与碱基相似，当它们进入细胞后，便能替代正常的碱基而掺入到 DNA 链中，干扰 DNA 的正常合成。最常见的碱基类似物是 5-溴尿嘧啶（5-BU），它与胸腺嘧啶的差异在于嘧啶环上是一个溴残基而不是甲基，所以其结构与胸腺嘧啶碱基非常相似，能与 A 配对。另一个常见的碱基类似物是 2-氨基腺嘌呤（2-AP），它在正常的酮式状态时能与 T 配对，在烯醇式状态时能与 C 配对。

另外，植物中合成的某些毒性化学物质常常就是 DNA 损伤剂，甚至某些 DNA 损伤剂还是人类的食物，当其摄入人体内后，极可能对人体 DNA 造成损伤。

四、生物因素导致的 DHA 损伤

引起 DNA 损伤的生物因素是病毒、细菌与真菌。例如，流感病毒、麻疹病毒和疱疹病毒等多种病毒都是常见的生物诱变因素；细菌和真菌产生的毒素或者代谢产物具有强烈的诱变作用，如黄曲霉菌产生的黄曲霉毒素具有致突变作用。

五、DNA 损伤的类型及后果

1. DNA 损伤的类型　　归纳 DNA 损伤后分子最终的改变，有以下几种类型。

（1）点突变　　点突变（point mutation）是指 DNA 上单一碱基的变异。嘌呤替代嘌呤、嘧啶替代嘧啶称为转换（transition）。嘌呤变嘧啶或嘧啶变嘌呤则称为颠换（transversion）。

（2）缺失或插入　　缺失（deletion）是指 DNA 链上一个或一段核苷酸的消失。插入（insertion）是指一个或一段核苷酸插入到 DNA 链中。DNA 聚合酶在复制过程中发生滑移，尤其在连续存在几个相同碱基的区段产生 1 个或几个碱基的缺失或插入。聚合酶在模板链上的滑移易造成缺失，在生长链上的滑移易造成插入。编码蛋白质的序列中如缺失或插入的核苷酸数不是 3 的整倍数，则发生读框移位（reading-frame shift）[也称移码（frameshift）]，使其后所译读的氨基酸序列全部混乱，称为移码突变（frameshift mutation）。

（3）倒位或转位　　倒位或转位（transposition）是指 DNA 链重组使其中一段核苷酸链方向倒置或从一处迁移到另一处。

（4）双链断裂　　双链断裂（double-strand breakage）是指 DNA 双链在同一处或相近处断裂，对单倍体细胞来说一个双链断裂就是致死性事件。在真核生物中一旦双链断裂再无法连接，细胞必死无疑，单链尚可以修饰。

2. DNA 损伤的后果　　突变或诱变对生物可能产生 4 种后果：①致死性；②丧失某些功能；③不改变表型（phenotype）而改变基因型（genotype）；④产生了有利于物种生存的结果，使生物进化。生物的多样性依赖于 DNA 突变与 DNA 修复之间的平衡。

第二节　DNA 损伤的修复

DNA 修复（DNA repair）是指 DNA 受到损伤后，细胞内发生的使 DNA 的化学组成和核苷酸序列重新恢复或使细胞对 DNA 损伤产生"耐受"（指存在于 DNA 中的损伤并未被去除，细胞仅仅对 DNA 损伤做出一些补救，以提高受损细胞的存活率）的一系列反应。也就是纠正 DNA 两条单链间错配的碱基、清除 DNA 链上受损的碱基或糖基、恢复 DNA 的正常结构的过程。DNA 修复是机体维持 DNA 结构完整性与稳定性，保证生命延续和物种稳定的重要环节。

在生命活动过程中，生物体发生 DNA 损伤是不可避免的。在长期的生物进化中，生物体细胞已形成自身起修复作用的 DNA 修复系统，可以随时除去 DNA 的损伤，恢复 DNA 的正常结构，保持细胞的正常功能。通常情况下，生物体细胞发生 DNA 损伤的同时即伴有 DNA 损伤修复系统的启动。DNA 损伤修复的效果取决于损伤的程度。如损伤严重，DNA 不能被有效修复，可能通过凋亡的方式清除这些 DNA 受损的细胞，以降低 DNA 损伤对生物体遗传信息稳定性的影响。如损伤较轻，损伤被正确修复，则细胞 DNA 的结构恢复正常。如当 DNA 发生不完全修复时，DNA 发生突变，染色体发生畸变，诱导细胞出现功能改变、衰老、细胞恶性转化等。生物体内存在着多种修复 DNA 损伤的途径。一般有直接修复、切除修复、重组修复、SOS 修复等。

一、直接修复

直接修复（direct repair）也称损伤逆转，修复的方式是修复酶直接作用于受损的 DNA，用特定的化学反应使受损的碱基恢复为正常的碱基，是最简单、最直接的修复方式。

1. 光复活修复　　光复活修复也称嘧啶二聚体的直接修复，1949 年由 Kelner 发现，是最早发现的一种高度专一的修复方式，它只修复紫外线引起的 DNA 嘧啶二聚体的损伤。

催化此修复反应的酶叫光复活酶（photoreactivating enzyme）或光修复酶（photolyase），它只作用于紫外线引起的 DNA 嘧啶二聚体。紫外线照射 DNA 后引起核酸链上相邻的两个胸腺嘧啶形成环丁烷二聚体 TT，该嘧啶二聚体可以通过光复活酶类进行直接修复，这些光复活酶类含有光敏感基团，在可见光（300～500nm）的照射下可以直接修复紫外线照射引起的 DNA 损伤，使 DNA 中的嘧啶二聚体恢复为单体。

光复活酶在生物界分布很广，从低等单细胞生物一直到鸟类都有，而高等的哺乳类却没有。这说明在生物进化过程中该作用逐渐被修复系统所取代，并丢失了这个酶。

2. 单链断裂的直接修复　　DNA 单链断裂也可以通过直接修复系统进行修复，在此修复过程中，DNA 连接酶能够催化 DNA 双螺旋中一条链上切口处的 5'-磷酸基团与相邻片段 3'-羟基之间形成磷酸二酯键，从而直接参与部分 DNA 单链断裂的修复，如电离辐射所造成的切口。

3. 烷基化碱基的直接修复　　烷基转移酶（alkyl-transferase）在 DNA 损伤的修复过程中也发挥着重要作用，其中甲基鸟嘌呤甲基转移酶（methylguanine methyltransferase，MGMT）是 O6-甲基鸟嘌呤氧化损伤修复过程中的重要酶类，当 DNA 受到氧化损伤或者烷化剂作用时，鸟嘌呤通常会受到 O6 位点的甲基化，MGMT 能够将这个甲基转移到其自身一个活化的 Cys145 位点上，导致其自身泛素化和随后的降解（图 11-3）。因此，MGMT 能够消除烷化剂对 DNA 的修饰。烷基转移酶将烷基从核苷酸直接转移到自身肽链上，修复 DNA 的同时自身发生不可逆转的失活。

4. 无嘌呤位点的直接修复　　DNA 链上的嘌呤碱基受损时，可能被糖基化酶水解而脱落，生成无嘌呤位点。DNA 嘌呤插入酶能催化游离嘌呤碱基与 DNA 缺嘌呤部位重新生成糖苷共价键，导致嘌呤碱基的直接插入。这种作用具有强的专一性。

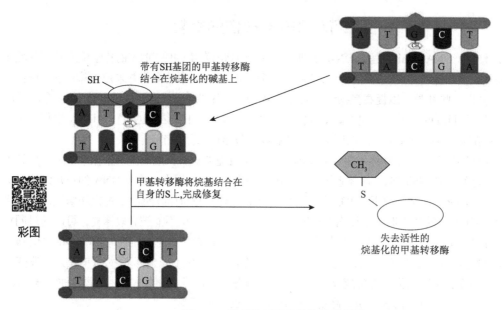

图 11-3　烷基化碱基直接修复示意图

二、切除修复

切除修复（excision repair）是指在一系列酶和蛋白质的作用下，将 DNA 分子中受损伤的部分切除，并以完整的另一条链为模板，合成出切去的部分，DNA 聚合酶催化 dNTP 聚合而填补缺口，最后用连接酶将修复过的链与无损伤的链两端连接起来，使 DNA 恢复正常结构的过程。这是比较普遍的一种修复机制，它对多种损伤均起修复作用，是 DNA 维持稳定的重要修复方式。切除修复存在碱基切除修复和核苷酸切除修复两种形式。二者的主要差别在于识别损伤的机制。前者是直接识别具体受损伤的碱基，后者是识别损伤对 DNA 双螺旋结构造成的扭曲。

1. 碱基切除修复　　碱基切除修复（base excision repair，BER）的最初切点是 N-糖苷键，依赖生物体内存在的一类糖基化酶识别损伤或错误的碱基而水解其糖苷键，而其 DNA 骨架是完整的。

糖基化酶可分为两类：一类只有 N-糖苷酶活性；另一类除具有糖苷酶活性外，还有 3′ 无嘌呤嘧啶位点（apurinic-apyrimidinic site，AP 位点）内切酶活性。最常见的碱基直接从 DNA 中被切除的反应是由尿嘧啶 DNA 糖基化酶催化的。1974 年，瑞典科学家 Tomas Lindahl 发现了尿嘧啶 DNA 糖基化酶，该酶可将尿嘧啶（U）切除，随后还有第二种酶将剩余的戊糖和碱基切除，最后在 DNA 聚合酶催化下根据模板鸟嘌呤（G）的信息重新修复为胞嘧啶（C）。这是人类鉴定的第一种 DNA 修复系统，称为碱基切除修复。这项研究开启了 DNA 修复机制研究的大门。1996 年，Lindahl 成功地在试管中重现了人体内的 DNA 修复机制。

碱基切除修复的基本过程如图 11-4 所示，具体如下：①识别水解，利用糖苷水解酶（该酶对所有细胞都有绝对专一性）特异性识别受损核苷位点，特异切除受损核苷酸上 N-β-糖苷键，在 DNA 链上形成 AP 位点和无碱基位点；②切除，特异的 AP 核酸内切酶断开受损核苷酸的糖苷-磷酸键，切断其与 DNA 骨架的连接，形成缺口；③在外切酶的作用下移去这段含 AP 位点的 DNA 小片段，在 DNA 聚合酶 I 的作用下，以未受损伤的 DNA 链为模板正确地进行合成以补充缺口；④在 DNA 连接酶的作用下连接成一条完整的 DNA 链。

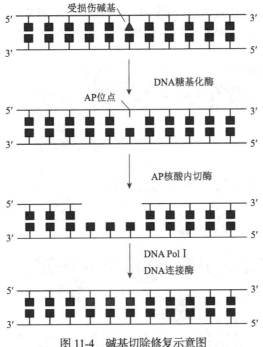

彩图

图 11-4　碱基切除修复示意图

2. 核苷酸切除修复　　核苷酸切除修复（nucleotide excision repair，NER）主要用来修复导致 DNA 结构发生扭曲，并影响到 DNA 复制的损伤。由于 NER 识别损伤的机制并不是针对损伤本身，而是针对损伤对 DNA 双螺旋结构造成的扭曲，因此许多并不相同的损伤能被相同的机制和几乎同一套修复蛋白修复。根据识别损伤的机制和修复范围可将 NER 分为两类：①全基因组 NER（global genome NER，GG-NER），修复整个基因组的损伤，速度慢、效率低；②转录偶联 NER（transcription-coupled NER，TC-NER），修复正在转录的基因模板链上的损伤，快速、效率高。

原核生物和真核生物的 NER 过程相似，在修复过程中，损伤处以寡聚核苷酸的形式被切除。1976 年，土耳其科学家 Aziz Sancar 成功鉴定出光修复酶（photolyase）。1983 年，他又进一步鉴定出 DNA 损伤的暗修复系统，发现了大肠杆菌 UvrA、UvrB 和 UvrC 等参与切除修复的酶及蛋白质，并阐明了原核生物 DNA 损伤修复机制，绘制出了 GG-NER 机制，主要过程如图 11-5 所示。具体过程如下：①两个 UvrA 与 UvrB 形成三聚体，此过程需要水解 ATP 提供能量；②UvrA$_2$-UvrB 复合体与 DNA 随机结合后受 ATP 酶水解驱动，在 DNA 分子上移动，对 DNA 的损伤进行监控；③一旦发现损伤，则 UvrA 解离，UvrB 与 DNA 形成稳定的复合物，随即 UvrC 与 UvrB DNA 位点高亲和性结合，诱导 UvrB 构象发生变化，使之在损伤部位的 3′端（距离损伤点 3～4 个核苷酸）产生切口，随后，UvrC 催化在 DNA 损伤部位的 5′端（距离损伤点 7～8 个核苷酸）产生切口，在 UvrD 解链酶的催化下，释放一个 12～13nt 的寡核苷酸片段；④DNA 聚合酶Ⅰ填补空隙，DNA 连接酶连接缺口。

其他一些蛋白质也可以用 Uvr 复合体结合到损伤位点。例如，DNA 损伤可能使转录停滞，此时，Mfd 蛋白可以置换 RNA 聚合酶并征用 Uvr 复合体来应对这种情况（详见下一章）。

3. 错配修复　　错配修复（mismatch repair，MMR）主要是识别和修复 DNA 复制过程中产生的错误配对。错配修复实际上是碱基切除修复的一种特殊形式，是维持细胞中 DNA 结构完整稳定的一种重要方式。其主要负责纠正：①复制与重组中出现的碱基配对错误；②碱基损伤所致的碱基配对错误；③碱基插入；④碱基缺失。错配修复系统对 DNA 复制的忠实性有很重要的作用。

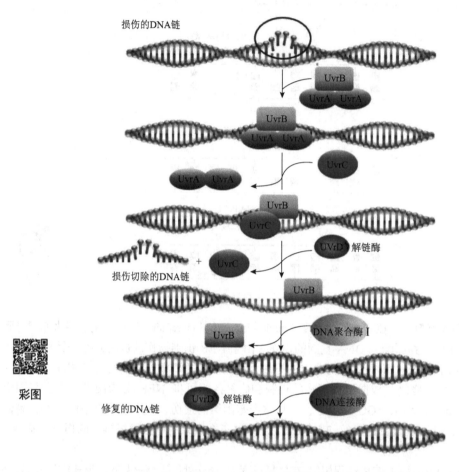

图 11-5　核苷酸切除修复示意图

从低等生物到高等生物，细胞均拥有保守的碱基错配修复系统。该系统识别母链的依据来自 Dam 甲基化酶，可使位于 5′-GATC 中 A 的 N6 位甲基化。一旦复制叉通过复制起点，母链就会在 DNA 合成前被甲基化。此后，只要 DNA 两条链上碱基配对出现错配错误，错配修复系统就会按照"保存母链，修正子链"原则找出错误碱基所在的 DNA 链，并在对应于母链甲基化 A 上游 G 的 5′位置切开子链，再根据错配碱基相对于 DNA 切口的方位启动修复途径，合成新的子链 DNA 片段。

1989 年，美国科学家 Paul Modrich 对碱基错配修复系统进行了全新阐述，发现了在细胞分裂过程中 DNA 复制时的细胞"纠错"机制。其原理是：通过经甲基化的 DNA 链（母链）识别存在配对错误的 DNA 分子链。在 DNA 复制过程中，模板链和新生成的链存在一定差异，而有一组酶（如 MutH）可识别模板链（这很关键，否则后面容易把正确的切除），而另外一组酶（MutS）可识别错配碱基（错配与正常配对存在差异），然后两组酶在 MutL 协助下靠近，从而启动对 DNA 的切除作用，将两类酶之间包含错误碱基的新生链切除（注意，必须切除新生成链），然后再在 DNA 聚合酶等催化下完成修复（图 11-6）。

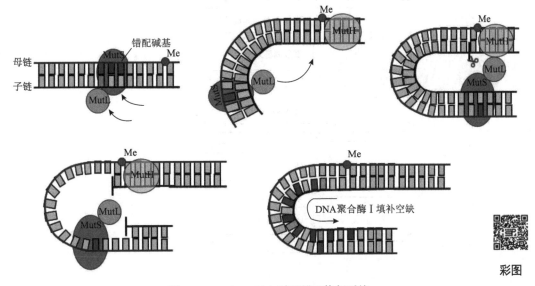

母链

子链

错配碱基

MutS　MutL　Me

MutL

DNA聚合酶Ⅰ填补空缺

彩图

图 11-6　Paul Modrich 碱基错配修复系统

三、重组修复

重组修复（recombination repair）主要发生在 DNA 严重损伤时。DNA 断裂特别是双链断裂（double-strand breakage，DSB）是一种极为严重的损伤，如果不及时加以修复，就极易导致细胞突变或死亡。在哺乳动物细胞分裂时，估计每个细胞每天有 10 个 DNA 双链断裂。这些病理性 DSB 是由电离辐射、活性氧、DNA 复制错误和核酶的意外裂解引起的。

含有嘧啶二聚体、烷基化引起的交联和其他结构损伤的 DNA 仍可进行复制，但复制酶系在损伤部位无法通过碱基配对合成子代 DNA 链，它就跳过损伤部位，在下一个冈崎片段的起始位置上重新合成引物和 DNA 链，结果子代链在损伤相对应处留下缺口。这种遗传信息有缺损的子代 DNA 分子可通过遗传重组而加以弥补，即从完整的母链上将相应核苷酸序列片段移至子链缺口处，然后用再合成的序列来补上母链的空缺。因为发生在复制之后，又称为复制后修复（post-replication repair）。其特点是保留损伤，先复制、再修复。

在重组修复过程中，DNA 链的损伤并未除去。当进行第二轮复制时，留在母链上的损伤仍会给复制带来困难，复制经过损伤部位时所产生的缺口还需通过同样的重组过程来弥补，直至损伤被切除修复所消除。但是，随着复制的不断进行，若干代后，即便损伤始终未从亲代链中除去，却也在后代细胞群中被稀释，实际消除了损伤的影响。这种修复主要见于 DNA 断裂修复。真核生物细胞内主要存在两种不同的机制来修复 DNA 双链断裂。

1. 同源重组修复　　同源重组修复（homologous recombination repair，HRR）是利用一些促进同源重组的蛋白质，从姐妹染色体或同源染色体那里获得合适的修复断裂的信息，因此精确性较高。其主要发生在细胞周期的 S 期或 G_2 期。

2. 非同源末端连接　　在无同源序列的情况下，让断裂的末端重新连接起来的方式称为非同源末端连接（non-homologous end-joining，NHEJ），这种方式容易发生错误，但却是人类修复双链断裂的主要方式。NHEJ 发生在整个细胞周期。在所有哺乳动物细胞中，主要通过 NHEJ 途径修复双链断裂（图 11-7）。

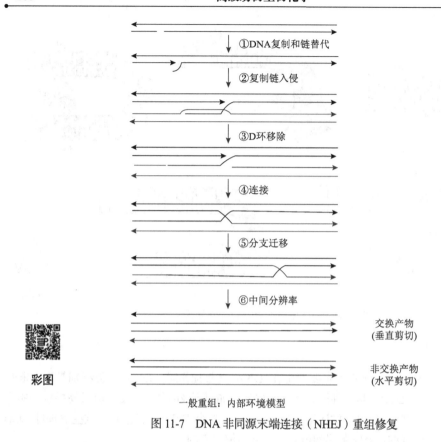

①DNA复制和链替代

②复制链入侵

③D环移除

④连接

⑤分支迁移

⑥中间分辨率

交换产物
(垂直剪切)

非交换产物
(水平剪切)

彩图

一般重组：内部环境模型

图 11-7　DNA 非同源末端连接（NHEJ）重组修复

使用同源重组的方法将 DNA 模板进行交换以避免损伤对复制的抑制，从而使复制能够继续下去，而随后的复制仍然使用细胞内高保真的聚合酶，因此忠实性并无下降，故此途径是一种无错的系统。

四、应急反应（SOS 修复）

许多能造成 DNA 损伤或抑制复制的处理均能引起一系列复杂的诱导效应，称为应急反应（emergency response）。例如，细胞暴露于高水平的紫外线或诱变化学物质中，会激活一种被称为 SOS 反应的紧急修复机制。

SOS 反应诱导的酶和其他蛋白质可以防止由阻止复制的高水平 DNA 损伤引起的细胞死亡。在 SOS 反应的早期，*pol II* 和 *pol IV* 基因的表达上调，然后表达 *pol V* 基因。因为它们可用受损的 DNA 作为模板，这些修复酶被称为转译聚合酶（translational polymerase）。当由于 Pol III 遇到了损伤（如碱基加合物、碱基丢失或胸腺嘧啶二聚体）而导致复制停止时，那么 Pol III 就被其中一种修复酶所取代。一旦损伤处被其对面的核苷酸所绕过，转译聚合酶就被 Pol III 取代，Pol III 继续复制过程，直到遇到下一个损伤。SOS 修复的成本很高，因为它很容易出错。如果转译聚合酶引入的错误不能通过复制后修复得到纠正，即发生突变。

SOS 反应广泛存在于原核生物和真核生物，它是细胞 DNA 受到损伤或复制系统受到抑制的紧急情况下，细胞为求生存而产生的一种应急措施，是生物在不利环境中求得生存的一种基本功能。其主要包括两个方面：DNA 的修复和导致变异。前者利于细胞的存活，具有重要意义。而后者可能产生不利的后果，如导致细胞的癌变。例如，大多数能在细菌中诱导产生 SOS 反应的作用剂，对高等动物都有致癌作用，如 X 射线、紫外线、烷化剂、黄曲霉毒素等。而某些不能致癌的诱变剂并不引起 SOS 反应，如 5-溴尿嘧啶。因此也有推测，癌变可能是通过 SOS 反应造成的。

总之，DNA 修复实际上是细胞中受到损伤的 DNA 分子在多种酶的作用下恢复正常的 DNA 结构，维持遗传信息相对稳定的细胞反应。DNA 是生物遗传信息的载体，它在保持和传递遗传信息时之所以能表现出高度的稳定性，与生物体在长期进化过程中演化出的多种精确而有效的修复机制是分不开的。

第三节　DNA 损伤及修复的意义

遗传物质稳定性的世代相传是维持物种稳定的主要因素。然而，如果遗传物质是绝对一成不变的话，自然界也就失去了进化的基础，也就不会有新的物种出现。因此，生物多样性依赖于 DNA 损伤与损伤修复之间良好的动态平衡。

一、DNA 损伤具有双重效应

一般认为 DNA 损伤是有害的。但就损伤的结果而言，DNA 损伤具有双重效应，DNA 损伤是基因突变的基础。DNA 损伤通常有两种生物学后果。一是给 DNA 带来永久性的改变，即突变，可能改变基因的编码序列或基因的调控序列。二是 DNA 的这些改变使得 DNA 不能用作复制和转录的模板，使细胞的功能出现障碍，重则死亡。

从久远的生物史来看，进化是遗传物质不断突变的过程。可以说没有突变就没有如今的生物物种的多样性。当然在短暂的某一段历史时期，我们往往无法看到一个物种的自然演变，只能见到长期突变的累积结果，适者生存。因此，突变是进化的分子基础。

DNA 突变可能只改变基因型，而不影响其表型，并表现出个体差异。目前，基因的多态性已被广泛应用于亲子鉴定、个体识别、器官移植及疾病易感性分析等。DNA 损伤若发生在与生命活动密切相关的基因上，可能导致细胞，甚至是个体的死亡。人类常利用此性质杀死某些病原微生物。

DNA 突变还是某些遗传性疾病的发病基础。有遗传倾向的疾病，如高血压和糖尿病，尤其是肿瘤，均是多种基因与环境因素共同作用的结果。

二、DNA 修复障碍与多种疾病相关

细胞中 DNA 损伤的生物学后果，主要取决于 DNA 损伤的程度和细胞的修复能力。如果损伤得不到及时正确的修复，就可能导致细胞功能的异常。DNA 碱基的损伤将可能导致遗传密码子的变化，经转录和翻译产生功能异常的 RNA 与蛋白质，引起细胞功能的衰退、凋亡，甚至发生恶性转化。在 DNA 损伤过程中可能获得或丧失核苷酸，造成染色体畸形，导致严重后果。DNA 交联影响染色体的高级结构，妨碍基因的正常表达，对细胞的功能同样产生影响。因此，DNA 损伤与肿瘤、免疫性疾病等多种疾病及衰老的发生有着非常密切的关联。

第十二章　原核生物 RNA 的转录及转录后的加工

　　遗传信息从 DNA 到 RNA 的传递，即 RNA 的生物合成也称为转录（transcription）。转录是基因表达的第一步。1961 年，Weiss 和 Hurwitz 等各自在大肠杆菌的抽提液中发现了 DNA 依赖的 RNA 聚合酶，揭示了 RNA 的转录机制。转录是指在 RNA 聚合酶的作用下，以 DNA 的一条链为模板，按照碱基互补配对原则，在酶的作用下合成 RNA 的过程。转录是一个被高度调控的过程，随着环境，如细菌营养的利用和多细胞真核生物的发育信号的变化转化为基因表达的过程。通过转录，DNA 上遗传信息从染色体的贮藏状态通过 RNA 转送到胞质，在胞质指导合成蛋白质。

　　转录过程有两方面：一是 RNA 合成的酶学过程；二是 RNA 合成的起始和终止及其调控。有关基因表达的分子生物学最新进展，都是来自对 DNA 序列和控制转录的蛋白质因子的研究，特别是对 RNA 聚合酶的研究。第一次积累的基本资料是从细菌（主要是大肠杆菌）RNA 聚合酶得来的，这些研究结果所建立起来的原则在原核生物中具有普遍意义，但在真核生物中就要复杂得多。本章将从 RNA 转录的基本特征、原核生物 RNA 转录的主要机制和特点及转录后的加工进行介绍。真核生物 RNA 的转录等相关内容将在下一章介绍。

第一节　转录概述

　　基因转录是在细胞核（真核生物）和细胞质（原核生物）内进行的。在 RNA 的合成过程中，含有 A、G、C 和 T 的 DNA 的四种碱基语言被简单地复制或转录到 RNA 的 A、G、C 和 U 四种语言中，除了 U 替换 T，其他都相同。结果是模板 DNA 链被转录成一种由 RNA 聚合酶催化生成的互补 RNA 链。

　　DNA 转录的产物包括编码蛋白质的 mRNA 及一些非编码 RNA，如 tRNA、rRNA、snRNA、miRNA 等。转录的 RNA 产物，除原核生物的 mRNA 外，都需要经过一系列加工和修饰才能成为成熟的 RNA 分子。生物体内 RNA 的生物合成是非常复杂的过程，但都有共同的、基本的特征。

一、转录的特性

　　1）转录的基因具有时间和空间上的选择性。生物基因组所含的碱基序列位于其染色体中，在细胞周期的 DNA 合成相中，基因组中的所有碱基对都复制，但仅有部分碱基对被转录成 RNA。因此，转录的一个重要特点是具有很高的选择性，转录对 DNA 模板具有选择性。另外，在任意时间点上都只有部分基因发生转录，基因组中有一部分 DNA 甚至从不被转录。基因转录的选择性与生长发育的不同阶段和不同环境条件有关。

　　2）不对称转录。转录中 DNA 分子中两条链的作用不同，与转录产物 RNA 分子序列相同的那条 DNA 链，称为编码链（coding strand）或有义链（sense strand），与编码链互补的另一条 DNA 链在转录过程中作为指导 RNA 合成的模板，称为模板链（template strand）或反义链（antisense strand）。基因转录也称为不对称转录（asymmetrical transcription）。不对称转录有两方面含义：一是 DNA 链上只有部分的区段作为转录模板（反义链或模板链）；二是模板链并非自始至终位于同一股 DNA 单链上。对同一条 DNA 单链而言，某个基因区段可能作为模板链，而在另一个基因区段则可能是编码链。不在同一条 DNA 链的模板链，其转录方向相反。

3）无论是原核还是真核生物，RNA 链的合成都具有以下特点：①催化转录的酶——RNA 聚合酶（RNA-Pol）是以 DNA 为模板合成 RNA。无论是原核还是真核生物的 RNA 聚合酶均不需要引物，能发动新链，也能延长多核苷酸链；以 DNA 有义链为模板，按碱基配对原则（A-U、T-A、G-C），以 5′→3′方向合成 RNA。但要求有完整的 DNA 双链为模板，且能识别 DNA 链上起始位点。②合成的 RNA 聚合酶没有校读功能，转录的忠实性相对弱。③合成的底物是 4 种核苷三磷酸（ATP、GTP、CTP 和 UTP，原核生物）或脱氧核苷三磷酸（dATP、dGTP、dCTP 和 dTTP，真核生物），通过 3′,5′-磷酸二酯键相连。④转录首先得到的是 RNA 前体(原核生物 mRNA 一般不需要加工)，然后进行加工转变为成熟的 RNA。⑤转录的基本过程都包括模板识别、转录起始、转录的延伸和终止。

二、转录相关名词

1. 转录单位　　在每一次转录中，DNA 序列中所蕴含的信号可以控制转录的起始和终止，从而控制进行转录的 DNA 区段。一次转录所包含的 DNA 区段称为一个转录单位（transcription unit），就是一段以一条单链 RNA 分子为产物的 DNA 片段，是一个从启动子开始，到终止子结束被转录成单个 RNA 的 DNA 序列。一个转录单位可以是一个基因，也可以是多个基因。

2. 转录起始位点　　催化 RNA 合成的酶是 RNA 聚合酶，RNA 聚合酶与基因开始部位的特殊区即启动子结合，转录开始。启动子上转录合成为 RNA 的第一位碱基称为转录起始位点（transcriptional start site）。常把位于转录起始位点前面，即 5′端的序列称为上游（upstream），而把其后面被转录的序列，即 3′端的序列称为下游（downstream）。在描述碱基的位置时，通常用数字表示，起始位点为+1，上游方向依次为−1，−2……，下游方向依次为+2，+3……，书写转录过程从左（上游）到右（下游）表示，与 mRNA 从 5′→3′方向对应（图 12-1）。

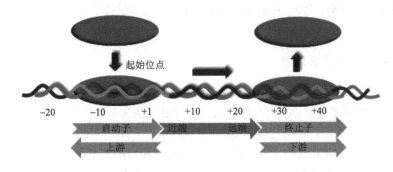

图 12-1　转录单位结构示意图

3. 单顺反子和多顺反子　　在真核生物中，一个转录单位通常是一个基因。其初级转录物绝大多数是单顺反子（monocistron），即只含有一个开放阅读框（可读框）。而在原核生物中，一个转录单位是多个连续的结构基因，其初级转录产物是多顺反子（polycistron），即含有多个可读框。

4. 启动子与终止子　　启动子（promoter）是基因的一个组成部分，绝大多数位于结构基因 5′端上游区的 DNA 序列，负责 RNA 聚合酶与之准确结合并具有转录起始的特异性，是基因表达调控上游的顺式作用元件之一。终止子（terminator）是一个 DNA 序列，代表在转录物的末端，导致 RNA 聚合酶终止转录。

转录过程有两方面：一是 RNA 合成的酶学过程；二是 RNA 合成的起始和终止及其调控。虽然原核生物与真核生物的转录过程相似，但基因的结构和催化转录过程的酶等诸因素有较大差别，本章仅对原核生物的转录及转录后的加工进行叙述。

第二节　原核生物基因的转录

在原核生物 DNA 中，几个蛋白质编码基因通常聚集在一个功能区，基因被紧密地包装在很少的非编码间隙中，DNA 被直接转录成线性的 mRNA，然后被翻译成蛋白质。同复制一样，转录的过程也是在酶的作用下的一系列酶促反应过程。

一、原核生物 RNA 转录的酶

DNA 要将它的遗传信息表达成为真正具有功能效应的蛋白质时，需要中间体 RNA 的帮助，而要实现这个过程不能缺少催化转录的酶，为 RNA 聚合酶。

RNA 聚合酶（RNA polymerase）是指以一条 DNA 链或 RNA 链为模板，核糖核苷三磷酸为底物，通过磷酸二酯键合成 RNA 的酶。因为其在细胞内与基因 DNA 的遗传信息转录为 RNA 有关，所以也称转录酶。RNA 聚合酶可以识别启动子并与之结合起始基因的转录。

最早描述能在体外催化 RNA 合成的酶大约在 20 世纪 50 年代后期，称之为多核苷酸磷酸化酶（polynucleotide phosphorylase）。与 DNA 聚合酶完全不同，该酶不需要模板，以核糖核苷二磷酸（ribonucleoside diphosphate，rNDP）为底物产生多核苷酸，当时认为该多核苷酸磷酸化酶是主要的 RNA 合成酶，但存在很多问题。例如，该酶不需要模板，真核细胞不含此酶等。最后发现多核苷酸磷酸化酶不参与 RNA 合成，而是参加细菌 mRNA 的降解。后来在 4 个不同的实验室中几乎同时发现了一种酶，该酶与 DNA 聚合酶相似，是 DNA 指导的 RNA 聚合酶（DNA-directed RNA polymerase），可催化天然 RNA 的合成，即 RNA 聚合酶。1955 年，M. Grunberg-Manago 和 S. Ochoa 分离出催化 RNA 合成的酶，1959 年美国科学家 J. Hurwitz 在大肠杆菌的抽提液中分离得到了 RNA 聚合酶。

（一）RNA 聚合酶的组成

细菌、古细菌 RNA 聚合酶在结构和功能上基本相似，只有一种 RNA 聚合酶，催化合成 mRNA、tRNA 和 rRNA。大肠杆菌的 RNA 聚合酶核心是由两个相关的大亚基 β 和 β′、两个较小的 α 亚基及 ω 亚基组成的五聚体蛋白质。各链之间没有共价键相连，仅靠次级键聚合。在有活性的分子中，其他亚基仅出现 1 次，但 α 亚基例外，为 2 次。每分子 RNA 聚合酶首先由两个 α 亚基、一个 β 亚基、一个 β′亚基和 ω 亚基组成核心酶（core enzyme，$\alpha_2\beta\beta'\omega$），核心酶结合上一个 σ 亚基后则成为聚合酶全酶（holoenzyme，$\alpha_2\beta\beta'\omega\sigma$），分子量约为 450 000。不同菌中 α、β、β′和 ω 亚基大小相似，但 σ 亚基变化较大。在大肠杆菌细胞中约有 7000 个 RNA 聚合酶分子。各个亚基的功能见表 12-1。

表 12-1　*E. coli* RNA 聚合酶的组成与功能

亚基名称	编码基因	分子质量/kDa	数目	组分	可能的功能
α	*rpoA*	36.5	2	核心酶	核心酶组装，启动子识别
β	*rpoB*	151	1	核心酶	与底物（核苷酸）结合
β′	*rpoC*	155	1	核心酶	与模板结合

续表

亚基名称	编码基因	分子质量/kDa	数目	组分	可能的功能
ω	?	11	1	核心酶	不详
σ⁷⁰	*rpoD*	70	1	σ因子	与启动子结合，识别模板链

注：? 表示目前还不清楚

（二）RNA 聚合酶各亚基的功能

1. 核心酶的作用　　β′亚基含有与 DNA 模板的结合位点；ββ′亚基共同形成 RNA 合成的催化中心。*rpoB* 和 *rpoC* 基因分别编码 β 亚基和 β′亚基。2 个 α 亚基形成二聚体可作为核心酶转配的骨架。α 亚基的 C 端结构域（C-terminal domain，CTD）［也称羧基端结构域（carboxyl-terminal domain）］也与 DNA 启动子直接接触，在启动子识别中起一定作用。除此之外，α 亚基和 σ 亚基是 RNA 聚合酶和一些调控转录起始的因子产生相互作用的主要表面。ω 亚基不是转录或细胞活力所必需的，但能稳定酶并协助其亚基的组装，可能在某些调节功能中发挥作用。

2. σ 亚基　　也称为 σ 因子，与 RNA 聚合酶的五聚体核心结合形成 RNA 聚合酶全酶，且易从 RNA 聚合酶全酶中解离。σ 因子的作用是负责模板链的选择和转录的起始，它是酶的别构效应剂，使酶专一性识别模板上的启动子，并使 RNA 聚合酶结合在启动子部位，但游离 σ 因子不能识别启动子序列。σ 因子也参与 RNA 聚合酶和部分调节因子的相互作用。在细胞内 σ 因子的数量只有核心酶的 30%，因此通常只有 1/3 的聚合酶以全酶的形式存在。

至 20 世纪 80 年代后期，许多细菌的多种 σ 因子已经得到克隆和测序。研究人员发现每种细菌都有一个负责日常生长需要的营养基因转录的基本 σ 因子（primary σ factor）。例如，大肠杆菌的基本 σ 因子为 σ⁷⁰（上标表示蛋白质的分子质量，单位为 kDa），而枯草芽孢杆菌（*Bacillus subtilis*）的基本 σ 因子则是 σ⁴³。除了基本 σ 因子，在某些细菌细胞内还含有能识别不同启动子的 σ 因子，以适应不同生长发育阶段的需要，调控不同基因转录的起始，为调控 σ 因子。在大肠杆菌中，最常见的调控 σ 因子是由 *rpoH* 基因编码的 σ³² 因子，与热休克启动子所控制的基因转录密切相关，负责鞭毛蛋白基因的转录。而由 *rpoN* 编码的 σ⁵⁴ 则参与细胞的氮代谢。此外，细菌还有另一些 σ 因子负责转录一些特殊基因（如热休克基因、芽孢形成基因等）。在生物进化过程中形成了不同的 σ 因子。不同的 σ 因子可以帮助 RNA 聚合酶识别不同的启动子序列（表 12-2）。

表 12-2　常见的几种 σ 因子

基因名称	σ 因子	作用	−35 序列	间隔序列/bp	−10 序列
rpoD	σ⁷⁰	通用	TTGACA	16～18	TATAAT
rpoH	σ³²	热休克	CCCTTGAA	13～15	CCCGATNT
rpoE	σ^E	热休克	?	?	?
rpoN	σ⁵⁴	氮代谢	CTGGNA	6	TTGCA
filA	σ^F	鞭毛蛋白基因转录	CTAAA	15	GCCGATAA

注：? 表示目前还不清楚

二、原核生物 RNA 的转录过程

原核生物 RNA 的转录过程包括模板识别（启动子的选择）、转录延伸和转录终止等 3 个步骤。

本节以大肠杆菌 RNA 聚合酶的转录为例进行讨论。

（一）模板识别

模板识别（template recognition）阶段主要指 RNA 聚合酶与启动子 DNA 双链相互作用并与之相结合的过程。其包括 RNA 聚合酶全酶对启动子的识别，聚合酶与启动子可逆性结合形成闭合转录复合体（closed transcription complex），以及 σ 因子的结合与解离。

1. RNA 聚合酶全酶对启动子的识别　　原核生物启动子是 RNA 聚合酶识别与结合的 DNA 序列，也是控制转录的关键部位。由于细菌所有基因都由同一种酶转录，因此启动子结构就成为确定起始频率的决定性因素，直接影响它与 RNA 的亲和力，从而影响基因表达的水平。

（1）原核生物启动子区的确定　　1975 年，David Pribnow 等设计了 RNA 聚合酶保护实验。在实验中先把 RNA 聚合酶全酶与模板 DNA 混合孵育一段时间，加入 DNase I 核酸外切酶水解 DNA，再用酚抽提，沉淀纯化 DNA 后得到一个被 RNA 聚合酶保护的 DNA 片段，最后进行电泳分析。结果发现大部分 DNA 链被水解成大小不同的核苷酸片段，但一个有 40～60bp 的 DNA 片段被保留下来。分析这段 DNA 之所以没有被水解，是因为 RNA 聚合酶结合在上面，因而被 RNA 聚合酶保护下来，这段受保护的 DNA 位于转录起始位点的上游，即 RNA 聚合酶辨认和结合的区域，是转录起始调节区（图 12-2）。

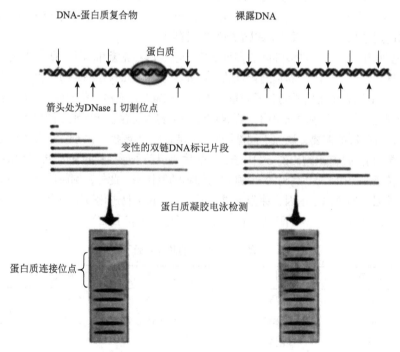

图 12-2　转录启动子区 DNA 序列鉴定的 RNA 聚合酶保护实验（Nelson and Cox，2017）

此后又分离了 T₇ 噬菌体的 A2 及 A3 启动子、fD 噬菌体启动子等 5 段被酶保护的区域，并进行了序列分析。随后相继又有人做了 50 多个启动子的序列分析，均发现在被保护区内有一个由 5 个核苷酸组成的共同序列，是 RNA 聚合酶紧密结合的位点或区域，也是转录起始调节区，这个区域的中央大约位于起始位点上游 10bp 处，又称为-10 区域。对启动子分析后发现，启动子中有一些变化，但是该保守区内有共有序列（consensus sequence）。大肠杆菌不同的起始序列中，编码链的共有序列是 TATAAT。

提纯被保护的 DNA 片段后发现，RNA 聚合酶并不能重新结合或并不能选择正确的起始位点，表明在保护区外可能还存在与 RNA 聚合酶对启动子识别有关的序列。随后,科学家从噬菌体和 SV40 启动子的−35bp 处附近找到了另一段共有序列：TTGACA。

经过多年的实验,分析了 46 个大肠杆菌启动子的序列，确证大部分启动子都存在两段共有序列，即−10 位的 TATAAT 区和−35 位的 TTGACA 区。并证明−10 区和−35 区是 RNA 聚合酶与启动子结合的位点，且能与 σ 因子相互识别并具有很高的亲和力，分别被命名为−10 区域[也称为普里布诺框（Pribnow box），以其发现者的名字命名]和−35 区域（图 12-3）。

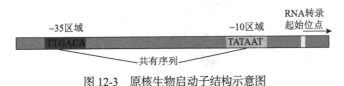

图 12-3　原核生物启动子结构示意图

（2）启动子与转录起始效率　　随后的研究证实，RNA 聚合酶沿着 DNA 滑动，直到到达启动子序列并与其结合，以调控转录的起始。并发现启动子结合 RNA 聚合酶的效率差异很大。启动子的强弱与−35 区域和−10 区域密切相关，特别是−35 区域在很大程度上决定了启动子的强度。在原核生物中，−35 与−10 区域间隔是 16～19bp，小于 15bp 或大于 20bp 都会降低启动子的活性。体外研究表明 17 个核苷酸的间隔转录效率最高。−10 区域与转录起始位点相距 6 或 7 个核苷酸。比较 RNA 聚合酶结合不同区段测得的平衡常数，RNA 聚合酶与−10 区域结合更牢固。

对原核生物启动子的突变研究表明，对−10 或 35 区进行突变，可显著影响其起始效率。−10 序列的碱基组成对转录的效率影响很大，若 TATAAT 变为 AATAAT，转录效率会下降，称为下降突变（down mutation）。在乳糖操纵子 *lacO* 中，若 TATGTT 变为 TATATT，则转录效率会上升，称为上升突变（up mutation）。这是堆积能的改变与氢键数目的减少使然。

总之，原核生物不同基因的启动子虽然在结构上存在一定的差异，但具有明显的共同特征：①在基因的 5′端，直接与 RNA 聚合酶结合，控制转录的起始和方向；②都含有 RNA 聚合酶的识别位点、结合位点和起始位点；③都含有保守序列，而且这些序列的位置是固定的，如−35 序列、−10 序列等。

2. 转录起始过程　　转录起始（transcription initiation）的实质就是 RNA 聚合酶与启动子区的结合。此阶段需要识别启动子、形成"泡"及 RNA 合成开始。

起始阶段的第一步是 RNA 聚合酶全酶识别并与启动子结合。σ 因子首先识别−35 区域并结合，在此区段，酶与模板的结合较松弛。当 σ 因子识别并结合到−10 序列后，全酶跨过转录起点，形成与模板的稳定结合。此时聚合酶与启动子可逆性结合形成的是闭合转录复合体。其中的 DNA 仍处于双链状态。

起始的第二步是核心酶向下游移动到−10 区域，伴随着 DNA 构象上的变化，DNA 双链打开，闭合转录复合体成为开放转录复合体（open transcription complex）（对强启动子来说，此步不可逆）。RNA 聚合酶所结合的 DNA 双链中有一小段（17bp）被打开。在转录起始或延伸中，DNA 双链解开的范围都只在 17bp 左右，这比复制中形成的复制叉小得多。

起始的第三步是 mRNA 合成起始，开放转录复合体与最初的与模板配对的两个 NTP 相结合，并在这两个核苷酸之间形成第一个磷酸二酯键,转变成包括 RNA 聚合酶核心酶、DNA 链和新生 RNA 的三元复合物（ternary complex）。一般在起始过程中优先与 ATP 及 GTP 结合，因此大多数 mRNA

的 5′端是嘌呤核苷酸，并在第一个核苷的 5′位上总含有游离的三磷酸，RNA 链的 5′ 端结构在转录延伸中一直保留，至转录完成（图 12-4）。

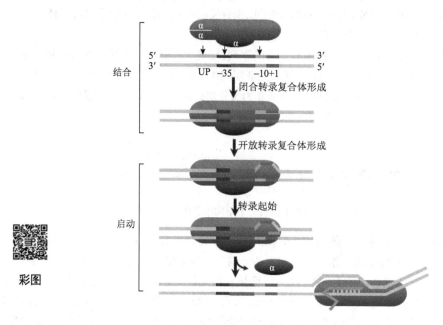

图 12-4　转录的起始过程

起始的第四步是当 RNA 聚合酶聚合新生 RNA 链达到 9～10 个核苷酸以上时（无效转录），σ因子从模板上释放下来，核心酶对启动子位点的亲和力降低，RNA 全酶离开启动子，起始结束，延伸阶段开始。

对原核生物而言，一旦一个 RNA 聚合酶移动到起始位点+1 下游，另一个 RNA 聚合酶全酶就可以进来，与该启动子结合，并开始另一次的 RNA 合成过程。

（二）转录延伸

RNA 聚合酶核心酶转化为活性转录复合体，离开启动子，沿模板 DNA 链移动并使新生 RNA 链不断延长的过程，就是转录的延伸（extension）。其具有以下特点。

1）核心酶负责 RNA 链的延伸反应，延伸过程在转录泡中进行。在 RNA 链延伸阶段，仅有 RNA 聚合酶的核心酶留在 DNA 模板上，并沿 DNA 链前移，催化 RNA 链的延伸。RNA 链的延伸是在含有核心酶、DNA 和新生 RNA 的一个区域里进行的，在这个区域里双链 DNA 被打开，核心酶会沿着 DNA 链移动，核心酶移过的区域又重新恢复双螺旋结构。RNA 链延伸过程中模板 DNA 的双螺旋结构的这种解链和再聚合，可视为一个 17bp 左右的解链区在 DNA 上的动态移动，在这个区域里双链 DNA 被打开，呈"泡"状，故称为转录泡（transcription bubble）（图 12-5）。

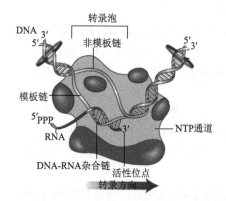

图 12-5　转录泡示意图（邹思湘，2005）

在转录泡里，核心酶始终与 DNA 的编码链结合，使双链 DNA 约有 17bp 被解开，被聚合形成复合物所保护的 DNA 序列为 35 个碱基左右。新合成的 RNA 与模板 DNA 形成 RNA-DNA 杂合链，长约 12bp，相当于 A 型 DNA 一圈的长度。

2）RNA 链的延伸方向为 5′→3′方向，新的核苷酸都加到 3′-OH 上。在转录延伸过程中，一条 DNA 链充当模板，确定核糖核苷三磷酸（rNTP）单体聚合形成互补 RNA 链的顺序。模板 DNA 链碱基对中的碱基与互补的传入 rNTP 在 RNA 聚合酶催化的聚合反应中连接。前一个核苷酸的 3′-OH 与后一个核苷酸内的 5′-磷酸基相互作用形成磷酸二酯键，即 RNA 分子总是在 5′→3′方向合成，对 DNA 模板链的阅读方向是 3′→5′，模板 DNA 链和与之配对的生长 RNA 链具有相反的作用方向（图 12-6 中 1～7）。

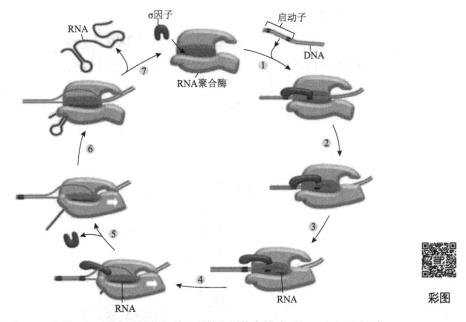

图 12-6　细菌 RNA 聚合酶催化的转录起始和延伸步骤（Alberts et al.，2014）

与转录起始复合物相比，由核心酶、DNA 和新生 RNA 所组成的转录延伸复合物极为稳定，可以长时间地与模板 DNA 链结合而不解离。只有在它遇到终止信号时才可解离。

（三）转录终止

RNA 聚合酶到达 DNA 编码链终止信号处时，RNA 聚合酶不再形成新的磷酸二酯键，RNA-DNA 杂合链分离，转录泡瓦解，DNA 恢复双链状态，而 RNA 聚合酶和 RNA 链都被从模板上释放出来，这就是转录的终止（termination）。原核生物基因转录由终止子（terminator）控制。有两种终止方式，一种是不依赖终止因子（termination factor）ρ 因子的终止，另一种是依赖 ρ 因子的终止。

1. 不依赖 ρ 因子的转录终止　　在不依赖 ρ 因子的这类终止反应中，没有任何其他因子的参与。这类转录终止子[内在终止子（intrinsic terminator）]的序列结构有两个特点：①终止位点上游一般存在一段富含 GC 碱基的对称序列，由这段 DNA 转录产生的 RNA 易形成茎-环结构（stem-loop structure）；②在终止位点前面有一段由 4～8 个 A 残基组成的序列，其转录产物的 3′端为寡聚 U，这种由茎-环结构和一串 U 组成的特征结构就是不依赖 ρ 因子的终止信号。内在终止子包括形成长度从 7～20bp 的发夹回文区域。茎-环结构包括一个富含 GC 的区域，随后是一系列的 U 残基（6nt）。

　　不依赖 ρ 因子的基因转录终止的机制是：当 RNA 链延长至终止子时，转录出的碱基序列随即形成茎-环结构，这种二级结构的形成，一方面可能改变 RNA 聚合酶的构象，使酶-模板结合改变，酶不能向下移动，转录停止。另一方面，RNA 聚合酶到第一个富含 GC 的片段时，移动变缓或暂停移动。这种暂停给初级转录产物中互补的富含 GC 部分互相配对赢得了时间。这些过程中，下游的富含 GC 的片段脱离模板，因此转录产物与模板间的相互作用变弱。当转录形成一系列很弱的 A-U 键连接着转录产物和模板时，转录产物与模板间的连接进一步变弱，导致转录产物从模板上解离下来，完成转录终止（图 12-7）。

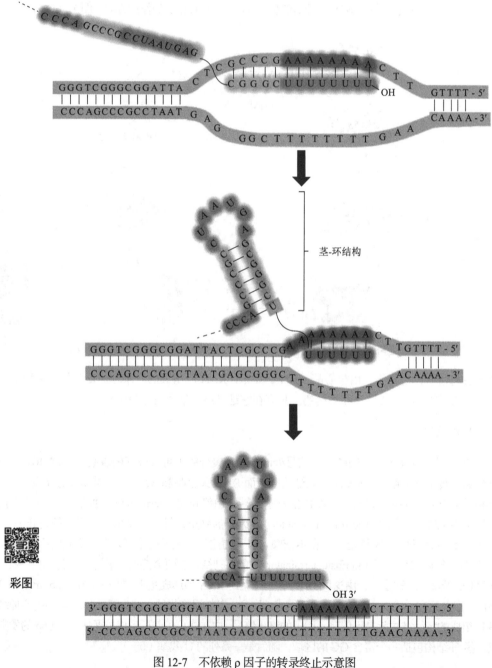

彩图

图 12-7　不依赖 ρ 因子的转录终止示意图

许多终止子需要一个发夹才能在被转录的 RNA 的二级结构中形成。这表明，终止依赖于 RNA 产物，而不是简单地通过转录过程中的 DNA 序列来确定的。另外，这种终止方式的终止效率与二重对称序列和寡聚 U 的长短有关，随着茎-环结构和寡聚 U 序列（至少 4 个 U）长度的增加，终止效率逐步提高。

2. 依赖 ρ 因子的转录终止　　有些终止位点的 DNA 序列缺乏共性，而且不能形成强的发夹结构，因而不能诱导转录的自发终止。体外转录实验表明，RNA 聚合酶并不能识别这些转录终止信号，只有在加入大肠杆菌 ρ 因子后，该 RNA 聚合酶才能在 DNA 模板上准确地终止转录。需要 ρ 因子的转录终止位点出现的频率较低，其终止的机制也要复杂得多。

ρ 因子又叫终止因子（termination factor），是一种可以结合到新生 RNA 链上的蛋白质，1969年由 J. Roberts 在 T_4 噬菌体感染的大肠杆菌中分离出来，由同样亚基组成的六聚体蛋白质。该蛋白质具有结合 RNA［以结合 poly(C)的能力最强］、DNA-RNA 解旋酶和 NTP 酶的活性，能水解各种核苷三磷酸，可通过与多聚核苷酸结合而激活。

目前认为，ρ 因子是 RNA 聚合酶终止转录的重要辅因子，其作用机制可用"穷追"（hot pursuit）模型解释。RNA 合成起始以后，ρ 因子即附着在新生的 RNA 链 5′端的某个可能有序列或二级结构特异性的位点上，利用 ATP 水解产生的能量，沿着 5′→3′方向朝转录泡靠近，其移动速度可能快于 RNA 聚合酶。当 RNA 聚合酶移动到终止子暂停时，ρ 因子到达 RNA 的 3′-OH 端追上并取代了暂停在终止位点的 RNA 聚合酶，以及含有较丰富却有规律的 C 碱基初级转录产物 3′端序列。ρ 因子正是通过识别产物 RNA 上这一终止信号，并与之结合，结合后的 ρ 因子和 RNA 聚合酶都发生构象变化，使 RNA 聚合酶移动停止。然后 ρ 因子利用其具有的 DNA-RNA 解旋酶活性，解开转录产物 3′端与模板间的双链，使转录产物 RNA 从模板 DNA 上释放出来。随后复合物解体，转录过程结束（图 12-8）。

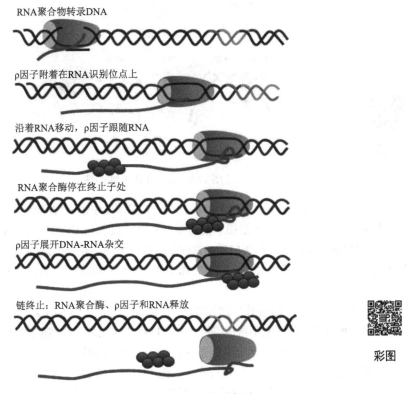

RNA聚合物转录DNA

ρ因子附着在RNA识别位点上

沿着RNA移动，ρ因子跟随RNA

RNA聚合酶停在终止子处

ρ因子展开DNA-RNA杂交

链终止：RNA聚合酶、ρ因子和RNA释放

彩图

图 12-8　依赖 ρ 因子的转录终止示意图

3. 抗终止作用 由于不同的生理需求，在转录的过程中有时遇到终止信号，仍然需要继续转录，于是出现了抗转录终止现象。抗终止作用（anti-termination）最早是在噬菌体感染细菌中发现的，它是细菌操纵子和噬菌体在调控回路中不同于上述两种方式的从另一个角度对转录进行的调控，指的是酶的修正能力，即抗终止作用控制聚合酶越过终止子序列通读（read-through）后续基因的能力。抗终止作用可以通过确定 RNA 聚合酶是否终止或通过一个特定的终止子进入以下区域来控制转录。抗终止作用有两种方式。

（1）破坏终止位点 RNA 的茎-环结构 一些控制氨基酸合成的操纵子结构基因前面有一段前导序列，具有终止信号，中间有串联的编码某一氨基酸的密码子。由于转录与翻译是偶联的，转录产物 mRNA 新生成后立即通过核糖体指导蛋白质合成。当介质中该氨基酸浓度较高时，与其相对应的氨酰 tRNA 浓度也较高，核糖体能顺利通过串联密码子。此时，mRNA 形成正常的二级结构，包括末端的茎-环结构，RNA 聚合酶终止转录。当介质中该氨基酸浓度较低时，与其相对应的氨酰 tRNA 缺乏，核糖体滞留在串联密码子上，mRNA 不能形成正常的二级结构，末端的茎-环结构被破坏，RNA 聚合酶转录仍能继续下去，出现了转录的抗终止现象（图 12-9）。

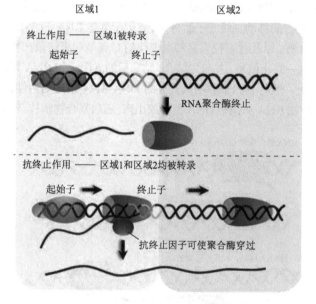

彩图

图 12-9 抗终止作用模式图

（2）依赖于蛋白质因子的转录抗终止作用 λ 噬菌体中由 *N* 基因编码产生的 N 蛋白具有抗转录终止作用，但是其功能的发挥依赖于宿主所产生的 N 蛋白利用物质（N utilization substance，Nus）A、NusB、S10 和 NusG 等几种蛋白质。这些蛋白质结合到终止子附近的 DNA 位点，该 DNA 位点中含有 A 区（CGCTCTTA）和一个二重对称序列，N 蛋白能识别后者转录所形成的茎-环结构并与之结合。

NusA 是研究噬菌体抗终止作用时发现的。N 蛋白可与宿主的 Nus 因子结合成复合体，Nus 因子可修饰 RNA 聚合酶，使得它不再应答终止子。抗终止作用发生在噬菌体转录程序的早期，此时两个 ρ 因子终止位点失活，RNA 聚合酶能通过这些位点转录噬菌体发育所需的基本基因（图 12-10）。病毒蛋白质（基因 *N* 的产物）参与该过程，J 蛋白通过与 NusA 相互作用发挥作用。N 蛋白或大肠杆菌 NusA 的基因突变都会影响终止作用以阻断噬菌体的发育。NusA 以二聚体的形式存在，其一个亚基与 RNA 聚合酶结合，另一个亚基与 N 蛋白结合，当其他三个蛋白质都与 Nut 位点结合时，就形成了一个蛋白复合物，并通过 NusA 与 RNA 聚合酶核心酶结合成核心酶-NusA 蛋白复合物，聚合酶的构象改变，使之对终止信号不敏感，继续催化 RNA 链的合成。

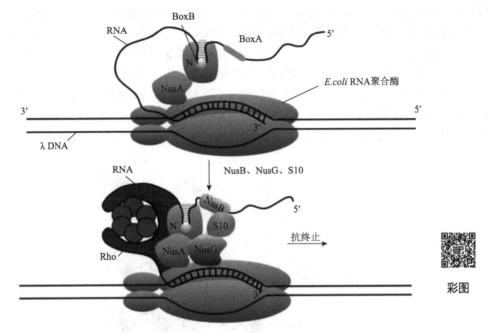

图 12-10　依赖于蛋白质因子的转录抗终止模型

还有另一种终止机制是在研究转录调控机制时发现的，这种机制称为衰减（attenuation）。其可弱化控制一些操纵子的转录速度，主要是在 RNA 聚合酶到达结构基因前终止初级转录物的继续转录（详见第十七章"基因表达调控"相关内容）。

第三节　原核生物转录后初级转录物的加工

转录的最初产物称为初级转录物（primary transcript）。初级转录物很不稳定，一般需要加工。在原核生物中有快速降解或剪接为成熟产物等方式。

一、原核生物 mRNA 的转化或降解

绝大多数原核生物中 mRNA 直接用于蛋白质生物合成的模板，少量 mRNA 也存在内含子。许多原核生物的 mRNA 是在转录完成之前就已经开始翻译了，转录与翻译是偶联在一起的。原核生物 mRNA 绝大多数是多顺反子，所以对于上游顺反子来说，一旦 mRNA 的 5′端被合成，翻译起始位点即可以与核糖体结合，而下游顺反子翻译的起始就会受到其上游顺反子结构的影响。

原核生物 mRNA 自身的转录和翻译都非常迅速。细菌只有少数 mRNA 编码的外膜蛋白是长寿的，大多数 mRNA 很快降解，其半衰期仅有 2~3min。尽管这看起来似乎浪费能量，但这与原核生物生活方式一致，使其能快速适应内、外环境的变化。例如，细菌乳糖操纵子中分解乳糖的三种酶受诱导物的诱导立即上调开始表达，一旦乳糖消耗殆尽，三种酶的 mRNA 被快速降解，使这些酶的合成迅速下调。

大肠杆菌 mRNA 通过核酸内切酶与 3′→5′外切酶活性的综合作用而降解，其降解是一个多步骤

过程。起始步骤是5′端焦磷酸的去除而获得单磷酸。随后，mRNA分两步循环被降解：首先是单磷酸化的形式激活核酸内切酶（RNA酶E），在mRNA 5′端进行切割。剩下3′端羟基和5′端单磷酸，单顺反子mRNA功能破坏，核糖体翻译起始不能进行。剩下的上游片段被3′→5′外切酶[多核苷酸磷酸化酶（polynucleotide phosphorylase，PNPase）]消化。随着上游核糖体的不断推进，越来越多的RNA暴露出来，这两步核糖核酸酶循环就沿着mRNA从5′→3′方向重复进行。这个过程非常迅速。

大肠杆菌PNPase和其他已知的3′→5′外切酶都是不能通过双链区的。这样，许多细菌mRNA 3′端的茎-环结构保护mRNA免受外切酶对3′端的攻击。另外，一些RNA酶E切割产生的内部片段也可以形成二级结构，可以阻止核酸外切酶的降解（图12-11）。RNA酶和PNPase、解旋酶及另一个辅助酶一起形成多蛋白复合体，称为降解体（degradosome）。其中的RNA酶E起双重功效，其N端结构域发挥核酸内切酶活性；C端结构域起骨架作用，以与其他组分结合。

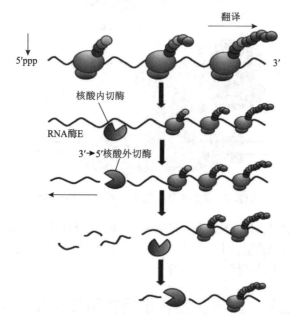

图12-11 细菌mRNA的降解过程

目前对细菌mRNA降解途径还不是很清楚。也许mRNA的降解有多重过程。但目前已证实，mRNA的降解是从5′端开始的。

二、原核生物rRNA与tRNA的转录后加工

原核生物rRNA与tRNA都分别先合成大的转录产物[前体rRNA（pre-rRNA）及前体tRNA（pre-tRNA）]，然后对转录产物两端剪接，形成成熟RNA分子。编码这些RNA的DNA总数不到大肠杆菌基因组DNA的1%。尽管其余99%的基因组DNA都编码mRNA，但由于mRNA不稳定，rRNA和tRNA占细菌总RNA的98%。

1. rRNA转录后的加工 原核生物包括16S、23S和5S rRNA三种。在大肠杆菌中，这三种rRNA的基因形成一个转录单位，其中还包含一个或多个tRNA基因，它们之间由间隔区分开。

大肠杆菌基因组含7种不同的rRNA操纵子。每一个都编码一个单一的转录产物序列，分别为1拷贝16S、23S和5S rRNA。由于三种RNA用量相等，因此基因的这种排列很合理，每次转录中都包含一个1~4个tRNA分子序列。由于rRNA和tRNA都参与蛋白质的生物合成，两种序列合在

一起转录可协调这些 RNA 合成的速度，但其准确机制仍不清楚。

两个启动子位点分别是 p1 和 p2，通过 RNaseⅢ切割位点水解，释放 16S rRNA 和 23S rRNA，转录产物中还有一些 tRNA 序列。每个 rRNA 操纵子初级转录产物都是短寿的 30S RNA 分子。RNaseⅢ在两个大茎-环区剪接翻译出 16S 和 23S rRNA，在 5S rRNA 上也有同样的过程（图 12-12）。rRNA 的进一步成熟需要有核糖体蛋白颗粒存在，转录仍在进行时，核糖体蛋白颗粒就可安装到 RNA 前体上。tRNA 序列则按与其他 tRNA 同样的途径加工。

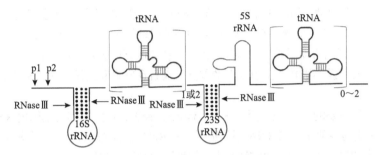

图 12-12　大肠杆菌 rRNA 的一个转录单位的基因排列与前体剪切

2. tRNA 转录后的加工　　tRNA 的种类比 rRNA 多，在原核生物中有 30～40 种。原核生物中的 tRNA 基因是与 rRNA 基因串联在一起排列的，有的在 rRNA 基因的间隔区中，有的在该转录单位的末端。原核 tRNA 也是先合成 1 个 tRNA 前体分子，这种前体分子有的只含有 1 个 tRNA，有的则含有 2 个、3 个或多个 tRNA 分子，tRNA 分子之间由间隔区分开。tRNA 前体中如含有 2 个以上 tRNA 分子，则首先要剪切为单个 tRNA 分子，而后再从 5′端切去前导序列，从 3′端切去附加序列（图 12-13）。

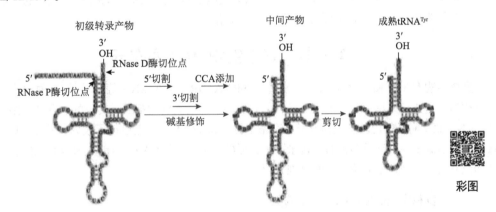

图 12-13　大肠杆菌 tRNA 转录后的加工过程（Nelson and Cox，2017）

在原核生物 tRNA 生物合成中有两种情况：一种是自动生成，也就是说初级转录物自身就有 CCA，它们位于成熟 tRNA 序列与 3′端附加序列之间，经转录后加工切除掉附加序列，CCA 便暴露出来；另一种则是其自身并无 CCA 序列，它是在切除 3′端附加序列后，由 tRNA 核苷酸转移酶（nucleotidyltransferase）催化，并由 CTP 与 ATP 供给胞苷酰基与腺苷酰基聚合而成的。此外，tRNA 中含有大量修饰成分，还要通过各种不同的修饰酶进行修饰，才能成为成熟的 tRNA 分子。

需要注意的是：原核生物和真核生物 CCA 的来源不一样，真核生物 tRNA 3′端 CCA 均是在相关酶催化下聚合而成的。原核生物由自身切割暴露出末端 CCA 结构，也可转录后聚合而成。

第十三章 真核生物RNA的转录及转录后的加工

真核生物基因的转录比原核生物要复杂得多。虽然它们 RNA 聚合酶的结构、转录机制（启动子识别、截断转录物和启动子清除）等几个方面是相似的，但真核生物在转录起始过程中存在差异，RNA 聚合酶识别并结合到一个特定的双链 DNA 位点（启动子），各种蛋白质因子（通用转录因子）辅助核 RNA 聚合酶识别启动子并启动转录。另外，在控制基因表达的调控机制上存在显著差异，不仅在决定什么被转录及不被转录上有复杂的差异，而且在发育和组织分化过程中转录以很精确的程序进行。

真核生物有 3 种主要的 RNA 聚合酶（RNA polymerase），蛋白质编码基因由 RNA 聚合酶 II 转录，而不编码蛋白质的各种非编码 RNA 则分别由 3 种 RNA 聚合酶转录产生。真核生物的 3 种 RNA 聚合酶各有其自身的启动子，均需要在转录因子协助下识别转录起始位点。

真核生物 3 种 RNA 聚合酶的初级产物都需要经过加工才能成为成熟 RNA，有些需要经过编辑、修饰等。RNA 的转录在细胞核内进行，成熟的 RNA 需要通过核孔输出到细胞质基质才能参与蛋白质的翻译。

RNA 剪接机制的研究，是 20 世纪 80 年代开始的热点之一，它不仅解决了不连续基因转录产物的剪接问题，而且对于了解不连续基因的起源，甚至整个生命的起源与进化都是有力的推动。特别是核酸分子催化功能的发现使人们有了对核酶的认识。

本章重点阐述真核生物编码基因 mRNA 及非编码 tRNA 和 rRNA 的转录、转录后的加工、修饰、转运。其他非编码 RNA 的生物合成将在下一章介绍。

第一节 真核生物RNA的转录

真核生物有 3 种 RNA 聚合酶，分别进行 mRNA、tRNA 和 rRNA 等的转录，3 种聚合酶在结构上是相似的，并且共享一些常见的亚基，但它们转录不同类别的基因，转录的过程及机制等均有不同。RNA 聚合酶 II 的启动子最为复杂，有帽子位点和 TATA 框等近启动子成分。另外，真核生物转录的起始机制复杂，涉及多种通用转录因子，形成转录起始复合物。目前 3 种聚合酶的转录终止子结构及其终止机制还不清楚。下面分别介绍。

一、真核生物RNA转录的酶

（一）真核生物 RNA 聚合酶

1969 年，Robert Roeder 和 William Rutter 指出真核生物拥有 3 种 RNA 聚合酶，它们是 RNA 聚合酶 I、II 和 III，且所有真核细胞（如脊椎动物、果蝇、酵母和植物细胞）的细胞核都含有这 3 种不同的 RNA 聚合酶。除了在线粒体和叶绿体上发挥作用的特定 RNA 聚合酶，这 3 种 RNA 聚合酶均用于转录核染色体上的各种基因。它们的模板特异性、所处位置和对抑制剂的敏感性彼此不同，在 RNA 合成类型、亚基结构和相对数量上及转录的基因也不同，如对 α-鹅膏蕈碱（α-amanitin，一种来自蘑菇的八肽二环的剧毒物）抑制的敏感性也不同。和原核生物一样，真核生物 RNA 聚合酶在催化 RNA 合成时也是以核糖核苷三磷酸为底物,按 DNA 模板链的指令,由 5′→3′方向合成。但 RNA 聚合酶不需要引物,也没有核酸酶活性,这意味着初始 RNA 中的错误不被校正。

RNA 聚合酶在离散的簇中发挥作用,活性基因通过染色质环聚集在一起进行转录。这些簇被称为转录工厂,存在于整个细胞核中。转录工厂的数量随物种和细胞类型而不同。例如,HeLa 细胞的细胞核包含约 10 000 个转录工厂,其中 8000 个是 RNA 聚合酶 II 转录工厂,其余 2000 个是 RNA 聚合酶 III 转录工厂。核仁是一个大型的 RNA 聚合酶 I 转录工厂。

1. 真核生物 RNA 聚合酶的分子组成　　3 种真核生物 RNA 聚合酶位于细胞核的不同位置,但结构相似,组成上都超过 12 个亚基,且是分子质量大于 500kDa 的聚合体,每一种都比大肠杆菌 RNA 聚合酶更复杂(表 13-1)。

表 13-1　三种真核生物 RNA 聚合酶组成中的主要亚基

RNA 聚合酶 I	RNA 聚合酶 II	RNA 聚合酶 III
RPA1	RPB1	RPC1
RPA2	RPB2	RPC2
RPC5	RPB3	RPC5
RPC9	RPB11	RPC9
RPB6	RPB6	RPB6
其他 9 个亚基	其他 7 个亚基	其他 11 个亚基

注: 亚基按照分子质量由大到小的顺序排列; RPB 代表 RNA 聚合酶 B(即 RNA 聚合酶 II)

2006 年诺贝尔化学奖得主 Roger Kornberg 等通过对酵母 RNA 聚合酶 II 晶体结构的研究全面揭示了各亚基间的相互关系,证实不同真核生物的 RNA 聚合酶 II 由 8~12 个亚基组成,其中两个大亚基 RPB1 和 RPB2 与细菌核心酶的 β′和 β 大亚基是同源的,RPB3 和 RPB11 与 α 亚基、RPB6 与 ω 亚基是同源的(图 13-1)。有三个亚基 RPB6、RPC5 和 RPC9 是与另外两种 RNA 聚合酶(I 和 III)共有的,其余的小亚基是 RNA 聚合酶 II 所特有。

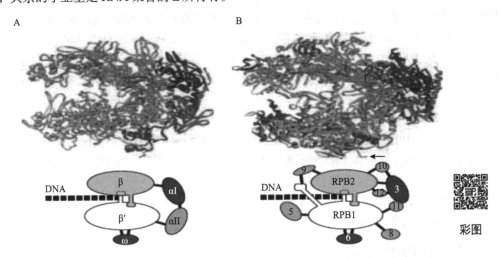

图 13-1　细菌(A)RNA 聚合酶和真核生物(B)RNA 聚合酶 II 的三维结构比较(Alberts et al., 2014)

A. 细菌酶的5个亚基按颜色区分。这个模型中只包含了α亚基的N端结构域。B. 构成酵母RNA聚合酶II的12个亚基中有10个显示在该模型中。构象与细菌酶相似的亚基以相同的颜色显示

2. 三种RNA聚合酶的结构与功能

（1）RNA 聚合酶 I　　真核生物 RNA 聚合酶 I（RNA polymerase I）具有最强的转录活性，存在于细胞核的核仁中，其转录产物是 45S rRNA 前体，经剪接修饰后，生成 28S、18S 和 5.8S rRNA（5S rRNA 除外）。不同真核生物 RNA 聚合酶 I 都含有 2 个大亚基和 12～15 个小亚基。有些亚基在 RNA 聚合酶 II 或 III 中也存在。与聚合酶 II、III 的不同之处是其具有种属特异性。例如，小鼠的 RNA 聚合酶 I 只能识别自身和近亲种属大鼠 rRNA 基因的启动子，不能识别人体 rRNA 基因的启动子。另有研究指出，RNA 聚合酶 I 的种属特异性并不取决于聚合酶本身，而取决于聚合酶与转录因子之间相互关系的特异性。

（2）RNA 聚合酶 II　　RNA 聚合酶 II（RNA polymerase II）是研究最多的真核生物中的 RNA 聚合酶类型。其存在于细胞核核质内，在核内转录生成 mRNA 的前体分子核不均一 RNA（heterogeneous nuclear RNA，hnRNA）及大多数的核小 RNA（small nuclear RNA，snRNA）。此外，还合成一些具有重要基因表达调节作用的非编码 RNA，如 miRNA、piRNA 及长链非编码 RNA（lncRNA）等。

在人类，RNA 聚合酶 II 核心包含 12 个亚基。RBP1 是最大的亚基，构成了酶活性位点的一部分，用于结合 DNA 的大沟。该亚基的一个显著特征是其羧基端有多个重复的七肽序列。这个七肽具有一致的 Tyr-Ser-Pro-Thr-Ser-Pro-Ser（YSPTSPS）重复序列，称为羧基端结构域（carboxyl-terminal domain，CTD）。而 RNA 聚合酶 I 和 III 都不包含这些重复单元。

所有真核生物的 RNA 聚合酶 II 都具有 CTD，只是 7 个氨基酸共有序列的重复程度不同。已证实 CTD 结构中这种重复单位的数量随生物基因组复杂性的增加而增加，如酵母有 26～27 个，果蝇有 44 个，哺乳动物和人有 52 个。另外，CTD 结构也是 RNA 聚合酶 II 转录活性所必需的。其结构中重复序列 Ser2 和 Ser5 上羟基的磷酸化影响 RNA 聚合酶 II 的功能，主要涉及转录的起始和延伸反应。如果 CTD 中大部分或全部重复单位缺失，细胞则不能存活。

（3）RNA 聚合酶 III　　RNA 聚合酶 III 存在于细胞核核质内。其转录产物是 tRNA、5S rRNA 和 snRNA，其中 snRNA 参与 RNA 的剪接。不同真核生物 RNA 聚合酶 III 分别由 9～15 个亚基组成，其中包含有两个大亚基及与其他两种主要 RNA 聚合酶共有的 5 个亚基，其余为 RNA 聚合酶 III 特有的亚基。RNA 聚合酶 III 特有的小亚基有 6 个，分别是 C25、C31、C34、C37、C53 和 C82。其中 C82 亚基有亮氨酸拉链结构，C31 亚基有一个酸性末尾。大亚基 C128 与转录的终止有关，小亚基 AC40 与酶的装配有关，C3、C34、C53 这些 RNA 聚合酶 III 特有亚基与 tRNA 的合成有关。

（二）线粒体 RNA 聚合酶

除了细胞核中的 RNA 聚合酶，真核生物线粒体和叶绿体中还存在着不同的 RNA 聚合酶，均不被 α-鹅膏蕈碱抑制。线粒体 RNA 聚合酶只有一条多肽链，分子量 $< 7 \times 10^4$，是已知最小的 RNA 聚合酶之一，与 T_7 噬菌体 RNA 聚合酶有同源性。

与原核 RNA 聚合酶相比，真核 RNA 聚合酶不能自身启动转录，而是在转录开始前先与各种转录因子和启动子结合，才能起始转录。

二、真核生物基因启动子

真核生物的启动子比原核生物更复杂和多变，包括核心启动子和上游元件。核心启动子是 RNA 聚合酶结合并起始转录所需的最小 DNA 片段。上游元件包括近上游元件和远上游元件。真核生物的核心启动子与 RNA 聚合酶结合不足以起始结构基因的转录，必须在众多转录因子结合在近上游或远上游元件上才能共同行使基因的转录功能。不同的是：细菌中是 RNA 聚合酶自己识别启动子成分，但在真核生物中主要是由辅因子识别启动子的组成序列，而不是 RNA 聚合酶本身。

（一）RNA 聚合酶启动子的基本元件

同原核 RNA 聚合酶启动子的发现类似，最先是 Hogness 等利用突变实验从 β-球蛋白启动子上游 100bp 内确定出 3 个短序列。1979 年，美国科学家 Goldberg 首先注意到真核生物中由 RNA 聚合酶 II 催化转录的 DNA 序列的 5′上游区有一段富含 TA 的保守序列，类似于原核基因启动子的普里布诺框（Pribnow box），与转录的起始有关。由于该序列前 4 个碱基为 TATA，又称为 TATA 框（TATA box）。此后十多年间，科学家通过对许多基因启动子区的分析，发现大多数功能蛋白的启动子都具有共同的结构模式，即真核生物的启动子在 -35～-25 区含有 TATA 序列（TATA 框），在 -80～-70 区含有 CAAT 序列（CAAT 框），在 -110～-80 含有 GCCACACCC 或 GGGCGGG 序列（GC 框）。习惯上，将 TATA 框上游的保守序列称为上游启动子元件（upstream promoter element，UPE）或上游激活序列（upstream activating sequence，UAS）。较常见的是位于 -200～-70bp 的 CAAT 框和 GC 框（图 13-2）。

在真核 DNA 中已鉴定出上述 3 种主要类型的启动子序列。最常见的 TATA 框在快速转录的基因中普遍存在。而 CpG 岛是以较低速率转录的基因的特征。

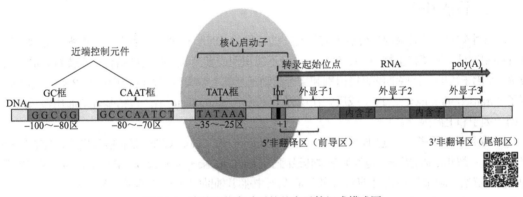

图 13-2 真核生物启动子的基本元件组成模式图

彩图

（二）启动子区的基因组成与作用

真核的 3 种 RNA 聚合酶的启动子是不同的，各有自己的启动子，分别是 I 类、II 类和 III 类启动子。它们的共同特点是都含有特定的一套短的保守序列，每个序列都由特定的转录因子所识别并与之结合，然后这些转录因子与 RNA 聚合酶等形成起始复合物，由此复合物启动转录。下面以 RNA 聚合酶 II 为例介绍其启动子区结构与作用。真核基因 RNA 聚合酶 II 的启动区较大，TATAA/TA 区位于 -30～-20，而 -110～-40 区为上游启动子元件。这些元件可与相应的蛋白质因子结合，能提高或改变转录的效率。结构组成上包含以下 4 部分。

1. Inr　许多真核生物 RNA 聚合酶 II 识别的启动子具有保守的共有序列（Py_2CAPy_5），位于起始位点附近 -3 和 +5 之间，称为起始子（initiator，Inr）。启动子与 RNA 聚合酶 II 结合，从 Inr 处起始转录，不同结构的 Inr 影响转录起始的频率。

2. TATA 框　作为核心启动子的关键定位组件，使转录精确起始，共有序列为 TATA（A/T）A（A/T）。一般位于 -10bp 附近。TATA 框不像原核生物 -10 和 -35 序列那样典型，某些真核生物的基因（如持家基因）可以没有 TATA 框。

3. CAAT 框或 GC 框　　主要控制转录起始频率，基本不参与起始位点的确定。在任意一个方向上都能起作用。位于 TATA 框上游的一个保守的 CAAT 序列，在-80~-70bp 处的位置上，决定转录起始的频率。CAAT 框任一碱基的改变都会极大影响靶基因的转录水平。

所有组织中都表达的结构基因，即所谓的"持家基因"（housekeeping gene）中，其转录起始位点的上游区域有一个或多个拷贝的 GGGCGG 序列，称 GC 框（GC box），启动子中常存在多个拷贝。其功能类似原核基因的启动子。这些上游启动子区段有两个功能：一是提供聚合酶Ⅱ结合位点，二是提供参与调控的结合蛋白质结合位点。

需要注意的是：虽然这 3 种保守序列有不同的重要功能，但不是每个基因的启动子都包含这 3 种序列。例如，SV40 的早期基因只有 6 个串联在上游-110~-40 位点的 GC 框，缺少 CAAT 框。组蛋白 H2B 则含有一个 TATA 框和两个 CAAT 框，缺少 GC 框。

4. 增强子区　　真核基因启动子上游除了含有 CAAT 框和 GC 框，大多数基因 DNA 分子上还含有增强子区，统称为顺式作用元件（*cis*-acting element）。这种序列能够提高转录频率，但它可能远离转录起始位点，在转录位点的上游或下游。实验表明，当增强子未与启动子靠拢在一起时，它是不能发挥作用的。增强子与启动子一样，也是由不同的组件构成的。增强子可以在 RNA 聚合酶Ⅱ转录的基因中出现，也可以在 RNA 聚合酶Ⅰ转录的基因中出现。

三、转录因子

真核生物基因的转录起始位点上游都有一些特异的 DNA 序列，如启动子、增强子等顺式作用元件控制转录。但真核生物 RNA 聚合酶本身不能识别或直接与这些元件结合，需要特定的蛋白质或 RNA 因子协助，这些能够直接识别和结合启动子及其上游调节序列的蛋白质或 RNA，称为转录因子（transcription factor，TF）或反式作用因子（*trans*-acting factor）。包括基础或通用转录因子、可诱导因子和上游因子。

1. 通用转录因子　　通用转录因子（general transcription factor，GTF）是指能直接或间接结合 RNA 聚合酶的一类转录调控因子，也称为基本转录因子（basal transcription factor，BTF），为转录起始复合物装配所必需。通用转录因子本身含有多个亚基，常按照其辅助的 RNA 聚合酶分类。例如，相应于 RNA 聚合酶Ⅰ、Ⅱ、Ⅲ的 TF，分别称为 TFⅠ、TFⅡ和 TFⅢ；RNA 聚合酶Ⅱ的转录因子 TFⅡ又包括 TFⅡA、TFⅡB……。真核生物中不同的 RNA 聚合酶需要不同的转录因子来完成转录的起始和延伸。

2. 可诱导因子　　可诱导因子（inducible factor）是在特定类型的细胞中高表达，并对一些基因的转录进行时间和空间特异性调控的转录因子。可诱导因子的一般作用方式与上游因子相同，但具有调节作用。它们在特定的时间或在特定的组织中被合成或激活，因此它们负责控制时间和空间上的转录模式。因此，把它们结合的元件叫作应答元件（response element）。例如，MyoD 在肌肉细胞中高表达，HIF-1 在缺氧时高表达。与远隔调控序列（如增强子等）结合的转录因子是主要的可诱导因子。它们只在某些特殊生理或病理情况下才被诱导产生。

SP1 是结合到 GC 框上的转录因子，最初是在研究 SV40 病毒启动子时发现的，现在证实普遍存在于脊椎动物的细胞中。它既可与 GGGCGG 结合，也可与其互补序列 CCGCCC 结合，即 SP1 能与启动子的任一条链结合。SP1 是一个单链蛋白质，分子质量约为 105kDa。它与 DNA 结合的结构域[简称 DNA 结合域（DNA-binding domain）]在 C 端附近，含有 3 个锌指结构。在 SP1 中另有两个活化结构域，它们活化转录的作用机制目前尚不清楚。然而值得注意的是，这些结构域中富含谷氨酰胺，约占氨基酸残基总数的 25%。而且已知其他与 SP1 很不相同的激活物蛋白也有富含谷氨酰胺的结构域。

3. 上游因子　　上游因子（upstream factor）是识别位于起点上游的特定短保守元件的 DNA 结合蛋白。这些因子的活动不受调节，是与启动子上游元件如 GC 框、CAAT 框等顺式作用元件结合的转录因子。例如，SP1 结合到 GC 框上，C/EBP 结合到 CAAT 框上。这些转录因子调节通用转录因子与 TATA 框的结合、RNA 聚合酶在启动子的定位及起始复合物的形成，从而协助调节基因的转录效率。上游因子无处不在，并作用于任何在 DNA 上包含适当结合位点的启动子，以提高启动子的效率，是那些功能高的启动子所必需的。每个启动子在充分表达时都需要特定的一套这种因子。

除了通用转录因子，特定的激活因子和抑制因子也可通过聚合酶 II 调节基因的转录。

四、真核生物 RNA 的转录过程

（一）真核生物 mRNA 的转录

真核生物 mRNA 的转录是在 RNA 聚合酶 II 的催化下进行的，包括转录起始、延伸和终止。除此，真核 RNA 聚合酶 II 也催化合成少数核小 RNA（snRNA）等。RNA 聚合酶 II 催化的转录需要一组通用转录因子参与，才能形成具有活性的转录复合体。

1. mRNA 转录复合体　　mRNA 转录复合体除了 RNA 聚合酶 II，还包含通用转录因子和一个称为中介物（mediator）的多亚基蛋白复合物（3000kDa）。中介物是几乎所有 RNA 聚合酶 II 启动子转录所必需的蛋白质。中介物本质上是一个信号整合平台，作为 RNA 聚合酶 II 和转录因子之间的衔接物（adaptor），这些转录因子与增强子或沉默子调控 DNA 序列结合，可能与它们调节的基因有一定距离。

2. RNA 聚合酶 II 识别的启动子　　纯化的 RNA 聚合酶 II 能催化 mRNA 的合成，但不能起始转录。聚合酶 II 识别的启动子比原核基因启动子更长，且具有多样性，目前已发现 mRNA 前体基因有几个区域对转录起始起控制作用。mRNA 转录起始的第一个碱基往往是腺嘌呤（A），在其两侧则为嘧啶，这个同源区域称为起始子（initiator，Inr），通用形式为 Py_2CAPy_5（Py 代表任何种类的嘧啶）。它包含 −3 位和 +5 位之间的区域。仅由 Inr 组成的启动子是能被 RNA 聚合酶 II 识别的最简单的启动子。

TATA 框是 RNA 聚合酶 II 最基本的启动子，位于 −30～−25bp 处，在 Inr（−3～+5bp）的起点围绕 CA 有一些嘧啶。类似于原核基因启动子的普里布诺框（Pribnow box），决定转录的正确起始，但原核基因无普里布诺框序列不发生转录，而真核基因缺失 TATA 框序列在体内仍能转录，只是效率下降及转录产物 5′端不均一，出现随机起始转录。有些真核启动子不含 TATA 框，但它们的启动子下游（+28～+32bp）通常含下游启动子元件（down stream promoter element，DPE）。一个核心启动子由 TATA 框+Inr 组成，或者由 Inr+DPE 组成。另外，RNA 聚合酶 II 启动子上游常带有增强子（图 13-3）。

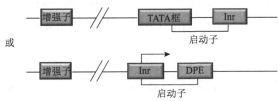

图 13-3　真核 RNA 聚合酶 II 的启动子

3. 参与 mRNA 转录的转录因子　　所有 RNA 聚合酶 II 都需要通用转录因子（TF II），这些通用转录因子有 20 种以上，在真核生物进化中高度保守。下面分别描述。

（1）转录因子 II D（TF II D）　　TF II D 不是一种单一蛋白质，是由结合于 TATA 框上的 TATA

结合蛋白（TATA-binding protein, TBP）亚基与14种紧密结合的TBP相关因子（TBP-associated factor, TAF）组成的蛋白质复合物，该复合物是RNA聚合酶Ⅱ的定位因子。TBP结合一个10bp长度的DNA片段，刚好覆盖了基因的TATA框，而TFⅡD则覆盖一个35bp或更长的区域，决定RNA聚合酶Ⅱ的转录起始位点，也参与CAAT框等上游元件对基础转录速率的调节。结合于富含GC序列的SP1可以通过TAF与TBP连接并活化转录。

（2）TATA结合蛋白（TATA-binding protein，TBP）

TBP是分子质量约38kDa的一条肽链蛋白质，可折叠成两个部分同源的结构域及一个变化的N端，是TFⅡD中负责识别和结合DNA序列中TATA框的亚基。TBP蛋白在DNA的小沟（迄今已知所有DNA结合蛋白都是结合在大沟）上与TATA框结合，使DNA弯曲呈马鞍状（图13-4），有助于招募其他通用转录因子。

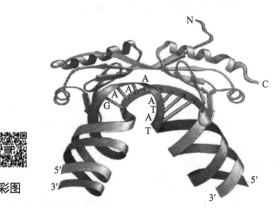

图13-4　与DNA结合的TBP的马鞍状结构
（Alberts et al., 2014）

彩图

真核生物细胞核中的3种RNA聚合酶转录都需要TBP，但在不同的转录起始复合物中，TBP有着不同的功能。例如，TBP是聚合酶Ⅱ转录前起始复合体第一个与DNA结合的因子。许多RNA聚合酶Ⅱ缺少TATA框，仍然需要TBP蛋白。不同的TFⅡD可能含有不同的TAF，它们识别不同的启动子。例如，RNA聚合酶Ⅲ的内部启动子所用的因子是TFⅢB，聚合酶Ⅰ启动子所用的是SL1。可把TFⅢB和SL1看成是由TBP与不同的TAF结合而成的。

（3）TBP相关因子（TBP-associated factor，TAF）　在TFⅡD中的TAF对诱导引起的增强转录是必要的。有时把TAF也叫辅激活物（co-activator）。人类细胞中至少有12种TAF。可以认为TFⅡD复合物中不同TAF与TBP的结合可能结合不同启动子，这可以解释这些因子对特定启动子存在不同的亲和力和在各种启动子中的选择性活化。有些TAF类似组蛋白，它们可以形成类似组蛋白八聚体的结构与DNA发生作用。

（4）转录因子ⅡA（TFⅡA）　酵母的TFⅡA有2个亚基，哺乳动物的TFⅡA有3个亚基。在RNA聚合酶Ⅱ转录时对TFⅡD与TATA框的结合起稳定作用。

（5）转录因子ⅡB（TFⅡB）　TFⅡB是紧接在TFⅡD后加入转录起始复合物的转录因子，是一种单链蛋白，略小于TBP，其C端直接结合于TBP-DNA复合物上，保护−10～+10区，即结合在起始位点附近。N端形成的锌指结构域在TFⅡF协同下参与招募RNA聚合酶Ⅱ。其与聚合酶在靠近RNA出口和酶的活性中心附近接触。

（6）转录因子ⅡE（TFⅡE）　TFⅡE由两个不同的基因编码，在体内以各两个亚基组成的四聚体存在，在转录起始复合物中本身不直接与DNA结合，但可通过TFⅡB与DNA结合。TFⅡE参与调节TFⅡH的磷酸激酶活性，并可使ATP酶的活性成倍提高。

（7）转录因子ⅡF（TFⅡF）　TFⅡF是由分子量为38 000（RAP38）和74 000（RAP74）的两个亚基组成的异源四聚体。大亚基（RAP74蛋白）具有依赖ATP的DNA解旋酶活性，在转录起始时参与DNA的解链。小亚基（RAP38蛋白）参与招募RNA聚合酶Ⅱ，与其紧密结合，并阻止

聚合酶 Ⅱ 与非特异性 DNA 序列相结合，此过程有 TF Ⅱ B 协助。TF Ⅱ F 能在体外没有 DNA 和其他因子存在下与聚合酶 Ⅱ 形成复合物，并以此形式掺入转录起始复合物。

TF Ⅱ F 对聚合酶 Ⅱ 催化的 RNA 链延伸也有作用。其具有依赖 ATP 的 DNA 解旋酶活性，在聚合酶复合物的前方 5'端解开 DNA 的双螺旋结构。血清应答因子（serum response factor，SRF）主要激活 TF Ⅱ F，其中 TF Ⅱ F 的 RAP74 与 SRF 同时结合于 DNA 上。

（8）转录因子 Ⅱ H（TF Ⅱ H）　　TF Ⅱ H 是多亚基聚合形成的蛋白质，是唯一独立且具有多重酶活性的通用转录因子，几乎和 RNA 聚合酶 Ⅱ 一样大。经胰酶降解形成的片段中最大的分子量为 89 000 的肽段，属于 ATP 依赖的 DNA 解旋酶，参与核苷酸剪切修复过程。而分子量 62 000 的亚基具有以 RNA 聚合酶大亚基 CTD 为底物的蛋白激酶活性，使 CTD 磷酸化，为核苷酸链延伸所必需。TF Ⅱ H 还具有依赖 DNA 的 ATP 酶活性。

已证实酵母 TF Ⅱ H 除了因具有蛋白激酶活性而在 RNA 链延伸中发挥作用，一旦移除 RNA 聚合酶，它还具有招募 DNA 修复酶的功能，表明它也在转录-修复的衔接上发挥重要作用。并且 TF Ⅱ H 与 TF Ⅱ D、TF Ⅱ B、TF Ⅱ E 之间有协同作用。

（9）转录因子 Ⅱ I（TF Ⅱ I）　　TF Ⅱ I 在启动子中无 TATA 框的基因的转录中，与 TBP 共同参与转录起始复合物的形成。

表 13-2 列出了识别、结合 Ⅱ 类启动子的 3 类转录因子及其功能。事实上，上游因子和可诱导因子等在广义上也称为转录因子，但一般不冠以 TF 的词头而各有自己特殊的名称。

表 13-2　识别、结合 Ⅱ 类启动子的 3 类转录因子

通用机制	结合部位	具体组分	功能
通用转录因子	TBP 结合 TATA 框	TBP，TF Ⅱ A、B、E、F 和 H	转录定位和起始
上游因子	启动子上游元件	SPI、ATF、CTF 等	辅助基本转录因子
可诱导因子	增强子等元件	MyoD、HIF-1 等	时空特异性转录调控

4. 真核生物mRNA的转录过程

（1）前起始复合体（preinitiation complex，PIC）的组装　　RNA 聚合酶 Ⅱ 与启动子结合后启动转录，需要多种蛋白质因子的参与，通常包括可诱导因子或上游因子与增强子或启动子上游元件的结合，辅激活因子和（或）中介子在可诱导因子、上游因子与通用转录因子、RNA 聚合酶 Ⅱ 复合体之间起中介和桥梁作用。通用转录因子和 RNA 聚合酶 Ⅱ 在启动子处组装成 PIC。因子和因子之间互相辨认、结合，可以准确地控制基因是否转录、何时转录。

PIC 组装序列模型包括 TF Ⅱ D 对核心启动子元件的识别、TF Ⅱ A 和 TF Ⅱ B 的结合、聚合酶 Ⅱ-TF Ⅱ F 复合物的募集，最后是 TF Ⅱ E 和 TF Ⅱ H 的结合，生成具有转录活性的 PIC。形成的主要步骤由图 13-5 所示。首先由 TF Ⅱ D 中的 TBP 识别 TATA 框，并在 TAF 的协助下结合到启动子区。接着，TF Ⅱ A 和 TF Ⅱ D 与启动子结合，形成稳定与 DNA 结合的 TF Ⅱ A-TBP 复合体。然后，TF Ⅱ B 与 TBP 结合，同时与 DNA 上的 TF Ⅱ B 识别序列结合形成 TF Ⅱ B-TBP 复合体，并形成 TF Ⅱ D-TF Ⅱ A-TF Ⅱ B-DNA 复合体。TF Ⅱ F 与 RNA 聚合酶 Ⅱ 结合成 TF Ⅱ F-聚合酶 Ⅱ 复合体，并在 TF Ⅱ B 帮助下阻止聚合酶与非特异性 DNA 序列结合（TF Ⅱ B 既可以结合 TBP，又能招募 TF Ⅱ F-聚合酶 Ⅱ 复合体到启动子区上），协助 RNA 聚合酶 Ⅱ 靶向结合启动子。此时 TF Ⅱ D 与聚合酶的 C 端结构域作用，使其定位于转录的起始位置，TBP-TF Ⅱ B 复合体和 TF Ⅱ F-RNA 聚合酶 Ⅱ 复合体在启动子上形成基本起始复合物，TF Ⅱ E 将 TF Ⅱ H 招募到结合位点，形成闭合转录复合体，即 PIC。

转录因子　　　　　　　转录复合体

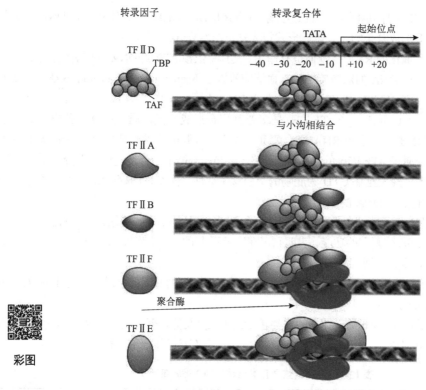

图 13-5　PIC 在 RNA 聚合酶Ⅱ启动子上的装配

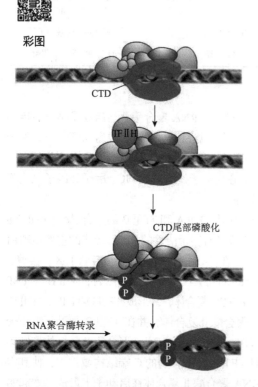

图 13-6　RNA 聚合酶的激活和转录起始

（2）mRNA 转录的起始　　TFⅡH 具有 ATP 酶、解旋酶和激酶的活性，被招募到复合体后，在启动子区，其解旋酶活性可以解开 DNA 双螺旋结构，使闭合转录复合体成为开放起始复合体（可转录复合体）。同时 TFⅡH 发挥其激酶活性，催化聚合酶Ⅱ最大亚基的羧基端 CTD 七聚体中 Ser2 和 Ser5 残基磷酸化，使转录起始复合物发生别构而起始转录。在转录过程中，Ser 磷酸化模式从开始的高 Ser5 磷酸化和低 Ser2 磷酸化水平变化到下游相反的模式。

RNA 聚合酶Ⅱ沿模板滑动时，TFⅡD 和 A 滞留在转录起始位点上，TFⅡB、E 和 H 等转录因子在延伸复合物中随聚合酶向模板 DNA 的 5′端移动。当转录起始复合物合成一段含有 60～70 个核苷酸的 RNA 时，TFⅡE 和 H 释放，RNA 聚合酶Ⅱ进入延伸阶段（图 13-6）。

在大多数启动子中，TFⅡH 亚基的解旋酶活性在起始位点打开模板链，这一过程需要消耗 ATP。在有些启动子上，CTD 被具有激酶活性的周期蛋白依赖性激酶 9（cyclin-dependent kinase 9,

正向转录延伸因子 P-TEFb 复合体的组成成分）进一步磷酸化，调控 RNA 聚合酶的催化活性，有助于终止类似于原核生物不稳定的转录起始（transcription initiation）。

由于 RNA 聚合酶 II 自身不能识别启动子，要靠通用转录因子来识别，所以这些转录因子起着严格规定转录起始位点的作用。但延伸不需要它们，所以在起始复合物形成之后，被 TF II H 磷酸化 CTD 的 RNA 聚合酶 II 与这些转录因子分开，进行 RNA 的合成。

上述是典型的 RNA 聚合酶 II 催化的转录起始过程。RNA 聚合酶 I 和 III 的起始基本相似。

（3）mRNA 转录的延伸　　真核生物转录延伸过程与原核生物相似。不同的是真核生物有核膜相隔，转录和翻译不同步进行。在真核延伸因子（eukaryotic elongation factor, eEF）的作用下，RNA 聚合酶 II 转录起始复合物脱离转录起始位点转录出的 RNA 链开始延长。延伸过程中也形成转录泡，转录泡处形成 DNA-RNA 杂交分子。在延伸过程中，CTD 尾部的磷酸化模式是动态的，受到多种蛋白激酶和磷酸酯酶的控制及催化。在这个阶段，大多数通用转录因子从启动子上解离下来。

真核生物延伸阶段需要注意的是真核生物基因组 DNA 在双螺旋结构的基础上，与多种组蛋白组成核小体高级结构，RNA 聚合酶和核小体八聚体大小差不多（500kDa，14nm×13nm 和 300kDa，6nm×16nm），RNA 聚合酶的前移会遇到核小体。体外实验发现 DNA 转录延伸过程中核小体存在移位和解聚现象，也就是说核小体在 DNA 转录过程中可能发生了一时性的解聚和重新装配（图 13-7）。RNA 合成的速度为 30～50 个核苷酸/s，但链的延伸并非以恒定速度进行，有时会降低或延迟，这是延伸阶段的重要特点，其原因尚不清楚。

图 13-7　真核生物转录延伸中核小体的移位

A. RNA 聚合酶前移将遇到核小体；B. 原来绕在组蛋白上的 DNA 解聚及弯曲；C. 一个区段转录完毕，核小体移位

需要注意的是，当 RNA 聚合酶沿 DNA 链移动一段时间后，锚定在其末端的 DNA（图 13-8）会产生超螺旋张力。随着聚合酶移动，在其前面的 DNA 中产生正的超螺旋张力，在其后面产生负的超螺旋张力。在真核生物中，也是由 DNA 拓扑异构酶迅速去除这种超螺旋张力。

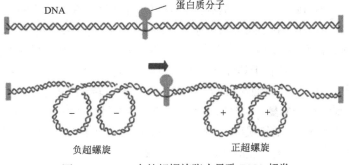

图 13-8　DNA 中的超螺旋张力导致 DNA 超卷

（4）mRNA 转录的终止　　　目前，对于真核生物转录的终止信号和机制了解较少，其主要困难在于很难确定初级转录物的 3′端。因为在大多数情况下，转录后就很快进行加工，无论是 mRNA、tRNA，还是 rRNA 都是如此。但可以确定的是真核生物的转录终止是和转录后修饰密切相关的。例如，真核生物 mRNA 有多腺苷酸[poly(A)]尾结构，是转录终止后才加进去的，因为在模板链上没有相应的多胸苷酸[poly(dT)]。转录不是在 poly(A)的位置上终止，而是超出数百乃至上千个核苷酸后才停止。

已发现在编码蛋白质的 DNA 可读框的下游，常有一组共有序列 AATAAA，再下游还有相当多的 GT 序列，这些序列为转录终止与修饰的相关信号，称为修饰点。RNA 聚合酶Ⅱ所催化的转录会越过修饰点并将其转录下来，转录产物前体 mRNA 中与修饰点所对应的序列会被特异性核酸酶识别并切断，随即加入 poly(A)尾及 5′帽子结构。断端下游的 RNA 虽继续转录，但很快被 RNA 酶降解（图 13-9）。因此，帽子结构可保护 RNA 免受降解，因为修饰点以后的转录产物无帽子结构，很快被降解。

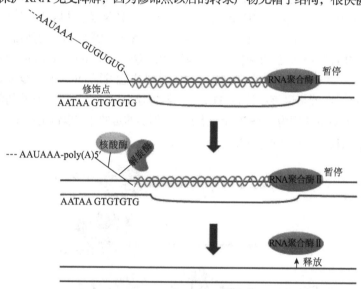

图 13-9　真核生物 RNA 聚合酶Ⅱ的转录终止

除上，在一些 RNA 聚合酶Ⅱ转录单位上也发现了一些相似的转录终止位点，但其意义仍不确定。例如，在一些转录单位中，转录终止在成熟 mRNA 3′端的下游大于 1000bp 处，成熟 mRNA 3′端在特异位点上剪切形成。与使用特异性的终止序列不同，RNA 聚合酶Ⅱ转录终止在位于一个较长的"终止区"内的多个特异位点上。各种终止位点的性质仍不清楚。现在对 RNA 聚合酶Ⅱ的终止反应提出了两种模型。

1）别构模型（allosteric model）：提示多腺苷酸位点的切割可能在聚合酶Ⅱ复合体和局部染色质上都触发了某些构象变化，导致聚合酶Ⅱ暂停，随后从 DNA 链上释放出来。

2）鱼雷模型（torpedo model）：认为特异的核酸外切酶结合于 RNA 的 5′端，它在切割后能被继续转录。它降解 RNA 的速度快于其合成速度，这样就能赶上 RNA 聚合酶，并与结合于聚合酶上的 CTD 辅助蛋白相互作用，从而触发聚合酶从 DNA 上释放，转录终止。

5. mRNA 的转录损伤与修复　　　RNA 聚合酶缺乏具有校读功能的 3′→5′核酸外切酶活性，因此转录发生的错误率比复制发生的错误率高，是 1/100 000～1/10 000。无论是原核生物还是真核生物，基因的转录与损伤的修复之间有直接的联系。一般当聚合酶遇到所转录的模板链 DNA 有损伤时，因为 RNA 聚合酶不能利用损伤序列作为模板指导碱基互补配对，转录停止（非模板链的损伤不会阻碍 RNA 聚合酶的前行），通用转录因子 TFⅡH 参与这个过程。此时，Mfd 蛋白可识别停滞的 RNA 聚合酶，把其从 DNA 上替代出来，并使 UvrA/B 酶结合到 DNA 上进行切除修复。"离岗"的聚合酶被降解。在 DNA 被修复后，经过这个基因的下一个 RNA 聚合酶使转录恢复正常（图 13-10）。

Mfd 蛋白有两种功能：①可以从 DNA 上置换出 RNA 聚合酶的三元复合体；②使 UvrA/B 酶结合于损伤的 DNA，并指导对损伤链的切除修复反应。

（二）真核生物 rRNA 基因的转录

细胞中最丰富的 RNA 是核糖体 RNA（rRNA），在快速分裂的细胞中约占总 RNA 的 80%，这些 RNA 构成核糖体的核心。真核生物核糖体含 4 个 rRNA 分子，小亚基上有一个 18S rRNA，大亚基上含有 28S、5.8S 和 5S rRNA 分子。其中 28S、18S 和 5.8S rRNA 都来自一个 45S rRNA 的初级转录物，由 RNA 聚合酶 I 催化转录生成，后在核仁中加工成 28S、18S 和 5.8S rRNA。而核糖体的另一组分 5S rRNA，来源于 RNA 聚合酶Ⅲ催化合成的单独的转录产物，不需要修饰。

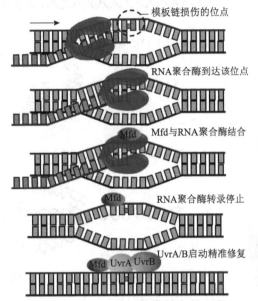

图 13-10　mRNA 的转录损伤与修复

彩图

1. RNA 聚合酶 I 启动子　　RNA 聚合酶 I 只负责转录 18S、28S 和 5.8S rRNA 的基因。因此它识别的启动子就是编码 rRNA 基因的启动子。RNA 聚合酶 I 的启动子为 I 类启动子，有核心启动子（core promoter）和上游启动子元件（UPE）两段序列，两者间隔约 70bp。核心启动子位于起始位点附近，从-45 延伸到+20 位，含有 GC 富集区和 Inr 附近的 AT 富集区（大多数自然发生的启动元件在-1 位置有胞嘧啶，在转录起始点+1 有腺嘌呤残基）；上游启动子元件（UPE）则对增加核心启动子的效率有重要作用，UPE 也富含 GC，从-180 到-107 位（图 13-11A）。因此，RNA 聚合酶 I 呈双边（bipartite）方式与启动子结合。rRNA 基因的两个启动子区有独特的碱基组成，富含 GC 碱基对，约占 85%。另外，RNA 聚合酶 I 还需要上游结合因子 1（upstream binding factor 1，UBF1）和核心结合因子 SL1。

UBF1 是一条多肽链的蛋白质，能与核心启动子及 UPE 中富含 GC 的元件特异结合。另外，UBF1 和 RNA 聚合酶 I 都能对异源性的模板起作用。例如，鼠的 UBF1 和 RNA 聚合酶 I 能识别人的 rRNA 基因。上游结合因子（UBF）与 UPE 结合使其与核心启动子靠拢，并与包含 TBP 的核心结合因子（SL1 复合体）作用以促使 RNA 聚合酶 I 定位在起始位点上，使转录起始，可提高转录的起始频率。

与核心启动子结合的核心结合因子 SL1 由 4 种蛋白质亚基组成。其中一种蛋白质成分是 TATA 结合蛋白（TBP）。其作用与细菌的 δ 因子相似。SL1 中的另一个蛋白质成分负责与 DNA 结合。作为一个独立的蛋白质复合物，SL1 本身不与启动子特异结合，但能协助 UBF1 与其结合，以延长覆盖的 DNA 区域，可能主要负责保证 RNA 聚合酶位于起始位点。但 SL1 因子在起始过程中有物种的特异性，如鼠 SL1 不能促进人模板的转录起始。

综上，RNA 聚合酶 I 的转录单位含有一个核心启动子，与上游启动子元件相隔约 70bp，当 UBF 因子结合到 UPE 上时，增加了核心结合因子结合到核心启动子上的能力，而核心结合因子 SL1 则使

RNA 聚合酶 I 全酶定位于起始位点上（图 13-11B 和 C）。

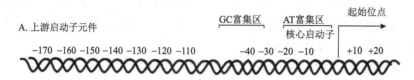

A. 上游启动子元件

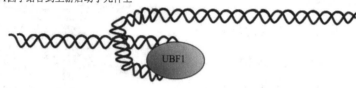

B. UBF1因子结合到上游启动子元件上

C. RNA聚合酶 I 全酶含有可结合于核心启动子的核心结合因子(SL1)

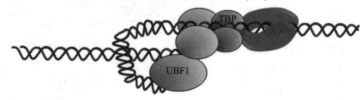

图 13-11　RNA 聚合酶 I 启动子结构（A）与转录的起始（B 和 C）

2. RNA 聚合酶 I 转录的过程　　以酵母转录为例。酵母 RNA 聚合酶 I 结合的 I 类启动子包括上游控制元件（UCE）和核心启动子元件。需要的通用转录因子有上游激活因子（UAF）和核心因子（core factor，CF），都是多聚体，其中构成 UAF 的 6 个亚基中有 2 个是组蛋白，参与 DNA 结合。它们分别与 DNA 启动子中上游启动元件（UPF）和核心启动子元件结合。RNA 聚合酶 I 相关的 TBP 和单体因子（Rrn3p）等共同参与起始复合物的形成。

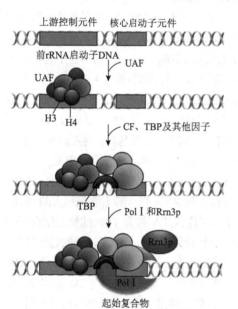

图 13-12　酵母 RNA 聚合酶 I 转录
起始复合物的体外组装

首先，多聚 UAF 与上游元件结合。其次，三聚体核心因子与核心启动子元件结合预先形成 RNA 聚合酶 I 和 Rrn3p 复合物，再与 TBP 蛋白结合（TBP 与结合的 UAF 和核心因子都有接触），将 RNA 聚合酶 I 定位在起始位点附近（图 13-12）。在人类细胞中，TBP 与其他三种多肽稳定结合，形成一种称为 SL1 的起始因子，与核心启动子元件结合，在功能上相当于酵母核心因子加上 TBP。

RNA 聚合酶 I 的启动子是 I 类启动子，转录产物是含主要 rRNA 序列的前体 rRNA（45S rRNA）。转录终止位于成熟 RNA 的 3′端下游大于 1000bp 的离散位点上。特异辅因子识别含 18 个碱基的终止子序列，参与转录终止。

多个拷贝的 45S rRNA 基因串联排列在核仁内，在核仁内组装形成核糖体。5S rRNA 在核内的其他区域合成，核糖体蛋白质在细胞质合成，合成后都要转运到核仁内。在核仁内，其与 18S、5.8S 和 28S rRNA 结合形成核糖体亚基。这些亚基再从细胞核移到细胞质中。

（三）真核生物 tRNA 基因的转录

真核生物 tRNA 基因的转录主要由 RNA 聚合酶Ⅲ催化。在 DNA 中的启动子是Ⅲ类启动子。5S rRNA、tRNA、U6 snRNA、7SLRNA 和 7SKRNA 等的基因含有Ⅲ类启动子。

1. RNA 聚合酶Ⅲ识别的启动子　　与其他启动子不同，RNA 聚合酶Ⅲ识别的启动子不在转录起始位点上游，而在基因编码区内，起始位点下游，命名为 A 盒、B 盒和 C 盒。经过对近 80 个编码 tRNA 的基因组成分析发现，启动子可分为 A、B 两个区域，A 区靠近 5′端的 +8～+19bp 处。B 区在近 3′端的 52～62bp 处，共有序列为 GGTTCQANNCC，也称其为断裂启动子。实验证实 A、B 区域内碱基发生突变，将会降低转录效率，但改变 A、B 区之间距离（从 12～1530bp）不影响转录的起点和终点。

tRNA 和 5S rRNA 基因的启动子区域位于转录序列内（图 13-13）。5S rRNA 基因启动子区域含 A 盒和 C 盒，之间为中间体元件（intermediate element，IE），这个 A 盒-IE-C 盒区域称为内部控制区域（internal control region，ICR）。tRNA 基因的启动子区域包含 A 盒和 B 盒，位于 +10～+20 和 +50～+60 区域。snRNA 基因的启动子位于转录起始位点的上游。

图 13-13　真核 RNA 聚合酶Ⅲ启动子结构

编码 5S rRNA 的基因启动子也位于转录区内，称为内部启动子。例如，非洲爪蟾的 5S rRNA 编码基因启动子就位于 +50～+83bp 处，如果将这段序列插入任何 DNA 分子中，RNA 聚合酶Ⅲ都能识别并起始转录，而且转录起始位点为其上游方向约 50bp 处的一个嘌呤碱基。

2. RNA 聚合酶Ⅲ的转录起始　　tRNA 和 5S rRNA 基因的 RNA 聚合酶Ⅲ转录，需要 TFⅢA、TFⅢB 和 TFⅢC 3 个通用转录因子。在 tRNA 启动子上，TFⅢC 和 B 两个多聚因子参与起始。在 5S rRNA 启动子上，还需要第 3 个转录因子 TFⅢA 参与（图 13-14）。

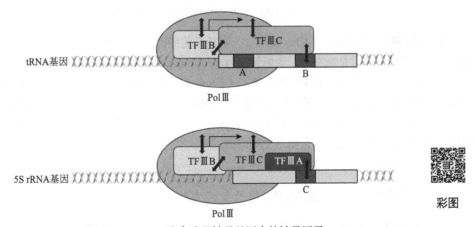

图 13-14　RNA 聚合酶Ⅲ转录基因中的转录因子

彩图

所有 RNA 聚合酶Ⅲ转录的基因中，研究最多的是非洲爪蟾 5S rRNA 的基因。非洲爪蟾基因组中有两套 5S rRNA 基因在卵母细胞中表达，为接下来的胚胎发育聚集贮存大量的 5S rRNA；另一套基因在体细胞中表达。转录起始复合物的形成先是由 TFⅢC 识别并与 B 盒结合，延伸到 A 盒。TFⅢB 结合在起始位点周围，RNA 聚合酶Ⅲ就位，形成转录复合体。

体外转录实验中，RNA 聚合酶Ⅲ转录产物与体内转录有相同的 5′和 3′端。转录终止反应与细菌 RNA 聚合酶的内在终止（intrinsic termination）相似。终止通常发生在一串 4U 碱基内的第二个 U 上，但也有不同，有一些分子以 3 个甚至 4 个 U 碱基为结尾。

第二节 真核生物 RNA 初级转录物的加工

在真核细胞中，细胞核与细胞质分离，转录发生在细胞核，转录和翻译不能同时发生。同原核生物，真核生物转录生成的 RNA 分子是初级 RNA 转录物（primary RNA transcript，pre-RNA），必须经过加工，才能成为具有功能的成熟 RNA。另外，一些 RNA 还需要经过编辑、化学修饰或降解处理。加工主要在细胞核中进行。成熟的 RNA 通过核孔输出到细胞质基质，才能参与蛋白质的翻译。

一、真核生物前体 mRNA 转录后的加工

（一）真核生物 mRNA 的特征

1. 5′端帽子结构和 3′端多（A）结构 真核生物一个转录单位是一个结构基因的 mRNA，初级转录物是单顺反子，即只包含一个蛋白质的信息，其长度为几百到几千个核苷酸。一个完整的基因，不但包含编码区，还包含 5′端帽子结构和 3′端多（A）结构，它们虽然不编码氨基酸，却在基因表达的过程中起着重要作用。所以真核生物成熟的 mRNA 结构的最大特征就是 5′端有帽子结构，3′端有多（A）结构（图 13-15）。

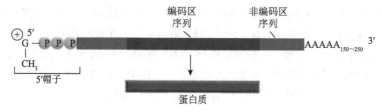

图 13-15 真核生物成熟的 mRNA 结构

2. 转录的初级产物是核不均一 RNA 真核细胞的编码基因绝大多数是不连续的，编码序列中间隔着插入序列，基因是断裂的，为断裂基因（split gene）。其中真核基因中编码蛋白质的序列为外显子（exon）；而不表达的序列为内含子（intron）。也就是说，真核 mRNA 的初级转录物（前mRNA）中包括内含子和外显子，称为核不均一 RNA（hnRNA），它比成熟的 mRNA 大 4～10 倍。因此，真核生物 RNA 聚合酶Ⅱ在细胞核内转录生成 hnRNA，其加工需要进行 5′端和 3′端的修饰及剪接（splicing）；其次，还要经过甲基化等修饰过程，才能变为有功能的 mRNA 分子。成熟的 mRNA 从核孔转移到核糖体，才能指导蛋白质翻译。

（二）真核生物前体 mRNA 5′端帽子结构的形成

1. mRNA 的帽子结构 大多数真核 mRNA 的 5′端有 7-甲基鸟嘌呤的帽子结构[m⁷G（5）

pppNmpN-]。RNA 聚合酶Ⅱ催化合成的新生 RNA 当长度达 25～30 个核苷酸时，其 5′端的核苷酸就与 7-甲基鸟嘌呤核苷通过不常见的 5′,5′-磷酸二酯键相连。一般认为，帽子结构是 GTP 和原 mRNA 5′-三磷酸腺苷（或鸟苷）反应的产物，新加上的鸟嘌呤（G）与 mRNA 链上所有其他核苷酸方向正好相反，像一顶帽子倒扣在 mRNA 链上，故而得名。

真核细胞 mRNA 的 5′端帽子结构有三种形式：①N^7-甲基鸟嘌呤核苷酸部分称为帽子 0（cap0），符号为 m^7GpppX，单细胞真核生物如酵母，只具有帽子 0。②进一步在初级转录物的第一个核苷酸的 2′-OH 位上由鸟嘌呤-N^7-甲基转移酶催化产生甲基化，则构成帽子 1（1 个甲基化，包括帽子 0 部分），其符号为 $m^7GpppXm$，这是除了单细胞真核生物的其余真核生物的主要帽子形式。③在有些真核生物中，在第二个核苷酸的 2′-OH 位上还可以再产生甲基化，构成帽子 2（包括帽子 1 和帽子 0 部分），其符号为 $m^7GpppXmpYm$。帽子 2（2 个甲基化）一般只占有帽子 mRNA 的 10%～15%。三种帽子的结构见图 13-16。所有帽子结构皆含 7-甲基鸟苷酸，通过焦磷酸连接于 5′ 端。在脊椎动物中，第二个核苷酸的核糖（碱基 2）也被甲基化。这两种特征都发生在所有的动物细胞和高等植物细胞中，但酵母缺乏。

2. 帽子结构的生物学意义

（1）维持 mRNA 的稳定性 mRNA 的帽子结构可以与一类称为帽结合蛋白质（cap-binding protein, CBP）的分子结合形成复合体。这种复合体有助于维持 mRNA 的稳定，并能协同 mRNA 从细胞核向细胞质转运。一般在初级转录物的转录开始后，前体 mRNA 合成到约 30nt 时，5′端修饰即开始，它保护 5′端免受核酸外切酶的水解，维持 mRNA 的稳定性。因为生成的 5′,5′-磷酸二酯键，体内无此水解酶，可延长 mRNA 寿命。

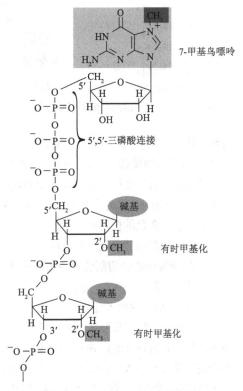

图 13-16 mRNA 的帽子结构

（2）促进核质运输和翻译准确起始 5′端帽子结构与帽结合蛋白质复合体结合，参与核糖体翻译过程，并促进核糖体对 mRNA 的翻译。一般有帽子结构的 mRNA 更易被蛋白质合成的起始因子识别，有利于蛋白质的合成。未加帽的 mRNA 不能进入细胞质。

（3）促进剪接过程 在细胞核中，帽子结构可能与帽结合的 CBP20/80 异源二聚体识别和结合，可刺激第一个内含子的剪接。

3. 前体 mRNA 的加帽过程 RNA 聚合酶Ⅱ在基因第一个外显子的第一个核苷酸处启动转录后不久，新生 RNA 5′端即被 7-甲基鸟苷酸帽子覆盖。加帽过程由鸟苷酸转移酶（guanylytransferase）和甲基转移酶（methyltransferase）催化完成。首先，新生 RNA 5′端核苷酸的 γ-磷酸被磷酸酶水解。然后，在鸟苷酸转移酶作用下与另一个 GTP 5′端结合，形成 5′,5′-三磷酸结构。最后，在甲基转移酶的作用下使加上去的 G 的 N7 和原新生 RNA 的 5′端核苷酸的核糖 2′-O 甲基化[所需甲基由 S-腺苷甲硫氨酸（SAM）提供]。这两步甲基化反应由鸟嘌呤-N^7-甲基转移酶和 2′-O-核糖甲基转移酶不同的甲基转移酶催化（图 13-17）。需要特别注意：鸟苷酸转移酶必须与 RNA 聚合酶Ⅱ的磷酸化羧基端

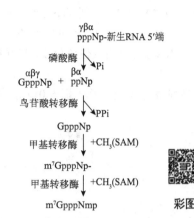

图 13-17　真核生物 mRNA 帽子形成过程

结构域（CTD）相结合后才能发挥作用。另外，在真核生物 mRNA 的世界里，每一个 mRNA 分子末端鸟嘌呤中只有一个甲基基团，称为单甲基帽（monomethylated cap）。而一些非编码短序列 RNA，如剪接体等会进一步被甲基化，称为三甲基帽（trimonomethylated cap）。但负责这些额外的甲基转移的酶存在于细胞质中，以确保只有那些特化的 RNA 才能在它们的帽上进一步甲基化。

（三）真核生物前体 mRNA 3′端 poly(A)结构的生成

除组蛋白基因外，所有真核生物 mRNA 的 3′端都有一个多（A）序列，通常写作 poly(A)，其长度因 mRNA 的不同而变化，一般为 40～200 个核苷酸长的 AMP 残基链。它不是由 DNA 模板编码，而是在转录后由 RNA 末端腺苷酸转移酶催化一个一个地加上去的。

目前还不清楚真核生物 RNA 聚合酶Ⅱ所转录基因的精确终止位点，但经研究发现，转录最初合成的前体 mRNA 3′端长于成熟的 mRNA。因此，在加上 poly(A)尾之前，要先在核酸内切酶的作用下切去这些多余的核苷酸，再加上 poly(A)，由此，前体 mRNA 在 3′端的修饰实际上包括初级转录物的切割和多腺苷酸化两步反应。

1. 初级转录物的切割位点和多腺苷酸化起始位点的结构组成　　几乎所有的真核基因的 3′端转录终止位点上游 15～30bp 处都有一段 AAUAAA 的保守序列。目前证实 AAUAAA 对于初级产物的切割及 poly(A)尾的加入都是必需的，为多腺苷酸化信号。前体 mRNA 上的断裂位点即多腺苷酸化的起始位点。一般容易发生断裂的碱基序列依次为：A＞U＞C＞G，大多数前体 mRNA 的断裂位点是 A，其前面的碱基通常是 C。因此，CA 断裂位点常被称为 poly(A)位点。断裂位点的上游 10～30 核苷酸处有 AAUAAA 信号序列，是高度保守的特异性 poly(A)信号，与 RNA 的断裂和 poly(A)的加入密切相关。断裂位点的下游 20～40 核苷酸处有富含 G 和 U 的序列，这是保守性差的 poly(A)信号，有富含 U 和富含 GU 两种类型，二者可以同时或单独存在于 poly(A)的信号中。

2. 参与前体 mRNA 分子断裂和 poly(A)形成的重要分子　　前体 mRNA 分子断裂和 poly(A)形成的过程十分复杂，需要多种蛋白质或因子参与，重要的有以下几种。

（1）裂解和多腺苷酸化特异性因子（cleavage and polyadenylation specificity factor，CPSF）　　由 4 个亚基组成，作用是识别 AAUAAA 并与之结合，形成不稳定的复合体。

（2）裂解刺激因子（cleavage stimulatory factor，CStF）　　识别断裂位点下游 G 和 U 的区域并与之结合形成稳定的多蛋白复合体。与断裂因子Ⅰ（cleavage factorⅠ，CFⅠ）和断裂因子Ⅱ（CFⅡ）一起参与前体 mRNA 的断裂。

（3）多腺苷酸聚合酶[poly(A) polymerase，PAP]　　在前体 mRNA 断裂产生的游离 3′-OH 催化多腺苷酸化反应。在加入约前 12 个腺苷酸时，速度较慢，随后快速加入，完成多腺苷酸化。多腺苷酸化的快速期有一种多腺苷酸结合蛋白Ⅱ[poly(A) binding proteinⅡ，PABPⅡ]参与。PABPⅡ和慢速期已合成的多核苷酸结合，可以加速多腺苷酸聚合酶的反应速度。

3. 前体 mRNA 分子的切割和多腺苷酸化过程　　首先由 CPSF 识别并结合 3′端 AAUAAA 信号序列，形成不稳定的 CPSF-RNA 复合体。接着 CStF、CFⅠ和 CFⅡ与 CPSF-RNA 复合体结合，CStF

与断裂位点下游 GU 序列结合形成稳定的多蛋白复合体。然后，多腺苷酸聚合酶（PAP）加入到多蛋白复合体上，在 poly(A)位点切割前体 mRNA，通常是 3′上游 poly(A)信号的 10～35 个核苷酸处，断裂位点处产生的 3′-OH，由 poly(A)聚合酶合成加上 poly(A)尾。参与 poly(A)尾修饰过程的酶复合物位于 RNA 聚合酶Ⅱ的 CTD 尾部，但 RNA 聚合酶Ⅱ转录物终止和 poly(A)添加是相互独立的。

在 poly(A)位点切割后，多腺苷酸化分为两个阶段。添加前 12 个左右的 A 残基时发生缓慢。当 PABPⅡ与初始短 poly(A)尾结合后加速了 PAP 的反应。在 200～250 个 A 残基之后，PABPⅡ信号指示 PAP 停止聚合（图 13-18）。

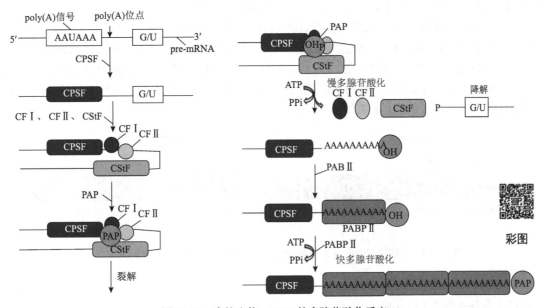

图 13-18　真核生物 mRNA 的多腺苷酸化反应

真核生物 mRNA poly(A)尾是 mRNA 由细胞核进入细胞质基质所必需的形式，它大大提高了 mRNA 在细胞质基质中的稳定性。经研究发现，一般当 mRNA 刚从细胞核进入细胞质时，其 poly(A)尾一般比较长，随着该 mRNA 在细胞质内逗留时间延长，poly(A)尾变短消失，mRNA 进入降解过程。poly(A)尾还能增强 mRNA 的可翻译能力。

值得一提的是，poly(A)尾并非对所有 mRNA 都是必需的。一些 mRNA，如较高等真核生物中组蛋白的 mRNA 并不含 poly(A)尾。但因为大多数真核生物的 mRNA 都含有 poly(A)尾，这一特性已被广泛用于分子克隆。常用寡聚（dT）片段与 mRNA 上 poly(A)相配对，作为反转录酶合成第一条 cDNA 链的引物。

（四）前体 mRNA 的剪接

在真核细胞中绝大部分基因被不同大小的内含子相互间隔开，平均有 8～10 个内含子。这些内含子在转录后加工中要除去，再把外显子连接起来，才能成为成熟的 RNA 分子。这是所有真核生物 RNA 在转录后加工中进行的一个重要步骤，称为 RNA 的剪接（splicing）。

1. 剪接的发生位点　　RNA 的剪接部位必须十分精确，否则可能导致整个编码框的移位。因此，正确的剪接位点必须有明确的标示。通过比较从低等到高等真核生物的外显子与内含子相邻的序列发现，在真核生物前体 mRNA 转录物中内含子 5′端边界序列 GU（内含子以 GU 开始），3′端边界序列为 AG（内含子以 AG-OH 结束）。因此，GU 表示供体衔接点的 5′端，AG 表示接纳体衔接点的 3′端。这种保守序列模式称为 GU-AG 模式，又称尚邦法则（Chambon's rule）。5′ GU-AG-OH 3′称为剪接接头（splicing junction）或边界序列。

除了边界序列，外显子与内含子交界处的序列、内含子内部的序列也可能参与内含子的剪接。例如，在真核生物中内含子的 5′端有较保守的共有序列 5′-GUPuAGU-3′，3′端剪接位点 AG 的附近有 10～20 个富含嘧啶核苷酸的特征性的共有序列区域。此外，许多发生分叉剪接的核 mRNA 内含子 3′端上游 18～50 个腺苷酸处，存在一个 Py80NPy87Pu75Apy95 的保守区，其中 A 为绝对保守，且具有 2′-OH，是参与形成分叉剪接中间物的特定腺嘌呤，称为分支位点。

由此，前体 mRNA 含有可被剪接体所识别的特殊序列，其内含子两端存在一定的序列保守性。含有 5′剪接位点（5′ splice site）、剪接分支位点（splice branch site）和 3′剪接位点（3′ splice site）（图 13-19）。内含子的 5′端（5′剪接位点）、3′端（3′剪接位点）和分支位点都是各种核糖核蛋白剪接调节因子的结合位点，分支位点的作用是识别出最近的 3′ 剪接位点，作为连接到 5′ 剪接位点的目标。三个位点对于剪接的发生都是必需的。

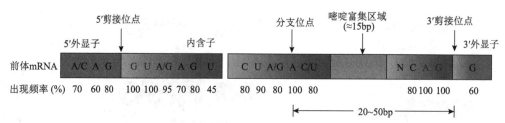

图 13-19　真核生物中内含子 5′剪接位点、分支位点和 3′剪接位点的保守序列

2. 前体mRNA剪接的主要方式

（1）剪接体内含子的剪接

1）剪接体（spliceosome）：一种超大分子复合体，为由 5 种核小 RNA（snRNA）与多种蛋白质装配形成的复合物。其中 5 种 snRNA，每种长 100～300 个核苷酸，分子中的碱基以尿嘧啶最为丰富，故以 U 分类命名，分别称为 U1、U2、U4、U5 和 U6。每一种 snRNA 分别与多种蛋白质结合，形成 5 种核小核糖核蛋白颗粒（snRNP）。剪接体就是由这些 snRNP 形成的巨型复合体，参与前体 mRNA 剪接，各成分的作用见表 13-3。

表 13-3　参与 mRNA 前体剪接的 snRNP

snRNP	snRNA/nt	作用
U1	165	先后结合在 5′、3′剪接位点上
U2	185	与分支位点结合，形成催化中心的一部分
U4	145	遮蔽 U6 的催化活性
U5	116	结合在 5′剪接位点上
U6	106	催化剪接

每个 snRNP 包含一条 snRNA 和数个或十多个蛋白质。从酵母到人类的 snRNP 中的 RNA 和蛋白质都高度保守。存在于所有 snRNP 中的蛋白质叫作通用蛋白，也称为 Sm 蛋白，具有核酸酶和连接酶的活性，能把转录在内含子-外显子接点处切断，并把两个游离端连接起来。因此，snRNP 在剪接中的功能：首先是识别 5′剪接位点和分支位点；其次，按需要把两个位点集结在一起；然后，催

化或协助催化 RNA 的剪接和连接反应。每种剪接体发挥的作用不同，因此，在剪接反应的不同时期，剪接体中含有不同的 snRNP。前体 mRNA 链上每个内含子的 5′和 3′端分别与不同的 snRNP 相结合形成 RNA 和 RNP 的复合物。

2）剪接体的组装及内含子的剪接过程：U1-snRNP 与 5′剪接位点的结合是剪接开始的第一步。首先 U1 和 U2-snRNP 的 snRNA 与前体 mRNA 的碱基配对识别结合。一般情况下，5′剪接位点被 U1-snRNA 识别并与之按碱基互补的方式结合，通过其单链 5′端与 5′剪接位点的一串（4～6 个）碱基之间的碱基配对，使得 U1-snRNA 与 5′剪接位点产生相互作用。3′端剪接位点可被其上游富含嘧啶区的 U2 辅助因子（U2 auxiliary factor，U2AF）（多细胞真核生物细胞中是由 U2AF65 蛋白和 U2AF 蛋白组成的异源二聚体；在酒酿酵母中是 Mud2 蛋白）识别，并引导 U2-snRNA 与分支位点互补结合（内含子内一个腺苷酸的 2′-OH），形成前体 mRNA、U1-snRNA 和 U2-snRNA 剪接前体（pre-spliceosome）（图 13-20）。

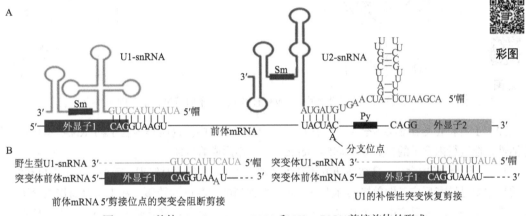

图 13-20　前体 mRNA、U1-snRNA 和 U2-snRNA 剪接前体的形成

随后，在 U4 和 U6-snRNP 中，snRNA 之间的碱基配对形成一个与 U5-snRNP 相关的复合物，U5 序列结合在 5′剪接位点的上游。U4-U6-U5 复合物与先前形成的 U1-U2-前体 mRNA 复合物结合，形成 60S 剪接体，再通过各 snRNA 与前体 mRNA 之间的碱基互相配对及各种 snRNA 彼此间的碱基对的重排，使复合体的构象发生变化，此时内含子发生弯曲而形成套索状。上、下游的外显子 1 和外显子 2 靠近形成具有剪接活性的完整剪接体。

剪接体形成后，snRNA 与前体 mRNA 配对中的重排导致 U1 和 U4-snRNP 的释放。U2 和 U6 形成催化中心，发生第一次转酯反应，在分支位点 A 上的 2 个羟基与内含子 5′端的磷酸盐之间形成 2 个磷酸二酯键。继 snRNP 的另一次重排后，第二次转酯反应将两个外显子连接，并从剪接体内释放。而套索式的内含子仍与各种 snRNP 结合在一起。但这种复合体很不稳定，容易解聚，其中释放的套索状内含子部分被降解，部分参与非编码 RNA 的生成。释放的各种单个 snRNP 又可参加新的剪接体的生成，催化新的前体 mRNA 的剪接。此即所谓剪接体的剪接循环（图 13-21）。

由于 U6-U4 配对与 U6-U2 配对不兼容。当 U6 加入剪接体时，它与 U4 配对。U4 的释放允许 U6 的构象发生变化，释放序列的一部分形成发夹，另一部分与 U2 配对。因为 U2 的一个相邻区域已经与分支位点配对，这就使 U6 与分支并置。注意，底物 RNA 与通常的方向相反，显示为 3′→5′。

在转酯反应中，并不需要 ATP 水解供能，但能量可能用于剪接过程中 snRNA 的重排或某些构象的改变。另外，snRNA 是以 snRNP 的形式参与剪切体组装的，但剪接体中起催化作用的是其中所含的 RNA 组分。

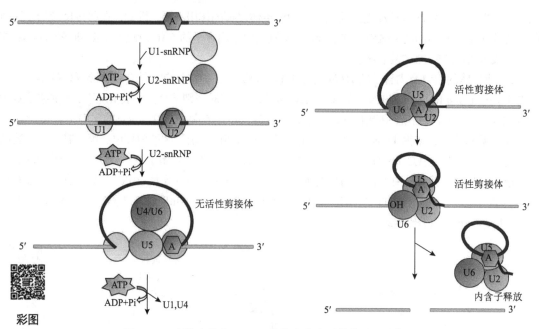

图 13-21　真核生物中 mRNA 前体中内含子剪接过程示意图

（2）Ⅰ类和Ⅱ类自剪接内含子　　存在于细胞器和细菌中。这两类内含子的 RNA 本身具有催化活性，能进行内含子的自剪接（self-splicing），不用形成剪接体。

1）Ⅰ类自剪接内含子：最初在研究原核生物四膜虫 RNA 前体时发现，后来在细菌中也有发现。其剪接主要是转酯反应，即剪接实际上是发生了两次磷酸二酯键的转移。在Ⅰ类自剪接内含子剪接体系中，第一个转酯反应由一个游离的鸟苷或鸟苷酸介导，鸟苷或鸟苷酸的 3′-OH 作为亲核基团攻击内含子 5′端的磷酸二酯键，从上游切开 RNA 链。在第二个转酯反应中，上游外显子的自由 3′-OH 作为亲核基团攻击内含子 3′位核苷酸上的磷酸二酯键，使内含子被完全切开，上、下游两个外显子通过新的磷酸二酯键相连（图 13-22A）。Ⅰ类自剪接内含子释放出线性内含子，而不是一个套索状内含子。

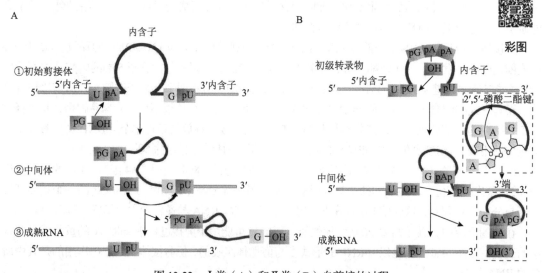

图 13-22　Ⅰ类（A）和Ⅱ类（B）自剪接的过程

2）Ⅱ类自剪接内含子：主要存在于真核生物的线粒体和叶绿体 rRNA 的基因中，起始过程涉及内含子中的 A 残基的分子内攻击，形成套索。在Ⅱ类自剪接内含子剪接体系中，转酯反应不需要游离的鸟苷或鸟苷酸介导，而是由内含子本身靠近 3′端的 2′-OH 作为亲核基团攻击内含子 5′端的磷酸二酯键，从上游切开 RNA 链后形成套索状结构。再由上游外显子的自由 3′-OH 作为亲核基团攻击内含子 3′位核苷酸上的磷酸二酯键，使内含子被完全切开，上、下游两个外显子通过新的磷酸二酯键相连（图 13-22B）。

当一次剪接过程结束，一个外显子连接复合物（exon junction complex，EJC）与外显子-外显子连接上游 20nt 处的每个剪接位点结合，形成成熟的信使核糖核蛋白（mRNP）。

（五）前体 mRNA 的其他剪接

1. 前体 mRNA 的可变剪接　　在高等生物中，内含子通常是有序或组成型地从 mRNA 前体中被剪接。但在个体发育或细胞分化时可以有选择性地越过某些外显子或某个剪接位点进行变位剪接，产生出组织或发育阶段特异性的 mRNA，称为内含子的可变剪接或选择性剪接（alternative splicing），即一种基因能产生多种 mRNA 序列。现已清楚，哺乳动物中所表达的基因中 90%以上是可以发生可变剪接的。可变剪接存在多种不同模式，如内含子滞留（intron retention）、选择不同的 5′剪接位点、选择不同的 3′剪接位点、外显子包含或跳跃（exon inclusion or skipping）等。在细胞中可变剪接可影响基因表达产物的结构多样性。例如，通过包含或省略一些编码序列，或为基因的某一部分产生可变阅读框等都可以改变编码蛋白质的功能特性。在不同的组织或不同的发育阶段，剪接有时包括某外显子，有时则排出某外显子。免疫球蛋白的重链 mRNA 经不同的剪接后，其基因产物有的含 N 端疏水膜结合区，有的不含。还有果蝇发育过程中的不同阶段产生 3 种不同形式的肌球蛋白重链，就是由于肌球蛋白重链的前体 mRNA 分子通过选择性剪接机制，产生了 3 种不同形式的 mRNA。另一个很典型的例子是肌肉 α-原肌球蛋白（α-tropomyosin）有多种不同的剪接形式。在不同类型细胞的多种收缩系统中都存在原肌球蛋白。很明显，不同组织中的原肌球蛋白不同，它们分别需要编码相应功能区的外显子，但不同组织中编码原肌球蛋白的基因只有一个，因此就要求基因转录出 mRNA 后有不同的剪接，形成多种编码的原肌球蛋白。这种现象的存在提高了有限基因数目的利用，是增加生物蛋白质多样性的机制之一。由上可见，可变剪接普遍存在，且有多种剪接模式（图 13-23）。现在已发现了 50 多种真核基因有这种选择性剪接。

为什么真核基因含有那么多内含子？迄今仍不很清楚。但可变剪接可以说明内含子的功能之一，即内含子的存在使得可变剪接成为可能。其意义在于可使一个基因表达出多种蛋白质，即扩大了 DNA 中遗传信息的含量。但同样令人不解的是，高等真核生物的基因组本身是很庞大的，它完全能够容纳更多的基因，但为什么一方面它的许多基因非常分散，另一方面它又使一个基因产生出多种产物，目前尚不清楚。

2. 反式剪接　　剪接反应通常只以顺式（*cis*-form）方式发生在同一个 RNA 分子的剪接连接点中，也就是说只在同一个 RNA 分子中序列才能剪接在一起。但如果不同内含子存在同源性，碱基之间互补配对，形成一种特殊的结构，一个基因的外显子与另一个基因的外显子连接在一起，为反式剪接（*trans*-splicing）。反式剪接主要发生在锥虫和线虫中。

3. 长前体 mRNA 外显子的加工　　人类基因组中外显子的平均长度约为 150 个碱基，内含子的平均长度则长得多（约为 3500 个碱基），最长的内含子达 500kb 以上。高等生物需要 RNA 结合蛋白家族，即 SR 蛋白，与外显子中的序列相互作用，称为外显子剪接增强子（exonic splicing enhancer，ESE）。外显子剪接增强子通过识别 SR 蛋白和剪接因子与前体 mRNA 的协同结合（图 13-24）对长前体 mRNA 外显子进行加工。

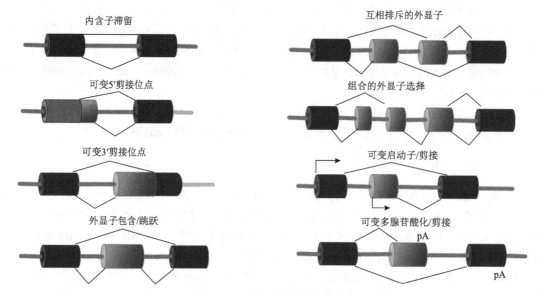

图 13-23　可变剪接的不同模式

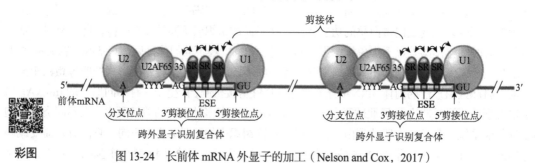

图 13-24　长前体 mRNA 外显子的加工（Nelson and Cox，2017）

二、真核生物前体 rRNA 转录后的加工

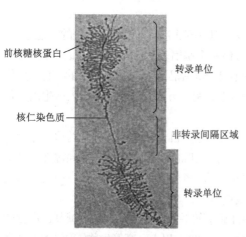

图 13-25　真核生物 rRNA 基因的结构
（Nelson and Cox，2017）

1. 真核生物 rRNA 基因的结构　真核细胞的 rRNA 基因（rDNA）属于冗余基因（redundant gene）族的 DNA 序列，即染色体上一些相似或完全一样的串联基因（tandem gene）单位的重复。属于冗余基因族的还有 5S rRNA 基因、组蛋白基因、免疫球蛋白基因等。

rDNA 位于核仁内，每个基因各自为一个转录单位。不同物种基因组可有数百或上千个 rDNA，每个基因又被不能转录的基因间隔（gene spacer）分段隔开。可转录片段大小为 7~13kb，间隔区也有若干 kb 大小，但不是内含子（图 13-25）。目前已知大多数真核生物 rDNA 基因无内含子，有些虽然有但不转录。

新生前体 rRNA（pre-rRNA）与蛋白质结合，形成巨大的前核糖核蛋白（pre-RNP）颗粒，前体长度约为成熟 rRNA 的 2 倍。rRNA 基因排列成长串联阵列，由非转录间隔区域隔开，长度从青蛙中的约 2kb 到人类中的约 30kb。三个成熟 rRNA 对应的基因组区域总是按相同的 5'→3'18S、5.8S 和 28S 顺序排列，其在所有真核细胞（甚至在细菌）中，pre-rRNA 基因编码顺序和加工过程都是十分保守的。

2. 真核生物 rRNA 的加工和核糖体组装　　在真核细胞中有 28S、18S、5.8S 和 5S 四种 rRNA。前三种的基因组成一个转录单位。rRNA 是在核仁中合成的，因此新生的 pre-rRNA 的合成和加工均发生在核仁中。

首先新生的 pre-rRNA 转录物即与蛋白质结合，形成前核糖核蛋白颗粒，其中最大的（80S）包含一个完整的 45S pre-rRNA 分子。生成的 45S rRNA 通过一个"自切割"机制，在核仁小 RNA（snoRNA）和核仁小核糖核蛋白（snoRNP）参与下，在核内经历了 2'-O-核糖甲基化等化学修饰、一些核糖核酸内切酶和外切酶的剪切、去除内含子等顺序加工过程，先剪去 5'端非编码序列，生成 41S 中间产物。后者再被切割成 32S 和 20S 两段。32S 逐步剪切为成熟的 28S 和 5.8S rRNA，20S 则被剪切生成 18S rRNA（图 13-26）。

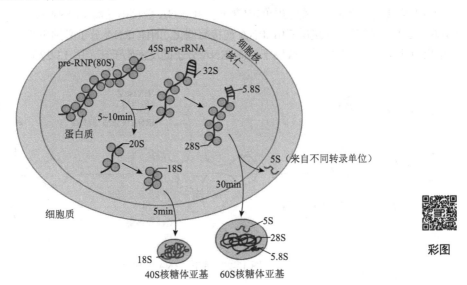

图 13-26　真核生物 rRNA 的转录后加工

约 150 种 snoRNA 参与了 rRNA 的加工过程。它们瞬时与 pre-rRNA 分子杂交和蛋白质结合，形成 snoRNP 颗粒。snoRNA 协助加工 pre-rRNA 和组装核糖体亚单位，参与 rRNA 的加工成熟。

当核仁中核糖体亚基组装完成后，它们通过核孔复合体转运到细胞质中（核糖体亚基是已知通过核孔复合体运输的最大细胞结构），在那里先作为自由亚基存在。除了以上的三种 rRNA，大核糖体亚基的 5S rRNA 组分由 RNA 聚合酶Ⅲ在核质中合成，不需要加工。

一般生长中的细胞，其 rRNA 较稳定。静止状态细胞的 rRNA 寿命较短。

三、真核生物前体 tRNA 转录后的加工与修饰

真核生物的大多数细胞有 40～50 种不同的 tRNA 分子。编码 tRNA 的基因在基因组内都有多个拷贝，成簇存在，基因之间由间隔区分开，含有内含子。其内含子的特点是：①长度和序列没有共同性，一般由 16～46 个核苷酸组成；②位于反密码子的下游；③与外显子间的边界没有保守序列，其前体的剪接不符合一般规律，与 mRNA 不同。真核生物 tRNA 前体的转录后加工包括剪接和核苷

酸的碱基修饰。目前分离到的 tRNA 前体都是单个 tRNA 分子。另外，在分离到的一些真核 tRNA 前体中都含有插入顺序（原核不含有）。其加工方式大致如下（图 13-27）。

（1）切除 tRNA 前体 5′端多余的序列　这一过程是在特异酶的催化下完成的。例如，酵母的前体 tRNA^{Tyr} 分子 5′端的 16 个核苷酸前导序列由 RNase P 切除，该酶属于核酶（ribozyme）。

（2）氨基酸臂的 3′端多余序列的切除及末端的添加　真核生物所有 tRNA 前体的 3′端缺乏 CCA-OH 结构，在蛋白质翻译中没有活性，需要在 tRNA 核苷酸转移酶（tRNA nucleotidyl transferase）的催化下添加 CCA 序列。例如，酵母前体 tRNA^{Tyr} 氨基酸臂的 3′端 2 个 U 先是被核糖核酸内切酶 RNase Z 切除，有时核糖核酸外切酶 RNase D 等也参与切除过程，然后氨基酸臂的 3′端再由 tRNA 核苷酰转移酶添加上 CCA 序列。

（3）修饰　　　tRNA 修饰碱基很多，主要为甲基化修饰，占被修饰碱基的一半以上。还有其他一些方式的修饰，如碱基置换或转换等。其包括嘌呤修饰为甲基嘌呤，尿嘧啶还原为二氢尿嘧啶（DHU），尿嘧啶核苷转换为假尿嘧啶核苷（Ψ），腺嘌呤核苷脱氨成次黄嘌呤核苷（I）等。修饰碱基的作用：一是使 tRNA 的稳定性增高；二是可调节翻译装置中的蛋白质或其他 RNA 对它的识别。

（4）剪接　　　切除茎-环结构中的内含子。由 tRNA 剪接内切酶（tRNA-splicing endonuclease，TSEN）完成。切除后的连接反应由 tRNA 连接酶催化。前体 tRNA 分子必须折叠成特殊的二级结构，剪接反应才能发生，内含子一般位于前体 tRNA 分子的反密码子环（图 13-27）。

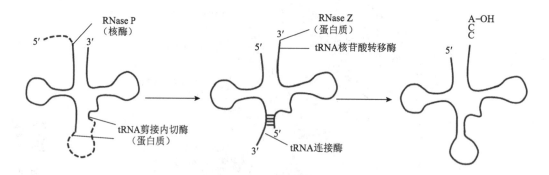

图 13-27　前体 tRNA 的剪接

第三节　RNA 编辑与化学修饰

一、RNA 的编辑

RNA 编辑（RNA editing）是 mRNA 上的一些序列在转录后发生了改变，或 mRNA 水平上信息发生改变的过程，是指某些 RNA，特别是 mRNA 前体的一种加工方式，如插入、删除或取代一些核苷酸残基，导致经过编辑的 mRNA 序列发生了不同于模板 DNA 的变化，使最终的蛋白质氨基酸序列与基因转录的初级产物并不完全对应。RNA 编辑发生在两种不同的情况下，有不同方式。

1. 单位点碱基的编辑　　　在哺乳动物细胞中，有些情况下，mRNA 中的单个碱基发生替换，导致被编码的蛋白质序列发生变化，如哺乳动物载脂蛋白 mRNA 的编辑。在小肠和肝脏中的载脂蛋白 B 基因（*apoB*）完全相同，但由于小肠黏膜细胞上有一种胞嘧啶脱氨酶（cytosine deaminase），能将 *apoB* 基因转录生成的 mRNA 的第 2153 位氨基酸的密码子 CAA 中的 C 转为 U，这个碱基的替换使得编码谷氨酰胺的 CAA 变成了终止密码子 UAA，因此，小肠 apoB-48 的翻译在 2153 个密码子处终止（图 13-28）。小肠中载脂蛋白 B 中一个碱基发生了改变，改变了其编码序列，这种 RNA 编辑发生在个别碱基，也叫单位点编辑。目前在人、兔及鼠上均已发现。

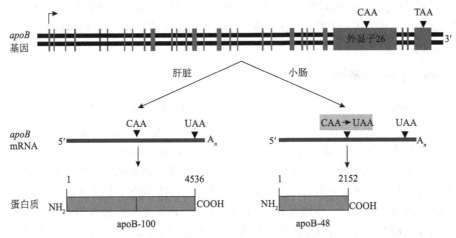

图 13-28　哺乳动物 apoB 基因 mRNA 的编辑

另一个例子是大鼠大脑中的谷氨酸受体实验。将 DNA 中的 Gln 密码子（CAG）改变为 RNA 中的 Arg 密码子（CGG），这种变化影响了通道的电导率，因此对控制通过神经递质的离子流动有重要影响。

2. 多位点碱基的编辑　　RNA 编辑的另一种形式指导 RNA（guide RNA）指导的 RNA 编辑。有实验发现利什曼原虫属锥虫线粒体 RNA 的广泛编辑是由尿苷的插入或缺失引起的。细胞色素 b（Cytb）mRNA 中含有许多独立于核基因的尿嘧啶残基，而这些信息的特异性插入来自指导 RNA，因它含有与编辑后 Cytb mRNA 互补的核苷酸序列，指导 RNA 与被编辑区及其周围部分核苷酸序列虽然有相当程度的互补性，但该指导 RNA 和编辑前 RNA 配对时留下一些缺口，这是由于指导 RNA 中的腺嘌呤（A）残基在编辑前 RNA 中找不到互补碱基而形成的。这时指导 RNA 为尿苷的插入提供了一个模板，允许丢失的尿嘧啶（U）残基插入到缺口中。反应完成后，指导 RNA 从 mRNA 上解离下来，而 mRNA 则被用作翻译的模板进行翻译。编辑是由内切酶、末端尿苷基转移酶活性和 RNA 连接酶的 20S 复合物催化的（图 13-29）。

核基因	AAAGCGGAGAGAAAAGAAA	A G G C TTTAACTTCAGGTTGTTTATTACGAGTATATGG

↓ 转录

| pre-RNA | AAAGCGGAGAGAAAAGAAA | A G G C UUUAACUUCAGGUUGUUUAUUACGAGUAUAUGG |

↓ 与指导RNA配对

| pre-RNA | AAAGCGGAGAGAAAAGAAA | A G 　　 G C UUUAACUUCAGGUUGUUUAUUACGAGUAUAUGG |
| 指导RNA | AUAUUCAAUAAUAAAUUUUAAAUAUAAUAGAAAAUUGAAGUUCAGUAUACACUAUAAUAAUAAU |

↓ 尿嘧啶插入

| mRNA | AAAGCGGAGAGAAAAGAAAUUUAUGUUGUCUUUUAACUUCAGGUUGUUUAUUACGAGUAUAUGG |
| 指导RNA | AUAUUCAAUAAUAAAUUUUAAAUAUAAUAGAAAAUUGAAGUUCAGUAUACACUAUAAUAAUAAU |

↓ 释出mRNA

| mRNA | AAAGCGGAGAGAAAAGAAAUUUAUGUUGUCUUUUAACUUCAGGUUGUUUAUUACGAGUAUAUGG |

图 13-29　指导 RNA 和 RNA 的编辑机制

彩图

RNA 编辑的生物学意义在于：①校正作用。有些基因在突变过程中丢失的遗传信息可能通过 RNA 的编辑得以恢复。②调控翻译。通过 RNA 的编辑可以构建或去除起始密码子和终止密码子，是基因表达调控的一种方式。③扩充遗传信息。RNA 的编辑能使基因产物获得新的结构和功能，有利于生物的进化。

二、RNA 的化学修饰

除了 RNA 的编辑，RNA 修饰被认为可能也是基因表达程序的重要转录后调控因子。研究表明，仅人细胞内 rRNA 分子上就存在 106 种甲基化和 95 种假尿嘧啶产物。RNA 的化学修饰可能具有位点特异性。有实验表明只含有 70～100 个核苷酸的核仁小 RNA（snoRNA）参与 RNA 的化学修饰，因为这些 RNA 能通过碱基配对的方式，把 rRNA 分子上需要修饰的位点找出来。现在一般认为 snoRNA 上的 D 盒是甲基化酶的识别位点。常见的核酸转录后修饰包括以下 3 种。

1. 腺嘌呤的甲基化修饰　　主要是 m^6A 和 m^1A 修饰。m^6A 是 N6 位置的甲基化腺苷，在 1974 年被鉴定为转录后修饰。先前的研究认为 m^6A 修饰是哺乳动物 RNA 甲基化最丰富的修饰之一，大约存在于 1/4 的 mRNA 上。m^6A 修饰的特定位置包括 mRNA 3′-非翻译区（3′-UTR）、长内部外显子、基因间区、内含子和 5′-UTR。甲基化修饰与 mRNA 的稳定性有关。

m^1A 是位于腺苷 N1 位置的甲基化，能够改变 RNA 的二级结构。mRNA 中 m^1A 甲基化比 m^6A 甲基化少。但 m^1A 在编码序列、5′-UTR 和 3′-UTR 中存在。有研究表明 m^1A 修饰参与蛋白质的合成，通过抑制释放因子的结合提高翻译效率。当 m^1A 甲基化发生在 mRNA 编码序列区域时，翻译受到一定程度的抑制；出现在 5′-UTR 和 3′-UTR 区域，影响 mRNA 的稳定。

2. 胞嘧啶核苷（m^5C）的甲基化修饰　　m^5C 的甲基化修饰发生在胞嘧啶核苷的 C5 位，广泛存在于 RNA 中，在真核生物 tRNA 和 rRNA 中最为丰富。有研究使用改进的亚硫酸氢盐测序方法和新的计算方法，在人类和小鼠转录组中只检测到几百个 m^5C 位点。其生物学价值尚不确定。

3. 尿嘧啶核苷的旋转异构体　　假尿苷（Ψ）是尿苷的 C5-糖苷异构体，尿嘧啶别构变成假尿嘧啶，是第一个被发现的转录后修饰，也是 RNA 最丰富的修饰之一。尽管 Ψ 最早是在 rRNA、tRNA 和 snRNA 中发现的，但最近对人类和酵母中 Ψ 图谱的全转录组分析的证据显示，数百种人类和酵母的 mRNA 中均包含 Ψ。另一项转录组分析研究在人类 mRNA 中发现了数千个 Ψ 位点。

Ψ 的化学性质不同于尿苷。例如，Ψ 使磷酸二酯骨架更加坚硬，与腺嘌呤之间的碱基配对比尿苷与腺嘌呤之间的碱基配对更强。由于这些特性，Ψ 的存在可能有影响 mRNA 局部二级结构和蛋白质编码的潜能。因此，推测 Ψ 可能直接或间接地影响 mRNA 剪接、mRNA 翻译、mRNA 定位和/或 mRNA 的稳定性。

总之，虽然早在 20 世纪 70 年代人们就知道真核生物 tRNA 和 rRNA 上存在有丰富的化学修饰，但是直到近 10 年，mRNA 上的化学修饰才逐渐得到重视。mRNA 的化学修饰显著影响多种基因的转录后修饰，不仅对 RNA 代谢有广泛的影响，而且可以改变各种 RNA 的功能。转录组结果证实多种多样、普遍存在的化学修饰几乎参与了 RNA 生命周期的各个方面，为基因表达提供了新的调节层面。

第四节　真核生物 RNA 在细胞内的降解与运输

真核生物 RNA 在细胞内的降解有两类：正常转录物的降解和非正常转录物的降解。前者是指细胞产生的有正常功能的 mRNA 的降解，后者是细胞产生的一些非正常转录物的降解。二者都是细胞保持其正常生理状态所必需的。

一、正常转录物的降解

1. 依赖于脱腺苷酸化的 mRNA 降解　　依赖于脱腺苷酸化的 mRNA 降解是体内正常 mRNA 降解的主要方式。当前体 mRNA 的转录后加工完成后，mRNA 分子的 5′端有一个 7-甲基鸟苷三磷酸（m^7Gppp）帽状结构，而在 3′端带有一个 poly(A)尾。当细胞以 mRNA 作为模板进行蛋白质的生物合成时，mRNA 通过 5′端结合的 eIF4E、eIF4G 与 3′端 poly(A)结合的多腺苷酸结合蛋白［poly(A) binding protein，PABP］相互作用而形成封闭的环状结构，这样可以防止来自脱腺苷酸化酶和脱帽酶（decapping enzyme）的攻击。

多数正常 mRNA 的降解过程的第一步是脱腺苷酸化酶侵入环状结构，进行脱腺苷酸化反应。反应结束后，脱腺苷酸化酶脱离帽状结构，使脱帽酶能够结合到 mRNA 的 5′端，从而对 7-甲基鸟嘌呤帽状结构进行水解，脱帽反应产生的单磷酸化的 RNA 末端，被 5′→3′核酸外切酶识别并水解。以上说明脱腺苷酸化反应是脱帽反应得以进行的前提。也有部分 mRNA 在脱腺苷酸化后不进行脱帽反应，而由 3′→5′核酸外切酶识别并水解（图 13-30）。

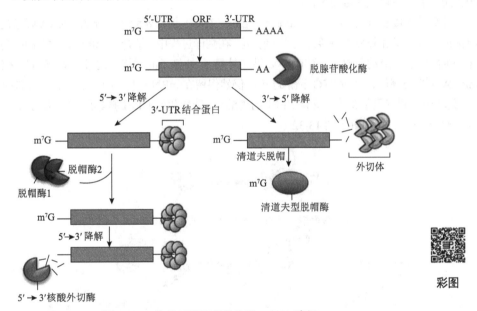

图 13-30　依赖于脱腺苷酸化的 mRNA 降解

2. 其他降解方式　　除依赖于脱腺苷酸化的 mRNA 降解外，大部分真核细胞内还存在着其他不依赖于脱腺苷酸化的 mRNA 降解途径，如有少部分 mRNA 可以不经过脱腺苷酸化反应而直接进行脱帽反应（图 13-31A）。脱帽反应后 mRNA 被 5′→3′核酸外切酶识别并水解。有些 mRNA 也可以被核酸内切酶参与的降解途径降解(图 13-31B)，核酸内切酶识别 mRNA 内部特异序列并对 mRNA 进行切割。这种切割产生游离的 3′端和 5′端，mRNA 随后被核酸外切酶降解。

其他如 microRNA 和 RNA 干扰（RNAi）诱导的 mRNA 降解途径，是细胞内基因表达调控的方式之一（详见第十七章"基因表达调控"相关内容）。

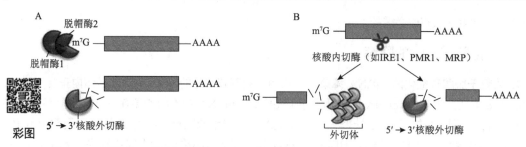

图 13-31　不依赖于脱腺苷酸化的 mRNA 降解（A）和核酸内切酶介导的 mRNA 降解（B）

二、非正常转录物的降解

mRNA 进行剪接加工时，异常的剪接反应会在可读框内产生无义的终止密码子，称作提前终止密码子（premature termination codon，PTC）。PTC 也可由错误转录或翻译过程中的移码而产生。无义介导的 mRNA 降解（nonsense-mediated mRNA degradation，NMD）是非正常转录物降解的主要方式，是一种广泛存在于真核细胞的 mRNA 质量监控机制。该机制通过识别和降解含有 PTC 的转录产物防止有潜在毒性的截短蛋白的产生。

外显子连接复合物（exon junction complex，EJC）是诱导无义介导的 mRNA 降解的重要因子。通常位于外显子和外显子拼接点的上游附近，在翻译过程中，结合在 mRNA 上的 EJC 会随着核糖体在 mRNA 上的滑动而被逐一移除。如果在外显子-外显子的拼接点之前出现 PTC，核糖体会被从 mRNA 上提前释放，这时 PTC 下游的 EJC 仍然保留在 mRNA 上，EJC 结合的一些蛋白质[如 UPF3（无义转录物调节因子 3）等]诱导 UPF1 的磷酸化。磷酸化的 UPF1 募集脱帽酶 Dcp1a 和外切酶 Xm1 等，对 mRNA 进行降解（图 13-32）。

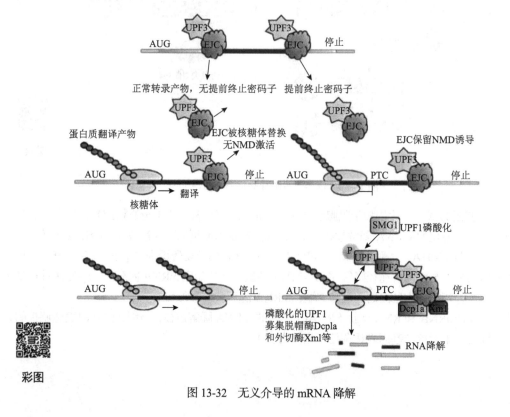

图 13-32　无义介导的 mRNA 降解

除无义介导的 mRNA 降解外，非正常转录物尚有无终止密码子引起的 mRNA 降解和非正常停滞引起的 mRNA 降解及核糖体延伸介导的降解（ribosome extension-mediated decay，REMD）等，此不再赘述。

三、RNA 的运输

mRNA 在细胞核完成转录和加工后，经核孔运输到胞质，进而在正确的时间定位到正确的位点，才能指导蛋白质的合成。mRNA 从细胞核向细胞质的运输是一个高度调控的过程，发生在加工过程、锚定（docking）和通过核孔复合体 3 个阶段，并释放到细胞质中。

1949～1950 年，H. G. Callan 与 S. G. Tomlin 在用透射电子显微镜观察两栖类卵母细胞的核被膜时发现了核孔（图 13-33A）。1959 年，M. L. Waston 将此结构命名为核孔复合体（nuclear pore complex，NPC）。核孔复合体是镶嵌在内外核膜上的篮状复合体结构，主要由胞质环（cytoplasmic ring）、核质环（nucleoplasmic ring）、核篮（nuclear basket）等结构组成，是物质进出细胞核的通道。结构上，核孔复合体主要由 50～100 种称为核孔蛋白的蛋白质构成（图 13-33B）。功能上，核孔复合体可以看作一种特殊的跨膜运输蛋白复合体，并且是一个双功能（被动扩散与主动运输两种运输方式）、双向性的亲水性核质交换通道。双向性表现为既介导蛋白质的入核运输，又介导 RNA、RNP 等的出核运输。

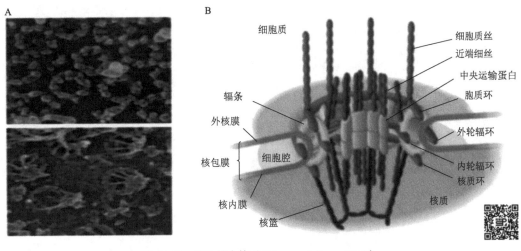

图 13-33 核孔复合体（Nelson and Cox，2017）
A. 电镜下爪蟾卵母细胞核包膜结构：上图，胞质面的视图显示核孔复合体膜嵌部分呈八角形状；下图，核质面的视图展示了从膜部分延伸出来的核篮。B. 核孔复合体的剖面模型图

核孔对大分子的进入是有选择的。mRNA 分子的前体在核内产生后，只有经过加工成为成熟 mRNA 并与蛋白质形成复合物后才能通过。大分子凭借自身的核定位信号和核孔复合体上的受体蛋白结合而实现"主动转运"过程。一般的小分子物质（<60kDa）可以通过被动扩散的方式通过核孔复合体。

一般 RNA 出核通过 RNA 结合蛋白上的出核信号（NES）序列介导（除 tRNA）。另外，除了 mRNA，所有病毒 RNA 及细胞 RNA（tRNA、rRNA、U-snRNA、microRNA）都是依靠 Ran GTP 出核。mRNA 具有特定的出核因子，一般是 Mex67/TAP 及 Mtr2/p15。在高等真核细胞内，mRNA 的出核依赖于剪接，而剪接又反过来招募蛋白复合体 TREX 来剪切 mRNA。但对于特定的 mRNA（如组蛋白 mRNA），生物体内存在有不依赖于剪接的 mRNA 输出替代路径。

mRNA 在核输出及胞质运输过程中，均以核糖核蛋白（ribonucleoprotein，RNP）复合体的形式进行。到达目的区域后，其锚定也需要蛋白质因子的参与。也就是说在运输和定位过程中，mRNA 自身某些序列元件和与之结合的蛋白质因子参与其中。大多数 mRNA 定位相关的序列元件位于 3′-UTR，较少位于 5′-UTR 或编码序列中。

mRNA 前体分子被加工成成熟的 mRNA，同时被包装成信使核糖核蛋白（mRNP）复合物，如帽结合蛋白质、EJC 和 poly(A)结合蛋白。其中含有 9 种以上蛋白质的外显子连接复合物（EJC）对 mRNA 的核输出具有重要作用。EJC 通过识别剪接复合体而与前体 RNA 结合，经剪接后，EJC 仍然保留在外显子-外显子连接处。EJC 含有一组 RNA 输出因子（RNA export factor，REF）家族蛋白，REF 蛋白与转运蛋白（TAP 或 Mex）结合，形成复合体。TAP 或 Mex 可直接与核孔相互作用，从而将 mRNA 携带出核。当 mRNA 到达胞质后，TAP 或 Mex 与 REF 解离从复合体中释放出来。同时会触发复合物的重构，反过来将运输引导到将发生翻译的最终目的地。

第十四章 非编码 RNA 及其生物合成

1953 年，James Watson 和 Francis Crick 提出了 DNA 的双螺旋结构模型，开启了分子生物学研究的新篇章。此后，科学界一直将目光集中在人类基因组中可以编码蛋白质的基因，而基因组中不编码蛋白质的 DNA 序列长期被忽略，甚至被称为"无用 DNA"（junk DNA）。20 世纪 70 年代发现了来自非编码序列的转录物核不均一 RNA（hnRNA），80 年代又发现了核小 RNA（snRNA）和核仁小 RNA（snoRNA）等。但直到 1993 年第一个小非编码 RNA（miRNA）被发现后，人类开始注意到基因组中那些不编码蛋白质的序列，将这些 DNA 序列的转录产物称为非编码 RNA（non-coding RNA，ncRNA）。

miRNA 最初发现是在 1993 年，但当时并未引起学术界重视。进入 21 世纪以后，随着转录组研究的开展及 ENCODE 计划的实施，经过对基因组序列的全面解析发现，75% 的人类基因组序列都有转录出的非编码 RNA，这远比编码蛋白质的 mRNA 多得多。近年来，随着基因芯片技术的应用，发现了更多被遗漏的非编码 RNA，如长链非编码 RNA 等。

可以说，进入 21 世纪，非编码 RNA 被重新发现之后，这一领域的研究得到了迅速发展，特别是 2005～2015 年被称为 miRNA 领域的"黄金十年"。在这期间众多的发现阐明了 miRNA 的生成机制、作用方式及应用前景。目前，非编码 RNA 在生命过程中所发挥的重要作用已经逐步得到了广泛的重视和认可。新的非编码 RNA 分子的大量发现和生物学功能的确定，也极大地丰富了人们对生命奥秘的认识。一些有代表性的功能非编码 RNA 分子（如 H19、Xist、lin-4、let-7、AIR），以及大量的 miRNA、piRNA 相继被发现。一个崭新的、巨大的非编码核酸的世界展现在了人们的面前。

真核细胞内的非编码 RNA 也是以 DNA 为模板转录生成，分别由 3 种 RNA 聚合酶负责。转录与加工过程的基本机制有相同，也有许多不同。非编码 RNA 的种类很多，本章重点介绍主要的调控非编码 RNA 的作用、转录及加工等。

第一节 非编码 RNA 概述

非编码 RNA 是指不编码蛋白质的 RNA，包括多种已知功能的 RNA，如 rRNA、tRNA、snRNA、snoRNA 等，也包括一些未知功能的 RNA。狭义上的非编码 RNA 是指不包括 tRNA 和 rRNA 的其他 RNA 分子。其共同特点是：①都能从基因组上转录而来，但是不翻译成蛋白质；②在 RNA 水平上就能行使各自的生物学功能。

一、非编码 RNA 的分类

（一）按长度划分

1. 小于 50nt 非编码 RNA　包括细菌小 RNA 和真核生物小 RNA。后者有 miRNA（microRNA）、siRNA（small interfering RNA）和 piRNA（Piwi-interacting RNA）等。

2. 50～500nt 非编码 RNA　有 rRNA、tRNA、snRNA、snoRNA、SLRNA 等。

3. 大于 500nt 非编码 RNA　也称为长链非编码 RNA（lncRNA），包括长 mRNA 样的非编码 RNA 和长的不带 poly(A) 尾的非编码 RNA。根据其转录位置和分子特征，主要分为基因间长链非编码 RNA（long intergenic ncRNA, lincRNA）、天然反义转录物（natural antisense transcript, NAT）、启动子上游转录物（promoter upstream transcript, PROMPT）、增强子 RNA（enhancer RNA, eRNA）和环状 RNA（circular RNA, circRNA）。长链非编码 RNA 在基因组中广泛转录。

（二）按功能划分

1. 参与蛋白质合成的非编码 RNA 包括 rRNA（核糖体的组成成分，为蛋白质合成提供场所）、tRNA（运输氨基酸和识别密码）、胞质小 RNA（scRNA，参与内质网定位、合成信号识别颗粒，参与分泌型蛋白质的转运）等。

2. 参与 RNA 加工的非编码 RNA 包括 snRNA（参与真核细胞 hnRNA 的加工剪接）、snoRNA（参与 rRNA、tRNA 和 snRNA 的加工修饰）、催化小 RNA（核酶，催化特定 RNA 降解，在 RNA 合成后的剪接修饰中有重要作用等）。

（三）按非编码的转录物划分

1. 管家非编码 RNA(housekeeping non-coding RNA) 包括 rRNA、tRNA、snRNA 和 snoRNA。它们都具有组成型表达。

2. 调控性非编码 RNA(regulatory non-coding RNA) 包括非编码小 RNA(small non-coding RNA, sncRNA)、长链非编码 RNA(long non-coding RNA, lncRNA)和环状 RNA(circular RNA, circRNA)等。

二、非编码 RNA 的生物学功能

1）影响染色体的形成和结构稳定。例如，真核细胞的端粒酶是一种催化延长端粒的核糖核蛋白复合体，其中的 RNA 是完整端粒酶的一部分，作为合成染色体端部的模板，通过逆转录作用合成端粒 DNA 并添加到染色体末端，使端粒的长度保持稳定。

2）调控转录。非编码 RNA 通过与转录因子的相互作用而调控转录。相对而言，非编码 RNA 的启动子区一般比编码蛋白质的 mRNA 启动子区保守，其上有转录因子的结合位点。

3）参与 RNA 的加工与修饰，主要是 RNA 的剪接和修饰。例如，核酶主要是通过 RNA 的自我裂解、自剪接等实现转录后的加工。非编码 RNA 是通过与修饰点附近的序列结合形成碱基对而实现其功能的。

4）参与 mRNA 的稳定和翻译调控过程。通过与它们的靶 mRNA 在不同位置形成互补的碱基对，影响 mRNA 的翻译。

5）在细胞发育和分化中的调控作用。许多 miRNA 在生物体内有着时序性或组织特异性表达。miRNA 主要在转录后水平调控蛋白质基因的表达。如今已鉴定了系列与细胞分化有关的 miRNA。

6）与肿瘤的发生发展相关。在乳腺癌、肺癌、子宫癌等癌症患者中，位于染色体 11q24 上的 miRNA 的一个亚位点缺失，说明 miRNA 起到了肿瘤阻抑物的作用。

第二节 微 RNA 及其生物合成

微 RNA（microRNA, miRNA）是一类含 21～23 个碱基、非编码的单链小 RNA 分子。它通过直接结合到靶 mRNA 分子的 3′-非翻译区（3′-untranslated region, 3′-UTR），在转录后水平对靶 mRNA

进行降解或抑制翻译，参与基因表达的调控。miRNA 是近年来研究较多的内源性 sncRNA，在真核生物中大量存在。

一、miRNA 的发现

1993 年，Victor Ambros 和 Gary Ruvkun 等首次在线虫中发现并确认了 miRNA 分子 lin-4，其在线虫幼虫的发育进程中发挥重要的时间控制作用，调控线虫由幼虫第一阶段向第二阶段的转化。经研究发现，lin-4 并不编码蛋白质，而是表达一种长度为 22nt 的小 RNA，并且这种小 RNA 可以抑制一种核蛋白 LIN-14 的基因表达从而调节线虫的发育。他们推测这种抑制的机制在于 lin-4 能够与 LIN-14 mRNA 的 3′-UTR 上独特的重复区域相互补（图 14-1）。发生在线虫第一幼虫期末尾的这种抑制作用将启动线虫从第一幼虫期向第二幼虫期的发育转变，这种小 RNA 又称小时序 RNA（small temporal RNA，stRNA）。

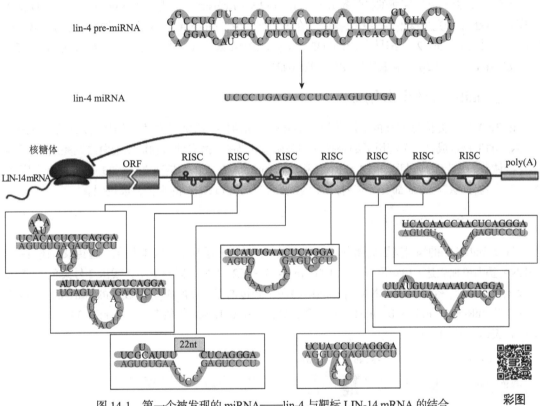

图 14-1　第一个被发现的 miRNA——lin-4 与靶标 LIN-14 mRNA 的结合

2000 年，第二个 miRNA——let-7 被发现。let-7 是由 Gary Ruvkun 在对线虫的研究中发现的，长为 21nt，存在于线虫幼虫时期的第三、四期和成虫期，与蜕皮激素相关，主要调节线虫的发育。let-7 的发现，以及当时 RNAi 领域的兴起，使人们意识到这种调节性小 RNA 可能是一种广泛存在的基因表达调控机制。2001 年，Thomas Tuschl 和 David Bartel 等将这种小 RNA 命名为 microRNA，简称 miRNA。随后的几年里，成千上万的 miRNA 在包括人类、小鼠、大鼠、斑马鱼、果蝇、水稻、拟南芥等几乎所有类群的动植物中被发现，从而开辟了一个全新而广阔的科学研究领域。

二、miRNA 的命名

随着越来越多的 miRNA 被发现，为了方便交流，有科学家提出了一套统一的命名规范。命名的总体原则如下（以动物 miRNA 为例）。

1）microRNA 简写为 miR，根据其被克隆的先后顺序加上阿拉伯数字，如 miR-21。

2）高度同源的 miRNA 用英文小写字母加以区分，如 miR-146a、miR-146b。

3）由不同基因编码产生的具有相同成熟序列的 miRNA，则用添加数字后缀的方式进行区分，如 miR-199a-1、miR-199a-2。

4）将物种缩写置于 miRNA 之前，如 hsa-miR-195。

5）对于 miRNA 前体，只需将 miR 替换成 mir 就可以了，如 hsa-mir-1290。

6）对于来自同一个 miRNA 前体的两个成熟 miRNA，分别用-5p 和-3p 的后缀表示，如 hsa-miR-12-5p 和 hsa-miR-12-3p。

7）命名规则之前发现的 miRNA，仍保留原命名，如 lin-4、let-7。

2002 年，Sanger 研究所的科学家开发了 microRNA Registry，后更名为 miR Base。miR Base 数据库是 miRNA 研究最基本的参考数据库。在该数据库中，miRNA 前体用 mir 加数字表示，编号用 MI 表示，如 hsa-mir-122，编号为 MI00042。成熟 miRNA 采用 miR 加数字表示，编号用 MIMAT 表示，如 hsa-miR-122-5p 对应编号为 MIMAT000421。

三、miRNA 的生物合成

miRNA 是一类长约 22nt 的单链非编码小 RNA，由细胞内源产生的发夹结构转录物加工而来。miRNA 的生物合成是一个经历了细胞核到细胞质空间转变、由多种酶和辅助蛋白协调完成的、受到多层次调节的复杂反应过程。植物 miRNA 和动物 miRNA 在进化上是独立进行的，因此两者在序列、前体及生物合成过程方面都有所区别，以下主要介绍动物 miRNA 的生物合成过程。

（一）miRNA 的编码基因

许多 miRNA 的编码基因成簇分布在基因组中，并以多顺反子形式串联在一起转录。还有一些 miRNA 基因单独表达（单顺反子）。例如，miR-35～miR-41 的基因簇集中在线虫 2 号染色体的 1kb 片段上，转录为一个初始 miRNA（pri-miRNA），经过加工可以形成 7 个成熟的 miRNA。miR-34 家族包括 miR-34a、miR-34b、miR-34c 三个成员，其中 miR-34a 单独表达，而 miR-34b 和 miR-34c 则成簇表达（图 14-2）。

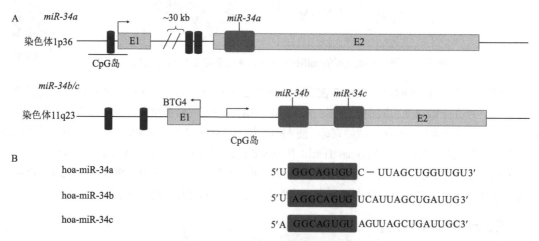

图 14-2　miR-34 家族成员基因的染色体分布

miRNA 的编码基因可位于蛋白质编码基因之间，也可位于蛋白质编码基因内。位于蛋白质编码基因内的 miRNA 基因可以位于其内含子、外显子和 UTR 区。miRNA 编码基因可以独立存在或者与宿主基因（蛋白质编码基因）共享启动子和调节元件。

（二）miRNA 的生物合成过程

多数 miRNA 由 RNA 聚合酶 II 转录，少数由 RNA 聚合酶 III 转录。其生物合成涉及初级 miRNA 的转录、核 Drosha 酶介导的加工、核质输出、Dicer 酶的细胞质加工，以及 Argonaute（Ago）蛋白参与的 RNA 诱导的沉默复合物（RNA-induced silencing complex，RISC）的形成（图 14-3）多个步骤。

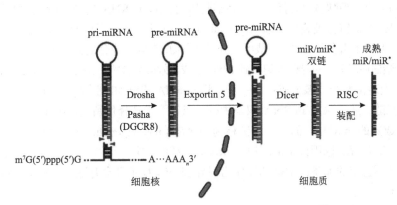

图 14-3　初级 miRNA 的转录、加工、核质输出及细胞质加工过程

1. pri-miRNA 的合成和核 Drosha 酶介导的加工（细胞核内进行）　首先在细胞核中，编码 miRNA 的基因由 RNA 聚合酶 II 先转录生成长度约为几千个碱基的初级转录物，称为 pri-miRNA。pri-miRNA 由编码一个或多个成熟 miRNA 的局部茎-环结构、末端环和末端的单链 RNA 片段组成，5′端为 7-甲基鸟苷（m^7G）构成的帽子结构，3′端为 poly(A)结构。

生成的 pri-miRNA 在胞核蛋白质复合体（400～500kDa 微处理器复合物）的作用下进行第一次加工。这个蛋白质复合体由 Drosha 和 Pasha 两个蛋白质组成，它们分别是 RNase D 蛋白（Rnase III 型的核酸内切酶）和双链 RNA 结合蛋白。pri-miRNA 在 Drosha 的作用下被加工成含有 60～70nt、具有发夹结构的前体 miRNA（pre-miRNA）。

2. pre-miRNA 从由细胞核向细胞质的转运　生成的 pre-miRNA 由细胞核转运蛋白 Exportin 5（Exp5）转运到细胞质中。具体过程：Exp5 识别存在于 pre-miRNA 3′端单链区 2nt 的单链突出端（overhang）结构，并基于其羧基端的表面电荷与 pre-miRNA 相结合（保护 pre-miRNA 在转运过程中免受降解）。Exp5 与核蛋白 Ran 结合并与一些其他蛋白质参与共同发挥转运功能。

Ran 是一种 G 蛋白，按照其存在位置有两种状态：Ran-GTP 存在于细胞核，Ran-GDP 存在于细胞质。其他参与 pre-miRNA 转运的蛋白质包括细胞核中的 Ran-GEF（Ran 鸟嘌呤核苷酸交换因子）和细胞质中的 Ran-GAP（Ran GTPase 激活蛋白）。由 Exp5、Ran-GTP 和 pre-miRNA 形成复合物后，通过核孔完成 pre-miRNA 的运输。在细胞质内，Ran-GTP 水解转变为 Ran-GDP，从而释放 pre-miRNA 和复合物中的其他成分。

3. pre-miRNA 被细胞质 Dicer 酶进一步加工（细胞质中进行）　在细胞质中，pre-miRNA 被另一个 RNase III 酶家族中的成员 Dicer（对双链 RNA 具有特异性的内切酶）所识别，并通过对茎-环结构的剪切和修饰进一步加工得到 20～23bp 的双链 RNA（dsRNA）。具体的机制是：Dicer 通过

N 端具有解旋酶活性的 PAZ 结构域识别 pre-miRNA 3′端单链区 2nt 的单链突出端结构，其双链结合结构域和串联的具有 RNaseⅢ活性的结构域与 pre-miRNA 的茎-环区域结合，在距离 3′端的第 21～25 个核苷酸的位置进行剪切，得到双链 RNA（dsRNA）。在一些生物体如哺乳动物中，Dicer 识别 5′端并在距离 5′端的 22 个核苷酸处切割 pre-miRNA。

在细胞质内，pre-miRNA 被 Dicer 酶切割成 22nt 的双链 miRNA 后，它的 5′端被磷酸化，3′端形成 2nt 的单链突出端结构。Dicer 切割 miRNA 前体时，并不是单独起作用，而是有许多辅助蛋白参与，使得切割过程可以受到精确的调控，包括 TAR 元件结合蛋白（TAR element binding protein，TRBP）和蛋白激酶 R 激活蛋白（protein kinase R-activating protein，PACT）。

4. RISC 的形成（细胞质中进行）　　在细胞质内，pre-miRNA 被 Dicer 酶切割成 22nt 的双链 miRNA 后，miRNA 双链会被装载到以 Argonaute（Ago）蛋白为主形成的 RNA 诱导的沉默复合物（RISC）。RISC 是一个由多种蛋白质组成的大分子复合物，其核心成分是 Ago 家族蛋白，最小的 RISC 仅有 Ago2 一个蛋白质成分。引导链被组装到 RISC 形成了效应复合物（effector complex）miRISC。

miRISC 的组装由两个步骤组成：第一步，将 miRNA 双链加载到 Ago 蛋白上形成 pre-RISC。第二步，解开双链，选择保留 miRNA 双链中的一条链。被选择保留的那条链称为引导链（guide strand），它是成熟的 miRNA。而另一条链称为乘客链（passenger strand），它被认为由 Ago 蛋白本身的剪切活性所降解。选用哪条链取决于 RNA 双链的 5′热力学稳定性和核苷酸组成。一般 5′端含有尿嘧啶且不稳定的那条链常被选择作为引导链，5′端稳定且含有胞嘧啶的那条链一般作为乘客链（图 14-4）。

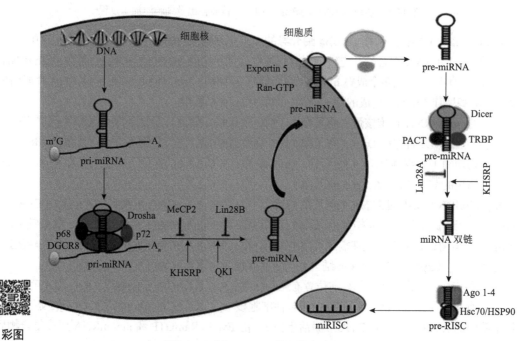

图 14-4　动物 miRNA 的生物合成过程

Argonaute（Ago）蛋白参与了 RISC 的形成。Ago 蛋白与 miRNA 双链负载密切相关，是对靶基因转录物进行剪切的关键蛋白，包含 N 端、PAZ、MID 及 PIWI 四个结构域（少数原核生物仅含有 MID 和 PIWI 结构域）。哺乳动物中的 Ago 蛋白主要分为 Ago1～Ago44，其中只有 Ago2 具有切割活性，且只能在 ssRNA 的引导下才切割 RNA。

　　RISC 加载是消耗能量的过程,需要 Hsc70/HSP90 分子伴侣复合物利用 ATP 提供能量来介导 Ago 蛋白的构象变化,从而使 miRNA 双链能够与之结合。随后,miRNA 双链解开,选择引导链,丢弃乘客链,最终形成成熟的单链 miRNA。成熟 miRNA 5′端为磷酸基团,3′端为羟基,不具有蛋白质编码基团和可读框。5′端第一个碱基常是 U,很少是 G,极少是 C;第二到第四个碱基缺乏 U。一般来讲,除第四个碱基外,其他位置碱基通常都缺乏 C。成熟 miRNA 5′端的第 2～8nt 的序列部分与目的 mRNA 的靶序列完全匹配,这部分序列称为种子序列(seed sequence),是 miRNA 发挥作用的核心序列(图 14-5)。其他序列的部分匹配有助于稳定 miRNA-mRNA 相互作用。其中间和 3′端部分序列有助于形成 miRISC。

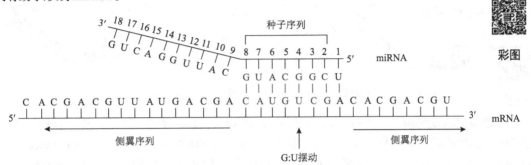

彩图

图 14-5　miRNA 种子序列与靶 mRNA 结合示意图

（三）miRNA 的作用

　　当动物 miRNA 被装载到 RISC 中形成 miRISC 后,便可以发挥其基因表达调控的作用。miRNA 会通过其种子序列识别靶基因 mRNA 3′-UTR 上的结合位点,携带 RISC 发挥作用。动物 miRNA 的作用效果主要有翻译抑制与 mRNA 的切割或降解。

　　1. 靶 mRNA 的翻译抑制　　miRNA 介导的靶 mRNA 翻译抑制可通过多种机制发生在翻译起始步骤之前或之后,可通过多种机制抑制翻译的启动。

　　miRISC 通过与 mRNA 翻译激活所需的不同通用翻译起始因子竞争,干扰翻译启动过程。在一种机制中,一旦 miRISC 与靶 mRNA 结合,Ago 蛋白就会与 GW182 相互作用,这导致了 PABP 从 3′poly(A)尾部被置换,从而阻断了 eIF4G-PABP 的相互作用,mRNA 环状结构的形成被抑制,从而抑制了翻译启动(图 14-6A)。另一种翻译起始的抑制机制是 Ago 蛋白可以将 eIF4A 从靶 mRNA 的 5′ 帽子结合复合物中分离出来,从而抑制 eIF4F 复合物对帽子结构的识别,核糖体亚基不会被招募,从而抑制了翻译的起始(图 14-6B)。

　　miRISC 介导的翻译抑制也可由 GW182 蛋白诱导,该蛋白质招募翻译起始抑制因子去腺苷酸化酶复合物(deadenylase complex)CCR4-NOT 到靶 mRNA。CCR4-NOT 复合物的组成成分之一 CAF1 (哺乳动物中也称为 CNOT7、CNOT8 和 Caf1z)就是一种翻译抑制因子,它与帽子结构和翻译起始因子 eIF4F 结合,从而抑制靶 mRNA 的翻译(图 14-6C)。

　　miRNA 也可以抑制靶 mRNA 翻译起始后的蛋白质合成。其中一种机制认为,miRISC 干扰了靶 mRNA 翻译延伸过程所需的延伸因子,导致延伸过程变慢和核糖体翻译提前终止(图 14-6D、E)。另一种可能的机制是 miRISC 通过招募参与初生多肽链快速水解的蛋白酶,促进初生多肽的降解(图 14-6F)。

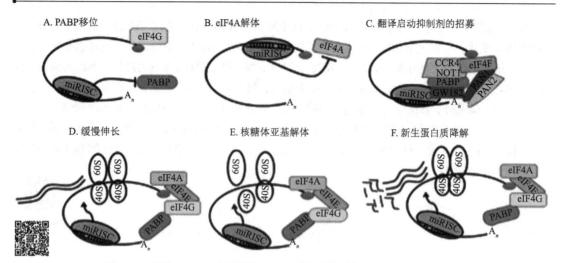

图 14-6　动物 miRISC 介导的靶 mRNA 的翻译抑制（Khan et al.，2019）

2. 靶 mRNA 的降解　　在 miRNA 介导的 mRNA 降解机制中，RISC 的 Ago 蛋白与哺乳动物中含有甘氨酸-色氨酸重复序列的蛋白 GW182 结合，又称三核苷酸重复序列基因 6（trinucleotide repeat containing gene 6，TNRC6），招募去腺苷酸化酶复合物，促进 mRNA 降解。Ago2 的 PIWI 结构域上含有 GW182 蛋白的结合位点，并识别其氨基端含有色氨酸的结构域。GW182 可形成一个大的平台用以招募其他辅助蛋白［如 poly(A)结合蛋白（PABP）、去腺苷酸化酶复合物 CCR4-NOT 和 PAN2-PAN3 等］到靶 mRNA 上。接着，RISC 招募具有催化活性的脱帽蛋白 2（decapping protein 2，DCP2）及其脱帽激活因子（decapping activator）来进一步使得已经去腺苷酸的 mRNA 进行脱帽反应。脱帽激活因子包括 DCP1、脱帽蛋白 4 增强因子（enhancer of decapping 4，EDC4）、PATL1 和 DEAD 框蛋白 6（DEAD box protein 6，DDX6）。脱帽、无尾的 mRNA 将被细胞质中 5′→3′核酸外切酶（Xrn1）所降解（图 14-7）。

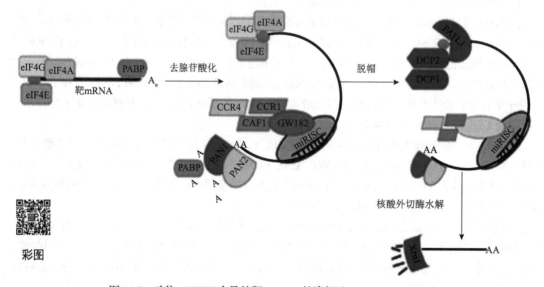

图 14-7　动物 miRISC 介导的靶 mRNA 的降解（Khan et al.，2019）

3. 靶 mRNA 的切割　　mRNA 的切割在动物中并不常见。因为动物体内的 miRNA 一般与靶基因匹配程度不高（除种子序列之外），而 mRNA 的切割需要 miRNA 与靶基因尽可能地完美匹配。切割作用的执行者是 Ago 蛋白。前文已述及，哺乳动物有 4 种 Ago 蛋白，其中具有切割功能的只有 Ago2。由于 miRNA 装载到 4 种 Ago 蛋白的概率一致，所以要发生切割 mRNA 的反应，必须满足两个条件，即 miRNA 被 Ago2 包裹并且能与靶基因很好地配对。

4. 其他机制　　miRNA 除了经典的下调基因的表达机制，还有 7 种其他非经典调控基因表达的分子机制：①pri-miRNA 可被翻译为多肽：pri-miRNA 进入胞质中被核糖体识别为 mRNA，翻译为多肽行使生理功能。②miRNA 与功能蛋白结合：miRNA 与 Ago 蛋白复合物组成 RISC，除靶向降解 mRNA 外，还可与其他功能性蛋白结合，发挥非经典调控途径。③直接激活 TLR 受体蛋白。④提高蛋白质表达水平。⑤miRNA 靶向调控线粒体相关基因 mRNA：该类 miRNA 一般都具有同时调控多个线粒体相关基因的 mRNA。⑥直接激活基因转录过程：如 miR-589 复合物可结合环氧合酶（cyclooxygenase-2，COX2）启动子区序列，启动该基因的转录过程。⑦靶向负调控其他非编码 RNA 的前体 RNA：在细胞核内 miRNA 可靶向降解 pri-miRNA。

总之，miRNA 通过对靶 mRNA 的翻译抑制、降解和切割等方式抑制下游基因表达，减弱或消除下游基因的功能来实现对生理病理状态的调节。据估计，miRNA 调控人类超过 30% 的基因表达。依据生物信息学预测，每个 miRNA 都有超过 1000 个靶基因，而每个蛋白质编码基因可以被许多不同的 miRNA 所调节。因此，真核细胞生物中 miRNA 构成高度复杂的调控网络，控制蛋白质表达谱，进而决定各类细胞的功能及命运。

第三节　RNA 干扰作用与小干扰 RNA 的合成

RNA 干扰（RNA interference，RNAi）是指生物体内通过双链 RNA 分子在 mRNA 水平诱导具有特异序列的基因沉默过程。介导这种基因沉默的小片段 RNA 称为小干扰 RNA（small interfering RNA，siRNA）、短干扰 RNA（short interfering RNA）或沉默 RNA（silencing RNA）。

siRNA 是一类外源性的双链小分子 RNA，长度为 21～25nt，由 Dicer 加工而成。其可作用于 mRNA 的任何部位，并与 mRNA 完全互补，导致靶标基因的降解，为转录水平后调控。dsRNA 可以是外源的，如病毒 RNA 复制中间体或人工导入的 dsRNA；也可以是内源的，如细胞中单链 RNA 在 RNA 依赖的 RNA 聚合酶的作用下形成的 dsRNA。

一、RNA 干扰现象的发现

1990 年，Rich Jorgensen 将查耳酮合酶（chalcone synthase）转入淡紫色的矮牵牛花中，希望能加深花朵的紫色。结果发现许多花出现杂色，甚至紫色消失，变成白色。进一步的研究表明色素基因的 mRNA 水平发生了下调，而且这种抑制正是源于导入的外源同源基因，称之为"共抑制"（cosuppression）。当时并不清楚其真实机制，推测可能与甲基化有关。1995 年，康奈尔大学的研究人员 Su Guo 等用反义 RNA 去阻断线虫 par1 基因的表达以探讨该基因的功能，结果反义 RNA 的确能够阻断 par1 基因的表达，但是注入作为对照的正义链 RNA，也同样阻断基因的表达。

1998 年，华盛顿卡耐基研究院的 Andrew Fire 和马萨诸塞大学癌症中心的 Craig Mello 将双链 dsRNA——正义链和反义链的混合物注入线虫，结果诱发了比单独注射正义链或者反义链都要强得多的基因沉默。他们证明了上述现象中起作用的其实并非引入的单链 RNA，而是双链 RNA。作者将这种现象命名为"RNA 干扰"。发挥作用的 RNA 是一种 21～25 个核苷酸组成的小 RNA 分子，由 Dicer 加工而成。随后的几年里，RNAi 现象在真菌、拟南芥、水螅、斑马鱼甚至哺乳动物中被重现，而 Fire 和 Mello 也凭借这一重大发现获得了 2006 年度诺贝尔生理学或医学奖。

二、siRNA 与 miRNA 的异同

siRNA 和 miRNA 是最早被发现和认识的小分子调控 RNA。它们有许多共同之处，如大小都约为 22nt，都经过 Dicer 酶加工成熟，都是在转录后水平负调控基因表达，作用途径共享多种蛋白质因子，在发挥干扰、调节作用时都会形成 RISC 复合体等。两者的区别在于以下几点。

1. 起源不同 miRNA 是内源性的，由 miRNA 基因编码，序列高度保守，表达有时间和组织特异性，是生物体本身的一种调节基因转录后水平的表达机制。siRNA 常是外源性的，由病毒感染或者人为导入产生，一般是人工体外合成，通过转染进入人体内，是 RNA 干涉的中间产物。植物体内也存在内源性的 siRNA。

2. 分子结构不同 成熟的 miRNA 是单链 RNA，siRNA 是双链 RNA，而且在 3'-UTR 区域有两个非配对的核苷酸，通常是 UU。siRNA 具有磷酸化 5'端和两个碱基突出的羟基化 3'端的短双链 RNA（dsRNA），每一股各有一个 5'-磷酸基端与一个 3'-羟基端。

3. 生物合成不同 miRNA 是从编码 miRNA 的基因转录成 pri-miRNA，分别在核内和胞质经两步加工形成成熟 miRNA；siRNA 是从内源性或外源性的 dsRNA 前体中生成的，在胞质内加工成熟，不需要 Drosha 等细胞核内因子参与。

4. 生物学功能不同 miRNA 参与调节动植物的生长、发育、细胞的凋亡和增殖等生理过程，并与疾病的发生与发展密切相关。siRNA 不参与生物生长，是 RNAi 的产物，原始作用是抑制转座子活性和病毒感染。

5. 对靶 mRNA 的影响 动物 miRNA 主要抑制靶 mRNA 的翻译过程；siRNA 降解靶 mRNA，影响 mRNA 的稳定性。

6. 作用部位、互补及结合的特异性 miRNA 主要结合在靶 mRNA 的 3'-UTR 碱基配对的区域；siRNA 可以结合在与靶 mRNA 配对的任何区域。miRNA 与靶 mRNA 可以完全配对、不完全配对或者错配，结合特异性低；siRNA 与靶 mRNA 完全配对，结合特异性高。

siRNA 双链中的正义链被排除出复合物，siRNA 的反义链指导 RISC 结合到靶 mRNA 的相应位点，然后由复合物中的核糖核酸酶Ⅲ降解靶 mRNA。

三、siRNA 的合成

siRNA 由 Dicer 从双链 RNA 切割而成。内源性 siRNA 的前体分子主要有以下几个来源。

1）lncRNA 分子内的互补片段。例如，lncRNA 分子内存在互补片段，可形成分子内的双链区域，siRNA 可能存在于完全互补的双链片段中。

2）蛋白质编码基因或者 lncRNA 的基因转录时，不是在特定位点终止转录。当两个距离较近而转录方向相反的基因转录时，其转录过程可能持续到两个基因汇聚区。在这种情况下，在转录重叠区所产生的 RNA 互补片段，可能形成双链。

3）一些含有次要启动子的蛋白质编码基因中，如果次要启动子的转录方向与主要启动子的转录方向相反，可产生天然反义转录物，这些反义转录物与 mRNA 互补结合，可产生双链 RNA 分子。

4）由假基因转录产生的 RNA，可能形成双链 RNA 分子。如果形成的双链 RNA 分子中存在 Dicer 识别的序列，Dicer 就可以切割长 dsRNA 双链，形成约 21nt 的短双链 siRNA。

四、siRNA 的作用

21nt 的短双链 siRNA，每条链在 5'端有一个磷酸根，3'端有 2nt 核苷酸的突出（是 RNA 聚合酶

Ⅲ切割产物的特征）。siRNA 进入细胞，双链中的引导链与 Ago2 蛋白组装成 RNA 诱导的沉默复合物（RISC）。当 siRNA 是 RISC 的一部分时，siRNA 展开形成单链 siRNA。RISC 中的引导链单链 siRNA，利用所携带的序列信息识别互补的同源靶 RNA 分子，并与其靶 mRNA 结合。siRNA 和 Ago2 复合物具有序列特异的 RNA 内切酶的活性，它会定点诱导 mRNA 切割。切割后的 mRNA 被细胞识别为异常而被降解，或者使 mRNA 不能翻译，从而使编码该 mRNA 的基因沉默。

siRNA 可以靶定于不同的基因，尤其是基因的启动子部分，通过使 DNA 甲基化来介导基因转录沉默。siRNA 也类似于 miRNA，然而，miRNA 来自较短的茎-环 RNA 产物，通常通过抑制翻译来沉默基因，并且具有更广泛的作用特异性，而 siRNA 通常通过在翻译前切割 mRNA 而起作用，并且具有 100% 的互补性，因此目标特异性非常严格。

siRNA 也可经由多种不同转染（transfection）技术导入细胞内，并对特定基因产生具专一性的敲弱（knockdown）效果。由于原则上任何基因都可以被具有互补序列的合成 siRNA 敲低，因此 siRNA 是在后基因组时代验证基因功能和药物靶向的重要工具。RNAi 技术在病毒感染性疾病治疗方面的应用已受到极大关注，尤其在获得性免疫缺陷综合征（AIDS）、乙型肝炎和丙型肝炎等治疗中的应用研究最为活跃。

第四节　其他非编码 RNA

一、环状 RNA

Sanger 等在 20 世纪 70 年代发现某些高等植物中存在可致病的单链环状类病毒，这是人类首次发现的环状 RNA（circRNA）。2012 年，美国科学家在研究人体细胞的基因表达时，首次发现了环状 RNA。截至目前，人们已经在哺乳动物转录组中发现了数以千计的环状 RNA，表明环状 RNA 而非线性 RNA 分子是更普遍的现象。

1. 环状 RNA 的特征和作用　　circRNA 是一类特殊的 RNA 分子，与传统的线性 RNA 不同，circRNA 通过外显子环化或内含子环化将 3'端和 5'端连接起来形成完整的环形结构，没有 3'端和 5'端，因此不受 RNA 外切酶的影响，比线性 RNA 更稳定，不易降解。其是一类具有闭合环状结构的非编码 RNA 分子，没有 5' 帽子结构和 3' poly(A)结构，主要位于细胞质或储存于外泌体中。已知的 circRNA 分子或来自外显子，或兼有外显子和内含子的部分。

circRNA 几乎完全定位于细胞核中，具有序列的高度保守性，并具有一定的组织、时序和疾病特异性。由于 circRNA 的首尾连接，没有尾巴，因此 circRNA 容易在传统的分离过程中被丢弃掉。这是为什么以前 circRNA 一直没有被发现的主要原因。目前发现 10% 以上的基因可以产生 circRNA，85% 来源于外显子，含 1～5 个外显子。

小鼠、人类和斑马鱼的各个组织都可以表达 circRNA，这些 circRNA 分子富含 miRNA 的结合位点（多个串联结合位点），在细胞中起到 miRNA 海绵（miRNA sponge）的作用，是 miRNA 的竞争性抑制剂，可以解除 miRNA 对其靶基因的抑制作用，提高靶基因的表达水平，发挥相应的生物学功能，称为竞争性内源 RNA(competing endogenous RNA, ceRNA)机制。通过与疾病关联的 miRNA 相互作用，circRNA 在疾病中发挥着重要的调控作用。

2. 环状 RNA 的生物学功能　　circRNA 在胞核中与 RNA 聚合酶Ⅱ作用促进母代基因转录，作为模板翻译成多肽或蛋白质。与 RNA 结合蛋白相互作用，作为分子"脚手架"，为 RNA 结合蛋白、RNA、DNA 之间相互作用提供平台。

其生物学功能在很大程度上仍然未知，目前认可度比较高的 circRNA 生物学功能，主要表现在：①circRNA 富含 miRNA 结合位点来充当 miRNA 海绵作用，阻止 miRNA 在 3′非翻译区与 mRNA 相互作用，进而间接调控 miRNA 下游靶基因的表达。②circRNA 通过与 mRNA 调节的结合蛋白（RBP）结合，进而改变剪接模式或 mRNA 稳定性。③circRNA 与 RNA 聚合酶Ⅱ相互作用并调节转录，或者 EIcircRNA 可与小核糖核蛋白相互作用，再与 RNA 聚合酶Ⅱ结合，调控基因转录。④circRNA 虽然属于非编码 RNA，但也有部分 circRNA 可被核糖体翻译并编码多肽，进而行使调控功能。

circRNA 在肿瘤发生和免疫系统中包含大量潜在功能。例如，circRNA 在癌细胞中丰度较正常相比更低，在体液中表达丰度高且稳定性好，可以作为未来癌症等疾病检测的新型标志物。又如，在大肠癌细胞中发现 has-circ-0020397 与 miR-138 结合抑制其活性，从而促进端粒酶、逆转录酶和 PD-L1 的表达。

二、长链非编码 RNA

（一）lncRNA 概述

lncRNA 是指长度为 200～10 000nt 甚至以上并且缺乏蛋白质编码能力的 RNA 分子，位于细胞核或胞质内。以前被认为是基因组转录过程中的"噪声"而被忽略，现在越来越多的证据表明它们是一类具有特殊功能的 RNA。其分为正义 lncRNA、反义 lncRNA、双向 lncRNA、基因间 lncRNA 和基因内 lncRNA，主要来源于蛋白质编码基因的结构、假基因及蛋白质基因编码基因之间的 DNA 序列。lncRNA 有强的组织和时空特异性。不同组织 lncRNA 的表达量不同，同一组织或器官在不同的生长阶段，其表达量也不同。

多数 lncRNA 由 RNA 聚合酶Ⅱ转录，经过剪接加工而成熟，形成类似于 mRNA 的结构。lncRNA 有 poly(A)尾和启动子，但序列中不存在可读框。因其一般需要形成复杂的二级甚至是三级结构，预测其靶点比较困难。但随着研究的深入，也有为数众多的长链非编码 RNA 的功能被鉴定出来。例如，Xist 和 Khps1 都属于长的带 poly(A)尾的非编码 RNA。lncRNA 具有调控的多样性，可从染色质重塑、转录调控及转录后加工等多个层面上实现对基因表达的调控。

（二）lncRNA 的作用机制

与其他种类的转录物相比，人们对 lncRNA 的了解是最少的。目前鉴定的 lncRNA 数量很有限，但是对其作用机制的研究已经取得了相当多的成果。有以下几种：①结合在编码蛋白质的基因上游启动子区，干扰下游基因的表达。②抑制 RNA 聚合酶Ⅱ或者介导染色质重构及组蛋白修饰，影响下游基因的表达。③与编码蛋白质基因的转录物形成互补双链，干扰 mRNA 的剪切，形成不同的剪切形式。④与编码蛋白质基因的转录物形成互补双链，在 Dicer 酶的作用下产生内源性 siRNA。⑤与特定蛋白质结合，lncRNA 转录物可调节相应蛋白质的活性。⑥作为结构组分与蛋白质形成核酸蛋白质复合体。⑦结合到特定蛋白质上，改变该蛋白质的细胞定位。⑧作为其他小分子 RNA（如 miRNA、piRNA）的前体分子。

就目前的研究而言，lncRNA 的作用模式主要分为 4 类：信号（signal）、诱饵（decoy）、引导（guide）、支架（scaffold）。

1. 信号模式　　lncRNA 的第一种作用是调控下游基因转录。研究表明，在不同的刺激条件和信号通路下，lncRNA 将会被特异性地转录，并作为信号转导分子参与特殊信号通路的转导。一些 lncRNA 被转录后，具有调控下游基因转录的作用。利用 RNA 进行调控，由于不涉及蛋白质的翻译，因此具有更好的反应速度，对于机体的某些急性反应可以做出更迅速的响应。

2. 诱饵模式　　lncRNA 的第二种作用是分子阻断剂。这一类 lncRNA 被转录后，它能与 DNA 结合蛋白（如转录因子）结合，从而阻断该蛋白质分子的作用，进而对下游基因的表达进行调控。此外，lncRNA 还可以作为"海绵"吸附 microRNA，阻断 microRNA 对其下游靶 mRNA 的抑制作用，进而间接调控基因的表达（即 ceRNA 机制）。

3. 引导模式　　第三种作用模式是 lncRNA 与蛋白质结合（通常是转录因子），然后将蛋白质复合物定位到特定的 DNA 序列上。这种作用模式可能通过 lncRNA 与 DNA 的相互作用实现，也可能通过与 DNA 结合蛋白的相互作用实现。研究表明，lncRNA 介导的这种转录调控作用可以是顺式作用模式，也可以是反式作用机制。

4. 支架模式　　lncRNA 还可以起到一个"中心平台"的作用，使两个或多个蛋白质结合在这个 lncRNA 分子上形成复合物。在细胞中当多条信号通路同时被激活时，这些下游的效应分子可以结合到同一条 lncRNA 分子上，实现不同信号通路之间的信息交汇和整合。

（三）lncRNA 的分类

lncRNA 可在表观遗传调控、转录调控及转录后调控等不同水平上调控基因的表达，参与 X 染色体沉默、基因组印记及染色质修饰、转录激活、转录干扰、核内运输等多种重要的调控过程。因此，一般根据其在染色体上与编码基因的相对位置大致分为 5 类。

1. 正义 lncRNA（sense lncRNA）　　由蛋白质编码基因正义链转录，与位于同一链上蛋白质编码基因的至少一个外显子重叠，且转录方向相同。正义 lncRNA 可能和蛋白质编码基因部分重叠，也可能覆盖蛋白质编码基因的整个序列。

2. 反义 lncRNA（antisense lncRNA）　　由蛋白质编码基因互补的 DNA 链转录，其转录方向相反，并与正向基因至少有一个外显子重叠。

3. 内含子 lncRNA（intronic lncRNA）　　位于蛋白质编码基因内含子区域，且与其外显子没有重叠的转录物。

4. 双向 lncRNA（bidirectional lncRNA）　　与蛋白质编码基因共享启动子，但转录方向与蛋白质编码基因相反。

5. 基因间 lncRNA（long intergenic ncRNA，lincRNA）　　位于两个蛋白质编码基因之间，能够独立转录。

三、piRNA

piRNA，即 Piwi 相互作用 RNA（Piwi-interacting RNA）是一类长度为 24～31nt 的非编码 RNA，因在生理状态下能与 Piwi 蛋白偶联，故命名为 piRNA。在所有的非编码 RNA 中，piRNA 数量最多，主要存在于哺乳动物生殖细胞和干细胞中，通过与 Piwi 蛋白家族成员结合形成 Piwi 复合物来调控基因沉默。piRNA 调控着生殖细胞和干细胞的生长发育，目前只在老鼠、果蝇、斑马鱼等动物的生殖细胞中发现了这类小分子。

Piwi 亚家族是 Argonaute 蛋白的结构域之一，在多种生物体中表现出高度保守的结构和功能。目前已知的有果蝇的 Piwi、Argonaute3（Ago3）、Aubergine（Aub），小鼠的 Mili、Miwi、Miwi2，以及人的 Hili、Hiwi1、Hiwi2、Hiwi3 等。

1. piRNA 的产生　　真核生物中的三类小 RNA，分别是 miRNA、siRNA 和 piRNA，都是由长前体加工而成的，但它们的大小、基因组起源和加工机制是不同的。siRNA 由长双链前体通过细胞质内切酶 Dicer 加工而成。miRNA 由发夹状 RNA 产生，首先在核内由 Drosha 酶剪切，然后在细胞质中由 Dicer 剪切成为成熟 miRNA。与 siRNA 和 miRNA 的产生机制不同，piRNA 是三类中最长的，并不产生于 dsRNA 前体，而是来源于长单链前体。

piRNA 生物发生可分为两个阶段。首先，长 RNA 前体在细胞核中转录并输出到细胞质中。在细胞质中，piRNA 前体被进一步加工以产生成熟的 piRNA，这些 piRNA 被装载到 Piwi 蛋白中。其过程不依赖 Dicer 和 Drosha。

2. piRNA 的生物学功能　　研究表明，piRNA 主要存在于哺乳动物的生殖细胞和干细胞中，通过与 Piwi 亚家族蛋白结合形成 piRNA 复合物来调控基因沉默途径。由于 Piwi 为一表观遗传学调控因子，能与 PcG 蛋白共同结合于基因组 PcG 应答元件上，协助 PcG 沉默同源异形基因，因此推测与 Piwi 相关的 piRNA 也应具有表观遗传学的调控作用。根据 Piwi 蛋白已知的功能推测 piRNA 的功能包括：①沉默基因转录过程：转座子能够对基因组的稳定性构成威胁，如促进非法重组、使双链 DNA 断裂、破坏编码序列、驱动邻近基因的异常表达等。几乎所有动物都依赖于 piRNA 来保护种系基因组免受转座子的干扰，包括节肢动物和软体动物。从水螅到人类的动物研究表明，沉默生殖系中的转座子是 piRNA 最基本的功能。②维持生殖系和干细胞功能：例如，果蝇的 Piwi 蛋白对生殖干细胞的再生至关重要，但尚未有研究阐述 piRNA 参与这一功能。③调节翻译和 mRNA 的稳定性：piRNA 的研究不仅可以丰富小分子 RNA 的研究内容，同时也有利于进一步了解生物配子发生的分子调控及其机制。

四、竞争性内源 RNA

microRNA 是一类内源的非编码单链小 RNA 分子，具有在转录后水平调控靶基因表达的能力。一个 miRNA 可调控多个靶基因，同一个靶基因受多个 miRNA 调控。近年来，发现了一个 RNA 对话的新机制——竞争性内源 RNA（competing endogenous RNA，ceRNA）。它包括 mRNA、假基因、长链非编码 RNA 和 circRNA，可以捕获共同 miRNA，共享 miRNA 应答元件（miRNA response element，MRE），从而调节彼此的表达。这种 RNA 之间新的对话机制的出现不仅在转录组学水平赋予了 mRNA 的转录产物新的生物学功能，扩大人类基因组中的功能性遗传信息，并且描绘了一个更庞大的 miRNA 与 mRNA 相互调控的网络图谱，为深入研究癌症等发病机制提供了新的理论依据。

总之，非编码 RNA 的发现，揭示出基因调控网络不仅只有蛋白质，还有 RNA。非编码 RNA 中有许多种小 RNA，在高等生物体内存在着大量的非编码小 RNA，它们组成了细胞中高度复杂的 RNA 调控网络。大量研究数据表明，高等生物多达一半以上的 DNA 转录为 RNA，其中绝大多数为 ncRNA。甚至，有的科学家预言 ncRNA 在生物发育的过程中，有着不亚于蛋白质的重要作用。

第十五章 蛋白质的生物合成——翻译

蛋白质是最动态、数量众多和最多样的一类生物分子，是生命活动特征的体现者和重要的物质基础。无论是低等的微生物，还是到高等的动物、植物及人，其生长、发育、繁殖、疾病、衰老和死亡的每一个过程，几乎都有蛋白质的参与。

细胞内的蛋白质合成，即蛋白质生物合成（protein biosynthesis），就是在细胞质中以 mRNA 为模板，在核糖体、tRNA 和多种蛋白质因子等的共同作用下，将 mRNA 中由核苷酸排列顺序决定的遗传信息转变为由 20 种氨基酸组成的蛋白质的过程。这个过程实际上就是将 mRNA 的核苷酸语言转化为蛋白质的氨基酸语言的过程，也称为翻译（translation）。

翻译的生物学意义在于：蛋白质是生命特征的体现者（类病毒和核酶例外）。对于终产物是 RNA 的基因，只要进行转录并进行转录后加工，就完成了基因表达的全部过程，而对于终产物是蛋白质的基因，必须将贮存在 mRNA 中的遗传信息翻译成蛋白质。

蛋白质合成包括翻译（核苷酸碱基序列指导氨基酸聚合）、翻译后修饰和靶向转运。本章主要介绍翻译，即蛋白质生物合成。翻译后修饰和靶向转运在下一章介绍。

第一节 蛋白质生物合成的翻译系统

每种细胞类型的独特性几乎完全是由它所产生的蛋白质引起的。因此，大量的细胞能量被用于蛋白质的合成，其合成过程非常复杂，有多种分子参与，除了 20 种氨基酸作为合成的原料，还需要多种 RNA 分子、酶及上百种蛋白质因子等参与，这些成分组成了精确而高效的翻译系统。本节主要介绍 3 种 RNA 在蛋白质合成中的作用。

一、mRNA 在蛋白质合成中的作用

（一）原核生物和真核生物 mRNA 的结构

mRNA 是指导多肽链合成的直接模板。但已经知道，贮存遗传信息的 DNA 在细胞核里，DNA 的复制和转录过程也是在细胞核中进行，而蛋白质的生物合成是在细胞液的核糖体中进行的。那么 DNA 的遗传信息如何从细胞核到胞液中去？

假设有一个传递信息的物质，需具备以下性质：①在胞核内由 DNA 转录生成；②生成后能由胞核进入胞液，并能结合在内质网核糖体上；③其碱基顺序与原 DNA 的碱基顺序互补。1961 年，F. Jacob 和 J. Monod 证实这一传递信息的物质是一种单链线状核糖核酸，有 400～4000 个核苷酸，记作信使核糖核酸（messenger RNA，mRNA）。mRNA 的发现回答了细胞核内基因组的遗传信息如何编码蛋白质这一重要问题。

（二）遗传密码的发现与特性

1. 遗传密码的破译　　那么，mRNA 的核苷酸语言如何变成蛋白质的氨基酸语言？这成为 20 世纪 50 年代末分子生物学领域迫切需要解决的重大问题之一。1954 年，美籍俄裔理论物理学家 G.

Gamow 首先对遗传密码进行了理论推测：蛋白质氨基酸种类有 20 种，mRNA 碱基有 4 个，$4^1=4$，$4^2=16$，$4^3=64$，$4^4=256$（4=A、U、C、G）；提出三联体密码假说，即每 3 个核苷酸对应 1 个氨基酸。1961 年，美国年仅 28 岁的生物学家 M. W. Nirenberg 受到 Crick 实验的启发，既然核苷酸的排列顺序与氨基酸存在对应关系，那么只要知道 RNA 链上的碱基序列，由这种链去合成蛋白质，是否就可以知道它们的密码？为此，进行了以下验证。

（1）构建可进行体外翻译的无细胞系统（cell-free system）　　1961 年，Nirenberg 和德国生物学家 Matthaei 将大肠杆菌用氧化铝磨碎，然后用离心方法除去细胞壁和细胞膜的碎片及 DNA 和 mRNA，所得浆液含所有蛋白质合成所需的条件，构建了可进行体外翻译的无细胞系统。他们先是合成了一条全部由尿嘧啶核苷酸组成的多聚核苷酸链 poly(U)，然后将这条 poly(U)链放到建立的无细胞系统中，发现表达出的肽链中全部都是苯丙氨酸（Phe），于是判断出 Phe 可以由密码子 UUU 编码。这种人工合成核苷酸链的方法开创了破译遗传密码的先河。随后他们又用同样的方法合成 poly(A)，表达出的肽链中全部都是赖氨酸（Lys）；依次，合成 poly(C)表达出的肽链中都是脯氨酸（Pro）。

1963 年，Nathans 和 Hogness 用腺嘌呤（A）和胞嘧啶（C）共同合成 poly(AC)并发现了 8 种可能的密码子排列方式，合成的肽链有 Asp、His、Thr、Pro 和 Lys 5 种氨基酸，其中 Pro 和 Lys 的密码子早先已证明分别是 CCC 和 AAA。并发现，调整两种碱基的比例，肽链中各种氨基酸的比例也会发生变化。若增大 A 的比例减小 C 的比例，肽链中 His 比例会减少，而 Gln 的比例增加。这样可以初步推理出 His 的密码子含 1A2C，而 Gln 的密码子包含 2A1C。但上述方法不能确定 A 和 C 的排列方式，只能显示密码子中碱基的组成及组成比例。

（2）三联体结合实验（转运中间体 tRNA 与确定密码子结合实验）　　1964 年，Nirenberg 和美国生物学家 Leder 发现，在缺乏蛋白质合成所需因子的条件下，特定的氨酰 tRNA 可以直接与核糖体-mRNA 复合物结合，并且不一定需要长的 mRNA 分子，只需要 3 个核苷酸就可以。于是他们提出设想，可以人工合成密码子，使之与各种氨酰 tRNA 结合并检查其特异性结合情况。他们将人工合成的密码子固定在核糖体上，然后和各种氨酰 tRNA 共孵育，结果人工密码子就会像天然的 mRNA 一样捞起介质中与之配对的 tRNA 及其携带的氨基酸。再使用硝酸纤维素滤膜过滤，游离的氨酰 tRNA 会被洗脱通过，而与核糖体结合的 tRNA 及其携带的氨基酸则会被留在滤膜上，再分析滤膜上复合物中的氨基酸种类，就可以知道这个人工密码子对应的氨基酸。通过这个实验，Nirenberg 等成功地破译了 20 种氨基酸的全部遗传密码。但没有解决 mRNA 中密码子阅读方向的问题。

（3）重复共聚物破译密码　　1965 年，美籍印度生物学家 Khorana 等利用有机化学和酶法制备了若干个碱基循环的核苷酸重复序列，发现蛋白质在核糖体上的合成可以在这些有规律的共聚物的任一点开始，并把特异的氨基酸掺入肽链。例如，核糖体从重复序列 AAG AAG AAG AAG AAG AAG AAG AAG AAG AAG 的 AAG 开始翻译，那么之后读取的所有密码子都是 AAG，合成的肽链中就全部都是 Lys。但是如果起始位点前推一位，那么所有读取的密码子都是 AGA（A AGA AGA AGA AGA AGA AGA AGA AGA AGA AG），合成的肽链就全部是精氨酸（Arg）。同理，前推两位的密码子是 GAA（AA GAA GAA GAA GAA GAA GAA GAA GAA GAA G），对应的氨基酸是谷氨酸（Glu）。这样，根据起始位点的不同，这一段序列可以表达出三条不同的肽链。Khorana 通过合成各种重复序列并且与之前核糖体结合技术的研究成果进行对比，最终确定了所有 20 种氨基酸对应的遗传密码，确定了 DNA 和蛋白质之间的信息关联。

通过以上 3 个实验，最终确定 mRNA 中核苷酸的排列顺序与其编码的蛋白质多肽链中氨基酸顺序之间的对应关系，是以每 3 个核苷酸代表一个氨基酸，称为三联体密码（triplet code）或密码三联体，又称密码子（codon）。因其对应的是 DNA 上的遗传信息，也称为遗传密码（genetic code）。

遗传密码的发现是 20 世纪 60 年代生物化学最伟大的发现，特别是密码的通用性，意味着地球上所有生命形式都使用相同的语言，极大地推动了整个生命科学的发展。1968 年，M. W. Nirenberg、H. G. Khorana 及 R. W. Holley 因为在蛋白质生物合成方面的贡献获得了当年诺贝尔生理学或医学奖，也是迄今为止，研究成果最快获得诺贝尔奖（2 年的时间）的实验成果。

2. 遗传密码的基本特性　1966 年，Nirenberg 和他的研究小组用了 5 年的时间明确了各种密码子所代表的氨基酸，形成了通用遗传密码表（表 15-1）。并证实 64 组密码子中除 UAA、UAG 和 UGA 三个终止密码子（termination codon）外，其他 61 组密码均编码了氨基酸，并且提出了密码具有编码性、方向性、连续性、简并性、变偶性、通用性、偏爱性等特点。

表 15-1　通用遗传密码表

5′端碱基	中间碱基				3′端碱基
	U	C	A	G	
U	UUU 苯丙	UCU 丝	UAU 酪	UGU 半胱	U
	UUC 苯丙	UCC 丝	UAC 酪	UGC 半胱	C
	UUA 亮	UCA 丝	UAA 终止	UGA 终止	A
	UUG 亮	UCG 丝	UAG 终止	UGG 色	G
C	CUU 亮	CCU 脯	CAU 组	CGU 精	U
	CUC 亮	CCC 脯	CAC 组	CGC 精	C
	CUA 亮	CCA 脯	CAA 谷酰	CGA 精	A
	CUG 亮	CCG 脯	CAG 谷酰	CGG 精	G
A	AUU 异亮	ACU 苏	AAU 天酰	AGU 丝	U
	AUC 异亮	ACC 苏	AAC 天酰	AGC 丝	C
	AUA 异亮	ACA 苏	AAA 赖	AGA 精	A
	AUG 甲硫（起始）	ACG 苏	AAG 赖	AGG 精	G
G	GUU 缬	GCU 丙	GAU 天冬	GGU 甘	U
	GUC 缬	GCC 丙	GAC 天冬	GGC 甘	C
	GUA 缬	GCA 丙	GAA 谷	GGA 甘	A
	GUG 缬	GCG 丙	GAG 谷	GGG 甘	G

注：氨基酸的每个密码子都是核苷酸的三联体，用核苷酸中碱基符号（U、C、A、G）表示。表中左列为三联体中第一个核苷酸，上行为第二个核苷酸，右列为第三个核苷酸

（1）密码的编码性　在一般情况下，生物体 64 组密码子代表 20 种氨基酸。原核和真核生物中所有多肽链的合成细胞始于甲硫（蛋）氨酸。在大多数 mRNA 中，代表甲硫氨酸的起始密码子均是 AUG。在少数细菌中，GUG 作为起始密码子，CUG 偶尔用作真核生物甲硫氨酸的起始密码子。近来发现非标准的氨基酸硒半胱氨酸和吡咯赖氨酸是由终止密码子编码的。

（2）密码的方向性和连续性

1）方向性：组成密码的各碱基在 mRNA 序列中的排列具有方向性，翻译时的阅读方向是从 5′端到 3′端，即从 mRNA 的起始密码子 AUG 开始，按 5′→3′方向逐一阅读，直至终止密码子。也就是说 mRNA 可读框（ORF）从 5′端到 3′端排列的核苷酸顺序决定了肽链从 N 端到 C 端的氨基酸排列顺序。

2）连续性：mRNA 的密码子之间没有间隔核苷酸，从起始密码子开始，无逗点，三联体的连续阅读为密码的连续性。由于密码子的连续性，在 mRNA ORF 中如发生插入或缺失 1 个或 2 个碱基的基因突变，都会引起 mRNA 的阅读框发生移动，称为移码（frameshift），使后续的氨基酸序列被改变，其编码的蛋白质丧失功能，称为移码突变（frameshift mutation）。但如发生插入或缺失 3 个碱基，则会在翻译出的蛋白质产物中增加或减少 1 个氨基酸，但不会导致移码，对蛋白质功能的影响较小。

（3）密码的简并性和变偶性　　从通用遗传密码表看出，64 组密码子中有 61 组编码氨基酸，而氨基酸只有 20 种，因此有的氨基酸由多组密码子编码，称为密码的简并性（degeneracy）。例如，丝氨酸有 6 组密码子。这些为同一种氨基酸编码的密码子称为简并密码子或同义密码子（synonymous codon）。多数情况下，同义密码子的前两位碱基相同，仅第三位碱基有差异，称为密码的变偶性或摆动性（wobble）。变偶性的特点说明密码子的特异性主要由前两位碱基决定。第三位碱基的改变不改变其密码子编码的氨基酸，合成的蛋白质具有相同的一级结构。密码的简并性特点在某种程度上降低了有害突变的出现频率，也可以使基因组 DNA 的碱基组成有较大的变动余地，利于物种稳定性的保持。

（4）密码的通用性与偏爱性　　除个别外，从细菌到人类都使用同一套遗传密码，这就是密码的通用性（universality）。在大多数已知的生物中，密码是通用的。在线粒体、纤毛原生动物和单细胞植物中，少数密码子有不同（表 15-2）。

表 15-2　密码的差异或偏爱

密码子	通用密码	非通用密码*	发生场所
UGA	终止密码子	色氨酸	支原体、螺旋质体、多种线粒体
CUG	亮氨酸	苏氨酸	酵母中的线粒体
UAA、UAG	终止密码子	谷氨酰胺	伞藻属、四膜虫属、草履虫属等
UGA	终止密码子	半胱氨酸	游仆虫属

*非通用密码被用于所列生物的核基因和线粒体基因中

对许多生物体转录组的生物信息学分析发现，那些编码相同氨基酸的同义密码子的作用存在差异，每个生物体对特定的密码子都有不同的偏好，与 tRNA 识别密码子有关。例如，大肠杆菌更多选用 UUU 密码子来表达 Pro，而人类最常使用 UUC。在同一生物体中，不同基因的密码子也可能有所不同。例如，人类的 α-球蛋白 mRNA Pro 几乎只用密码子 UUU，但抗肌萎缩蛋白 mRNA 同时用 UUU 和 UUC。密码子的偏爱与匹配的细胞 tRNA 水平相关，与进化上对翻译效率的要求有关。例如，UUU 密码子偏爱在细菌和酵母等快速生长的单细胞生物中被使用。在多细胞生物生长较慢的细胞中，则多发生在高表达的基因，如网织红细胞中的 α-球蛋白。

另外，应特别注意的是密码子是否编码氨基酸是由与之相对应的 tRNA 所决定的，终止密码子的识别则是由蛋白质因子直接决定的。

二、tRNA 在蛋白质合成中的作用

已经知道 mRNA 以密码的形式作为模板指导蛋白质的翻译，且每 3 个核苷酸对应 1 个氨基酸，那么，在蛋白质翻译过程中，谁来识别 mRNA 上的密码？又有谁来携带密码所对应的氨基酸？Crick 预测可能存在另一类分子，应该是不同于模板 RNA 的另一类 RNA 分子，该分子不仅能精通"核苷酸"

和"氨基酸"两种"语言"，而且能与相应的氨基酸结合。1963 年，Ehrenstein 等通过实验证实了这个在蛋白质生物合成中起中介作用的另一类分子也是一种 RNA，命名为转运核糖核酸（transfer RNA，tRNA）。tRNA 是氨基酸和密码子之间的特异连接物，参与密码的识别和氨基酸的转运。

tRNA 结构中有两个部位，即氨基酸接受臂和反密码子环。在所有 tRNA 中，未折叠的氨基酸臂的 3′端具有 CCA 序列，在大多数情况下，该序列是在 tRNA 合成和加工完成后添加的。反密码子环中构成反密码子的 3 个核苷酸位于环的中心，利于密码子-反密码子碱基配对。正是这两个部位赋予了 tRNA 在蛋白质合成中转运氨基酸和识别密码的双重作用。

1. tRNA 解读密码与摆动配对　　tRNA 分子中的一个关键功能部位就是位于反密码子环的反密码子。反密码子环由 7 个核苷酸组成，中间的 3 个核苷酸（第 34～36 位）组成了反密码子。翻译时 tRNA 凭借其反密码子环上的反密码子与 mRNA 上的密码子通过碱基互补配对作用相互识别并结合。即在蛋白质合成过程中，氨基酸与 mRNA 相应的密码子正确"对号"须依赖于 tRNA 上的反密码子，而 tRNA 的性质是由反密码子而不是由它所携带的氨基酸决定的。

已知 mRNA 中密码子能够与 tRNA 上的反密码子通过碱基互补配对而相互识别结合。mRNA 密码子上第 1 和 2 位碱基（5′→3′）与 tRNA 反密码子第 3 和 2 位碱基（3′→5′）之间按碱基配对原则配对。由于 mRNA 密码的变偶性，常在第 3 位碱基上有变动，即 mRNA 密码子中的第 3 位碱基和其 tRNA 反密码子中相应的第 1 位碱基配对不是十分严格，存在碱基配对摆动（wobble）现象。这种反密码子与密码子间不严格遵守常见的碱基配对规律，称为摆动配对（详见下一节）。

2. 绝对专一转运氨基酸　　tRNA 分子中的另一个关键功能部位就是位于 3′端的氨基酸臂。在蛋白质生物合成过程中，存在于胞液活化后的氨基酸就连接在其氨基酸臂-CCA 中末端腺嘌呤的 3′-OH 上，形成相应的氨酰 tRNA，运送到核糖体蛋白合成场所，作为原料参与多肽链的合成（图 15-1）。把能特异识别 mRNA 模板上起始密码子的 tRNA，叫起始 tRNA。其他 tRNA 统称为延伸 tRNA。

tRNA 与其所携带的氨基酸之间有严格的对应关系，具有绝对专一性。不像 Crick 预言的只有 20 种 tRNA。一个细胞一般有 70 多种不同的 tRNA，负责运载 20 余种氨基酸。这样，一种氨基酸通常需要几种（2～6 种）相应的 tRNA 结合并携带。把这种能负载同一种氨基酸的不同 tRNA 称为同工 tRNA（isoacceptor tRNA），反过来，一种 tRNA 只能携带一种特定的氨基酸。在一个同工 tRNA 组内，所有 tRNA 均专一于相同的氨酰 tRNA 合成酶。

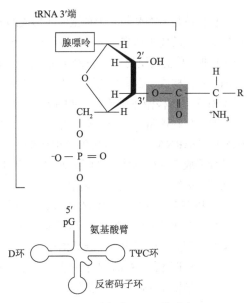

图 15-1　氨酰 tRNA 的形成

为了表示不同的 tRNA，书写时将 tRNA 所运氨基酸写在其缩写符号的右上角，表示为转运某氨基酸的 tRNA。例如，tRNA^{Ala} 表示是一种专门转运丙氨酸（Ala）的 tRNA。因为用于蛋白质合成的模板 mRNA 中的密码子不能直接识别与其对应的氨基酸，只能通过 tRNA 的反密码子互补配对识别，氨基酸与相应 tRNA 的绝对专一识别及连接对蛋白质的保真至关重要。这种专一性主要由氨酰 tRNA 合成酶的高度专一性和校对活性来实现（见下一节）。

近年来基因组学的研究表明，原核生物和真核生物细胞中所拥有的各种 tRNA 基因总数不一样。

例如，人类 tRNA 基因总数为 497，线虫为 584，大肠杆菌只有 86。大多数细胞中 tRNA 的数量大于蛋白质合成中使用的氨基酸数量（20 种氨基酸），并且与遗传密码中氨基酸密码子的数量也不同。因此，许多氨基酸由一个以上的 tRNA 连接（这是有比氨基酸更多的 tRNA 的原因）；此外，许多 tRNA 可以与多个密码子配对（这是有比 tRNA 更多的密码子的原因）。

3. tRNA 的丰富度与密码子的使用频率　　在不同的生物体或不同的组织或细胞中，编码同一种氨基酸的密码子的使用频率是不同的，如酵母的乙醇脱氢酶同工酶 I 和 3-磷酸脱氢酶基因，其 96% 以上的氨基酸只用 25 种密码子。为什么呢？这主要是与细胞中的 tRNA 多少（即丰富度）有关，二者呈正相关。这是细胞表达调控的重要方式之一。细胞中需要大量的蛋白质，其基因的密码子使用频率高，反之则低。详细机制尚不清楚。

三、rRNA 与核糖体在蛋白质合成中的作用

核糖体（ribosome）是由核糖体核糖核酸（ribosomal RNA，rRNA）与蛋白质结合而成的亚细胞颗粒。核糖体广泛存在于所有动植物细胞，或游离存在于细胞内，或与内质网结合形成微粒体。核糖体是合成蛋白质的重要场所。每个核糖体"读取"一个 mRNA 的碱基序列，并在 GTP 的支持下，快速、精确地将这些信息转化为一个多肽的氨基酸序列。也就是说正是核糖体将 DNA 的信息"翻译"成生命。

（一）核糖体的结构

核糖体是 rRNA 与几十种蛋白质形成的复合体。一类核糖体附着于内质网，合成共翻译转运蛋白质。一类游离于细胞质，合成翻译后转运蛋白质和细胞质蛋白质。核糖体中的蛋白质（核糖体蛋白）占细胞总蛋白质的 10%，rRNA 占细胞总 RNA 的 80%。超离心技术证明所有生物的核糖体由大、小两个亚基构成，含有合成蛋白质多肽链所必需的酶、起始因子（IF）、延伸因子（EF）和释放因子（RF）等。核糖体亚基上主要的 rRNA 基因序列十分保守。

原核生物核糖体的分子质量为 2.5×10^3 kDa。其大亚基的沉降系数为 50S，由 34 种蛋白质和 23S rRNA、5S rRNA 组成。小亚基的沉降系数为 30S，由 21 种蛋白质和 16S rRNA 组成。大、小两个亚基结合形成 70S 核糖体。细菌细胞大约有 20 000 个核糖体，大多都通过与 mRNA 的相互作用被固定在核基因组上。真核生物核糖体的分子质量为 4.2×10^3 kDa。其大亚基的沉降系数为 60S，由 49 种蛋白质和 28S、5.8S、5S rRNA 组成；小亚基的沉降系数为 40S，由 33 种蛋白质和 18S rRNA 组成。大、小两个亚基结合形成 80S 核糖体。真核细胞内核糖体数可达 10^6 个，大多直接或间接地与细胞骨架结构相关联或与内质网膜结构相连。

一般核糖体的 rRNA 和蛋白质都是先组装成大、小两个亚基，再由两个亚基结合成一个完整的核糖体。核糖体在体内、外都可以解离或结合。例如，在翻译起始阶段，亚基结合成 70S 或 80S 复合物，翻译结束后解离为大、小两个单独的亚基。

（二）核糖体蛋白（ribosomal protein，r-protein；RP，r-蛋白）

利用双向电泳（2DE）技术发现原核生物核糖体小亚基共有 21 种蛋白质，总分子量为 350 000，分别以 S1～S21 表示；大亚基有 33 种蛋白质，总分子量为 460 000，分别以 L1～L33 表示（图 15-2）。字母 S 和 L 后面的数字则表示蛋白质在双向电泳系统中的迁移率，数字越小，表示该蛋白质移动得越慢。S1 是所有核糖体蛋白中移动最慢的蛋白质。

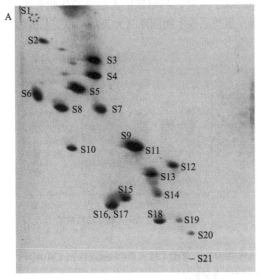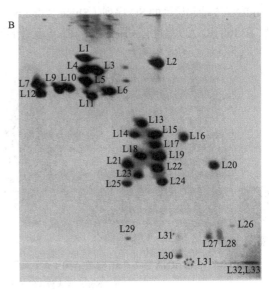

图 15-2　原核核糖体蛋白的 2D 图谱（Nelson and Cox，2017）

L. 大亚基蛋白；S. 小亚基蛋白

核糖体上有多个活性中心，每个中心都由一组特殊的核糖体蛋白构成。虽然有些蛋白质本身就具有催化活性，但如将其从核糖体上分离开则没有了催化活性。所以，核糖体是一个许多酶的集合体，单个酶或蛋白质只有在这个总体结构内才拥有催化性质，在这一结构中共同承担了蛋白质生物合成的任务。

目前，55 种核糖体蛋白全序列均已测出，得知小亚基大多数蛋白质是球状蛋白质，带有 28% 的 α 螺旋与 20% 的 β 折叠。小亚基中，除 S1、S2 与 S6 是酸性蛋白质外，其他均为碱性蛋白质。而在大亚基中，只有 L7 与 L12 是酸性蛋白质，其他均为碱性蛋白质。现在认为，带负电荷的 RNA 与碱性蛋白质之间的相互作用有利于核糖体的稳定。

（三）rRNA

核糖体内的 RNA 不仅是核糖体的重要结构成分，也是核糖体发挥功能的重要元件，下面分别介绍各类 rRNA 的组成和功能特点。

1. 原核生物 23S rRNA　　该 rRNA 的大小为 2009nt，存在于大亚基上，形成 6 个常规结构域，一级结构中约有 20 个甲基基团。大肠杆菌 rRNA 靠近 5′端有一段 12nt 的序列与 5S rRNA 上的部分序列（第 72～89 位核苷酸）互补。这表明在 50S 大亚基上这两种 RNA 之间可能存在相互作用。还有一段序列与 tRNA^{met} 序列互补，可能与 tRNA^{met} 的结合有关。另外，核糖体 50S 大亚基上约有 20 种蛋白质能不同程度地与 23S rRNA 相结合。

已经证实从大肠杆菌分离的或人工合成的 23S rRNA 都表现出催化肽酰基转移的活性，参与蛋白质合成中肽键的形成，即 23S rRNA 具有酶的作用，属于核酶。进一步分析发现，23S rRNA 分子有 6 个结构域（Ⅰ～Ⅵ，图 15-3A），从 23S rRNA 的 6 个结构域片段鉴定其酶活性部位，发现结构域 V 是与其肽酰转移酶活性密切相关的结构域（图 15-3B）。

2. 原核生物 16S rRNA　　原核生物 16S rRNA 被全部压缩在 30S 小亚基内。其大小为 1475～1544nt，序列较保守，含有少量稀有碱基，形成 4 个常规结构域，其中只有一半的序列是配对的。一级结构中约有 10 个甲基基团（多位于分子的 3′端）。其 3′端有一段 ACCUCCUUA 的保守序列，与 mRNA 5′端起始区的 SD 序列（Shine-Dalgarno sequence）互补，与原核生物翻译的起始有关。另外，在 16S rRNA 3′端含有一段与 23S rRNA 互补的区域，参与原核生物翻译时大亚基和小亚基的结合。

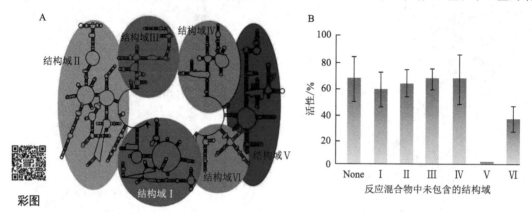

图 15-3　23S rRNA 的 6 个结构域结构（A）和肽酰转移酶活性示意图（B）（Alberts et al.，2014）

None. 无未包含的结构域（6 个结构域都包含）

3. 原核生物 5S rRNA　　核糖体大亚基上还有一个 5S rRNA（线粒体核糖体除外）。细菌的大小为 120nt（G⁻）或 116nt（G⁺）。其有两个高度保守区域。其中一个区域含有 CGAAC 保守序列，与 tRNA TΨC 环上的 GTΨGC 互补，参与 5S rRNA 与 tRNA 的相互识别。另一个区域含有 GCGCCGAAUGGUAGU 保守序列，与 23S rRNA 中的一段序列互补，是 5S rRNA 与 50S 大亚基相互作用的位点。

4. 真核生物 5.8S rRNA、18S rRNA 和 28S rRNA　　5.8S rRNA 是真核生物核糖体大亚基上特有的 rRNA，长度为 160nt，含有修饰碱基。还含有一段与原核生物 5S rRNA 一样的 CGAAC 保守序列，可能与 tRNA 作用的识别有关。

酵母 18S rRNA 大小为 1789nt。其 3′端与大肠杆菌 16S rRNA 有广泛同源性，有 50 个核苷酸序列相同。在哺乳动物细胞中，其一级结构中约有 43 个甲基基团。

真核生物 28S rRNA 长度为 3980～4500nt，有肽酰转移酶活性。在哺乳动物细胞中，其一级结构中约有 74 个甲基基团。目前还不清楚其他功能。

（四）核糖体的功能位点

核糖体是蛋白质合成的"装配机"。核糖体的三维结构在各种动物体内是高度保守的，其小亚基一般负责对 mRNA 的特异性识别和结合，包括起始位点的识别、密码子与反密码子的相互作用等。大亚基负责 AA-tRNA、肽酰 tRNA 的结合和肽键的形成等。核糖体的大、小亚基及它们的接合部存在着许多与蛋白质合成有关的位点或结构功能域，一般有以下基本功能部位。

1. 容纳 mRNA 结合位点　　位于大、小亚基的结合面上，由 S1/S18/S21 蛋白及 16S rRNA 组成，并能沿着 mRNA 由 5′→3′方向移动，由 tRNA 解读其密码。

2. 氨酰位（aminoacyl site，A 位点）　　可结合氨酰 tRNA。大部分位于大亚基，涉及 16S rRNA 及 L1、L5、L7、L12、L20、L30、L33 蛋白。

3. 肽酰位（peptidyl site，P 位点）　　可结合肽酰 tRNA；大部分位于 50S 大亚基上，能与起始 tRNA 结合，涉及 16S rRNA 3′端区域及 L2、L14、L18、L24、L27 和 L33 蛋白。

4. 空载 tRNA 的出口位（exit site，E 位点）　　空载 tRNA 在离开核糖体之前与核糖体临时结合的部位。在 50S 亚基的头部，P 位点的脱酰基 tRNA 由此脱离核糖体。

5. 肽酰转移酶（peptidyl transferase）活性位点　　位于 P 和 A 位点的连接处，是形成肽键的位点，靠近 tRNA 的接受臂，涉及 23S rRNA 及 L2、L3、L4、L15、L16 蛋白。

6. 5S rRNA 位点　　在 50S 上，靠近肽酰转移酶活性位点，涉及 L5、L8、L25 蛋白，与 23S rRNA 结合。

7. EF-Tu 位点　　位于 50S 亚基，靠近 30S，涉及 L5、L1 和 L20 蛋白。

8. EF-G 结合位点　　在 50S 亚基靠近 30S 界面处、L7/L12 蛋白附近。

另外，还存在多肽链离开的通道，参与肽链延伸的各种延伸因子的结合部位等位点。

在细胞质中，大多数 mRNA 是与一个或数个核糖体结合，称为多聚核糖体。核糖体在多（聚）核糖体上的数目受 mRNA 密码子序列的长短，以及在核糖体循环中起始、延伸、终止的相对速度所控制。

第二节　原核生物蛋白质的生物合成

原核生物蛋白质的生物合成是一个涉及多种蛋白质因子的快速过程。除了核糖体是蛋白质合成的场所，还需要各种 tRNA 分子、酶类、各种可溶性蛋白质因子及 mRNA 等多种大分子的共同协作才能完成。主要包括以下内容。

一、与翻译有关的结构位点

细菌中的蛋白质合成发生在 2.4MDa 的核糖体上，以大约每秒 20 个蛋白质的速度聚合氨基酸。70S 细菌核糖体由一个大的 50S 亚基和一个小的 30S 亚基组成。除了 P、A 和 E 位点外，还有其他 3 个功能点中心：解码中心、肽酰转移酶中心和 GTPase 相关区域。

1）解码中心（decoding center）位于 30S 亚基 A 位点，是一个 mRNA 密码子与输入的 tRNA 反密码子匹配的位置。3 个高度保守的 16S rRNA 碱基（A1492、A1493 和 G530）与密码子-反密码子碱基对三联体相邻，当密码子-反密码子-碱基对三联体的前两个碱基对之间形成正确的互补碱基对时，A1492 和 A1493 构象发生变化，延伸周期的 tRNA 选择加速。

2）肽酰转移酶中心（peptidyl transferase center，PTC）是肽键形成的场所，位于含 23S rRNA 结构域的大亚基的一个裂缝中。其中的核心 PTC 由 5 个保守碱基（A2451、U2505、U2585、C2452 和 A2602）组成，与氨酰 tRNA 和肽酰 tRNA 的 3′端结合。肽键的形成是质子穿梭机制的结果。当氨酰 tRNA 结合发生在 PTC 活性位点内精确组织的 rRNA 核苷酸中时，就会触发协同质子穿梭机制。

3）GTPase 相关区域（GTPase associated region，GAR）是由 23S rRNA 结构元件组成的 50S 亚基上的一组重叠结合位点。当具有 GTPase 活性的翻译因子与 GAR 相互作用时，由此产生的 GTP 水解驱动蛋白质的构象变化，从而影响翻译过程。大亚基的 L12 蛋白柄招募 GTPase 翻译因子，并促进它们与 GAR 结合。

二、原核生物翻译的过程

不论原核生物还是真核生物，mRNA 作为蛋白质翻译的模板，多肽链的氨基酸顺序是由 mRNA 的编码区即可读框（open reading frame，ORF）所决定的。ORF 都是由很多密码子连续串联排列组成的一段编码区，第一个为起始密码子，最后一个为终止密码子。每一个 ORF 可以将 mRNA 中密码子从特定的起始密码子到终止密码子的不间断序列翻译成多肽链中氨基酸的线性序列而合成多肽链。原核生物（包括病毒）的多数 mRNA 为多顺反子 mRNA（polycistronic mRNA），即含有多个 ORF，编码多条多肽链。

同样，不论是原核生物还是真核生物，其蛋白质的生物合成过程都是按 mRNA 上密码子的排列顺序，肽链从氨基端（N 端）向羧基端（C 端）逐渐延伸的过程。其合成过程都包括氨基酸活化、肽链合成的起始、肽链的延伸、肽链合成的终止和释放及肽链的加工修饰等。

（一）氨基酸活化

氨基酸本身并不能辨认其所对应的密码子，它们必须与各自特异的 tRNA 结合后才能被带到核糖体中，并通过 tRNA 来辨认密码子。因此，原料氨基酸需要先活化为氨酰 tRNA 才能作为蛋白质合成的前体，并能辨认 mRNA 上的密码子。

1. 氨基酸活化反应　　氨基酸活化的过程是使氨基酸的羧基与 tRNA 3′端核糖上的 2′或 3′-OH 形成酯键，从而生成氨酰 tRNA。催化氨基酸活化反应的酶称为氨酰 tRNA 合成酶。不同氨基酸由不同的氨酰 tRNA 合成酶所催化。因此，活化的必需组分包括 20 种氨基酸、20 种氨酰 tRNA 合成酶、20 种或更多的 tRNA 及 ATP 和 Mg^{2+}等。反应过程分为两步（图 15-4）。

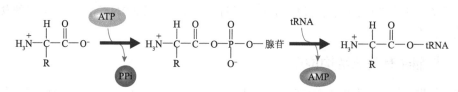

图 15-4　翻译的氨基酸活化

第一步，氨基酸与 ATP 反应生成氨酰基腺苷酸（AA-AMP），其中氨基酸的羧基以高能键连接于腺苷酸上，同时放出焦磷酸。

第二步，氨酰基腺苷酸将氨酰基转给 tRNA，通过酯键与氨基酰基共价结合，形成氨酰 tRNA。两步反应由同一个氨酰 tRNA 合成酶催化。

$$AA + tRNA + ATP \xrightarrow{\text{氨酰tRNA合成酶}} AA\text{-}tRNA + AMP + PPi$$

对每个氨基酸来说，至少有一种氨酰 tRNA 合成酶。已从大肠杆菌中分离出 20 多种氨酰 tRNA 合成酶，这些酶的专一性都很高。在第一步反应中，它们能从 20 种氨基酸中各自辨认出其特异的 tRNA，并将氨酰基转移给 tRNA 形成氨酰 tRNA。氨酰 tRNA 合成酶的这种高度专一性保证了翻译的准确性。

同一氨酰 tRNA 合成酶具有把相同氨基酸加到两个或更多个带有不同反密码子 tRNA 分子上的功能。氨基酸的羧基与 tRNA 的 3′端 CCA-OH 以酯键相连，因此其氨基是自由的。反应中形成的 PPi 很快水解成磷酸，因此，对每个氨基酸的活化来说，净消耗的是 2 个高能磷酸键。此反应是不可逆的，在胞液里，而不是在核糖体进行。

氨酰 tRNA 是蛋白质合成中的一个关键性物质，它们的合成不仅仅是一个携带氨基酸的过程。其重要意义在于：①它为肽键的形成提供能量（−30.51kJ）；②tRNA 上的反密码子与 mRNA 上的密码子识别，执行遗传信息的解读过程；③保证了蛋白质合成的准确性。

2. tRNA 对密码子的辨认　　在翻译中氨基酸是不能识别密码子的，而是靠 tRNA 的反密码子来识别。反密码子与密码子反向排列，按碱基互补配对的原则来识别，即密码子的第 1、2、3 碱基分别与反密码子的 3、2、1 碱基相配对。据此原理，如果 3 个碱基都是严格配对的话，则一种 tRNA 只能识别一种密码子，但这与事实不符。因为有些 tRNA 分子能识别 2 个或 3 个密码子，如酵母丙氨酸 tRNA 能与 GCU、GCC 和 GCA 三个密码子相结合。是否密码子的第 3 个碱基的识别作用有时候比其他两个差一些？密码子的简并性提示这是可能的，因为 XYU 和 XYC 总是为同一个氨基酸编码，XYA 和 XYC 也常常是如此。据此 Crick 提出了摆动假说（wobble hypothesis）。此假说认为密码子的头两个碱基是严格按碱基配对的原则为 tRNA 的反密码子所识别的，它们中有任何一个不同即不同的 tRNA 所识别。例如，UAA 和 CUA 均编码亮氨酸，却为不同的 tRNA 所阅读。但密码子的第 3 个碱基则不这样严格，而有一定的摆动性。也就是说，反密码子的第 1 位碱基（5′端）决定 tRNA 能阅读 1、2 或 3 个密码子。tRNA 的反密码子的第 1 位碱基决定该 tRNA 能与密码子的第 3 位碱基（3′端）配对的情况。如果一个 tRNA 的反密码子的第 1 位碱基为 C 或 A，则都只能阅读 1 个密码子；如为 U 或 G，则能阅读 2 个，如为 I（次黄嘌呤），则能阅读 3 个，如表 15-3 所示。I 是出现在不少反密码子中的。这样，一种 tRNA 的反密码子可识别几种具有简并性的密码子。

表 15-3　反密码子与密码子碱基配对的"摆动"

反密码子的 5′端碱基	密码子的 3′端碱基
C	G
A	U
U	A 或 G
G	U 或 C
I	U、C 或 A

（二）肽链合成的起始

翻译开始于核糖体小亚基与 mRNA 的结合，核糖体大亚基与小亚基结合视为起始结束。起始过程是 mRNA、起始氨酰 tRNA 与核糖体结合形成翻译起始复合物（translation initiation complex）的过程。细菌内蛋白质合成的起始是从核糖体小亚基 30S 与 fMet-tRNA^{fmet} 和一个 mRNA 分子形成复合物开始的。然后 50S 亚基参加进去，形成有功能的 70S 核糖体。

1. 翻译的起始信号　　在肽链合成的起始阶段，首先需要在 mRNA 上选择合适位置的起始密码 AUG，使核糖体 30S 小亚基与 mRNA 起始位点结合。1974 年，J. Shine 和 L. Dalgaron 在细菌的 mRNA 起始 AUG 的上游 8～13 核苷酸处，发现存在一段富含嘌呤的 4～9 个核苷酸组成的共有序列 5′-AGGAGGU-3′，被称为核糖体结合位点（ribosome binding site, RBS），该序列可被细菌 16S rRNA 的 1457～1544 核苷酸 3′-ACCUCCUUA 互补而精确识别。证实 mRNA 上这段特异序列是原核生物蛋白质合成起始的主要机制。因此，细菌 mRNA 上的 AGGAGGU 区域被称为 Shine-Dalgarno 序列或 SD 序列（图 15-5），为原核生物翻译的起始信号。

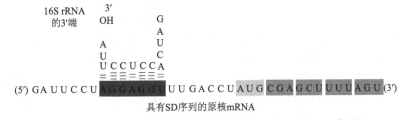

具有 SD 序列的原核 mRNA

图 15-5　细菌 mRNA 分子上与 16S rRNA 3′端互补的 SD 序列

细菌基因表达的实质是细菌 mRNA 的翻译在顺反子中有序进行。当 mRNA 是多顺反子时，多顺反子 mRNA 上的每个基因都有自己的 SD 序列和一个起始密码子 AUG。每一个编码区从一个核糖体结合位点开始，即每一个顺反子的起始独立发生。当核糖体结合第一个密码子区域时，随后的编码区尚未转录。当第二个核糖体位点可用时，第一个顺反子的翻译就已经在顺利进行了。

2. 翻译的起始氨基酸　　翻译起始的一个关键是在起始密码子开始蛋白质合成。细菌核糖体中只有 fMet-tRNA^fMet 能与第一个 P 位点相结合，其他所有的 tRNA 都必须通过 A 位点到达 P 位点，再由 E 位点离开核糖体。细菌中合成蛋白质的起始氨基酸为甲酰甲硫氨酸（fMet），氨基被甲酰化予以保护。反应在 fMet-tRNA 合成酶作用下，由甲酰四氢叶酸提供甲酰基（图 15-6）。

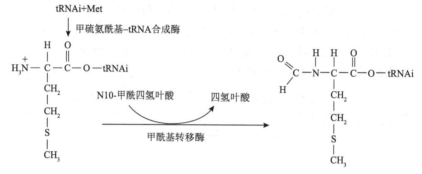

图 15-6　fMet-tRNA^fMet 的生成

3. 翻译的起始因子　　蛋白质合成的启动必须有起始因子（initiation factor，IF）的参与。蛋白质合成的起始要生成核糖体-mRNA-tRNA 三元复合物，也叫起始复合物。复合物须有起始因子的帮助才能完成。原核生物有 IF1、IF2 和 IF3 起始因子。

1）起始因子 1（IF1）：一个小的碱性蛋白，分子质量为 9kDa，能增加其他两个 IF 的活性。足迹实验分析表明：IF1 与氨酰 tRNA 在 16S rRNA 上的识别位点相同，提示 IF1 在翻译起始时可代替氨酰 tRNA 暂时封闭核糖体的 A 位点，起到协调 30S 亚基功能的作用。另外，IF1 是一个 G 蛋白，在核糖体亚基聚合时，具有活化 GTP 酶的作用。

2）起始因子 2（IF2）：分子质量为 120kDa，具有强的 GTP 酶活性，在肽链合成起始时，催化 GTP 水解。通过生成 IF2-GTP-fMet-tRNA^fMet 三元复合物，在 IF3 存在下，使起始 tRNA 与核糖体小亚基结合。

3）起始因子 3（IF3）：具有双功能的蛋白质，分子质量为 22kDa。IF3 能通过促使未翻译的前导序列与 16S rRNA 的 3′端碱基配对，让核糖体识别天然 mRNA 上特异的启动信号，也能刺激 fMet-tRNA^fMet 与核糖体结合在 AUG 上。

4. 70S 起始复合物的形成　　首先是 IF1 占据核糖体 A 位点，防止其他 tRNA 与 A 位点结合，并促进 IF3 与小亚基的结合，促使核糖体 30S 和 50S 亚基分离。游离的 30S 小亚基与 IF3、IF1 结合，通过小亚基 16S rRNA 识别 SD 序列，并与 mRNA 模板结合，形成 mRNA-30S 复合物。IF3、IF1 用以阻止 30S 小亚基在结合 mRNA 之前与大亚基结合，防止无活性核糖体生成，并帮助 30S 小亚基与 mRNA 结合。然后，IF2 和 GTP 与起始位点结合并促进 fMet-tRNA^fmet 进入小亚基的 P 位点，tRNA 上反密码子与 mRNA 上 AUG 配对结合，IF3 脱离，形成 30S 起始复合物。

30S 起始复合物形成后，IF2-GTP 通过与 50S 亚基的 GAR 位点结合，结合的 GTP 被水解释放能量引起构象变化，并促使 IF1 和 IF2 脱离及 GDP 和 Pi 的释放，使小亚基与 50S 亚基结合而成 70S 起始复合物（图 15-7）。

（三）肽链的延伸

从 70S 起始复合物形成到终止之前的过程，称为延伸反应，包括氨酰 tRNA 进入 A 位、肽链的形成和移位 3 步反应。延伸过程除了需要 mRNA、tRNA 和核糖体，还需要延伸因子（elongation factor, EF）及 GTP 参加。EF 包括热稳定性的 EF-Ts、热不稳定性的 EF-Tu 和促进核糖体移位的 EF-G。具体如下。

1. 进位　进位（entrance）指氨酰 tRNA 的反密码子与 mRNA 的密码在核糖体识别，使携带有相应氨基酸的氨酰 tRNA 进入 A 位，由 EF-Tu 协助转运。当氨酰 tRNA-EF-Tu-GTP 复合物将氨酰 tRNA 准确置于 A 位，并与 mRNA 结合时，伴有 GTP 的水解，产生的 EF-Tu-GDP 不能与氨酰 tRNA 结合，也不能与核糖体结合，而从核糖体上解离下来，与另一个延伸因子 EF-Ts 交换形成 Ts-Tu，并释出 GDP。然后 GTP 再与 Ts-Tu 中的 Ts 交换，形成 EF-Tu-GTP，进入下一轮反应（图 15-8）。

模板上的密码子决定了能被结合到 A 位上的 AA-tRNA。由于 EF-Ts 只能与 fMet-tRNA 以外的其他氨酰 tRNA 结合，所以起始 tRNA 不会被结合到 A 位点上。这就是 mRNA 内部的 AUG 不会被起始 tRNA 读出，肽链中间不会出现 fMet 的原因。

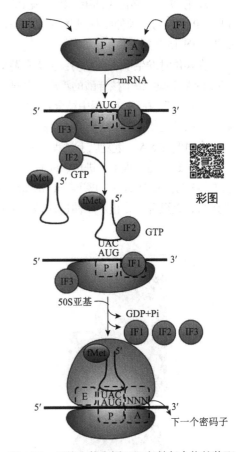

彩图

图 15-7　原核生物翻译 70S 起始复合物的装配

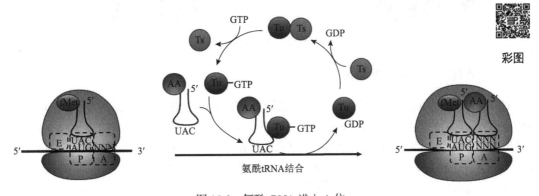

彩图

图 15-8　氨酰 tRNA 进入 A 位

2. 成肽　成肽（peptide bond formation）包括转位和肽键的形成。催化这一过程的酶是肽酰转移酶（peptidyl transferase）。当氨酰 tRNA 占据 A 位后，原来结合在 P 位的 fMet-tRNA 便将其活化的甲酰甲硫氨酸部分转移到 A 位的另一个氨酰 tRNA 的氨基上，以酰胺键（肽键）连接起来形成二肽酰 tRNA。此时 P 位为空载的 tRNA。

3. 移位　　移位（shift）指肽酰 tRNA 和 mRNA 相对于核糖体的移动。这一过程需要 EF-G 和 GTP 的参与。延伸时核糖体阅读 mRNA 密码子的方向是 5′→3′，肽链合成的方向是从 N 端到 C 端（图 15-9）。

在移位时发生了 3 个移动：①无负荷的 tRNA 由 E 位点释出；②肽酰 tRNA 从 A 位移到 P 位；③mRNA 移动 3 个核苷酸的距离。其结果是下一个密码子进入核糖体，以便为下一个进入的氨酰 tRNA 所阅读。在移位过程中结合在 EF-G 上的 GTP 被水解为 GDP 和 Pi。GTP 的水解不是移位所必需的，而是促使 EF-G 从核糖体上解离下来，并推动下一次的移位。移位后 A 位被空出，于是再结合一个氨酰 tRNA，重复以上过程，使肽链不断延长。

肽链延长的过程中，进位、成肽和移位循环往复，称为核糖体循环（ribosomal cycle），核糖体从 5′→3′阅读 mRNA 上的密码子，每循环一次，肽链向肽链 C 端延长一个氨基酸，肽链从 N 端向 C 端延长，直至合成终止。延伸过程是耗能的过程，由 GTP 水解提供。

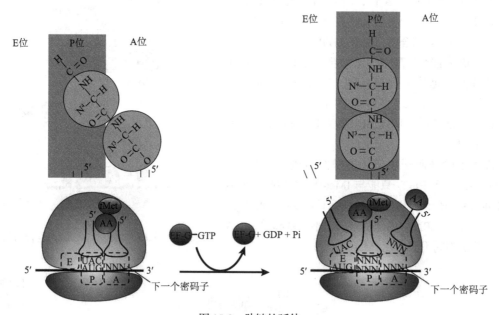

图 15-9　肽链的延伸

（四）肽链合成的终止和释放

蛋白质合成的终止需要两个条件：一是存在能特异地提出多肽链延伸停止的信号；二是有能读链终止信号的蛋白质释放因子（release factor，RF）。在大肠杆菌中有 RF-1、RF-2 和 RF-3。RF-1 特异识别终止密码子 UAA、UAG，诱导转变为酯酶。RF-2 特异识别终止密码子 UAA、UGA，诱导肽酰转移酶转变为酯酶。RF-3 无识别终止密码子的功能，但有 GTP 酶活性，可增加 RF-1 和 RF-2 的活性，促进它们与 tRNA 竞争结合核糖体。

新合成的肽链由 N 端向着 C 端不断延长，直到当 mRNA 的某个终止密码子（UAA、UAG 或 UGA）进入核糖体的 A 位时，由于它们不为任何氨基酸编码，也不为任何氨酰 tRNA 所识别，因而没有氨酰 tRNA 可以进入 A 位与之结合，进入 A 位的是释放因子（RF）。RF 在 GTP 存在的情况下识别终止密码子，激活肽酰转移酶催化 P 位点 tRNA 与肽链之间的酯键水解，使新合成的肽链和最后一个空载的 tRNA 从 P 位点上释放出来。随着多肽从核糖体释放，mRNA 和 tRNA 也解离。当核糖体分解成其组成亚基时，终止过程结束，需要核糖体循环因子（一种结合在 A 位点内的 tRNA 型蛋白质）分离这两个核糖体亚基，所需的能量由 EF-G-GTP 提供。然后 IF3 与小亚基结合，防止其与大亚基过早结合（图 15-10）。

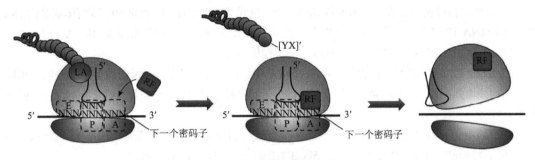

图 15-10　肽链合成的终止

（五）多聚核糖体

不管是原核生物还是真核生物，一条 mRNA 模板链上都可以附着 10～100 个核糖体，这些核糖体依次结合起始密码子并沿 5′→3′方向读码移动，同时进行肽链合成，这种一个 mRNA 分子同时有多个核糖体在进行蛋白质合成形成的复合物，称为多聚核糖体（polyribosome 或 polysome）。多聚核糖体同时翻译单个 mRNA 分子和核糖体亚基脱离 mRNA 的 3′端后的快速循环可提高翻译效率。原核生物移动 80 个碱基，约合成 20 个氨基酸，另一个核糖体再结合上去。

三、原核生物翻译后蛋白质的折叠与修饰

折叠过程开始于每一个新生的多肽从出口隧道出现，在那里它首先遇到一个被称为触发因子（trigger factor，TF）的分子伴侣。TF 是一个分子质量为 48kDa 的蛋白质，通过其 N 端结构域和核糖体蛋白 L23 与核糖体短暂连接。触发因子的 C 端结构域是一个细长、狭窄和灵活的片状结构，位于核糖体出口位点。TF 提供了一个特殊的表面来指导折叠过程的早期步骤。下游伴侣（如 DnaK、HSP70 和 GroES-GroEL）有时协助折叠过程。

大多数多肽也都经历了一系列的修饰反应，为它们功能的发挥做好了准备。大部分关于翻译后修饰的信息都是通过对真核生物的研究获得的。然而，已知原核多肽也经历了几种类型的共价修饰。例如，在大肠杆菌中，血液趋化性（细胞对环境中的某些化学物质改变其运动的过程）是由信号转导蛋白的甲基化和磷酸化调节的。

脂蛋白在原核生物中相当常见。B1c 是一种存在于大肠杆菌外膜中的脂蛋白，是一种脂质运载蛋白（lipocalin，一种结合疏水配体的蛋白质），在饥饿等应激条件下产生。B1c 与脂肪酸和磷脂形成共价键，在膜的生物发生和修复中发挥作用。

第三节　真核生物蛋白质的生物合成

真核生物蛋白质的生物合成与原核生物基本相似，但更复杂，且有明显差异。已证实有 70 种以上核糖体蛋白，20 种以上氨酰 tRNA 合成酶，10 种以上起始因子、延伸因子及终止因子，50 种左右 tRNA 及各种 rRNA、mRNA，100 种以上翻译后加工酶，共有 300 多种生物大分子参与了真核生物蛋白质的生物合成。真核生物蛋白质的生物合成也包括起始、延伸及终止等过程。其合成发生在细胞质中。

一、真核生物翻译的起始

（一）真核生物翻译起始区域的特点

1）真核生物核糖体较大，为 80S 核糖体，分子质量为 4.3MDa。较大的 60S 核糖体亚基由 28S、5S、5.8S rRNA 和 47 个蛋白质组成。40S 小亚基由 18S rRNA 和 32 个蛋白质组成。tRNA 先于 mRNA 结合在小亚基上，mRNA 直到离开细胞核才与核糖体结合。

2）真核生物成熟 mRNA 有 5′帽子和 3′ poly(A)尾结构，二者都参与了蛋白质起始复合物的形成。帽子结构能增强翻译。poly(A)结合蛋白（PABP）促进翻译的起始，其增强作用与 poly(A)尾的长度有关。

3）真核生物 mRNA 上没有 SD 序列。蛋白质合成起始于 Met。真核核糖体"扫描"每一个 mRNA。核糖体结合到 mRNA 分子的 5′端，并在 5′→3′方向迁移，寻找翻译起始位点。

（二）真核生物翻译的起始因子

真核生物翻译的起始因子为真核起始因子（eukaryotic initiation factor，eIF）。其种类多达 10 个以上，其中有几个拥有多亚基，其机制也更为复杂。其主要功能见表 15-4。

表 15-4　真核起始因子及其功能

起始因子	功能
eIF1	结合于小亚基 E 位点，与 mRNA 结合形成 40S 前起始复合体
eIF1A	稳定 Met-tRNAi 与 40S 小亚基结合，阻止 tRNA 过早结合于 A 位
eIF2	小分子 G 蛋白，依赖于 GTP 促进 Met-tRNAi^{Met}结合到 40S 小亚基上
eIF2B	促进 eIF2-GDP 与细胞液中 GTP 交换
eIF3	促进 80S 核糖体的解离及 Met-tRNAi 和 mRNA 与 40S 小亚基结合
eIF4A	依赖于 ATP 的 RNA 解链酶的活性，负责破坏 mRNA 5′端的二级结构，暴露起始密码子，促进 mRNA 结合到 43S 复合物
eIF4B	是一种 RNA 结合蛋白，与 mRNA 结合，促进 RNA 解链酶活性和 mRNA 与 40S 亚基的结合，促进 mRNA 扫描定位起始密码 AUG
eIF4E	帽结合蛋白质，为 eIF4F 复合物的一部分
eIF4G	为 eIF4E 复合物的一部分，可同时与 eIF4E 和 PABP 结合
eIF5	促进其他起始因子与 40S 亚基解离，促进 eIF2 的 GTP 酶活性，使 40S 和 60S 亚基形成 80S 起始复合物

（三）真核生物翻译起始的几种方式

1. 扫描模型（scanning model）　　大多数真核生物 mRNA 内部没有核糖体的结合位点（原核生物有 SD 序列），且真核 5′端可能有多个 AUG 序列。因此，真核生物蛋白质翻译起始时首先需要在 mRNA 5′端的多个 AUG 中寻找正确的起始密码子，但是真正的起始密码子位于一段短的通用序列 5′-CCRCCAUGC-3′（R 是嘌呤）之中，称为 Kozak 共有序列。核糖体对 AUG 的识别，依赖于 Kozak 共有序列和多种蛋白质因子。

翻译系统首先需要对 mRNA 进行检查，以确保只有加工好的 mRNA 才能用作模板。参加这一反应的起始因子是 eIF4F 复合物（eIF4F complex）。其是一个包含了 3 个起始因子的蛋白复合体，由 eIF4E 帽结合蛋白质（cap binding protein）、eIF4G 支架结合蛋白（scaffold binding protein）和 eIF4A（ATP 依赖的 RNA 解旋酶）组成。

首先 eIF4E 与 mRNA 5′帽子结合，然后 eIF4A 将 mRNA 前 15 个碱基的任何二级结构解开，解链能量来自 ATP 水解。eIF4G 作为接头蛋白，一方面与 eIF4E 结合，进一步招募核糖体 40S 小亚基，同时与结合在 3′尾巴上的 PABP 结合，又与 eIF3 结合，通过 PABP 与 eIF4G 亚基的相互作用，使 mRNA 的 5′端和 3′端相互靠近成环，从而激活 mRNA 的翻译（图 15-11）。在这个过程中，eIF4G 与 PABP 结合不仅能够保证只有成熟的、完整的 mRNA 才能被翻译，还可招募 eIF4A、eIF4B 等其他起始因子。此过程中，eIF4E 是调控的中心，其活性因磷酸化而增加。eIF4F 具有蛋白激酶活性，可以磷酸化 eIF4E。3′端尾部的 poly(A)可以促进 5′端起始复合物的形成。

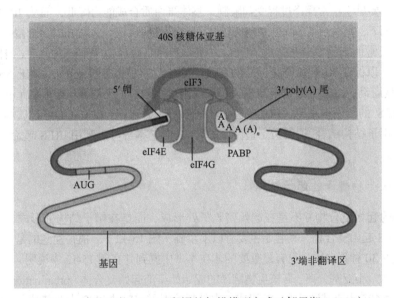

图 15-11　真核生物 mRNA 翻译的扫描模型方式（邹思湘，2005）

帽结合蛋白质 eIF4F 复合物和 poly(A)尾协同（通过 eIF4E、eIF4G 和 PABP）刺激翻译的起始。40S 小亚基沿着具有 5′帽子结构的 mRNA 的 5′端向着 3′端滑动，直到找到 AUG，通过 Met-tRNAi^Met 的反密码子与 AUG 配对，40S 小亚基在 AUG 处停下来，最后与大亚基结合形成 80S 起始复合物。

有些真核生物 mRNA 的起始密码子 AUG 位于 5′端的 40nt 范围内，核糖体结合上去可以覆盖住 5′帽子结构和起始密码子。多数真核生物起始密码子 AUG 离 5′帽子较远，滑动扫描模型认为 40S 小亚基首先识别 5′帽子结构，再沿 mRNA 滑动进行扫描，当遇到 Kozak 共有序列时，先解开 mRNA 上的二级结构，此后在遇到合适的 AUG 时，40S 小亚基定位在 AUG 上，即停止扫描。若 Kozak 共有序列很长，第一个 40S 亚基还未离开起始位点，5′端又会被新的 40S 亚基识别，从而在 Kozak 共有序列与起始位点形成多个核糖体亚基。

2. 遗漏模型和跳跃模型　　多数真核生物 mRNA 的翻译都从离 5′端最近的 AUG 开始，但如果第一个 AUG 位置不好，40S 亚基会跳过第一个 AUG 继续扫描寻找下游位置更好的 AUG 而滑向第二、第三个 AUG，称为遗漏模型（leaky model）。这样，一个蛋白质可能翻译出两个或以上仅氨基端不同的相关蛋白质。在一些情况下，细胞通过遗漏模型方法调节不同长度蛋白质的相对丰度。

另外也发现，当 40S 亚基遇到强二级结构时，可以跳过一大段包括 AUG 在内的序列，在下游继续进行扫描，以寻找更合适位置的起始密码子，称为跳跃模型（jump model）。

3. 重启扫描模式 重启扫描模式指 mRNA 上有两个可读框（ORF），当第一个 ORF 翻译完后，40S 小亚基并不离开 mRNA，而是继续恢复扫描寻找第二个 ORF 的起始密码子的扫描方式。

4. IRES 模式 有些 mRNA 的翻译起始并不依赖其 5′帽子结构，而是在翻译起始时，核糖体被 mRNA 上的内部核糖体进入位点（internal ribosome entry site，IRES）直接招募至翻译起始处。该 IRES 是由 400～500nt 的核苷酸组成的一个复杂的二级结构区，在其靠近 3′端处有多嘧啶的结构特征。IRES 模式的过程需要 IRES 反式作用因子（IRES trans-acting factor，ITAF）、eIF4G 等多种蛋白质的协助。其作用可能与原核的 SD 序列相仿，核糖体由此结合并开始翻译。

在一些极端的情况下，在同一 mRNA 分子上，从 AUG 和从 IRES 开始的翻译可以同时进行。IRES 被偏爱使用，主要见于正常翻译过程受到限制，整体蛋白质合成能力降低，而从 IRES 开始的翻译没受影响的情况下，如在细胞 M 期，由于 eIF4E 的周期性脱磷酸化，与 mRNA 5′帽子结构的结合能力显著降低，正常的细胞翻译难以顺利进行，整体蛋白质翻译速率下降。此时，细胞启动 IRES 翻译启动模式，以保证 M 期所需蛋白质的合成。另外，一些病毒的 mRNA 缺乏 5′帽子结构的翻译也是 IRES 被启动，由宿主细胞机制感染真核细胞。例如，在小核糖核酸病毒（picornavirus）感染过程中，IRES 的利用很重要，IRES 也是因此首次被发现。已知该病毒通过破坏帽子结构，以及抑制因子与帽子结构结合，抑制宿主蛋白质的合成，而它本身可以利用 IRES 起始，使病毒 mRNA 翻译可以进行。

（四）真核生物翻译的起始过程

真核生物的起始复合物并不是在起始密码子处形成，而是在帽子结构处形成，然后才移动到 AUG 处成为 80S 起始复合物。其起始主要有以下步骤（图 15-12）。值得注意的是，真核生物的起始过程涉及至少 30 种蛋白质。只有最重要的才在本书中提到并在图 15-12 中说明。

1）核糖体大、小亚基分离。真核生物翻译的起始于前起始复合体（preinitiation complex，PIC）的组装。PIC 由 40S 小亚基和几个 eIF 组成。先是起始因子 eIF3 与 40S 小亚基结合，eIF6 与 60S 大亚基结合，使 40S 小亚基与 60S 大亚基解离。

2）43S 前起始复合体形成。eIF1A 进入 A 位（阻止 tRNA 结合 A 位）。在 eIF2B 作用下，eIF2 与 GTP 结合，再与起始 Met-tRNAi^{Met} 结合成 eIF2-GTP-Met-tRNAi^{Met} 复合物。GTP 水解释放出 eIF2-GDP 后，Met-tRNAi^{Met} 结合到小亚基 P 位点上，形成 43S 前起始复合体。

3）mRNA 与核糖体小亚基定位结合。eIF4F 复合物使 mRNA 的 5′端和 3′端相互靠近成环。eIF4B 与 eIF4F 复合物结合激活 eIF4A 解链酶活性，并利用 ATP 去除 mRNA 的二级结构，使 43S 前起始复合体与 mRNA 结合。

4）扫描模型确认翻译起始位点。43S 前起始复合体沿着具有 5′帽子结构的 mRNA 的 5′端向着 3′端滑动，在 mRNA 链上滑动扫描寻找到 Kozak（5′-ACCAUGG-3′）序列中的 AUG 起始密码子，40S 小亚基与该 AUG 结合，扫描停止。对起始密码子的识别导致与 eIF2 相关的 GTP 的水解（这步不可逆），以阻止进一步的扫描。

5）48S 复合物生成。40S 亚基-eIF3 复合物与 eIF1A 和 Met-tRNAi^{Met}、eIF2 和 GTP 的三元复合物结合时，形成 48S 翻译前起始复合体。

6）核糖体大亚基结合。一旦 48S 前起始复合体定位于起始密码子，eIF2 结合的 GTP 即在 eIF5B 作用下水解为 GDP，并促使 eIF2 和 eIF3 及其他起始因子从 48S 复合物离开。此时，60S 大亚基即可结合到 48S 复合物形成完整的 80S 起始复合物。脱落的各种起始因子，可进入下一轮起始循环。

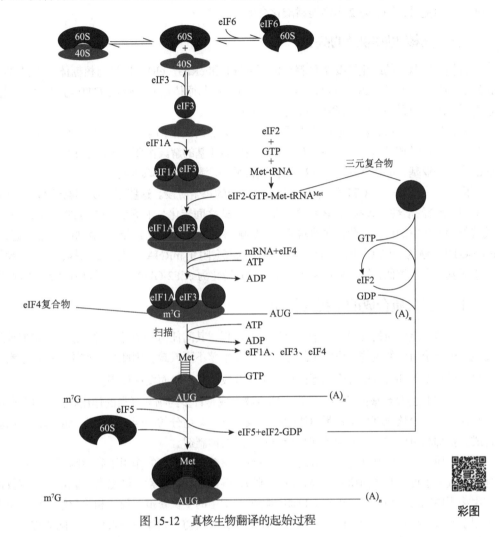

图 15-12　真核生物翻译的起始过程

彩图

二、真核生物翻译的延伸

同原核一样，真核生物肽链的延伸也分为进位、成肽和移位 3 个步骤，只是延伸的速度低于原核生物。参与延伸的延伸因子包括：eEF1，为小分子 G 蛋白，作用是结合氨酰 tRNA 促进其进入核糖体的 A 位点；eEF2，也属于小分子 G 蛋白，主要作用是促进移位；eEF3，存在于真菌，其作用是提高翻译的忠实性。

延伸过程：核糖体 P 位点中含有 Met-tRNAi^Met 的 80S 核糖体起始复合物，对应 mRNA 编码的第二氨基酸（AA2）的三元复合物与 A 位点结合。在 eEF1-GTP 中，GTP 水解使核糖体构象发生变化，大亚基上 rRNA 催化 Met 和 AA2 之间形成肽键（这种肽酰转移酶反应是由大亚基的 rRNA 催化的）。eEF2-GTP 水解 GTP，导致核糖体另一种构象变化，使其沿着 mRNA 移位一个密码子，并将未酰化的 tRNA^Met 转移到 E 位点，将结合肽链的 tRNA 移位到 P 位点。AA3 结合到空载的 A 站点，循环往复，使新链不断延长，直到遇到终止密码子。在第二个和随后的延伸因子周期中，E 位点的 tRNA 被弹出。

与原核生物类似，在肽链延伸阶段，每生成一个肽键，都需要从 2 分子 GTP（进位与移位各 1 分子）获得能量，即消耗 2 个高能磷酸化合物。

三、真核生物翻译的终止

真核生物肽链的终止需要 2 种释放因子 eRF1 和 eRF3。eRF1 通过与核糖体 A 位点结合并直接识别 3 种终止密码子；eRF3 是 G 蛋白，结构和功能与原核相似。eRF3-GTP 与 eRF1 协同作用，促进肽酰 tRNA 的裂解，从而释放完成的蛋白质链。

从核糖体释放后，新合成的蛋白质折叠成其天然的三维构象，这一过程由伴侣蛋白协助。其他的释放因子促进核糖体中大、小亚基解离。核糖体亚基的解离主要由 eIF3、eIF1 和 eIF1A 介导。释放的大、小亚基，mRNA 和末端 tRNA 再进行另一轮翻译。同原核生物。

由上，一个或多个 GTP 结合蛋白参与了翻译的每个阶段。这些蛋白质都属于 GTPase 超家族，在 GTP 结合的活性形式和 GDP 结合的非活性形式之间转化。水解结合的 GTP 会引起 GTP 酶本身或其他相关蛋白的构象变化，这种构象变化影响各种复合物形成的分子。例如，在翻译起始过程中，eIF2-GTP 水解为 eIF2-GDP，一旦遇到起始位点就会阻止 mRNA 的进一步扫描，并使核糖体大亚基与小亚基结合。类似，链延伸过程中 eEF2-GTP 转化为 eEF2-GDP，导致核糖体沿 mRNA 移位。

四、蛋白质合成的干扰与抑制

生物体内蛋白质的合成是一个十分复杂的过程，其间任何一个环节发生错误都可能导致疾病的发生。由于蛋白质的生物合成对于细胞的生存和增殖不可或缺，因此很多物质，如抗生素、生物活性物质及毒素等都可以通过干扰蛋白质的生物合成的某一步而发挥作用。

1. 蛋白质生物合成的抑制　　蛋白质生物合成是许多药物和毒素的作用靶点。这些药物或毒素多是通过阻断原核或真核生物蛋白质生物合成体系中某组分的功能，从而干扰或抑制蛋白质的生物合成。把抑制蛋白质合成的物质称为蛋白质合成的抑制剂。

蛋白质合成的抑制剂绝大多数的作用位点是核糖体，也有的作用于起始因子或延伸因子。主要是一些抗生素可抑制蛋白质的生物合成。例如，链霉素、青霉素、红霉素、氯霉素等仅仅作用于原核生物蛋白质的生物合成，可作为抗菌药物抑制细菌的生长繁殖、预防和治疗细菌性传染性疾病。作用于真核生物蛋白质合成的抗生素可以作为抗肿瘤药物，如嘌呤霉素等。不同的抗生素虽都可作为临床上治疗细菌感染的重要药物，但作用机制各不相同。例如，伊短菌素（edeine）引起 mRNA 在核糖体上错位而阻碍蛋白质起始复合物的形成，抑制肽链起始，抑制所有生物蛋白质的生物合成。四环素（tetracycline）和土霉素（terramycin）的作用都是阻断氨酰 tRNA 进入 A 位而阻断肽链延伸。粉霉素（pulvomycin）可降低延伸因子 EF-Tu 的 GTP 酶活性，抑制 EF-Tu 与氨酰 tRNA 的结合。氯霉素（chloramphenicol）可结合核糖体 50S 亚基，阻止肽键的生成。链霉素（streptomycin）等氨基糖苷类抗生素干扰密码子和反密码子的配对，导致核糖体错误阅读 mRNA，影响翻译的准确性。红霉素（erythromycin）等大环内酯类抗生素作用于 50S 大亚基的多肽离开通道，阻断肽链离开核糖体。

2. 某些毒素抑制真核生物肽链的合成　　某些毒素可经过不同途径干扰真核生物蛋白质的生物合成而呈现毒性作用。例如，嘌呤霉素（puromycin）的结构与酪氨酰 tRNA 相似，作为转肽反应中酪氨酰 tRNA 竞争剂进入 A 位点，使蛋白质肽链合成中止。又如，白喉杆菌（*Corynebacterium diphtheriae*）产生的致死性毒素白喉毒素（diphtheria toxin）是一种分子质量为 65kDa 的蛋白质，该毒素经白喉杆菌转运分泌出来后进入细胞，是真核生物蛋白质合成的抑制剂。作为一种修饰酶，催化 eEF2 中组氨酸残基的 ADP-核糖化（ADP-核糖由 NAD^+ 提供）而失活。

第十六章　蛋白质翻译后的加工与靶向输送

新生肽链并不具有生物活性，它们必须正确折叠形成具有生物活性的三维空间结构，有的还需形成二硫键或通过亚基聚合形成具有四级结构的蛋白质。此外，许多蛋白质在翻译后还要经过水解作用切除一些肽段或氨基酸，或对某些氨基酸残基的侧链基团进行化学修饰等才能成为有活性的成熟蛋白质，这一过程称为翻译后加工（post-translational processing）。蛋白质合成后还需要被输送到胞外或合适的亚细胞部位才能行使其各自的生物学功能。蛋白质合成后在细胞内被定向输送到其发挥作用部位的过程称为蛋白质靶向输送（protein targeting）或蛋白质分拣（protein sorting）。折叠是蛋白质产生功能的必要条件，但在折叠过程中会发生错误，不能正确折叠的畸形肽链或未组装成寡聚体的蛋白质亚单位，无论是在内质网腔内还是在内质网膜，一般不能进入高尔基体。在内质网中对未折叠或不完全折叠的蛋白质需要清除处理。本章分别介绍蛋白质的加工、转运及多余的或错误折叠的蛋白质的清除。

第一节　肽链翻译后修饰

肽链翻译后加工是指肽链在核糖体上合成后，经过细胞内各种修饰处理成为成熟蛋白质的过程。其目的是使多肽具有特定功能和引导新生成的多肽到特定的功能位置。新生肽链的加工修饰有些在肽链合成过程中进行，即共翻译（cotranslation）。但大多数发生在肽链合成完成后，即翻译后，故一般统称为翻译后修饰（post-translational modification，PTM）。蛋白质翻译后修饰几乎参与了细胞所有的正常生命活动过程，作为蛋白质功能调节的一种重要方式，对蛋白质的结构和功能至关重要。

一般来说，翻译后修饰为每个分子的功能作用和/或折叠成其天然（即生物活性）构象做好了准备，包括折叠形成正确的空间构象，多肽链主链和侧链的修饰。已鉴定出 200 多种不同类型的翻译后加工反应。

一、多肽链一级结构的翻译后修饰

其是指在特定蛋白酶的作用下，切除蛋白质多肽链末端或中间若干氨基酸残基，改变蛋白质的一级结构，形成一个或数个成熟蛋白质的翻译后的加工过程。在蛋白质一级结构层次的加工主要有：肽链的氨基或羧基端的水解切除、前体蛋白质的水解加工、单个多肽结合形成多亚基蛋白质和氨基酸残基的共价化学修饰等。

1. 肽链末端的水解切除　蛋白质多肽链在合成时，都以 fMet（原核生物）或 Met（真核生物）起始，合成完成后，一般在甲酰基酶或氨基肽酶的作用下被切除。一些原核生物仍保留 fMet，需在脱甲酰基酶的作用下脱去甲酰基。有些情况下，C 端的氨基酸残基也可被切除，使蛋白质呈现特定功能。

2. 肽链中肽键的水解　主要是蛋白质或酶的前体，最初合成是无活性的，需经过蛋白水解酶切除部分肽段才具有活性。例如，胰岛素的加工成熟，先是新合成的前胰岛素原（preproinsulin）在内质网中切除信号肽序列成为胰岛素原（proinsulin），后者转运到胰岛细胞后被蛋白酶切除 C 肽段，在胰岛素的翻译后处理过程中也会形成两个二硫键后转变为有活性的胰岛素（insulin）。还有一些多肽类激素和酶的前体经过加工才能变成活性分子，如胰蛋白酶原等的激活（见第六章"酶蛋白与酶的催化"相关内容）。

二、蛋白质翻译后的化学修饰

蛋白质翻译后修饰是指蛋白质在翻译中或翻译后经历的一个共价加工过程，即通过一个或几个氨基酸残基加上修饰基团或通过蛋白质水解剪去基团而改变蛋白质性质的过程。其是一种动态平衡的共价修饰，主要由识别特定蛋白质中特定靶序列的酶催化发生。修饰可以在肽链折叠之前、折叠期间或折叠之后进行，也可以在肽链延伸期间或在终止之后进行。

蛋白质翻译后修饰在真核生物、古细菌和细菌界无处不在，在真核生物方面的研究较多，在细菌方面研究相对较少，但细菌蛋白质翻译后修饰不仅在其正常生命功能发挥作用，还在其感染真核靶细胞过程中赋予毒力因子功能。

细胞内对蛋白质氨基酸残基的修饰有几十种，都是在相关酶的催化下进行的，主要通过肽链骨架的剪接、在特定氨基酸侧链上添加新的基团或者对已有基团进行化学修饰等方式进行。修饰的位置可以在蛋白质的 N 端、C 端和氨基酸残基的侧链基团（表 16-1）。通过翻译后修饰，对于调节蛋白质的溶解性、活性、稳定性、亚细胞定位及介导蛋白质之间的相互作用均具有重要作用。目前已经研究的蛋白质多肽链的修饰有很多，包括磷酸化修饰、糖基化修饰、泛素化修饰、甲基化修饰、乙酰化修饰、棕榈酰化修饰等。其中泛素化修饰已在其他章（第三章"蛋白质结构与功能的关系"）介绍，本节主要介绍其他几种常见类型的修饰。

表 16-1　蛋白质生物合成中氨基酸残基的修饰

氨基酸名称	修饰方式
精氨酸	ADP-核糖基化；氨基端甲基化
天冬酰胺	ADP-核糖基化；糖基化；氨基端甲基化；β-羟基化作用
天冬氨酸	在 GPI-锚定蛋白中以酰胺连接于乙醇胺；β-羟基化作用
半胱氨酸	二硫键形成；脂肪酰化作用
谷氨酸	γ-羟基化作用；甲基化作用
谷氨酰胺	赖氨酸氨基交联；氨基端甲基化；内部环化成氨基端焦谷氨酸
甘氨酸	转变成羟基端酰胺；氨基端的肉豆蔻酰化
组氨酸	形成白喉酰胺（diphthamide），ADP-核糖基化；氨基端甲基化
赖氨酸	羟基化作用后 5-羟基赖氨酸糖基化；交联形成；乙酰化作用
甲硫氨酸	氨基端甲酰基团脱甲酰化作用；氨基端甲基化
苯丙氨酸	氨基端甲基化
脯氨酸	羟基化作用形成 3-羟基脯氨酸或 4-羟基脯氨酸；氨基端甲基化
丝氨酸	磷酸化；糖基化；脂肪酰化；在 tRNA 水平上硒代半胱氨酸的形成
苏氨酸	磷酸化；糖基化；脂肪酰化作用
酪氨酸	磷酸化；哺乳动物 α-微管蛋白中羟基端残基的交换

（一）磷酸化修饰

1. 蛋白质磷酸化与蛋白激酶

（1）蛋白质的磷酸化（phosphorylation）　　主要是在多种蛋白激酶作用下，将 ATP 上的 γ-磷酸基转移到多肽链分子特定氨基酸残基侧链的羟基等侧链基团上的过程，是最常见的蛋白质翻译后的化学修饰方式。其于 1955 年由美国 Edwin Krebs 和 Edmon Fisher 发现，两位科学家由于在蛋白质可逆磷酸化调节机制研究方面的巨大贡献共享了 1992 年诺贝尔生理学或医学奖。

由于蛋白质磷酸化氨基酸侧链引入了一个带有强负电荷的磷酸基团，从而改变了蛋白质的构象、活性及与其他分子相互作用的性能。磷酸化发生的位点通常是 Ser、Thr、Tyr 侧链的羟基或是 His、Arg、Lys 侧链的氨基，少数发生在 Asp 和 Gln 的侧链羧基或 Cys 的侧链巯基上。由此，也可将磷酸化蛋白质分为不同形式：①O-磷酸化：通过 Ser、Thr 羟基的磷酸化形成。②N-磷酸化：通过 His、Arg、Lys 侧链氨基的磷酸化形成。③酰基磷酸化：通过 Asp 或 Glu 的磷酸化形成。④S-磷酸化：通过 Cys 磷酸化形成。

（2）蛋白激酶　　催化蛋白质磷酸化的酶，统称为蛋白激酶。根据底物的磷酸化位点不同，可将蛋白激酶分成三大类：①蛋白质丝氨酸/苏氨酸激酶（protein serine/threonine kinase，PS/TK）：是一大类特异性催化蛋白质丝氨酸或苏氨酸残基磷酸化的激酶家族。②蛋白质酪氨酸激酶（protein tyrosine kinase，PTK）：是一类特异性催化蛋白质酪氨酸残基磷酸化的激酶家族，分为受体型 PTK 和非受体型 PTK。③双重底物特异性蛋白激酶（double substrate-specific protein kinase，DSPK）：特异性使底物蛋白质的酪氨酸、丝氨酸或苏氨酸残基磷酸化。

2. 蛋白质去磷酸化和蛋白质磷酸酶　　蛋白质磷酸化的逆过程是蛋白质的去磷酸化，由蛋白质磷酸酶（protein phosphatase，PP）催化水解去除磷酸基。蛋白质磷酸酶的数量远远少于蛋白激酶，其底物特异性低。分为两类。①蛋白质丝氨酸/苏氨酸磷酸酶：有 PP1、PP2A、PP2B、PP2C、PPX 等，其亚细胞定位各有侧重，均有亚型。例如，PP1 主要存在于细胞质，其亚型 PP1A 位于糖原产生的区域，PP1G 位于肌质网，PP1N 位于细胞核，PP1M 位于肌丝。②蛋白质酪氨酸磷酸酶：目前发现有 30 多种，1/3 是跨膜的，类似受体分子；其余位于胞质，为非受体型。这两类酶有高度保守的催化单位，非催化区域氨基酸序列差异较大。

蛋白质的磷酸化和去磷酸化几乎涉及生物体所有的生理及病理过程，如酶活性调控、细胞的信号转导、肌肉收缩，以及细胞的增殖、发育和分化等，是调节和控制蛋白质活力和功能最基本、最普遍，也是最重要的机制。

（二）甲基化修饰

蛋白质甲基化（protein methylation）修饰是在甲基化酶（多存在于细胞质中）催化下，由 S-腺苷甲硫氨酸（SAM）提供甲基，在氨基酸侧链氨基上进行的甲基化。1964 年，Allfrey 等首次报道了精氨酸（Arg）的甲基化。在随后的研究中，人们发现甲基化在信号转导、转录活化、蛋白质分拣等生命过程中发挥着重要作用。

蛋白质甲基化包括发生在 Arg、Lys、His 和 Gln 侧基上的 N-甲基化和在 Glu、Asp 侧链上的 O-甲基化。还有单甲基化或二甲基化，后者可以是不对称的（如两个甲基都连接在精氨酸侧链末端的同一个 N 上）或对称的（两个末端 N 上各有一个甲基），取决于甲基化酶（图 16-1）。此外，在赖氨酸残基上可以发生单、双或三甲基化修饰。

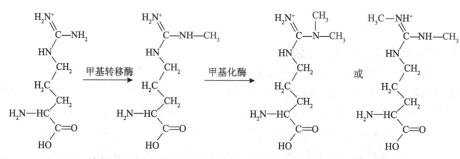

图 16-1 精氨酸侧链末端的单甲基化和对称及不对称二甲基化修饰

甲基化主要发生在组蛋白和肌肉蛋白质中。其中组蛋白的甲基化主要发生在 H3 和 H4 组蛋白 N 端 Lys 和精氨酸 Arg 残基上。分为组蛋白 Lys /Arg 甲基化和非组蛋白 Lys/Arg 甲基化，分别由蛋白质赖氨酸甲基化酶（protein lysine methyltransferase，PKMT）和蛋白质精氨酸甲基化酶（protein arginine methyltransferase，PRMT）催化生成。另外，也有在 Asp 或 Glu 羧基上甲基化形成甲酯的形式，由其他酶催化完成。

甲基虽然不能改变整个氨基酸的电荷，只是替代了氨基酸上的氢原子，但能减少氢键的形成数量，且甲基的加入增加了空间阻力，可影响蛋白质与其他蛋白质的相互作用。近年来发现，细胞内也有相应的去甲基化酶催化去甲基化过程，如赖氨酸特异性去甲基化酶（lysine-specific demethylase，LSD），以及可以将甲基化的精氨酸转化为瓜氨酸的肽酰精氨酸脱亚氨酶 4（peptidyl arginine deiminase 4，PADI4）等。

（三）乙酰化修饰

蛋白质乙酰化（protein acetylation）修饰是乙酰基供体（如乙酰辅酶 A）通过酶或非酶的方式将乙酰基团共价结合到赖氨酸 $\varepsilon\text{-}NH_2$ 上的过程。由乙酰基转移酶 [histone/lysine (K) acetyltransferase，HAT/KAT] 和去乙酰化酶 [histone/lysine (K) deacetylase，HDAC/KDAC] 共同调节。其是一种普遍存在的、可逆的蛋白质翻译后修饰方式，主要发生在蛋白质的赖氨酸残基。发生乙酰化会中和赖氨酸残基的电荷，从而影响底物蛋白质的构象和功能。

乙酰化修饰主要有三大类：N 端 α-氨基乙酰化修饰、Lys 的 ε 位氨基乙酰化和 Ser/Thr 羟基的乙酰化修饰。蛋白质乙酰化修饰是在细胞核或细胞质的亚细胞器内广泛存在的翻译后修饰调控机制，参与了转录、趋化作用、新陈代谢、细胞信号转导、应激反应、蛋白质水解、细胞凋亡，以及神经元的发育等多个过程。近年来发现，乙酰化可修饰代谢酶，参与代谢酶和代谢通路的调节。

（四）糖基化修饰

蛋白质的糖基化（glycosylation）是在多种糖基转移酶的催化下，使低聚糖以糖苷的方式转移到蛋白质分子上，并与蛋白质分子上特定的氨基酸残基进行共价结合而构成糖苷键的过程。其是真核细胞蛋白质的特征之一，所有的分泌蛋白和跨膜蛋白几乎都是糖基化蛋白。在真核细胞中主要包括以下几种（图 16-2）。

1）O-连接的糖基化（O-linked glycosylation）：与 Ser、Thr 和 Hyp 的 OH 连接，连接的糖为半乳糖或 N-乙酰半乳糖胺，以逐步加接单糖的形式形成寡糖链，多发生于高尔基体、细胞核或细胞质中。O-糖蛋白主要存在于免疫球蛋白中。

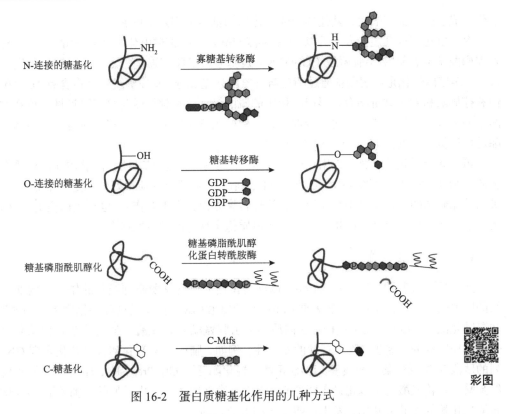

图 16-2 蛋白质糖基化作用的几种方式

2）N-连接的糖基化（N-linked glycosylation）：与天冬酰胺残基的 NH₂ 连接，糖为 N-乙酰葡萄糖胺。N-连接是先合成寡糖链，再整体转移到 Asn-Xaa-Ser/Thr（Xaa 为除 Pro 外的所有氨基酸残基）的 Asn 上。N-连接低聚糖较大，在哺乳动物细胞中常含有多个分支，多发生在内质网。N-位的糖链合成起始于内质网，完成于高尔基体。血浆等体液中蛋白质多发生 N-糖基化。N-糖基化蛋白又称为血浆型糖蛋白。

3）C-糖基化（C-glycosylation）：一分子 α-吡喃甘露糖残基通过 C—C 键连接到色氨酸吲哚环 C2 上。

4）糖基磷脂酰肌醇化（glypiation 或 glycosylphosphatidylinositol，GPI）：指磷脂酰-纤维糖组在靠近蛋白 C 端部位结合，将蛋白质连接到细胞膜上。在蛋白质的近 C 端加上 GPI 锚。

糖基化的结果使不同的蛋白质打上不同的标记，从而改变多肽的构象、增加蛋白质的稳定性，甚至改变蛋白质的某一特性。例如，糖链可以增加蛋白质的溶解性，或保护蛋白质不被胞外蛋白酶降解等。糖基化的蛋白质及其上的糖基在免疫保护、细胞间的黏附及炎症的产生等方面也具有重要作用。

（五）脂质化修饰

蛋白质脂质化（protein lipidation）是在酶的催化下，疏水性的脂肪酸或类异戊二烯基团共价连接在蛋白质分子上的过程。这些疏水性基团通常与蛋白质分子中半胱氨酸残基侧链基团的巯基通过共价键相连。常见的修饰包括棕榈酰化（palmitoylation）、法尼基化（farnesylation）和四异戊二烯化（geranylgeranylation）等，分别由棕榈酰基转移酶（palmitoyl acyltransferase，PAT）、法尼基转移酶（farnesyl transferase）和四异戊二烯转移酶（geranylgeranyl transferase）

催化完成。除了棕榈酰化，其他的脂酰基化修饰基本上都是不可逆过程。

棕榈酰化依据其连接方式可以分为 S-棕榈酰化、N-棕榈酰化和 O-棕榈酰化。N-棕榈酰化是棕榈酰基与甘氨酸/半胱氨酸（Gly/Cys）残基通过酰胺键连接，由于酰胺键较稳定，因此不可逆。O-棕榈酰化是棕榈酰基通过酯键与丝氨酸残基相连；S-棕榈酰化是指含有 16 个碳原子的饱和棕榈酸和 Cys 共价结合，形成不稳定的硫酯键，这种棕榈酰化具有可逆性，可在时间和空间上调节蛋白质的功能，因此是最重要的一种棕榈酰化修饰方式。棕榈酸与 Cys 残基之间的硫酯键可以被硫脂酶（thioesterase）催化水解。

蛋白质脂质化的生物学作用在于蛋白质的脂基引入了疏水基团，能够增强蛋白质在细胞膜上的亲脂性，使其与生物磷脂膜具有更好的相容性，利于蛋白质很好地锚定在细胞膜上。另外，被脂质化修饰的蛋白质分子在介导细胞信号转导方面具有重要作用，也与蛋白质的亚细胞定位、蛋白质转运、蛋白质之间的相互作用及蛋白质稳定性等的发生发展有关。

（六）羟基化修饰

蛋白质的羟基化（hydroxylation）修饰是蛋白质侧链基团修饰羟基的作用。例如，结缔组织的胶原蛋白和弹性蛋白中，脯氨酸（Pro）和赖氨酸（Lys）需要经过羟基化成为羟赖氨酸（Hyl）和羟脯氨酸（Hyp）。这个过程是在内质网上由脯氨酰-4-羟化酶、脯氨酰-3-羟化酶和赖氨酸羟化酶作用完成的。这些酶均有高度的专一性。例如，脯氨酸-4-羟化酶仅羟基化含有 Gly-X-Y 序列的肽段 Y 位置的脯氨酸残基，而脯氨酸-3-羟化酶需要 Gly-Pro-4-Hyp 序列（X 和 Y 代表其他氨基酸）。赖氨酸的羟基化只在序列 Gly-X-Lys 存在时才会发生。另外，脯氨酸-3-羟化酶和赖氨酸羟化酶的多肽羟基化只发生在螺旋结构形成之前。

图 16-3 显示了 4-Hyp 的合成。脯氨酸-4-羟化酶是一种催化新生多肽中某些脯氨酸残基的 C4 位置羟基化的酶，是一种双加氧酶。O_2 的两个氧原子被合并到两个底物 α-酮戊二酸和脯氨酸残基中，形成两个产物琥珀酸和 4-羟基脯氨酸残基。在反应机制中，Fe(II) 和 O_2 与 α-酮戊二酸形成环状过氧化物，促进 α-酮戊二酸脱羧形成琥珀酸和 Fe(IV)=O，作为脯氨酸羟基化的底物。抗坏血酸（维生素 C）将辅因子铁恢复到亚铁状态。抗坏血酸是羟基化胶原蛋白中脯氨酸和赖氨酸残基所必需的。饮食中摄入的维生素 C 不足会导致坏血病。坏血病的症状（如血管脆弱和伤口愈合不良）是胶原纤维结构较弱的结果。

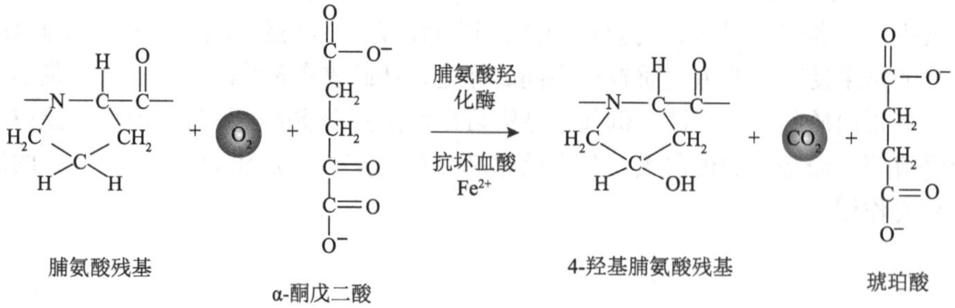

图 16-3　脯氨酸的羟基化

（七）类泛素化修饰

自发现泛素后，科学家又陆续发现了一些与之结构和功能类似的小分子蛋白，称为泛素样蛋白（ubiquitin-like protein，UBL）。泛素样蛋白与泛素的作用方式类似，在特定酶的作用下与底物蛋白质共价修饰，称为蛋白质类泛素化修饰（protein ubiquitin-like modification），有 SUMO 化修饰、NEDDylation 和 ISG15 等。

1. SUMO 化修饰 小分子泛素相关修饰物（small ubiquitin-related modifier，SUMO）蛋白分布广泛，存在于从酵母到各种真核生物的细胞中。人的 SUMO 家族包括 SUMO1、SUMO2、SUMO3 和 SUMO4 四个成员，约含 100 个氨基酸残基。这些 SUMO 进化上高度保守，与泛素的一级结构相似度很低（如 SUMO1 与泛素只有 18% 序列同源），但三级结构极为相似，且参与反应的 C 端双 Gly 残基位置也极为相似。二者不同的是 SUMO 的 N 端还含有一个 10～25 个氨基酸残基的柔韧延伸，表面电荷分布也不同。

（1）SUMO 化修饰的酶 SUMO 化修饰也依赖 ATP，有 E1、E2 和 E3 三种酶参与。SUMOE1 为活化酶，含 SAE1 和 SAE1 两个亚基，形成异二聚体。SUMOE2 为结合酶，仅有 Ubc9。SUMOE3 为连接酶，有 PIAS 家族的 PIAS1、PIAS3 及核孔蛋白 Ran BP2 等多种。

（2）SUMO 的修饰过程 首先，SUMOE1 活化酶催化使 SUMO 通过其 C 端的甘氨酸残基与底物蛋白质的赖氨酸残基以硫酯键相连；然后，SUMO 被转移到 SUMOE2 即 Ubc9 上，与 Ubc9 上半胱氨酸残基以硫酯键相连。Ubc9 与一个特异性 SUMOE3 连接酶一同发挥催化作用，使 SUMO 的 C 端甘氨酸残基与底物蛋白质的赖氨酸残基通过异肽键相连（即 SUMO 化修饰）（图 16-4）。被 SUMO 化修饰的底物蛋白质赖氨酸残基通常出现于一种特殊的 Ψ-K-X-D/E 序列模式中，Ψ 代表疏水性氨基酸，K 是 SUMO 修饰的赖氨酸，X 代表任意氨基酸，D 为天冬氨酸，E 为谷氨酸。SUMOE2 结合酶的 Ubc9 与该序列结合决定了 SUMO 化底物的选择性。SUMO 化修饰通常是可逆的，去 SUMO 化由 SUMO 特异性蛋白酶（SUMO-specific protease，SUP）催化水解异肽键，从而释放出 SUMO。

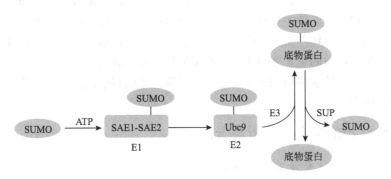

图 16-4 蛋白质的 SUMO 化修饰

由上看出 SUMO 与泛素化有所不同。首先，SUMO 化修饰比泛素化修饰多一步成熟化的过程，即 SUMO 前体在 SUMO 蛋白酶（如 Ulp1）的作用下，C 端的 4 个或多个氨基酸残基被切除，生成成熟的 SUMO，并露出 C 端 2 个 Gly 残基。其次，在 SUMO 活化酶 E1、结合酶 E2 和连接酶 E3 的作用下完成 SUMO 化修饰过程，且这个过程是可逆的，称为去 SUMO 化。

（3）SUMO 化修饰的生物学作用 SUMO 的分子结构及修饰过程都与泛素类似，但二者功能完全不同。SUMO 经类似泛素化的一系列酶促反应，共价结合于靶蛋白的赖氨酸残基，阻碍泛素与靶蛋白的共价结合，以提高底物蛋白质的稳定性，还可能影响蛋白质的亚细胞定位，参与蛋白质相互作用，对转录调控、核转运、维持基因组完整性、信号转导等均具有一定作用，是一种重要的多功能蛋白质翻译后的修饰方式。

目前已发现的 SUMO 化修饰的底物蛋白质有 120 余种，多属于核蛋白。近年也发现一些非核蛋白和外来蛋白也可发生 SUMO 化修饰，即在胞外也有该修饰作用发生。

2. 蛋白质的 NEDDylation 神经前体细胞表达发育下调 8（neural precursor cell-expressed developmentally down regulated 8，NEDD8）是泛素蛋白修饰分子，由 81 个氨基酸组成，进化上高度保守，与泛素分子的一致性为 59%，相似性达到 80%。经类似泛素化的一系列酶促反应共价结合到靶蛋白上，参与蛋白质翻译后修饰，称为蛋白质的 NEDDylation。NEDDylation 对底物蛋白质的共价修饰不引起蛋白质降解，但可调节蛋白质功能，参与细胞增殖分化、细胞发育、细胞周期、信号转导等生命过程调控，异常导致神经退行性疾病和癌症等。

除上，随着技术的发展，越来越多的翻译后修饰被发现，如巴豆酰化（crotonylation）、戊二酰化（glutarylation）、苯甲酰化（benzoylation）和琥珀酰化（succinylation）等。总之，蛋白质修饰方式多种多样，但在体内，各种翻译后修饰过程不是孤立存在的，在很多细胞活动过程中，需要各种翻译后修饰的蛋白质共同作用。还有蛋白质可以有一种以上的翻译后修饰。例如，在 RNA 聚合酶 II 控制的基因表达过程中，磷酸化和糖基化修饰对 RNA 聚合酶 II 起到了不同的作用。组蛋白可以同时发生甲基化和乙酰化修饰等。

第二节　新生多肽链的折叠

蛋白质折叠（protein folding）是指肽链经过疏水塌陷、空间盘曲等过程形成天然构象，并获得生物学活性的过程。确切地讲，蛋白质折叠是指翻译后的多肽链可凭借相互作用在细胞环境（特定的 pH、温度等）下自己组装自己的过程。在从 mRNA 序列翻译成线性的肽链时，蛋白质都是以去折叠多肽或无规卷曲的形式存在。蛋白质的折叠过程是其获得功能性结构和构象的过程。通过这一物理过程，蛋白质从无规卷曲折叠成特定的功能性三维结构。更广义的蛋白质折叠可分为细胞内折叠（体内折叠）和细胞外自由折叠（体外折叠）。研究初期，人们对蛋白质折叠的认识主要来自体外实验；随着研究技术和方法的进步，发现体内折叠过程往往与翻译共起始，并证实蛋白质的化学修饰往往与肽链的折叠密切相关。

细胞外折叠理论，即蛋白质的变复性理论，在第三章已有描述。本节主要介绍体内或新生肽链折叠的相关内容。

一、新生肽链的折叠与助折叠蛋白

（一）新生肽链的折叠及其研究进程

蛋白质的功能依赖于空间结构。新生肽链合成后需要在一些酶或蛋白质的参与下进行正确的折叠才能形成具有生物活性的三维构象。结构较复杂的蛋白质还涉及亚基的聚合和辅基连接。新生肽链在核糖体上合成的同时或合成之后，根据热力学与动力学，或在分子伴侣的辅助下，从无规卷曲形成特定功能性三维结构，此过程即新生肽链的折叠。

在体内，肽链的折叠并不是在合成完成之后才进行的，而是边合成边进行。新生肽链一般先折叠成二级结构，再进一步盘绕成三级结构。对于单链多肽蛋白质，三级结构就已经具有蛋白质的生物学功能，而对于寡聚蛋白质，还需进一步组装成更为复杂的四级结构，才能表现出活性或功能。

1978 年，英国科学家 Ron Laskey 发现只有当一种酸性蛋白质存在时核小体才能成功组装，他将该酸性蛋白质命名为"nucleoplasmin"，即核质蛋白。1980 年，英国科学家 R. John Ellis 在研究叶绿体内 Rubisco 的折叠组装时发现，必须有一种"Rubisco 结合蛋白"存在才能组装成有活性的 Rubisco 分子。1987 年，Ellis 在 *Nature* 上正式提出 "molecular chaperone" 即 "分子伴侣" 的概念。1993 年，经过多次修正，Ellis 给予了 "分子伴侣" 功能意义上的定义，提出了蛋白质折叠的 "辅助性组装学说"。提出体内蛋白质的折叠往往需要有其他辅因子的参与，并伴随有 ATP 的水解才能折叠成其天然构象。分子伴侣的发现使蛋白质折叠相关的研究从 "自组装" 到 "有帮助地组装" 在概念上有了一个深刻的转变。目前认为至少有两类蛋白质参与了多肽链在体内的折叠过程，称之为助折叠蛋白（folding helper）。

（二）第一类助折叠蛋白——酶

第一类助折叠蛋白是一组辅助蛋白，它们催化蛋白质分子特异性的异构化。目前有两种酶被认为具有分子伴侣的功能，参与一些蛋白质的折叠。它们是蛋白质二硫键异构酶和肽基脯氨酰顺反异构酶。

1. 蛋白质二硫键异构酶　蛋白质二硫键异构酶（protein disulfide isomerase，PDI）是催化蛋白质肽链之间形成二硫键的酶。1963 年，Goldberger 和 Venetainer 等几乎同时发现了它。证实此酶是由两个相同亚基组成的糖蛋白，凝胶过滤测得其分子质量约为 107kDa，SDS-PAGE 测得亚基的分子质量约为 55kDa。PDI 最初发现于内质网中，近些年发现也广泛存在于细胞表面和细胞外基质中，且这些特殊位置的 PDI 在多种病理生理过程中发挥重要调控作用。许多蛋白质，特别是分泌性蛋白质都含有二硫键，如胰岛素有 3 对二硫键。在内质网的氧化环境中，PDI 助折叠作用主要表现在两个方面：①可以催化新生肽链（同一肽链或不同肽链）的 2 个半胱氨酸（Cys）侧链之间形成二硫键；②通过异构化消除不正确的二硫键。如图 16-5 所示，新生肽链有 2 对二硫键（Cys1 与 Cys2 间有 1 对，Cys3 与 Cys4 间有 1 对），正确的二硫键应该是 Cys1 与 Cys4 间有 1 对，Cys2 与 Cys3 间有 1 对。PDI 异构化消除不正确的二硫键的反应过程如下：首先，还原性 PDI 上其中一个—SH，攻击新生肽链的第一个不正确的二硫键（Cys1 与 Cys2 间形成的二硫键），产生一个游离的 Cys2—SH，Cys1 则与 PDI 形成二硫键。其次，Cys2 上—SH 攻击 Cys3 与 Cys4 间的二硫键，产生游离的 Cys4—SH，同时 Cys3-Cys2 之间形成二硫键。Cys4—SH 又攻击 Cys1-PDI 间二硫键，最后，Cys1-Cys4 间形成二硫键，并释放出还原性 PDI。这个过程能加速蛋白质折叠，但不影响蛋白质的折叠途径。

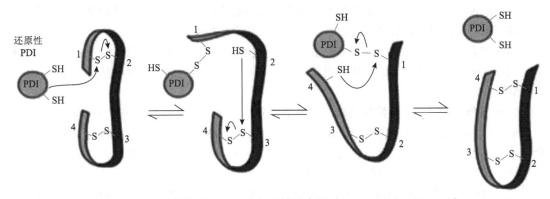

图 16-5　PDI 异构化消除不正确二硫键示意图（Nelson and Cox，2017）

1～4指Cys1～Cys4

2. 肽基脯氨酰顺反异构酶　肽基脯氨酰顺反异构酶（peptidyl-prolyl *cis-trans* isomerase，PPIase）是 G. Fischer 于 1984 年从猪肾中纯化得到的一种新的蛋白质，证实其能够有效加速短程的脯氨酰肽键顺反异构化，故命名为肽基脯氨酰顺反异构酶。PPIase 在原核细胞和真核细胞中普遍存在，催化蛋白质分子中某些稳定的反式肽基脯氨酰键异构成蛋白质所需的顺式构型。其可以催化脯氨酰之前 C—N 肽键的 180°反转，但不涉及新共价键的形成和断裂。

（三）第二类助折叠蛋白——分子伴侣

1. 分子伴侣的概念及功能 1978 年，Lasky 首先提出了分子伴侣（molecular chaperone）的概念。1987 年，Ellis 正式提出，分子伴侣是细胞内一类能帮助新生肽链正确组装、成熟，自身却不是终产物分子成分的蛋白质或酶。分子伴侣通过促进新生蛋白质的折叠和已存在的蛋白质的重新折叠，在细胞蛋白质质量控制中发挥着核心作用。

目前，分子伴侣的研究已经取得了重大进展，证实其在蛋白质折叠过程中可行使多种功能：①防止新合成的肽链在折叠过程中发生错误折叠和聚集，促进肽链折叠和去聚集；②识别并封闭易于聚集的蛋白质中间体暴露出的疏水表面并与之相互作用，以便将它们与拥挤的细胞环境相隔离，防止与其他的细胞成分产生不必要的相互作用，使肽链的折叠互不干扰；③指导更大的蛋白质和多蛋白质复合物的组装；④解开已形成的错误折叠结构，促使蛋白质进行正确的折叠。

2. 分子伴侣的特性 分子伴侣可促进反应的进行，而本身却不出现在最终产物中，具有类似于酶的特征，但它又与酶有很大差异，有以下自身特性。

1）广泛存在。在所有生物（从细菌到人类）中均存在，既存在于正常的细胞中，也存在于胁迫的细胞中，且广泛存在于细胞内的每个区域。

2）保守性。分子伴侣对靶蛋白没有高度专一性，同一种分子伴侣可以促进多种氨基酸序列完全不同的多肽链折叠成为空间结构、性质和功能都不相关的蛋白质。其可以识别变性的或未能正确折叠的多肽，没有序列偏爱性和特异性。

3）"催化"效率低。不能加快肽链折叠反应的速度，只是通过消除不正确折叠，增加功能性蛋白质产率而促进天然蛋白质折叠。同一类分子伴侣在所有的生物中高度保守；具有 ATP 酶的活性，有别构性，可再循环利用。

4）多能性。分子伴侣具有胁迫保护防止交联聚沉、协助转运、调节转录和复制、组装细胞骨架等多种功能。例如，已证实分子伴侣能解开细胞质内前体蛋白质折叠的结构域，牵拉多肽链穿线粒体膜而过，最后再帮助已进入基质的肽链重新折叠。

细胞内信息传递分子被发现与细胞蛋白质折叠机制有关，信息传递分子的折叠、装配、解聚或构象改变决定它们处于活性状态或非活性状态。分子伴侣能调节许多激酶、受体和转录因子的活性。

3. 分子伴侣的分类、结构与功能 细胞内分子伴侣分为两大类：一类为核糖体结合性分子伴侣，包括触发因子和新生链相关复合物；另一类为非核糖体结合性分子伴侣，包括热休克蛋白和伴侣蛋白等。目前研究得较为清楚的是热休克蛋白家族和伴侣素家族，在原核生物和真核生物中都存在。下面主要介绍第二类细胞内分子伴侣。

（1）热休克蛋白（heat shock protein，HSP）家族 一类应激反应性蛋白，是指细胞在应激原，特别是环境高温，以及其他应激原（如缺氧、寒冷、感染、饥饿、创伤、中毒等）诱导下所生成的一组蛋白质。它们有重要的生理功能且高度保守。根据分子量大小和诱导模式不同，将其分为热休克蛋白 70、热休克蛋白 90 等几个家族。

1）热休克蛋白 70 家族（HSP70 family）：一类分子质量约 70kDa、高度保守的 ATP 酶，又称为应激蛋白 70 家族，广泛存在于原核和真核细胞中。HSP70 家族蛋白为单体结构，具有两个主要的功能域，即位于 N 端的 45kDa 的核苷酸结合结构域（nucleotide-binding domain，NBD）和靠近 C 端的大小约 25kDa 的底物结合结构域（substrate-binding domain，SBD），分别对应 HSP70 的 ATP 酶活性和底物结合活性，两者中间为柔性连接体。

HSP70 伴侣活性需要底物的快速结合和及时释放，以防止底物聚集并促进折叠。这种以受控方式与底物结合和分离的能力依赖于复杂的别构机制，该机制将 NBD 中的 ATP 水解与 SBD 捕获的底物结合，在 ADP 结合状态下，SBD 以高亲和力结合肽底物，而 ATP 结合状态削弱了 SBD 与底物的相互作用。

HSP70 家族根据其生物学功能及在细胞器内的定位不同可分为 4 种类型：应激诱导型 HSP70（HSP72）、结构型 Hsc70（HSP73）、葡萄糖调节蛋白 75（glucose regulated protein 75，GRP75）和葡萄糖调节蛋白 78（glucose regulated protein 78，GRP78）。根据在细胞器内的定位不同，包括大肠杆菌胞质中的 DnaK、DnaJ；高等生物内质网中的 Bip、Hsc1、Hsc2、Hsc4 和 Hsc70；胞质中的 HSP70、HSP68 和 Ssa；线粒体中的 Ssc 和 HSP70 等。

在体内，HSP70 家族成员的主要功能是以 ATP 依赖的方式与所有新生的未折叠多肽链的疏水区直接结合，防止这些蛋白质聚集和降解，以稳定蛋白质的未折叠状态，促使某些能自发折叠的蛋白质正确折叠形成天然空间构象（图 16-6）。其在细胞应激和非应激条件下蛋白质的从头折叠（*de novo* protein folding）、跨膜运输、错误折叠多肽链降解及调控过程中均有重要作用。

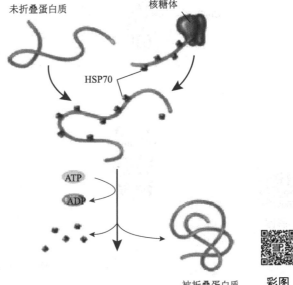

图 16-6　HSP70 帮助新生肽链正确折叠的机制（真核）

2）热休克蛋白 90 家族（HSP90 family）：分子质量在 90kDa 左右，单体主要由 3 个保守的结构域组成：N 端结构域（N-terminal domain，NTD），结合 ATP 或与辅助分子伴侣相互作用，紧连着富含电荷的可变长度连接区域；中间结构域（middle domain，MD），含有客户蛋白和辅助分子伴侣结合位点；C 端结构域（C-terminal domain，CTD），其二聚化结构域具有保守的五肽片段（MEEVD），能够锚定包含三角四肽重复结构域（tetratricopeptide repeat domain，TPR 结构域）的辅助分子伴侣。

HSP90 以同二聚体形式发挥作用，二聚体对其在活体中的功能至关重要。细胞内每一百个蛋白质中就有 1～2 个由 HSP90 构成。在应激时呈高表达，是不少调节蛋白和结构蛋白活化的分子伴侣，参与蛋白质的运输、解聚及保护细胞免受环境压力。

在哺乳动物细胞中，HSP90 具有存在于细胞质中的 HSP90α（诱导型）和 HSP90β（组成型）、内质网中的葡萄糖调节蛋白 94（GRP94）、线粒体中的肿瘤坏死因子受体相关蛋白 1（Trap1）四种亚型。还有大肠杆菌胞质中的 HtpG，酵母胞质中的 HSP83 与 Hsc83，果蝇胞质中的 HSP83 及哺乳类胞质中的 HSP90，内质网中的 GRP94 等。

（2）伴侣素家族　　伴侣素是具有独特的双层 7~9 个圆环状结构的寡聚蛋白质，主要作用是为非自发性折叠肽链提供正确折叠的微环境。其以依赖 ATP 方式促进体内正常和应激条件下的蛋白质折叠，可直接促进蛋白质的折叠和重折叠。

1）Ⅰ类伴侣素（GroEL、GroES）：存在于细菌、线粒体和叶绿体中，GroEL 形成两个圆环状的低聚物，每个环为由 7 个相同亚基组成的空心圆柱体。每个亚基的分子质量约为 60kDa。在细菌中称为 GroEL，在真核生物线粒体中命名为 HSP60，在脊椎动物细胞的胞质中命名为 TCP1。它们在体内需要一种辅因子作为盖子状的伴侣，如 *E. coli* 中伴侣素 GroEL 及其辅助蛋白 GroES 是一类非常关键的分子伴侣，GroES 形成了一个圆顶，覆盖了一侧的中央腔。蛋白质底物与远端环上的空腔结合。在 GroES 的帮助下，GroEL 以 ATP 依赖的方式帮助细胞中多种底物蛋白质的折叠，GroES 的作用是保护 GroEL，防止其被肽酶水解（图 16-7）。

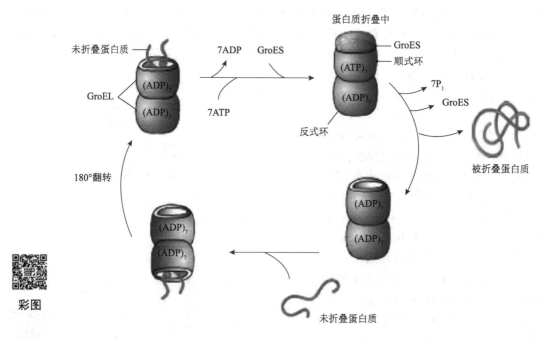

图 16-7　伴侣素介导的蛋白质折叠

2）TRiC（tailless complex polypeptide-1 ring complex）：一种真核生物Ⅱ类伴侣素。在真核细胞中约 10%的蛋白质需要 TRiC 参与折叠，该过程同样受到 ATP 的调控。由 2 个包含盖子的圆环组成，每个环由 8 个亚基组成。但与 GroEL 在结构上有很大的差别，如没有辅因子 GroES，而是在顶端结构域上有突出的氨基酸片段，该片段的功能与 GroES 相似。TRiC 与 HSP70 协作帮助具有复杂结构域折叠的蛋白质的共翻译折叠，如肌动蛋白和微管蛋白。

二、亚基缔合

在生物体内，许多具有特定功能的蛋白质由 2 条以上肽链构成。一般来说，由多个肽链及其他辅助成分构成的蛋白质（寡聚蛋白质和结合蛋白质），在多肽链合成后还需经过多肽链之间及多肽链与辅基之间的聚合过程，才能成为有活性的蛋白质。由 2 条以上肽链构成的蛋白质，其亚基相互聚合时所需的信息蕴藏在肽链的氨基酸顺序中，且这种聚合常有一定的顺序，前一步骤的聚合往往促进后一步骤的进行。例如，血红蛋白由 4 个亚基构成，含 2 条 α 链、2 条

β链及 4 个血红素分子。α 链合成后从核糖体上自行脱离，与尚未从核糖体释放的 β 链相结合，将 β 链带离核糖体，形成游离的 αβ 二聚体。此二聚体再与线粒体内生成的 2 个血红素分子相结合，最后形成由 4 条肽链和 4 个血红素分子构成的有功能的血红蛋白分子。

第三节　蛋白质合成后的靶向转运及细胞定位

蛋白质在细胞质内的分布通常不对称。由核糖体合成的许多蛋白质要从它们合成的地方转运至细胞的其他部位或分泌到细胞外发挥生物学作用。在细胞质中合成的蛋白质运送到细胞特定部位的过程，称为蛋白质或多肽链合成后的定向转运或肽链的转运。靶向在真核生物中是一个特别重要的过程，除了细胞质和质膜（原核生物的主要目的地），真核细胞中的蛋白质还可以被运送到多种细胞器。

由于核糖体不同（膜结合和游离的核糖体），蛋白质的转运主要有两个机制。一是共翻译（cotranslation）转运途径机制（膜结合核糖体），即定向转运在蛋白质合成过程中就已经启动。这条途径输送的蛋白质定位于内质网、高尔基体、溶酶体和分泌到细胞外。另一个是翻译后转运（post-translational translocation）途径机制，即定向转运在蛋白质合成后，这条途径输送的蛋白质定位于细胞核、线粒体和过氧化物酶体。两种转运途径都涉及蛋白质分子内特定区域与细胞膜结构的相互关系。但参与生物膜形成的蛋白质两种机制兼有。

一、共翻译转运途径

参与共翻译转运途径的蛋白质是在结合于内质网上的核糖体中合成的，这种内质网称为粗面内质网，在蛋白质粗面内质网合成开始不久即穿过内质网膜上的通道进入内质网腔，随后边翻译边穿越，此后，或定位于内质网，或进入高尔基体，然后被引入溶酶体、分泌小泡或细胞膜等部位。

（一）分泌蛋白进入内质网内腔的转运

所有真核细胞基本上都使用相同的分泌途径来合成到内质网、高尔基体和溶酶体中的分泌蛋白和可溶性管腔蛋白（如胰腺腺泡细胞合成的消化酶，被分泌到通向肠道的导管中）。将这些蛋白质统称为分泌蛋白（secretory protein）。分泌蛋白通过信号肽转运系统转运。

1971 年，德国科学家 Gunter Blobel 提出了"信号肽假说"（signal peptide hypothesis），认为蛋白质跨膜转运信号也是由 mRNA 编码的。在起始密码子之后，有一段编码疏水性氨基酸序列的 RNA 区域，这个氨基酸序列被称为信号肽（signal peptide），该信号肽序列在核糖体上合成后便与膜上特定受体相互作用，产生通道，允许这段多肽在延长的同时穿过膜结构，因此这种方式是边翻译边跨膜运转。1975 年，Blobel 又详细描述了蛋白质转运过程中的步骤，在随后的 20 年中，Blobel 及其同事最终证实了"信号肽假说"不仅正确，而且在不同的生物中具有普遍性。此后，Blobel 等还证明类似的信号可以将蛋白质定位到线粒体和叶绿体等其他细胞器中。Blobel 因此项发现获得了 1999 年诺贝尔生理学或医学奖。

1. 信号肽转运系统的组成　　信号肽转运系统由信号肽、信号识别颗粒、信号识别颗粒受体、转运蛋白或易位子转运通道和信号肽酶 5 部分组成。

（1）信号肽（signal peptide）　　指在粗面内质网上合成的分泌型蛋白质前体的 N 端含有的一段序列，即未成熟蛋白质中，可被细胞识别系统识别的特征性氨基酸序列，能引导新合成肽链转移到内质网的一段多肽。已发现有数百种信号肽存在，长度一般为 15～30 个氨基酸残基，它们的共同特点：①在靠近其 N 端有一至多个带正电荷的氨基酸；②中部为由 10～15 个氨基酸残基（大部分或全部是疏水性的）组成的疏水核心；③C 端靠近酶切断裂位点处一般有几个极性氨基酸残基序列，离切割位点最近的残基常带有侧链较短的和具极性的氨基酸（如 Ala 或 Gly 等）。信号肽后有蛋白水解酶作用位点，用于信号肽酶切除进入内质网后的信号肽。

（2）信号识别颗粒（signal recognition particle，SRP）　　一种胞质核糖核蛋白颗粒，存在于真核细胞胞质内。其可识别并与进入内质网中的新生肽链的 8 个非极性氨基酸残基的短的信号肽序列瞬时结合，同时与核糖体大亚基和 SRP 受体结合。SRP 含有一个 7SLRNA 和 6 个大小不等的蛋白质（SRP54、SRP19、SRP68、SRP72、SRP14 和 SRP9）（数字表示分子量×10³，如 SRP54 指分子量为 54×10³）的 GTPase。除 SRP54 外，所有蛋白质都直接与 RNA 结合。其中 7SLRNA 是形成复合体的结构骨架，缺少它，蛋白质不能组装成 SRP（图 16-8）。组成 SRP 的不同蛋白质具有不同的功能。SRP54 识别并结合信号肽，也是一种 GTP 水解酶，可水解 GTP，为信号肽插入膜通道提供能量。SRP68-SRP72 二聚体与 RNA 的中间区域结合，参与对 SRP 受体的识别；SRP14-SRP9 二聚体结合在分子的另一端，负责使翻译停止。SRP19 参与 SRP 的组装，对 SRP54 与 7SLRNA 的结合是不可缺少的。

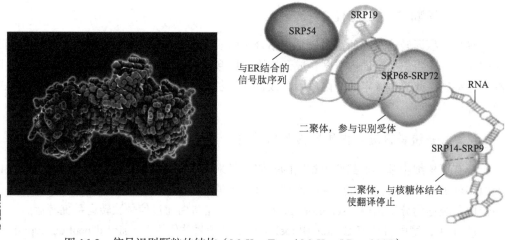

图 16-8　信号识别颗粒的结构（McKee T. and McKee J.R.，2015）

（3）SRP 受体（SRP receptor，SRPR）　　存在于内质网上的膜整合蛋白质，是由 SR-α 和 SR-β 两个亚基组成的异源二聚体。SR-β 是膜内在蛋白，用于将 SR-α 的氨基端锚定在内质网上；SR-α 的其余部分伸入到细胞质中。SRP 受体的两个亚基均可结合并水解 GTP，为 SRP 从受体上释放提供能量。

（4）转运蛋白或易位子（translocon）转运通道　　内质网膜上的蛋白质通道，为由跨膜孔和多种跨膜蛋白组成的复合体，包括 Sec61 复合体和转运通道相关蛋白（translocon-associated protein，TRAP）（图 16-9）。Sec61 复合体是构成水相通道的主体部分，由 α、β、γ 三种亚基组成。其中 α 亚基是含 10 个跨膜螺旋的膜蛋白，β 和 γ 亚基较小。TRAP 可以促进所有蛋白质跨内质网膜的转运。有些蛋白质必须有 TRAP 参与。

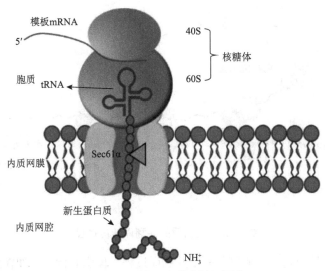

彩图

图 16-9 转运通道或转运蛋白

（5）信号肽酶（signal peptidase） 位于内质网膜内腔，负责对进入内质网的信号肽进行切除。一旦信号肽链进入到内质网的腔内，信号肽酶即特异性地识别信号肽 C 端疏水侧信号序列，水解信号肽链，以防止肽链再出来。

2. 含信号肽新生肽链向内质网的转运过程和机制 含有信号肽的多肽转运机制和步骤包括：①核糖体附着在 mRNA 的 AUG 起始位点上，蛋白质翻译开始。②先从 N 端合成一段带有信号肽的氨基酸序列，SRP 辨认新生肽链 N 端的信号肽并与之结合。③新生肽链从核糖体出现并开始延伸，SRP 首先识别核糖体（约 70 个氨基酸），SRP-核糖体结合阻断 eEF2 结合位点，翻译过程被抑制而暂停（防止蛋白质释放到细胞质的水溶性环境中，此时肽链的长度约为 70 个氨基酸残基），SRP 将暂停翻译的新生肽链及核糖体引至内质网外膜。④SRP-核糖体与内质网膜上 SRP 受体结合，使核糖体通过与膜上特定受体的相互作用结合到膜上。通过一个 GTP 依赖过程，打开内质网膜上转运通道，释放出信号肽进入内质网，翻译随即继续进行。另一个内质网膜蛋白即信号肽受体与信号肽结合，促进新生多肽链进入转运通道。⑤当核糖体被转运到内质网膜上后，SRP 和 SRP 受体离开正在合成的多肽链。SRP 释放入细胞质，介导另一个新生肽链及核糖体与内质网膜的结合。此过程需要 GTP 提供能量。⑥多肽链转运到内质网的内腔，蛋白质翻译继续进行。由于核糖体附着在转运通道上，延长的肽链通过转运通道挤压到内质网腔中。⑦信号肽在多肽链合成完成之前，即由内质网内的信号肽酶切除掉，蛋白质翻译结束。翻译完成后，核糖体被释放，新合成蛋白质多肽链脱落在内质网腔内。转运通道关闭，蛋白质呈现其固有的折叠构象。沿着 mRNA 移动的核糖体大、小亚基分离，参加下一轮的蛋白质合成（图 16-10）。

现知 SRP 对翻译还有负调节（negative regulation）作用。哺乳动物分泌蛋白质中的许多种都是降解酶类（如核酸酶、蛋白酶等），若它们偶然出现于胞质内则会造成细胞内的灾难。SRP 暂时终止这些蛋白质的翻译，确保这些蛋白质未到达内质网膜之前不会完成翻译。这样，在信号肽和 SRP 的共同作用下，这些分泌蛋白能及时进入内质网腔内，完成转运和分泌。另外，已经证实新生肽链的 C 端也存在一些影响肽链穿越内质网膜的肽段，使穿越膜的过程终止。这部分称为终止转移序列，也可以认为是一种信号序列。

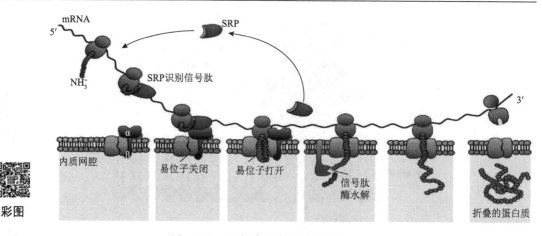

图 16-10　蛋白质的共翻译转运过程

一般来说，新生肽链进入内质网是一个共翻译过程，但也有例外，如在酵母内，蛋白质是在翻译后进入内质网的。

（二）内质网内蛋白质的加工与走向

定位于新生成的肽链以去折叠的状态通过转运通道进入内质网，在内质网内继续合成。进入内质网腔内的蛋白质的加工修饰包括：①内质网和高尔基体中的糖基化、羟基化和酰基化等，其中糖基化是最主要的；②形成二硫键；③多肽链的正确折叠和内质网中多亚基蛋白质的组装；④未组装或错误折叠蛋白质的处理。

1. 内质网和高尔基体中的糖基化　　几乎所有在粗面内质网上合成的蛋白质最终需要添加一个或多个糖链，即糖基化。糖基化的作用：①使蛋白质能够抵抗消化酶的作用；②赋予蛋白质转导信号的功能；③某些蛋白质只有在糖基化后才能正确折叠。真核生物支链寡糖的修饰发生在内质网和高尔基体的腔。支链寡糖包含 3 种葡萄糖（Glc）、9 种甘露糖（Man）和 2 种 N-乙酰葡萄糖胺（GlcNAc）共 14 个残基分子，可写成 Glc3Man9(GlcNAc)2。在 14 个残基分子中，5 个在分泌蛋白和膜蛋白上所有 N 链寡糖的结构中都是保守的，这种分支低聚糖侧链可促进糖蛋白的折叠和稳定。

在内质网中蛋白质初始糖基化后，寡糖链在内质网或高尔基体中被修饰。所有 N-连接低聚糖的生物合成开始于粗面内质网中，先加上预先形成的含有 14 个残基的低聚糖前体。随后在内质网和高尔基复合体中发生去除和在某些情况下添加特定的糖残基。糖基化包括图 16-11 所示步骤：①在内质网膜上有一种高度疏水性的脂质长萜醇（lipid dolichol），它以焦磷酰基连接 2 个 N-乙酰葡萄糖胺、9 个甘露糖和 3 个葡萄糖残基。②在内质网膜上的糖基转移酶催化下，将上述糖基转移至膜上多肽链中的天冬酰胺残基上，形成 N-糖苷键连接的糖蛋白，其糖基暴露于内质网腔。③在内质网内的糖苷酶作用下，依次切除 3 个葡萄糖残基和 1～4 个甘露糖残基。④以后将生成的糖蛋白转移至高尔基体，并在其中由甘露糖苷酶再切除几个甘露糖残基，连接上 N-乙酰葡萄糖胺、半乳糖、唾液酸等，完成糖基化，生成复合糖蛋白。

核心区域由 5 个糖残基组成，保留在所有 N-连接的低聚糖中。前体只能与天冬酰胺（Asn）残基相连。Asn 穿过内质网的腔侧，Glc3Man9(GlcNAc)2 前体就从长萜醇（dolichol）载体转移到新生蛋白质的天冬酰胺残基上。这种前体结构在植物、动物和单细胞中是一样的。

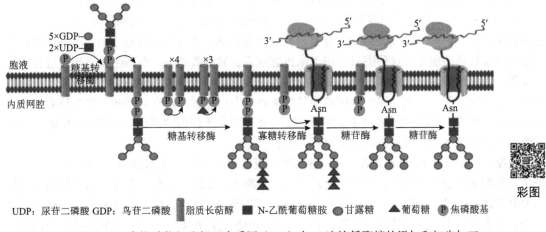

UDP：尿苷二磷酸 GDP：鸟苷二磷酸 ▌脂质长萜醇 ■ N-乙酰葡萄糖胺 ● 甘露糖 ▲葡萄糖 Ⓟ焦磷酸基

图 16-11　脊椎动物细胞粗面内质网（ER）中 N-连接低聚糖的添加和初步加工

2. 形成二硫键　　蛋白质折叠和多聚蛋白的组装均发生在粗面内质网。因此，在真核细胞中，二硫键仅在粗面内质网的腔内形成。在细菌细胞中，二硫键在内、外膜之间的间隙中形成。

在含有多个二硫键的蛋白质中，半胱氨酸残基的适当配对对于其正常的结构和活性至关重要。二硫键在内质网腔中的形成取决于蛋白质二硫异构酶（PDI）中的酶蛋白。该酶存在于所有真核细胞中，在肝脏和胰腺分泌细胞的内质网中特别丰富，可产生大量含有二硫键的蛋白质。如图 16-12 所示，PDI 活性部位的二硫键可以通过两个连续的硫醇-二硫转移反应转移到蛋白质上。PDI 作用蛋白质的底物十分广泛，通过形成二硫键，蛋白质能够达到热力学上最稳定的构象。

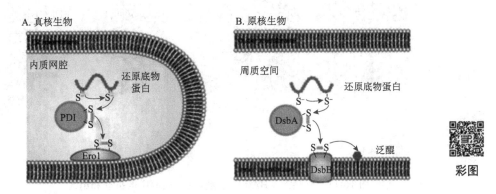

图 16-12　真核生物（A）和原核生物（B）中二硫键形成的途径（Nelson and Cox，2017）

二硫键通常是在半胱氨酸之间形成的，在氨基酸序列中依次进行，而多肽仍在核糖体上延伸。然而，这种顺序形成有时会在错误的半胱氨酸之间产生二硫键。在细胞中，二硫键的重排也受 PDI 影响。

3. 多肽链的正确折叠和内质网中多亚基蛋白质的组装　　内质网是细胞内蛋白质组装系统，组装蛋白质最重要的内容是进行折叠，只有正确折叠和组装的蛋白质才能从粗面内质网运输到高尔基体，最终运输到细胞表面或其他最终目的地。另外，在内质网上合成的许多重要的分泌蛋白和膜蛋白，都是由两个或多个亚基组成的。这些多亚基蛋白质的亚基组装也发生在内质网中。

在内质网中产生的新的可溶性蛋白和膜蛋白通常在合成后几分钟内就能形成其天然的构

象。这些新合成的蛋白质在细胞中的快速折叠取决于存在于内质网腔内的几种蛋白质的顺序作用。首先是内质网中的两种同源凝集素蛋白——钙联蛋白（calnexin）和钙网蛋白（calreticulin）。这两种凝集素蛋白具有极强的钙结合能力，其配体都为单一的葡萄糖残基，由内质网腔中特定的葡萄糖基转移酶催化（这种酶只作用于未折叠或折叠的多肽链）。在新生肽链延伸过程中，钙联蛋白和钙网蛋白可以选择性地与未折叠新生链上的低聚糖通过 N-连接结合，以防其与蛋白质的相邻片段聚集。其次，在内质网腔中其他重要的助折叠蛋白还有肽基脯氨酰顺反异构酶，可以加速肽基-脯氨酸键在多肽未折叠段的旋转。还需要分子伴侣的帮助。下面以血凝素（HA0）三聚体在内质网中的折叠和组装为例简述其过程。

血凝素（hemagglutinin，HA）是一种三聚体蛋白，由 3 个称为 HA0 的前体蛋白拷贝在感染宿主细胞的内质网中形成，该蛋白质具有单个跨膜的 α 螺旋。首先，存在于内质网的分子伴侣 BiP 与新生肽链瞬时结合，两种凝集素蛋白（钙联蛋白和钙网蛋白）与一些低聚糖链也瞬时结合，二者都有助于相邻肽段的适当折叠。在共翻译加工过程中，先在新生肽链的腔内部分添加 7 个 N-连接寡糖链，再由 PDI 催化每个单体形成 6 个二硫键。完成的 HA0 单体通过一个单跨膜 α 螺旋锚定在内质网膜中，其 N 端位于内质网腔内。最后三个 HA0 链相互作用，先通过它们的跨膜 α 螺旋向内质网腔内形成一个长茎（每个 HA0 多肽的腔内部分包含一个 α 螺旋）。在三个球状头部间相互作用，产生稳定的 HA0 三聚体（图 16-13）。简言之，BiP 帮助肽段正确折叠，钙联蛋白和钙网蛋白帮助其糖基化，而 PDI 帮助其形成二硫键，完成跨膜 α 螺旋的血凝素单体进而形成三聚体，发挥凝血作用。

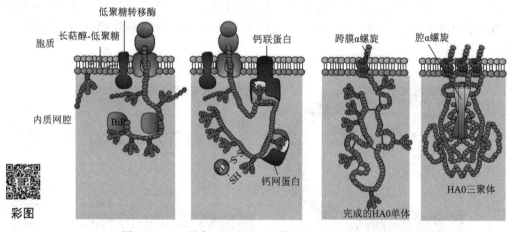

图 16-13　血凝素（HA0）三聚体在内质网中的折叠和组装

钙联蛋白和钙网蛋白与糖蛋白的结合及 PDI 形成二硫键的作用都是钙依赖性的，均受内质网中 Ca^{2+} 浓度影响。内质网中 Ca^{2+} 浓度的平衡可引起内质网应激，影响到细胞存活。

4. 蛋白质在内质网内的滞留　　滞留在内质网内的蛋白质有重链结合蛋白（Bip）、2 个葡萄糖调节蛋白（GRP78 与 GRP94）及蛋白质二硫键异构酶等。存在于内质网中的蛋白质在 C 端含有滞留信号，在大多数脊椎动物细胞中，这种信号由羧基端四肽 Lys-Asp-Glu-Leu（KDEL）序列组成。高尔基体中的内质网蛋白通过这一滞留信号序列与内质网上相应受体结合，随囊泡送回到内质网。

在内质网内的蛋白质还有一部分插入膜内，成为膜整合蛋白质（integral membrane protein）。这些肽链有一段锚定（anchor）序列，作为终止转移信号（stop-transfer signal），由一些疏水性氨基酸组成，作用是使肽链插在膜上，而不会整条越过去。膜上的蛋白质有两个类型：Ⅰ型是N端在内侧，C端在外侧（细胞质一侧）；Ⅱ型则相反，C端在内侧，而N端在外侧。大部分膜蛋白属于Ⅰ型，只有少数属于Ⅱ型。

5. 未组装或错误折叠蛋白质的走向

（1）未组装或错误折叠蛋白质再折叠　　内质网是高度动态平衡的细胞器。在内质网中保留的不适当折叠的蛋白质通常与内质网中分子伴侣BiP和钙联蛋白等折叠催化酶结合，阻止这些不可逆转的错误折叠的蛋白质聚集。

在哺乳动物细胞和酵母中内质网内未折叠蛋白或错误折叠蛋白的蓄积，导致内质网应激（endoplasmic reticulum stress，ER stress），一旦内质网应激被激活，就会触发未折叠蛋白质反应（unfolded protein response，UPR）以恢复内质网稳态（适应性UPR）或在内质网应激延长的情况下引起细胞死亡。

UPR是细胞对抗内质网应激的一种重要的自我保护机制。UPR的目的是适应环境的改变，恢复内质网正常功能。参与这种适应的机制包括：蛋白质折叠相关基因的表达上调（通过增加编码内质网中分子伴侣和其他折叠催化酶的基因转录来响应粗面内质网中未折叠蛋白质的存在）；促进错误折叠蛋白质的降解；调节蛋白质翻译速率，减少进入内质网的蛋白质总量。

内质网应激过强或持续时间过长，超过细胞自身的调节能力，蛋白质折叠机制发生障碍，如错误折叠的蛋白质所暴露的表面不能被分子伴侣或蛋白酶所识别，或形成聚合的速度大于被分子伴侣、蛋白酶识别的速度，则那些未被分子伴侣保护，又未被蛋白酶降解的错误折叠分子就可能相互聚合，进而损伤细胞，引起细胞代谢紊乱或凋亡等。

（2）未组装或错误折叠蛋白质的降解　　错误折叠的分泌蛋白和膜蛋白，以及未组装成多聚体蛋白质的亚基，从内质网腔"向后"通过转运进入胞质，在胞质主要通过泛素依赖性降解途径被蛋白酶体所降解。通常在粗面内质网中合成后1~2h内被降解。泛素化酶定位于内质网的胞质面，当错误折叠蛋白质退出内质网时，泛素化酶将泛素添加到错误折叠的内质网蛋白质上。由ATP水解供能，将这些泛素化多肽拖回胞质，在蛋白酶体中迅速被降解（图16-14）。至于错误折叠的可溶性蛋白和膜蛋白在内质网中如何被识别和靶向转运到胞质，尚不清楚。

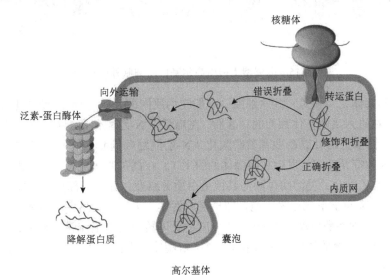

彩图

图16-14　泛素依赖性降解途径的蛋白质被蛋白酶体所降解

（三）分泌蛋白质的定位和分泌

参与共翻译转运途径的蛋白质在核糖体和内质网中合成，并加工修饰、正确折叠完成后，或定位于内质网，或进入高尔基体，然后被引入溶酶体、分泌小泡或细胞膜等部位。

1. 经高尔基体分泌到细胞外 除了滞留在内质网的蛋白质，其他进入内质网的蛋白质均在内质网以"出芽"形式形成运输小泡，被运输到高尔基体，与高尔基体形成面即顺面（靠近细胞核的一侧）的扁囊膜融合，小泡中的蛋白质即转入高尔基体。蛋白质进入高尔基体后，经过一系列的修饰与加工（糖基化、脂酰基化或磷酸化等），并经浓缩和分类包装形成分泌小泡，当分泌小泡与脂膜融合后，分泌小泡里的分泌蛋白经胞吐作用排出细胞。高尔基体是有极性的，其顺式侧朝向内质网，反式侧朝向质膜。上述的糖基化步骤是严格依次在高尔基体内各个扁囊（cisterna）之间由顺式侧向反式侧方向逐步进行的。当到达反式侧之后，便分别转移到不同的终点位置。

蛋白质通过膜泡（vesicle）的作用被运送的共有两类：①小泡由一种未知的蛋白质作外壳，负责由内质网→高尔基体→质膜的运送，称为组成型分泌（constitutive secretion）；②外壳蛋白是网格蛋白（clathrin），称为分泌小泡（secretory vesicle），由高尔基体的反式侧将蛋白质通过胞吐作用（exocytosis）分泌出去（图 16-15）。

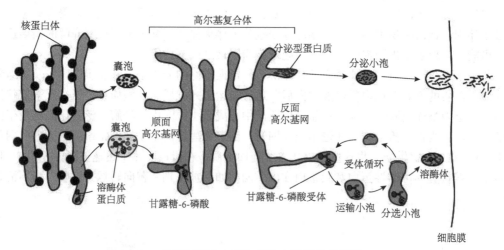

图 16-15　分泌型蛋白由高尔基体向细胞外的转运

2. 运送到溶酶体 多是一些水解酶，一般在内质网即开始进行 N-糖基化修饰，形成高甘露糖型寡糖。在进入高尔基体顺面的扁囊后，在扁囊中 N-乙酰葡萄糖胺磷酸转移酶和葡萄糖胺酶作用下，寡糖基上的甘露糖残基被磷酸化，N-乙酰葡萄糖胺被水解，形成甘露糖-6-磷酸（M6P）末端（这种特异反应只发生在溶酶体的膜上）。在高尔基体成熟面（反面）扁囊上 M6P 受体专一地与 M6P 结合，使溶酶体酶与其他蛋白质分离开，并有局部浓缩的作用。M6P-M6P 受体复合物被蛋白质包被形成运输小泡，即早期内吞体，再转化为后期内吞体。在内吞体的低 pH 条件下，磷酸化的溶酶体酶与 M6P 受体分离，受体转回高尔基体膜再利用。后期内吞体被分裂成小的转运体，将溶酶体酶输送入溶酶体中。溶酶体酶在溶酶体内脱去甘露糖上的磷酸基，成为成熟的蛋白质。

溶酶体酶大多数依赖于 M6P 受体运输。β-葡萄糖脑苷脂酶等少数蛋白质的转运依赖于内质网上的溶酶体整合蛋白2，可以直接将内质网合成的蛋白质运送到溶酶体。

二、翻译后转运途径

细胞器（如线粒体、细胞核、过氧化物酶体）的许多组成蛋白质是由游离的核糖体合成的，并作为前体释放到细胞质中，随后为细胞器所接受，最终成为结构蛋白质。经翻译后转运途经运输的蛋白质在游离核糖体合成，然后按其所携带的信号不同而分别被定向输送到各种细胞器中。其主要有线粒体蛋白的跨膜转运和核定位蛋白的转运。

（一）线粒体蛋白的跨膜转运

与细菌细胞一样，线粒体也有自己的 DNA，可编码细胞器 rRNA、tRNA 和一些蛋白质。存在的问题是虽然线粒体含有自身的遗传物质 mtDNA 及核糖体等，但它的 DNA 遗传信息含量有限，多数线粒体蛋白质仍由核基因组的基因编码，大多先在细胞质的游离核糖体中合成其前体形式，再经特定方式跨膜输送到线粒体各部分。已知90%以上的线粒体蛋白质以其前体形式在细胞质中合成后输入线粒体。

线粒体是细胞的"动力站"，由双层膜结构包围，具有外膜、内膜、膜间隙和基质部分 4 个区域。进入不同区域的蛋白质具有不同的转运途径。由于线粒体和叶绿体含有多个膜和被膜分割的小室，许多蛋白质到它们的正确位置往往需要两个靶向序列和两个膜结合易位系统的连续作用：一个引导蛋白质进入线粒体，另一个引导它进入正确的线粒体小室或膜。

1. 蛋白质由胞质至线粒体基质的转运　　在线粒体基质中的蛋白质包括参加三羧酸循环的酶和脂肪酸 β-氧化的酶等，这些酶在核糖体合成后都需要进入线粒体基质。

（1）转运系统的组成　　其转运系统由以下几部分组成。

1）靶向序列或前导肽（leader peptide）：一般从胞质到线粒体基质的蛋白质都有特殊序列的靶向信号，称为靶向序列。位于前体蛋白质的 N 端，由 20～35 个氨基酸残基构成。由相互间隔的疏水性氨基酸和碱性氨基酸组成，不含酸性氨基酸，可形成双亲 α 螺旋。带正电荷的氨基酸在螺旋的一侧占优势，疏水性氨基酸在另一侧占优势。含前导肽的线粒体蛋白质为前体蛋白质。前导肽含有使线粒体蛋白质定位的全部信息。

2）HSP70 家族：包括线粒体外 HSP70 和线粒体内 HSP70。前者负责新生肽链的去折叠，利于运送。后者促进蛋白质穿过通道，需要 ATP 水解提供能量。

3）HSP60 家族：存在于线粒体内，帮助进入线粒体的蛋白质重新折叠成成熟的蛋白质。

4）转运体（translocator）：为蛋白质复合体，含有通道蛋白和识别蛋白，包括：①Tom（translocator of the outer membrane）复合体，由核心亚基 Tom40、Tom22、Tom5、Tom6、Tom7 和外周蛋白 Tom20、Tom70 组成。负责蛋白质由线粒体外膜进入膜间隙。②Tim（translocator of the inner membrane）复合体，包括 Tim17、Tim21、Tim23、Tim44 与 Tim50 等组成的 TIM23 复合体和由 Tim18、Tim22 和 Tim54 等组成的 TIM22 复合体，负责使蛋白质由线粒体内膜进入基质。③其他复合体，如 TOM（topogenesis of mitochondrial outer membrane β-barrel）复合体和 Oxa1（细胞色素 c 氧化酶组合蛋白 1）复合体。

（2）线粒体基质定位的蛋白质的靶向转运过程　　包括如图 16-16 所示步骤。步骤 1：在胞质核糖体上合成的前体蛋白质带有 N 端基质导向序列，被线粒体外 HSP70 去折叠（一般只有未折叠的蛋白质才能导入线粒体），使其结构变得松散，便于转运。步骤 2：前体蛋白质的前导肽被线粒体表面的受体识别并结合到内膜附近。步骤 3：受体将前体蛋白质转移到外膜的转运通道（Tom40 形成的跨膜通道，孔宽足以容纳未折叠的多肽链）。步骤 4 和 5：转运蛋白通过这个通道和内膜中的内膜通道移动。注意，易位发生在罕见的"接触位点"，在那里内外膜似乎接触。基质转运蛋白的结合分子伴侣 Hsc70，跨膜时来自线粒体 HSP70 引发的 ATP 水解和膜电位差提供能量，促进基质前体蛋白质穿过内、外膜转运体构成的跨膜蛋白质通道进入线粒体基质。步骤 6：进入基质后，基质前体蛋白质上的前导肽序列被基质蛋白酶水解。步骤 7：导入线粒体基质的一些蛋白质不需要进一步的帮助可以折叠成天然活性构象，但许多进入基质的蛋白质的折叠需要分子伴侣帮助。例如，在基质 Hsc70 分子伴侣的作用下，折叠成成熟的、有活性构象的蛋白质。

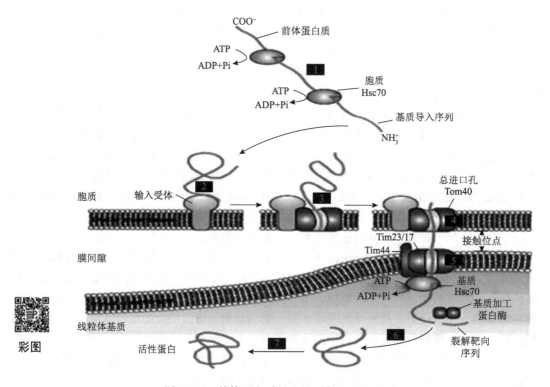

图 16-16　前体蛋白质导入线粒体基质示意图

　　通过 Tom 复合体的蛋白质，通常并不释放到膜间隙中，而是直接转运到 Tim 复合体中，使得蛋白质连续跨过两层膜。Tom 和 Tim 复合体之间没有直接的相互作用，它们通过被转运的蛋白质相互作用，协同完成蛋白质向线粒体中的转运。

　　2. 线粒体内膜蛋白质的转运　　呼吸链、氧化磷酸化过程都发生在线粒体内膜上，参加此过程的酶和蛋白质因子在细胞质核糖体合成后需要转运到线粒体内膜上。定位在线粒体内膜上的蛋白质转运有两部分导向序列，有以下几种方式（图 16-17）。

　　第一种方式是具有一段蛋白质前体的基质导向序列和其后的一段疏水的停止转运序列。其转运过程：先锚定由基质导向序列引导蛋白质进入膜通道，停止转运序列 Tim23/17 阻止蛋白质的 C 端穿过内膜。然后切除基质导向序列，蛋白质离开膜通道镶嵌入内膜的脂质双层中（途径 A）。典型的由该途径转运的蛋白质有细胞色素氧化酶亚基（CoxⅤa）。

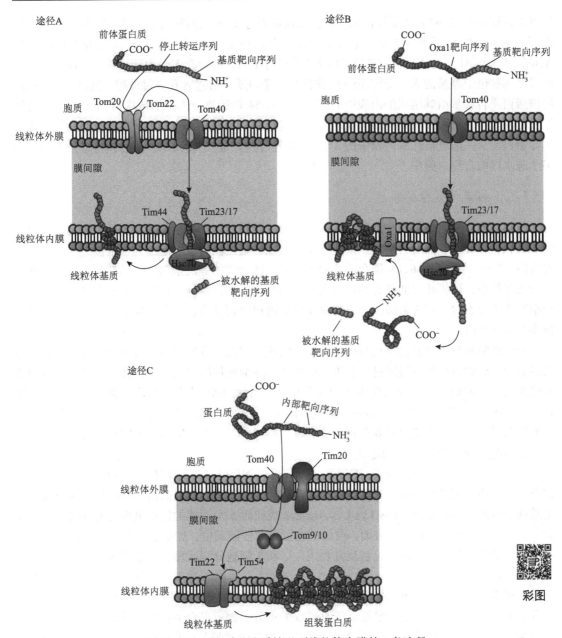

图 16-17　蛋白质从胞质输送到线粒体内膜的 3 条途径

　　第二种方式是一段蛋白质前体的基质导向序列和数段被 Oxa1 识别的序列。其转运过程：先由蛋白质前体的基质导向序列引导蛋白质进入基质后被切除，然后 Oxa1 和其他蛋白质共同作用，将蛋白质嵌入内膜的脂质双层中。例如，ATP 合酶亚基 9，其蛋白质前体既包含基质靶向序列，也包含可被 Oxa1 的内膜蛋白识别的内部疏水结构域。这一途径通过 Tom20/22 和 Tim23/17 通道将一部分前体转运到基质中，在基质靶向序列被切割后，该蛋白质通过一个需要与 Oxa1 和其他内膜蛋白相互作用的过程插入到内膜中（途径 B）。Oxa1 还参与某些由线粒体 DNA 编码，线粒体核糖体在基质中合成蛋白质的内膜插入（如细胞色素氧化酶 Ⅱ 亚基）。

　　第三种方式是蛋白质前体不含基质导向序列，但含有多个内部导向序列。这些内部导向序列可被外膜上的 Tom70/22 受体识别，蛋白质前体通过 Tom 通道被转运到 Tim22 复合体，在其作用下嵌入内膜的脂质双层中。第三条途径是多通道蛋白，其中包含 6 个跨膜结构域，如 ADP/ATP 转运体。这些蛋白质缺乏 N 端基质靶向序列，但含有多个内部线粒体靶向序列。在内部序列被位于外膜的入口受体 Tom70 识别后，蛋白质一般进入孔穿过外膜（途径 C）。然后将该蛋白质转移到由其组成的内膜中的第二 Tim22/54 转运复合体中。转移到 Tim22/54 复合体取决于两个小蛋白质 Tim9 和 Tim10 的多聚体复合物，它们位于膜间隙，可能充当分子伴侣，引导蛋白质从一般进口孔到内膜中的 Tim22/54 复合体。最终 Tim22/54 复合体将进入蛋白质的多个疏水段结合到内膜中。

（二）核定位蛋白的转运

所有核糖体蛋白都首先在细胞质机制中被合成后转运到细胞核内，在核仁中被装配成 40S 和 60S 核糖体亚基，然后再运送到细胞质基质中参与蛋白质合成。定位到细胞核的蛋白质还有组蛋白、DNA 聚合酶、RNA 聚合酶及大量复制、转录调控等的蛋白质，其都是在细胞质基质中合成并折叠，以折叠好的状态被输送进核内的。另外，在绝大部分多细胞真核生物中，每当细胞发生分裂时，核膜被破坏，分裂完成后核膜被重新建成，分散在细胞内的核蛋白也必须被重新运入核内。

真核细胞的细胞核通过核孔与核外相通，因此，核孔是进行双向运转的分子通道。在细胞质基质中合成的蛋白质一般通过核孔进入细胞核。在细胞核的核膜上有核孔，是细胞核与细胞质交换大分子的通道。高等真核生物的核孔复合体由约 100 种不同多肽组成，其分子质量达 $125 \times 10^3 kDa$。但其孔径只有约 9nm，分子较小的蛋白质（如细胞色素 c）可以自由扩散通过，较大的分子（如牛血清清蛋白等）则不能通过，通过核定位蛋白转运系统转运进入细胞核。

1. 核定位蛋白转运系统的组成

（1）核定位序列（nuclear localization sequence，NLS）　　核定位蛋白的信号序列。所有被靶向输送的细胞核蛋白质，其肽链内部都含有核定位序列。其通常由一簇或几簇短的碱性氨基酸残基组成（内部序列：Lys-Lys-Lys-Arg-Lys 或任何 5 个连续的带正电荷的氨基酸，也叫导肽），暴露于折叠后的蛋白质表面。可位于核蛋白的任何部位，如肽链的 C 端或中间。在蛋白质输送完成后一般不被切除，可被反复利用，以利于细胞分裂后核蛋白重新入核。

（2）核孔复合体（nuclear pore complex，NPC）　　属于多蛋白质复合体，中间有个亲水通道。核定位蛋白通过 NPC 进出细胞核。在动物细胞的核膜上有约 3000 个核孔复合体。NPC 具有分子筛作用，只允许分子质量小于 50kDa 的小分子物质以自由扩散的方式进入细胞核。分子质量大的或分子直径大于 6nm 的生物大分子（如蛋白质等）不能自由通过，需在特定转运蛋白的介导下以主动转运的方式进入细胞核。

（3）核输入因子（nuclear importin）　　α/β 二聚体，是核定位蛋白的可溶性受体，识别并结合核定位序列，其中与核定位序列相结合的是 α 亚基。

（4）Ran-GTP 酶　　一种单体 GTP/GDP 结合蛋白，具有 GTP 酶活性，对核定位蛋白的输送起调节作用。一般 Ran-GTP 酶存在于细胞核内，主要使核定位蛋白-输入蛋白复合物解离，使被输送的靶蛋白在胞核内被释放。Ran-GDP 酶存在于细胞质中，可使核定位蛋白与输入蛋白 α/β 稳定结合。

（5）核输出信号（nuclear export signal，NES）　　由细胞核进入细胞质的蛋白质通常具有 NES 序列，该序列主要由疏水性氨基酸（亮氨酸和异亮氨酸富集）组成，能被相应的输出蛋白识别。多具有染色体区域维持 1（chromosome region maintenance 1，CRM1）依赖性，能被输出蛋白 CRM1/Xpol 识别并结合，使含 NES 的蛋白质出核。

（6）穿梭蛋白　　　既有 NLS 又有 NES，可在核质间往返的蛋白质。

2. 核定位蛋白的转运过程　　　首先，待输送折叠完成的核定位蛋白与核输入因子 α/β 二聚体结合，由 α 亚基负责识别和结合核定位蛋白表面的 NLS。接着，核定位蛋白与核输入因子复合体识别并与 NPC 胞质面结合，然后通过输入蛋白-β 结合域（importin-β binding domain，IBD）与 β 亚基结合。由 β 亚基介导此蛋白质复合物停泊于核孔。在 NPC 和各种辅助蛋白的作用下，核定位蛋白与核输入因子复合体通过 NPC 进入核内。复合体与核内 Ran-GTP 结合，分解释放出核定位蛋白。最后，核输入因子 α（核内输出蛋白帮助）/β（与 Ran-GTP 结合）先后从上述复合物中解离，移出核孔返回细胞质再装配成 α/β 异二聚体，参加下一轮输送过程（图 16-18）。细胞核蛋白定位于细胞核内，NLS 位于肽链内部，不被切除。

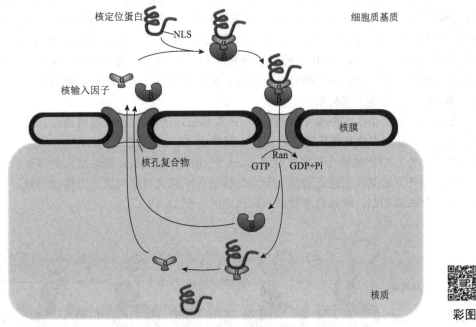

图 16-18　细胞核蛋白质的靶向转运

某些核定位蛋白（如 hnRNP）入核不需要核输入因子 α，而是由核输入因子 β 或其同系物直接识别靶蛋白后介导其入核。还有一些核定位蛋白，如 CaMKⅣ，入核只依赖于核输入因子 α；还有 β 联蛋白的入核不需要核输入因子。

综合以上可以看出，蛋白质的亚细胞定位信息均存在于其自身结构中，所有靶向输送的蛋白质的一级结构中都存在信号序列，可引导蛋白质转移到细胞的适当靶部位。这些信号序列在肽链的 N 端、C 端或肽链的内部，有的输送完需要切除，有的被保留。通过对信号序列的分析，现代生物信息学可以从基因的结构推测其编码的蛋白质在细胞内的可能位置。

三、原核生物蛋白质的跨膜转运

革兰氏阴性菌周围的细胞壁包括一个内膜（是细胞质的主要通透性屏障）、一个包含各种蛋白质和一层肽聚糖的周质空间及一个外膜，小分子可以渗透，蛋白质不能。肽聚糖层赋予细胞壁其强度，而周质蛋白则在感知和导入细胞外分子及组装和维持细胞壁的结构完整性方面发挥作用。这些蛋白质（就像所有细菌蛋白质一样）是在胞质核糖体上合成的，然后以未折叠的状态跨内膜（也称细胞质膜）转运。大多数跨内膜转运的蛋白质与细菌细胞相关，要么作为插入到外膜或内膜中的膜蛋白，要么留在周质空间内。有些细菌拥有特殊的易位系统，使蛋白质能够通过细胞壁的两层膜进入细胞外空间。下面以革兰氏阴性菌分泌蛋白为例简述其转运过程，有两种方式。

1. 胞质分泌 A（SecA）——ATP 酶通过转运子将细菌多肽导入周质空间　　　细菌蛋白质跨内膜转运的机制与蛋白质转运到真核细胞内质网中有共同特征。转运蛋白包含一个 N 端疏水信号序列，该序列被信号肽酶切割。细菌蛋白质通过由蛋白质组成的通道或易位子的内膜（结构上类似于真核生物 Sec61 复合物）运输。事实上，所有的细菌蛋白质都是跨内膜转运的，如此，其转运只有在胞质中的合成完成后被折叠成最终构象之前进行。

细菌蛋白质在细胞膜上的翻译后易位不涉及类似于 BiP 在内质网腔中介导的棘轮机制。因为这种机制所需的 ATP 会通过外膜扩散而丢失。相反，细菌蛋白质易位的驱动力是由 SecA 产生的，它与转运蛋白的胞质侧结合并水解胞质 ATP。在图 16-19 所示的模型中，SecA 与未折叠的易位多肽结合，然后在 ATP 水解释放的能量驱动下，SecA 构象变化，将结合的多肽段通过转运孔推向膜的周质侧。这个循环重复进行，最终推动整个多肽链转运到周质空间，形成二硫键，多肽链折叠成其天然构象。

细菌内膜含有由 3 个亚基（SecY、SecE 和 SecG）组成的转运通道蛋白，与真核 Sec61 复合物的组分同源。多肽从胞质转移到周质空间是由 SecA 驱动的，SecA 是一种胞质 ATP 酶，与转位多肽结合。ATP 的结合和水解导致 SecA 的构象变化，从而推动结合的多肽段通过通道。重复这一循环导致多肽通过通道向一个方向移动。N 端信号序列从通道移动到双层，但在某一点上被信号肽酶切割，成熟的多肽进入周质空间（图 16-19）。

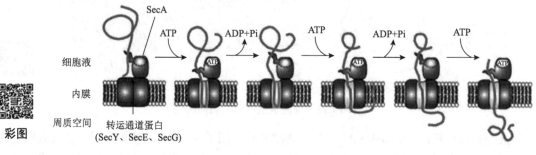

图 16-19　革兰氏阴性菌翻译后的跨膜转运

原核生物可通过特定机制将新合成的蛋白质转运到内膜、外膜、双层膜之间及细胞外。过程如下：①细菌新合成的分泌蛋白前体分子 N 端含有信号肽，并完成折叠。然后与细胞质中的 SecB 蛋白（胞质中分子伴侣）结合成 SecB-蛋白复合物。②SecB-蛋白复合物被转运到 SecA-SecYEG（细胞膜转运复合物）上。③在 SecYEG 的胞质侧，SecB 释放出去，参与下一个蛋白质转运。SecA 则与被转运蛋白及 ATP 结合，SecA（具有 ATP 酶活性）水解 ATP 并别构嵌入细胞膜中，同时部分蛋白质（与 SecA 结合的肽段，约 20 个氨基酸残基）通过膜转运复合物转入胞外。④SecA 别构到胞质侧。⑤SecA 再与另一个 ATP 结合，别构镶嵌入膜内，同时再带入另一部分肽段转入胞外。⑥如此反复，完成蛋白质的转运（图 16-20）。

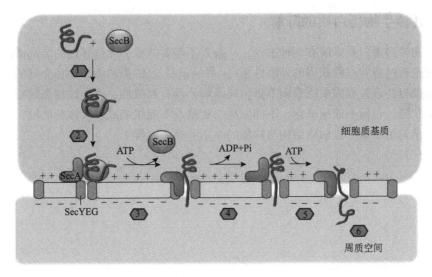

彩图

图 16-20　原核生物通过特定机制转运新合成的蛋白质

2. 细菌蛋白质转移到细胞外空间的几种机制　　细菌蛋白质从胞质转移到细胞外的细胞外空间。这些分泌机制对致病菌尤为重要，致病菌通常使用分泌的胞外蛋白特异性定植于宿主内的组织和逃避宿主防御机制。促进致病菌生长和传播的细胞外蛋白的例子包括蛋白质毒素（如霍乱毒素和破伤风毒素）和菌毛，它们是从外膜投射的蛋白质纤维，协助肠道细菌黏附于肠道上皮上。

已鉴定出的许多特殊的细菌分泌系统可根据其操作机制分为 4 种类型。Ⅰ型和Ⅱ型分泌系统都涉及两个步骤：①底物蛋白质通过内膜转运到周质空间折叠并获得二硫键。②折叠的蛋白质通过跨越内外膜的周质蛋白复合物从周质空间转运到外膜。这种易位的能量来自胞质中 ATP 的水解，但将 ATP 水解和跨膜易位耦合的机制尚不清楚。

Ⅲ型和Ⅳ型分泌系统的易位需要一个步骤。这些系统由跨越两个膜的大蛋白质复合物组成，允许蛋白质直接从胞质转运到细胞外环境。Ⅲ型系统不仅用于分泌蛋白质，而且将蛋白质注射到靶细胞中，这是致病菌非常有用的特性。

第四节　蛋白质的降解

无用的、错误折叠的或者受损伤的蛋白质会被降解处理。越来越多的证据表明，生物体内蛋白质的降解过程是一个有序的过程。细胞内蛋白质的降解具有重要的生物学意义，包括维持细胞内氨基酸代谢库的动态平衡；参与细胞程序性死亡和储藏蛋白质的动员；蛋白质前体分子的水解裂解加工；清除反常蛋白以免积累到对细胞有害的水平；控制细胞内关键蛋白的浓度及参与细胞防御机制等。近些年对其的研究越来越多，主要归纳如下。

一、原核生物蛋白质的降解

在原核生物（如 *E.coli*）中，蛋白质降解主要依赖于 Lon 酶。Lon 酶为一个依赖 ATP 的蛋白酶，其介导的蛋白质降解过程：当细胞中出现错误折叠的蛋白质或半衰期很短的蛋白质时，Lon 酶被激活水解蛋白质肽键，一个肽键需要 2 分子 ATP。

二、真核生物蛋白质的降解

真核生物体内蛋白质降解有两种途径。一条是不需要能量，无选择性的溶酶体降解途径，主要降解细胞通过胞吞过程获得的外源性蛋白。另一条是泛素-蛋白酶体途径介导的蛋白水解过程，有能量参与，该过程需要泛素调节蛋白质降解，具有高效性、指向性较强的特点。许多错误折叠的多肽链，包括不能糖基化、不能形成二硫键及不能组装成多聚体的肽段，都可以被该途径降解（详见第三章"蛋白质结构与功能的关系"相关内容）。

第十七章 基因表达调控

　　基因表达（gene expression）是指某一基因指导下的蛋白质合成。蛋白质是基因表达的产物。一种生物含有大量基因，如人体约含有 10^5 个基因。在生命活动中并非所有基因都同时表达，在生物代谢过程中所需的各种酶或蛋白质的基因及构成细胞结构成分的基因，在正常情况下是经常进行表达的，但与生物发育过程有关的基因则要在特定的时间或空间才进行表达，而在其余的时间或空间则被关闭。例如，昆虫变态过程的各种基因要在一定发育阶段（如幼虫、蛹、成虫）才能表达。

　　虽然一种基因编码一种蛋白质，但是不同蛋白质在细胞中的相对数量差别很大，随着它们功能的不同而不同。细胞要使其蛋白质合成达到这种差异，可以有不同途径进行调控。第一条途径是细胞控制从其 DNA 模板上转录其特异的 mRNA 的速度，这是一种最经济的办法，可以免去浪费从 mRNA 合成蛋白质的各种元件和材料。这种调控通常称为转录水平（transcriptional level）的调控，大多数基因表达都属于这种调控。第二条途径是在 mRNA 合成后，细胞控制从 mRNA 翻译成多肽链的速度，如与核糖体的结合速度等。这种蛋白质合成或基因表达的控制称为翻译水平（translational level）的调控，这种调控较少。

　　当内外环境发生改变时，生物常用调控某些基因表达或不表达的方式及表达量的多少进行适应。而且细胞的生长和增殖，个体发育过程中的细胞分化，都是以基因表达调控为基础的。原核生物基因表达调控的原理研究得比较深入，真核生物基因表达的调控是当前分子生物学中最活跃的研究领域之一。

第一节　基因表达调控概述

一、基因表达

　　基因（gene）是具有特定生物遗传信息的 DNA 序列，在一定条件下能够表达这种遗传信息，产生特定的生理功能。有些生物的基因为 RNA。基因表达（gene expression）是指遗传信息进行转录、翻译产生具有特异生物学功能的蛋白质或 RNA 分子的过程。

　　生物基因的表达表现出严格的规律性。生物物种越高级，基因表达就会越复杂、越精细。基因表达具有时间特异性（阶段特异性）、空间特异性（细胞或组织特异性）、持续性和可诱导性等特点。时间特异性（temporal specificity）是指按一定时间顺序表达特定基因产物的现象。空间特异性（spatial specificity）是指在不同组织器官表达特定基因产物的现象。基因表达水平在不同空间的差异是由细胞在不同器官、组织中的不同分化状态所决定的，因此空间特异性又称细胞特异性（cell specificity）或组织特异性（tissue specificity）。

二、基因表达调控的基本内容

　　基因表达调控（regulation of gene expression）就是对基因转录与翻译过程的调控，是目前生命科学领域的中心课题。机体能在基因表达过程的任何阶段进行调节，即可在转录、转录后加工及翻译阶段进行调节。基因表达调控是控制细胞代谢的关键，在维持细胞结构和功能的稳定，调节细胞生长、发育和分化等方面发挥重要作用。基因表达调控的意义在于适应环境，维持生长和增殖，维持个体发育与分化。其中有关转录水平及翻译水平上的调控及其具体机制已经研究得较为透彻。近些年来有关转录后水平上的调控及其机制受到越来越多的关注。

动物机体内几乎在所有细胞中持续表达、不易受环境条件影响的基因，通常称为持家基因（housekeeping gene）或管家基因。管家基因的表达由该基因的启动子与 RNA 聚合酶（RNA-Pol）之间的结合状态决定，基本不受其他机制调节，这类基因的表达称为组成型表达（constitutive expression）或结构型表达。体内还有很多基因的表达极易受环境变化的影响，导致其表达产物增加或降低，这些基因的表达是可诱导或可阻遏的，分别称为可诱导基因（inducible gene）和可阻遏基因（repressible gene）。在特定环境刺激下，基因表达产物增加的现象称为诱导（induction），这类基因称为可诱导基因；基因表达产物降低的现象称为阻遏（repression），这类基因称为可阻遏基因。可诱导或可阻遏基因的调控序列通常含有针对特异作用因子的反应元件，此作用因子可与相应的序列结合从而调节基因的表达水平。但不论是调节型基因还是组成型基因，其基因表达都是受到调控的，只是作用方式不同而已。

三、基因表达调控的潜在环节

机体能在基因表达过程的任何阶段进行调节，包括复制水平、转录水平、转录后的加工修饰、mRNA 由核内到胞液、翻译水平、翻译后的加工修饰、蛋白质的转运和细胞定位的各个阶段。原核生物的基因组和染色体结构比较简单，转录和翻译可在同一时间和位置上发生，基因表达的调节主要在转录水平上进行。真核生物由于存在细胞和结构的分化，转录和翻译过程在时间和空间上被彼此分隔开，且在转录和翻译后还有复杂的加工过程，因此基因表达在不同水平上都要进行调节。

基因调节的基本原则是在蛋白质合成前的某个阶段，调节因子（regulatory factor）与 DNA 或 mRNA 上的靶序列（target sequence）发生相互作用以控制基因的表达。调节如果在转录阶段，靶核酸是 DNA，调节在其启动区或终止区，如乳糖操纵子的操纵基因。调节如果在翻译阶段，靶核酸则是 RNA，调节在其 5′或 3′端。例如，真核细胞铁蛋白的翻译就是在其 mRNA 5′端附近的铁反应元件上调节的。调节因子既可以是蛋白质，也可以是 RNA。RNA 调节是近年来分子生物学研究领域的新热点。

第二节　基因表达调控的一般原理

原核生物和真核生物基因表达调控有共同规律，尽管这两类生物沿着不同方向进化，但基因表达调控均是涉及多方面、多阶段和多反应的复杂过程。原核生物转录与翻译过程几乎同时发生，转录与翻译相偶联（coupled transcription and translation）。而真核生物中，初级转录物（primary transcript）mRNA 只有从核内转运到核外，才能被核糖体翻译成蛋白质。转录和翻译是分隔开的。已知基因表达调控可发生在转录和翻译水平中的任何阶段，但由于转录是原核生物和真核生物主要遗传信息传递阶段，其转录水平对基因表达调控起关键作用，本部分主要从 RNA 聚合酶、RNA 聚合酶调节蛋白及转录调节因子等方面介绍原核生物和真核生物基因表达调控的基本原理。

一、RNA 聚合酶结合启动子的调控

转录起始是基因表达调控的关键阶段，转录起始调控依靠 RNA 聚合酶和启动子的相互作

用来实现，启动子的结构影响它与 RNA 聚合酶的亲和力，从而影响基因的表达水平。不同启动子的核苷酸顺序明显不同，因而影响它们与 RNA 聚合酶结合的亲和力，结合亲和力又直接影响转录起始频率。例如，在大肠杆菌中有些基因每秒钟转录一次，而有些基因一个世代也不进行一次转录，这种差异可能与 RNA 聚合酶结合启动子序列的不同有关。当调节蛋白不存在时，启动子本身的差别可以使转录起始的频率相差 1000 倍或更多。

虽然持家基因进行组成型表达，但其所编码的蛋白质在细胞中的数量有很大不同。这些基因中 RNA 聚合酶和启动子相互作用是唯一影响转录起始的因子。启动子的差别使细胞维持不同持家基因在不同的水平表达。许多基因的启动子不具有持家基因的特性，它们能够被某些信号分子所调节。这些基因除了取决于启动子顺序的基线水平（basal level）的表达，还受到一些调节蛋白的调节。这些调节蛋白影响 RNA 聚合酶和启动子的相互作用，常常增强或者干扰 RNA 聚合酶与启动子之间的结合。

真核细胞启动子比原核细胞启动子有更大的变化。真核细胞中有 3 种 RNA 聚合酶，它们为了结合启动子，通常需要一系列的转录因子。但是和原核基因表达一样，真核基线水平的转录仍然受启动子顺序和 RNA 聚合酶之间的亲和力及与它们相连的转录因子亲和力的影响。

二、转录起始受 DNA 结合蛋白的调控

目前至少有 3 种不同类型的蛋白质参与 RNA 聚合酶转录起始调控，主要包括：①特异蛋白质因子（specific protein factor）改变 RNA 聚合酶对启动子的结合特异性。②阻遏子或阻遏物（repressor）结合操纵基因（operator）阻止 RNA 聚合酶接近启动子。③激活蛋白或激活物（activator）结合于启动子附近，增强 RNA 聚合酶对启动子的结合。

例如，大肠杆菌 RNA 聚合酶的 σ 亚基（分子量 70 000，σ^{70}）是原核生物转录起始调控的特异因子，它能识别特异性的启动子并与之结合。当细菌遇到过热环境时，σ^{70} 被另一个特异性因子 σ^{32} 所取代，当 RNA 聚合酶与 σ^{32} 结合时，σ^{70} 不再和标准的启动子结合，而专门与一套结构特殊的启动子结合，从而控制一系列基因的表达使细胞做出热休克（heat shock）反应。特异因子可改变 RNA 聚合酶使之转向与不同的启动子结合是协调相关基因表达调控的一种机制。例如，含有 σ^{54} RNA 聚合酶的基因转录完全由激活剂调控，其在 DNA 中的结合位点称为增强子，位于起始位点上游的 80～160bp 或上千 bp 处。σ^{54} RNA 聚合酶与谷氨酰胺合酶基因（*glnA*）启动子结合，NtrC 二聚蛋白与增强子结合，打开双链，启动转录。σ^{54} 激活剂可以激活转录（图 17-1）。

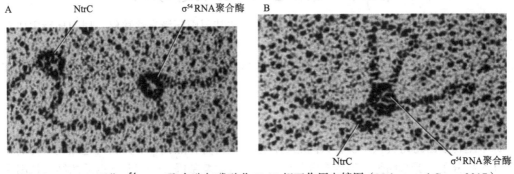

图 17-1 DNA 环化 σ^{54} RNA 聚合酶与磷酸化 NtrC 相互作用电镜图（Nelson and Cox，2017）

A. 磷酸化 NtrC 二聚体结合到一端增强子区域，另一端 σ^{54} RNA 聚合酶片段的电子显微镜成像；B. 同一片段的电子显微镜成像显示 NtrC 二聚体和 σ^{54} RNA 聚合酶相互结合，二者之间的 DNA 形成环

三、调节蛋白具有 DNA 的结合结构域

基因表达的基本内容是 RNA 转录与加工和蛋白质翻译与加工，这些反应是通过蛋白质与核酸的相互作用而精确进行的。在基因表达调控中，调节蛋白通常具有结合 DNA 的结构域，能够识别并结合到 DNA 的特殊结构上，调节蛋白与靶序列的亲和力比一般序列的亲和力大 $10^4 \sim 10^6$ 倍。调节蛋白中的 Asn、Gln、Glu、Lys 和 Arg 等可以与 DNA 中的碱基对相互作用，主要以 α 螺旋形式插入 DNA 大沟和小沟中与碱基对形成氢键。大多数基因调节蛋白分子都有一套与核酸结合的特定模体或基序（motif）。最常见的有：①螺旋-转角-螺旋（helix-turn-helix，HTH），原核生物多种阻遏物（如 Lac 蛋白、cAMP 受体蛋白）都含有该基序。真核生物许多结合 DNA 的蛋白质也含有该结构。②锌指（zinc finger，ZnF），一类为传统的锌指蛋白，如通用转录因子 Sp1 的 DNA 结合域，为 Cys2/His2 锌指，通常串联重复排列在一起；另一类为类固醇受体的 DNA 结合域，为 Cys2/Cys2 锌指，通常不重复，其 DNA 结合位点较短，且呈回文结构。③同源域，多见于真核生物的某些转录调节因子，编码同源域的 DNA 序列约 180bp，称为同源（异形）框（homeobox）。含有同源框的基因称为同源异形基因（homeotic gene），它们在发育过程中依次表达控制着个体的发育。同源域由 60 个氨基酸组成，有一条伸展的氨基端多肽链和 3 个螺旋，螺旋 1 和螺旋 2 彼此反向平行，螺旋 3 与之接近垂直，伸出结构域外。螺旋 2 和螺旋 3（识别螺旋）呈螺旋-转角-螺旋关系，即结合 DNA 的基序。

四、调节蛋白具有蛋白质与蛋白质相互作用的结构域

调节蛋白不仅含有与 DNA 结合的结构域，也含有蛋白质与蛋白质相互作用的结构域。这些结构域参与和 RNA 聚合酶及其他调节蛋白，或同一蛋白质的其他亚基的相互作用，许多起激活作用的调节蛋白常以二聚体的形式与 DNA 结合，该蛋白质的结构域用于二聚体的形成。蛋白质与蛋白质相互作用结构域常见的有亮氨酸拉链（leucine zipper，Zip）基序和螺旋-环-螺旋（helix-loop-helix，HLH）基序，后者常以二聚体形式存在，其 DNA 结合域的碱性区可嵌入 DNA 双螺旋的大沟中。

所谓基因表达调控，实际上就是调节和控制上述蛋白质与核酸相互作用的过程，调控的分子机制实际上是蛋白质与蛋白质之间、蛋白质与核酸之间的相互作用。

第三节　原核生物基因表达的调控

原核生物是单细胞生物，细胞结构比较简单，与其周围环境直接接触。周围环境主要是指营养状况（nutritional status）和环境因素（environmental factor）。其中环境因素是主要的诱导物，群体中每个细胞对环境的变化都是直接和基本一致的，原核生物要适应环境的变化，其主要途径就是改变其基因的表达。

一、原核生物基因表达的特点

原核生物基因组与真核生物有共同之处，但有其自身特点：①多为具有超螺旋结构的闭合环状 DNA 分子；②基因组中很少有重复序列，但有重叠基因；③编码蛋白质的结构基因为连续编码，且多为单拷贝基因，但编码 rRNA 的基因仍然是多拷贝基因；④结构基因在基因组中所占的比例（约 50%）远远大于真核基因组；⑤具有操纵子结构。

原核生物的基因表达有其独特的两个特点：①基因组中，通常是数个甚至十几个结构基因

共同组成一个转录单位，同时转录；②基因组和染色体结构比较简单，转录和翻译在同一时间和空间上发生，转录和翻译是偶联进行的。因此，基因表达的调控主要包括转录水平调控和翻译水平调控。前者包括操纵子和转录终止的调控。后者则包括 mRNA 翻译能力的差异、翻译阻遏作用、反义 RNA 的作用及核糖体和 rRNA 合成的协调几种方式。

二、原核生物转录水平的调控

原核生物基因表达调控主要在转录水平上进行，可发生在转录的起始过程或转录过程中，多以操纵子为单位进行。近年来，转录终止的调控研究证实大肠杆菌在转录终止水平有两种调控方式：一种是转录衰减（transcription attenuation），另一种是抗终止作用（anti-termination）。

（一）操纵子调控

1960 年，法国巴斯德研究院的 Jacob 和 Monod 在研究大肠杆菌乳糖代谢时发现参与分解乳糖的酶的基因表达被另一些因子所调节。1962 年提出了操纵子学说（operon theory）。这个学说很快被证实，并发现操纵子的调控模式在原核生物普遍存在。

操纵子模型的提出和证实开创了基因表达调节机制研究的新领域，使人们能够从分子水平上认识基因表达的调节。Jacob 和 Monod 共享了 1965 年的诺贝尔生理学或医学奖。

1. 操纵子及其基本结构 操纵子（operon）是指原核生物功能上彼此相关的结构基因及其调控序列组成的一个转录单位（图 17-2）。调控序列由 DNA 上几个调节基因（R）、启动子（P）和操纵基因（O）组成。结构基因共用一个启动序列和一个转录终止信号序列。操纵子的全部结构基因转录合成时产生一条 mRNA 链，编码几种不同的蛋白质，该 mRNA 分子携带几个多肽链的编码信息，称为多顺反子。

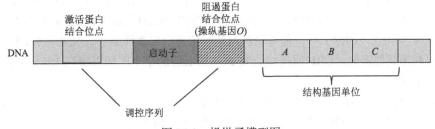

图 17-2　操纵子模型图

1）原核生物启动子（promoter，P）是原核生物 RNA 聚合酶和模板 DNA 结合的部位，是决定基因表达效率的关键元件。在原核基因启动序列特定区域内，通常在转录起始位点上游–10 及–35 区域存在一些共有序列。

2）操纵基因（operator，O）是一段能被特异的阻遏物识别和结合的 DNA 序列，是原核生物阻遏物的结合位点，常位于启动序列下游，且其 DNA 序列常与启动序列交错、重叠。操纵基因中常含有二重对称的回文序列，适合其与二聚体调节蛋白结合。而调控蛋白与操纵基因结合会影响其下游基因的转录。

3）结构基因（structural gene）是操纵子中编码蛋白质的基因。一个操纵子中常含有两个以上结构基因，首尾相连构成一个基因簇，并转录成含有多个可读框的 mRNA。翻译时，核糖体在合成第一个结构基因编码的多肽链后，不脱离 mRNA，继续合成下一个结构基因编码的多肽链，直至完成对多个结构基因的翻译。

4）调节基因（regulatory gene，*R*）是指编码能够与操纵基因结合的调控蛋白，可以分为特异因子、阻遏物和激活物 3 类，均为 DNA 结合蛋白。其中特异因子决定 RNA 聚合酶对一个或一套启动序列的特异性识别和结合能力。阻遏物可以识别、结合特异操纵基因，介导负（阴性）调控。激活物可结合启动序列邻近的 DNA 序列，提高 RNA 聚合酶与启动序列的结合能力，从而增强 RNA 聚合酶的转录活性，是一种正（阳性）调控。有些基因在没有激活物时，RNA 聚合酶很少或根本不能结合启动序列，基因处于关闭状态。

调控蛋白上一般有两个调控位点：一个与操纵基因结合；另一个与称为效应物（effector）的小分子结合。若效应物促进转录的进行，称为辅诱导物（coinducer）；若效应物抑制转录的进行，称为辅阻遏物（corepressor）。辅阻遏物的结合可将无活性的阻遏物变为有活性的形式。例如，在细胞中加入色氨酸可以激活阻遏物，后者控制色氨酸生物合成所需酶的合成。

2. 操纵子调控的几种方式

（1）负调控（negative control）或阴性调控　　由阻遏物对基因开关（*O* 基因）进行的调控。原核生物转录水平基因表达的调控蛋白主要为阻遏物（repressor），由其参与的调控属于负调控。其有两种方式。

1）在负调控的诱导系统中，阻遏物可直接与操纵基因结合，RNA 聚合酶不能通过 *O* 基因，其下游的基因不能转录。若辅诱导物（通常为分解代谢的起始物）和阻遏物结合，使其不能和操纵基因结合，则其下游的基因能转录和翻译。

2）在负调控的阻遏系统中，只有辅阻遏物（通常是合成代谢的终产物）与阻遏物结合后，才可与操纵基因结合，阻止下游的基因转录。若合成代谢的终产物不足，脱离辅阻遏物的阻遏物不能与操纵基因结合，则其下游的基因能转录和翻译。

（2）正调控（positive control）或阳性调控　　转录的激活是通过一种激活物结合于邻近的特异 DNA 序列，该蛋白质可与 RNA 聚合酶结合，促进转录的启动。其有两种机制。

1）正调控蛋白与启动子邻近序列结合的调控。例如，大肠杆菌的环腺苷酸受体蛋白（cycling AMP receptor protein，CRP）可将葡萄糖饥饿信号传递给许多操纵子，使细菌在缺乏葡萄糖的环境中可以利用其他碳源。CRP 通过结合在 *P* 基因上游的某个区域以增强 RNA 聚合酶的转录活性，属于正调控。

2）激活物与增强子结合远距离正调控转录起始。例如，谷氨酰胺合酶基因（*glnA*）启动子是由含有 σ^{54} 的 RNA 聚合酶全酶识别，才能稳定结合 *glnA* 的启动子，但是不能打开转录起始部位的 DNA 双链形成开放的起始复合物，使转录不能进行。这是因为在启动子上游 100～200 bp 处，有两个 NtrC 蛋白结合位点（增强子），正向影响谷氨酰胺合酶基因的表达。

在正调控的诱导系统中，诱导物必须与辅诱导物结合才能与操纵基因结合，促进相关基因的转录。而在正调控的阻遏系统中，诱导物可直接与操纵基因结合，促进相关基因的转录。例如，辅阻遏物与诱导物结合，诱导物会脱离操纵基因，使相关基因的转录活性降低。

（二）典型的操纵子调控模式

现在已知在细菌等原核生物中存在的操纵子有乳糖操纵子、阿拉伯糖操纵子、色氨酸操纵子和组氨酸操纵子等，下面分别介绍。

1. 大肠杆菌乳糖操纵子　　大肠杆菌的乳糖操纵子（lac operon，Lac）是第一个被发现的操纵子模型，编码参与乳糖（lactose）摄入和利用的酶的基因。Lac 操纵子占据了约 6000bp 的 DNA，它由依次排列的调节基因（*I*）、启动基因（*P*）、操纵基因（*O*）和 3 个相连的编码利用乳糖的酶的结构基因组成。启动子上游有 CRP 结合位点。结构基因为编码分解乳糖的 β-半乳糖苷酶基因（*LacZ*）、β-半乳糖苷通透酶基因（*LacY*）和硫代 β-半乳糖苷乙酰转移酶基因（*LacA*）。3 个结构基因组成的转录单位转录出一条 mRNA，指导 3 种酶的合成（图 17-3）。

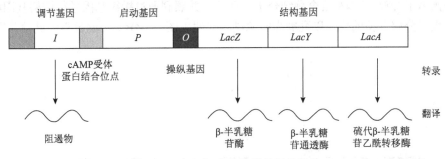

图 17-3　大肠杆菌乳糖操纵子的结构

1）*LacZ* 基因：长 3510bp，编码 β-半乳糖苷酶（β-galactosidase），该酶为 4 个亚基组成的寡聚酶，分子质量约为 500kDa。此酶可以切断乳糖的半乳糖苷键，产生半乳糖和葡萄糖，还能催化少量乳糖生成 β-1,6-别乳糖副产品。

2）*LacY* 基因：长 780bp，编码 β-半乳糖苷通透酶（β-galactoside permease），为一种膜结合蛋白，是一种跨膜转运蛋白，是 β-半乳糖苷转运系统的组成成分，能将培养基中的 β-半乳糖苷（如乳糖）透过大肠杆菌细胞壁和原生质膜转运到胞内。

3）*LacA* 基因：长 825bp，编码硫代 β-半乳糖苷乙酰转移酶（thioate β-galactoside acetyltransferase）。此酶负责将乙酰 CoA 上的乙酰基转移到 β-半乳糖苷上，形成乙酰半乳糖。

4）*I* 基因（调节基因）：位于启动子附近，有自身的启动子和终止子，编码四聚体阻遏物。其与 DNA 结合的结构域含有螺旋-转角-螺旋结构，其中一个螺旋能与 DNA 相互作用而与操纵基因结合，阻止 RNA 聚合酶与启动子结合，使转录不能进行，属于负调控因子。阻遏物基因是不受调控的，即一个非调节性基因。

5）*O* 基因（操纵基因）：乳糖操纵子的操纵基因含有反向重复序列，位于结构基因之前、启动子之后，不编码任何蛋白质，它是调节基因所编码产物的结合部位。操纵基因位于 mRNA 转录起始位点上游–5～+20bp 区域内。

6）*P* 基因（启动基因）：位于操纵基因上游，与操纵基因部分重叠，含有 RNA 聚合酶识别序列、结合序列和激活序列。

大肠杆菌乳糖操纵子的转录调节机制中，既有阻遏物的负调控，又有 CRP 的正调控。CRP 或者阻遏物对 mRNA 生长速度都没有任何影响。但二者可控制 RNA 聚合酶分子与启动子结合的速度，一个为正调控，另一个为负调控。阻遏物阻断 RNA 聚合酶的结合，CRP 帮助 RNA 聚合酶有效地与乳糖启动子结合，使更多的 RNA 的合成起始。

（1）乳糖操纵子的负调控　　负调控是指调节基因的产物阻遏物对操纵基因进行的调节，阻遏物结合在操纵基因上则转录不能进行。对乳糖操纵子而言有以下两种情况。

当培养基中没有乳糖时，调节基因的产物阻遏物能与操纵基因结合，阻碍 RNA 聚合酶与启动序列结合，乳糖操纵子处于关闭状态，结构基因不能转录，不能产生乳糖代谢所需要的酶（图 17-4A）。也就是说，在没有可利用的乳糖时，乳糖操纵子一直处于关闭状态，这样可避免细菌产生多余的酶而造成浪费。

当培养基中有乳糖时，乳糖经 β-半乳糖苷通透酶催化转运进入细胞，再经细胞中的少数 β-半乳糖苷酶催化，转变为别乳糖（allolactose）。别乳糖作为一种诱导物可与阻遏物结合而使其别构，引起其构象改变，与操纵基因的亲和力降低，不能与操纵基因结合或从操纵基因上解离，于是乳糖操纵子开放，RNA 聚合酶结合于启动子，并顺利通过操纵基因进行结构基因的转录，从而产生大量分解乳糖的酶，以乳糖为能源进行代谢（图 17-4B）。此过程中乳糖、别乳糖为诱导物。

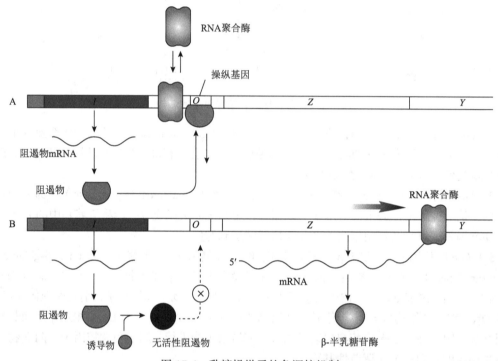

图 17-4　乳糖操纵子的负调控机制

乳糖、别乳糖及半乳糖苷化合物［如异丙基硫代-β-D-半乳糖苷（isopropylthio-β-D-galactoside，IPTG）］都可作为乳糖操纵子的诱导物。IPTG 是常用的一种诱导物，它不是乳糖的代谢产物，在其半乳糖苷键中用硫代替了氧，因此不能被细胞内酶水解，能够稳定存在。因此，IPTG 被广泛用于实验室诱导相关基因的表达。

（2）乳糖操纵子的正调控　　大肠杆菌乳糖操纵子负调控只能是对乳糖的存在做出应答。当乳糖存在时才能激活乳糖操纵子，但是当培养基中既有葡萄糖又有乳糖时，仅有负调控不能满足大肠杆菌对能量代谢的需要，此时，大肠杆菌优先利用葡萄糖，只有葡萄糖利用完毕才激活乳糖操纵子，从而利用乳糖，这种现象称为葡萄糖阻遏或降解物阻遏（catabolite repression）。这里调节基因的产物为环腺苷酸受体蛋白（cycling AMP receptor protein，CRP）或称降解物基因活化蛋白（catabolite gene activation protein，CAP）。

CRP 是由两个相同亚基构成的二聚体。每个亚基有两个结构域：一个是 N 端结构域，有 cAMP 结合位点；另一个在 C 端，含有螺旋-转角-螺旋，负责与 DNA 结合。CRP 必须与 cAMP 结合后才具有活性（cAMP 为经典的正调控小分子诱导物，可将激活因子 CRP 转变成可以结合启动子的一种形式），从而才能识别并结合乳糖操纵子启动子上游的 CRP 位点。CRP-cAMP 与 CRP 位点的结合可导致周围的 DNA 产生小的弯曲，以及 DNA 双螺旋局部解链，从而有利于 RNA 聚合酶与启动子的结合，最终激活下游基因的转录。

　　cAMP 水平受大肠杆菌葡萄糖代谢状况的影响。当葡萄糖水平低时，cAMP 浓度升高，与 CRP 结合，使 CRP 构象改变，增大了其与启动子结合的亲和力，从而激活乳糖操纵子，促进结构基因的转录（转录活性约增加了 50 倍），使大肠杆菌能够利用乳糖。但当向含有乳糖的培养基中加入葡萄糖时，大肠杆菌细胞内 cAMP 水平降低，CRP 与启动子的亲和力降低，乳糖操纵子被抑制，此时即使有乳糖存在，大肠杆菌仍不能利用乳糖。这种调控方式为乳糖操纵子的正调控或阳性调控（图 17-5）。

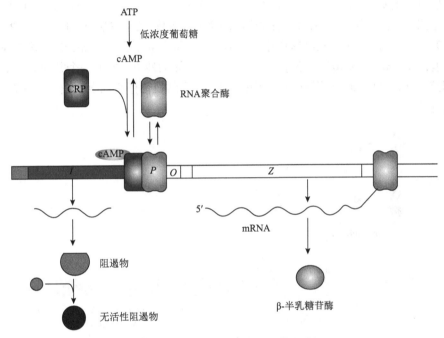

图 17-5　乳糖操纵子的正调控机制

　　cAMP 是由腺苷酸环化酶催化 ATP 产生的。高水平葡萄糖可以阻遏腺苷酸环化酶，因此只有低水平葡萄糖才能使酶活化，从而合成 cAMP。cAMP 的结合是 CRP 结合 DNA 序列和激活转录所必需的，因此由 CRP 介导的转录激活只发生在细胞中葡萄糖水平较低时。

　　（3）乳糖操纵子的双向调控　　由上看出，游离的 CRP 不能与启动子结合，必须与 cAMP 结合形成复合物才能与启动子结合。当有葡萄糖存在时，葡萄糖分解代谢的降解物能抑制腺苷酸环化酶活性并活化磷酸二酯酶，降低细胞内的 cAMP 浓度，使 CRP 不能与启动子结合，此时即使有乳糖存在，虽已解除了对操纵基因的阻遏，RNA 聚合酶仍不能与启动子结合，也不能进行转录，所以仍不能利用乳糖。但在没有葡萄糖而只有乳糖存在的条件下，阻遏物与操纵基因解离，CRP-cAMP 复合物与乳糖操纵子的 CRP 位点结合，才能有效激活转录，使细菌能够利用乳糖作为能源物质。

　　因此，大肠杆菌乳糖操纵子受到两方面的调控：一是对操纵基因的负调控，二是对 RNA 聚合酶结合到启动子上的正调控。其意义在于，使细胞能优先利用葡萄糖。优先利用葡萄糖对细胞来说是有益的，因为参与葡萄糖分解的，即编码糖酵解的各个酶的基因均是管家基因，这样一来葡萄糖可以迅速被分解，为细胞提供能量。由于大肠杆菌乳糖操纵子的启动子是弱启动子，CRP-cAMP 的激活增强了其启动子活性。两种调节作用使大肠杆菌能够灵敏地应答环境中营养的变化，有效地利用能量以利于生长。这是一种既有阴性，又有阳性的双重调节作用。

2. 大肠杆菌阿拉伯糖操纵子　细菌中有一个阿拉伯糖操纵子，编码参与阿拉伯糖（arabinose，Ara）摄入和利用的酶的基因。在葡萄糖缺乏时，它能利用阿拉伯糖作为能源。

（1）阿拉伯糖操纵子的结构　大肠杆菌阿拉伯糖操纵子由依次排列的调节基因（*araC*）、启动基因（*araP*）、操纵基因（*araO₁* 和 *araO₂*）和 3 个相连的编码利用阿拉伯糖的异构酶基因（*araA*）、L-核酮糖激酶基因（*araB*）和 L-核酮糖-5-磷酸差向异构酶基因（*araD*）组成。它们形成一个基因簇，简写为 *araBAD*，催化阿拉伯糖转变为 5-磷酸木酮糖，后者进入磷酸戊糖途径。调节区由启动基因（*araP*）、起始区（*araI*）及操纵基因（*araO₁* 和 *araO₂*）组成。*araC* 基因是调节基因，编码调控蛋白 AraC，能激活 Ara 操纵子的转录。该基因的启动子（P_C）与操纵基因 *araO₁* 重叠。另外，在 *araC* 基因中存在有 AraC 蛋白的结合位点 *araO₂*（图 17-6）。Ara操纵子还有两个 *araE* 和 *araF*。它们位于远离这个基因簇的地方，但由一个共同的 *araC* 调节基因进行调控。*araE* 和 *araF* 分别编码一个膜蛋白和一个阿拉伯糖膜结合蛋白，与阿拉伯糖的结合和转运有关。

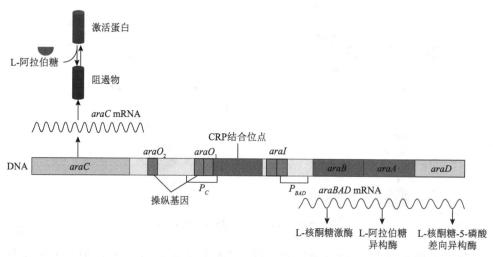

图 17-6　阿拉伯糖操纵子的结构

阿拉伯糖操纵子具有正调控和负调控的功能。AraC 蛋白既是 Ara 操纵子的正调控蛋白，也是负调控蛋白。AraC 蛋白必须与阿拉伯糖形成复合物，才能完成调控，因此只有当底物存在时，酶才能生成。AraC 蛋白与阿拉伯糖结合为诱导物 Cind（induction），可结合于 *araI*（–78～–40 区域），使 RNA 聚合酶结合于 *P* 位点，促进基因转录。未与阿拉伯糖结合时为阻遏物 Crep（repression），结合于 *araO₁* 和 *araO₂*，阻遏结构基因及自身的转录。另外，Ara 操纵子上也有CRP 蛋白的结合位点，紧挨着 Ara 操纵子的启动子。在 Ara 操纵子的基因表达调控中，CRP蛋白主要起阻遏作用，而不是正调控作用。其调控作用依赖于 AraC 蛋白的存在。而基因表达诱导或激活的诱导因素是葡萄糖和阿拉伯糖。

（2）阿拉伯糖操纵子的调控　相对复杂，AraC 通过别构调节使 Ara 操纵子调控更精细，归纳见图 17-7。

1）无 AraC 蛋白，不管有无阿拉伯糖存在，Ara 操纵子都不能表达。此时 RNA 聚合酶可以结合 *araC* 基因的启动子，启动 *araC* 基因表达，产生 AraC 蛋白（图 17-7A）。

2）有足量葡萄糖，但没有阿拉伯糖时，AraC 蛋白结合在 $araO_1$ 上，阻碍 RNA 聚合酶在此区域的结合，操纵子关闭。或结合于 $araO_2$，同结合于 $araO_1$ 的两个 AraC 蛋白结合，使 DNA 形成约 210bp 的环状结构，$araBAD$ 的启动子被封闭不能转录（图 17-7B）。

3）没有葡萄糖但有阿拉伯糖时，CRP-cAMP 复合物结合于 $araI$ 附近，此时少量的阿拉伯糖和 AraC 蛋白结合，构象改变成正调控因子，AraC 蛋白同源二聚体分别结合于 $araI$ 和 $araO_1$ 区域，在 CRP-cAMP 的帮助下，AraC 蛋白脱离 $araO_2$ 部位，DNA 环打开，结合于 $araI$ 位点的 AraC 蛋白和 CRP-cAMP 协同，诱导 P_{BAD} 控制的结构基因的转录（图 17-7C）。

4）有葡萄糖也有阿拉伯糖时，由于缺少 CRP-cAMP，$araBAD$ 基因转录受阻，细菌优先利用葡萄糖。这一状态下本底表达的 AraC 蛋白结合于 $araO_1$，由于 P_C 启动子和 $araO_1$ 重叠，RNA 聚合酶不能结合 P_C 启动子，使 $araC$ 的转录受到阻遏，这是 $araC$ 基因的自我调节。

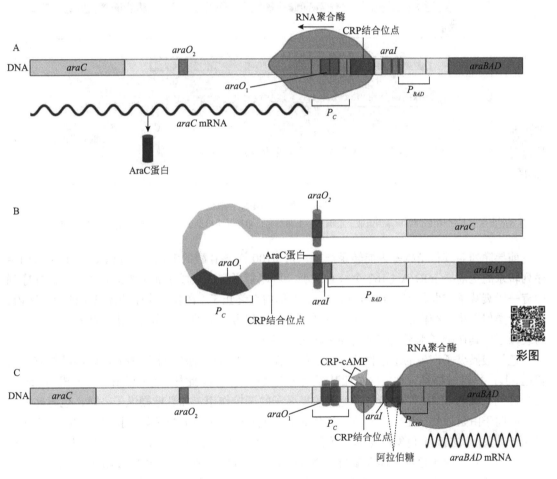

图 17-7 阿拉伯糖操纵子的调控机制

3. 原核生物氨基酸合成的操纵子调节 原核生物细胞中的氨基酸合成也是由操纵子调节的，细胞需要某种氨基酸时，其基因即表达，不需要时基因即关闭，达到经济的原则。目前有十余种氨基酸合成的操纵子的结构已研究清楚，如色氨酸、苏氨酸、组氨酸等十余种，下面以大肠杆菌色氨酸操纵子的基因表达调控进行详细讨论。

（1）大肠杆菌色氨酸操纵子的结构　　　*E. coli* 色氨酸操纵子（trp operon）是典型的可阻遏操纵子，含有大肠杆菌合成色氨酸所需酶的结构基因，编码合成色氨酸的酶，在色氨酸合成代谢过程中发挥作用。

E. coli 色氨酸操纵子由调节基因（*trpR*）、启动子（*P*）、操纵基因（*O*）和5个相连的结构基因（*trpE*、*trpD*、*trpC*、*trpB*、*trpA*）组成。结构基因编码产物为合成色氨酸所需要的酶。其中 *trpE* 和 *trpD* 编码邻氨基苯甲酸合成酶 I 和邻氨基苯甲酸合成酶 II，*trpC* 编码吲哚 3-甘油磷酸合成酶，*trpB* 编码色氨酸合成酶 β 亚基，*trpA* 编码色氨酸合成酶 α 亚基。色氨酸操纵子在操纵基因与第一个结构基因 *trpE* 之间有一段前导序列（leader sequence） *trpL*，离 *trpE* 基因上游 30～60 个核苷酸。调控元件有启动子和操纵元件（图 17-8）。

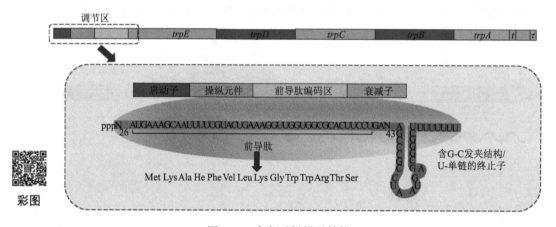

图 17-8　色氨酸操纵子结构

色氨酸操纵子由5个相邻的结构基因组成，前面有一个调节区，包括一个启动子、操纵元件、前导肽编码区和衰减子

前导序列与其他结构基因能转录产生一条 6700 个核苷酸的多顺反子 mRNA。其中从前导序列转录的是前导 mRNA（162 个核苷酸），可以翻译合成一段小肽（叫前导肽），前导序列中有一段衰减子或弱化子（attenuator, a），也称内在终止子（在合成代谢的操纵子的前导区内，存在着类似终止子结构的一段 DNA 序列），该序列可以辅助阻遏作用，进行转录调控，故称为衰减子，其在翻译水平上控制前导区转录的终止。

色氨酸操纵子产生的阻遏物的基因是位于操纵子上游的 *trpR* 基因，该基因距离结构基因簇较远，其产物阻遏物是一种由两个亚基组成的二聚体蛋白质。此外，色氨酸 tRNA 合成酶（trpS）及携带色氨酸的 tRNA^{trp} 也参与了色氨酸操纵子的调控作用。如乳糖操纵子一样，色氨酸操纵子也倾向于由阻遏物产生的负调控。当色氨酸浓度高时，不再需要色氨酸操纵子的编码产物，操纵子被关闭。同时，色氨酸操纵子还存在一种弱化作用（attenuation）的调节机制，这在乳糖操纵子中没有。由于色氨酸体系参与生物合成而不是降解，故不受 CRP-cAMP 的调控。

（2）色氨酸操纵子的调控机制　　　大肠杆菌色氨酸操纵子对基因表达的调控包括阻遏机制和衰减机制两种负调控机制。除阻遏调节外，色氨酸操纵子还能以转录衰减的方式促使已开始转录的 mRNA 合成终止，直接有效关闭色氨酸操纵子。阻遏和衰减机制虽然都在转录水平上进行，但它们的机制完全不同，前者控制转录的起始，后者控制转录起始后是否能正常进行，阻遏物对结构基因的负调控起粗调作用，而后者起细调作用。衰减机制在色氨酸操纵子中研究得最清楚。

1）色氨酸操纵子调控的转录阻遏机制。色氨酸操纵子是一个阻遏操纵子，当细胞内无色氨酸时，阻遏物不能与操纵基因结合，因此色氨酸操纵子处于开放状态，结构基因得以表达，细菌能合成色氨酸以满足自身需求。当细胞内色氨酸的浓度较高时，色氨酸作为辅阻遏物与阻遏物结合，诱导构象变化使之激活，形成复合物并结合到操纵基因上，阻遏色氨酸操纵子结构基因的转录，色氨酸操纵子关闭，抑制转录，合成色氨酸的酶不能表达（图17-9）。这种以终产物阻遏基因转录的调控称为反馈阻遏（feedback repression）。

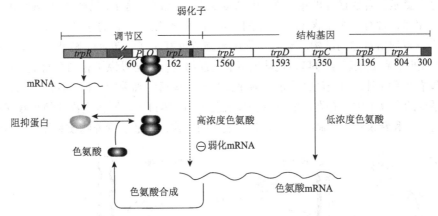

图 17-9　色氨酸操纵子的调节机制（邹思湘，2005）

2）色氨酸操纵子调控的转录衰减机制。转录衰减机制是由于原核生物的转录与翻译过程是偶联进行的，转录中途可先翻译出一段前导肽（图17-10），此前导肽与前导序列 trpL 形成的发夹结构共同作用而终止转录。trpL 是一段长度为162bp、内含4个特殊短序列的前导 mRNA，其中序列1有独立的起始和终止密码子，可先翻译出一个有14个氨基酸残基的前导肽，其中第10、11位是两个连续的色氨酸；序列1与2、序列2与3、序列3与4间均存在一些互补序列而各自形成发夹结构，形成发夹结构的能力依次是 1/2 发夹＞2/3 发夹＞3/4 发夹；序列4下游有一个连续的 U 序列，是一个不依赖于 ρ 因子的转录终止信号。

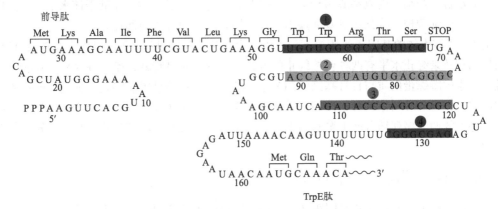

图 17-10　色氨酸操纵子前导肽的结构（刘国琴和张曼夫，2011）

色氨酸的浓度较低时，前导肽序列1的合成因色氨酸量的不足而停滞在第10和11位，核糖体结合在序列1位上，因此前导 mRNA 可能形成 2/3 发夹结构，转录继续进行；当色氨酸的浓度较高时，前导肽的翻译顺利完成，核糖体可以前行至序列2，此时形成 3/4 发夹结构，其下游的 poly(U)协同使转录终止，即转录衰减。

　　前导序列具有随着色氨酸浓度升高而使转录衰减的作用，也称为衰减子。在色氨酸操纵子中，阻遏物受色氨酸影响决定结构基因转录与否，而衰减子则根据色氨酸浓度决定转录的量，起精细调控的作用。前导肽中含有两个相连的色氨酸残基造成转录终止，这一现象与色氨酸浓度密切相关，这种转录与翻译的偶联调节提高了基因表达调控的有效性。

　　色氨酸操纵子的转录必须由一个可控制的终止部位来调节，这个部位就是衰减子。它位于操纵子与这个氨基酸合成途径的第一个酶的基因之间。衰减子这个调节部位与某些操纵子末端的停止信号相似，含有一个富含 GC 的序列，随后为一个富含 AT 的序列。这两个区域都以衰减子为中心，表现出对称的结构。衰减子部位与调节色氨酸基因转录的操纵子部位是互补的，当色氨酸充足时，色氨酸转录的起始就被色氨酸阻遏物复合物与操纵子相结合而阻拦住；而当细胞中色氨酸浓度下降时，阻遏就被取消，转录又再开始运行。细菌中 Phe、His、Leu、Thr 等氨基酸合成系统的操纵子中也有类似的衰减调控机制（图 17-11）。原核生物这种在氨基酸低浓度时通过阻遏作用和转录衰减机制共同关闭基因表达的方式，保证了营养物质和能量的合理利用。

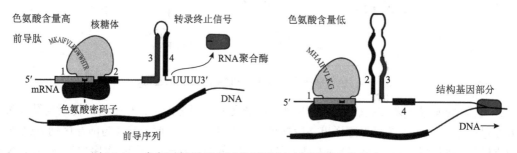

图 17-11　色氨酸操纵子衰减作用机制（刘国琴和张曼夫，2011）

　　衰减子或弱化子调控系统的生物学意义：①活性阻遏物与非活性阻遏物之间的转换可能较慢，而 tRNA 的荷载与否可能更快捷。②氨基酸的主要用途是合成蛋白质，所以，以 tRNA 的荷载情况为标准来进行调控可能更为合适。③阻遏物与衰减子共同作用，提高了效率，避免了氨基酸的浪费。当细胞内氨基酸高于某一水平时，可完全实现阻遏；而低于该水平时，则启用衰减子进行微细调控。④某些氨基酸操纵子仅使用衰减子即可实现调控。

　　由上，原核生物的基因表达调控不仅可以发生在转录起始过程，还可以发生在转录过程中。大肠杆菌在转录终止水平有两种调控终止的方式：一种是转录衰减，是指 RNA 链在转录过程中翻译产生的特殊蛋白质与自身基因的调节序列结合而导致转录提前终止（如色氨酸操纵子的衰减调控）；另一种叫作抗终止作用，是指阻止 RNA 链在转录过程中翻译产生的特殊蛋白质与自身基因的调节序列结合使下游基因得以表达（见第十二章"原核生物 RNA 的转录及转录后的加工"）。

三、原核生物翻译水平的调控

　　除了转录调节，原核生物基因表达在翻译水平也受到精细调控。基因表达可在翻译水平控制蛋白质产生的数量和类型。另外，当不需要蛋白质产物时，不仅需要立即停止转录，也需要立即停止蛋白质的生物合成，需要适当的翻译控制才能实现。目前，原核生物翻译水平的调节主要包括：①mRNA 翻译能力的差异；②mRNA 的稳定性；③反义 RNA 的作用；④翻译阻遏作用。

（一）mRNA 翻译能力的差异

原核生物 mRNA 边合成边翻译，经多次翻译后即被降解，其翻译能力与 mRNA 存留期有关。mRNA 的翻译能力主要受控于以下几方面。

1. 5′端的核糖体结合位点（ribosome binding site，RBS）的结合能力　　在抑制多肽链延伸的条件下，核糖体与 mRNA 形成稳定的复合体，核酸酶可以使未结合的 mRNA 降解掉，而核糖体结合区则受到保护，称核糖体结合降解法。RBS 的结合强度取决于 Shine-Dalgarno（SD）序列的结构及与起始密码子 AUG 的距离。SD 序列必须呈伸直状，如果形成二级结构则表达量降低。SD 序列与 AUG 一般相距 4～10 个核苷酸，9 个核苷酸最佳。

2. mRNA 上 SD 序列的影响　　多顺反子 mRNA 在进行翻译时，每个可读框都有一个起始密码子 AUG，在 AUG 上游都有一个 SD 序列。核糖体可以结合到 mRNA 上任何一个 SD 序列，并从其后的 AUG 开始翻译。通常核糖体完成一个编码区的翻译后即脱落和解离，然后在下一个编码区上游的 SD 序列处重新形成起始复合物。不同基因的 mRNA 有不同的 SD 序列，与 16S rRNA 的结合能力也不同，从而控制翻译的速率。已知 16S rRNA 中与 SD 序列互补部位的序列是固定不变的，而不同 mRNA 或同一 mRNA 上不同可读框上游的 SD 序列是不同的，其与 16S rRNA 的结合效率不同，也就是说，核糖体与不同 SD 序列结合，其起始翻译的效率不同。一般 SD 序列与 16S rRNA 之间配对的碱基数越多，亲和力越高，核糖体与 mRNA 越容易结合，起始翻译效率越高。

3. mRNA 的二级结构　　mRNA 的二级结构是翻译调控的重要因素。mRNA 可自身回折形成许多双链结构，茎-环结构的存在将降低翻译速度。据估算，原核生物 mRNA 约 66% 的核苷酸为双链结构，翻译的起始依赖于核糖体 30S 小亚基与 mRNA 的结合，这就要求 mRNA 的 SD 序列有一定的空间结构。在某些 mRNA 分子中，核糖体结合位点 SD 序列位于茎-环结构中，使核糖体无法结合，翻译时需要打开茎-环结构才能结合。SD 序列的定位会影响翻译起始的效率。

4. mRNA 采用的密码系统影响翻译速度　　大多数氨基酸由于密码子的简并性且具有不止一种密码子，它们对应 tRNA 的丰度可以差别很大，因此采用常用密码子的 mRNA 翻译速度快，而稀有密码子比例高的 mRNA 翻译速度慢。

除上，一些细菌和病毒中的重叠基因也会影响蛋白质的翻译速度。例如，在色氨酸操纵子中，*trpE* 的终止密码子与 *trpD* 的起始密码子重叠，*trpE* 翻译终止时核糖体立即处于起始环境中，这种重叠的密码子保证了同一核糖体对两个连续基因进行不间断地翻译。

（二）mRNA 的稳定性

mRNA 的稳定性是决定翻译产物量的重要因素。原核 mRNA 通常很不稳定，利用一个 mRNA 分子进行翻译只能持续几分钟。细胞内产生的 mRNA 的类型可以随着环境条件的变化而迅速改变或被降解。mRNA 的降解速度是翻译调控的另一个重要机制。细菌 mRNA 的降解是由核酸内切酶和外切酶共同完成的。细菌中有 12 种核糖核酸酶，其中核糖核酸酶 E（RNase E）是一种内切酶，不仅参与 rRNA 的转录后加工，也参与 mRNA 的降解，是许多 mRNA 降解过程中第一个参与的酶。在大肠杆菌中，大多数 mRNA 分子被 RNaseⅡ 和多核苷酸磷酸化酶两种外切酶降解。

（三）反义 RNA 的作用

1983 年，Mizuno 等和 Simons、Kleckner 同时发现了反义 RNA 的调节作用，从而揭示了一种新的基因表达调节机制。目前已经证实生物体内的反义 RNA 由反义基因转录而来，天然的反义 RNA 分子一般在 200 个碱基以下。反义 RNA 调节作用可以在细胞核或细胞质中发生。在细胞核中，阻止 RNA 的加工和（或）运输。在细胞质中，它通过在 mRNA 的 5′区域形成双链 RNA 来抑制翻译。原核生物中反义 RNA 的调节作用主要在翻译水平上，基本原理是反义 RNA 通过与 mRNA 结合，形成二聚体，从而阻断 mRNA 的表达。主要有 3 种作用方式：①按照碱基配对原则与 mRNA 5′端非翻译区包括 SD 序列相结合，阻止 mRNA 与核糖体小亚基结合，直接抑制翻译。②与 mRNA 5′端编码区起始密码子 AUG 结合，抑制 mRNA 的翻译起始。③与 mRNA 非翻译区互补结合，使 mRNA 构象改变，影响其与核糖体结合，间接抑制了 RNA 的翻译（图 17-12）。

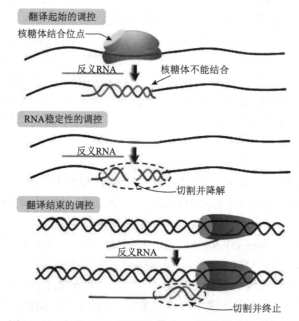

彩图

图 17-12 反义 RNA 可以影响 RNA 靶标的功能或稳定性

总之，反义 RNA 对基因表达调节机制的发现具有重大的理论意义，而且也为人类控制有害基因的实践提供了新的途径，不少科学家试图将反义 RNA 引入家畜和农作物中以获得抗病毒的新品种，或抑制有害基因的表达，迄今已取得令人鼓舞的成果。

（四）翻译阻遏作用

转录水平的调控一般都是蛋白质或某些小分子物质对基因转录的阻遏或激活，在翻译水平上也发现了类似的蛋白质阻遏作用，对蛋白质翻译起类似的调控作用。

1. 核糖体蛋白对 mRNA 的翻译阻遏　　在细菌细胞中，增加蛋白质合成需要增加核糖体数量，而不是改变核糖体的活性。一般来讲，核糖体数量增加，细胞生长速度也加快。当细菌快速生长时，其核糖体能够占细胞全部干物质的 45%，因此细胞必须协调核糖体蛋白和 rRNA 的合成，它的调节机制主要是在翻译水平上起作用。如在细菌中，每个核糖体中含有的蛋白质有 50 多种，它们的合成严格保持与 rRNA 数量相应的水平，当过量核糖体游离蛋白质存在时即引起核糖体自身 mRNA 的翻译阻遏（translation repression）。50 种核糖体蛋白的基因分布在几个不同的操纵子中，最大的操纵子可含有 11 个基因。这些操纵子在转录水平是可调控的。但如果把额外的操纵子导入细菌，mRNA 的量会相应增加，但蛋白质的合成几乎不变，这是因为核糖体蛋白合成的控制主要在翻译水平。对核糖体蛋白质起翻译阻遏作用的调节蛋白质均为能直接和 rRNA 相结合的核糖体蛋白质，通常起调节作用的核糖体蛋白与 rRNA 的结合能力大于和自身 mRNA 的结合能力，它们合成后首先与 rRNA 结合装配成核糖体，如有多余游离的核糖体蛋白质积累，就会与其自身 mRNA 结合，从而起阻遏作用。

操纵子中还常存在非核糖体蛋白质，它们则可按其自身需要的速度合成，而不受核糖体蛋白质翻译的束缚。例如，RNA 聚合酶亚基可受到其自身的调节。EF-Tu 和 L7/L12 则具有更强的翻译效率。这就使得同一操纵子中不同蛋白质以不同的水平进行合成，各自相对应于细胞的生长要求。

2. 核糖体和 rRNA 合成的协调作用 编码核糖体蛋白的 52 个基因分布在至少 20 个操纵子中，每个操纵子含有 1~11 个基因。核糖体蛋白的合成主要是通过翻译反馈机制调节的，每个含有核糖体蛋白基因的操纵子中所编码的核糖体蛋白同时也是翻译阻遏物（translation repressor），它能与相应操纵子转录的 mRNA 结合以阻止翻译。而起阻遏物作用的核糖体蛋白一般能和 rRNA 结合组装核糖体。作为翻译阻遏物的核糖体蛋白与 rRNA 相结合的亲和力大大超过它对 mRNA 的亲和力。如果核糖体蛋白大大超过细胞内存在的 rRNA 所能结合的数量，此时核糖体蛋白才和 mRNA 结合。采取这种方法，为核糖体蛋白编码的 mRNA 翻译产生的核糖体蛋白，如果超过组装核糖体的需要，它的翻译就会受到抑制，使与细胞所含有的 rRNA 保持平衡。一般被翻译阻遏物结合的 mRNA 上的位点靠近操纵子中这个基因翻译的起始位点，常是第一个基因。在大多数操纵子中这种结合可能只影响第一个基因，因为细菌大多数是多顺反子 mRNA，其后的基因都有独立的翻译信号，但在这种操纵子中，每个基因的翻译依赖于所有其他基因的翻译，这种翻译偶联使得整个操纵子在单一 mRNA 位点受到翻译阻遏物的抑制。

核糖体蛋白操纵子也受到转录起始水平的调节，因为转录随着细胞生长速度的增加而增加。转录调节及转录与翻译调节之间的关系的细节仍不清楚。由于核糖体蛋白的合成与可用的 rRNA 数量相协调，核糖体的生产最后还是受 rRNA 合成的调节。在大肠杆菌中，从 7 个操纵子进行的 rRNA 合成是细胞生长速度和营养状态变化的反映，特别是氨基酸的供应。对氨基酸浓度的协同调节机制叫作"严紧反应"（stringent response）。当氨基酸浓度太低时，rRNA 的合成受到抑制，氨基酸饥饿导致无负载的 tRNA 结合于核糖体的 A 位点。"严紧因子"（stringent factor）和核糖体结合，催化核苷酸鸟苷四磷酸（ppGpp）的合成。ppGpp 水平由于氨基酸饥饿，rRNA 合成急剧降低，该变化的部分原因是 ppGpp 结合于 RNA 聚合酶。ppGpp 和 cAMP 等这些修饰了的核苷酸充当细胞第二信使的角色。在大肠杆菌细胞中，这两种核苷酸都是饥饿的信号，它们引起细胞代谢的巨大改变，从而增加或减少了几百个基因的转录。这种细胞代谢和生长速度的协调是很复杂的，许多调节机制尚在研究中。

3. 翻译终止子 RF2 对自身翻译的调节 RF2 识别 UGA 和 UAA 终止密码子，RF1 识别 UAG 和 UAA。RF2 的 mRNA 不是一个连续的可读框，前面 25 个氨基酸与后面 315 个氨基酸不在同一个可读框，两个编码区之间是一个终止密码子 UGA 和一个 C（UGAC），RF1 不能识别 UGA，由 RF2 自身识别。当有 RF2 时，其 mRNA 翻译到第 25 个氨基酸时，在其后出现 UGA 停止翻译，此时生成的 25 肽不是成熟的 RF2。没有 RF2 时，则在 UGA 处不能释放 25 肽，继续翻译，但会发生框架移动，在 GAC 形成第 26 个密码子，一直往下翻译，直至出现终止密码子 UAG，此时在 RF1 的作用下释放完整的 RF2。

第四节　真核生物基因表达的调控

真核生物由多细胞组成（酵母、藻类和原生动物除外），细胞内基因数量和遗传信息量大，且有大量重复序列，结构基因属于断裂基因。真核生物核内 DNA 和蛋白质构成以核小体为基本单位的染色质，细胞分裂时以很高的压缩比装配成染色体。真核染色体 DNA 通常处于转录抑制状态。真核生物基因不组成操纵子，其基因转录产物为单顺反子。基因的转录和翻译在时空上是分开的，基因表达的调节以利用激活物的正调控为主。另外，真核生物生成的初级转录物需在核中进行一系列的转录后加工和运输，所以真核基因的表达有多种转录后的调控机制。真核生物对外界环境条件变化的反应和原核生物十分不同。同一群原核生物细胞处在相同环境条件下，对环境条件的变化会做出基本一致的反应。而真核生物常常只有少部分细胞基因的表达直接受到环境条件变化的影响和调控，大部分间接或不受影响。

真核生物 DNA 在细胞核内可以与多种蛋白质进行结合，直接影响基因的表达。还存在复杂的转录后加工和翻译后加工过程及不同细胞器之间的转运过程，该过程受到多级调控体系（multistage regulation system）精确地调节，如染色质水平、转录水平、转录后水平及翻译水平等，体现了真核生物基因表达调控的多层次性。

一、真核生物染色质水平的调控

以染色质形式组装在细胞核内的 DNA 所携带的遗传信息的表达首先会受到染色质结构的影响。因此，染色质水平的调控是真核生物基因表达调控的重要环节。根据结构不同，染色质分为密集的异染色质（heterochromatin）和松散的常染色质（euchromatin）。异染色质的折叠压缩程度高，属于非活化染色质，不具备转录活性。常染色质的折叠压缩程度较低，呈伸展状态，具有转录活性，又称为活性染色质（active chromatin）。

在真核生物中，发生在转录之前的、染色质水平上的结构调整，称为表观遗传调控。DNA 修饰、组蛋白修饰和染色质重塑等都属于染色质水平的基因表达调控范畴，其中组蛋白修饰和染色质重塑对基因表达起重要调节作用，是当今表观遗传学（epigenetics）领域的研究热点。基因表达正确与否，既受控于 DNA 序列，又受制于表观遗传学信息，后者受到发育、环境、药物、衰老、饮食等多因素影响。

（一）组蛋白修饰与染色质重塑

1. 核小体组蛋白的结构特点及修饰位点　　核小体是真核细胞染色质的基本结构单位，由 4 种组蛋白（H2A、H2B、H3 和 H4）各 2 个亚基组成的八聚体是核小体的核心颗粒（core particle），八聚体外盘绕着 DNA 双螺旋链，每个组蛋白的氨基端都会伸出核小体外，形成组蛋白尾。这些尾部可以形成核小体之间相互作用的纽带，同时也是发生组蛋白修饰的位点。在进化过程中，不同生物之间，同种生物的不同发育时期均高度保守，尤其是 H2A、H2B、H3 和 H4。

虽然组蛋白在进化中是高度保守的，但它们在翻译后修饰时，可随生物的品种、组织及细胞周期阶段的不同，而发生较大的差异。各种组蛋白均可发生不同的化学修饰，大部分反应发生在组蛋白的尾部，有乙酰化（acetylation）、磷酸化（phosphorylation）、甲基化（methylation）、泛素化（ubiquitination）及多聚 ADP-核糖基化（poly ADP-ribosylation）等。相同组蛋白及不同组蛋白氨基酸残基的这些多样化的修饰既可以相互协同，也可以相互拮抗，构成了一个复杂的调节网络。

　　组蛋白在翻译后的修饰除了包括 Arg、His、Lys、Ser 和 Thr 残基的特异性甲基化、乙酰化和磷酸化，还有一个引人注意的修饰是 10% 的 H2A 与泛素（ubiquitin）结合（图 17-13）。这些多样化的修饰及各种修饰在时间、空间上的组合与生物学功能的关系被视为一种重要的标志或语言，称为组蛋白密码（histone code）。根据这一假说，在某一特殊位点的多种修饰的综合影响可限定染色体结构域的功能。但是这些修饰不是仅局限于单一组蛋白，组蛋白密码还可以衍生自单一核小体的，甚至邻近核小体的所有修饰。

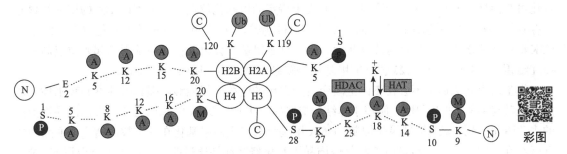

图 17-13　各种组蛋白的不同的化学修饰

N. 组蛋白N端；C. 组蛋白C端；A. 乙酰基团；P. 磷酸基团；M. 甲基基团；Ub. 泛素；HAT. 组蛋白乙酰转移酶；

HDAC. 组蛋白脱乙酰酶

　　2. 组蛋白修饰对基因表达调控的影响　　转录活化区的染色质中的组蛋白特点：①富含赖氨酸的 H1 组蛋白含量降低；②H2A-H2B 组蛋白二聚体的不稳定性增加，使它们容易从核小体核心颗粒中被置换出来；③核心组蛋白 H3、H4 可以被特异性修饰。此时核小体的结构变得松弛而不稳定，对 DNA 的亲和力也降低，易于基因转录。也就是组蛋白修饰改变了染色质的转录活性，表现在以下几方面。

　　（1）组蛋白乙酰化可以提高转录活性　　每种组蛋白的 N 端及组蛋白 H2A 的 C 端都从核小体表面向外伸出，称为组蛋白尾。这些组蛋白的尾部能够被某些酶可逆修饰，从而改变核小体的结构。其中组蛋白乙酰化酶对组蛋白 H3 和 H4 的修饰，对核小体结构的调节起了最重要的作用。

　　核心组蛋白的 N 端富含赖氨酸，在生理条件下带正电荷，可与带负电荷的 DNA 或相邻的核小体发生作用，导致核小体构象紧凑及染色质高度折叠。核心组蛋白的所有氨基端与羧基端均游离在外，核心蛋白朝向外部的 N 端部分"尾巴"，可加上或去掉乙酰基团。反应是在组蛋白乙酰转移酶（histone acetyltransferase，HAT）和组蛋白脱乙酰酶（histone deacetylase，HDAC）的作用下进行的。体内存在两种 HAT：一种作用于染色质中的组蛋白，与转录调控有关；另一种作用于细胞质中新合成的组蛋白，参与核小体的组装。

　　组蛋白的修饰常发生在组蛋白中富含赖氨酸、精氨酸和组氨酸等带正电荷的碱性氨基酸残基部位。一般来说，组蛋白 N 端"尾巴"乙酰化可以中和组蛋白尾的正电荷，降低组蛋白与带负电荷 DNA 的亲和性，导致核小体构象发生变化，使核小体结构变得松散，有利于转录调节因子与 DNA/染色质的结合，从而开放某些基因的转录，提高了基因转录的活性。

　　转录抑制因子通常会加强那些促进染色质结构紧密的蛋白质的作用，如组蛋白脱乙酰酶。它的作用与乙酰化酶正好相反，使核小体结构更紧密，转录起始复合物越难以结合到启动子上，即组蛋白脱乙酰酶使基因的启动子区发生去乙酰化，导致该区段染色质浓缩，靶基因转录活性丧失，转录被抑制。因此，染色质结构紧密的地方，往往也是基因转录活性很低的地方，这可能就是不活跃的基因常常和异染色质相联系的原因。

另外，催化组蛋白修饰的酶常是成对的，各自发挥不同的调控作用。例如，HAT 和 HDAC 在 DNA 水平的基因表达调控中具有重要作用。HAT 使组蛋白发生乙酰化，促使染色质结构松弛，有利于基因转录，称为转录的辅激活物（coactivator）；而 HDAC 促进组蛋白的去乙酰化，抑制基因的转录，称为转录的辅阻遏物（corepressor）。

（2）组蛋白甲基化和去乙酰化抑制转录活性　　DNA 甲基化与转录失活有关。而组蛋白甲基化可与活性或非活性区域相联系，这取决于特定的甲基化位点。在组蛋白 H3 的尾部和核心上存在许多赖氨酸甲基化位点，而在组蛋白 H4 尾部只存在单一赖氨酸甲基化位点。组蛋白 H3K4 双甲基化和三甲基化与转录激活有关，且三甲基化会出现在活性基因的起始位点周围。而在组蛋白 H3 的 K9 或 K27 位点的甲基化是转录沉默区染色质的一个特征。

组蛋白甲基化通常不会在整体上改变组蛋白尾的电荷，但能够增强其碱性度和疏水性，从而增强其与 DNA 的亲和性，使核小体结构更紧密。另外，DNA 甲基化通常还可以诱导组蛋白的去乙酰化作用，靶基因转录受抑制。DNA 甲基化与组蛋白甲基化在一个彼此增强的回路中相互联系在一起。由此，组蛋白乙酰化修饰和甲基化修饰都是通过改变核小体组蛋白尾与 DNA 之间的相互作用发挥调控作用的。二者往往又是相互排斥的。

除了乙酰化和甲基化修饰，组蛋白修饰还包括组蛋白的泛素化、磷酸化和糖基化等修饰。例如，组蛋白的磷酸化修饰在细胞有丝分裂和减数分裂、染色体浓缩及转录激活过程中均发挥重要的调节作用。

总之，组蛋白修饰影响了染色质的结构与功能，通过多种修饰方式的组合发挥其调控功能，这些能被识别的修饰信息称为组蛋白密码，一个组蛋白密码从写入到阅读，再到擦除，共涉及 3 类不同的蛋白质：第一类是将乙酰基、甲基或其他化学标识写入组蛋白分子上的"写入器"（writer），即修饰酶；第二类是识别并结合一种组蛋白分子上被写入的化学标识的"阅读器"（reader）；第三类是去除组蛋白上被写入的各种化学标识的"擦除器"（eraser），即去修饰酶。构成核小体组蛋白八聚体核心的每一个组蛋白分子都有一个柔性的 N 端尾，此尾从核小体的表面伸出，成为各种"写入器"的主要位点。组蛋白密码组合变化的多样性可能是更为精细的基因表达方式。

3. 组蛋白修饰参与调节染色质重塑　　在真核细胞中，染色质重塑因子通过改变染色质上核小体的装配、拆解和重排等方式来调控染色质结构，从而改善转录因子等转录相关因子在其染色质 DNA 局部的可接近性。异染色质区的基因组蛋白修饰引起局部染色质结构改变并进而影响转录活性的过程称为染色质重塑（chromatin remodeling），有时也称为核小体重塑。这是一个由激活物（activator）、染色质重塑复合物参与，并由 ATP 水解供能的复杂过程，其功能是改变待转录基因启动子处核小体的结构形式。这种改变可以是组蛋白的转移，也可以是组蛋白的滑动，结果均使 DNA 能顺利地与转录因子、RNA 聚合酶接近，组装成转录起始复合物。

染色质重塑复合物（chromatin-remodeling complex）是一类多蛋白体，以各自的 ATP 酶亚基为中心，且根据 ATP 酶亚基的不同分为不同种类，是调节染色质结构的蛋白复合体。它们能与特定基因的染色质结合，所具有的 ATP 酶活力可水解 ATP 供能，同时协助染色质结构改变及其与转录因子的结合（图 17-14）。目前已知的染色质重塑复合物主要有两类，即 ATP 依赖的染色质重塑复合物（通过 ATP 水解的能量以非共价的方式调节染色质的结构）和染色质共价修饰复合体（通过组蛋白或 DNA 去掉或加上共价修饰物来调节染色质结构）。

目前已知的、潜在的染色质重塑因子有近 1300 个，统称为 SNF2 家族蛋白。染色质重塑复合物是依赖 ATP 水解产生的能量来执行重塑功能的，其核心亚基是它的 ATPase 催化亚基。现行的重塑复合物亚家族分类也是根据其催化亚基 ATPase 的结构特征而分类的，大致可以归为 SWI/SNF、ISWI、CHD 和 INO80/SWR1 四类。在真核细胞中，染色质重塑因子通过改变染色质上核小体的装配、拆解和重排等方式来调控染色质结构，具有类 DNA 移位酶作用，即在 DNA 双链未解开的情况下可以使核小体沿着 DNA 滑动，在染色质重塑因子的作用下染色质结构趋于疏松时，则增加了 RNA 聚合酶 II、转录因子等对染色质 DNA 的可接近性，从而启动基因的转录。相反，当染色质结构趋于致密时，RNA 聚合酶 II 和转录因子等对染色质 DNA 的可接近性减弱，从而抑制了相关基因的转录。

特异的激活物结合到DNA中

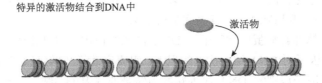

激活物

激活物介导下重构复合物结合到DNA特定位点

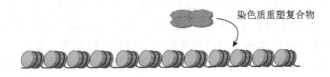

染色质重塑复合物

染色质重塑复合物取代核小体

图 17-14　激活物介导重塑复合物结合到染色质的特定位点

另外，染色质重塑也受组蛋白乙酰化、磷酸化、泛素化等的影响，染色质重塑复合物中一些亚基的翻译后修饰可能通过改变蛋白质-蛋白质相互作用，从而影响复合物的结构和酶活性及其与染色质的结合。且这些修饰将有助于染色质重塑复合物对染色质功能更为精细地调控。

（二）DNA 甲基化

1. DNA 甲基化和甲基化酶　　DNA 甲基化（DNA methylation）是指在 DNA 甲基化酶（methylase）的作用下，基因组 5′端 CpG 二核苷酸的胞嘧啶共价结合一个甲基基团。真核生物基因组 DNA 的甲基化也是转录前基因表达调节的控制环节。DNA 甲基化作用可引起染色质结构、DNA 构象、DNA 稳定性及 DNA 与蛋白质相互作用方式的改变，从而调节基因的表达。

DNA 甲基化现象广泛存在于高等生物中，主要发生在胞嘧啶第五位碳原子上，形成 5-甲基胞嘧啶（5-methylcytosine，m^5C），还有少量的 N6-甲基腺嘌呤（m^6A）及 7-甲基鸟嘌呤（m^7G）。几乎所有的甲基化胞嘧啶残基都出现在对称序列的 5′-CG-3′二核苷酸上，这种序列在 DNA 上并不是随机分布，而是集中于富含 CG 的区域，该区域称为“CG 岛”（CG island）。CG 岛通常位于转录调节区或其附近。

催化 DNA 甲基化的酶为 DNA 甲基化酶，有两种：①日常型甲基化酶，该酶特异性强，在甲基化母链（模板链）指导下使处于半甲基化的 DNA 双链分子上与甲基胞嘧啶相对应的胞嘧啶甲基化。②从头合成型甲基化酶，催化未甲基化的 CpG 成为 mCpG，不需要母体指导，是 DNA 甲基化调控基因活性的主要因子。

2. DNA 甲基化对基因表达的调控　　DNA 甲基化关闭某些基因活性，去甲基化诱导基因的重新活化和表达，即 DNA 甲基化可抑制基因的活化。其对基因活性的抑制作用主要取决于以下两个因素。

1）甲基化 CG 对的密度和启动子强度的影响。5-甲基胞嘧啶在 DNA 中的分布并不是均匀或者随机的，基因的 5′端和 3′端往往富含甲基化位点，启动子附近甲基化 CG 对的密度与基因转录受到抑制作用的程度密切相关。启动子附近稀少的 DNA 甲基化可以完全抑制弱启动子的转录活性，但是如果重组入额外合适的增强子，即使不去甲基化也可以恢复其转录活性。但如果启动子 DNA 的甲基化密度进一步提高，即使增强后转录仍然会完全停止。这说明转录与否取决于甲基化 CpG 的密度和启动子强度之间是否平衡。

2）DNA 甲基化修饰影响蛋白质因子与 DNA 的相互作用。甲基化作用通过两种方式抑制转录，一是干扰转录因子对 DNA 结合位点的识别，阻碍启动子与转录因子及 RNA 聚合酶的结合。二是将转录激活因子识别的 DNA 序列转换为转录抑制因子的结合位点。甲基化达到一定程度时，常规的 B 型 DNA 会逐渐别构为 Z 型 DNA，而 Z 型 DNA 属于左手螺旋构象，结构收缩，螺旋变窄，没有大沟，使许多蛋白质因子赖以结合的元件内缩，进而影响参与转录的蛋白质因子与启动子区 DNA 序列的相互作用。此外，该构象还有助于甲基胞嘧啶结合蛋白、转录辅阻遏物 DNA 甲基化酶等抑制转录的蛋白质因子与启动子区结合，使启动子失去功能。总之，DNA 甲基化导致 DNA 构象变化，影响了 DNA 与蛋白质的相互作用，抑制转录因子与启动子的结合效率，基因转录抑制，使基因"沉默"。

二、真核生物转录水平的调控

（一）真核基因转录调控的基本要素

真核生物转录起始是真核生物基因表达调控的关键和最重要的环节。由于真核生物的 RNA 聚合酶需要多个转录因子相互作用才能形成转录起始复合物（图 17-15），因此真核生物的转录起始涉及的影响因素更多。转录调控的基本要素包括顺式作用元件、反式作用因子、RNA 聚合酶和转录因子等。

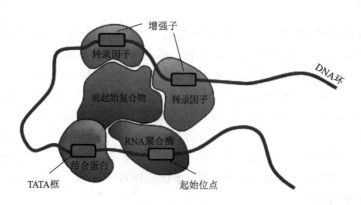

图 17-15　真核生物转录起始复合物示意图

1. 顺式作用元件对转录起始的调控　　顺式作用元件（*cis*-acting element）是指在真核生物基因转录调节区，能与特异转录因子结合，与转录启动和调控有关的核苷酸序列，是调控转录起始的 DNA 序列。其特点是处在同一 DNA 上，间隔存在于转录起始位点的上游或下游，相距可远可近，均有反式作用因子识别和结合的特定序列等，包括启动子（promoter）、增强子（enhancer）、沉默子（silencer）、绝缘子（insulator）、八聚体元件（octamer）和 ATF 结合位点等，以及淋巴细胞中的 Oct 和 κB 等特殊细胞中的启动子成分。

（1）启动子的序列组成在转录调节中的作用　　真核生物启动子包括转录起始位点及其上游的 100～200bp 序列，其中有若干个具有独立功能的 DNA 序列元件，每个元件长 7～30bp，含至少一个转录起始位点（transcription start site，TSS）及一个以上的功能组件。例如，典型的Ⅱ类启动子常由 TATA 框及上游的 CAAT 框和（或）GC 框组成，这类启动子通常具有一个转录起始位点及较高的转录活性。另外，不同基因启动子元件的组成和数量是不同的，从而不同基因的表达调控也各不相同。启动子的序列组成决定参与调控转录的蛋白质因子及其组合。

（2）增强子激活启动子调节转录起始　　增强子（enhancer）是一种能够提高转录效率的顺式调控元件，通常位于被调控基因的同一条 DNA 链上，其长度约 200bp，是转录因子特异性结合 DNA 的核心序列，可使旁侧的基因转录效率提高 100 倍。增强子的基本核心组件常为 8～12bp，可以单拷贝或多拷贝串联的形式存在，也可由若干功能组件组成。

增强子广泛存在于各类真核生物基因组中，是特异转录因子的结合部位，一旦与特异转录因子结合即可发挥其调控作用，其作用有几个明显的特点：①能在很远的距离对启动子产生影响；②无论位于启动子上游或是下游都能发挥作用；③其功能与序列取向无关，序列颠倒后仍能发挥作用；④无生物种属特异性；⑤受发育和分化的影响。增强子需要有启动子才能发挥作用，但对启动子没有严格的专一性，同一增强子可以影响不同类型启动子的转录。另外，增强子具有组织特异性，它往往优先或只在某种类型的细胞中表现其功能。增强子的这种组织特异的特点，为发育过程或成熟机体不同组织中基因表达的差别提供了基础。

（3）沉默子负调节转录的起始　　沉默子（silencer）是一类负调控元件，能够抑制或阻遏基因的转录，为位于某些真核基因转录调节区中的数百 bp 的 DNA 序列。一方面，能促进局部染色质形成致密结构，阻止转录激活因子与 DNA 结合，从而抑制转录；另一方面，与特异的蛋白质因子（反式作用因子）结合，阻遏增强子与反式激活因子作用，发挥抑制转录的作用。

与增强子类似，沉默子作用也不受序列方向的影响，也能远距离发挥作用，并可对异源基因的表达起作用。另外，基因调节区的某些顺式作用元件有时作为增强子发挥作用，有时又有沉默子作用，这主要取决于细胞内存在的 DNA 结合蛋白的性质。

（4）绝缘子提高基因转录调控的时空准确性　　绝缘子（insulator）是染色质上相邻转录活性区的边界序列，将染色质隔离成不同的转录结构域，使其一侧的基因表达免受邻近区域调控元件的影响。一般而言，多数增强子可调控其附近的任何启动子，而绝缘子可限制增强子对启动子不加选择的作用，从而使增强子只作用于特定启动子。

在异染色质延伸过程中，绝缘子充当异染色质传播的屏障，当其位于活性基因和异染色质之间时，启动子保持活性，绝缘子保护了活性基因免受邻近异染色质沉默效应的影响，即绝缘子有阻断增强子和屏障异染色质的作用。有的绝缘子同时具有这两种功能，有的只有其中一种功能。但绝缘子的以上功能提高了基因转录调控的时空准确性。

2. 反式作用因子对基因转录的调控　　反式作用因子（*trans*-acting factor）是指与顺式作用元件和 RNA 聚合酶相互作用的一组蛋白质或 RNA。其编码基因与作用的靶 DNA 序列不在同一 DNA 分子上，又称为转录因子（transcription factor，TF）。其中以反式作用方式调节基因转录的 TF，通过与特异的顺式作用元件识别、结合（即 DNA-蛋白质相互作用），反式激活另一基因的转录，故称反式作用因子。反式作用因子在细胞中可自由扩散，有通用的和特异的、固有的和诱导的、激活性的和抑制性的，对基因开关有选择性。

大多数转录因子是 DNA 结合蛋白，通常具有 DNA 结合域（DNA-binding domain）、转录激活域（transcription activating domain）和二聚化结构域（dimerization domain）等结构。其分为以下 3 类。

（1）通用转录因子（general transcription factor，GTF）　基因转录时所必需的一类辅助蛋白质，直接或间接结合 RNA 聚合酶，帮助 RNA 聚合酶与启动子结合并起始转录，对所有基因都是必需的，也称为基本转录因子，在一般细胞中普遍存在，如 TBP、SP1、CTF/NF-1、Oct-1 等。对 3 种 RNA 聚合酶来说，除个别基本转录因子成分是通用的外，大多数成分是不同的。通用转录因子的存在没有组织特异性，因此，对于基因表达的时空性并不重要。

（2）特异转录因子（special transcription factor，STF）　特异识别和结合顺式作用元件的 TF，为个别基因转录所必需，决定该基因的时间、空间特异性表达。其又可分为转录激活因子（transcription activator）和转录抑制因子（transcription inhibitor）。前者通常是一些增强子结合蛋白（enhancer binding protein，EBP），可促进或激活基因转录表达的起始。后者大多是沉默子结合蛋白，但也有些抑制因子通过蛋白质-蛋白质相互作用，与转录激活因子或 TFⅡD 结合，降低它们在细胞内的有效浓度而抑制基因转录。

（3）辅助转录因子（ancillary transcription factor）　指本身不与 DNA 结合，而是通过蛋白质相互作用连接 TF 和基础转录装置（basal transcription apparatus）的蛋白质。其又包括辅激活因子和辅抑制因子。例如，TFⅡD 中的转录激活因子对诱导引起的增强转录是必需的，又称其为辅激活因子。中介子（mediator）也是在反式作用因子与 RNA 聚合酶之间的蛋白质复合体，它与某些反式作用因子相互作用，同时能促进 TFⅡH 对 RNA 聚合酶羧基端结构域（CTD）的磷酸化。

此外，转录起始过程还有上游因子（upstream factor）和可诱导因子（inducible factor）的参与。前者与启动子上游元件，如 GC 框、CAAT 框等顺式作用元件结合协助调节基因转录效率。可诱导因子也是与增强子等远端调控序列结合的转录因子，它们能结合应答元件，只在某些特殊生理或病理情况下才被诱导产生。例如，MyoD 在肌肉细胞中高表达，HIF-1 在缺氧时高表达。与上游因子不同，可诱导因子只在特定的时间和组织中表达而影响转录。

不同组织或细胞中各种特异转录因子分布不同，所以基因表达状态、方式也不同，由此决定了细胞内基因的时间、空间特异性表达。特异转录因子自身的含量、活性和细胞内定位均受细胞所处环境的影响，是生物体适应环境变化而改变基因表达水平的关键。

3. RNA 聚合酶参与基因转录的调节　顺式作用元件与转录因子对转录调控最终是由 RNA 聚合酶的活性来体现的，转录起始复合物的生成是基因表达的关键点。RNA 聚合酶的活性与启动序列或启动子的核苷酸序列有关，更与所存在的转录因子有关。以 RNA 聚合酶Ⅱ为例叙述。

（1）RNA 聚合酶ⅡCTD 的磷酸化　真核生物 RNA 聚合酶Ⅱ大亚基的羧基端结构域（CTD）上有一段共有 7 个氨基酸残基（YSPTSPS）的重复序列。CTD 的磷酸化在基因转录和延伸中发挥重要作用。其磷酸化可由多种激酶催化。主要包括：①周期蛋白依赖性激酶（cyclin-dependent kinase，CDK）的催化。例如，CDK7 在转录起始期，使 CTD 的 Ser5 和 Ser7

磷酸化；CDK9 在转录的延伸阶段，使 Ser2 和 Thr4 磷酸化。②PIk3（polo-like kinase 3）使 CTD 的 Thr4 磷酸化。③酪氨酸激酶 Ab11 和 Ab12，可使 CTD 上 Tyr 残基磷酸化。

（2）RNA 聚合酶 II CTD 的磷酸化对转录起始和延伸的调控　　真核细胞启动子也是由转录起始位点、RNA 聚合酶结合位点及控制转录活性的调节元件组成的，其中启动序列会影响其与 RNA 聚合酶的亲和力。去磷酸化的 CTD 在转录起始中发挥作用。当 RNA 聚合酶 II 完成转录起始后，CDK7 使 CTD 的 Ser5 和 Ser7 磷酸化，导致 RNA 聚合酶 II 构象发生变化，离开启动子。进入转录延伸期后，Rtr1（regulator of transcription 1）（可能间接结合其他磷酸酶）和 Ssu72（在脯氨酰异构酶 Pin1 的辅助下）使磷酸化的 p-Ser5 和 p-Ser7 去磷酸化，CDK9 使 Ser2 和 Thr4 磷酸化（CDK12 也可使 Ser2 磷酸化），直到进入转录终止期。再由 FCP1（TF II F-associated CTD phosphatase 1）使 p-Ser2 和 p-Thr4 去磷酸化，CTD 回到非磷酸化状态，RNA 聚合酶 II 进入新的转录循环周期。

（3）CTD 的进一步磷酸化对不成功转录起始的调节　　一些基因的启动子上，当 RNA 聚合酶 II 开始转录时遇到问题，造成 RNA 聚合酶 II 在转录一小段 RNA 后可能停止转录，而已转录出的小段 RNA 可能迅速被降解，这种现象称为流产起始（abortive initiation）。通过 CTD 的进一步磷酸化可以防止流产起始，使不成功的转录起始能够继续并进入到转录延伸阶段。其机制是，在 CDK7 使 CTD Ser5 和 Ser7 磷酸化的基础上，P-TEFb 激酶复合体中的 CDK9 可作用于 CTD 的 Ser2，使其进一步磷酸化，从而使转录得以继续。一般转录开始时，延伸因子 DSIF（DRB sensitivity-inducing factor）和 NELF（negative elongation factor）结合于 RNA 聚合酶 II 上，阻止转录的延伸。P-TEFb 还可使以上两个因子磷酸化，使它们从 RNA 聚合酶 II 复合体上脱落，使转录得以延伸。其详细机制有待深入研究。

（二）真核生物中转录因子活性调节的主要方式

1. 转录因子的结构　　转录因子含有 DNA 结合域，能识别基因上游启动子中的特征 DNA 序列，调控基因的转录，包括对编码基因 mRNA、非编码 RNA 等的转录调节。例如，典型的转录激活因子含有 DNA 结合域（DNA-binding domain，DBD）和转录激活域（transcription activating domain，TAD）、蛋白质-蛋白质相互作用结构域及核输入信号结构域等。DBD 的作用是结合 DNA，并将 TAD 带到基础转录装置的邻近区域，后者通过与基础转录装置相互作用而激活转录。蛋白质-蛋白质相互作用结构域介导转录因子之间或转录因子与其他蛋白质之间的相互作用，常见的有二聚化结构域等。

2. 真核生物中转录因子活性调节的主要机制

（1）转录激活因子激活或促进基因转录的起始　　转录激活因子发挥作用一是本身激活，通过化学修饰，阻遏物释放等；二是与特异的顺式作用元件结合而激活转录。

（2）转录抑制因子抑制基因转录　　某些转录抑制因子可在转录起始过程中对 RNA 聚合酶 II 的 CTD 进行糖基化和去磷酸化修饰，而在延伸过程中对 CTD 进行磷酸化和去糖基化修饰。通过对 CTD 修饰的时效和程度上的调整，达到抑制转录的目的。有些转录抑制因子可通过 TATA 结合蛋白（TBP）相互作用而阻止 TBP 与 TATA 的结合，从而抑制基础转录装置的装配。有些抑制可能是通过抑制通用转录因子之间的相互作用，如甲状腺素激素受体（TR）被配体激活后可作为转录激活因子与 TF II B 结合，但没有配体存在时，TR 可以直接与 TBP 结合，从而通过干扰 TBP-TF II A 或 TBP-TF II A-TF II B 复合体的形成影响转录。

（3）转录抑制因子通过抑制转录激活因子的功能发挥抑制作用　　主要有以下几种作用

类型。

1）阻止转录激活因子入核。转录激活因子必须入核才能发挥调控基因转录的作用。某些转录抑制因子可以与激活因子结合，掩盖了后者的穿膜结构域，从而阻止其入核。

2）与转录激活因子竞争 DNA 结合位点。某些转录抑制因子与转录激活因子有相同或重叠的 DNA 结合区域，从而与转录激活因子竞争 DNA 结合位点。例如，AP-1 通常是一个转录激活因子，但它与视黄酸受体的 DNA 结合点存在交叠，通过抑制视黄酸受体与相应 DNA 结合位点发挥转录抑制作用。

3）封闭转录激活因子的 TAD，即使转录激活因子已经与 DNA 元件结合，某些转录抑制因子也可与转录激活因子结合并封闭其 TAD，阻止其发挥作用，称为屏蔽效应（shielding effect）。

4）促进转录激活因子的降解。某些转录抑制因子可通过对转录激活因子特殊修饰而调节其稳定性，从而促进后者的降解。例如，MDM2 蛋白可促进激活转录因子 p53 泛素化，引发 p53 核输出，从而加速其降解，进而抑制 p53 的促转录功能。

三、真核生物转录后水平的调控

真核生物基因初级转录物的剪接、修饰等加工，以及 RNA 产物被运送至细胞质中进行翻译时，其稳定性及其降解过程均会影响基因表达的实际水平。转录后水平的调控主要通过 mRNA 的结构来改变其功能，进而影响该基因的最终表达水平，包括前体 mRNA 的加工、成熟、降解及翻译的起始等诸多环节。其中 mRNA 稳定性调节是转录后水平的一个至关重要的调控环节，也是目前基因表达调控研究的热点之一。

（一）mRNA 的稳定性

作为蛋白质生物合成的模板，mRNA 的稳定性将直接影响基因表达的最终环节，是转录后基因表达调控的一个重要因素。真核生物 mRNA 分子的半衰期差别较大。例如，典型真核生物 mRNA 的半衰期通常为 8～10h，而调控周期蛋白的 mRNA 只有 10～30min，这些蛋白质的水平可以随着环境的变化灵活调整，以便准确调控其他基因的表达。mRNA 在细胞内的稳定性受很多因素的影响，与自身序列有关的主要包括以下 4 个方面。

1. 5′端的序列结构与 mRNA 的稳定性　　5′帽子结构使 mRNA 免遭 5′→3′核酸外切酶的降解作用，由此延长 mRNA 的半衰期。5′-UTR 的序列长度、GC 含量过高或存在复杂的二级结构等，都可影响 mRNA 的稳定性，阻碍 mRNA 与核糖体结合，从而降低翻译效率。另外，5′帽子结构的作用是在细胞核，有帽子结构的 mRNA 只有通过与帽子结合复合体（cap binding complex，CBC）结合，才能完成从细胞核向细胞质的转运。到达细胞质后，真核细胞翻译起始因子 eIF4E 取代 CBC，形成 eIF4E-5′-帽-mRNA 复合体与核糖体亚基相互作用，从而促进翻译的起始和再循环。帽结合蛋白质以不同方式识别和结合帽子结构，从而调控 mRNA 的稳定性。

2. 3′端的序列结构与 mRNA 的稳定性　　poly(A)尾可防止 3′→5′核酸外切酶降解 mRNA，也增加了 mRNA 的稳定性。如果 3′poly(A)被去除，mRNA 分子将很快降解。此外，3′poly(A)尾还参与了翻译的起始过程。例如，组蛋白 mRNA 没有 3′poly(A)尾，但其 3′端会形成一种发夹结构，使其免受核酸酶的攻击。

除了 3′poly(A)尾的存在与否可改变 mRNA 的稳定性，某些 mRNA（如早期应答因子、细胞因子等）的 3′-UTR 中的不稳定序列，与富含 AU 的元件（AU rich element，ARE）结合可使 mRNA 降解，其稳定性或 mRNA 的半衰期降低，故含有 ARE 序列的 mRNA 的半衰期一般较短。ARE 启动 mRNA 降解的机制是先激活某一特异核酸内切酶切割转录物，使之脱去 poly(A)，使 mRNA 对核酸外切酶 poly(A)核酸酶的敏感性增加，进而切除 poly(A)尾，发生降解过程。

poly(A)尾对 mRNA 稳定性及翻译效率也有调控作用。真核 mRNA 的前体（hnRNA）在核内被转录后，在其 3′端 AAUAAA 序列下游 30 个残基范围内的特定位点被切割，随后由 poly(A) 聚合酶催化加上 poly(A)尾。有 poly(A)的 mRNA 翻译效率明显高于无 poly(A)的 mRNA。除此，poly(A)的长度和翻译效率也有关。poly(A)通过 PABP（存在于所有真核细胞中）与 60S 大亚基相互作用而实现对 mRNA 稳定性及翻译起始的促进作用。PABP 与 poly(A)的结合能够防止 3′端核酸外切酶的降解，从而保护 poly(A)并提高了 mRNA 的稳定性。但每一次翻译时，随着 PABP 的脱落，poly(A)被缩短，当 poly(A)短缩到小于 12nt 时〔PABP 结合 poly(A)最短的长度为 12nt〕，PABP 不能与 poly(A)结合而移位至 ARE，从而加速了 mRNA 的降解。例如，转铁蛋白受体（transferrin receptor，TfR）mRNA 的 3′-UTR 有一个特殊的重复序列，称为铁反应元件（iron response element，IRE）。每个 IRE 大约 30bp 长，可形成茎-环结构，环上有 5 个特异的核苷酸，并富含 AU 序列。细胞内铁含量足够时，此序列可促进 TfR mRNA 降解；当铁缺乏时，细胞内的 IRE 结合蛋白（IRE-binding protein，IRE-BP）被活化，能识别 IRE 的茎-环结构并与之结合，可使上述的未知机制对 TfR mRNA 的促降解作用失效，从而延长 TfR mRNA 的半衰期。

3. 编码区的序列结构与 mRNA 的稳定性　　有些基因 mRNA 的编码区序列突变后，其半衰期可比正常转录物增加 2 倍以上。另外，一些能与 mRNA 编码区结合的蛋白质也能调控 mRNA 的稳定性。例如，c-Myc mRNA 的编码区与 p70 蛋白结合后，可防止 mRNA 的降解。

4. 无义介导的 mRNA 降解系统与 mRNA 的稳定性　　无义介导的 mRNA 降解系统可降解异常的 mRNA，对异常 mRNA 的降解是 mRNA 稳定性调节的重要方式，主要有无义介导的 mRNA 降解（nonsense-mediated mRNA degradation，NMD）、无终止降解、无停滞降解、核糖体延伸介导的降解等。其中 NMD 是真核细胞中广泛存在的一种保守的 mRNA 质量监控系统，可快速、选择性降解含有提前终止密码子的异常 mRNA，避免产生对机体有害的截短蛋白质。

除上，某些非编码 RNA 可通过促进 mRNA 的降解而调控 mRNA 的稳定性，进而调控相应蛋白编码基因的表达。另外，许多其他因素，如激素、病毒、核酸酶、离子等也能影响 mRNA 的稳定性。例如，雌激素可以影响卵黄蛋白原 mRNA 的稳定性；生长激素有助于催乳素 mRNA 的稳定；铁离子水平可影响转铁蛋白受体 mRNA 的稳定性等。

（二）CTD 对 RNA 转录后加工的调节

CTD 的磷酸化和去磷酸化在 RNA 转录后的加工修饰中发挥重要作用，其调节作用如图 17-16 所示，包括：①影响 mRNA 5′帽子结构的合成，即在加帽酶的作用下加上帽子结构，以保护 mRNA 免受核酸酶的降解。CTD 的 Ser5 的磷酸化与加帽酶的鸟苷酸转移酶结构域结合，有助于 5′帽子结构的形成。②前体 mRNA 的剪接时，CTD 的 Ser2 的磷酸化，同时 p-Ser5 的去磷酸化可募集剪接因子，如识别 5′-剪接位点的 PRP40（pre-mRNA-processing protein 40）、识别 3′-剪接位点的 U2AF（U2 auxiliary factor）和识别剪接分支位点下游序列的 PSF（polypyrimidine tract-binding protein-associated splicing factor）等，这些剪接因子都直接与磷酸化的 CTD 结合，加速剪接过程。③CTD 可结合多种 3′端加工因子促进加尾修饰。例如，Ser2 磷酸化的 CTD 可募集 3′端加工因子 CStF50（cleavage stimulatory factor 50）、CPSF160（cleavage and polyadenylation specificity factor 160）等。

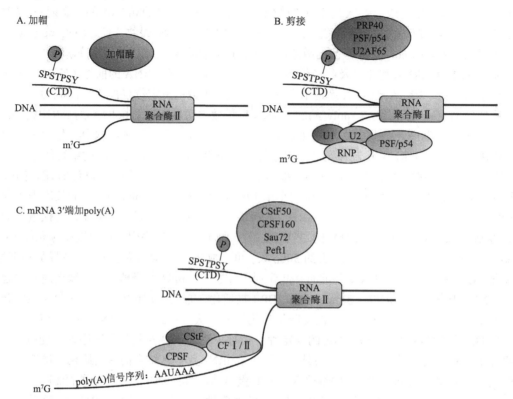

图 17-16　CTD 磷酸化对 RNA 转录后加工的调控

（三）转录后加工对 poly(A)的调节

poly(A)是前体 mRNA 在核内由 poly(A)聚合酶［poly(A) polymerase，PAP］催化生成的，mRNA 3′端加尾受 poly(A)信号和多种蛋白质因子的调节。poly(A)信号的组成包括断裂位点、AAUAAA 序列、富含 GU 的下游元件（downstream element，DSE）及一些辅助序列（见第十三章"真核生物 RNA 的转录及转录后的加工"）。

1. 蛋白质因子和某些序列元件对 mRNA 3′端加尾的正调控作用

1）蛋白质因子的促进作用。在 poly(A)形成过程中，产生影响的蛋白质因子主要有：①RNA聚合酶Ⅱ，如大亚基 CTD 促进 3′端加尾修饰；②PABPⅡ，可与慢速期加入的 poly(A)结合，通过调控 CPSF 和 PAP 之间的相互作用加速 PAP 催化的反应，使 AMP 快速加入，当 poly(A)足够长时，PABPⅡ使 PAP 停止作用，从而控制 poly(A)的长度；③ U2AF65，可结合于最后一个内含子的 3′端剪接位点的多聚嘧啶区，通过在 poly(A)位点募集异源二聚体断裂因子 CFⅠm（cleavage factor Ⅰm）59/25 促进断裂和多腺苷酸化，促进 poly(A)尾的生成。

2）序列元件的促进作用。例如，前体 mRNA 断裂位点附近的上游元件可作为结合位点来募集辅助或必需的加工因子。下游元件可通过结合调节因子促进断裂尾部的形成，促进 poly(A)尾生成，提高断裂效率。

2. 蛋白质因子对 mRNA 3′端加尾的负调控作用　抑制 poly(A)尾的蛋白质因子有：①多腺苷酸化因子（polyadenylation factor），通过识别和结合 poly(A)信号序列而竞争抑制

CPSF-CStF-RNA 复合体的形成。通常通过直接结合于下游元件，阻止 CStF 与下游元件结合，使断裂反应受阻，从而抑制 poly(A)尾的形成。②多聚嘧啶结合蛋白（PTBP），具有双向调节作用。一方面直接竞争 CStF 的下游元件结合位点，抑制 poly(A)尾的形成；另一方面，如与上游元件结合，可促进 3′端的加工等。

（四）mRNA 前体选择性（可变）剪接的调控

真核生物编码蛋白质的基因经转录产生的初级转录物需加工。mRNA 前体的加工包括 5′加帽、3′加尾、剪接和编辑等。通过不同的剪接可由一个基因的转录物产生出不同的成熟 mRNA，从而翻译出不同的蛋白质。该过程受到多种因素的影响。

高等真核细胞中 mRNA 前体分子中一般不止一个内含子，因此某个内含子 5′的供点又可以在特定条件下与另一个内含子的 3′受点进行剪接，从而同时删除这两个内含子及其中间的全部外显子或内含子，这种按不同方式进行的剪接为选择性剪接（alternative splicing），也叫可变剪接。由此，来自一个基因的 mRNA 前体可能因选择性剪接而产生多种 mRNA，翻译出不同的蛋白质，或形成一组相似的蛋白质家族，称为同源异形蛋白质（homeoprotein）。同源异形蛋白质可以在不同的发育阶段、不同的组织中，或在细胞内不同的亚细胞结构中出现并发挥其功能。

选择性剪接的调控机制与剪接位点的选择及相关剪接因子密切相关。剪接位点的选择受到许多反式作用因子和存在于前体 mRNA 中的顺式作用元件调控。按照顺式作用元件在前体 mRNA 中的位置及对剪接的作用，分为外显子剪接增强子或沉默子（exonic splicing enhancer or silencer，ESE 或 ESS）和内含子剪接增强子或沉默子（intronic splicing enhancer or silencer，ISE 或 ISS）。反式作用因子通过识别剪接增强子或沉默子对不同的剪接位点进行选择。具体如下。

1）顺式作用元件对选择性剪接的调控。一般 ESE 多位于前体 mRNA 中被调节的剪接位点附近，有助于吸引剪接因子到剪接位点上结合。但 ESE 位置发生变化，如发生突变、缺失等，剪接活性可发生很大变化，甚至可转变为负调控元件。

2）反式作用因子对选择性剪接的调控。目前，已知的剪接调控因子主要有 SR（serine/arginine-rich）蛋白家族、核不均一核糖核蛋白（heterogeneous nuclear ribonucleoprotein，hnRNP）家族、T 细胞细胞内抗原 1 （T cell intracellular antigen-1，TIA-1）、多聚嘧啶结合蛋白（polypyrimidine tract-binding protein，PTBP）、剪接因子 2/自然剪接因子（splicing factor 2/alternative splicing factor，SF2/ASF）等。剪接调控因子可以促进或抑制在特定剪接位点发生剪接，从而选择性地保留或除去外显子或内含子的序列。

四、真核生物翻译水平的调控

与原核生物相比，真核生物蛋白质合成过程比较复杂。翻译水平的一些调控点主要在起始和延伸阶段。主要是通过蛋白质与 mRNA 的相互作用，或干预蛋白质与 mRNA 的相互作用而实现。调控作用涉及 mRNA 的结构和分子中的特定序列、参与翻译的相关蛋白质因子及小分子 RNA 等。

（一）真核生物翻译起始的调节

1. 翻译因子的磷酸化与蛋白质合成的调控　　蛋白质生物合成起始、延伸及终止的各阶段都有许多因子的参与。仅翻译起始阶段，哺乳动物细胞中就有 13 种因子参与，酵母也有 12 种因子参与。起始因子对蛋白质生物合成的起始反应有重要作用，而它们自身的修饰会使这一过程受到明显的影响, 其中起始因子的磷酸化就与翻译作用的激活和抑制密切相关。

（1）真核起始因子 2（eIF2）磷酸化抑制翻译的起始　　起始因子 eIF2 与 GTP 和 Met-tRNA 生成的三元复合物 eIF2·GTP·Met-tRNA 在翻译起始中起调节作用。eIF2 由 α、β、γ 三个亚基组成, 其中 α 亚基与 GTP 结合。eIF2·GTP·Met-tRNA 与 40S 核糖体小亚基结合形成起始复合物。在真核生物, eIF2·GTP 是起始 tRNA 与 40S 小亚基结合所必需的。而 eIF2 的磷酸化可阻止它结合 GTP, 从而抑制翻译的起始, 使蛋白质合成速度下降。这一步对所有 mRNA 的影响程度相似, 涉及对蛋白质合成量的调节。

由于 eIF2 对 GDP 的亲和力比对 GTP 高 400 倍, 需要其他辅因子推动 GTP 和 GDP 的交换, 此辅因子叫作 eIF2B, 或鸟苷酸交换因子（guanine nucleotide exchange factor, GEF）。当翻译起始后, eIF2·GDP 从起始复合物上释放, eIF2·GDP 与 GEF 作用, 在 GTP 存在的条件下, 重新形成 eIF2·GTP, 实现 eIF2 循环再利用。当蛋白激酶使 eIF2 α 亚基的 Ser 残基磷酸化后, 磷酸化的 eIF2 与 GDP 亲和力提高, eIF2·GTP 不能形成, eIF2 则无法重新翻译, 蛋白质合成速度下降（图 17-17）。

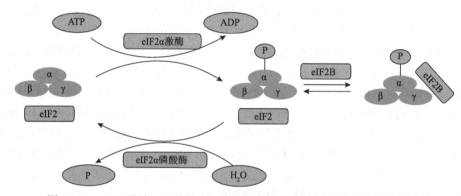

图 17-17　eIF2 通过 α 亚基的 Ser 残基可逆磷酸化作用对其功能进行调节

在蛋白质合成中, 此 eIF2 循环是一个调控点, 因为在多种不同的生理条件下, 如当细胞处于营养匮乏、热休克、氨基酸饥饿、酸碱环境及被重金属或化学试剂处理时, eIF2 的 α 亚基被磷酸化（cAMP 依赖性蛋白激酶所催化）, 这样阻止了 eIF2·GTP 的再生成, 从而也就阻止了所有 mRNA 的翻译。

eIF2 磷酸化后为什么阻止了 eIF2·GTP 的再产生？这是因为细胞中 GEF 的含量很有限, 而且它与磷酸化 eIF2 的亲和力比未磷酸化的 eIF2 高约 150 倍。因此, eIF2 仅有约 25%磷酸化时, 便能使所有 GEF 与 eIF2 形成稳定的 eIF2·GDP·GEF 复合体。这样不但结合在复合体中的磷酸化 eIF2 不能再启动翻译, 而且由于所有的 GEF 都束缚在此复合体中, 也就无法促使 eIF2·GDP 再变为 eIF2·GTP, 因而停止了所有蛋白质的合成。eIF2 是典型的 G 蛋白, GTP 水解后使其变为 GDP 型而发生构象的改变。GDP 型 eIF2 与 40S 亚基的亲和力较低, 因而 eIF2-GDP 由 40S 核糖体亚基上解离下来, 而将 Met-tRNAi 留下。然后 60S 亚基才能结合上去, 组装成有功能的 80S 核糖体, 即可进行翻译了。例如, 当网织红细胞中血红素缺乏时, 引起一种 cAMP 依赖性蛋白激酶的活化（血红素是此激酶的抑制剂）。此激酶使 eIF2 的 α 亚基磷酸化而灭活, 从而停止了所有蛋白质的合成[这就是在利用网织红细胞裂解物（reticulocyte lysate）进行体外翻译试验时必须向其中加入血红素的原因]。又如, 细胞在病毒感染时, 由宿主细胞产生双链 RNA, 可激活蛋白激酶, 使 eIF2α 磷酸化, 从而抑制病毒蛋白质合成。

（2）eIF4E 磷酸化激活翻译的起始　　已知真核生物翻译起始因子 4F（eIF4F）只有结合了 mRNA 5'-m⁷G 帽子结构后，40S eIF2·GTP·Met-tRNAi 复合物才能与 mRNA 相连，进入翻译的起始阶段。在哺乳动物细胞中，eIF4F 有 α、β、γ 三个亚单位，即由 eIF4E、eIF4A 和 P₂₂₀ 蛋白聚合而成。α 亚单位 eIF4E 是 4F 中最小的亚单位，能直接和 mRNA 5'-m⁷G 帽子相结合，故又称为帽子结合因子（cap binding factor）；eIF4A 是依赖 RNA 的 ATP 酶，为 mRNA 与 40S 亚基结合所必需。P₂₂₀ 蛋白的作用还不清楚。eIF4F 在蛋白质生物合成中的调控作用是通过各亚单位的可逆磷酸化作用实施的。例如，当静止期细胞用胰岛素激活后，蛋白质的生物合成速度加快，eIF4F 的 α 亚单位和 γ 亚单位磷酸化作用增加。又如，对细胞进行热休克处理时，蛋白质合成受到抑制，同时 eIF4F 的 α 亚单位出现去磷酸化作用。

eIF4E 为帽结合蛋白质，其与 mRNA 帽子结构的结合是翻译的限速步骤。eIF4E 的磷酸化修饰及与抑制性蛋白的结合均可调节其与 mRNA 帽子结构的结合活性，磷酸化的 eIF4E 与帽子结构的亲和力是非磷酸化的 4 倍，由此提高蛋白质合成速率。另外，eIF4E 结合蛋白（4E-BP）可通过与 eIF4E 结合而抑制 eIF4E 的活性，但 4E-BP 磷酸化可降低二者的亲和力，减少其对 eIF4E 的抑制作用。例如，胰岛素可增加 eIF4E 的磷酸化，同时通过激活蛋白激酶使 4E-BP 磷酸化，二者协同活化 eIF4E，从而加速翻译。胰岛素及其他一些生长因子均可使 eIF4E 磷酸化而加速蛋白质合成，以促进细胞生长。胰岛素还可以使一些与 eIF4E 结合的抑制性蛋白磷酸化而失去与 eIF4E 的结合活性，从而解除对其的抑制，加速翻译起始。

（3）其他因子磷酸化对翻译激活的研究　　起始因子 eIF4B 与 mRNA 相结合，对其他起始因子 eIF4A 和 eIF4F 的活性起协调或激活作用。eIF4B 以二聚体的形式行使其功能。在 ATP 和 eIF4A 存在下，eIF4B 能与核糖体相结合，eIF4B 在促有丝分裂素作用下可在细胞内被磷酸化，目前已发现有 8 个或更多个 Ser 磷酸化位点。eIF4B 可被 PKC 及哺乳细胞或蟾蜍的 S6 激酶磷酸化，但还未发现其特异性的磷酸激酶。研究推测 eIF4B 的磷酸化作用可促进 eIF4A、eIF4F 与 mRNA 复合物形成，从而影响 mRNA 和 40S 前起始复合体的结合。S6 是 40S 亚单位上的一种核糖体蛋白，当细胞因促有丝分裂素作用处于生长期时，S6 C 端的 5 个 Ser 残基随 eIF4F、eIF4B 一起被磷酸化，它们的去磷酸化则由蛋白磷酸酶 2A 催化。

2. 某些 RNA 结合蛋白对翻译的调控　　RNA 结合蛋白（RNA binding protein，RBP）是指能够与 RNA 特异序列结合的蛋白质。基因表达的众多环节包括转录终止、RNA 剪接、RNA 转运、RNA 胞质内稳定性控制及翻译起始等，这些均与 RBP 有关。有些 RBP 为翻译阻遏物，这些抑制蛋白结合在 mRNA 的 5'-UTR 或 3'-UTR 进行负调控，即利用翻译的抑制蛋白结合到 mRNA 的 5' 帽子结构或 3'poly(A)尾干扰两者的联络以减少翻译的起始。下面以细胞内铁的水平调控铁蛋白合成的速度为例加以阐述。

哺乳动物细胞中的铁蛋白（ferritin）是贮存铁的蛋白质，它在细胞中的含量是随细胞内铁含量的变化而变化的。也就是在细胞内铁的含量低时，铁蛋白的合成速度减慢，使细胞内铁蛋白的含量下降；而在细胞内铁的含量高时，则铁蛋白的合成速度加快，使细胞内铁蛋白的含量升高。这说明细胞内铁的水平调控着铁蛋白合成的速度。这种调控是怎样实现的？

已知这种调控是通过调控真核细胞中铁蛋白的翻译启动，由一个约 90kDa 的蛋白质结合在铁蛋白 mRNA 的 5' 端附近靶位点抑制了翻译的进行。此阻遏物结合的靶位点是一个保守的茎-环结构，称为铁反应元件（iron response element，IRE），因而把特异与之结合的阻遏物称为铁反应元件结合蛋白（IRE-binding protein，IRE-BP），也叫作铁调节因子（iron regulatory factor，IRF）。当细胞内可溶性铁为低铁水平时，特异的翻译抑制蛋白 IRE-BP 处于活化状态，与 IRE

结合（亲和力高），阻止了 40S 小亚基与 mRNA 5′端起始部位的结合，从而抑制了下游元件铁蛋白的翻译起始。铁蛋白的减少意味着与之络合的铁较少，因此可用于需要铁的酶。当细胞内可溶性铁为高铁水平时，IRE-BP 与铁离子结合而失活，即从 mRNA 5′端上的 IRE 脱落，蛋白质翻译抑制解除，翻译速度百倍地提高。新合成的铁蛋白结合游离铁离子，以防止其积累到有害水平。通过 IRE-BP 的双重控制精确地调节细胞内游离铁离子的水平。一方面调节 mRNA 的翻译，另一方面调节 RNA 的降解，主要调节铁蛋白的产生。

其他的例子如血红素敏感 RBP 控制 mRNA 编码的翻译合成血红素的关键酶 δ-氨基酮戊酸（δ-aminolevulinic acid，ALA）合酶的合成。IRE 位于铁蛋白及 ALA 合酶 mRNA 的 5′-UTR，而且无 AU 富含区，故不会引起 mRNA 的降解。细胞内铁缺乏时，IRE-BP 处于活化状态，通过结合 IRE 而阻碍 40S 小亚基与 mRNA 5′端起始部位结合，抑制翻译起始；铁浓度偏高时，IRE-BP 失活，从而解除对翻译起始的抑制，铁蛋白及 ALA 合酶可顺利合成。铁蛋白是体内铁的贮存形式，ALA 合酶是血红素合成的限速酶（图 17-18）。

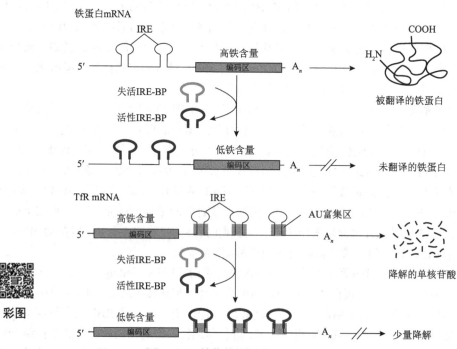

图 17-18　铁依赖性调节 mRNA 的翻译和降解

3. mRNA 结构的 5′-非翻译区对翻译的调控　绝大多数真核生物 mRNA 5′端都带有帽子结构，帽子结构既是前体 mRNA 在细胞核内的稳定因素，又是 mRNA 在细胞质内的稳定因素，而且它还可以促进蛋白质生物合成起始复合物的生成，因而增强翻译效率。帽子结构能促进蛋白质合成的起始反应，因为核糖体上有专一位点或因子识别 mRNA 的帽子结构，使 mRNA 与核糖体结合。帽子结构在 mRNA 与 40S 亚基结合过程中还起稳定作用（见第十五章"蛋白质的生物合成——翻译"）。

Kozak 分析了已发表的 620 个脊椎动物 mRNA（根据其 cDNA）的 5′前导序列中 GC 的含量，因为 GC 含量越高通常可以说明它能够形成二级结构的量越大。在这些 mRNA 中只有一小部分的前导序列所含 GC 的量<50%，设想它们形成比较少的二级结构。具有这种前导序列的

是编码珠蛋白、酪蛋白、清蛋白、α-胎蛋白和组蛋白等的 mRNA，所有这些都是大量产生的蛋白质，它们的 mRNA 是被有效地翻译的。与之相反，大多数脊椎动物 mRNA 的前导序列中含有较多的 GC（50%～70%），提示它们形成较多的高级结构，因而在通用的翻译能力下降时，它们更少地被翻译。

4. 真核细胞 mRNA 3′非翻译区结构对翻译的调控 真核细胞 mRNA 3′非翻译区（3′-UTR）是指翻译终止密码子（UAA、UGA、UAG）之后至 poly(A)之间不翻译编码蛋白质的 mRNA 序列，包括终止密码子、poly(A)尾及两者之间的非编码序列。在 3′-UTR 常具有富含 AU 的元件（AU-rich element，ARE）重复序列 UUAUUUAUUAU，紧随其后为 poly(A)序列。3′-UTR 对 mRNA 的翻译具有重要的调控作用。3 个终止密码子 UAA、UGA 和 UAG 在不同种真核 mRNA 中使用频率不同，在脊椎动物和单子叶植物中，UGA 的使用频率最高，而其他真核生物中最主要为 UAA，UAG 则是使用频率最低的。终止密码子的选用在很大程度上受 mRNA 中 GC 含量的影响。

（二）胞质多腺苷酸化促进某些 mRNA 的翻译

如在未成熟卵母细胞中，含有富含 U 的细胞质的 mRNA 多腺苷酸化元件（cytoplasmic polyadenylation element，CPE），具有短的 poly(A)尾。CPE 结合蛋白（CPEB）与蛋白 Maskin 相互作用，后者又与 mRNA 5′帽子结构相关的 eIF4E 结合，使其不能与其他起始因子和 40S 核糖体亚基相互作用从而阻止在 mRNA 的 5′端组装起始复合物，翻译起始受阻或被抑制（图 17-19A）。信号诱导（如激素）刺激卵母细胞激活蛋白激酶磷酸化 CPEB，释放 Maskin，可以启动翻译（图 17-19B）。

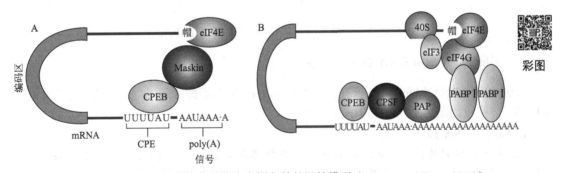

图 17-19　细胞质多腺苷酸化和翻译起始的调控模型（Nelson and Cox，2017）

五、非编码 RNA 对 mRNA 翻译的调控

在真核生物中存在无数种类的非编码 RNA（ncRNA），已知参与 RNA 剪接、编辑和修饰（见 RNA 的转录后加工相关内容）。目前已经清楚的 miRNA 等作为基因表达调控的调控因子，在细胞质中发挥作用。ncRNA 调控翻译的机制复杂多样，有的可抑制翻译，有的可激活翻译。本部分简要介绍 miRNA 等作为调控因子对基因表达的调控。

（一）siRNA 和 miRNA 对基因表达的调控

微 RNA（microRNA，miRNA）和小干扰 RNA（small interfering RNA，siRNA）的成熟形式都是短的双链 RNA，每条链长 21～25nt。成熟 miRNA 中的引导链（能作用于目标 mRNA 的

那条链）进入到 RNA 诱导的沉默复合物（RNA-induced silencing complex, RISC）中，通过 RISC 锁定特定的目标 mRNA，抑制其在翻译水平的基因表达（图 17-20）（详见第十四章）。

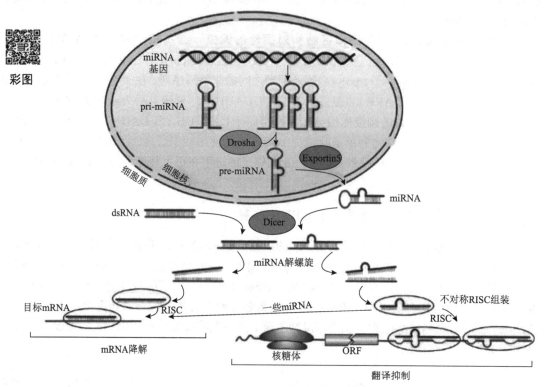

图 17-20 miRNA 和 siRNA 的产生和作用机制

（二）lncRNA 对 mRNA 翻译的调控

长链非编码 RNA（lncRNA）除了通过促进 mRNA 降解而抑制翻译，还可以通过其他机制调控翻译。调控翻译主要表现在以下几个方面。

1. 抑制 mRNA 翻译

（1）抑制翻译相关蛋白与 mRNA 结合　　在翻译起始复合物形成中，eIF4E 结合 mRNA 的 5′-帽，介导 mRNA 与 40S 小亚基、起始因子、起始 tRNA 复合体结合，形成起始复合物。这一过程需要 PABP 的共激活作用。某些 lncRNA 可直接结合 eIF4E，直接抑制翻译起始复合物的组装。

（2）结合 mRNA 并募集翻译的阻遏物　　有些作为翻译阻遏物的 RNA 结合蛋白可结合双链 RNA。当某些 mRNA 能够形成链内的局部双链时，这些阻遏物可结合 mRNA 而抑制翻译。同样，一些 lncRNA 可通过互补序列与靶 mRNA 结合，形成双链结构，被特异阻遏物识别并结合，从而抑制翻译。

2. 促进 mRNA 翻译　　lncRNA 促进 mRNA 翻译的方式主要有：①通过促进 mRNA 与核糖体的相互作用而促进翻译。有些 lncRNA 与 mRNA 5′端结合时，可促进 mRNA 与核糖体的相互作用而促进翻译。②通过结合 mRNA，阻止 miRNA 的抑制作用。lncRNA 与 mRNA 的互补结合可能封闭 miRNA 的识别位点，从而防止 miRNA 对翻译的抑制作用。③通过吸收 miRNA

而促进翻译。miRNA 通过识别靶 mRNA 的部分互补序列而引导 miRISC 与靶 mRNA 结合，从而抑制 mRNA 的翻译。例如，在一些 lncRNA 中，也存在与 miRNA 互补的序列，就可以与 miRNA 竞争性结合 miRNA，使 miRISC 结合 lncRNA，减少了对相应靶 RNA 的抑制作用。此外，lncRNA 除了发挥内源性"海绵"效应吸收 miRNA，与 miRNA 的结合也可加速 miRNA 的降解。有的 lncRNA 含有多种 miRNA 的识别位点，可结合多个 miRISC，从而促进多个 mRNA 的翻译。有的 lncRNA 识别的 miRNA 较少，调控的靶基因也较少。有些假基因转录产生的 lncRNA 也可结合 miRNA，从而使亲本基因的翻译水平增高。

总之，真核生物翻译调控点主要在起始阶段和延伸阶段，尤其是起始阶段。翻译起始的磷酸化可调节蛋白质翻译，某些 RNA 结合蛋白可结合 mRNA 5′-UTR 或 3′-UTR 而抑制翻译。miRNA 通过形成 miRISC 而结合靶 mRNA，进而抑制翻译；lncRNA 调控翻译的机制可能促进翻译，也可能激活翻译。

第十八章　细胞信号转导及其调控

生物细胞具有极其复杂的生命活动，时刻接收着来自细胞内、外的各种信号，处理着收集的信息并做出相应的反应。信号是细胞一切活动的始动因素，生理反应是信号转导作用于细胞的最终结果。相同的信号作用于不同的细胞可以引发完全不同的生理反应，不同的信号作用于同种细胞也可引发相同的生理反应。细胞信号转导（cellular signal transduction）是细胞行使功能、生命活动最基本和最主要的方式，在调节细胞增殖、分化、代谢、应激、防御和凋亡等方面具有重要作用。

细胞信号转导研究涉及细胞生物学、分子生物学、生物化学、生理学和免疫学等多个学科和领域，与疾病的发生、发展及其治疗密切相关。高等生物机体内每个细胞的新陈代谢和行为活动都由细胞间复杂的信号传递系统来调控。精准的信号转导是正常生命活动进行的前提，病理过程与信号转导异常息息相关。

第一节　细胞信号转导概述

信号传递是指当细胞中要发生某种反应时，信号从细胞外到细胞内传递了一种信息，细胞根据这种信息做出反应的现象。信号通路是指能将细胞外的分子信号经细胞膜传入细胞内发挥效应的一系列酶促反应通路。1972 年将其称为信号通路（signal pathway）/信号转换（signal conversion）。1974 年 M. Rodbell 开创了细胞信号转导的研究，1980 年 M. Rodbell 使用信号转导（signal transduction）一词，并定义为细胞通过位于胞膜或胞内的受体感受胞外信号分子的刺激，经复杂的细胞内信号转导系统而影响其生物学功能的过程，是细胞对外界刺激做出应答反应的基本生物学方式。M. Rodbell 和发现 G 蛋白的 A. Gilman 共同获得了 1994 年诺贝尔生理学或医学奖。

一、细胞信号转导的基本特征

细胞的信号转导是多通路、多环节、多层次和高度复杂的调控过程，其主要特征如下。

（1）信号转导过程具有级联效应的特点　　细胞内信号分子将细胞表面受体接收到的信号传递至细胞内部，激活调节细胞功能活性的效应蛋白产生应答反应。一般细胞在对外源信号识别转换和转导时，大多具有逐级信号放大作用，直至进入靶细胞核内，形成细胞信号转导级联链，能导致细胞内酶分子活化，进而激活底物并使底物分子发生化学反应。

（2）各信号转导通路的作用机制既特殊又相似　　各信号转导通路中既有不同的信号转导分子，又有共同的信号转导分子。不同的细胞具有不同的受体，同样的信号可通过不同的细胞受体、不同的信号转导通路，产生不同的效应蛋白和特殊的细胞反应，使信号转导具有专一性。然而，众多的胞外信号也可通过一些通用信号转导分子介导细胞应答反应，产生相似的信号转导及效应。

（3）细胞信号转导网络对胞外信号能正确反应　　胞外信号能激活特定的细胞内信号并作用于靶细胞，通过依赖于细胞对自身信号通路的调控，使细胞信号转导网络对胞外信号能正确反应。胞外信号的正确传递主要是因为胞外信号与受体存在较高的亲和性和特异性，同时下游蛋白的激活只有在上游信号达到较高浓度或活性时才有反应，因此下游靶蛋白会忽视机体不重要或微弱的异常信号。在信息传递中，胞外配体的信号转导受到受体数量和活性的调节，通过细胞受体内吞，降低细胞表面受体的数量，可导致细胞对胞外配体的敏感性下降。通过快速钝化受体，降低受体和配体的亲和力，也可导致细胞对胞外配体的敏感性下降。此外，当受体已被激活，而其下游信号转导蛋白发生失活，也可阻止信号通路的运行。

（4）信号转导通路具有综合或发散的特点　　每种受体都有识别和结合各自配体的能力，但来自各种受体的信号，可在细胞内综合激活共同的效应分子（如 Ras 或 Raf 蛋白），具有综合作用。另外，来自相同配体（如表皮生长因子或胰岛素）的信号，又可发散地激活不同信号通路的效应分子，诱发多种信号转导通路活化。例如，在胰岛素作用下，受体不同位点的 Tyr 残基自身磷酸化后，可通过 Ras 蛋白激活 MAPK 信号通路及通过磷脂酶 C（PLC）产生第二信使肌醇三磷酸（IP_3）和甘油二酯（DG），激活磷酸肌醇激酶（PI3K）信号通路，也可通过 G 蛋白偶联受体与胰岛素结合，活化腺苷酸环化酶，激活 cAMP 和 PKA 信号通路。

（5）信号转导通路效应具有共用性和多样性　　信号转导通路效应的共用性是指不同信号经共用的信号转导通路，介导相同的生物学效应。例如，各种趋化因子通过不同信号转导后经共用的 PKA 通路使细胞发生趋化运动。信号转导通路效应的多样性是指同一条信号转导通路，可在细胞中发挥多种不同的功能效应。例如，cAMP 通路不仅介导胞外信号使细胞生长、分化，也在物质代谢调节和神经递质释放等方面发挥作用。

二、细胞信号转导的基本要素

在多细胞生物中，细胞与细胞之间的相互沟通除直接接触外，更主要的是通过内分泌、旁分泌和自分泌所产生的信号分子来进行调节。机体细胞之间的信息传递可通过相邻细胞的直接接触来实现，但更重要的是通过细胞分泌各种化学物质来调节自身和其他细胞的功能。这些具有调节细胞生命活动的化学物质，统称为信息物质，细胞间完成信息交流的物质称为受体。简言之，细胞信号传递就是指各种化学物质及非化学性的外界刺激信号（信号分子或配体）作用到细胞膜或胞内受体，通过跨膜信号传递引起细胞功能活动的改变。其基本要素有信号分子（signal molecule）、受体（receptor）和受体后信号转导链（图 18-1）。

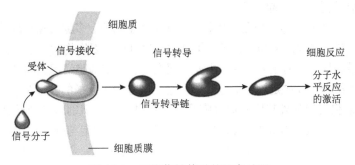

图 18-1　细胞信号传递的基本过程

（一）信号分子

信号分子（signal molecule）是指与受体结合的活性分子，是信息的载体，也称第一信使或配体（ligand）。细胞所接收的信号分子从广义上说包括物理信号、化学信号和生物信号，它们作用于细胞后，能被细胞接收并引发细胞内信号转导。狭义的信号分子主要指物理和化学信号，但是在生物体和细胞间的通信中，最广泛的信号分子是生物信号。

1. 物理信号　　物理信号包括电信号、光信号和机械信号（如摩擦力、压力、牵张力及血液在血管中流动所产生的切应力等）。电信号可参与兴奋细胞动作电位的定向传播。光信号可作用于视网膜视杆细胞中的光受体（如视紫红质），使细胞膜上的信号以电兴奋形式传递至视觉中枢。机械信号可启动细胞内的信号转导途径，导致细胞形态和功能发生改变。

2. 化学信号

（1）细胞间的化学信号　　主要通过细胞的受体来发挥作用，包括体液因子、气味分子、细胞代谢产物和进入体内的药物与毒物等。例如，激素、神经递质、细胞因子及局部化学介质（如前列腺素）等都属于体液因子；ATP、活性氮和活性氧等属于细胞代谢产物；细菌毒素、抗生素和有机磷农药等属于进入体内的药物与毒物。

（2）细胞内的化学信号　　包括环核苷酸（如 cAMP 和 cGMP）、脂质信使分子（如 DG 和 IP_3 等）、气体信使分子（如 NO、CO 和 H_2S）和离子类信使分子（如 Ca^{2+} 和 H^+ 等）。NO、CO 和 H_2S 等是典型的气体信号分子，它们在结构上没有极性，不需要其他载体的运输而直接穿过细胞膜，从产生的细胞扩散至邻近细胞，进行信号转导并产生生理功能。

（3）细胞外的化学信号

1）可溶型信号分子：在多细胞生物中，细胞通过分泌作用释放出可溶型信号分子。根据其溶解特性分为脂溶性化学信号和水溶性化学信号。根据其在体内的作用距离，分为内分泌（endocrine）信号、旁分泌（paracrine）信号和神经递质（neurotransmitter）三大类。有些旁分泌信号还作用于发出信号的细胞本身，称为自分泌（autocrine）。可溶型信号分子一般作为游离分子在细胞间传递。

2）膜结合型信号分子：每个细胞质膜的外表面都存在众多蛋白质、糖蛋白、蛋白聚糖和糖脂分子等。细胞之间可经由这些分子所具有的特殊结构，相互识别、相互作用来传递信息，促使对方发生各种功能变化。这种细胞通信方式称为膜表面分子接触通信（contact signaling by plasma membrane bound molecules）。属于这一类通信的有相邻细胞间的黏附分子的相互作用、T 淋巴细胞和 B 淋巴细胞表面分子的相互作用等。

细胞外的信号分子浓度一般小于 10^{-8}mol/L。水溶性的只能作用于细胞膜；疏水及较小的信号分子易穿越细胞膜进入胞内起作用。

3. 生物信号　　生物信号主要是指生物大分子（如蛋白质、多糖类和核酸等）结构内所蕴含的信号，这种信号包含在决定生物大分子三维结构的序列中。以生物大分子结构信号为基础的分子识别在细胞信号转导中具有重要作用。主要表现在：①决定细胞间识别和黏附；②决定信号分子与受体的识别和结合；③决定细胞信号转导通路中信号转导分子的连接及信号复合物的形成。

细胞之间或细胞与细胞外基质间通过膜结合分子进行相互识别与结合或黏附，这是细胞间信息交流或称细胞通信最直接和原始的方式。细胞与细胞、细胞与基质的相互黏附作用不仅是胚胎发育过程中细胞迁移所必需的，而且在炎症、创伤与伤口愈合及免疫反应等过程中发挥着重要的作用。

（二）受体和配体

1878 年，Langley 首次提出化学物质通过细胞表面特定部位发挥功能，即化学物质起到启动或改变细胞内反应的作用。此后不久，Ehrlich 提出了受体（receptor）的概念。一个多世纪以来，受体的研究经历了药理学、放射配体结合测定及分子生物学研究等阶段，人们对受体的认识不断深入。现已明确了受体是细胞膜上或细胞内能选择性识别和结合外来信号，并产生生物效应的大分子，其中绝大多数受体是蛋白质，具有信号转导功能。受体概念的提出实际上拉开了细胞信号转导系统研究的序幕。

在细胞通信中，信号转导细胞送出的信号分子被靶细胞接收后才能触发靶细胞的应答，能够被靶细胞接收的信号分子称为配体（ligand）。受体与相应配体的结合具有亲和力高、特异性强、可被配体饱和等特点。根据受体的亚细胞定位，其可分为膜受体和细胞内受体两种类型。

1. 膜受体　　膜受体（membrane receptor）位于细胞膜上。其识别并结合细胞外信号分子，将细胞外信号转换成为能够被细胞内分子识别的信号，通过信号转导通路将信号传递给效应分子，引起细胞的应答。膜受体大多是蛋白质，少量为糖脂，多为镶嵌糖蛋白。其配体多是一些水溶性和膜结合型信号分子，主要介导亲水性信号分子的信息传递，如多肽类激素（胰高血糖素、生长激素、催产素等）、儿茶酚胺类激素（如肾上腺素和去甲肾上腺素等）和乙酰胆碱受体等。根据作用机制和结构性质，受体可分为离子通道偶联受体、G 蛋白偶联受体和酶偶联受体 3 类。

（1）离子通道偶联受体　　离子通道偶联受体（ion channel linked receptor）也称为递质门控离子通道或离子性受体。这种离子通道与电压门控离子通道及受化学修饰调控的离子通道不同，它们的开放或关闭直接受配体的控制。简言之，离子配体能短暂地开启或关闭其结合的受体蛋白而形成离子通道，改变细胞膜的离子通透性而利于胞外信号的传递。例如，乙酰胆碱 N 型受体是典型的离子通道偶联受体，其由 5 个同源性很高的亚基构成，包括 2 个 α 亚基、1 个 β 亚基、1 个 γ 亚基和 1 个 δ 亚基。在乙酰胆碱（ACh）的作用下，一条含较多极性氨基酸的 α 螺旋使 5 个亚基在膜中形成一个亲水性的通道，使细胞内外形成新的离子浓度，改变细胞的兴奋性而发挥功能（图 18-2）。

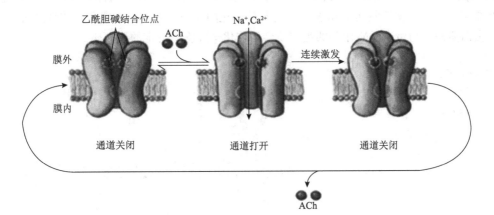

图 18-2　离子通道偶联受体模式图

大多数的离子通道偶联受体属于同源的多通道跨膜蛋白家族，可以是阳离子型，如乙酰胆碱、谷氨酸和 5-羟色胺受体等，也可以是阴离子型，如甘氨酸和 γ-氨基丁酸的受体等。

（2）G 蛋白偶联受体　　G 蛋白偶联受体（G-protein coupled receptor，GPCR）在结构上都很相似，由一条多肽链组成，在脂质双分子层之间以 α 螺旋来回跨越，氨基端（N 端）位于细胞外表面，可有不同的糖基化。羧基端（C 端）在胞膜内侧，其肽链反复跨膜 7 次，所以也称七次跨膜螺旋受体。其包含一个大的胞外配体结合结构域和胞内结合 G 蛋白的结构域（胞内的第二和第三个环能与 GTP 结合蛋白，即 G 蛋白相互作用），G 蛋白是该信号传递途径中的第一个信号传递分子，这也是这类受体被称为 G 蛋白偶联受体的原因（图 18-3）。

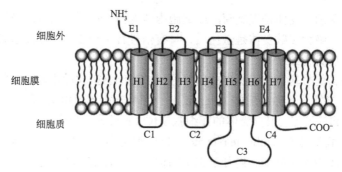

图 18-3　G 蛋白偶联受体模式图

受体内有一些高度保守的半胱氨酸残基，对维持受体的结构起到关键作用。可通过间接调节离子通道或酶偶联受体的质膜结合蛋白活性而发挥功能。多种神经递质、肽类激素和趋化因子的受体属于 G 蛋白偶联受体，在味觉、视觉和嗅觉中接受外源性理化因子的受体也属于 G 蛋白偶联受体。

G 蛋白偶联受体是体内种类最多的一类受体，与 G 蛋白偶联的受体家族有 100 多个成员，进化上同源。其配体水溶性。一种配体可以激活不同的 G 蛋白受体家族成员。例如，肾上腺素有 9 种受体，5-羟色胺有 15 种受体等。

（3）酶偶联受体　　酶偶联受体（enzyme-linked receptor）又称为催化受体，既可充当酶发挥作用，又可直接与需要激活的酶结合而行使功能。其与细胞的增殖、分化、分裂及癌变有关。

酶偶联受体通常是单程跨膜糖蛋白，由细胞外配体结合区（与配体结合）、跨膜螺旋区和细胞内激酶区（具有酶活性或与酶结合的区域）三部分组成（图 18-4A）。与离子通道偶联受体或 G 蛋白偶联受体相比，酶偶联受体的胞质结构域具有酶活性或与酶结合的区域，常见的胞内激酶有酪氨酸激酶、丝氨酸/苏氨酸激酶和鸟苷酸环化酶 3 类。此外，酶偶联受体被激活后，大多数的蛋白激酶或与蛋白激酶相关的蛋白质会磷酸化靶细胞中特定的蛋白质。

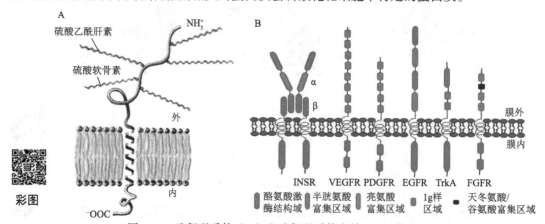

图 18-4　酶偶联受体（A）和酶偶联受体家族（B）模式图

INSR. 胰岛素受体；VEGFR. 血管内皮生长因子受体；PDGFR. 血小板衍生生长因子受体；EGFR. 表皮生长因子受体；TrkA. 神经营养因子受体；FGFR. 成纤维细胞生长因子受体

酶偶联受体种类繁多，自 1981 年发现第一个具有蛋白质酪氨酸激酶（PTK）活性的生长因子受体后，陆续发现多个具有 PTK 活性的受体，也发现了一些具有其他催化活性的受体。主要包括：①表皮生长因子受体（epidermal growth factor receptor，EGFR）家族；②胶质细胞源性神经营养因子受体（glial cell-derived neurotrophic factor receptor，GDNFR）家族；③利尿钠肽受体（natriuretic peptide receptor，NPR）家族；④原肌球蛋白受体激酶神经营养因子受体（Trk neurotrophic factor receptor）家族；⑤Toll 样受体（Toll-like receptor，TLR）家族。不同的受体家族胞外部分结构差异比较大，胞内催化结构域相似。胞内结构域有蛋白激酶、蛋白磷酸酶、蛋白酶或核苷酸磷酸二酯酶活性（图 18-4B）。

2. 细胞内受体　　细胞内受体（intracellular receptor）是指位于细胞质或细胞核内的受体，其相应配体都是脂溶性信号分子，包括：①细胞质受体（cytoplasmic receptor），位于细胞质的受体。凡能与特定因子结合的细胞内蛋白质或结构域成分均可视为细胞质受体，还包括存在于细胞质结构的受体（如 Nod 样受体）等，也包括在细胞质与细胞核穿梭的受体（如性激素和糖皮质激素受体）。②细胞核受体（nuclear receptor），是一类在生物体内广泛分布的转录因子，为含 200 余个成员的大家族。细胞核受体具有高度保守、特异的配体结合结构域，可以选择性地与配体结合等。③细胞器膜受体（organelle membrane receptor），是指存在于内质网、线粒体与溶酶体等细胞器表面的受体，如内质网 IP_3 受体等。

接收脂溶性化学信号的细胞内受体大多属于转录因子，与进入细胞的信号分子结合后，可直接调控基因的表达。

3. 配体　　配体（ligand）是指生物体内能与受体形成复合物，引起生物调节作用的一类小分子，广义上把能够与受体结合的生物活性物质统称为配体。配体包括激素、神经递质、细胞因子、淋巴因子、细胞黏附分子、小分子多糖、脂类、多肽、生长因子和化学诱导剂等物质，也称为第一信使。它在细胞或组织之间发挥着通信和协调作用。当细胞或组织发生功能变化时，可分泌不同的生长因子、细胞因子、多肽或脂类分子，这些物质通过作用于相邻细胞或远端组织，传递功能信号。同时，其他细胞或组织也会将反应结果通过配体反馈，使机体功能保持协调与稳定。

根据亲水性的不同可以把配体分为亲水性配体和疏水性配体两种类型。大多数配体是水溶性的，亲水性分子难以透过靶细胞膜，只能与靶细胞膜上的特定受体蛋白结合。疏水性配体具有分子量小和亲脂的特性，能直接穿过细胞膜与细胞内的受体结合，进而参与调节细胞核基因的表达。例如，类固醇激素、视黄酸、维生素 D_3 和甲状腺素等的配体是疏水性的。配体可根据需要人工合成，用于特定受体的功能研究或发挥治疗作用。

第二节　细胞内信号转导分子——第二信使

细胞内的信号转导过程由复杂的网络系统组成，这一网络系统的结构基础是一些关键的蛋白质分子和一些小分子活性物质。其中的蛋白质分子被称为信号转导分子（signal transduction molecule），小分子活性物质多是在细胞内一些靶酶的作用下产生的小分子活性物质，这些小分子物质作为第二信使（second messenger），通过影响其下游分子数量、分布和活性变化，使信号向下游传递，形成了复杂的信号转导通路。在细胞内，多种信号转导分子这种相互识别、相互作用的机制构成了信号转导的基本机制。

一、第二信使的发现及特点

第二信使是指在细胞内传递信息的小分子物质，即细胞外信号与受体结合后，在细胞内产生的具有生物活性的一些小分子化学物质。其属于胞内信号分子，负责细胞内的信号转导，将信号传播到细胞的其他部分。

1. 第二信使的发现　　20 世纪 40～50 年代，美国生物化学家 E. W. Sutherland 及其同事阐述了肾上腺素和胰高血糖素升高血糖的机制，发现了参与糖原分解的一种磷酸化酶的磷酸化调控。进一步在不含激素的肝匀浆中分离到一种热稳定因子，其可导致磷酸化酶激活，加速糖原分解。这种因子被鉴定为是一种环腺苷酸（cyclic AMP，cAMP）。随后，又先后鉴定出腺苷酸环化酶和磷酸二酯酶，明确了 cAMP 的存在和作用过程。1965 年，Sutherland 首次提出第二信使学说，即激素是第一信使，cAMP 作为激素在细胞内的第二信使。他认为人体内各种含氮激素（如蛋白质、多肽和氨基酸衍生物）都是通过 cAMP 来发挥作用，并称 cAMP 为第二信使。1971 年，Sutherland 因此项研究获得了诺贝尔生理学或医学奖。

目前，环鸟苷酸（cyclic GMP，cGMP）、甘油二酯（diacylglycerol，DAG）、肌醇三磷酸（inositol triphosphate，IP$_3$）、Ca^{2+}等细胞内第二信使陆续被发现。证实 cAMP 和 Ca^{2+}等是典型的水溶性第二信使，易在细胞液中扩散。DAG 等是脂溶性的第二信使，易在质膜平面内扩散。此外，细胞内还存在其他一些小分子信使，如神经酰胺、一氧化氮等。但无论是哪种第二信使，它们都是通过与选定的信号转导或效应蛋白结合，改变其行为来传递信号。

2. 第二信使分子的共同特点和基本特征　　细胞内分子作为第二信使分子一般具有 5 个共同特点：①不属于物质和能量代谢途径中的核心代谢物。②在细胞中的浓度或亚细胞分布可以迅速改变；具有酶活性的信号转导分子被其上游分子激活后，催化产生相应的第二信使，使其浓度迅速增高，可以在数分钟内被检测出来。细胞内存在相应的水解酶，可以迅速将它们清除，使信号迅速终止，细胞回到初始状态。只有当其上游分子持续被激活，才能使它们持续维持在一定的浓度。第二信使的浓度变化是传递信号的主要机制。③可作为别构效应剂作用于相应的靶分子。④其结构类似物可模拟细胞外信号对细胞功能的影响。⑤阻断该分子的药物可阻断细胞对外源信号的反应。

第二信使分子的基本特征：①有效地放大细胞通过受体与信号分子结合的信息；②在细胞内的浓度受第一信使的调节，可以瞬间升高且能快速降低，属于仅在细胞内部起作用的信号分子；③第二信使分子一般有两种作用方式，即直接作用和间接作用，间接作用是主要的方式；④合成第二信使的酶多数是细胞膜结合蛋白。常见的第二信使信号转导路径如图 18-5 所示。

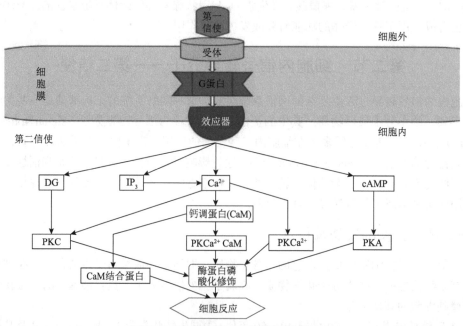

图 18-5　常见的第二信使信号转导路径

虽然第二信使都是小分子或离子，但在细胞信号转导中起重要作用，能够激活级联放大系统中酶和非酶蛋白的活性，控制细胞的生命活动，包括糖的摄取和利用，脂肪的储存和移动，细胞分泌、增殖、分化和凋亡，参与基因转录调节等。

二、重要的第二信使

1. 环腺苷酸（cAMP）　　cAMP 是第一个被发现的第二信使，由其上游腺苷酸环化酶催化 ATP 生成，可被细胞中磷酸二酯酶（phosphodiesterase，PDE）快速、持续分解（图 18-6）。

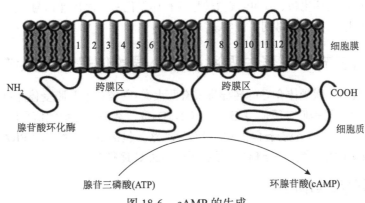

图 18-6　cAMP 的生成

腺苷酸环化酶（adenylyl cyclase，AC）是大型的跨膜糖蛋白，其氨基端和羧基端都朝向细胞内。在哺乳动物中，组织来源的 AC 至少有 8 种异构体，大多都被 G 蛋白和 Ca^{2+} 调控。在 G 蛋白受体与配体分子结合时，G 蛋白的 α、β 和 γ 三个亚基分成 α 和 β/γ 两部分，结合了 GTP 的 α 亚基朝向胞内 AC 移动并结合，激活的 AC 产生 cAMP 在细胞内扩散，作用于下游靶蛋白分子。AC 结合物一方面起着信号转导作用，另一方面使单个配体分子产生放大效应。

2. 环鸟苷酸（cGMP）　　1963 年由 Goldberg 发现。与 cAMP 一样，cGMP 也是一种具有细胞内信息传递作用的第二信使，由 G 蛋白的 α 亚基激活其上游鸟苷酸环化酶催化 GTP 合成，其作用与 cAMP 相反，受磷酸二酯酶灭活。

3. 甘油二酯和肌醇三磷酸　　胞外信号分子与细胞表面 G 蛋白偶联受体结合，激活细胞膜上的磷脂酶 C（phospholipase C，PLC），使质膜上 4,5-二磷酸磷脂酰肌醇（PIP_2）水解成肌醇三磷酸（IP_3）和甘油二酯（DAG）两个第二信使，故这一信号系统又称为双信使系统（double messenger system），或称为磷脂酰肌醇双信使信号通路。DAG 是脂溶性分子，生成后留在质膜上，在细胞膜上激活蛋白激酶 C（PKC），使许多靶蛋白磷酸化而产生效应。IP_3 是水溶性分子，也能促进细胞内钙泵释放 Ca^{2+}，后者有重要的生理意义。

4. 钙离子　　钙在体内以两种形式存在：结合状态和离子状态。只有离子状态（Ca^{2+}）才具有生理活性。Ca^{2+} 又分为胞内钙离子和胞外钙离子两种。胞内 Ca^{2+} 浓度通常很低（10^{-7} mol/L），胞外和内质网中的 Ca^{2+} 浓度很高（10^{-3} mol/L），对细胞功能有着重要的调节作用。细胞内 Ca^{2+} 可从细胞外经细胞膜上的钙离子通道流入，也可从细胞内肌质网等钙池释放，两种途径互相促进。一般，细胞膜去极化、细胞膜牵张和特定的外源刺激等都会激活细胞膜 Ca^{2+} 通道，导致 Ca^{2+} 从胞外流入胞内；通过 GPCR 等作用于 IP_3 而刺激内质网，会使存储的 Ca^{2+} 释放。Ca^{2+} 不仅单独作为第二信使起作用，也参与或协调其他第二信使的代谢及对细胞生理功能的调节。

腺苷酸环化酶、磷脂酶和钙调蛋白激酶Ⅱ（calmodulin kinase Ⅱ，CaM kinaseⅡ）等可以启动 Ca^{2+} 的释放。细胞内 Ca^{2+} 激活 PKC 与 DAG 具有协同作用，共同促进信息传递蛋白或效应蛋白活化。钙广泛参与各种生理过程，如生物膜通透、肌肉收缩、激素分泌、神经递质释放、细胞代谢、细胞周期调控、生殖细胞的成熟和受精等，提示了钙信号的广泛性和复杂性。此外，很多药物通过对细胞内 Ca^{2+} 影响而发挥其药理效应，故细胞内 Ca^{2+} 调控及其作用机制的研究在近年来受到极大的关注。

5. 一氧化氮等小分子 细胞内一氧化氮（NO）合酶可催化精氨酸分解产生瓜氨酸和 NO。NO 可通过激活鸟苷酸环化酶、ADP-核糖转移酶和环氧化酶等而传递信号。除了 NO，CO 和 H_2S 的第二信使作用近年来也得到了证实。

第三节　G 蛋白偶联受体介导的信号转导系统

目前已知 G 蛋白偶联受体介导的转导模式有两大类：一类是七跨膜受体相结合的 G 蛋白（三聚体 G 蛋白）；另一类是低分子质量 G 蛋白（21kDa），都是多种细胞信号转导通路的开关。不同的 G 蛋白可与不同的下游分子组成信号转导通路，包括蛋白激酶 A（PKA）途径、IP_3-钙离子/钙调蛋白激酶途径、蛋白激酶 C 途径和蛋白激酶 G 途径等。

一、G 蛋白及其作用

G 蛋白（G protein）是鸟苷酸结合调节蛋白的简称，是一类和 GTP 或 GDP 相结合、位于细胞膜胞质面的外周蛋白，由 α、β 和 γ 三种亚基组成，其中 β 和 γ 通常紧密结合成 β/γ 二聚体，α 亚基与 GTP 结合。其有激活型（G_s）和抑制型（G_i）两种。一个受体可激活多个 G 蛋白，一个 G 蛋白可以转导多个信息给效应机制，调节许多细胞功能。

G 蛋白的活性通过 GDP 与 GTP 的交换反应改变。当结合的核苷酸是 GTP 时，G 蛋白处于活化形式；G 蛋白自身具有 ATP 酶活性，可将结合的 GTP 水解为 GDP，使其处于非活化状态（图 18-7）。

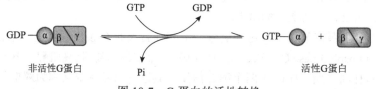

图 18-7　G 蛋白的活性转换

在人类中，G 蛋白偶联受体（G protein coupled receptor，GPCR）家族成员各由 800 个基因编码，其中 20 个基因编码 Gα 亚基，5 个基因编码 Gβ 亚基，14 个基因编码 Gγ 亚基。GPCR 的激活会导致 α 亚基的构象变化，继而导致 GTP 与 GDP 的交换及 Gβγ 亚基的解离。尽管 GPCR 介导的信号传递可通过不同的途径产生不同的效应，但其介导的信号转导的基本模式大致相同。主要步骤或过程如下。

1）配体与受体结合，并激活受体。细胞外信号分子结合 GPCR，通过别构作用将其激活。当细胞外信号分子浓度降到一定水平时，即与受体解离，受体恢复到无活性状态，停止传递信号。

2）G 蛋白激活/失活循环。活化的受体作用于与其在一起的 G 蛋白，G 蛋白通过 GTP/GDP

结合转换进入到有活性和无活性状态的循环，称为 G 蛋白激活/失活循环。如果细胞外配体信号持续存在，活化受体就可以不断地激活 G 蛋白，向下游传递信号。

3）G 蛋白激活或抑制下游细胞内的效应分子。活化的 G 蛋白，主要是 α 亚基-GTP，可激活其下游效应分子。不同种类的 α 亚基激活不同的效应分子。例如，AC、PLC 等效应分子都是由不同的 G 蛋白所激活的。有的 α 亚基可激活腺苷酸环化酶，称为 α_s[s 代表激活（stimulate）]，有的 α 亚基可抑制腺苷酸环化酶，称为 α_i[i 代表抑制（inhibit）]。

4）第二信使的产生或分布变化。G 蛋白的效应分子向下游传递信号的主要方式是催化第二信使的产生，改变细胞内信使的含量。例如，AC 催化 ATP 产生 cAMP。有些效应分子可以通过对离子通道的调节改变 Ca^{2+} 在细胞内的分布。

5）第二信使激活蛋白激酶。细胞内信使作用于相应的靶分子（主要是蛋白激酶）并激活蛋白激酶。例如，cAMP 作用于蛋白激酶 A（PKA），使之构象改变而被激活。

6）蛋白激酶激活效应蛋白。激活的蛋白激酶通过磷酸化作用激活一些与代谢相关的酶、与基因表达相关的转录因子及一些与细胞运动相关的蛋白质，从而改变细胞的代谢过程及基因表达等。

二、cAMP-PKA 信号转导通路

cAMP-PKA 信号转导通路属于典型的 G 蛋白偶联受体信号转导通路，以靶细胞内 cAMP 浓度的改变和 PKA 的激活为主要特征。cAMP 主要通过激活环磷酸腺苷依赖性蛋白激酶（cyclic-AMP dependent protein kinase，PKA）发挥作用。此类信号转导通路的细胞外信号分子包括肾上腺素、胰高血糖素、促肾上腺皮质激素等。靶蛋白因细胞类型不同而发挥不同的功能（表 18-1）。

表 18-1 cAMP 介导的一些激素诱导的细胞反应

靶组织	激素	主要反应
甲状腺	促甲状腺激素（TSH）	甲状腺激素的合成与分泌
肾上腺皮质	促肾上腺皮质激素（ACTH）	皮质醇分泌
卵巢	黄体生成素（LH）	孕激素分泌
肌肉	肾上腺素	糖原分解
骨	甲状旁腺素	骨吸收
心脏	肾上腺素	心率和心收缩力增加
肝脏	胰高血糖素	糖原分解
肾脏	抗利尿激素	水吸收
脂肪	肾上腺素、ACTH、胰高血糖素、TSH	甘油三酯分解

配体与受体结合激活跨膜七螺旋受体，激活位于细胞胞质面的 G 蛋白，活化状态的 G 蛋白 GTP 的 α 亚基朝向胞内腺苷酸环化酶（AC）移动并结合，激活的 AC 产生途径的第二信使 cAMP 在细胞内扩散，作用于下游蛋白激酶 A，通过别构作用激活 PKA，PKA 通过调节细胞内下游信号蛋白或效应蛋白上特定丝氨酸或苏氨酸位点的磷酸化，主要参与物质代谢和基因表达的调控。

1. 蛋白激酶 A（PKA）的活化　　　cAMP 的下游分子是蛋白酶 A（PKA）。PKA 属于丝氨酸/苏氨酸蛋白激酶类，在非活性状态下，由两个催化亚基（catalytic subunit，C 亚基）和两个调节亚基（regulatory subunit，R 亚基）组成四聚体。R 亚基抑制 C 亚基的催化活性。cAMP 与调节亚基的结合改变了它们的构象，使其从复合体中解离，释放的催化亚基被激活以磷酸化特定的靶蛋白（图 18-8）。

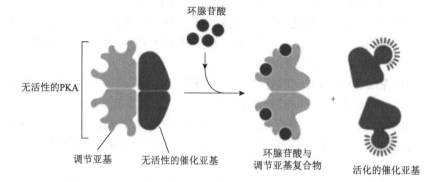

图 18-8　　cAMP 与调节亚基的结合激活 PKA 催化亚基的作用

PKA 的调节亚基（又称 A-激酶）对激酶在细胞内的定位很重要，特殊的蛋白激酶 A 锚定蛋白（A kinase anchoring protein，AKAP）既能与调节亚基结合，又能与细胞骨架或细胞器的膜结合，将激酶复合体锚定在亚细胞结构内。此外，一些 AKAP 还与其他信号蛋白结合，形成信号复合体。在未受刺激的细胞中，磷酸二酯酶使局部 cAMP 浓度保持在较低水平，使结合的 PKA 失活；在受刺激后，cAMP 浓度迅速上升，激活了 PKA。在 PKA 磷酸化或激活靶基因的细胞中，磷酸二酯酶会快速降低 cAMP 浓度，这种负反馈调节将原本可能是长时间的 PKA 反应转化为短暂的局部 PKA 活动脉冲。激活的 PKA 主要介导细胞物质代谢和基因表达调控，下面分别叙述。

2. PKA- I 介导的对细胞物质代谢的调节　　　PKA 通过磷酸化作用调节几十种代谢关键酶的活性，对不同的代谢途径发挥调节作用。以胰高血糖素调节脂肪的分解为例阐述。胰高血糖素受体（glucagon receptor）属于 G 蛋白偶联受体，在质膜内侧偶联 G_s，其作用机制与 β-肾上腺素受体类似，通过 AC-cAMP-PKA 通路发挥作用。图 18-9 示意了胰高血糖素受体结合细胞外配体胰高血糖素信号以后，通过 G_s 蛋白激活 AC，催化细胞内产生 cAMP 来激活 PKA，激活的 PKA- I 磷酸化下游三酰甘油脂肪酶（triacylglycerol lipase）产生甘油二酯，在单酰甘油脂肪酶（monoacylglycerol lipase）作用下生成甘油一酯，后者在二酰甘油脂肪酶（diacylglycerol lipase）作用下水解产生甘油和脂肪酸，促进脂肪分解。PKA- I 也介导肾上腺素对糖原的分解等调节。

3. PKA- II 介导的基因表达的调节　　　PKA- II 结合在细胞膜的内侧或核膜上，当 PKA- II 被激活时，其催化亚基进入核内，它能激活基因等的表达。以生长激素抑制素基因的调控为例。在分泌生长激素抑制素的细胞中，生长激素抑制素基因的调节区含有一个短的顺式调控序列，称为环磷酸腺苷反应元件（cyclic AMP response element，CRE），它能被 CRE 结合蛋白（CRE-binding protein，CREBP）识别，活化 cAMP。当 PKA 被 cAMP 激活时，它会使 CREBP 在单个丝氨酸上磷酸化，磷酸化的 CREBP 招募 CREBP 结合蛋白（CREBP-binding protein，CBP）转录辅助激活因子，刺激生长激素抑制素基因的转录（图 18-10）。因此，CREBP 可以将短暂的 cAMP 信号转化为细胞中的长期变化，在大脑中，这一过程被认为在某些形式的学习和记忆中发挥着重要作用。

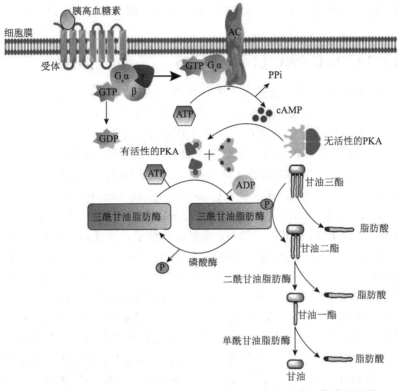

图 18-9 胰高血糖素介导 cAMP-PKA-Ⅰ对细胞脂肪分解代谢的调节

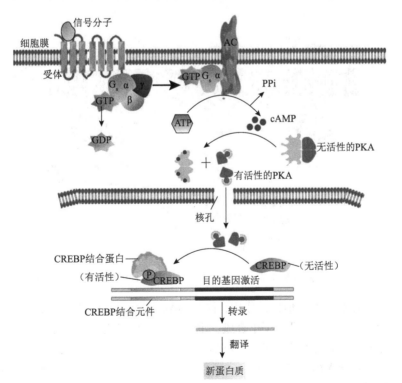

图 18-10 PKA-Ⅱ介导生长激素抑制素基因表达的调节

除上以外，PKA 还可通过磷酸化作用激活离子通道，调节细胞膜电位，参与脑的认知、记忆等功能。

三、PLC-IP₃/DAG-PKC 信号转导通路

PLC-IP$_3$/DAG-PKC 信号转导通路属于典型的 G 蛋白偶联受体信号转导通路。此类信号转导通路的细胞外信号分子包括促甲状腺素释放激素、去甲肾上腺素、抗利尿激素等。

与激素结合的大多数 GPCR 通过 G 蛋白激活质膜结合酶磷脂酶 C-β（phospholipase C-β，PLC-β）发挥作用。磷脂酶 C-β 的激活主要通过 G$_q$蛋白来实现，其激活方式与 G$_s$激活腺苷酸环化酶的方式大致相同。激活的磷脂酶 C-β 会将磷脂酰肌醇-4,5-二磷酸（phosphatidylinositol-4,5-bisphosphate，PIP$_2$）裂解生成肌醇三磷酸（inositol triphosphate，IP$_3$）和甘油二酯（diglyceride，DAG）两个产物。IP$_3$/DAG 作为细胞内的第二信使分别介导了不同的信号通路。

1. 蛋白激酶 C（PKC）途径 DAG 是脂溶性分子，生成后仍留在质膜上。结合于质膜上的 DAG，可活化与质膜结合的蛋白激酶 C（protein kinase C，PKC）。正常时 PKC 以非活性形式分布于细胞溶质中，当细胞接受刺激产生 IP$_3$，使 Ca^{2+}浓度升高后，PKC 便转位到质膜内表面，被 DAG 活化，活化了的 PKC 可以使其下游靶蛋白的丝氨酸/苏氨酸残基磷酸化，使不同的细胞产生不同的反应，如细胞分泌、肌肉收缩、细胞增殖和分化等。甘油二酯（DAG）的主要功能是激活依赖于 Ca^{2+}的蛋白激酶 C。生物学效应途径的第二信使是 DAG，第二信使效应器（靶酶）是 PKC。例如，血管紧张素 II（angiotensin II，Ang II）受体属于 G 蛋白偶联受体，其偶联的 G 蛋白为 G$_q$，通过激活脂膜上的 PLC，水解 PIP$_2$生成 DAG 和 IP$_3$两种产物分子，DAG 与 Ca^{2+}协同激活 PKC，磷酸化下游靶蛋白产生生物学效应，引起血管收缩（图 18-11）。

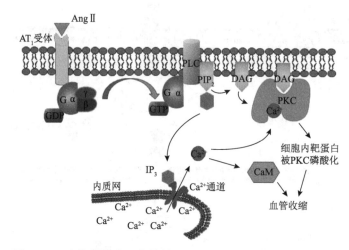

彩图

图 18-11 血管紧张素 II 介导的 PLC-IP$_3$/DAG-PKC 信号转导通路

DAG 在机体中能起到第二信使的作用，同时 DAG 也可被裂解产生花生四烯酸，花生四烯酸本身既可作为信号分子，也可以用于合成二十烷烃类的小脂质。大多数脊椎动物细胞都会产生二十烷基类化合物，在机体发挥多种生物学活性。

2. IP₃-钙离子/钙调蛋白激酶途径 IP$_3$ 是一种水溶性分子，离开质膜后在胞质中迅速扩散。当它到达内质网时，与内质网膜上的 IP$_3$钙释放通道（也称 IP$_3$受体）结合，开启钙通道，

使细胞钙库内的 Ca^{2+} 迅速释放，细胞中局部的 Ca^{2+} 浓度迅速升高。途径的第二信使是 IP_3、Ca^{2+}。

Ca^{2+} 浓度升高后，除了可以与 DAG 协同激活 PKC，还可以形成信号转导的另一途径，即钙离子/钙调蛋白依赖的蛋白激酶途径。此信号转导通路不是一条完全独立的途径。

内质网中储存的 Ca^{2+} 通过开放的通道释放，迅速提高胞质中的 Ca^{2+} 浓度。细胞内 Ca^{2+} 的增加通过影响 Ca^{2+} 敏感蛋白活性来传递信号。第二信使 Ca^{2+} 下游信号转导分子（靶酶）是钙调蛋白（calmodulin，CaM）。胞质中 Ca^{2+} 浓度高时，CaM 可结合不同数量的 Ca^{2+}，形成 Ca^{2+}/CaM 的复合物。CaM 本身没有活性，形成复合物后即具有活性，可调节 CaM 依赖性蛋白激酶（如肌球蛋白轻链激酶、磷酸化酶激酶、钙调蛋白依赖性激酶等）的活性，这些激酶可磷酸化多种功能蛋白质丝氨酸/苏氨酸残基，激活各种效应蛋白，在运动、物质代谢、神经递质的合成等多种生理过程中发挥生物学效应。

除了钙调蛋白，Ca^{2+} 还结合 PKC、AC 和 cAMP-PDE 等多种信号转导分子，通过别构激活这些分子。

四、cGMP-PKG 信号转导通路

cGMP-PKG 信号转导通路是以 cGMP 和 NO 为第二信使的信号转导通路。1963 年，Goldberg 发现了 cGMP，并证实其下游分子是蛋白激酶 G（protein kinase G，PKG）。发现其介导的信号转导途径是外界信号分子作用于 G 蛋白偶联受体，激活了 G 蛋白使鸟苷酸环化酶（guanylate cyclase，GC）产生 cGMP，cGMP 活化 PKG，作用于其下游效应蛋白，从而发挥多种生物学效应。途径的第二信使是 cGMP 和 NO，第二信使效应器（靶酶）是 PKG。PKG 是由相同亚基构成的二聚体。与 PKA 不同，PKG 的调节结构域和催化结构域存在于同一个亚基内。PKG 在心肌及平滑肌收缩调节方面具有重要作用。

鸟苷酸环化酶催化 GTP 产生 cGMP。其有两种形式：一种是膜结合型；另一种存在于细胞质中（图 18-12）。

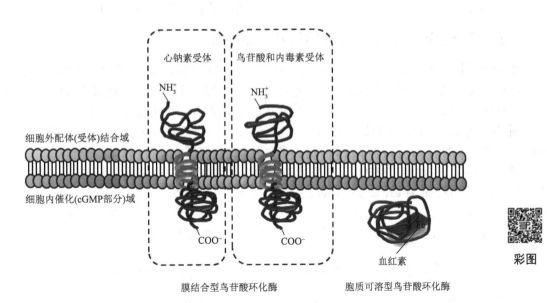

图 18-12　鸟苷酸环化酶的两种类型

1. 膜结合型鸟苷酸环化酶及其介导通路　　膜结合型鸟苷酸环化酶是一种单跨膜单链糖蛋白。胞外（N 端）部分识别结合配体。胞内（C 端）部分有鸟苷酸环化酶活性。例如，心钠素（atrial natriuretic factor，ANF）类激素的信号是通过鸟苷酸环化酶受体与第二信使 cGMP 进行信号转导的。心钠素是在血压升高时，由心房肌细胞分泌的一类肽激素。其主要刺激肾分泌 Na^+ 和水，并诱导血管壁中的平滑肌细胞松弛，这两种效应都会降低血压，分别是通过肾细胞和血管壁平滑肌细胞中的 ANF 受体介导的。ANF 受体是一种单次跨膜蛋白，细胞外结构域有 ANF 结合位点，细胞内结构域有鸟苷酸环化酶催化位点，ANF 的结合会激活鸟苷酸环化酶产生 cGMP，cGMP 同蛋白激酶 G 结合并使之活化，被激活的蛋白激酶 G 能够使一些靶蛋白磷酸化，引起上述对血压升高的反应，其详细机制仍不清楚。

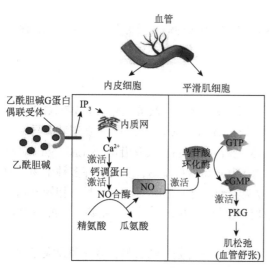

图 18-13　NO 舒张血管的信号通路机制

2. 胞质可溶型鸟苷酸环化酶及其介导通路　　胞质可溶型鸟苷酸环化酶是由 α、β 两个亚基组成的二聚体，分子中含有血红素辅基，可被 NO 和相关化合物激活产生 cGMP。以 NO 舒张血管的信号通路机制为例。首先神经递质乙酰胆碱作用于血管内皮细胞的 G 蛋白偶联受体，通过 IP₃ 使内皮细胞内质网释放 Ca^{2+}，胞质中 Ca^{2+} 升高，激活钙调蛋白，NO 合酶（nitric oxide synthase，NOS）被激活，作用于精氨酸生成 NO，产生的 NO 扩散至血管平滑肌细胞，激活鸟苷酸环化酶产生大量 cGMP，后者使蛋白激酶 G（PKG）活化，使胞内 Ca^{2+} 外流，血管舒张。在这个通路中，NO 既有第一信使的作用，又有第二信使的作用（图 18-13）。

五、低分子质量 G 蛋白介导的信号转导通路

低分子质量 G 蛋白与异源三聚体 G 蛋白一样也具有 GTP 酶的活性，被称为小 GTP 酶（small GTPase）。Ras 是第一个被发现的低分子质量 G 蛋白，此类蛋白被称为 Ras 超家族 GTP 酶（Ras superfamily GTPase）。目前已知的 Ras 家族成员已超过 50 种，在细胞内分别参与不同的信号转导通路。例如，位于蛋白激酶 MAPKKK 上游的 Ras 分子，在接收上游信号转导分子的信号时，会转变成 GTP 结合形式，可启动下游的蛋白激酶的级联反应。

在细胞中存在一种专门控制低分子质量 G 蛋白活性的调节因子。例如，鸟嘌呤核苷酸交换因子（guanine nucleotide exchange factor，GEF）可促进 G 蛋白结合 GTP 而使其激活。相反，GTP 酶激活蛋白（GTPase activating protein，GAP）等，可促进 G 蛋白将 GTP 水解为 GDP 而降低其活性。低分子质量 G 蛋白调节分子都是细胞内重要的信号转导分子。

第四节　酶偶联受体介导的信号转导通路

许多酶受体介导的信号转导依赖于酶活性，称为酶偶联受体（enzyme-linked receptor）。这些受体中有些自身就是酶，有些虽无催化作用，但需要直接依赖酶的催化作用信号传递的第一

步反应。这类受体大多是只有一个跨膜区域的糖蛋白，也称为单跨膜受体。此类受体介导的信号转导主要是调节蛋白质的功能和表达水平，很多是通过蛋白质分子间的相互作用激活细胞内蛋白激酶。

一、酶偶联受体介导信号转导通路的基本内容

酶偶联受体介导的信号转导通路较复杂。细胞内的蛋白激酶有许多种，不同蛋白激酶的组合形成不同的信号转导通路，但基本模式类似，主要包括以下几个阶段。

1）胞外信号分子与受体结合。这类受体结合的配体主要是生长因子、细胞因子等蛋白质分子，由受体胞外区与配体结合。

2）激活第一个蛋白激酶。一种形式是受体本身具有蛋白激酶活性，此步骤就是激活受体胞内结构域的蛋白激酶活性。一般是当胞外配体与信号分子结合后，引起受体的二聚化，接着胞内的催化区相互磷酸化，使受体激活，这种激活的酪氨酸激酶的第一个蛋白质底物是受体本身，受体的胞内结构域在多个酪氨酸残基上发生自磷酸化，然后，磷酸化酪氨酸残基作为其他受体型酪氨酸激酶（receptor tyrosine kinase，RTK）底物的蛋白质识别或锚定位点。另一种形式受体本身没有蛋白激酶活性，此步骤是受体通过蛋白质-蛋白质相互作用激活直接与受体结合的蛋白激酶。

3）下游信号分子的级联激活。通过蛋白质-蛋白质相互作用或蛋白激酶的磷酸化修饰作用，有序地激活下游信号转导分子，完成信号传递。RTK 的激活导致多种酪氨酸磷酸化蛋白的积累，这些"下游"底物作为 RTK 的效应物，包括信号蛋白，如其他蛋白激酶、小 GTPase 的调节因子及修饰磷脂合成和分解的酶。当酪氨酸残基被磷酸化时，这些效应蛋白成为信号级联中的活跃环节，最终导致转录因子或其他与细胞有关的蛋白质的位置或功能活动发生分裂或分化。

二、几种酶偶联受体介导的信号转导通路

（一）Ras-MAPK 信号通路

Ras-MAPK 信号通路属于典型的酶偶联受体信号转导通路。Ras 超家族由多种单体 GTP 酶蛋白家族组成，但只有 Ras 和 Rho 家族传递来自细胞表面受体的信号。

1. Ras 和 Ras 蛋白的激活　　　Ras 是一种小的 GTPase 或单聚 GTP 结合蛋白，是细胞增殖的关键调节因子。大约 30% 的人类肿瘤涉及表达突变 Ras 癌基因的细胞。Ras 或 Rho 家族成员可以与不同细胞内信号蛋白相互作用，沿不同的下游信号通路协同传播信号，发挥信号枢纽的作用。在人体中主要有 H-Ras、K-Ras 和 N-Ras 三种主要的 Ras 蛋白，各自行使的功能略有不同，但信号转导方式类似，所以统称为 Ras。

Ras 蛋白的 GTP 单体酶中含有一个或多个共价附着脂基，能将 Ras 蛋白固定在细胞膜内并呈非活化状态，当受到 Ras 鸟苷酸交换因子（Ras guanine nucleotide exchange factor，Ras-GEF）刺激时，非活化的 Ras 蛋白解离 GDP 并从胞质中招募 GTP 激活 Ras 蛋白。活化的 Ras 蛋白可通过 Ras GTP 酶激活蛋白（Ras GTPase-activating protein，Ras-GAP）水解 Ras 蛋白-GTP 复合物而失活。因此，Ras 蛋白的作用类似于分子开关，在 GTP 结合的活化状态和 GDP 结合的非活化状态之间转换，外源信号通过影响 Ras 蛋白的活化和非活化状态转换来调节多种生物学功能。

2. Ras-MAPK 信号通路的作用机制　一般受体型酪氨酸激酶转导的细胞外信号会触发酪氨酸磷酸化和 Ras 的激活，但持续时间很短。酪氨酸的磷酸化会迅速被酪氨酸特异性蛋白磷酸酶逆转，并且活化的 Ras-GTP 蛋白很快被水解为非活化的 Ras-GDP。为了调控细胞功能，这些短促的信号传递须转变成持续时间更长的信号转导过程，并将信号传递到细胞核，改变基因的表达模式。

促分裂原活化的蛋白激酶（mitogen-activated protein kinase，MAPK）系统可有效延长 Ras 蛋白的激活过程，共同组成 Ras-MAPK 信号通路，这个系统在不同细胞和不同外源信号转导中比较保守。在 Ras-MAPK 信号通路中，Ras 激活信号能使 MAPKKK（MAP kinase kinase kinase）磷酸化，接着使下游的 MAPKK（MAP kinase kinase）磷酸化激活，进而磷酸化激活下游的 MAPK（图 18-14）。这种逐级磷酸化的转导方式在信号转导过程中是一种普遍现象，能有效地级联放大初始信号。组成 Ras-MAPK 信号通路的三种磷酸激酶在哺乳动物中高度保守，可简称为 Raf（MAPKKK）、MEK（MAPKK）和 ERK（MAPK）。

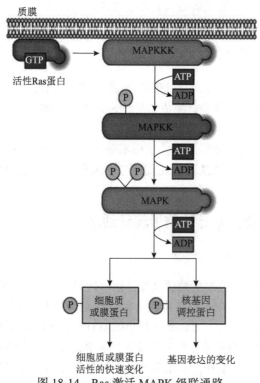

图 18-14　Ras 激活 MAPK 级联通路

胰岛素受体介导的 Ras-MAPK 信号转导通路如图 18-15 所示：当胰岛素作为配体与胰岛素受体 α 链结合后，受体发生磷酸化并产生受体酶活性位点，招募并磷酸化下游靶蛋白的酪氨酸残基，导致胰岛素受体底物-1（insulin receptor substrate-1，IRS-1）的酪氨酸残基磷酸化并与接头蛋白 Grb2 的 SH2 结构域结合。Grb2 结合并活化 Sos 分子，使其与 Ras 蛋白结合，促进 Ras 释放 GDP 而结合 GTP。结合了 GTP 的 Ras 激活蛋白激酶 Raf-1，通过级联的磷酸化效应依次激活下游的 MEK 和 ERK 蛋白激酶，ERK 在酪氨酸和苏氨酸位点被磷酸化，进入细胞核使 Elk-1 等蛋白质磷酸化，以此调节相关基因的转录。

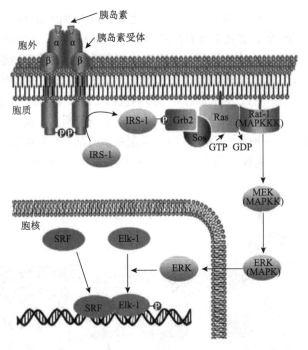

图 18-15　胰岛素受体介导的 Ras-MAPK 信号转导通路

需要注意的是，细胞外信号通常只能短暂地激活 MAPK，但 MAPK 酶活持续时间可以影响细胞反应，同时 MAPK 磷酸化或激活多种下游蛋白与转录因子，使细胞做出正确的应答。此外，正、负反馈循环等因素也能影响 Ras-MAPK 通路信号反应的持续时间和其他特征。例如，在孕酮刺激青蛙卵母细胞成熟中，在适当范围内 MAPK 的活性随着孕酮浓度的增加而升高，而 MAPK 的激活能促进孕酮的合成，MAPK 活性与孕酮含量形成了正反馈循环，促进卵母细胞成熟。不同的是在许多细胞中，MAPK 浓度的升高会激活负反馈循环，抑制 MAPK 活性或下游蛋白的磷酸化，调节 Ras-MAPK 通路发挥功能。

（二）PI3K-Akt 信号通路

PI3K-Akt 信号通路属于另一个典型的酶偶联受体信号转导通路，在促进无脊椎动物和脊椎动物细胞存活与生长方面具有重要作用。

1. PI3K 激酶　　PI3K 激酶主要有 3 种类型：①Ⅰ型 PI3K 激酶，由相同催化亚基和不同调节亚基组成异二聚体，被 RTK 或 GPCR 激活，主要通过磷酸化磷脂酰肌醇发挥作用；②Ⅰa 型 PI3K 激酶，调节亚基是一种结合蛋白质，通过两个 SH2 结构域与磷酸化的酪氨酸位点结合激活 RTK；③Ⅰb 型 PI3K 激酶，调节亚基能与 GPCR 的 βγ 亚基直接结合，外源信号通过激活 GPCR 的 G_q 蛋白发挥作用。

2. PI3K-Akt 信号通路的作用机制　　外源信号（如胰岛素样生长因子等）结合 RTK 后被激活，招募并激活 PI3K，激活的 PI3K 磷酸化 PIP_2 产生磷脂酰肌醇-3,4,5-三磷酸（phosphatidylinositol-3,4,5-trisphosphate，PIP_3），PIP_3 通过其上的结合位点识别并与两种蛋白激酶 Akt［也称为蛋白激酶 B（protein kinase B，PKB）］和磷酸肌苷依赖蛋白激酶 1（phosphoinositide- dependent protein kinase1，PDK1）上 PH 结构域结合（Akt 和 PDK1 是两个具有 PH 结构域的丝氨酸/苏氨酸激酶），然后这两个酶招募到质膜附近。第三种激酶（常是复合体 2 中的 mTOR）先将 Akt 的一个丝氨酸磷酸化而改变 Akt 的构象，使其上苏氨酸能够被 PDK1 磷酸化，mTOR 和 PDK1 通过磷酸化作用使 Akt 激活。激活的 Akt 从细胞质膜上解离并会在质膜、细胞质和细胞核中磷酸化各种靶蛋白（包括 Bad 蛋白），进而促进细胞存活和生长。如图 18-16 中的磷酸化激活 Bad 蛋白。未磷酸化时，Bad 蛋白会使一种或多种细胞凋亡抑制蛋白（Bcl2 家族）处于非活性状态。Bad 蛋白被磷酸化后，Bad 就会释放凋亡抑制蛋白，从而阻止细胞凋亡，促进细胞存活。如图 18-16 所示，磷酸化的 Bad 会与一种名为 14-3-3 的泛素胞质蛋白结合，从而使 Bad 失去作用。PH 结构域为蛋白质相互作用的区域，因与血小板-白细胞 C 激酶底物——普列克底物蛋白同源（pleckstrin homology）而得名。

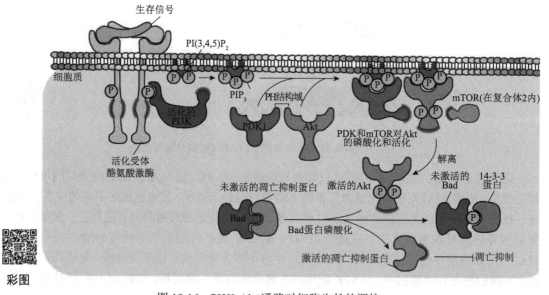

图 18-16　PI3K-Akt 通路对细胞生长的调控

　　PI3K-Akt 通路对细胞生长的调控在一定程度上依赖于雷帕霉素靶标（target of rapamycin，TOR）的蛋白激酶。TOR 最初是在酵母中进行雷帕霉素耐药性实验时被发现的，在哺乳动物细胞中它被称为 mTOR，以两种功能不同的蛋白质复合物存在。mTOR 复合体 1 对雷帕霉素很敏感，它通过促进核糖体的产生、蛋白质的合成及抑制蛋白质的降解来调节细胞生长，还通过刺激营养吸收和新陈代谢促进细胞生长和存活。另外，mTOR 复合体 1 能接受细胞外信号蛋白（如生长因子）和营养物质（如氨基酸）等不同来源的信息，通过 PI3K-Akt 途径抑制 Tsc2 的活性，激活 Rheb 而磷酸化 mTOR 复合体 1，促进细胞的生长。mTOR 复合体 2 对雷帕霉素不敏感，它有助于激活 Akt 而发挥作用，同时通过 Rho 家族 GTPase 调控细胞骨架。

　　如前面所述，RTK 和 GPCR 均能激活 PI3K 激酶等相同的细胞内信号通路，磷脂酶 C 也可激活磷脂酰肌醇进行信号转导，即使不同的信号通路被激活，但它们也可能活化相同的下游靶蛋白或基因，表明多种信号通路之间存在互作关系。图 18-17 总结了几种主要的 RTK 和 GPCR 激活的信号通路，这些通路之间的相互作用允许不同的细胞外信号调节彼此之间的关系来做出正确的应答。

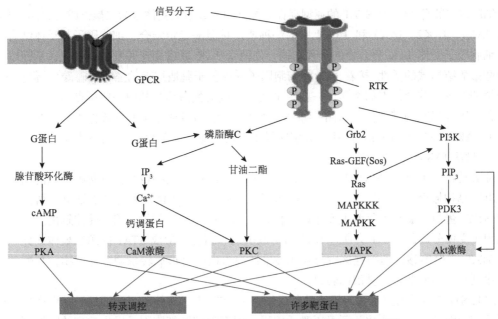

图 18-17 几种主要的通过 RTK 和 GPCR 激活的信号通路

（三）JAK-STAT 信号通路

细胞因子受体主要包括多种局部调节因子（统称为细胞因子）的受体和部分激素（如生长激素和催乳素等）的受体。干扰素、白细胞介素等细胞因子的受体自身没有激酶结构域，而是与 Janus 激酶（Janus kinase, JAK）结合在一起，受体与配体结合后，激活 JAK，催化受体自身和胞内底物磷酸化。JAK 的底物是一种特殊的转录因子，称为信号转导及转录激活蛋白（signal transducer and activator of transcription, STAT）。STAT 既是信号转导分子，又是转录因子。细胞因子受体能与 JAK 的胞质面酪氨酸激酶紧密结合，磷酸化并激活信号转导和转录激活因子 STAT，磷酸化的 STAT 分子形成二聚体后被迁移到细胞核中，通过调节下游基因的转录改变靶细胞的增殖与分化（图 18-18）。JAK-STAT 信号通路是细胞因子信息最重要的信号转导通路之一。

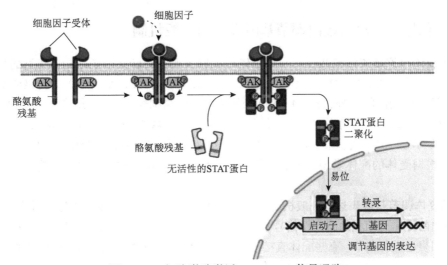

图 18-18 细胞激酶激活 JAK-STAT 信号通路

　　细胞内有数种 JAK 和 STAT 的亚型存在。细胞因子或激素受体多为二聚体或三聚体复合物，能与 JAK1、JAK2、JAK3 和 TYK2 中的一种或两种激酶稳定结合，细胞因子与受体结合后会改变细胞因子受体-JAK 复合物的排列结构，使两个 JAK 紧密相连并发生磷酸化，从而增加了酪氨酸激酶结构域的活性，接着 JAK 将细胞因子受体位于胞质尾部的酪氨酸磷酸化，促使 STAT 复合物的形成和结合位点的暴露，一些转录因子、接头蛋白等与其中一些位点结合后，会通过调节靶基因或偶联到其他信号通路（如 Ras-MAP-激酶信号通路）而发挥作用。不同的受体与不同的 JAK 和 STAT 组成信号通路，分别转导不同的细胞因子的信号，如 γ 干扰素（interferon-γ，IFN-γ）激活 JAK-STAT1 的途径。

　　哺乳动物至少有 6 种 STAT，每个 STAT 都有一个 SH2 结构域并执行两种不同的功能。首先，SH2 结构域介导 STAT 蛋白激酶与细胞因子受体上的酪氨酸磷酸化位点结合，结合后 JAK 会使 STAT 蛋白激酶在酪氨酸上发生磷酸化，引起 STAT 蛋白与细胞因子受体解离。其次，与细胞因子受体分离的 STAT 会通过 SH2 结构域识别和结合，形成 STAT 同源二聚体或异源二聚体。STAT 二聚体移位到细胞核后与其他转录调控蛋白结合形成转录调控复合物，与靶基因的调控序列结合而调节目的基因的转录。

　　JAK-STAT 信号通路也参与机体的负反馈调节。STAT 二聚体除了激活编码基因产生效应蛋白诱导细胞因子引起的变化，还可以激活编码基因产生抑制细胞因子发生效应的阻抑蛋白。这些阻抑蛋白会与磷酸化的 JAK 或相关的磷酸化受体结合而失活，也可与磷酸化的 STAT 二聚体结合而阻止其与靶基因的调控序列结合。但 JAK-STAT 信号通路参与的负反馈调节不足以关闭细胞因子引起的信号转导，只有 JAK 和 STAT 的酪氨酸去磷酸化才能关闭。

第五节　核受体介导的信号通路

　　脂溶性化学信号的受体蛋白质有的位于细胞核内，有的位于细胞质中，但多为 DNA 结合蛋白，具有转录因子活性，直接调节细胞基因表达的调节，也称为核受体（nuclear receptor，NR）。信号分子与核受体结合，活化和诱导初级反应基因的表达，其产物再激活或阻抑次级反应基因的表达。核受体超家族分子直接调节靶基因的转录，是体内含量最丰富的转录调节因子之一。

一、信号分子进入核内调节基因表达的一般机制

　　1. 核受体超家族的结构共性　　核受体超家族大多具有转录因子结构。典型的核受体从 N 端到 C 端都由 A/B、C、D、E 等区域组成。N 端结构域（A/B 结构域）为转录激活域，是整个分子可变性最高的部分，长 50～500 个氨基酸。C 结构域为 DNA 结合域（DNA-binding domain，DBD），是最保守的区域；E 结构域是配体结合域（ligand binding domain，LBD），是最大的结构域，位于羧基端；D 结构域为铰链区，连接 DBD 和 LBD，其中有核定位信号（NLS）。根据受体的配体类型，核受体分为类固醇激素受体、非类固醇激素受体和孤儿核受体等。

　　2. 核受体调节基因表达的一般机制　　核受体作为转录因子直接调节靶基因的表达。一般位于细胞内的受体与相应的脂溶性信号分子结合后，可与 DNA 上顺式作用元件结合，在转录水平对基因表达进行调节。有些配体直接与其核受体结合形成激素-受体复合物，有些配体先与其在细胞质中受体结合，然后以激素-受体复合物形式穿过核孔进入核内。

在无激素信号存在时，受体常与具有抑制作用的蛋白质分子（如热应激蛋白）形成复合体，阻止受体向细胞核移动及其与 DNA 结合。当有激素信号与受体结合后，受体构象发生变化，导致热应激蛋白解离，暴露出受体核内转移部位和 DNA 结合部位，激素-受体复合物向核内转移，并与 DNA 上其靶基因邻近的激素应答元件（hormone response element，HRE）结合，再与位于启动子区域的基本转录因子及其他的转录调节分子作用，从而开放或关闭其下游基因，改变基因表达状况（图 18-19）。

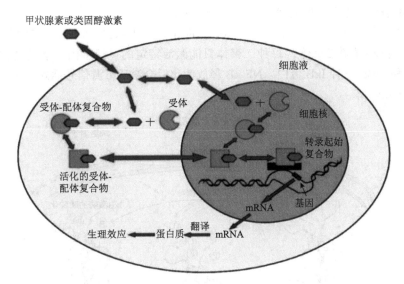

图 18-19　核受体介导基因表达调控的一般机制

核受体介导基因转录调节还依赖于一些辅调节因子。辅调节因子自身没有 DNA 结合能力，也不参与 RNA 聚合酶起始复合物的构成，但可通过结合核受体等转录因子，影响染色质的局部结构从而影响转录。1995 年，S. A. Onate 等报道了第一个类固醇受体辅助激活因子-1（steroid receptor coactivator 1，SRC-1）；同年，核受体共抑制因子（nuclear receptor corepressor，N-CoR）辅抑制因子被发现。目前已发现有 300 余种辅调节因子参与核受体或其他转录因子的转录调节，在转录调控中发挥重要作用。

二、NF-κB 信号通路

NF-κB（nuclear factor kappa-light-chain-enhancer of activated B cell）是重要的炎症和应激反应信号相关转录因子，存在于大多数动物细胞中，参与应激、炎症和先天免疫等机体对感染或损伤做出反应的过程。动物过度或不适当的炎症反应会损害组织，持久的慢性炎症可能会引发癌症，在这些过程中均发现 NF-κB 信号通路参与调节。NF-κB 蛋白在正常动物发育过程中也起着重要作用。例如，果蝇 NF-κB 家族成员 Dorsal 在果蝇胚胎的背腹轴发育方面起着至关重要的作用。

多种胞外信号会通过细胞表面受体激活 NF-κB 信号通路。肿瘤坏死因子-α（tumor necrosis factor-α，TNF-α）受体、白介素-1β（interleukin-1β，IL1β）受体等重要的促炎细胞因子家族所介导的主要信号转导通路之一是 NF-κB 信号通路。果蝇和脊椎动物的 Toll 样受体能识别病原并激活 NF-κB 信号通路，引起免疫反应。

NF-κB 是由 p50 和 p65 两个亚单位以不同形式组合形成的同源或异源二聚体，在体内发挥作用的主要是 p50-p65 二聚体。NF-κB 的结构包括 DNA 结合区、蛋白质二聚化区和核定位信号。IκB 激酶（inhibitor-κB kinase，IKK）是这一通路的关键信号分子。在静止状态下，NF-κB 在细胞质内与 NF-κB 抑制蛋白（inhibitor-κB，IκB）结合成无活性复合物。当受体激活时，IκB 激酶被活化。催化 IκB 磷酸化，导致 IκB 与 NF-κB 解离，NF-κB 得以活化和解离，转位进入细胞核，作用于相应的增强子元件，影响多种黏附因子、细胞因子、应激反应蛋白的基因转录，进而触发多条信号通路来实现炎症或免疫调节（图 18-20）。

哺乳动物体内主要有 RelA、RelB、c-Rel、NF-κB1 和 NF-κB2 五种 NF-κB 蛋白，它们形成多种同源二聚体和异源二聚体，每种二聚体只能激活特定的一组基因。哺乳动物体内主要有 IκBα、IκBβ 和 IκBε 三种 IκB 蛋白，NF-κB 释放活化后会激活下游信号通路，引起 IκB 蛋白的磷酸化和泛素化降解。

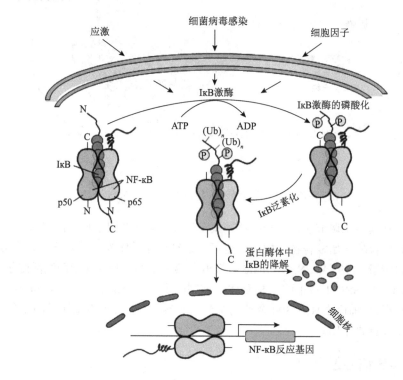

图 18-20　促炎细胞因子 TNF-α 等介导的 NF-κB 信号通路

第六节　信号转导异常与疾病发生发展

信号转导分子的异常可以发生在基因编码、蛋白质合成与胞内降解的全过程。从受体接收信号至细胞应答中发生的异常都可能导致疾病的发生。

1. 酶偶联受体异常及相关疾病　　受体异常指受体数量的异常变化或者敏感度改变，靶细胞对配体刺激后反应的减弱或过度，均可导致细胞信号转导异常，进而影响疾病的发生发展。例如，低密度脂蛋白受体由于基因突变，细胞对外源性胆固醇摄取下降，引起高胆固醇血症；雄激素受体功能低下导致机体对雄性激素的反应度降低，机体性分化发育异常，最终引起假两性畸形或无精、少精症等。

2. G 蛋白偶联受体异常及相关疾病　　G 蛋白偶联受体的异常主要是 G 蛋白结构改变、酶活性或基因表达等异常，会使信号转导发生障碍，引起病变发生。众所周知，心脏功能的调节依赖 GPCR 及其下游信号的转导，安静时胆碱能受体偶联 $G_i\alpha$ 通过抑制 AC 的活性及 $G\beta\gamma$ 亚基功能，使 cAMP 含量减少而降低心率；运动时机体通过 β-肾上腺素受体偶联 G_s 调节心率。ERK 是心肌细胞最重要的生长信号，$G_q\alpha$ 的过表达可通过 MAPK 通路激活 ERK，引起心肌细胞扩增，导致心肌肥大；GPCR 表达的减少或与下游信号解离，使 cAMP 水平下降，引起心肌收缩功能不足，导致心力衰竭。研究表明，肿瘤的发生发展也涉及 GPCR 的异常，G_s 的突变与甲状腺癌、垂体瘤的发生密切相关；$G\beta\gamma$ 亚基可直接作用于 Ras-MAPK 通路和激活 JNK，促进肿瘤细胞的增殖，引发肿瘤扩散。

霍乱是由霍乱弧菌引起的烈性肠道传染病，患者起病急骤，常有剧烈腹泻、严重脱水、电解质紊乱和酸中毒等症状，会因循环系统衰竭而死亡。霍乱弧菌通过分泌活性极强的霍乱毒素干扰细胞内信号转导过程。霍乱毒素选择性催化 G_s 的精氨酸残基，G_s 与 GTP 结合，但 GTP 酶失活，不能将 GTP 水解成 GDP，从而使 G_s 处于不可逆的激活状态，不断刺激 AC 生成 cAMP，胞质中的 cAMP 含量持续升高，导致小肠上皮细胞膜蛋白构型改变，大量氯离子和水分子持续转运入肠腔，引起严重的腹泻和脱水（图 18-21）。

3. 多个细胞信号转导环节异常及相关疾病　　有些疾病的发生不只是信号转导通路的一个环节出现问题，而是涉及多个信息分子及多个信号转导途径。以非胰岛素依赖性糖尿病为例，胰岛素受体属于 TPK 家族，可激活 PI3K 启动与代谢生长有关的下游信号转导过程，如果胰岛素受体或 *PI3K* 基因突变均会产生胰岛素抵抗，使胰岛素对 PI3K 激活作用减弱，产生胰岛素抵抗综合征。

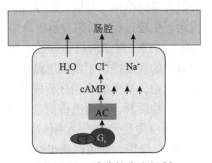

图 18-21　霍乱的发生机制

总之，人们对细胞信号转导机制有了一定程度的了解，但很多信号分子在转导中的作用还不清晰，同时科研工作者常将细胞内信号转导系统进行归一化讨论研究，这给学习者造成了细胞信号转导途径都是直线化、模式化的误解。细胞信号不但可以由胞外转导入胞内，也可以进行反馈调节，形成"闭合环路"，细胞内多种"闭合环路"共同组成了机体的信号转导网络。随着科学技术的发展，机体的信号转导网络必将被深度解析和清晰地描绘。

第四篇

现代生物化学与分子生物学专题

生命科学是研究生命现象、生命活动的本质、特征和发生发展规律，以及各种生物之间和生物与环境相互关系的科学。自从 1953 年 Waston 和 Crick 建立了 DNA 双螺旋模型以后，生命科学的面貌焕然一新。在此基础上发展的分子生物学使得生命的基本问题，如遗传、发育、疾病和进化等，都能从分子机制上得到诠释。生物学研究进入了对生命现象进行定量描述的阶段。分子生物学的飞速发展极大地推动了人们从分子组成水平对生物系统进行深入的了解。

1968 年提出的中心法则确立了遗传信息传递的方向性和整体性，1972 年更加完善了中心法则，随着科学研究的不断深入，研究学者逐渐意识到机体作为一个由多层次、多系统构成的复杂的生命体，单纯研究某一个方向或层次无法解释一些与机体相关的科学问题或现象。因此，科学家开始着眼于从基因水平、转录水平、分子水平、细胞水平及个体水平等整体的角度出发去研究基因结构与功能、转录与调控、蛋白质翻译与翻译后修饰、细胞的结构与功能、机体的代谢等生理过程，以期揭示生命体的奥秘。为此，21 世纪以来，生命科学进入了"大数据"（big data）时代。组学的概念和技术开始应运而生，迅速发展并成为相关科学研究的助推器，为生命科学的探索提供了新的思路和方法。人类基因组计划的完成标志着后基因组时代的到来，在这一时期，基因组功能分析成为人们的首要任务，核心思想是以整体和联系的观点来看待生物体内的物质群，研究遗传信息如何由基因经转录向功能蛋白质的传递，基因功能如何由其表达产物蛋白质及代谢产物来体现。继而出现了基因组、转录组、蛋白质组等，并相应地形成了"omics"学说，如蛋白质组学等。

系统生物学是研究一个生物系统中所有组成成分（基因、mRNA、蛋白质等）的构成与动态变化，以及在特定条件下这些组分间及其与生物表型间的相互关系。生物系统学将在组学研究累积大量数据的基础上，借助数学、计算机科学和生物信息学等工具，从整合的角度完成由生命密码到生命过程的诠释。

当然，综观生命科学发展史，它的每一个进步无不与其他学科，如物理学、化学等的发展紧密联系，先进的技术和研究手段，如基因组计划向人们展示了包括大肠杆菌、酵母、线虫、果蝇、小鼠等模式生物及人类的所有遗传信息的组成，生命的奥秘就存在于这些序列中，正是得益于技术上的突破，基因组数据库的获得已经不再是生命科学的难点。另外，电子显微镜（electron microscope）、超速离心（ultracentrifugation）、色谱（chromatography）、同位素示踪（isotopic tracing）、X 射线衍射、质谱（mass spectrometry）及核磁共振等技术为生命科学的发展提供了强大推力。

本部分主要对核酸和蛋白质研究的现代技术、基因工程和蛋白质工程及组学的基本内容、原理等做一简要介绍。

第十九章　基因工程与蛋白质工程原理简介

分子生物学技术种类繁多，数量巨大，是一个庞大的技术体系。其核心内容是基因工程技术，即基因克隆、序列测定、表达与调控、获得表达产物等过程中所用到的技术。同时，还包括该过程中所用到的检测、鉴定技术。总之，分子生物学技术是指所有直接或间接与生物大分子操作有关的技术。蛋白质工程是 20 世纪 80 年代初诞生的一个新兴生物技术领域，它一出现就因其重要的理论意义和广阔的应用前景而备受学术界和产业界的广泛重视。本章就基因工程和蛋白质工程原理做简要介绍。

第一节　基因工程原理简介

简言之，根据人们的意愿，利用工程设计的方法，在体外将克隆获得的目的基因与适当的载体进行切割和连接，构建成正确的重组表达载体，再应用物理的、化学的或生物学的方法将该表达载体导入细菌、动植物细胞或受精卵中，使目的基因在宿主体内以瞬时方式或稳定方式进行表达，借此研究目的基因/DNA 片段的结构与功能，或获得该基因的表达产物。这一过程就是基因工程。广义上，转基因动物、克隆、基因打靶、基因组计划等均属于基因工程的范畴。

一、分子生物学技术发展简史

早在 19 世纪中叶，G. Mendel 就提出了遗传学定律——分离和自由组合定律，并指出，遗传是由一些独立的单位从一个世代传递给下一个世代。这些独立的能够遗传的单位就是我们今天所说的基因（gene）。大量的实验证据表明，基因就是核酸分子中的最小遗传单位。核酸包括脱氧核糖核酸（DNA）和核糖核酸（RNA）两种，除部分病毒的遗传物质为 RNA 外（这部分病毒被称为 RNA 病毒），绝大多数生物的遗传物质为 DNA。1953 年，J. Watson 和 F. Crick 首先提出了 DNA 的双螺旋结构模型。这是一个在生命科学发展史上具有里程碑意义的重大事件，它标志着生命科学的发展从此进入了分子生物学时代。

随着对 DNA 的化学组成、结构和物理化学性质的深入研究，以及细胞内 DNA 的复制、转录和翻译过程的分子机制的阐明，人们在体外研究基因的结构与其功能之间的相互关系，或者获得某一基因的表达产物成为可能。于是，从核酸的提取、纯化与鉴定，DNA 的酶切、连接，重组 DNA 导入受体细胞及基因在细胞或个体中的表达，到表达产物的鉴定等环节，先后建立了一系列技术和方法，其中许多技术和方法的提出者被授予了诺贝尔奖。

20 世纪 70 年代，基因工程技术取得了突破性的进展。70 年代初期，Arber、Smith 和 Nathans 三个小组发现并纯化了限制性内切酶；几乎同时，Temin 和 Baltimore 分别独立发现了 RNA 病毒中的反转录酶，为广泛开展 RNA 的研究奠定了基础；1972 年，美国斯坦福大学的 Berg 等首次用限制性内切酶切割了 DNA 分子，并实现了 DNA 分子的重组。1973 年，美国斯坦福大学的 Cohen 等第一次完成了 DNA 重组体的转化，这一年被定为基因工程的诞生年，Cohen 成为基因工程的创始人。同时，各种仪器及分析手段进一步发展，先后成功研制了 DNA 序列测定仪、DNA 合成仪等。

除上述具有划时代意义的技术性成果外，还有许多技术在分子生物学的发展过程中发挥了重要的作用。例如，产生于 19 世纪 30 年代中期的"放射性同位素示踪技术"在 50 年代有了较大的发展，不仅在各种生物化学代谢过程的阐明中发挥了决定性的作用，而且为以后核酸和蛋白质标记技术的诞生奠定了基础；60 年代以后，各种仪器分析方法，如高效液相色谱（high performance liquid chromatography，HPLC）、光谱、X 射线衍射（X-ray diffraction）及核磁共振（nuclear magnetic resonance，NMR）等技术不断完善，在核酸和蛋白质分析、含量测定及空间结构解析等领域得到广泛应用。同期，氨基酸自动分析仪、多肽序列测定仪的应用极大地加快了蛋白质的氨基酸组成和序列分析工作。此外，层析和电泳技术也有了迅速发展。在 1968～1972 年，Anfinsen 创建了亲和层析技术，开辟了层析技术的新领域。1969 年，Weber 应用 SDS-聚丙烯酰胺凝胶电泳（SDS-PAGE）技术测定了蛋白质的分子量，使电泳技术得到了进一步发展。

20 世纪 80～90 年代，基因工程技术进入快速发展的时期。1980 年，英国剑桥大学的生物化学家 Sanger 和美国哈佛大学的 Gilbert 分别设计出酶法和化学法两种测定 DNA 分子核苷酸序列的方法，因此与 Berg 共同获得了诺贝尔化学奖。从此，DNA 序列分析法成为分子生物学最重要的研究手段之一。

1980 年，Gordon 等首次报道，用显微注射的方法将外源基因直接注射入受精卵的雄原核中，可以获得整合有目的基因的转基因小鼠。此后，转基因与转基因动物的研究迅猛发展，成为生命科学中的重要研究领域之一。

1981 年，Jorgenson 和 Lukacs 首先提出高效毛细管电泳（high performance capillary electrophoresis，HPCE）技术，由于其高效、快速、经济，尤其适用于生物大分子的分析，因此受到广大科学工作者的极大重视，发展极为迅速。HPCE 技术是分子生物学实验技术和仪器分析领域的重大突破，因此导致原用于分析的 HPLC 技术逐渐向制备方向发展。

1984 年，德国科学家 Kohler、美国科学家 Milstein 和丹麦科学家 Jerne 由于发展单克隆抗体技术，完善极微量蛋白质的检测技术而共享了诺贝尔生理学或医学奖。

1985 年，美国 Cetus 公司的 Mullis 等发明了聚合酶链反应（polymerase chain reaction，PCR）。这是一种高效 DNA 体外扩增技术，对于分子生物学的发展具有划时代的意义，Mullis 因此与第一个设计基因定点突变的美国科学家 Smith 共同获得了 1993 年的诺贝尔化学奖。

另外，用于 DNA 检测的各种技术，如核酸标记技术、核酸杂交技术[如斑点杂交（dot blot）、DNA 印迹（Southern blot）及 RNA 印迹（Northern blot）等]、DNA 或基因克隆技术（基因组文库和 cDNA 文库）、基因表达技术等相继产生并不断发展和完善。

进入 20 世纪 90 年代以后，人们逐渐认识到，对单一基因的结构与功能的研究远不能阐明生命的全部奥秘，必须从基因组水平上对生物的 DNA 结构进行破译，才有可能彻底揭开生命的奥秘或为此奠定坚实的基础。人类基因组计划（Human Genome Project，HGP）的实施与完成，标志着分子生物学研究进入了后基因组时代，基因组学、比较基因组学、转录组学、蛋白质组学及表观遗传学研究的迅速展开，以 DNA 测序自动化、基因芯片（gene chip）、双向电泳（two-dimensional electrophoresis）为代表的大规模、高通量核酸和蛋白质研究技术应运而生。这些技术都是以计算机技术为核心的众多学科交叉融合的结果。1997 年，Dolly 羊的诞生标志着体细胞核移植技术——动物克隆技术的建立和成功应用。它打破了动物体细胞全能性不可恢复的传统观念，具有重大的理论和实际应用价值。

二、DNA 重组的一般过程

DNA 重组的一般过程包括目的基因的获得、DNA 重组与转化、重组质粒（recombinant plasmid）（又称重组子）的筛选和鉴定、外源基因的导入，以及目的基因整合与表达产物的检测等步骤，如图 19-1 所示。

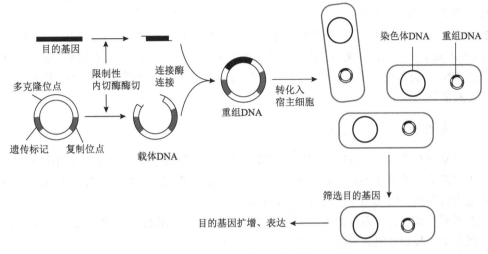

图 19-1　DNA 重组的一般过程

（一）目的基因的获得

这里所说的目的基因泛指要研究的 DNA 片段，可以是具有编码功能的 DNA 片段，即通常所说的目的基因，也可以是非编码序列，如启动子、增强子等。获得目的基因的方法主要有以下几种。

1. 从 cDNA 文库（cDNA library）中克隆　对已知序列或未知序列的基因均可先通过反转录方法建立 cDNA 文库，再筛选目的基因。对于已知序列的 cDNA 基因还可以利用反转录 PCR(RT-PCR)方法直接扩增获得。

cDNA 文库分为克隆文库和表达文库，也可分为质粒 cDNA 文库和噬菌体 cDNA 文库。在 DNA 重组中，cDNA 文库比基因文库更有用。建立 cDNA 文库的方法和详细操作步骤在很多基因工程操作方面的实验参考书中都有介绍，这里不再赘述。

2. 构建基因组文库　基因组文库（genomic library）是含有某种生物体全部基因随机片段的重组 DNA 克隆群体。一般先建立大片段的基因文库，然后将已克隆的一个大片段酶切为小片段，再用质粒或噬菌粒进行亚克隆（subclone），最后根据实验目的分别从不同基因文库中调取目的基因或非编码序列。

3. 聚合酶链反应　以特定的 DNA 为模板，通过特异性 PCR 获得目的基因。

4. 人工合成　小分子多肽或蛋白质基因通过化学合成即可制备，大分子蛋白质基因一般先合成特定的序列片段，再通过 DNA 连接酶依次连接合成。

5. 直接从染色体中分离　先分离细胞基因组 DNA，然后用特异的限制酶酶解或非特异的随机断裂。随机断裂包括机械的、化学的及非特异性酶降解。

（二）DNA 重组与转化

1. DNA 重组　　外源 DNA 片段与载体 DNA 连接在一起，构建成重组质粒的过程，就是 DNA 的重组，这一过程是以 DNA 连接酶为中心的生物化学过程。连接的原则：实验步骤简单易行；连接点能被限制酶重新切割而便于回收插入片段；有利于重组，避免载体自身环化；对复制表达过程不产生干扰。连接的方式主要有黏性末端连接、平末端连接、定向克隆、人工接头连接和多聚核苷酸连接等。

2. 转化　　在 DNA 重组过程中，将质粒或重组质粒导入宿主细菌细胞的过程称为转化（transformation）。转化的主要目的是将质粒 DNA 大量扩增，以获得足够数量的单克隆目的基因或载体 DNA，也可用于重组子的筛选与鉴定。如果将原核表达载体转化到表达宿主菌中，则可进行原核表达方面的研究。

（三）重组子的筛选和鉴定

将目的基因与载体片段进行连接后，用连接产物转化感受态细胞，在含有相应抗生素的平板上长出单菌落，此时并不是所有的菌落中都含有正确的重组子，需要经过一系列方法和步骤从中筛选出含重组子的细胞并鉴定重组子的正确性。

虽然不同载体和宿主系统的重组子的筛选鉴定方法不尽相同，但一般包括下列几步：初步筛选（粗筛）、酶切鉴定和测序鉴定等。

1. 初步筛选　　从众多菌落中迅速筛选出含有可能的重组子的细胞，为进一步鉴定其中的重组子的正确性打好基础。常用的初步筛选方法有以下几种。

（1）抗性失活　　某些质粒载体，如 pBR322 有两种抗性基因——四环素基因（*Tet*）和氨苄青霉素基因（*Amp*），多克隆位点位于 *Tet* 基因内部，当外源基因片段插入后，使 *Tet* 基因失活。转化有该质粒的细菌则只能在 Amp^r 培养基上生长，而不能在 Tet^r 培养基上生长。但应注意，理论上插入一个碱基就可以灭活 *Tet* 基因，所以并不是所有能够在 Amp^r 培养基上生长，而不能在 Tet^r 培养基上生长的菌落中都含有正确的重组子。

（2）α-互补（α-complementation）实验（蓝/白斑筛选）　　大肠杆菌的 *LacZ* 基因（3510bp）编码 β-半乳糖苷酶（共 1170 个氨基酸），该酶能够催化分解乳糖。某些质粒，如 pUC、pGEM 系列中含有 *LacZ* 基因的 5′端编码 146 个氨基酸——α-肽的 DNA 序列 *LacZα* 及其上游调控序列 *LacI*，而某些大肠杆菌人工突变菌株的基因组中编码 α-肽的基因片段被缺失掉，这种菌株不能分解乳糖。如果将上述质粒转化到这些突变菌株中，则可恢复分解利用乳糖的能力。这就是 α-互补。此时如果培养基中含有乳糖类似物 X-gal（5-溴-4-氯-3-吲哚-β-D-半乳糖苷）和诱导物 IPTG（异丙基-β-D-硫代半乳糖苷），则菌落呈蓝色。当外源基因片段（或单个碱基）插入 pUC 等质粒的多克隆位点后，几乎不可避免地破坏了 α-肽基因的读码框，转化相应的宿主菌后，则不能形成 α-互补，所形成的菌落为白色。将白色菌落中的重组子提取出来，进一步鉴定其正确性。

（3）快速鉴定　　用灭菌牙签从平板中直接挑取菌落按照一定的顺序影印到新的平板上，剩余的细菌经裂解后，直接进行琼脂糖凝胶电泳，同时设载体质粒作对照，根据迁移率大小初步判断是否为重组子。若外源插入片段太小，则不适合使用本方法。

（4）原位杂交　　将平板中的菌落原位影印到预处理过的硝酸纤维素膜或尼龙膜上，经裂解、固定处理步骤，使细菌中的质粒 DNA 暴露出来并固定在膜上，用目的基因的特异性探针进行杂交，出现阳性杂交信号者，即可初步确定为重组子。

（5）PCR　　从每个菌落取少量细菌，破碎后暴露出质粒 DNA，以此为模板进行特异性 PCR 扩增，同时设阳性、阴性对照。在琼脂糖凝胶电泳中出现特异性条带者就可能是重组子。

根据所使用的质粒载体的结构特点，可灵活选用上述方法中的一种方法进行重组子的初步筛选。有时也可根据插入目的基因的功能进行初步筛选。例如，绿色荧光蛋白（GFP）基因的表达产物在特定波长的光激发下可发出黄绿色荧光等。

2. 酶切鉴定　　对于初步筛选出来的可能的重组子转化菌分别培养后，按照碱裂解法小量提取质粒 DNA，选用合适的核酸内切酶酶切，对重组子的大小、插入片段的大小和插入方向等进行鉴定。

3. 测序鉴定　　对于酶切鉴定正确的重组子，一般来说都是完全正确的，但在极少情况下会出现个别碱基的缺失、插入、置换或颠换等改变。所以，对插入片段及其侧翼序列进行测序鉴定是确保重组子完全正确的关键一步。随着测序技术的进步，也可对可能的重组子直接进行序列测定，这样可以更快地获得正确的重组子。

（四）外源基因的导入

基因重组的最终目的是研究目的基因的结构与其功能的关系，或获得目的基因的表达产物。要达到上述目的就必须将目的基因导入宿主细胞中。外源 DNA 导入的方法有多种，包括机械法、化学法和生物学方法等。根据宿主细胞的种类不同，选用适当的方法。

1. 导入原核细胞　　重组 DNA 转化大肠杆菌主要用 $CaCl_2$ 处理制备感受态细胞或用电穿孔（electroporation）导入。$CaCl_2$ 转化大肠杆菌产生的细胞称为转化子（transformant），$CaCl_2$ 转化法具有转化效率高、快速、稳定、重复性好、受体菌广泛、便于保存等优点，是目前应用最广的方法。电穿孔法是借助电穿孔仪用脉冲高压瞬间击穿细胞膜脂质双层，使外源 DNA 高效导入细胞。

除转化技术外，还可以利用噬菌体、病毒为载体构建的重组子将目的基因导入宿主细胞中，这一过程称为转染（transfection）。而以噬菌体为媒介将外源 DNA 导入细菌的过程称为转导（transduction）。

2. 导入真核细胞　　常用的真核细胞包括酵母细胞、动物细胞和植物细胞。酵母由于生长条件简单，已成为真核生物基因重组优先选择的宿主细胞。酵母细胞进行外源 DNA 的转化，常需先将酵母细胞壁消化掉，制成原生质体，然后在 $CaCl_2$ 和聚乙二醇的存在下，重组 DNA 被细胞吸收，再将转化的原生质体悬浮在营养琼脂中，生长出新的细胞壁。外源基因导入动物细胞常用磷酸钙共沉淀法、DEAE-葡聚糖法、脂质体转染（lipofection）法、电穿孔法和病毒载体（virus vector）法等。常用的病毒载体有杆状病毒、腺病毒、反转录病毒和慢病毒载体等。

3. 导入受精卵　　将外源基因导入动物受精卵，培育获得整合有外源基因并能够稳定遗传的转基因动物。常用方法主要有显微注射（microinjection）、精子载体（sperm vector）法、胚胎干细胞（embryonic stem cell，ESC）法及病毒载体法等。如果受精卵的数量较多，也可以使用电穿孔法。

（五）目的基因整合与表达产物的检测

将原核表达载体转化到宿主细胞中进行表达，可直接进行表达的检测。常用的方法有 SDS-PAGE、RNA 印迹（Western blot）等。而将外源基因用适当的方法导入真核宿主细胞或受精卵培育转基因动物，外源基因是否已被导入宿主细胞内并与染色体 DNA 整合，其表达情况如何及遗传稳定性等都需要进行鉴定。

1. 整合水平的鉴定　　鉴定外源基因是否已被导入宿主细胞内并与染色体 DNA 整合，首先应提取细胞或组织染色体 DNA，然后利用下列方法进行检测。

（1）PCR　　针对目的基因设计特异性引物，以所提取的基因组 DNA 为模板，进行特异性扩增。注意，应同时设阳性和阴性对照。为了防止假阳性，应对扩增产物进行进一步鉴定，如序列测定、斑点杂交或与 DNA 印迹同时进行鉴定。

（2）DNA 印迹（Southern blot）　　对所提取的基因组 DNA 进行适当的酶切处理，经琼脂糖凝胶电泳、转膜、固定、预杂交、杂交和显色等系列处理，如果基因组 DNA 中整合有目的基因，则显示阳性信号。注意，应同时设阳性和阴性对照，所使用的限制性内切酶应在目的基因内部无切点。有关 DNA 印迹的原理与详细操作步骤请见相关书籍。

（3）荧光原位杂交（fluorescence *in situ* hybridization，FISH）　　这是一种检测目的基因在细胞染色体中的整合位点的技术。首先制备待检测细胞的染色体，用荧光标记的特异性探针进行原位杂交，在荧光显微镜下观察，整合有目的基因的染色体的特定部位会发出不同强度的荧光。可见，FISH 技术不仅可检测目的基因的有无，还对其整合位点进行了染色体定位。

2. 表达水平的鉴定　　因为转录和翻译统称为基因表达，所以表达水平的鉴定也就包括两部分内容：mRNA 和蛋白质的检测。

（1）mRNA 的检测　　利用 RNA 印迹（Northern blot）技术可检测目的基因是否转录成 mRNA。有关 RNA 印迹的原理与详细操作步骤请见第九章。

（2）蛋白质的检测　　利用 SDS-PAGE（第四章）、蛋白质印迹（第四章）、酶联免疫吸附测定（ELISA）、高效液相色谱（HPLC）及放射免疫测定（RIA）等技术方法，定性或定量测定目的基因在细胞或组织中表达的蛋白质。如果需要，可利用免疫组织化学技术对表达的目的蛋白进行细胞或组织定位。

三、基因工程技术的应用

以核酸体外操作为核心逐步建立起来的一系列分子生物学实验技术不仅极大地促进了人们揭示生命现象的本质和生命科学理论的发展，而且已成为人们主动改变生物遗传性状的重要工具。在 DNA 重组技术的基础上，又出现了以定点突变技术为基础的蛋白质工程、转基因技术、DNA 指纹技术等。DNA 人工合成及 PCR 技术的发展更有力地促进了生物技术的发展。近年来，分子生物学技术已经被广泛地应用于工业、农牧业、医药、环保等众多领域，产生了巨大的经济和社会效益。例如，蜘蛛丝蛋白的大量生产，动植物品种改良，重要活性蛋白[如人胰岛素、促红细胞生成素（EPO）等]的生产，许多已成功上市，为人们的生产、生活和生命健康起到了极大的促进作用。

生命科学是一门实验学科，任何生命现象的解释都需要依据周密的实验设计和可靠的实验结果。所以，对于有志于从事生命科学研究工作的青年学者，在学习掌握理论知识的同时，必须高度重视实验技能的提高，并将理论和实验技术紧密联系在一起，以已有的理论知识指导具体的实验操作，反过来以严密可靠的实验结果补充或发现新的理论，才能真正做出有价值的成果。

第二节　蛋白质工程原理简介

蛋白质工程是以蛋白质（protein）的结构形成规律及其与生物功能的关系为基础，通过有目的的分子设计，对天然蛋白质（多肽）进行定向改造。然后，直接利用人工合成技术，或利用基因工程手段，获得比天然蛋白质更优良、更符合人们需要的新型蛋白质的过程。也可利用其创造在结构和功能上全新的生物体中不存在的蛋白质。

一、蛋白质工程的发展简史

蛋白质工程是 20 世纪 80 年代初诞生的一个新兴生物技术领域，它一出现就因具有重要的理论意义和广阔的应用前景而备受学术界和产业界的广泛重视。

核酸（DNA 和 RNA）是所有生物的遗传物质，蛋白质是生命活动和特征的体现者。分子生物学的诞生和发展（20 世纪 50 年代初），特别是分子遗传学的发展，进一步阐明了生物的遗传信息从核酸到蛋白质传递过程的详细机制。

氨基酸序列测定（Sanger 和 Gilbert，1955 年）及蛋白质人工合成的成功（牛胰岛素，1965年），为研究蛋白质的结构与功能的关系奠定了基础。基因工程技术的产生和发展（20 世纪 70年代），尤其是基因定点突变技术的完善，为通过基因修饰改造蛋白质提供了技术指导；结构生物学（80 年代）揭示了大量蛋白质的精确立体结构及其与生物功能的相互关系，为蛋白质工程的诞生创造了条件。Ulmer 于 1983 年在 *Science* 上发表了题为 "Protein engineering" 的专论，标志着蛋白质工程的诞生。

在漫长的自然进化过程中，生物体已经筛选出了数量众多、种类各异及功能多样的蛋白质。例如，酶是催化化学反应的蛋白质；抗体起到防护生物体的作用；角蛋白或胶原蛋白用于稳定细胞结构；激素可用于信号传递。从生态角度看，蛋白质也是非常理想的物质，它的生物合成往往不需要消耗很多能量，它的专一性非常强，并且能很快被降解。

但是到目前为止，蛋白质远没有像化学试剂那样被普遍应用。究其原因是，蛋白质的分子量非常大，因此绝大多数蛋白质无法通过化学方法生产。天然蛋白质只有在其生理条件下才能发挥其最佳功能，在其他人为条件下往往不能正常发挥功能。例如，蛋白质在有机溶剂中有可能就是不稳定的。为拓宽蛋白质的应用范围，需要对蛋白质进行改造，使其在特定条件下也能有效发挥其生物学功能。

蛋白质分子设计就是为有目的地进行蛋白质工程改造提供设计方案。蛋白质分子设计属于交叉领域，涉及多个学科（如生物化学、材料、物理及计算机科学等）。其设计过程主要依赖于蛋白质结构的测定和分子模型的建立，按照蛋白质结构与功能的关系，综合运用生物信息学、计算生物学、计算机技术、基因工程学等多学科的技术手段，确保获得比天然蛋白质性能更加优越的新型蛋白质。蛋白质分子设计作为蛋白质工程中一个重要的新兴研究领域，代表了蛋白质工程研究中的核心及前沿问题。蛋白质分子设计的应用涉及药物、工业和食品用酶、污水处理、化学合成、疫苗、生物传感器等多个方面。广义的蛋白质分子设计不仅局限于 20 种常见氨基酸，也可以包括含有非天然氨基酸的蛋白质设计，以及从有机/无机模板出发设计具有类似蛋白质结构与功能的物质。

二、蛋白质工程产生的意义

蛋白质是生物体的基本组成成分之一，广泛分布在动植物和人体内，含量很高，约占人体固体成分的 45%。蛋白质是生命活动的物质基础，所有生物的生命活动过程都离不开蛋白质。概括起来讲，蛋白质具有以下几方面的功能：①催化作用，各种酶蛋白承担了体内的所有物质代谢和能量代谢反应；②防御功能，免疫球蛋白、凝血因子、抗菌肽（ABP）等是执行防御功能的蛋白质；③营养贮存，如卵清蛋白、酪蛋白等是具有营养功能的蛋白质；④运动作用，肌动蛋白和肌球蛋白支持肌肉的运动、精子的运动；⑤支持功能，如细胞膜的膜蛋白、各细胞器中的组成蛋白、细胞核染色体蛋白等；⑥调节作用，作为传感器或开关来控制蛋白质活性和参与基因表达功能，如胰岛素、生长激素、阻遏物等激素；⑦运输功能，载脂蛋白 E、血红蛋白、跨膜转运和转运蛋白；⑧参与遗传过程，复制、转录和翻译全过程；⑨光合/固氮作用；⑩其他功能，如信号转导等。可以说，没有蛋白质就没有生命。

三、蛋白质分子设计的目的

蛋白质分子设计的目的：一是为蛋白质工程提供指导性信息；二是有助于进一步深入揭示蛋白质序列、结构和功能之间的关系；三是为创造全新的蛋白质奠定基础。具体的目的：①阐明蛋白质结构层次之间的相互关系，探索蛋白质立体结构的形成规律；②解析蛋白质折叠过程的分子机制；③为蛋白质结构与功能的关系研究提供手段；④改造天然蛋白质的结构，获得符合需要的蛋白质；⑤为创造全新的蛋白质奠定基础。

四、蛋白质分子设计的分类

蛋白质分子设计可分为以下 3 类：①基于天然蛋白质结构的分子设计；②蛋白质从头设计；③蛋白质计算设计。

蛋白质分子设计分为基于天然蛋白质结构的分子设计及全新蛋白质设计。基于天然蛋白质结构的分子设计，可以按改造部位多寡分为 3 类。第一类为"小改"，主要通过定位突变一个或几个氨基酸来实现；第二类为"中改"，对天然蛋白质中的一些肽段或结构域进行拼接组装；第三类为全新蛋白质分子设计，属于"大改"的范畴，也就是从头设计创造全新的蛋白质。

1. 定点突变　该方法是对已知结构的蛋白质进行少数几个残基的替换，又称"小改"，这是目前蛋白质工程中广泛使用的方法。定点突变的工作是当前蛋白质工程研究的主体，在改造中如何恰当地选择突变残基是一个关键问题，这不仅需要分析残基的理化性质，同时还需要借助已有的三维结构或分子模型。这种方法通过定点突变技术有目的地改变几个氨基酸残基，借以研究和改善蛋白质的性质（如稳定性和可溶性），已成为蛋白质设计和改造的重要目标之一。

2. 拼接组装设计　该方法是指在蛋白质中替换一个肽段或者一个结构域，期望改变相应的功能，又称"中改"。蛋白质的立体结构可以看作由结构元件组装而成，因此可以在蛋白质不同部位替换结构元件，从而得到新的蛋白质。与"小改"相比，该方法需要对蛋白质进行较大程度的改造。由于蛋白质不同肽段结构元件间的拼装是在基因水平上操作完成的，故又称为"分子剪裁"。

3. 从头设计全新蛋白质　从头设计全新蛋白质分子是指从氨基酸一级序列出发，设计出自然界中不存在的全新蛋白质，使之具有特定的空间结构和预期的功能。从头设计全新蛋白质是在人们认识蛋白质多肽链的折叠原理，掌握其结构规律，了解蛋白质结构与功能关系的基础上进行的。它的目标是人工创造出自然界中不存在的蛋白质分子，使之具有人们所需要的特殊结构和功能，为人类所利用。

五、蛋白质分子设计的理论依据

1）内核假设：内核是指蛋白质在进化中形成的内部保守区域。在通常情况下，内核由氢键连接的二级结构单元组成。蛋白质内核中侧链的相互作用决定其独特的折叠形式。

2）所有蛋白质内部都是紧密堆积（很少有空穴大到可以结合 1 个水分子或惰性气体），并且没有重叠。

3）所有内部氢键都是最大满足的，包括主链和侧链。

4）金属蛋白质中，配位残基的替换要求满足金属配位几何。在金属离子周围放置适当数目的氨基酸侧链或溶剂分子，保持正确的键长、键角及整体几何。

5）对于金属蛋白质，围绕金属中心的第二壳层的相互作用是重要的。因为许多氨基酸含有一个以上的侧链基团，除与金属离子形成配位键以外，基团之间，或与其他氨基酸侧链之间形成氢键，甚或共价键，如组氨酸等。

6）最佳的氨基酸侧链几何排列，包括排列顺序、优势构象。

7）疏水及亲水基团应合理地分布在溶剂可及与不可及的表面。

8）结构及功能的专一性。这是蛋白质分子设计最困难的问题。

上述前 5 条理论依据都是对天然蛋白质的设计，后 3 条是对全新蛋白质的设计要求。

蛋白质结构与功能的关系，以及蛋白质折叠的规律是开展蛋白质分子设计的理论基础。同时，随着蛋白质分子设计研究的不断深入，已经形成了一些设计规则和策略，以保证分子设计的成功。鉴于蛋白质分子设计的目标不同，以下仅列出一些具有普遍性的设计原则。

1. 基于疏水内核的设计　　包埋在蛋白质内部氨基酸侧链的疏水相互作用是蛋白质总体折叠的主要驱动力。几何上，疏水内核必须紧密堆积，既不允许过度"拥挤"，也不允许出现"空洞"。研究表明，疏水内核的氨基酸突变有可能在不改变蛋白质结构的前提下提高蛋白质的热稳定性。早期的分子设计一个常用的策略是基于疏水内核的设计，由于疏水内核只能容纳疏水性氨基酸，这大大简化了设计的复杂度。同时，基于疏水内核的分子设计还绕开了复杂的蛋白质表面的溶剂效应。

2. 活性设计　　活性设计是蛋白质分子设计的一个重要目标，通过选择化学基团和控制化学基团的空间取向，使得设计的蛋白质具有某种活性功能。一般来讲，在这类设计中应采用天然存在的氨基酸来提供所需的化学基团，尽管原则上并不限制引入其他外来基团。例如，Cuttu等在构建具有核酸酶活性及核酸结合活性的蛋白质时，重点使用了组氨酸的催化活性。同时，还应该考虑一些辅因子的使用，因为氨基酸组合有时并不能有效提供感兴趣的活性，在许多情况下还需通过加一些辅因子来达到预期的设计目的。

3. 专一性设计　　功能性蛋白质在发挥其生理功能时，总是与其他分子发生专一性的相互作用。以酶分子为例，酶的功能区域分为催化部位和底物结合部位。显然，专一性是与后一部位相关的。有的酶分子这两个部位是在一条肽链上，如丝氨酸蛋白水解酶类；也有些酶分子两个部位分别处在不同的肽链上，如凝血酶的催化活性与其 B 链相关，而 A 链具有底物结合的专一性。理解化学基团与底物专一性结合的分子机制对蛋白质设计是十分重要的。

4. 框架设计　　框架（scaffold）设计也是蛋白质分子设计的常用策略。天然蛋白质是框架化的，但是只有少数几个残基参与底物的结合和催化反应。也就是说，蛋白质设计时可以保持蛋白质整体框架不变，对表面部分氨基酸进行改造，赋予蛋白质新的活性。最早，免疫球蛋白的可变结合区常用来改造以结合不同的抗原。进而，分子框架的概念被提出来，即一个蛋白质整体框架不变，同时允许部分可变区域产生不同的功能。除免疫球蛋白外，一系列其他蛋白质结构也被用作分子设计的框架。

5. 疏水基团与亲水基团需合理分布　　对于新设计的蛋白质分子，它的疏水基团与亲水基团需要合理分布，但这种分布并不仅仅是简单地使暴露在外面的残基具有亲水性，埋藏在内部的残基具有疏水性。而是还应安排少量的疏水性残基在表面，少量亲水性残基在内部。因为蛋白质分子的侧链不总是完全地亲水或完全地疏水。例如，Lys 连接到主链上的碳原子是疏水的，但是侧链是一个带正电荷的 γ 氨基。所以在蛋白质分子的设计过程中要在原子水平上区分侧链的疏水部分与亲水部分。

6. 最优的氨基酸侧链几何排列　　蛋白质的侧链构象由空间两个立体因素决定。第一，侧链构象取决于旋转侧链的立体势垒，择优构象可通过实验统计测量，也可由热力学原理计算得到；第二，侧链构象由氨基酸主链在结构中的位置决定。蛋白质内部的紧密堆积表明侧链构象在折叠状态是一种能量最低的构象。

由于对蛋白质结构和功能关系的了解还不够深入，尽管目前已经有蛋白质分子设计成功的实例，但蛋白质分子设计所需依据的原则还有待于在实践中继续摸索总结。

六、蛋白质分子设计的一般流程

蛋白质分子设计是一门实验性科学，处处体现着理论设计过程与实验过程的相互结合。它需要多学科研究人员的参与，如生物信息学家、结构生物学家、蛋白质化学家、生物技术专家等的合作与配合。在这个过程中计算机模拟技术和基因操作技术是两个必不可少的工具。蛋白质分子设计的过程简单来说就是首先通过生物信息学对所研究对象的结构和功能信息进行收集分析，建立研究对象的结构模型，在此基础上进行结构-功能关系研究，对其功能相关的结构进行研究和预测，然后提出蛋白质结构改造的设计方案，再通过基因工程改造得到设计产物，并通过相关试验进行验证，根据验证结果进一步修正设计，但要得到具有预期结构与功能的蛋白质是不容易的，可能需要经过几轮的循环。蛋白质分子设计的流程框图如图 19-2 所示。

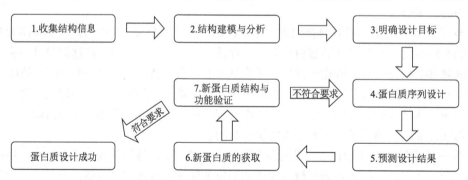

图 19-2　蛋白质分子设计流程框图

1. 收集目标蛋白质的结构信息与计算机建模　　搜集所研究蛋白质一级结构、三级结构、功能结构域及与之相关的同源蛋白质的有关数据，为蛋白质分子设计提供背景知识与数据准备。目前蛋白质数据库（PDB）已收集了近 10 万个实验测定的蛋白质三维结构。但与蛋白质序列的数目相比，蛋白质三维结构的数目仍微不足道。对天然蛋白质进行分子设计时，首先要查询 PDB 以了解这个蛋白质的三维结构是否已被收录，同时还可查找同源性较高的蛋白质的三维结构。

PDB 中或文献报道中有待研究蛋白质的三维结构，可直接采用，作为进行分子设计的初始结构模型。如果 PDB 中没有收录又未见文献报道，可通过蛋白质 X 射线晶体学及 NMR 等方法测定蛋白质的三维结构，不过目前实验测定蛋白质三维结构的难度仍然较高，而且周期较长。此外，可以依据已有的同源性较高蛋白质的三维结构，结合三维结构预测方法，构建待研究蛋白质的三维结构；相对而言，预测的三维结构的准确性可能不够高，有可能会增加蛋白质分子设计的工作难度。

借助结构显示图形软件及常用的生物信息学软件对待研究蛋白质的结构模型进行详细分析，分析其三维结构的特点、功能活性区域及分布、结构中存在的二硫键数目和位置等，为选择设计目标提供依据。

2. 确定设计目标　　所谓设计目标，就是确定所要建造的三级结构，找出对所要求的性质有重要影响的位点或区域。需要认真考虑所要求的性质受哪些因素的影响，然后逐一对各因素进行分析，找出重要位点或区域。一方面要考虑使蛋白质可能具有所要求的性质，另一方面又要尽量维持原有结构，不对其做大的改动。就目前的水平而言，所选择的目标均是一些残基不多、结构简单并具有对称性的蛋白质结构。这类结构在自然界中广泛存在，如四螺旋束、上下 β 筒结构等，而且人们对这类结构研究的较多，因而有许多经验规则可循。

3. 蛋白质序列设计　　选定目标之后就要进行蛋白质序列设计，选择的序列应尽可能地不同于天然结构的序列。设计时，要充分考虑氨基酸残基形成特定二级结构的倾向性。例如，设计 α 螺旋时，应选择 Leu、Glu 等易于形成 α 螺旋的残基；设计全 β 结构时，应选择 Val、Ile 等易于形成 β 折叠股的残基；而在设计转角时常选择 Pro-Asn 残基对，因为以这个残基为中心极易形成转角，还要考虑到疏水相互作用、螺旋的偶极稳定作用、静电相互作用、氢键作用及残基侧链的空间堆积，尽可能地使序列有利于形成预期的二级结构。最早的设计方法是序列最简化法，其特点是尽量使设计的复杂性最小，一般仅用少数几个氨基酸。设计的序列往往具有一定的对称性和周期性，这种方法可使设计复杂性减少，并能检测一些蛋白质折叠的规律和方式。

4. 预测设计结果　　当设计好序列后，需通过理论预测方法预测出所设计的蛋白质的二级结构和三级结构，初步检验设计的正确程度，检验目标模型与预期目标的吻合程度，并在此基础上加以适当调整，使得目标模型达到预期的目标。目前主流的二级结构预测有基于神经网络的蛋白质二级结构预测（PSIPRED）方法和蛋白质二级结构预测（PROFsec）方法等，所依据的基本思想是基于多序列比对的进化信息及机器学习的方法；三级结构预测方法已有很多，如同源模拟、折叠识别和从头计算法，所依据的原则是序列相似蛋白质具有相似的结构及能量最低原理。因此，设计与预测是紧密结合在一起的。

突变体结构的预测应尽量使用多种理论方法，使结构的预测具有高的可靠性。定性或定量计算优化所得到的突变体结构是否具有所要求的性质，也是蛋白质设计成功与否的重要一环。好的分子设计人员需要有扎实的物理化学基础。

5. 新蛋白质的获取及结构与功能验证　　对蛋白质分子进行计算机理论设计之后，还需要在实验室中将它付诸实验，以检验设计的成功与否。多肽化学合成方法为合成新设计的蛋白质分子提供了有效途径。同时也可通过基因工程手段改造基因，然后进行基因表达，并分离纯化获得新蛋白质分子。对获得的新蛋白质分子，需检测其结构和功能，确定蛋白质分子设计成功与否。一般来讲，需要进行多轮反复设计、修改和试验，直至达到预期的设计目标，才算完成了蛋白质分子设计。

分子生物学的发展是基于对生物大分子的了解，尤其是 DNA 和 RNA。通过对前面章节的学习，我们知道 DNA 和 RNA 是生命体中遗传信息的载体，生物学中的许多秘密就隐藏于 DNA 的核苷酸序列中。但是要得到一段较长的 DNA 序列，在 20 世纪 70 年代初期以前似乎还只是一个幻想，更不用说现在随处可见的任意改变 DNA 的序列这样一类实验。然而，随后的技术上的进步迅速改变了这一状况。首先，能够用酶在特定位点切割 DNA，并将其断裂成可重复的不同大小的片段，这些现在称为限制性内切酶的应用，使两种非常重要的技术，即 DNA 克隆和 DNA 序列分析得到了极大发展。

　　两个 DNA 分子可以在酶的催化下连接起来。因此，任何 DNA 的限制性片段都能插入到下一个载体 DNA 分子中（通常是质粒 DNA 分子），这样就形成了重组 DNA 分子，将重组 DNA 分子引入到合适的细胞群体中之后（常见为细菌），带有特定重组 DNA 分子的细胞可被挑选出来。这一过程称为目的 DNA 片段的克隆。由此，我们可以制备出无限量的特定 DNA 特定分子，随着技术的发展，现在能够利用化学方法在机器上自动合成长度达 100 个碱基的 DNA 寡聚核苷酸。因此，人们不仅能够制造出含有天然 DNA 的重组 DNA 分子，也能够将经过突变的或人工合成的 DNA 分子插入到载体分子中。

　　DNA 序列的快速分析法是 20 世纪 70 年代末发展下来的。利用限制性内切酶，人们可以完全重复地把从某一生物体中得到的 DNA 切割成大小不同的片段。这些片段在原来的 DNA 分子中的排列顺序可以通过实验得以确定。确定一个长度为 500bp 的 DNA 片段的顺序已成为现实。因此，要分析一个长达 10kp 的 DNA 分子也已没有任何困难。也就是说，任何 DNA 分子都可进行分离和序列分析。这为人们了解复杂的真核生物基因组织结构开辟了道路。依靠计算机的帮助，我们现在可以自动分析 DNA 的序列，并将序列资料进行贮存、比较和分析。

　　现在分子生物学技术还能够把任何 DNA，无论是天然还是经过改造的，甚至是完全人工合成的，送回到细胞中，以鉴定其生物学活性。如果一段编码蛋白质的基因被送回到细菌或其他细胞中时，它将指导所编码的天然的或突变的蛋白质的合成。

第二十章　核酸与蛋白质研究的现代技术

生命科学理论研究的突破无一不与生物技术的产生和发展密切相关。二者相辅相成，互相促进。理论上的发现为新技术的产生提供了思路，而新技术的产生又为原有理论的完善和新理论的提出提供了强有力的验证工具。核酸和蛋白质等生物分子的研究中都需要应用基因或 DNA 操作，同生命科学的飞速发展一样，生命科学领域的新的研究技术也是层出不穷，本章在前面已介绍的核酸和蛋白质基本研究技术的基础上，以 DNA 为主线，主要介绍与核酸和蛋白质研究相关的最新研究技术。

第一节　基因组工程技术

一、核酸酶保护分析技术

当核酸（DNA/RNA）中某段序列能与其他核酸（DNA/RNA）形成互补结合或与某种蛋白质特异性结合后，核酸酶（S1 核酸酶、RNA 酶和核酸外切酶Ⅶ）就只能降解反应系统中未结合的核酸，留下被结合的核酸片段可以定性或定量检测出来的方法即核酸酶保护分析技术。三种不同的核酸酶——S1 核酸酶、RNA 酶和核酸外切酶Ⅶ被用来进行 RNA 定量，确定内含子位置，以及用来鉴定在克隆的 DNA 模板上 mRNA 5′端和 3′端的位置。

S1 核酸酶（S1 nuclease）保护分析技术常用于分析基因中的内含子，其在一定条件下专一水解杂交体系中的单链 DNA 和单链 RNA，不水解 DNA 探针与待测 RNA 杂交形成的杂交分子，使杂交分子得到保护。具体为基因组 DNA 与其表达的 mRNA 杂交，内含子部分可形成突环；S1 核酸酶处理除去内含子突环，通过电泳分离外显子，可确定内含子的数目。

内含子与外显子边界或转录起始位点的确定同样借助 S1 核酸酶标记的 DNA 核酸探针（与内含子区域及转录起点有重叠）与细胞的 RNA "退火"，不能杂交的单链部分由 S1 核酸酶切除，然后可以精确确定转录的起点。

核糖核酸酶（Rnase，RNA 酶）保护分析技术则是通过液相杂交的方式，用反义 RNA 探针与样品杂交，以检测 RNA 的表达，是一种 mRNA 定量分析方法。具体为将标记的特异 RNA 探针（^{32}P 或生物素）与待测的 RNA 样品液相杂交，标记的特异 RNA 探针按碱基互补的原则与目的基因特异性结合，形成双链 RNA；未结合的单链 RNA 经 RNA 酶 A 或 RNA 酶 T1 消化形成寡核糖核酸，而待测目的基因与特异 RNA 探针结合后形成双链 RNA，免受 RNA 酶的消化。

核酸外切酶Ⅶ（exonuclease Ⅶ）是一种严格的单链定向酶，具有 5′→3′ 和 3′→5′核酸外切酶活性，这使其成为唯一一具备单链特异性的双向核酸外切酶。核酸外切酶Ⅶ还可以解决 S1 核酸酶保护试验中出现的异常情况。

二、CRISPR 基因编辑技术

成簇规律间隔短回文重复（clustered regulatory interspaced short palindromic repeat，CRISPR）通常与很多病毒 DNA 序列结伴而行，并具有核酸内切酶活性，这些蛋白质称为 Cas 蛋白

（CRISPR-associated protein）。CRISPR/Cas 系统是细菌和古生菌特有的一种天然防御系统，用于抵抗病毒等外源遗传物质的侵害。当外源基因入侵时，该防御系统的 CRISPR 序列会表达与入侵基因组序列相识别的 RNA，然后 Cas 蛋白在序列识别处切割外源基因组 DNA，从而达到防御目的。

目前，来自酿脓链球菌（*Streptococcus pyogenes*）的 CRISPR/Cas9 系统应用最广泛。Cas9 蛋白含有两个核酸酶结构域，可以分别切割 DNA 两条单链。Cas9 首先与 crRNA 及 tracrRNA 结合成复合物，然后通过 PAM 序列结合并侵入 DNA，形成 RNA-DNA 复合结构，进而对目的 DNA 双链进行切割，使 DNA 双链断裂。由于 PAM 序列结构简单（5′-NGG-3′），几乎可以在所有的基因中找到大量靶点，因此被广泛应用。CRISPR/Cas9 系统已经成为非常有前景的新型基因编辑技术，可用于敲除或抑制包括人和其他生物体的目标基因及农作物细胞内的基因。

CRISPR/Cas9 系统通过筛选可将细胞中的靶基因完全敲除。主要操作步骤如下。

1）载体设计：根据靶基因信息选择合适的敲除位点，通过在线设计软件设计敲除位点，并将敲除位点标记在基因组序列上。敲除位点的选择依据应包含敲除效率较高、脱靶效应相对低、在外显子和内含子交界处、不同位点不重叠等。根据获得的信息设计引物，包括 Oligo 序列设计（通常载体中由 U6 启动子启动 sgRNA，其第一位碱基要求为"G"）和测序引物设计。

2）载体制备：将含有 Cas9 骨架的原始质粒进行线性化并连接靶基因构建新载体，随后进行测序验证并将验证正确的载体进行无内毒素质粒抽提。

3）慢病毒包装：在进行正式实验之前应通过细胞学预实验确定嘌呤霉素的药杀浓度，进行单克隆生长能力测试及感染复数（MOI）值的摸索。将构建好的载体在总量不变的情况下，根据穿梭载体的大小，调整穿梭载体与辅助载体的比例，根据相关转染试剂的要求，进行质粒与转染试剂的混合并进行质粒转染。然后进行慢病毒的浓缩与纯化并使用 PBS 溶解。

4）细胞浸染：按照 MOI 值取相应的病毒量侵染细胞，并在一定时间内换液药杀。

5）Pool 细胞（稳定转染细胞的混合种群，含转染和未转染的所有细胞）检测：取药杀后的细胞，提取基因组，PCR 扩增后测序并观察检测位点是否具有活性，有无大量基因组被编辑的细胞。

6）单克隆筛选：对 Pool 细胞计数后，通过有限稀释来控制细胞浓度，在培养一段时间后观察并标记单克隆以方便单克隆的筛选。获取细胞基因组可先行对其进行 PCR 扩增，在出现扩增条带的情况下进行测序并与原基因组进行比对。

7）敲除分析：包括核酸序列分析、转录与翻译预测等。

目前，CRISPR/Cas9 已成为简单且功能多样的基因编辑工具，可用于编辑病原 DNA 对抗传染病、纠正单基因疾病、诱导治疗性或保护性突变。随着基因编辑技术的发展，CRISPR/Cas9 技术可用于修饰细胞器的基因以模拟肿瘤的发生，可以精确地改变动物、植物和微生物的 DNA。这项技术对生命科学产生了革命性的影响，正在为新的癌症疗法作出贡献，并可能使治愈遗传疾病的梦想成为现实。利用 CRISPR/Cas9 基因剪刀，修改细胞中的基因，改变生命密码。

三、RNA 干扰技术

RNA 干扰（RNA interference，RNAi）是一种内源性基因沉默机制，是指由双链 RNA（dsRNA）诱发的、同源 mRNA 高效特异性降解的技术。其可在转录水平、转录后水平和翻译水平上阻断基因的表达，是生命科学研究的一项重要手段。使用 RNAi 技术可以特异性剔除或关闭特定基因的表达。其最早于 1998 年由 Andrew Fire 等首先在对秀丽隐杆线虫注入双链核糖核酸（dsRNA）的研究中发现的。

如图 20-1 所示，RNAi 过程可分为起始阶段和效应阶段两个阶段。首先外源性或内源性 dsRNA 在细胞内与 Dicer 酶结合形成 Dicer 酶-dsRNA 复合物，随后被 Dicer 酶切割成 21～23bp 的短链 dsRNA，这是 RNA 干扰的起始诱导物，即 siRNA，这一过程被称为 RNAi 的起始阶段。

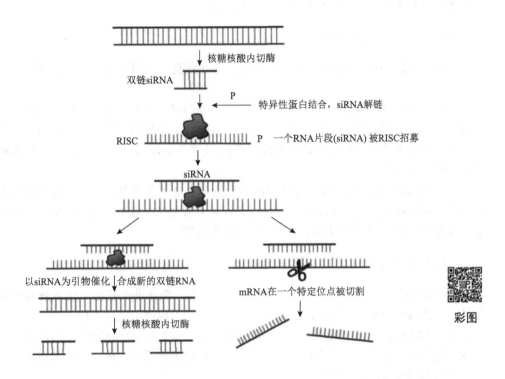

图 20-1　RNA 干扰（RNAi）技术的原理

siRNA 在细胞内与解旋酶和其他蛋白质分子结合形成 RNA 诱导的沉默复合物（RNA-induced silencing complex，RISC）。随后依靠 ATP 提供的能量，siRNA 解链成正义链与反义链，反义 siRNA 按照碱基互补原则识别目的基因转录出的 mRNA，进而引导 RISC 结合 mRNA，在结合部位对 mRNA 进行切割，切割的位点是与 siRNA 反义链互补结合的两端。mRNA 被切割后断裂，随即降解，从而抑制基因的表达，引起基因沉默。这一过程被称为 RNAi 的效应阶段。

siRNA 不仅能引导 RISC 切割同源单链 mRNA，而且可作为引物与靶 RNA 结合并在依赖于 RNA 的 RNA 聚合酶（RNA-dependent RNA polymerase，RdRP）作用下合成更多新的 dsRNA，新合成的 dsRNA 再由 Dicer 酶切割产生大量的次级 siRNA，从而使 RNAi 的作用进一步放大，最终将靶 mRNA 完全降解。

siRNA 的应用主要体现在以下 3 个方面：基因功能的研究；基因治疗（肿瘤、遗传性疾病、病毒感染引起的疾病等）；新药开发。与其他方法相比，RNAi 技术在基因功能研究上有其独特的优点：①具有可靠性和易用性；②成本低，周期短；③具有高度特异性和高效性；④可进行高通量（high throughput）基因功能分析。因此，RNAi 已成为几种模型生物中功能基因组研究中使用最广泛的技术，并进一步衍生到对代谢、免疫和癌症等疾病的治疗。

四、基因过表达技术

将目的基因的 CDS 克隆到相应的质粒或病毒载体上，利用载体骨架上构建的调控元件，使基因可以在人为控制的条件下实现大量转录和翻译，从而实现目的基因的过表达。其基本过程是通过人工构建的方式在目的基因上游加入调控元件，使目的基因可以在人为控制的条件下实现大量转录和翻译，从而实现基因产物的过表达。

（一）基因过表达技术的分类

1）通过添加融合或非融合的荧光标签、亲和标签、亚细胞定位等一系列修饰的常规蛋白质表达。

2）非编码 RNA 表达。与常规蛋白质表达不同的是，由于非编码 RNA 仅仅转录而不翻译，无蛋白质产生，因此此类表达载体（特别是 lncRNA）最好独立表达荧光蛋白，且常规蛋白质表达的修饰不能使用。目前常见的非编码 RNA 主要为 microRNA、lncRNA、circRNA 三大类，表达载体与之对应。

3）毒性蛋白质表达。细胞毒性蛋白质表达与常规蛋白质表达的载体除少量修饰外并无明显区别，但在腺相关病毒（AAV）载体制备过程中对表达的毒蛋白质进行抑制才能产生。此类载体主要用于过表达各种对细胞有毒害作用的蛋白质。

（二）基因过表达技术的操作步骤

1）构建克隆：将目的基因连接在特定的载体上，载体种类依据表达系统差异而不同。在载体上一般含有增强基因转录的启动子，不同系统中的启动子完全不同。

2）将克隆导入表达细胞中：在大肠杆菌、酵母和哺乳动物细胞中，构建的外源质粒直接导入细胞即可，这个过程称为转化或转染。对于昆虫表达系统，构建的质粒还需要先转座成为杆状病毒基因组才能用于转染。

3）若要获得稳转基因过表达细胞系，后续还需使用该重组质粒包装慢病毒并进行细胞侵染、检测、单克隆筛选及测序分析等。

基因过表达技术是一种常用的实验手段，可以用于研究基因的功能、调控机制及相关疾病的发生机制。其应用多体现在：①功能研究：通过基因过表达技术，可以将目标基因在细胞或动物模型中过表达，进而观察该基因的功能和影响。②疾病机制研究：通过过表达在疾病发生中起关键作用的基因，揭示其对疾病的贡献及调控机制，从而为疾病的诊断和治疗提供依据。③药物研发：通过过表达特定的基因，可以用来筛选和测试潜在药物的疗效。

五、基因的定点突变技术

定点突变（site-directed mutagenesis）一般通过聚合酶链反应等方法向基因组、质粒等目的 DNA 片段中引入所需突变，包括碱基的缺失、插入、点突变等。定点突变能迅速、高效地提高 DNA 所表达的目的蛋白的性状及表征。目前较为常用的定点突变方法为重叠延伸 PCR 介导的突变引入技术。1988 年，Higuchi 等在 PCR 基础上运用重叠延伸方法将突变序列引入 PCR 产物的中间部位。

（一）重叠延伸 PCR 技术的原理

重叠延伸 PCR（overlapping extension PCR，OE-PCR）技术又称重叠区扩增基因拼接法或套叠 PCR 技术，是通过设计内部具有重叠部分的特异性引物，使 PCR 产物形成了重叠链，从而在随后的扩增反应中通过重叠链的延伸，将不同来源的扩增片段重叠拼接起来的过程。

重叠延伸 PCR 是可以将不相邻的两个基因或片段拼接起来进而构建成融合基因的一种技术。首先根据目的基因的核苷酸序列，设计多对具有互补末端的引物，先分段对模板进行 PCR 扩增，然后将分段 PCR 产物混合，再用一头一尾的外侧引物对其进行 PCR 扩增，通过各片段重叠序列间的碱基互补配对并相互延伸，从而获得全长产物。

（二）重叠延伸 PCR 技术的主要步骤

1）引物设计。重叠延伸 PCR 作定点突变引物的设计（以图 20-2 将碱基 G 突变为 T 为例）：引物 F1 及 R2 为基因两端特异引物，其中以突变的碱基为中心，两边加上 12～20bp 序列分别为 R1 及 F2，作为中间引物。其中引物 R1 及 F2 中间共享一段序列（12～20bp 完全匹配为宜）。重叠区域中应尽量避免富含 AT 的序列，因为在片段合成过程中，接头区富含 AT 的区域极易发生错配。注意重叠引物的 T_m 值应相同或相近，有助于提高效率。

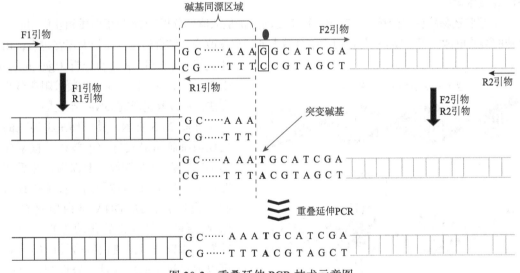

图 20-2　重叠延伸 PCR 技术示意图

2）PCR 扩增。以 F1 和 R1 为上下游引物进行 PCR 扩增，以 F2 和 R2 为上下游引物进行 PCR 扩增。扩增后产物经琼脂糖凝胶电泳鉴定，将扩增目的片段切胶回收。

3）以回收 DNA 片段为模板，进行重叠延伸 PCR。琼脂糖凝胶电泳鉴定，回收重叠延伸 PCR 产物。

4）对回收的重叠延伸 PCR 产物进行测序验证。

（三）重叠延伸 PCR 技术的应用

1. 重叠延伸 PCR 克隆融合基因　　通过重叠延伸 PCR 可以实现无限制性内切酶和连接酶处理的、不同来源的、独立的基因片段的拼接。重叠延伸 PCR 引物含有末端互补序列，第一轮

PCR 产生的两个 DNA 片段由于末端带有一段互补序列，因而可以互为引物相互延伸进行拼接和扩增，从而获得重组体。

2. 重叠延伸 PCR 克隆突变基因　　在重叠延伸 PCR 中通过在重叠引物中增加突变位点从而达到获得目标突变体的目的，由于其突变效率高、耗时短、操作简单、成本低廉等优点而备受瞩目。重叠延伸 PCR 技术不仅能实现基因定点突变，还能很容易地实现大片段的插入及删除。由于重叠延伸 PCR 不受突变位置及突变类型的限制，而且成功率很高，因此应用非常广泛。

3. 重叠延伸 PCR 扩增长片段基因　　用几对寡核苷酸引物，以其 3′端的一个短互补序列退火形成小段双链，从而互为模板和引物，通过引导合成可达 400bp 的目的序列。对于较长的靶序列，则需将大的目的片段分成 300～400bp 大小的片段，然后再进行二次组装合成长片段基因，这为利用基因工程研制具有生物活性的蛋白质提供了一种可行的技术手段。

第二节　生物大分子相互作用技术

一、蛋白质与 DNA 相互作用技术

基因表达调控涉及基因组 DNA 和一系列结合蛋白质的相互作用。研究蛋白质与 DNA 之间相互作用的主要方法包括凝胶迁移率变动分析、DNase Ⅰ 足迹法、酵母单杂交技术和染色质免疫沉淀技术等。

1. 凝胶迁移率变动分析　　凝胶迁移率变动分析是从体外分析 DNA 与蛋白质相互作用的一种特殊的凝胶电泳技术。DNA 与蛋白质结合后电泳迁移率改变，结合的蛋白质越大迁移越慢，由此建立了凝胶迁移率变动分析（gel mobility shift assay，GMSA）（又称凝胶阻滞分析）方法，用以鉴定研究 DNA 结合蛋白。

如图 20-3 所示，其原理是将纯化的蛋白质或细胞粗提液与 ^{32}P 放射性核素标记的 DNA 或 RNA 探针一起保温，然后在非变性的 PAGE 上电泳分离，如果探针与目的蛋白结合，则 DNA-蛋白质复合物或 RNA-蛋白质复合物的移动比非结合的探针慢。探针与目的蛋白结合反应的特异性可以通过过量的冷探针竞争性结合反应来确定，从而在体外证实靶 DNA 能与相应的目的蛋白结合。然后，利用 DNA 上的特异序列与结合蛋白的高亲和性，分离纯化 DNA 结合蛋白，如用亲和层析。另外，利用一个特异的 DNA 探针，从 cDNA 文库中找出表达这种 DNA 结合蛋白的克隆，然后进一步扩增和表达它。

GMSA 通常用于研究和寻找具有调控作用的顺式作用元件，以及与顺式作用元件相结合的蛋白质氨基酸顺序或结构域。

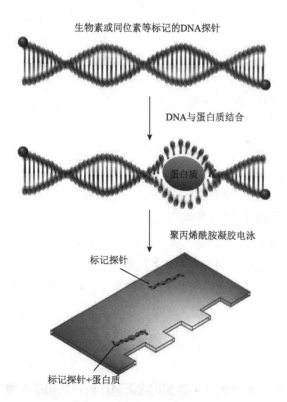

生物素或同位素等标记的DNA探针

DNA与蛋白质结合

蛋白质

聚丙烯酰胺凝胶电泳

标记探针

标记探针+蛋白质

图 20-3　GMSA 技术示意图

2. DNase I 足迹法　DNase I 足迹法（DNase I foot printing）是基于保护蛋白质结合的 DNA 不被降解的原理，是一种用来测定 DNA-蛋白质专一性结合的方法。其用于检测与特定蛋白质结合的 DNA 序列的部位，可展示蛋白质因子同特定 DNA 片段之间的结合区域。蛋白质 SDS-PAGE 与核酸印迹技术结合，确定蛋白质与核酸的相互作用位置，揭示与蛋白质特异结合的核酸序列和基因调节蛋白，用于基因表达调节的研究。

其原理为 DNA 和蛋白质结合后便不会被 DNase I 降解，在测序时便出现空白区（即蛋白质结合区），从而了解与蛋白质结合部位的核苷酸碱基对数目。再用酶移除与蛋白质结合的 DNA 后，又可测出被结合处 DNA 的序列。

3. 酵母单杂交技术　酵母单杂交（yeast one hybrid）技术是 20 世纪 90 年代中期由 Li 等从酵母双杂交技术中发展而来的，是体外分析 DNA 与细胞内蛋白质相互作用的一种强有力的研究方法。它用于鉴定细胞中转录调控因子（蛋白质）与顺式作用元件（DNA）相互作用，识别稳定结合于 DNA 上的蛋白质。其突出的特点是在酵母细胞内研究真核生物中 DNA-蛋白质之间的相互作用，并通过筛选 DNA 文库直接获得靶序列相互作用蛋白质的编码基因。

真核生物基因的转录起始需要转录因子的参与，转录因子通常由一个 DNA 特异性结合功能域和一个或多个其他调控蛋白相互作用的激活功能域组成，即 DNA 结合域和转录激活域。用于酵母单杂交系统的酵母 GAL4 蛋白是一种典型的转录因子，GAL4 的 DNA 结合域靠近羧基端，含有几个锌指结构，可激活酵母半乳糖苷酶的上游激活位点（UAS），而转录激活域可与 RNA 聚合酶或转录因子 TF II D 相互作用，提高 RNA 聚合酶的活性。在这一过程中，DNA 结合域和转录激活域能够完全独立地发挥作用。在酵母单杂交体系中，构建携带有编码"靶蛋白"的文库质粒，从而使文库蛋白编码基因置换酵母转录因子 GAL4 的 DNA 结合域，并通过表达的"靶蛋白"与目的基因相互作用来激活 RNA 聚合酶，启动下游报告基因的转录，筛选出与 DNA 靶序列特异结合的蛋白质基因序列。酵母单杂交方法是根据 DNA 结合蛋白（即转录因子）与 DNA 顺式作用元件结合调控报告基因表达的原理来克隆编码目的转录因子的基因（cDNA）。该方法也是细胞内分析鉴定转录因子与顺式作用元件结合的有效方法。

由于酵母单杂交技术检测特定转录因子与顺式作用元件专一性相互作用具有敏感性和可靠性，现已被广泛用于克隆细胞中含量微弱的、用生化手段难以纯化的特定转录因子。目前主要有以下 3 种用途：①确定已知 DNA-蛋白质之间是否存在相互作用；②分离结合于目的顺式调控元件或其他短 DNA 结合位点的未知蛋白质；③定位已经证实的具有相互作用的 DNA 结合蛋白的 DNA 结合域及准确定位 DNA 结合的核苷酸序列。

4. 染色质免疫沉淀技术　染色质免疫沉淀（chromatin immunoprecipitation，ChIP）技术是一种检测在体内自然染色质环境下蛋白质和 DNA 相互作用的有效方法，即研究活体细胞内染色质 DNA 与蛋白质相互作用的技术。其于 1997 年由 Orlando 等首次创立。近年来，ChIP 技术不断发展，被广泛应用于体内转录调控因子与靶基因启动子上特异核苷酸序列结合方面的研究，成为染色质水平研究基因表达调控的有效手段。

其原理是在活细胞状态下把细胞内的 DNA 与蛋白质交联在一起，并将其随机切断为一定长度范围内的染色质小片段，然后利用目的蛋白的特异性抗体的抗原抗体反应形成 DNA-蛋白质-抗体复合物，使与目的蛋白结合的 DNA 片段被沉淀下来，特异性富集目的蛋白结合的 DNA 片段，最后将蛋白质与 DNA 解偶联，通过对目的 DNA 片段的纯化与检测，获得蛋白质与 DNA 相互作用的信息（图 20-4）。通常包括两种类型：交联染色质免疫沉淀和无交联染色质免疫沉淀。

1）交联染色质免疫沉淀（cross-linked ChIP，X-ChIP）：一般采用甲醛作为可逆的交联剂，在活细胞状态下固定蛋白质-DNA复合物，并通过超声波将染色质破碎为200～500bp的片段，然后通过免疫学方法将蛋白质-DNA复合物与特异性抗体孵育，将与抗体特异结合的蛋白质-DNA复合物洗脱下来，蛋白质可通过蛋白酶进行降解，然后纯化提取DNA。由于甲醛固定增强了DNA与蛋白质的结合程度，降低了蛋白质重排的可能性，因此X-ChIP的灵敏度较高，适用于转录因子等与DNA结合程度不是很强的蛋白质研究。

2）无交联染色质免疫沉淀（native ChIP，N-ChIP）：利用核酸酶消化未经固定的染色质，由于未经固定的蛋白质-DNA复合体保持在自然状态，通过运用对应于一个特定组蛋白标记的生物抗体，将目标片段（组蛋白发生特异标记的片段）沉淀下来（注意，组蛋白是和DNA结合的，这样就把目标组蛋白和DNA的复合物沉淀下来），将组蛋白与DNA分离，富集与目的蛋白相结合的DNA片段，纯化目的片段及PCR检测（检测哪些基因的组蛋白发生了修饰）。N-ChIP适用于与DNA结合紧密的组蛋白修饰的表观遗传学研究。由于抗体与未固定的目标蛋白质结合程度高，N-ChIP的特异性较强，DNA富集效率高。

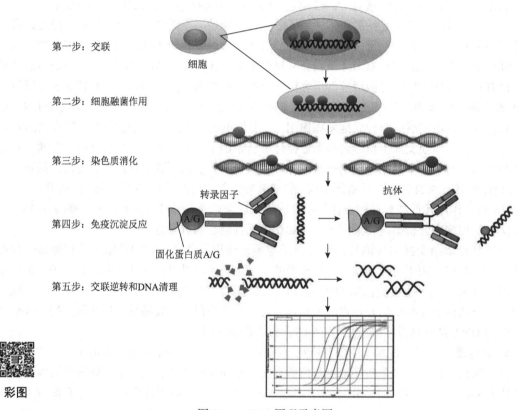

图 20-4　ChIP 原理示意图

技术流程包括：①甲醛交联细胞；②染色质超声断裂；③免疫沉淀蛋白质和DNA复合物；④收获免疫复合物（抗体-蛋白质-DNA）；⑤洗脱免疫复合物；⑥去除甲醛交联；⑦DNA纯化；⑧染色质免疫沉淀DNA的分析和蛋白质在DNA上结合位点的鉴定。如果目的蛋白靶序列已知，或怀疑某一序列是目的蛋白靶序列，则可选用定量或者半定量PCR方法；如果目的蛋白的靶序列未知或者研究目的蛋白基因组分布情况，找出转录因子结合位点，则可采用ChIP克隆测序、基于微阵列的染色质免疫沉淀（ChIP-chip）和染色质免疫沉淀测序（ChIP-seq）方法。

此方法的优点是充分反映生理条件下 DNA 与蛋白质相互作用的真实情况和结合位点，从而反映体内基因表达调控的真实情况。其缺点是需要一个特异性蛋白质抗体，有时难以获得；调控蛋白质的基因获取可能需要限制组织来源。

二、蛋白质与 RNA 相互作用技术

RNA 能够结合到蛋白质上，影响蛋白质的功能或者定位。同样，蛋白质也可以作用于 RNA，影响 RNA 的功能。

1. RNA 结合蛋白质免疫沉淀　　RNA 结合蛋白质免疫沉淀（RNA-binding protein immunoprecipitation，RIP）技术主要用研究活细胞中 RNA 与蛋白质的互作关系，揭示 RNA 的功能机制及 RNA 结合蛋白从中起到的作用，进而参与生理或病理过程。RNA 表观遗传学修饰是近年来研究的热门课题，通过 RIP 结合 qPCR（即 RIP-qPCR）可研究表观遗传修饰酶与 RNA 之间的关系，并鉴定靶 RNA 的表观遗传修饰方式及定量修饰水平，当然也可以通过蛋白质印迹对修饰酶（或其他 RBP）进行鉴定分析。另外，RIP 还可用于绘制全基因组 RNA 与 RBP 互作图谱。

其原理是 RIP 在非变性条件下裂解细胞以保留蛋白质-RNA 之间的相互作用关系。在细胞裂解液中加入目的蛋白抗体进行孵育，然后再加入固定在磁珠、能与目的蛋白抗体特异性结合的蛋白质 A/G，通过免疫沉淀后得到"RNA-目的蛋白-目的蛋白抗体-蛋白质 A/G-磁珠"复合物，也就是分离出细胞中目的蛋白与 RNA 的复合物，再进一步将沉淀复合物进行分离纯化，即可得到其中结合的 RNA，最后结合 qPCR 或高通量测序（如 RIP-seq）等方法鉴定（图 20-5）。

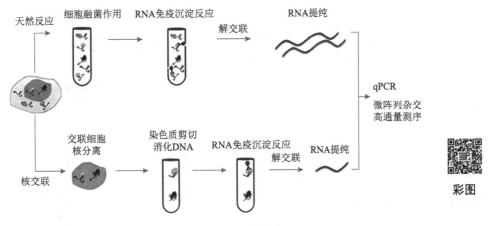

图 20-5　RIP 原理示意图

2. RNA 下拉实验　　RNA 下拉（RNA pull down）实验，又称为 RNA 体外结合实验。RNA 结合蛋白（RNA binding protein，RBP）是一类功能强大而广泛的调节因子，占细胞编码的所有蛋白质的 5%～10%。目前除了少数 RNA 以核酶形式单独发挥功能，大部分 RNA 通过与蛋白质结合形成 RNA-蛋白质复合物来发挥作用。RNA pull down 便是如此。通过体外转录的方式将感兴趣的 RNA 带上标签，通过该标签使 RNA 结合到树脂支持物上，再加入样本蛋白质与 RNA 结合，洗涤、洗脱得到与目标 RNA 结合的蛋白质。其是检测 RNA 结合蛋白质与其靶 RNA 之间相互作用的主要实验手段之一。

其原理是使用体外转录法标记生物素 RNA 探针，然后与胞质蛋白提取液孵育，形成 RNA-

蛋白质复合物。该复合物可与链霉亲和素标记的磁珠结合，从而与孵育液中的其他成分分离。复合物洗脱后，通过蛋白质印迹实验检测特定的 RNA 结合蛋白是否与 RNA 相互作用，或者结合质谱筛选 RNA 结合的未知蛋白质。

三、蛋白质与蛋白质相互作用技术

1. 免疫共沉淀技术　　　免疫共沉淀（co-immunoprecipitation，Co-IP）是以抗体与抗原之间的专一性作用为基础的用于研究蛋白质相互作用的经典方法，是确定两种蛋白质在完整细胞内生理性相互作用的有效方法。其是基于抗原和抗体的特异性结合及细菌的蛋白质 A 或 G 特异性地结合到免疫球蛋白的 Fc 片段的现象开发出来的方法，揭示细胞其他蛋白质与目的蛋白存在相互作用。当细胞在非变性条件下被裂解时，完整细胞内存在的许多蛋白质-蛋白质间的相互作用被保留了下来。如果用蛋白质 X 的抗体免疫沉淀 X，那么与 X 在体内结合的蛋白质 Y 也能沉淀下来。目前多用的蛋白质 A 预先结合固化在琼脂糖的磁珠上，使之与含有抗原的溶液及抗体反应后，磁珠上的蛋白质 A 就能吸附抗原达到分离的目的。利用免疫共沉淀可以检测两个已知蛋白质之间的相互作用，或者利用已知蛋白质寻找与之相互作用的未知蛋白质。相较于其他分子间相互作用检测方法，免疫共沉淀实验的优势在于蛋白质的结合在细胞内完成，能够反映天然状态下的蛋白质相互作用，结果更加真实可靠。

其原理是细胞裂解液与抗目的蛋白的抗体孵育后，加入与抗体特异结合的结合于琼脂糖珠上的蛋白质 A 或 G，"目的蛋白-抗性蛋白质抗体-蛋白质 A 或 G-琼脂糖珠"复合物通过变性PAGE，复合物又被分开，用免疫印迹或质谱检测目的蛋白（图 20-6）。

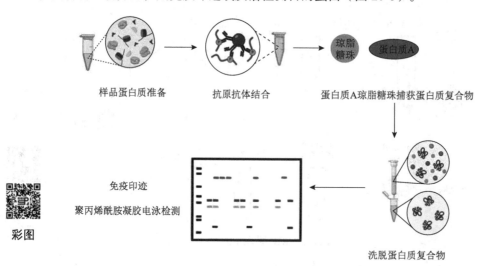

图 20-6　Co-IP 技术原理示意图

2. 酵母双杂交系统　　　在真核模式生物中建立的酵母双杂交系统（yeast two-hybrid system）利用杂交基因通过激活报道基因的表达探测蛋白质-蛋白质的相互作用，是一种具有很高灵敏度的研究蛋白质之间关系的技术。该技术能够检测和分析细胞内发生的蛋白质-蛋白质相互作用，帮助了解细胞信号转导、代谢途径的疾病发生机制，是由 Fields 和 Song 等于 1989 年首先在研究真核基因转录调控中建立的，已成为一种标准的和有效的蛋白质分析工具。

许多真核生物的转录激活因子都是由两个可以分开的、功能上相互独立的结构域组成的，即 DNA 结合域（DNA-binding domain，DBD）和转录激活域（transcription activating domain，TAD）。

其原理主要是基于酵母的转录激活因子 GAL4 分子的结构和功能特点。GAL4 包括两个彼此分离但功能相互必需的结构域，一个是位于 N 端由 1～147 个氨基酸残基区段组成的 DBD，另一个是位于 C 端由 113 个氨基酸残基（C 端 768～881）组成的 TAD。DBD 能够识别位于 GAL4 效应基因的上游激活序列（upstream activating sequence，UAS）并与之结合。而 TAD 则是通过与转录机构中其他成分之间的结合作用，以启动 UAS 下游的基因进行转录。如果 DBD 和 TAD 分开，单独的 DNA 结合域均不能激活基因转录，单独的转录激活域也不能激活 UAS 的下游基因，它们之间只有通过某种方式结合在一起才可以呈现完整的 GAL4 转录因子活性并可激活 UAS 下游启动子，使启动子下游基因得到转录。因此，将 DBD 与已知的诱饵蛋白质 X（bait）融合，构建 DBD-X 质粒载体，将 TAD 的基因与 cDNA 文库、基因片段或基因突变体（以 Y 表示）融合，形成猎物（prey）或靶蛋白（target protein）基因，构建 TAD-Y 质粒载体。在 GAL4 效应基因 UAS 的下游融合有特定的报告基因，报告基因的产物可以是一些特殊的酶[如 β-半乳糖苷酶（LacZ）]或报告基因的产物（如 His、Leu、Trp 等）。当两种融合基因的质粒载体同时转化酵母细胞时，如果表达的蛋白质 X 和蛋白质 Y 发生相互作用，则导致了 DBD 与 TAD 在空间上的接近，从而激活 UAS 下游启动子调节的报告基因的表达。通过观察报告基因的表达可以筛选出与诱饵蛋白 X 相互作用的阳性菌落，从而判断蛋白质 X 和蛋白质 Y 之间是否存在相互作用（图 20-7）。

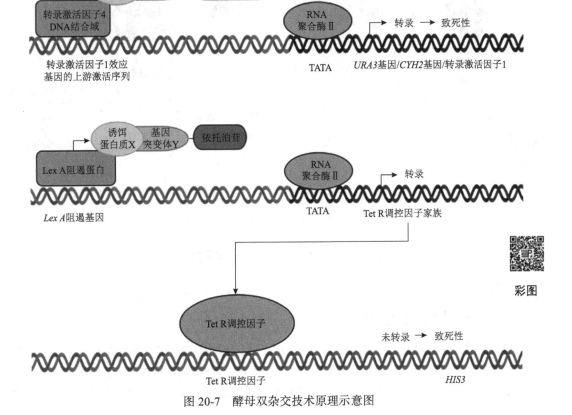

图 20-7　酵母双杂交技术原理示意图

将编码已知蛋白质[诱饵蛋白（bait protein）]的基因与编码 DNA 结合域的序列融合，在酵母中表达产生融合蛋白质 BD-bait。将编码未知蛋白[捕获蛋白（prey protein）]的基因与编码转录激活域的序列融合，并在酵母中表达产生另一融合蛋白 AD-prey。两种融合蛋白在酵母中共表达，如果 bait 和 prey 能发生作用，将引导 BD 和 AD 相互结合并产生具有功能的转录激活蛋白，从而激活报告基因转录。

3. 融合蛋白沉淀试验　　融合蛋白沉淀试验（GST-pull down assay）是体外检测蛋白质相互作用的常用方法，可验证已知蛋白质之间的互作，也可用于筛选与已知蛋白质互作的未知蛋白质。它是将靶蛋白-GST[谷胱甘肽 S-转移酶（glutathione S-transferase）]融合蛋白亲和固化在谷胱甘肽亲和树脂上，作为与目的蛋白亲和的支撑物，充当一种"诱饵蛋白"，目的蛋白溶液过柱，可从中捕获与之相互作用的"捕获蛋白"（目的蛋白），洗脱结合物后通过蛋白质印迹或者质谱进行检测和鉴定。

其原理是将目的基因亚克隆到带有 *GST* 基因的原核表达载体中，表达出 GST 融合蛋白（GST-X）（图 20-8）。把 GST 融合蛋白挂到带有 GST 底物的琼脂糖珠上，然后把另一种含目的蛋白（Y）的溶液加入其中，由于谷胱甘肽-琼脂糖珠能够沉淀 GST 融合蛋白，如果发生相互作用就会形成 GST-X-Y 的复合物。这一复合物与琼脂糖珠又结合在一起，被沉淀下来。然后用过量游离的谷胱甘肽洗脱非特异结合的蛋白质，经跑胶分离后进行下一步的蛋白质印迹、放射自显影及蛋白质染色分析来鉴定目的蛋白。

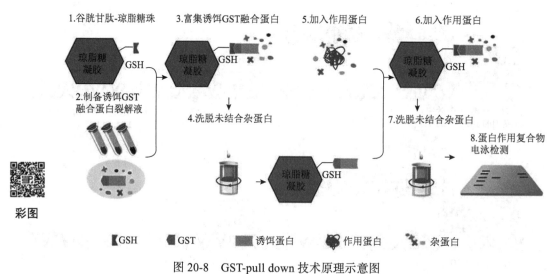

图 20-8　GST-pull down 技术原理示意图

第三节　核酸修饰研究技术

核酸修饰研究技术包括 DNA、组蛋白和 RNA 修饰，主要是甲基化研究技术。

一、DNA 甲基化研究技术

甲基化包括 DNA 甲基化或蛋白质甲基化。DNA 甲基化测序方法按原理可以分成以下三大类。

1. 重亚硫酸盐测序　　重亚硫酸盐测序（bisulfite sequencing）是利用重亚硫酸盐对基因组 DNA 进行处理，将未发生甲基化的胞嘧啶脱氨基变成尿嘧啶，而发生了甲基化的胞嘧啶未发生脱氨基，即将未甲基化 C 转变成 U，经过两轮 PCR 扩增，该位点变为 T，而 m⁵C 则保持不变。因而，可以基于此将经重亚硫酸盐处理的和未处理的测序样本进行比较，从而筛选出甲基化的位点。该方法可以从单个碱基水平分析基因组中甲基化的胞嘧啶，适用于特定基因甲基化检测，如鉴定某个基因在某种状态下的甲基化状态（图 12-9）。

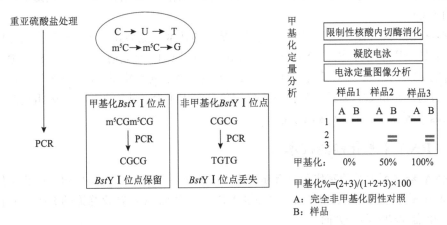

图 20-9 重亚硫酸盐处理的甲基化定量分析技术原理示意图

其原理是重亚硫酸盐能使单链 DNA 的胞嘧啶脱氨变成尿嘧啶，而 5'甲基胞嘧啶无变化，在 CpG 两端设计引物，扩增出所需片段后进行直接测序，TG 为非甲基化位点，CC 为甲基化 CG 位点，从而获取 CpG 岛内所有的甲基化位点。

2. 甲基化敏感性限制性核酸内切酶法 甲基化敏感性限制性核酸内切酶（methylation-sensitive restriction endonuclease，MSRE）法是利用甲基化敏感性限制性核酸内切酶对甲基化区域不切割的特性，将 DNA 消化为不同大小的片段后再进行分析。先对样本 DNA 进行重亚硫酸盐处理，用 PCR 扩增目的片段，随后用限制性核酸内切酶消化，酶切产物再经电泳分离、探针杂交、扫描定量后即可得出原样本中甲基化的比例。常使用的甲基化敏感性限制性核酸内切酶有 BstY I 、HpaⅡ-Msp I （识别序列 CCGG）、Sma I -Xma I （CCCGGG）等。

MSRE 法是基于甲基化敏感性Ⅱ型限制性核酸内切酶不能切割含有一个或多个甲基化切点序列的基本原理。用甲基化敏感性Ⅱ型核酸内切酶及其同工酶（对甲基化不敏感）切割含有一个或多个甲基化 CpG 序列的片段，然后用 DNA 印迹法分析。此方法的不足之处：①由于 CG 仅限于内切酶识别序列中，因此非识别序列的 CG 将被忽略；②只有检测与转录相关的关键性位点的甲基化状态时，该检测方法的结果才有意义；③存在酶消化不完全引起的假阳性问题。

3. 甲基化特异性 PCR 甲基化特异性 PCR（methylation specific PCR，MSP）可靶向富集甲基化位点测序，是一种特异性甲基化检测技术。

其原理是首先用亚硫酸氢钠修饰处理基因组 DNA，所有未发生甲基化的胞嘧啶都被转化为尿嘧啶，而甲基化的胞嘧啶则不变。然后设计针对甲基化和非甲基化序列的引物并进行 PCR 扩增，最后通过琼脂糖凝胶电泳分析，确定与引物互补的 DNA 序列的甲基化状态。

此方法操作简便，敏感性高，巢式 MSP（nested-MSP）可提高灵敏度，便于分析微量检材。其缺点是引物设计要求高，只能做定性研究，存在重亚硫酸盐处理不完全导致的假阳性，只能了解部分位点的甲基化状态。

二、组蛋白修饰研究技术

组蛋白在相关酶作用下发生甲基化、乙酰化、磷酸化、腺苷酸化、泛素化、ADP 核糖基化等修饰的过程即组蛋白修饰。常用的组蛋白修饰技术包括基于微阵列的染色质免疫沉淀（ChIP-chip）、染色质免疫沉淀测序（ChIP-seq）及组蛋白泛素化和 SUMO 化修饰研究。目前最常用的为 ChIP-seq 技术。

ChIP-seq 是将 ChIP 与第二代测序技术相结合的技术，能够高效地在全基因组范围内检测与组蛋白、转录因子等互作的 DNA 区段。ChIP-seq 的原理：首先通过 ChIP 特异性地富集目的蛋白结合的 DNA 片段，并对其进行纯化与文库构建，然后对富集得到的 DNA 片段进行高通量测序。通过将获得的数百万条序列标签精确定位到基因组上，从而获得全基因组范围内与组蛋白、转录因子等互作的 DNA 区段信息。

三、RNA 甲基化检测技术

1. RNA 结合蛋白质甲基化免疫沉淀测序　目前在 RNA 上已经鉴定出的化学修饰超过 100 种，其中最丰富的是 N6-甲基腺苷（m^6A）修饰，占 RNA 甲基化修饰的 80%，并且广泛参与 mRNA 生命周期的各个方面。

由于被甲基化的碱基 A 并没有改变它的碱基配对能力，目前还不能通过直接测序来检测，也没发现它有独特的化学反应。借助第二代测序技术通量高、快速高效的特点，研究人员发展了一种能够快速、高效地检测全基因组 m^6A 修饰谱的方法——RNA 结合蛋白质甲基化免疫沉淀测序（MeRIP-seq）。与之类似的还有 m^6A-seq。它们的实验原理基本一致，即通过特异识别 m^6A 修饰的抗体，对细胞内具有 m^6A 修饰的 RNA 片段进行免疫沉淀。对沉淀下来的 RNA 片段进行高通量测序，结合生物信息学分析，即可在全基因组范围内对 m^6A 修饰的状况进行系统研究。主要差别在于 MeRIP-seq 研究的是总 RNA 水平上的 m^6A，而 m^6A-seq 研究的是 mRNA 水平上的碱基修饰。

2. 质谱　RNA 甲基化的一种有前途的替代方法是自上而下的质谱（mass spectrometry，MS），其基于电喷雾电离中的 RNA 电离、碰撞活化解离中的主链断裂和受特定核苷甲基化影响的电子分离解离。

第四节　其他相关技术

一、单分子荧光共振能量转移技术

单分子荧光共振能量转移（smFRET）技术通过测量供体、受体荧光光强及二者间的共振能量转移效率，揭示标记位点间的距离，用于研究生物分子之间的相互作用及其构象变化。该技术可以解析单个分子的行为，实时观测到单个生物分子发挥作用时构象变化的动力学特征，包括反应中短暂的中间态及其他更多关于反应的细节性信息等，如蛋白质折叠、结构域的构象变化等，在蛋白质与蛋白质互作、蛋白质与核酸互作、核酸与核酸互作、细胞膜表面靶点互作、信号通路等方面的研究中得到了广泛应用。

单分子技术主要分为两类：一是基于力学的单分子技术，二是基于光学的单分子技术。基于力学的单分子技术可以实现对于单个生物体进行操控，而基于光学的单分子技术主要可以对单个生物目标实现观察，其主要依赖于单分子荧光技术，对单个生物分子进行荧光标记，实现单个生物分子的观测，从而得到生物分子的实时构象变化、位置及相互作用等。单分子荧光检测技术是目前最为广泛使用的单分子检测方法，可成像、定位与测量在单个生物目标的荧光信号。

荧光共振能量转移是指在两个不同的荧光基团中，如果一个荧光基团的发射光谱同另一个荧光基团的激发光谱有一定的重叠，那么前一个荧光基团称为供体（donor），后一个荧光基团称为受体（acceptor），当供体和受体之间的距离在一个合适的范围时（通常小于10nm），那么就可以观察到荧光能量从供体向受体转移的现象。用激发供体的光去激发供体发光，同时能够看见受体荧光分子也发光的现象。这里的供体和受体可以是荧光蛋白，如CFP和YFP；也可以是小荧光分子，如Cy3和Cy5。

smFRET技术是通过检测单个分子内的荧光供体及受体间荧光能量转移效率，来计算供体和受体之间距离的变化，从而研究单个分子构象的变化。FRET能检测到的有效变化距离是30～80Å，当两个荧光受体和荧光供体距离较近时，其荧光转移效率高，呈现出一个高FRET状态；反之，当生物大分子构象改变导致荧光对的距离变远时，就会呈现出一个低FRET的状态。smFRET技术无法获得生物过程中的力学信息，也无法测量生物分子上荧光标记位点间距离的变化轨迹。

二、流式细胞术

流式细胞术（flow cytometry，FCM）是利用流式细胞仪进行的一种单细胞定量分析和分选技术。其是对液流中排成单列的细胞或其他生物微粒（如微球、细菌、小型模式生物等）通过检测标记的荧光信号，实现高速、逐一的细胞定量分析和分选的技术。FCM是单克隆抗体及免疫细胞化学技术、激光和电子计算机科学等高度发展及综合利用的高技术产物。其特点：①分析对象范围广：任何直径<50μm的颗粒，一般为单细胞悬液；②分析快速；③检测参数有多个（两个散射光、多个荧光参数）；④检测结果精度高，准确性好，具有统计学意义。

流式细胞仪检测的样本来源广泛，可以是新鲜的组织样品，也可以是经石蜡组织包埋的组织样品，还可以是细胞样品制成的单细胞悬液。可根据自己的实验目的标记不同的荧光抗体，或选择不同的荧光染料，通过流式细胞仪检测荧光值。最常用的为体外培养过细胞样品的检测。其在细胞生物学领域主要运用于以下几个方面。

1. DNA含量（细胞周期）的检测　　利用细胞内DNA能够和荧光染料（如碘化丙啶）结合的特性，细胞各个时期的DNA含量不同，从而结合的荧光染料不同，流式细胞仪检测的荧光强度也不一样。细胞增殖过程中DNA含量会发生变化，通过测定一定数量细胞的DNA含量，可分析其细胞周期。

荧光染料碘化丙啶（propidium iodide，PI）是一种可对DNA染色的细胞核染色试剂，常用于细胞增殖检测。它是一种溴化乙啶的类似物，在嵌入双链DNA后释放红色荧光。尽管PI不能通过活细胞膜，但却能穿过破损的细胞膜而对核染色。

2. 膜联蛋白V/PI法定量检测细胞凋亡　　正常生理状态下磷脂酰丝氨酸主要分布在细胞膜内侧，即与细胞质相邻的一侧，而在细胞发生凋亡的早期，不同类型的细胞都会把磷脂酰丝氨酸（phosphatidylserine，PS）外翻到细胞表面，即细胞膜外侧。膜联蛋白（annexin）V选择性结合磷脂酰丝氨酸。用带有绿色荧光的荧光探针异硫氰酸荧光素（FITC）标记的膜联蛋白V，即膜联蛋白V-FITC，就可以用流式细胞仪或荧光显微镜非常简单而直接地检测到磷脂酰丝氨酸的外翻这一细胞凋亡的重要特征。

PI 可以染色坏死细胞或凋亡晚期丧失细胞膜完整性的细胞，使其呈现红色荧光。对于坏死细胞，由于细胞膜的完整性已经丧失，膜联蛋白 V-FITC 可以进入到细胞质内，与位于细胞膜内侧的磷脂酰丝氨酸结合，从而也使坏死细胞呈现绿色荧光。因此，应用膜联蛋白 V 和 PI 双染通过流式细胞仪分析，就可以区分凋亡早期、晚期和坏死细胞的比例。

3. 线粒体膜电位检测　　在线粒体膜电位较高时，JC-1 聚集在线粒体的基质（matrix）中，形成聚合物（J-aggregate），可以产生红色荧光；在线粒体膜电位较低时，JC-1 不能聚集在线粒体的基质中，此时 JC-1 为单体（monomer），可以产生绿色荧光。

4. 活性氧（ROS）测定　　MitoSOX 红色试剂渗透入活细胞中，并选择性靶向线粒体。可被超氧化物而非其他活性氧类（ROS）和活性氮类（RNS）快速氧化。氧化产物结合核酸后，可产生大量荧光。

除以上方面，FCM 还可用于免疫细胞分群。血细胞在分化的不同阶段及细胞活化的过程中出现或消失的细胞表面抗原分子统称细胞分化群，在红细胞系、白细胞系、血小板、巨核细胞系及非造血细胞均有不同的分化抗原簇表达。

三、免疫荧光技术

免疫荧光技术（immunofluorescence technique，IF）又称荧光抗体技术，是标记免疫技术中发展最早的一种。其是在免疫学、生物化学和显微镜技术的基础上建立起来的一项技术。很早以来就有一些学者试图将抗体分子与一些示踪物质结合，利用抗原-抗体反应进行组织或细胞内抗原物质的定位。

该技术始于 20 世纪 40 年代。最早是 1941 年，Coons 使用异氰酸荧光素标记抗体检测小鼠肺炎球菌多糖抗原，在紫外显微镜下观察发现了抗原在组织内的分布，并率先提出了用免疫荧光技术检查组织内抗原的方法。1958 年，Riggs 等合成了异硫氰酸荧光素（FITC），这一新的荧光素有性质稳定（可与目标蛋白稳定结合）且不易产生毒性等优点。Glodstein 等用凝胶过滤层析技术进行抗体提纯，使免疫荧光技术更加简化。

技术原理：免疫学的基本反应是抗原-抗体反应。由于抗原-抗体反应具有高度的特异性，因此当抗原、抗体发生反应时，只要知道其中的一个因素，就可以查出另一个因素。免疫荧光技术就是将不影响抗原、抗体活性的荧光色素标记在抗体（或抗原）上，与其相应的抗原（或抗体）结合后，在荧光显微镜下呈现一种特异性荧光反应。其包括以下两种方法。

1. 直接法　　将标记的特异性荧光抗体直接加在抗原标本上，经一定温度和时间的染色，洗去未参加反应的多余荧光抗体，室温下干燥后封片、镜检。

2. 间接法　　如检查未知抗原，先用已知未标记的特异抗体（第一抗体）与抗原标本进行反应，洗去未反应的抗体，再用标记的抗抗体（第二抗体）与抗原标本反应，使之形成抗体-抗原-抗体复合物，再洗去未反应的标记抗体，干燥、封片后镜检。

第二十一章 组学与系统生物学简介

21 世纪以来，生命科学进入了"大数据"（big data）时代。生命科学的研究模式也正在从"微观"（实验科学）向"宏观"（整合生物科学）的方向发展。组学和系统生物学是一种基于组群或集合的认识论。按照研究对象和目的的不同，可以将组学大致分为基因组学、转录组学、蛋白质组学和代谢组学等，共同构成系统生物学（图 21-1）。它们都是通过高通量、大规模的实验方法，利用数量统计学分析技术和信息学分析方法，全面系统地研究基因、蛋白质和代谢产物，探究它们之间存在的相互关系，阐释细胞的整体生物机制。组学研究使生物学研究不再限于单个基因、蛋白质及代谢物的研究模式，而是针对生物整体系统全面的研究，为基因表达调控研究、代谢途径探索、生命活动规律研究等奠定基础。

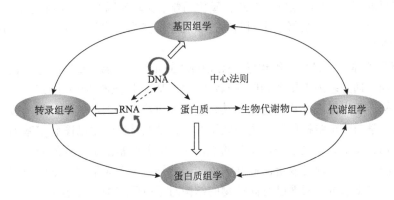

图 21-1 系统生物学及各组学间的相互关系

第一节 基 因 组 学

从 20 世纪 90 年代初开始的人类基因组计划（Human Genome Project，HGP）历经 10 个年头，在以美国为首，包括我国在内的 6 国科学家的共同努力下，在进入 21 世纪后不久宣布完成，得到了由 30 亿对碱基组成的人类染色体全部基因的 DNA 序列。这是对人类基因组面貌的首次揭示，表明科学家可以开始"解读"人类生命"天书"所蕴涵的内容。一般认为，所有的疾病都间接或直接地与基因有关，人类基因组的解读为疾病的诊断、防治和新药的研究开发提供了有力的武器。可以这样说，从此以后，人类真正找到了认识自我、追求健康、战胜疾病的正确道路。在人类基因组计划的推动下，科学家已绘制出多种生物的基因组图谱。我国科学家在近 20 年来，已经完成了首个中国人基因组（定名"炎黄"1 号）的序列分析，绘制了水稻基因组的精细图谱，构建了家蚕基因组框架图，绘制了梅山猪高质量基因组图谱，以及完成了家鸡全基因组完整图谱的研究。可以预见，在未来的几十年里，还将有更多的生命密码被解读。生命科学已经进入了后基因组时代，即进入以确定基因结构和功能为目标的功能基因组学（functional genomics）的新阶段，必将迎来生命科学的大发展。

一、基因组学的概念

基因组学（genomics）的概念最早是 1986 年由美国遗传学家 Thomas H. Roderick 提出的。基因组学是阐明整个基因组结构、功能及基因之间相互作用的科学，是对生物体所有基因进行集体表征、定量研究及不同基因组比较研究的一门交叉生物学学科。它主要研究基因组的结构、功能、进化、定位和编辑等，以及它们对生物体的影响。

基因组学的目的是对一个生物体所有基因进行集体表征和量化，并研究它们之间的相互关系及对生物体的影响。基因组学还包括基因组测序和分析，通过使用高通量 DNA 测序和生物信息学来组装与分析整个基因组的功能和结构。基因组学同时也研究基因组内的一些现象，如上位性（一个基因对另一个基因的影响）、多效性（一个基因影响多个性状）、杂种优势（杂交活力），以及基因组内基因座和等位基因之间的相互作用等。

二、主要的基因组学

根据研究目的不同，基因组学分为结构基因组学、比较基因组学、功能基因组学。近年来，在基因组水平上研究不改变基因组序列而通过表观遗传修饰调控基因或基因组表达的表观基因组学等成为研究热点。

1. 结构基因组学　　结构基因组学（structural genomics）揭示基因组序列信息，是以全基因组测序为目标，通过基因组作图和序列测定，揭示基因组全部 DNA 序列及其组成，确定基因组的组织结构、基因组成及基因定位。其试图描述由给定基因组编码的每个蛋白质的三维结构。结构基因组学与传统结构预测的主要区别在于，结构基因组学试图确定基因组编码的每一种蛋白质的结构，而不是专注于一种特定的蛋白质。随着全基因组序列的公开，通过实验和建模相结合的方法可以更快地完成蛋白质结构预测，特别是由于大量测序基因组和以前解析蛋白质结构的公开，科学家可以根据已有同源物的结构对蛋白质结构进行建模。

结构基因组学研究的一个重要方向是调控元件的定位和功能分析。例如，一些调控元件（如增强子、启动子等）的作用是通过与蛋白质结合来实现特定的基因表达。因此，了解染色质三维结构如何影响蛋白质与 DNA 的相互作用，以及如何影响转录因子的定位和结合，对于解释调控元件的功能非常重要。结构基因组学的另一个研究方向是疾病相关基因的调控机制。疾病风险单核苷酸多态性（SNP）通过影响染色质三维结构和转录因子结合等机制，参与了许多疾病的发生和发展。因此，研究疾病风险 SNP 与染色质和转录因子之间的关系非常重要，对于深入理解疾病的遗传学机制和开发相关治疗手段具有重要意义。

2. 比较基因组学　　比较基因组学（comparative genomics）是在基因组序列的基础上，通过与已知生物基因组的比较，鉴别基因组的相似性和差异性，一方面可为阐明物种间进化关系提供依据，也可根据基因的同源性预测相关基因的功能。可在物种间（种间比较基因组学）和物种内（种内比较基因组学）进行比较，两者均可采用 BLAST 等序列比对工具。

种间比较基因组学通过比较不同亲缘关系物种的基因组序列，可以鉴别出编码、非编码序列及特定物种独有的序列。通过基因组序列比对，了解不同物种在基因构成、基因顺序和核苷酸组成等的异同，用于基因定位和基因功能的预测，并为阐明生物系统发生进化关系提供依据。

种内比较基因组学阐明的是群体内基因组结构的变异和多态性，有利于判定不同人群或动物对疾病的易感程度并指导个体化用药。

3. 功能基因组学　　功能基因组学（functional genomics）探讨的是基因的活动规律，又被称为后基因组学（postgenomics）。它利用结构基因组所提供的信息和产物，发展和应用新的实验手段，通过在基因组或系统水平上全面分析基因的功能，使得生物学研究从对单一基因或蛋白质的研究转向对多个基因或蛋白质同时进行系统的研究。这是在基因组静态的碱基序列弄清楚之后转入对基因组动态的生物学功能学研究。研究内容包括基因功能发现、基因表达分析及突变检测。功能基因组学的研究方法有单核苷酸多态性（SNP）分析、表达序列标签（EST）分析、基因表达系列分析（SAGE）、DNA 芯片、RNA 干扰、基因敲除等。

4. 表观基因组学　　在不影响 DNA 序列的情况下改变基因组的修饰，这种改变不仅可以影响个体的发育，还可以遗传下去。这种在基因组的水平上研究表观遗传修饰的领域被称为表观基因组学（epigenomics）。表观基因组记录着生物体的 DNA 和组蛋白的一系列化学变化；这些变化可以被传递给该生物体的子代。表观遗传学研究的核心是试图解答：中心法则中从基因组向转录组传递遗传信息的调控方法。其研究内容主要包括两类：一类为基因选择性转录表达的调控，有 DNA 甲基化、基因印记、组蛋白共价修饰和染色质重塑；另一类为基因转录后的调控，包括基因组中非编码 RNA、微 RNA、反义 RNA、内含子及核糖开关等。

5. 宏基因组学　　宏基因组学（metagenomics）是通过一种称为测序的方法直接从环境或临床样本中回收遗传物质的研究。广泛的领域也可以称为环境基因组学、生态基因组学、群落基因组学或微生物组学。它通过直接从环境样品中提取全部微生物的 DNA，构建宏基因组文库，利用基因组学的研究策略研究环境样品所包含的全部微生物的遗传组成及其群落功能。它是在微生物基因组学的基础上发展起来的一种研究微生物多样性、开发新的生理活性物质（或获得新基因）的新理念和新方法。其主要含义：对特定环境中全部微生物的总 DNA 进行克隆，并通过构建宏基因组文库和筛选等手段获得新的生理活性物质；或者根据 rDNA 数据库设计引物，通过系统学分析获得该环境中微生物的遗传多样性和分子生态学信息。

宏基因组学研究的对象是特定环境中的总 DNA，不是某特定的微生物或其细胞中的总 DNA，不需要对微生物进行分离培养和纯化，这对我们认识和利用 95% 以上的未培养微生物提供了一条新的途径。在土壤、海洋和一些极端环境中也发现了许多新的微生物种群和新的基因或基因簇，通过克隆和筛选，获得了新的生理活性物质，包括抗生素、酶及新的药物等。

三、基因组学的主要研究方法

1. 基因组测序技术　　基因组测序技术是基因组学研究的核心技术之一。它可以对生物体的基因组进行全面的测序，包括 DNA 序列、基因的位置和数量等。目前，基因组测序技术已经发展到第三代测序技术，可以实现高通量、高精度的基因组测序。

2. 基因组注释技术　　基因组注释技术是对基因组测序结果进行分析和解读的过程。它可以对基因的位置、结构和功能等进行注释，帮助我们更好地理解基因组的组成和功能。

3. 基因组比较技术　　基因组比较技术是将不同物种的基因组进行比较，寻找它们之间的相似性和差异性。通过基因组比较，我们可以了解不同物种之间的进化关系和基因功能的演化过程。

4. 基因组编辑技术　　基因组编辑技术是一种可以对基因组进行精准编辑的技术。它可以通过改变基因组中的特定基因序列来实现对生物体性状的调控和改变。

四、基因组学在畜禽养殖中的应用

1. 基因组学辅助选择育种 基因组学技术可以帮助畜禽育种者更准确地选择和筛选优良基因型。通过对畜禽基因组的测序和分析，可以发现一些与畜禽生产性状相关的基因，如生长速度、体重、品质、疾病抗性等。育种者可以根据这些基因信息，选取最优良的亲本进行配对，以获得更高产、优质、抗病的新品种。

2. 利用基因组编辑技术改良畜禽品质 基因组编辑技术也可以被应用于畜禽品种的改良中。通过对畜禽基因组中的关键基因进行精确编辑，可以改善畜禽的肉质、产量、抗病性等性状。例如，通过 CRISPR/Cas9 技术，可以精确地编辑猪基因组中的关键基因，改善其肉质和产量，提高其经济效益。

3. 研究畜禽遗传多样性和进化机制 基因组学技术可以帮助研究者了解畜禽的遗传多样性和进化机制。通过对不同品种和野生种基因组的比较分析，可以揭示不同基因型之间的遗传差异和进化规律；通过对畜禽基因组的功能分析，可以了解不同基因型对环境的适应性和响应机制，为育种者提供更准确的育种策略。

第二节 转 录 组 学

自人类基因组计划完成后，后基因组时代正式来临，一系列的生命组学研究开始，相继建立和应用了转录组学、代谢组学和蛋白质组学等各种技术。其中，转录组学是最先发展起来的，并得到了广泛的应用。

转录组（transcriptome）的概念最早由 Velcalescu 等于 1997 年提出，是指特定的细胞或组织在不同生长发育时期或不同功能状态下转录的全部 RNA 的总和，即全部的转录物，包括编码 RNA（mRNA）和非编码 RNA。转录组学（transcriptomics）是指在整体水平上研究细胞中基因转录及转录调控的规律，即在整体上从 RNA 水平研究基因的功能和结构，揭示特定生物学过程中基因表达与调控规律的科学。转录组学研究是功能基因组学研究的一个重要手段，已被广泛应用于微生物和动植物基础研究、临床诊断和药物研发等领域中。

一、转录组学的主要内容

转录组学是基因组功能研究的一个重要部分，上呈基因组，下接蛋白质组，主要内容为大规模功能基因表达谱分析和功能注释。大规模功能基因表达谱或全表达谱（global expression profile）是生物体（组织和细胞）在某一状态下基因表达的整体状况。

任何一种细胞在特定条件下所表达的基因种类和数量都有特定的模式，称为基因表达谱，它决定着细胞的生物学行为。而转录组学就是阐明生物体或细胞在特定生理或病理状态下表达的所有种类的 RNA 及其功能，有多种技术可用于大规模转录组研究。

二、转录组学的研究技术

转录组学研究方法与技术主要有：表达序列标签（expressed sequence tag，EST）技术、微阵列（microarray）技术、基因表达系列分析（serial analysis of gene expression，SAGE）技术、大规模平行标签测序（massively parallel signature sequencing，MPSS）系统及最新的 RNA 测序（RNA sequencing，RNA-seq）技术。

1. 微阵列技术 微阵列技术可以同时测定成千上万个基因的转录活性，甚至可以对整个基因组的基因表达进行对比分析，是基因组表达谱研究的主要技术。

2. 基因表达系列分析技术　　SAGE 的基本原理是用来自 cDNA 3′端特定位置 9~10bp 长度的序列所含有的足够信息鉴定基因组中的所有基因。可利用锚定酶（anchoring enzyme，AE）和位标酶（tagging enzyme，TE）两种限制性核酸内切酶切割 DNA 分子的特定位置（靠近 3′端），分离 SAGE 标签，再将这些标签串联起来，进行测序。此技术可以全面提供生物体基因表达谱信息，也可用来定量比较不同状态下组织或细胞的所有差异表达基因。

3. 转录组测序　　转录组测序即 RNA 测序（RNA sequencing，RNA-seq）是近年发展起来的新型深度测序技术，其研究对象为特定细胞在某一功能状态下所能转录出的所有 RNA，利用高通量测序能在单核苷酸水平对任意物种的整体转录活动进行检测。在分析转录物的结构和表达水平的同时，还能发现未知转录物和低丰度转录物，发现转录融合，识别可变剪切位点及编码序列单核苷酸多态性以提供全面的转录信息。这种技术不仅能对转录物进行精确测序，还可以达到对转录物定量的目的，已经被广泛用于生物转录组的研究中。

RNA 测序技术的发现经历了不同的阶段，至目前已经发展了三代测序技术。

第一代测序技术由 Fred Sanger 提出，被称为桑格法（Sanger method），是分子测序领域"从无到有"的重大突破。第二代测序技术称为短读 RNA 测序（short read RNA-seq），它基于"边合成边测序"（sequencing by synthesis，SBS）和大规模平行测序技术（massive parallel sequence，MPS），使测序通量和读取速度得到极大提升，其中最具代表性的是 Illumina Solexa 测序仪。第三代测序技术为长读 RNA 测序（long read RNA-seq），由于第二代测序技术测序前需要事先将样本链打碎，测序后通过软件再去还原完整的序列，在做全转录组分析时可能会丢失相当一部分信息，第三代测序技术弥补了这一短板。其包括：①单分子实时测序（single-molecular real time sequencing，SMRT），仍需要 RT-PCR 构建 cDNA 文库，代表是 Pracific Bioscience 测序仪。②直接 RNA 测序技术（direct RNA-seq），代表是 Oxford Nanopore 测序仪。

4. 单细胞转录组分析　　单细胞转录组分析以单细胞为研究模型，主要用于在全基因组细胞范围内挖掘基因调节网络，特别适用于存在高度异质性的干细胞及胚胎发育早期的细胞群体。目前单分子测序技术可直接对单个细胞的全长 mRNA 进行测序。

三、转录组学研究策略与流程

（一）转录组学研究策略

1. 总 RNA 的提取和目的 RNA 的富集　　在 RNA 提取过程中，组织中的 RNA 极易受内源或外源 RNA 酶作用而降解，同样也容易受到蛋白质、DNA、同源和外源酚类等物质的污染，因此，样品质量和保存条件是决定试验结果的关键。

2. RNA 建库及测序　　总 RNA 质检后便可进行 cDNA 文库构建和 RNA 测序。建库时要考虑 RNA 片段的大小。在测序时，理论上数据量越大越利于后续低丰度基因的完整组装，但实际上并非数据量越大越好，需要根据物种情况及相关研究决定数据量的大小。

3. 数据读取和后继分析　　主要包括原始数据预处理、测序片段定位、转录物重组装和表达量化及差异分析、基因功能分析。

测序产生的数据是一系列不能直接使用的原始数据，主要是 FASTQ 格式的测序片段（reads）。其中除实验所需的碱基质量信息之外，还包括测序仪器名称、上机次数、试剂型号等信息。对原始数据进行深度清理及质量控制后获得待分析数据（clean reads），需要通过一系列软件将测序片段比对到参考基因组或者转录物上，并根据实际定位情况进行转录物组装。经过测序片段定位后，可根据测序片段在转录物上的分布情况预测基因丰度。

一般来说，通过软件分析获得的注释文件中会含有转录物分布信息，能够通过分析测序片段的匹配情况来识别新的转录物。测序过程中测序深度、基因片段大小、运用算法、实验批次等因素极易造成误差，所以在定量时应使用标准化的方法消除差异，最常用的样本内标准化方法包括每千碱基百万读取（RPKM）、每千碱基百万片段数（FPKM）、每千碱基的转录本（TMP）等。

分析以表达谱为基础，对 RNA 进行鉴定和注释，预测相应靶细胞或编码潜能，并基于 GO（Gene Ontology）、COG（Clusters of Orthologous Groups）、KEGG（Kyoto Encyclopedia of Genes and Genomes）等数据库进行功能富集、聚类分析、信息挖掘和通路探究等。

（二）第三代 RNA-seq 流程

第三代 RNA-seq 流程主要包括 Illumina 库的建立和 Illumina 测序。

1. Illumina 库的建立　　RNA-seq 是一个用于研究定量两个或多个条件下基因表达的实验技术分析，最常用于差异基因表达。当开始一个 RNA-seq 实验时，每一个样本的 RNA 都需要被提取并转化为可用于测序的 cDNA 文库，也称为 Illumina 库。建立文库主要分为 4 步：首先，需要从样品中分离出 RNA，并用 DNA 酶（DNase）去除残留的 DNA。然后，获得 1～10μg 纯的、完好的、质量合格的总 RNA。将总 RNA 退火到寡核苷酸单链，经过两轮纯化，去除非特异性结合的核糖体和其他 RNA。利用片段化试剂使纯化的 mRNA 片段化，得到片段化的 RNA 序列。给片段化 mRNA 加上引物，然后将 RNA 反转录成双链 cDNA。纯化 cDNA，去除可能的游离的核苷酸、酶、缓冲剂。对 cDNA 进行末端修复，并纯化，将双链 cDNA 的 3'端转换成腺苷酸。在双链 cDNA 的两端加入测序接头，继续纯化，连接接头经过末端修复的双链 cDNA。最后，如果需要，对片段进行 PCR 扩增来富集文库，并使用来自接头的序列作为引物，扩增已经存在的序列，纯化并对片段大小进行筛选（一般为 300～500bp），完成文库的建立。

2. Illumina 测序过程

（1）目的片段测序的选择　　文库制备完成后，可以通过测序来获得片段两端的核苷酸序列，这些序列被称为测序片段（reads）。有对 cDNA 片段的单端进行测序或对片段的两端进行测序两种测序选择。一般来说，单端测序就足够了，除非预计 reads 将与基因组上的多个位置相匹配，需要进行组装，或用于拼接异构体差异化。针对 cDNA 文库的测序，有多种 Illumina 平台可供选择，平台间的差别会改变产生的 reads 长度、reads 质量，以及每次运行测序的总 reads 数目和测序文库所需的时间，因为不同的平台都使用不同的流动池。

（2）流动池内对片段的处理　　流动池是一个覆盖有与测序模板分子中添加的接头成对互补的寡核苷酸的玻璃表面，它也是测序反应发生的地方。流动池内的反应主要有簇合成和合成测序。当变性片段与已经共价结合到流动池通道上的互补寡核苷酸结合而产生附着，簇生成便开始进行，在这个过程中单个片段被克隆扩增，以创建一个相同片段的簇（邻近的片段）。这方便在下一步的核苷酸整合过程中，荧光可以很容易地从每个簇而不是单个片段中捕获。该过程会重复多次，在流动池上克隆扩增所有特异的片段，形成相同序列的簇。

在簇生成之后，荧光标记的核苷酸一次（周期性地）合并一个，并捕获荧光图像以确定在每个周期中哪个核苷酸被合并到每个簇中，重复一定的周期数，即合成测序。

（3）碱基命名　　Illumina 的专利软件可以处理所有捕获图片并且产生包含基于荧光的每个簇测序信息的文本文件。并以"A""T""G""C"碱基命名。流动池簇的数目即 reads

的数目，测序周期数目即 reads 的长度。

3. RNA-seq 优缺点及应用 RNA-seq 可进行全基因组水平的基因表达差异研究，具有定量更准确、可重复性更高、检测范围更广、分析更可靠等特点。除了分析基因表达水平，RNA-seq 还能发现新的转录物、SNP、接变体，并提供等位基因特异的基因表达。RNA-seq 的动态范围更广，且假阳性可能更低，这意味着 RNA-seq 的数据重复性应当比芯片高。RNA-seq 能够检测样品中的所有 RNA，这对于鉴定细胞的新转录物来说是个优点，但同时缺点在于它检测了总的 RNA，而细胞中很大一部分 RNA 都来自核糖体和线粒体，这限制了其他 RNA 的测序片段数量及这些 RNA 表达水平的准确性。因此，poly(A) RNA 选择和 rRNA 去除等方法被开发出来，以便解决这个问题。

RNA-seq 的应用十分广泛，它有助于查看基因的不同转录物、转录后修饰、基因融合、基因突变和基因表达随时间的变化，也可查看在不同组中基因表达的差异。RNA-seq 除了可以查看 mRNA 转录物，还可以查看总 RNA、小 RNA，如 miRNA、tRNA 和核糖体 RNA。RNA-seq 也可用于确定外显子和内含子边界，并验证或修正已注释的 5′ 和 3′ 基因边界。RNA-seq 最新的研究主要集中在单细胞测序和固定组织的原位测序。

第三节 蛋白质组学

蛋白质是细胞主要功能的执行者，与细胞表型密切相关。蛋白质组是指细胞、组织或机体在特定时间和空间上表达的所有蛋白质，包括蛋白质的修饰和特定生理（病理）条件下的改变，最先由 Wilkins 提出。蛋白质组学（proteomics）是以细胞、组织或机体在特定时间和空间上表达的所有蛋白质为研究对象，分析细胞内动态变化的蛋白质组成、表达水平与修饰状态，揭示蛋白质间的相互作用及其调控规律，并在整体水平上阐明蛋白质调控的活动规律。其主要研究目的是从整体分析动态变化的蛋白质组成成分、表达水平及修饰状态，理解蛋白质之间的联系及相互作用，研究蛋白质的功能及细胞的活动规律等。

一、蛋白质组学的研究内容

目前蛋白质组学研究大致分为组成蛋白质组学和比较蛋白质组学研究。

1. 组成蛋白质组学 组成蛋白质组学（compositional proteomics）是采用高通量的蛋白质组研究技术从大规模、系统性的角度分析生物体内所有蛋白质，建立蛋白质表达谱，从而获得对生命全景式认识的蛋白质组学研究。

2. 比较蛋白质组学 比较蛋白质组学（comparative proteomics）也叫作差异蛋白质组学，以某个生命过程或疾病作为研究对象，取组织或细胞的蛋白质组进行整体比较，分析不同蛋白质的表达水平、修饰状态在特定时间、特定生理或病理条件下蛋白质组的变化与差异。通过差异蛋白质组学研究，可以获得差异表达蛋白质的定量信息。

蛋白质组学的研究内容主要包括以下几个方面。

1）蛋白质鉴定：包括数据库构建、新型蛋白质的发现、同源蛋白质比较等。

2）蛋白质加工和修饰分析：包括糖基化、磷酸化等多种翻译后修饰。

3）蛋白质功能研究：对基因功能、基因表达调控机制、细胞因子、配体、受体等的研究，也包括蛋白质的细胞定位、酶活性和酶底物等的研究。

4）重要生命活动的分子机制研究：通过绘制某个体系信号通路研究蛋白质间相互作用和

联系，如细胞周期、细胞分化与发育、蛋白质在不同环境下的差异表达、表达调节及蛋白质间的相互作用等。

5）对于医学而言，主要是疾病研究中关注蛋白质表达水平的比较，寻找疾病相关的特异性标志物或药物治疗靶标，从而进行定性分析，筛选出具有生物学和医学意义的差异表达蛋白质，为疾病的发生发展机制、早期诊断、防治药物研发等提供理论上的依据。

蛋白质组学研究包括 3 个主要步骤：蛋白质样品制备和分离纯化、蛋白质鉴定及鉴定结果的存储、处理、对比和分析。

二、蛋白质组学的主要研究技术

蛋白质组学研究的技术平台主要包括蛋白质分离技术、生物质谱技术和生物信息学分析，这三大技术平台是蛋白质组学大数据结果构建的必要条件。近十年来，蛋白质组学主要支撑技术有双向电泳技术、质谱技术、计算机图像分析与数据处理技术。

（一）蛋白质分离技术

蛋白质分离技术主要包括双向电泳、双向高效层析、二维差异凝胶电泳、毛细管电泳、蛋白质芯片技术。双向电泳技术是核心技术。

1. 双向电泳技术　　以 1975 年 Farrell 等建立的蛋白质高分辨双向电泳为基础。目前常用的平台有双向电泳（two-dimensional electrophoresis，2DE）和双向荧光差异凝胶电泳（two-dimensional fluorescence difference gel electrophoresis，2D-DIGE）。这两种技术的基本原理都是根据蛋白质的等电点和分子质量的特性来分离蛋白质混合物。首先是基于蛋白质的等电点不同，采用等电聚焦的方法分离。其次则按分子量的大小不同，采用 SDS-PAGE 分离。通过双向电泳（IEF/SDS-PAGE），使得样品蛋白质被二维分离，在同样的电泳条件下每组蛋白质样品都被二维分离得到二维电泳胶图。

2. 二维差异凝胶电泳　　二维差异凝胶电泳是在二维电泳的基础上定量分析凝胶上蛋白质点的新方法。该技术应用不同的荧光染料 Cy2、Cy3 或 Cy5，分别标记不同的蛋白质样品后将两种样品等量混合，在同一体系中电泳分离。通过加入内标 Cy2、Cy3 或 Cy5 标记的已知量的某种蛋白质可保证定量结果的可靠性和操作的可重复性。可比较两种状态下特定蛋白质丰度变化，也可发现缺失或新出现的蛋白质。

3. 双向高效层析　　双向高效层析是先将蛋白质混合样品进行凝胶过滤分子筛层析，再利用蛋白质表面疏水性质进行反向柱层析分离。该法的优点是可以适当放大，分离得到较多的蛋白质以供鉴定。层析柱流出的蛋白质峰可直接连通进入质谱进行测定。其主用于复杂混合物的分离。

（二）蛋白质鉴定技术

蛋白质鉴定技术主要包括埃德曼降解法、质谱技术、氨基酸组成分析及测序等。蛋白质组学研究使用最多的是质谱技术。

1. 质谱技术　　质谱是蛋白质组学分析中的三大核心技术之一。其原理是根据带电粒子在电场中运动的轨迹和速度因粒子的质量与携带电荷比［质荷比（m/z）］不同而发生差异来进行成分和结构分析的方法。目前，质谱技术主要有基质辅助激光解吸电离飞行时间质谱、电喷雾离子化质谱、表面增强激光解吸电离/电离时间飞行质谱（surface enhanced laser desorption/ionization time-of-flight mass spectrometry，SELDI-TOF/MS）和液相色谱-质谱（liquid chromatography mass spectrometry，LC-MS）等。

除以上两个基本的技术以外，其他一些技术也不断被应用于蛋白质定性和定量分析中。最常用的是各种同位素标记技术，如等重同位素标签相对和绝对定量技术（isobaric tag for relative and absolute quantitation，iTRAQ）、同位素标记亲和标签（isotope-coded affinity tag，ICAT）、非标（lable free）蛋白质定量技术和细胞培养氨基酸稳定同位素标记技术（stable isotope labeling with amino acids in cell culture，SILAC）等。将这些技术与质谱技术相结合，使得同位素标记技术在蛋白质组学研究中得到了广泛应用。其中，iTRAQ技术对蛋白质鉴定的可信度和覆盖度具有高定量精度的特点，是一种高通量的蛋白质定量研究方法，目前已经越来越广泛被应用于定量蛋白质组学领域。

同时，结合液相串联质谱（liquid chromatography coupled with tandem mass spectrometry，LC-MS/MS）的iTRAQ+LC-MS/MS是目前应用最广的高通量鉴定蛋白质方法，鉴定准确度更高，无需人工序列解析，可以实现混合蛋白质的鉴定。这种iTRAQ+LC-MS/MS的技术可同时对多个样品中蛋白质进行相对或绝对定量，常见的血浆、组织体液、植物组织和细胞培养物等实验样本均可适用于同位素的标记。近年来，在动物疾病诊断与治疗相关的蛋白质组学研究领域展现了强劲的优势，是疾病机制与分子病理研究高效和新颖的技术手段。

随着物理技术与生物信息学的快速发展，省略电泳技术，而直接基于质谱鉴定蛋白质的蛋白质组学技术在近几年发展迅速、潜力巨大。先进的质谱平台在蛋白质定性和定量分析中具有自动化、高分辨率、高精确度和灵敏度高的特点，得到越来越广泛的应用。

2. 计算机图像分析与数据处理技术 经专业的图谱分析软件分析获得的二维凝胶图，找出两块胶图上的差异斑点，回收差异蛋白质后再进行质谱鉴定，并以生物信息学分析生物质谱数据，从而对蛋白质的结构和功能进行鉴定与分析等。

第四节 代 谢 组 学

代谢组学（metabonomics）是通过分析生物体系（细胞、组织或生物体）受刺激或扰动后其小分子代谢产物（肽、碳水化合物、脂类、核酸及异源物质等分子量小于1000的物质）变化的一门科学。通过定量分析一个生物系统内所有代谢物含量的变化，指示细胞、组织或器官的生理状态，描绘其动态变化规律，建立系统代谢图谱，并确定这些变化与基因、转录、蛋白质层面及生物过程的联系，也协助阐释新基因或未知基因的功能，揭示生物各代谢网络间的关联性。

代谢组学的任务主要包括3个方面，首先，建立对生物体液和组织中内源性代谢物质进行系统测量和分析的平台。其次，对生物体受到刺激、病原感染及其他因素引起的代谢物的动态变化进行量化和编录，分析机体代谢的变化和原因。最后，将代谢变化信息与生物学事件关联起来，确定此变化规律相关的靶器官和作用部位，进而确定相关的代谢过程及生物标志物。

一、代谢组学的发展

代谢组学于20世纪90年代中期由英国帝国理工大学Jeremy Nicholson教授首次提出。20世纪70年代，Baylor药学院开始发表代谢轮廓分析的理论并对其进行初步定义。1975年，

Thompson 等利用气相色谱和质谱在代谢轮廓分析的定量方面取得了较大进展，HPLC 和 NMR 开始被应用于代谢物的分析中。1986 年，*Journal of Chromatography A* 出版了一期关于代谢轮廓分析的专辑。到 90 年代后期，随着基因组学的提出和迅速发展，1997 年 Oliver 等提出了通过对代谢产物的数量和质量分析来评估酵母基因的遗传功能及其冗余度的重要性，并首次提出了代谢组的概念。代谢组（metabolome）是指一个细胞、组织或器官中，所有代谢组分的集合，尤其指小分子物质。1997 年，Oliver 初步提出了代谢组学（metabonomics）的概念。1999 年，Jeremy K. Nicholson 等完善了代谢组学的概念。2002 年，Holmes 等开始建立代谢组学的统计学与分析方法。2007 年以后，随着核磁共振、质谱等技术的不断进步，代谢组学进入快速发展阶段。目前，现在代谢组学在国内外的研究都在迅速地发展，科学家对代谢组学这一概念也进行了完善，作出了科学的定义：代谢组学是对一个生物系统的细胞在给定时间和条件下所有小分子代谢物质的定性定量分析，从而定量描述生物内源性代谢物质的整体及其对内因和外因变化应答规律的科学。目前，代谢组学的设备、数据库、数据处理与分析方法等均取得重大进展，检测体系更加完善。

二、代谢组学、基因组学与蛋白质组学比较

（一）代谢组学的优势

基因组学研究生物系统的基因结构组成，即 DNA 的序列及表达。转录组学主要研究生物系统的基因结构组成和转录水平，即研究核糖核酸转录过程。蛋白质组学主要研究由外部刺激引起的生物系统蛋白质的表达及修饰变化。

相对于基因组学和蛋白质组学而言，基因和蛋白质表达的微小变化会在代谢物上得到放大，从而使检测更容易。因为代谢产物在各个生物体系中都是类似的，代谢物的种类要远小于基因和蛋白质的数目，不需建立庞大且复杂的数据库，所以代谢组学研究中采用的技术更通用。代谢组学位于系统生物学的最下游，是生物体系整体功能或状态的体现，是一系列生物学事件的最终结果。代谢组学是其他组学的放大，更灵敏；代谢物数量少，结构与功能清楚，更易于分析。基因组学和蛋白质组学告诉可能会发生什么，而代谢组学则告诉已经发生了什么。

（二）代谢组学的局限性

由于代谢组学研究的对象是小分子物质，这些物质的理化性质差异较大，因此需要根据代谢物的溶解性、挥发性、氧化还原性等特定的情况采用相应的方法收集样品，操作较为烦琐。代谢组学对代谢产物分析具有无偏向性的特点，对分析手段的要求比较高，在数据处理与分析方法、模式识别等方面也存在一些不足之处。同时，影响生物体代谢的因素多，变化快，具有不稳定性。当机体对药物敏感时，机体的生理和药理效应明显，受试物即使没有相关毒性，也可能引起明显的代谢变化，导致假阳性结果。

（三）代谢组学的操作流程及常用技术

代谢组学关注的核心在于研究比较外源物刺激或基因变异后体液中小分子代谢产物集合的变化，这也决定了代谢组学是以高通量、大规模实验方法和计算机统计分析为特征的，具有"整体性研究"和"动态性研究"的特点。它综合利用现代分析技术、生物信息学、化学计量学和统计学等最终获得生物学信息。一般来讲，代谢组学研究包括样品采集和制备、代谢组数据

的采集、数据预处理、多变量数据分析、标识物识别和途径分析等步骤。生物样品可以是尿液、血液、组织、细胞和培养液等，采集后首先进行生物反应灭活、预处理，然后进行核磁共振或色谱等检测其中代谢物的种类、含量、状态及其变化，得到代谢轮廓或代谢指纹，而后使用多变量数据分析方法对获得的多维数据进行降解和信息挖掘，识别出有显著变化的识别标志物，并研究所涉及的代谢途径和变化规律，以阐明生物体对相应刺激的响应机制，达到分型和发现生物标志物的目的。

1. 代谢组学的层次 代谢组学主要以生物体液为研究对象，如血样、尿液等，另外还可采用完整的组织样品、组织提取液或细胞培养液等进行研究。根据研究的对象和目的的不同，Fiehn 等将代谢组学分为以下 4 个层次。

1）代谢物靶标分析（metabolite target analysis）：对某个或某几个特定组分的分析。这个层次中需要采取一定的预处理技术，除掉干扰物，以提高检测的灵敏度。

2）代谢谱分析（metabolism profiling analysis）：对一系列预先设定的目标代谢物进行定量分析。例如，某一类结构性质相关的化合物或某一代谢途径中所有代谢物或一组由多条代谢途径共享的代谢物（标志性组分）进行定量分析。进行代谢轮廓分析时，可以充分利用这一类化合物特有的化学性质，在样品的预处理和检测过程中，采用特定的技术来完成。

3）代谢组学（metabonomics）：对某一生物或细胞所有代谢物进行定性和定量分析。进行代谢组学研究时，样品的预处理和检测技术必须满足对所有的代谢组分具有高灵敏度、高选择性、高通量的要求，而且基体干扰要小。代谢组学涉及的数据量非常大，因此需要有能对其数据进行解析的化学计量学技术。

4）代谢指纹分析（metabolic fingerprinting analysis）：不分离鉴定具体某一组分，而是对代谢物整体进行高通量的定性分析。

2. 代谢组学实验技术 根据实验样品的种类和实验目的选择相应的分析方法，实现对样品的精确测定与分析。常用技术主要包括红外线光谱（IR）、核磁共振（nuclear magnetic resonance，NMR）、色谱、质谱、毛细管电泳及毛细管电泳-紫外检测联用（CE/UV）等。

（1）核磁共振 原子核的磁矩在恒定磁场和高频磁场共同作用时发生共振吸收现象，利用原子核在磁场中的能量变化来获得关于核信息的技术，是目前代谢组学研究中最主要的技术。代谢组学中常用的 NMR 谱是氢谱（^{1}H-NMR）、碳谱（^{13}C-NMR）及磷谱（^{31}P-NMR）、高效液相色谱-质谱-核磁共振等。

（2）质谱（MS） 按质荷比（m/z）进行各种代谢物的定性和定量分析，得到相应的代谢产物比。

（3）色谱-质谱联用技术 联用技术可以使样品的分离、定性、定量一次完成，具有较高的灵敏度和选择性。有气相色谱-质谱联用（GS-MS）、液相色谱-质谱联用（LC-MS）。

总之，代谢组学分析方法要求具有高灵敏度、高通量和无偏向性的特点，与原有的各种组学技术只分析特定类型的化合物不同，代谢组学所分析的对象的大小、数量、官能团、挥发性、带电性、电迁移率、极性及其他物理化学参数的差异很大。由于代谢产物和生物体系的复杂性，至今尚无一种能满足上述所有要求的代谢组学分析技术，现有的分析技术都有各自的优势和适用范围，只有通过不同的分析技术组合才能较全面、准确地测定代谢组的物质。

3. 数据分析 代谢组学得到的是大量的、多维的信息。为了充分挖掘所获得的数据中的潜在信息，对数据的分析需要应用一系列的化学计量学方法。在代谢组学的研究中，大多数情况是要从检测到的代谢产物信息中进行两类（如基因突变前后的响应）或多类（如杂交后各不同表型间代谢产物）的判别分类，以及生物标识物的发现。数据分析过程中应用的主要手段为模式识别技术，包括非监督（unsupervised）学习方法和有监督（supervised）学习方法。非监督学习方法用于从原始图谱信息或预处理后的信息中对样本进行归类，并采用相应的可视化技术直观地表达出来。该方法将得到的分类信息和这些样本的原始信息（如药物的作用位点或疾病的种类等）进行比较，建立代谢产物与这些原始信息的联系，筛选与原始信息相关的标记物，进而考察其中的代谢途径。有监督学习方法是用于建立类别间的数学模型，使各类样品间达到最大的分离，并利用建立的多参数模型对未知的样本进行预测。在这种方法中经常需要建立用来确认样品归类的确认集和用来测试模型性能的测试集。

4. 代谢组学数据库 代谢组学分析离不开各种代谢途径和生物化学数据库。与基因组学和蛋白质组学已有较完善的数据库供搜索使用相比，代谢组学研究尚无类似的功能完备数据库。一些生化数据库可供未知代谢物的结构鉴定或用于已知代谢物的生物功能解释，目前的代谢组学数据库主要用于各种生物样本中代谢的结构鉴定，理想的代谢组学数据库还应包括各种生物体的代谢物组信息及包含代谢物的定量数据。例如，人类代谢组数据库（http://www.hmdb.ca）中包含了人类体液中1400种以上的代谢产物。但实际上这方面的信息非常缺乏，一些公共数据库对各种生物样本中代谢物的结构鉴定也非常有用，可供网上检索（表21-1）。

表 21-1　重要的代谢组学数据库

数据库名	网址
KEGG	https://www.kegg.jp
HumanCyc	https://humancyc.org
Biocyc	https://biocyc.org
METLIN	https://metlin.scripps.edu
肿瘤代谢数据库	http://metabolic-database.com
Lipid MAPS	https://www.lipidmaps.org
Lipid Bank	https://lipidbank.jp
Human Metabolome Database	https://hmdb.ca
ChemSpider	https://www.chemspider.com
NIST 质谱数据库	https://chemdata.nist.gov

总之，代谢组学在疾病生物标记物筛查与诊断、临床药物开发、微生物代谢物分析等过程中发挥着重要的作用。代谢组学弥补了基因组学、转录组学及蛋白质组学等微观研究方法中的缺点，极大地促进了生物信息学的发展。

代谢组学是众多组学中的一种，是随着生命科学的发展而发展起来的。与其他组学不同，代谢组学研究的是基因组的下游产物也是最终产物，是一些参与生物体新陈代谢、维持生物体正常功能和生长发育的小分子化合物的集合，主要是分子量小于1000的内源性小分子。代谢组中代谢物的数量因生物物种的不同而差异较大，据估计植物王国中代谢物的数量在200 000种以上，微生物中的代谢产物约1500种，而动物中的代谢产物约2500种。实际上，在人体和动物中，由于还存在共存的微生物代谢、食物及其代谢物本身的再降解，到目前为止还不能估计出到底有多少种代谢产物，因此对代谢组学的研究，从分析平台、数据处理及其生物解释等方面均面临诸多挑战。

第五节 糖 组 学

生物界丰富多样的聚糖类型覆盖了有机体的所有细胞。它们不仅决定细胞的类型或状态，也参与细胞多种生物学活动，如细胞分化、发育、肿瘤转移、微生物感染、免疫反应等。糖组（glycome）是指单个个体的全部聚糖。糖组学（glycomics）的概念是 20 世纪末提出的，是对糖组（主要是糖蛋白）的结构和功能的全面分析研究，即以高通量、高效率探讨个体全部糖链的结构、功能及代谢，确定编码糖蛋白的基因和蛋白质糖基化的机制。糖组学是基因组学和蛋白质组学等的后续和延伸，被认为是破解生命信息的第三条途径。因此，要深入揭示生命的复杂规律，就必须有"基因组-蛋白质组-糖组"的整体概念。

一、糖组学的主要研究内容

糖组学主要研究糖链组成及其功能。研究领域包括结构糖组学（structural glycomics）和功能糖组学（functional glycomics）两个分支。主要研究对象是聚糖。研究内容包括糖与糖之间、糖与蛋白质之间、糖与核酸之间的联系和相互作用。主要涉及单个个体的全部糖蛋白结构分析，确定编码糖蛋白的基因和蛋白质糖基化的机制。

主要回答 4 个方面的问题：①编码糖蛋白的基因，即基因信息；②可能糖基化位点中实际被糖基化的位点，即糖基化位点信息；③聚糖结构，即结构信息；④糖基化功能，即功能信息。

二、糖组学研究策略

研究策略包括：上游部分，主要分析糖组的产生和形成，涉及的内容是糖类合成相关酶、糖基转移酶及其基因；中游部分，即常规的糖组研究，包括糖组的分离、鉴定和功能研究；下游部分，包括糖组的降解和糖类生物质的利用，用于代谢病。

糖组学研究的主要实验技术包括以下几类。

1. 色谱分离结合质谱鉴定技术　色谱分离结合质谱鉴定技术为糖组学研究的核心技术，广泛用于糖蛋白的系统分析，通过与蛋白质组数据库结合使用，主要用于鉴定糖蛋白可能的糖基化位点。其具体步骤：①用凝集素亲和层析分离糖蛋白，依据待分离糖蛋白的聚糖类型单独或串联使用不同的凝聚素。凝集素亲和层析也称为糖捕获（glyco-catch）法。②蛋白质消化，分离得到的蛋白质用蛋白酶 I 消化以生成糖肽。③用凝集素亲和层析分离糖肽，用与第一步相同的凝集素柱从消化液中分离糖肽。④HPLC 纯化糖肽。⑤序列分析、MS 和解离常数测定。⑥数据库搜索和聚糖结构分析以获得相关遗传和糖基化信息。然后使用不同的凝聚素柱进行第二和第三次循环，得到其他类型的糖肽，以对某个细胞进行较全面的糖组学研究。

2. 糖组学分析技术　糖微阵列技术是糖组学常用的高通量糖组分分析技术。糖微阵列技术是生物芯片的一种，是将带有氨基的各种聚糖共价连接在包被有化学反应活性表面的玻璃芯片上，一块芯片上可以排列 200 种以上的不同糖结构，几乎涵盖了全部末端糖的主要类型。该技术可被广泛用于糖结合蛋白的糖组分析，以对生物个体产生的全部蛋白聚糖结构进行系统鉴定和表征。

3. 糖蛋白糖链的信息分析技术　糖蛋白糖链的信息分析技术是从蛋白质组学衍生发展而来的质谱数据分析平台，包括糖基化位点鉴定和糖链结构解析软件；目前，Mascot、Sequest、Trans-Proteomic Pipeline（TPP）、Scaffold 等数据库搜索软件均可结合质量标记糖基化位点的方法鉴定糖基化位点。应用数学建模的方法研究和处理糖结合蛋白的信息和数据，将相关生物信息抽象为数学模型，运用点阵法、集合求交模型及 Needleman-Wunsch 算法解决蛋白质一级序列的比对问题。通过计算机编程实现对于糖结合蛋白的查找和比对，以及对存在同源性序列的糖结合蛋白进行分类和特征描述，并根据相关数据库与信息学工具，建立糖组学数据库。

第六节 脂 质 组 学

生命体脂质具有化学多样性和功能多样性的特点，其代谢与多种疾病的发生、发展密切相关，脂代谢紊乱与多种疾病有关，如糖尿病、肥胖、癌症等。脂质组学（lipidomics）就是对生物样本中脂质进行全面系统的分析，从而揭示其在生命活动和疾病中所发挥的作用。其是代谢组学的一个分支，从脂代谢水平研究疾病的发生、发展过程的变化规律，寻找疾病相关的脂生物标志物，提高疾病诊断效率，也为疾病的治疗提供更为可靠的依据。

一、脂质组学的主要研究内容

脂质组学是近几年发展起来的学科，其致力于建立一个全面的细胞/组织脂质体图谱。由于脂质的结构和功能的多样性，再加上它们的高内源性丰度，原先被归入"代谢组学"更广泛范围的脂质组学已经成为一个独立的领域。根据 Lipid Maps 分类，脂类进一步分为八大类，包括脂肪酰、甘油脂质、甘油磷脂、甾醇脂、丙烯醇脂质、鞘脂、糖脂和聚酮类。其中，前 6 种代表哺乳动物的主要脂类。已经制定了多种策略来综合分析脂类，包括基于鸟枪法（shotgun）和色谱耦合质谱（chromatography-coupled mass spectrometry）的脂质组学。

其研究对象为生物体内所有的脂质分子，并以此为依据推测与脂质作用的生物分子的变化，揭示脂质在各种生命活动过程中的重要作用机制。通过研究脂质提取物，可获得脂质组（lipidome）的信息，了解在特定生理或病理状态下脂质的整体变化。因此，脂质组学实际上是代谢组学的一个分支。其研究有以下优势：①只研究脂质物质及其代谢物，样品前处理及分析技术平台的搭建可以通用；②数据库的建立和完善较快，且可以建立与其他组学的网络联系；③建立的技术平台可与代谢组学研究共享。

二、脂质组学研究的策略与技术

脂质组学研究包括分离、鉴定和数据库检索三大步骤。

1）脂质组学脂质的分离：脂质主要从细胞、血浆、组织等样品中提取。由于大部分脂质物质在结构上有共同特点，即有极性的头部和非极性的尾部。主要用有机溶剂萃取，如氯仿、甲醇及其他有机溶剂的混合提取液中溶出样本中的脂质物质。

2）脂质组学脂质的鉴定技术：常规的技术有薄层色谱（TLC）、气相色谱-质谱联用（GC-MS）、电喷雾电离质谱（ES-MS）、液相色谱-质谱联用（LC-MS）、超高效液相色谱-质谱联用（UPLC/MS）等。

3）脂质组学脂质的数据库检索技术：利用数据库可查询脂质物质的结构、质谱信息、分类及实验设计、实验信息等。目前常用的 Lipid Maps 包含了脂质分子的结构信息、质谱信息、分类信息、实验设计等，包含了游离脂肪酸、胆固醇、甘油三酯、磷脂等 8 个大类共 37 566 种脂类的结构信息。

第七节 系统生物学简介

人类基因组计划（HGP）的完成极大地促进了生命科学的发展。各种组学的兴起和发展及集成衍生了一门新的学科——系统生物学（systems biology）。系统生物学是研究一个生物系统中所有组成成分（基因、mRNA、蛋白质等）的构成与动态变化，以及在特定条件下这些组分间及与生物表型间的相互关系。生物系统学将在组学研究累积大量数据的基础上，借助数学、计算机科学和生物信息学等工具，从整合的角度完成由生命密码到生命过程的诠释。应用系统生物学原理和方法研究包括人体、动物和细胞模型生命活动的本质、规律及疾病发生发展的机制，是以整体性研究为特征的一门整合科学。

总之，各种组学和系统生物学的不断发展及其原理、技术与医学、药学等领域交叉，产生了分子医学、精准医学等现代医学概念。在各种组学的基础上，应用系统生物学原理和方法研究疾病的发生发展的规律和机制，建立现代高效的预测、预防、诊断和治疗手段。系统生物学将极大地推动现代医学、药学、诊断学等的发展。

主要参考文献

冯作化，药立波. 2015. 生物化学与分子生物学. 3 版. 北京：人民卫生出版社.

黄熙泰，于自然，李翠凤. 2012. 现代生物化学. 3 版. 北京：化学工业出版社.

刘国琴，张曼夫. 2011. 生物化学. 2 版. 北京：中国农业大学出版社.

汪玉松，邹思湘，张玉静. 2005. 现代动物生物化学. 3 版. 北京：高等教育出版社.

杨荣武. 2018. 生物化学原理. 3 版. 北京：高等教育出版社.

袁勤生，赵健. 2005. 酶与酶工程. 上海：华东理工大学出版社.

郑继平. 2012. 基因表达调控. 合肥：中国科学技术大学出版社.

朱圣庚，徐长法. 2014. 生物化学. 4 版. 北京：高等教育出版社.

朱玉贤，李毅，郑晓峰. 2009. 3 版. 北京：高等教育出版社.

邹思湘. 2005. 动物生物化学. 5 版. 北京：中国农业出版社.

Alberts B., Johnson A., Lewis J., et al. 2014. Molecular Biology of the Cell. 6th ed. New York: Gland Publishing.

Berg J. M., Tymoczko J. L., Gatto G. J., et al. 2015. Biochemistry. 8th ed. New York: W.H. Freeman Company.

Cammack R., Attwood T. K., Campbell P. N., et al. 2006. Oxford Dictionary of Biochemistry and Molecular Biology (Revised Edition). Oxford: Oxford University Press.

Devlin T. M., 2009. Textbook of Biochemistry with Clinical Correlations. 7th ed. New York: Wiley-Liss.

Khan S., Ayub H., Khan T., et al. 2019. MicroRNA biogenesis, gene silencing mechanisms and role in breast, ovarian and prostate cancer. Biochimie, 167: 12-24.

Kreks J. E., Goldstrin E.S., Kilpatrick S.T. 2010. Lewin's GENE X. 北京：高等教育出版社.

McKee T., McKee J. R. 2015. Biochemistry-the Molecular Basis of Life. 6th ed. New York: Oxford University Press.

Murray R. K., Granner D. K., Mayes P. A., et al. 2009. Harper's Illustrated Biochemistry. 26th ed. New York: Medical Publishing Division.

Nelson D. L., Cox M. M. 2017. Lehninger Principles of Biochemistry. 7th ed. New York: Worth Publishers.